高等院校环境科学与工程系列教材

环境化学

主　编　魏正贵

副主编　何　欢

特配电子资源

微信扫码

◎ 线上课程

◎ 视频学习

◎ 拓展阅读

南京大学出版社

图书在版编目(CIP)数据

环境化学 / 魏正贵主编. —南京：南京大学出版
社，2023.6
ISBN 978 - 7 - 305 - 26939 - 4

Ⅰ. ①环…　Ⅱ. ①魏…　Ⅲ. ①环境化学－高等学校－
教材　Ⅳ. ①X13

中国国家版本馆 CIP 数据核字(2023)第 076961 号

出版发行　南京大学出版社
社　　址　南京市汉口路 22 号　　　邮　编　210093
出 版 人　王文军
书　　名　**环境化学**
　　　　　HUANJING HUAXUE
主　　编　魏正贵
责任编辑　刘　飞　　　　　　编辑热线　025 - 83592146
照　　排　南京开卷文化传媒有限公司
印　　刷　南京人文印务有限公司
开　　本　787 mm×1092 mm　1/16　印张 25.75　字数 600 千
版　　次　2023 年 6 月第 1 版　2023 年 6 月第 1 次印刷
ISBN　978 - 7 - 305 - 26939 - 4
定　　价　59.00 元

网　　址：http://www.njupco.com
官方微博：http://weibo.com/njupco
官方微信：njupress
销售咨询热线：025 - 83594756

前　言

　　"环境化学"是应用基础型课程,既是高校环境科学专业必修的专业基础课程,也是其他专业学生了解生态环境保护的选修课程。

　　"环境化学"课程的创立与中国推行改革开放的时间几乎同时,环境化学的发展也与中国经济、社会、生态的发展始终同步。近期,党的二十大报告中提出一系列新观点、新论断、新思想、新战略和新要求,将中国的建设与发展引入了一个新时代。在生态环境保护方面,一些重要关键词高频亮相二十大报告:"绿水青山就是金山银山""加强土壤污染源头防控,开展新污染物治理""坚持山水林田湖草沙一体化保护和系统治理,全方位、全地域、全过程加强生态环境保护"。这些对于中国环境化学工作者来说,无疑是一份沉甸甸的责任。

　　环境化学是环境科学的重要分支学科之一,涉及环境分析化学、环境污染化学、污染控制化学、污染生态化学、环境理论化学、区域环境化学和化学污染与健康等研究领域。环境化学立足化学和环境学科的深度融合,面向多个学科的交叉前沿,不断拓展环境化学领域的新内涵与新理论。同时,环境化学是问题导向型学科,直接面向国家重大需求与世界科技前沿。环境化学以"强化基础、促进交叉"为特色,致力于培育学生掌握化学和环境学科基础理论,能够综合集成多学科知识揭示环境问题本质并提出解决对策。因此,《环境化学》教材需要协同解决育人的角度、深度、广度和高度的问题。

　　我们根据教学实践经验新编的《环境化学》,期待主要解决以下两个问题:

　　一、设计从不同角度理解环境化学

　　主要是从化学、环境介质、化工等角度理解环境化学。比如,将环境污染物的转归与效应、环境理论化学前移,并适当增加环境理论化学的内容,这样既可以衔接好环境化学与基础化学,又可以降低环境化学理论难度,还可以使化学基础相对较弱的学生也容易接受环境化学知识,提高学习效率。

二、做好《环境化学》的深度、广度和高度方面的协调

1. 在环境溶液平衡部分,指出了四大平衡的相似性。这样在教学深度上详细讲解环境酸碱平衡;而在教学广度上突出四大平衡间的相似性。

2. 突出环境化学的新工科特色。作为一门新工科学科,环境化学也是理科、工科、人文社会学科交叉融合形成的学科,与节能环保产业关系也极为密切。此次新编大量添加了与环境化学相关的工科内容。

3. 本书除了包括传统的各圈层环境化学外,还设有绿色化学、污染控制化学、污染环境修复等环境工程化学的上中下游知识内容,同时增加了环境分析化学部分。此外,本书聚焦了社会生活热点和环境学、环境化学研究的重要科学问题,设计了"霾化学""室内空气污染化学""私家车空气污染化学""饮用水源地污染化学""地下水污染化学""镉米""土壤环境化学与农产品达标""毒土地""化学品爆炸污染化学""恶臭""癌症村的环境化学"等相关专题,并从环境化学角度给予解读。

本书由魏正贵主编,何欢副主编。全书包括绪论共 11 章,章节编写方面,魏正贵负责绪论、第 2~3 章,何欢负责第 4~5 章,韦天香负责第 6 章,夏忠欢负责第 7 章,杨绍贵、李时银负责第 8 章,陈赟、沈楠负责第 9 章,朱凤晓、刘亚子负责第 10 章,崔静负责第 11 章。全书最后由魏正贵审阅定稿。

由于编者经验和水平有限,全书难免存在错误或不妥之处,敬请同行专家及广大读者给予批评指正。

编 者

2023 年 6 月

目 录

第一篇
环境化学是一门新工科学科

　　环境化学是一个多学科交叉共融的知识共同体，至少包括以下三个层次的共同体结构。首先，环境化学自身是一个共同体，从环境介质角度理解，环境化学的研究涵盖山水林田湖草沙，就是大气圈、水圈、土壤圈、生物圈等，即通常意义上的大气环境化学、水环境化学、土壤环境化学、污染生态化学；从另一个角度来说，环境化学是环境学、化学、化工交叉融合产生的学科，比如通常所指的环境分析化学、环境理论化学、污染控制化学。其次，环境化学是环境学共同体的重要组成部分。再次，环境化学还是环境学新工科共同体的重要组成部分，新工科是国家重点发展的新兴学科，体现了理科、工科、人文社科以及它们与新兴产业的交叉互融，环境化学深度融合的新兴产业是节能减排领域。环境化学兼容并包多个分支学科，又与多个平行学科一起汇百川而归大海，共同融入新工科。环境化学学科形成与发展，以及环境化学学习实践，均体现了"万物并育而不相害，道并行而不相悖""行天下之大道，和睦相处、合作共赢、繁荣持久"的思想。

第一章 绪 论

第一节 环境化学的特色

在环境学领域,环境化学具有鲜明的特色。环境化学是环境学的起点与基础。环境学领域最早出现的分支学科就是环境化学,可以说环境学建立在环境化学的基础之上。

环境化学在环境学领域具有独特的研究视角,就是从分子层次上研究环境问题。这在物质上是包括以化学键组织在一起的分子,以弱键包括氢键、π 键、盐键等形成的分子团簇;在尺度上则是$(0.1 \sim 10) \times n$ 纳米。

环境化学取得了环境学的最高科学成就,这与环境化学在环境学领域的地位以及环境化学独特的视角有关。迄今,环境学领域共产生两项诺贝尔奖,均与环境化学有关。1995 年的诺贝尔化学奖授予了三位环境化学家(Crutzen,Rowland 和 Molina),他们提出了平流层臭氧破坏的化学机制。这一研究,因 1985 年南极"臭氧洞"的发现而引起全世界的"震动",导致 1987 年《蒙特利尔议定书》的签订。2021 年诺贝尔物理学奖中,真锅淑郎利用简化的气候模型证实了二氧化碳的增加确实会导致温度增加;哈塞尔曼创建了一个将天气与气候联系起来的模型,发展了用于识别自然现象和人类活动影响气候的特异性信号、指纹的方法,他的方法被用来证明大气中温度的升高是由于人类排放的二氧化碳所造成的。

第二节 环境化学的历史、现状、发展趋势 与学科体系

一、环境、环境问题、环境科学

1. 环境与环境污染

环境是相对的,它相对于中心事物而存在。与中心事物有关的周围物质世界,就是该主体事物的"环境"。

在环境科学中,"环境"一词的中心事物是人,因而环境通常指围绕着人的空间,以及其中可以直接或间接影响人类生活发展的各种自然、社会因素的总和。

不同学科对于环境有不同的理解,生命科学中"环境"的中心事物是生物,所以生命科学中,环境指围绕着生物的空间,以及其中可以直接或间接影响生物生存发展的各种因素的总和。

环境相对于中心事物而存在,也是发展变化的,环境是在自然背景基础上,经过人类的参与与改造而形成。环境体现了自然与社会因素的融合,也反映了人类利用改造自然的力量与水平。

环境污染是指由于人为因素使环境的构成或状态发生变化,从而导致环境素质下降,并扰乱破坏生态系统,危害人类正常的生产生活。

2. 环境问题

人类发展特别是工业文明以来的人类发展,造成了环境污染、环境素质恶化,对人类生存及进一步发展已构成威胁,这就是**环境问题**。

史前人类从事采集和狩猎,无环境破坏,无环境问题;农业社会,有水土流失等,但环境问题小;工业社会污染严重,环境问题突出,已由局部发展到区域,进而到全球。尤其近年来,环境问题的规模不断扩大、程度不断加深,其规模扩大、程度加深的速度也日益提升。

目前,世界上主要的环境问题有大气污染、水体污染、环境中化学品的危害,以及由于植被破坏引起的水土流失和气候异常。

有以下重要事件或著作,帮助人类正确认识环境问题:八大"公害"事件、《寂静的春天》、三次重要国际会议。

首先,20世纪30~60年代,震惊世界的环境污染事件频繁发生,致使众多人群非正常死亡、致残、患病,其中最严重的八起事件,被称为"八大公害"。具体名称及原因如下:① 1930年,比利时马斯河谷烟雾事件,主要是工业有害废气(主要是二氧化硫)和粉尘。② 1943年,美国洛杉矶烟雾事件,主要是光化学烟雾。③ 1948年,美国多诺拉事件,主要是二氧化硫以及其他氧化物与大气烟尘共同作用,生成的硫酸烟雾。④ 1952年,英国伦敦烟雾事件,主要是冬季燃煤引起的煤烟形成烟雾。⑤ 1953—1968年,日本水俣病事件,主要是甲基汞中毒。⑥ 1955—1961年,日本四日市哮喘病事件,主要是石油冶炼和工业燃油产生的废气。⑦ 1963年,日本爱知县米糠油事件,主要是多氯联苯污染物混入米糠油内。⑧ 1955—1968年,日本富山县"痛痛病"事件,主要是饮用"镉水"和食用镉米。

其次,蕾切尔·卡逊的《寂静的春天》,它描述了人类可能将面临一个没有鸟、蜜蜂和蝴蝶的世界。作者认为大自然不应是人们征服与控制的对象,而应是保护并与之和谐相处的对象。

再次,三次重要国际会议:① 1972年,瑞典斯德哥尔摩的联合国人类环境会议。第一次把环境问题与社会因素联系起来,并组建了联合国环境规划署。② 1987年4月,在日本东京召开的挪威前首相布伦特兰夫人任主席的联合国世界环境与发展委员会,发表了"我们共同的未来",提出了可持续发展战略。从关心经济发展对生态环境带来的影响,到迫切感到生态压力对经济发展所带来的重大影响。③ 1992年6月,在巴西里约热内卢召开的联合国环境与发展大会,有 183 个国家、70 个国际组织的代表出席,有 102 位国家元首或政府首脑到场。大会巩固发展了可持续发展指导思想,通过了《里约热内卢环境与发展宣言》《21 世纪议程》等重要文件。倡导环境保护与经济、社会发展协调,实现人类可持续发展。

3. 环境科学

在 20 世纪 70 年代初,这时人类赖以生存的环境质量不断恶化,为解决人类面临的严重环境问题,环境科学应运而生。环境科学是不同学科的科学工作者进行环境污染防治研究,经长时间发展,在原有各相关学科的基础上产生的,是一门研究环境质量及其控制和改善的综合性新学科。

环境科学在宏观上,主要是研究人类与环境之间的相互作用关系,揭示人类社会经济发展与环境保护协调发展的基本规律。在微观上,重点探讨环境中的物质尤其指人类活动中排入环境的污染物质,在环境介质和生物体内迁移、转化和蓄积的过程及其运动规律,揭示其对环境介质和生物体的影响和作用机制等。

环境科学领域内有多个分支学科,属于自然科学方面的主要有环境数学、环境物理学、环境化学、环境生物学、环境地学、环境医学等;属于社会科学方面的主要有环境管理学、环境经济学、环境法学等;还有自然科学与社会科学交叉结合的如环境评价学、环境规划学等。

二、环境化学的形成

1. 1970 年以前的萌芽阶段

对于八大"公害"和其他重要环境污染事件追本溯源的研究,是环境化学的发端。通过伦敦型烟雾发展了大气硫化学和气溶胶化学,通过洛杉矶烟雾发展了大气光化学,通过酸雨发展了酸性降水化学。水俣病的研究,促进了对污染物进入水体后迁移转化的探讨。医学家曾估计水俣病的发生,可能与当地渔民食物摄入汞有关,但一直无法确定汞究竟以何种形态使人中毒。1967—1968 年间,瑞典科学家在调查湖泊"死鸟事件"时发现,鸟吃了含有烷基汞的鱼引起死亡,于是烷基汞被怀疑为水俣病的"真凶"。但自然界并不存在烷基汞,这促使人们深入探讨汞的迁移转化、存在形态、环境影响,反过来又促进环境化学的发展。

2. 20 世纪 70 年代的形成阶段

1971 年,国际环境问题专门委员会出版了第一部环境专著《全球环境监测》。随后的 70 年代,陆续出版了一系列与化学有关的环境专著,这些专著在当时对环境化学的研究和发展起了重要作用。

3. 20 世纪 80 年代以后的发展阶段

20 世纪 80 年代以后,人们全面地研究了各类主要元素,尤其是生命必需元素的生物地球化学循环,研究了各主要元素之间的相互作用,研究了人类活动对这些循环产生的干扰和影响,以及对这些循环有重大影响的种种因素。同时,人们重视化学品的安全性评价,开展了臭氧层破坏、温室效应等全球性环境问题的研究。

三、环境化学的概念

1. 环境化学的定义

环境化学是在分子水平上研究环境问题的科学,它研究有害化学物质在环境介质中的存在、化学特性、行为、效应、控制与去除。

存在是指成分、含量、形态、结构。行为包括形成、迁移、转化、归趋、消除。

环境化学着重于研究在资源利用过程中,产生的危及环境质量的诸多化学污染物的行为;化学污染物的环境行为,密切联系着污染物质的发生、污染物质在环境中的迁移转化、污染物质对环境施加的影响等诸多方面;其中,污染物质在环境中的迁移转化是环境化学研究的核心内容。

2. 环境污染物在环境各圈层的迁移转化

污染物质在环境中发生的空间位移,及其引起的富集、分散和消失的过程,称为**迁移**;污染物质在环境中通过物理、化学或生物作用而改变存在形态,或转变为另一种物质的过程,称为**转化**。迁移和转化多相伴发生。

污染物迁移主要有机械、物理-化学、生物迁移三种方式。物理-化学迁移是最重要的迁移形式,无机污染物迁移通过溶解沉淀、氧化还原、水解、配位解离、吸附解吸等作用实现,有机污染物可以通过化学降解、光化学降解、生物降解等作用实现迁移。生物迁移也是重要的迁移形式,污染物可以通过生物体的吸收、代谢、生长、死亡等过程实现迁移,某些污染物通过食物链传递产生放大积累作用,就是生物迁移的一种重要表现形式。

污染物转化可通过蒸发、渗透、凝聚、吸附和放射性元素蜕变等物理过程实现,也可通过光化学氧化、氧化还原、配位、水解等化学作用实现,还可通过生物的吸收、代谢等生物作用实现。

污染物可在单环境圈层中迁移转化,也可超越圈层界限实现多介质迁移转化、形成循环。

3. 环境介质与环境各圈层

通过环境介质,污染物质可以迁移、运转到达中心事物。**环境介质**是指自然环境中各个独立组成部分(即环境要素)当中所具有的物质。环境介质有大气、水体、土壤、岩石和生物体,但事实上它们都不是绝对的单一环境介质。水中往往含有一定量的气体和固体悬浮物,大气中含有一定量的水和固体颗粒物,土壤中则含有水分、气体和土壤生物,但它们都可以视为单介质。只有由两种或两种以上单介质构成的体系,才称为多介质环境。

另一方面,环境系统也常常被表述为大气圈、水圈、土壤圈、岩石圈和生物圈。环境介质与环境圈层常常混用,比如大气圈多数情况下就是指大气层。严格说来,环境圈层是指环境介质所能影响到的区域和范围,一般应该大于环境介质。如大气圈涵盖的范围还包括一部分土壤空气与水体气体。差异较大的是生物体和生物圈,生物体是有生命特征的个体,生命最重要和基本的特征是进行新陈代谢及遗传。生物圈则是指地球上凡是出现生命活动或感受到生命活动影响的地区,是地表有机体包括微生物及其自下而上环境的总称,是地球特有的圈层。

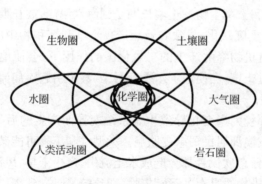

图 1 - 1 环境圈层

4. 环境化学的重要地位和作用

环境化学是环境科学的核心。环境问题都直接或间接与化学物质有关,对环境问题的认识和解决离不开环境化学。

环境化学从内在微观机制上揭示了环境问题的本质,为环境污染的控制提供新理论、新方法。

四、环境化学的研究对象

1. 环境污染物质

环境化学的研究对象是环境污染物。环境污染物进入环境后对环境和人类产生直接或间接的危害。有些物质原本是人和生物必需的营养元素,由于未充分利用而大量排放,就可能成为环境污染物,如引起水体富营养化的氮、磷化合物。某些污染物进入环境后,通过物理、化学、生物作用,会转变成危害更大的新污染物,也可能降解成无害物质。不同污染物同时存在时,可因拮抗作用使毒性降低,也会因协同作用使毒性增大。

环境污染物一般按污染物的性质分类,可分为化学、物理、生物污染物。物理污染物主要涉及一些能量性因素,如放射性、噪声、振动、热能、电磁波等。生物污染物包括细菌、病毒、水体中有毒或反常生长的藻类等。化学污染物种类繁多,是环境化学研究的主要对象,它们引起的环境问题占 80%～90%。

环境污染物也可以按污染物形态分为气体污染物、液体污染物和固体废物;按受污染的环境要素分为大气、水、土壤污染物等;也可按来源分为工业、农业、交通运输、生活污染物。

2. 污染物的环境效应

人类的生产和生活中产生的污染物质,会对环境造成污染和破坏,从而导致环境的结构和功能发生变化,称为**环境效应**。按环境变化的性质划分,可以分为环境物理效应、环境化学效应和环境生物效应。

(1) 环境物理效应

环境物理效应由物理作用引起,如地面沉降、热岛效应、温室效应等。

(2) 环境化学效应

环境化学效应是在各种环境因素影响下,物质间发生化学反应产生的,如湖泊酸化、土壤盐碱化、地下水硬度升高、垃圾填埋造成地下水污染等。其中,酸雨会造成地面水体、土壤的酸化,危害水生和土壤生物。土壤长期受到海水浸渍,或长期利用含盐碱成分的废水灌溉农田,都会造成土壤碱化,导致农业减产。土壤和沉积物中的碳酸盐矿物,以及交换性钙镁离子在需氧有机物降解产生的二氧化碳的作用下,会使地下水的硬度升高。填埋于地下的垃圾渗透过土壤,会使地下水受到污染,甚至引起疾病流行。

（3）环境生物效应

环境生物效应是环境因素变化导致生态系统变异而产生的后果。例如,臭氧层破坏后过量的紫外辐射诱发澳洲居民罹患皮肤癌。大型水利工程可能破坏水生生物的洄游途径,影响它们的繁殖。任意砍伐森林会造成水土流失,产生干旱、风沙灾害,同时使鸟类减少,害虫增多。一些污染物质具有"三致"毒性,即致畸、致癌、致突。

五、环境化学的研究内容与发展动向

由于自然环境是一个开放体系,时刻都存在物质循环和能量流动。污染物进入环境后,可以在各个环境介质(或环境各圈层)中间发生迁移、转化、积累等。这样环境化学的研究范围,涵盖了从地表的矿物,直到高空中的离子。

环境化学分为环境化学原理与环境化学技术,前者包括各圈层环境化学、重要污染物环境化学,后者包括环境分析化学、绿色化学、污染控制化学、环境修复。

1. 重要污染物的环境化学

以基础化学知识为背景,研究重金属、持久性有机污染物为代表的优先污染物,在环境中的特性、存在、行为、效应与控制。

2. 环境理论化学

（1）紧密联系基础化学知识,如共享电子、共享电荷,路易斯酸碱理论,疏水相互作用,有机物降解转化对污染物环境行为与效应的影响。

（2）阐明污染物环境行为与效应的物质结构基础、环境有机污染物结构效应关系。

（3）研究环境污染物的溶液平衡与胶体界面化学。

（4）研究不同环境介质中的自由基化学。

3. 各圈层的环境化学

各圈层的环境化学,主要研究污染物质在环境各圈层中的迁移转化。分为大气环境化学、水体环境化学、土壤环境化学和污染生态化学。

（1）大气环境(污染)化学:大气污染物质、大气污染物迁移、大气污染物的光化学与自由基化学、重要的地区、区域、全球污染现象等。

（2）水环境(污染)化学:水环境中的溶液化学平衡与胶体界面化学。

（3）土壤环境(污染)化学:重金属在土壤-植物体系的迁移转化、农药在土壤中的迁移转化。

（4）污染(环境)生态化学:研究污染物质引起的生态效应,以及污染物质在环境中的生物转化规律,是环境化学与生物学、医学、毒理学等融合形成的新兴交叉学科。

4. 环境工程化学

（1）上游——绿色化学

鉴于末端治理(产中治理)的局限性,20世纪80年代中期,欧美国家提出了污染预防的政策。它强调的是控制污染源的发生,目的是减少甚至消除污染的根源,这是环境管理战略的一次重大转变,即"产前预防"。

(2)中游——污染控制化学

污染控制化学与环境工程学、化学工程学有密切的关系,研究与污染控制的化学机制与工艺技术中的化学基础性问题,从而开发高效的污染控制技术,并最大限度地控制化学污染。研究内容主要包括大气污染控制、水污染控制、固体废弃物污染控制及资源化研究。被称为末端治理。末端控制对各国污染控制技术的发展和环境污染治理起着积极的推动作用,但终端控制只能减少或阻止污染物排放,不能阻止污染物的产生。

(3)下游——环境修复

环境修复对被污染的环境采取物理、化学和生物学技术措施,使存在于环境中的污染物质浓度减少、或毒性降低、或完全无害化,即"产后修复"。

5.环境分析化学

污染物的性质与环境化学行为取决于它们的化学结构和在环境中的存在状态。环境分析化学主要研究污染物质在环境介质的存在,采用科学理论、实验技术来鉴别和测定环境中化学物质的成分、含量、形态、结构。环境分析化学追求三高——"高灵敏度""高准确性""高分辨率"和自动控制——"自动化""连续化""计算机化"。

六、环境化学发展动向

环境化学近年来的发展动向,主要表现为:环境化学不断与其他基础学科交叉、渗透、融合;科技产业、信息产业的不断进步,提升环境化学解决复杂环境问题的能力;全球性、跨国界的区域性环境化学问题关注度日益增大,国际间的合作日益加强;环境化学从单相、单介质体系转向多相、多介质的系统研究,并日益强调宏观与微观相结合、静态与动态相结合、简单与复杂相结合。

第三节 环境化学的特点与学习研究方法

一、环境化学的特点

研究体系复杂。环境化学的研究对象一般都是多组分、多介质的复杂开放体系,变量多,条件复杂,影响了化学原理与方法的直接应用。

环境样品化学污染物鉴定难度大。环境样品化学污染物含量低,且存在形态变化。污染物存在明显的动态变化,需要快速测定或连续测定,同时还要进行毒性和影响的鉴定。

环境化学综合性强,涉及多学科领域,是在微观的分子水平上解决宏观的环境问题,要阐明、理解的机制有深度、广度和跨度。

二、环境化学的学习方法

重视与基础化学知识的衔接。重视多学科知识的综合运用。重视理论学习与实验、实习、产业实践结合。

三、环境化学的研究方法

(1) 环境化学理论研究,比如有机污染物的构效关系研究。
(2) 模拟研究,分为实验模拟系统研究和计算机理论模拟研究。
(3) 实验室实验研究。
(4) 现场实验研究。
(5) 环境化学工程与工艺研究。

思考与练习

1. 什么是环境？生态学与环境学中的环境相同吗？为什么？

2. 对现代环境问题的认识经历了哪些发展阶段？人类活动对地球环境系统有什么影响？

3. 氧、碳、氮、磷、硫几种典型营养性元素循环的重要意义是什么？

4. 根据环境化学的任务、内容、特点、发展动向,怎样才能学好环境化学？

5. 环境污染物有哪些类别？当前世界范围普遍关注的污染物有哪些特性？

6. 构成环境的圈层与自然圈层是什么？举例简述污染物在环境各圈层间的迁移转化过程。

7. 什么是环境保护、环境问题、环境污染？

8. 环境保护的相关节日有哪些,具体日期是什么？

第二篇
环境污染物：转归与效应

环境中存在着错综复杂、各种各样的污染物，这些污染物的迁移、转化、归宿、效应是环境化学研究的核心内容之一。

学好污染物转归与效应这部分内容，关键是掌握科学的方法论。

党的二十大报告指出："我们要善于通过历史看现实、透过现象看本质，把握好全局和局部、当前和长远、宏观和微观、主要矛盾和次要矛盾、特殊和一般的关系，不断提高战略思维、历史思维、辩证思维、系统思维、创新思维、法治思维、底线思维能力，为前瞻性思考、全局性谋划、整体性推进党和国家各项事业提供科学思想方法"。对于污染物转归与效应的学习与理解，其实就如同（或可以视为）党和国家各项事业这个沧海中的一滴水。

第二章　环境污染物

第一节　重金属元素

重金属是具有潜在危害的重要污染物之一,其污染特征在于它不能被微生物降解,却可以在生物体富集,并且可能转化为毒性更强的金属-有机复合物。自从20世纪50年代日本的水俣病、骨痛病明确由汞、镉污染引起以来,重金属的环境污染问题便引起人们的极大关注。

一些学科规定密度大于 4.5 g/cm^3 的金属为重金属,但是环境污染领域中重金属的具体概念、涵盖范围并不严格。环境领域的重金属一般可以包括对生物有显著毒性的金属元素,如汞、镉、铅、铬、锌、铜、钴、镍、锡、钡、锑等,或者一些类金属元素,如砷、硒、硼等,甚至还可以包括铍、锂、铝等。铅、锌、汞、铬、镉等主要来自金属冶炼厂、采选场、某些仪表厂、化工厂排出的废水。这些物质排入水体、土壤后,含量累积到超过容许浓度后,会毒害水生生物、土壤生物,甚至杀死它们;人类饮用了含过量重金属的水,食用了这些污染水体、土壤生产的水产品、粮食,也会受到毒害。

重金属的主要特征是它们不能被微生物降解,只能发生迁移、各种形态之间的相互转化以及空间的分散和富集过程。重金属在水体中的迁移转化主要与吸附、溶解沉淀、配位(包括螯合)、氧化还原等作用有关。从毒性效应方面看,重金属污染的特点:天然水体中只要含有微量重金属即可产生毒性效应,一般重金属产生毒性效应的最低剂量值范围大致在 $1 \sim 10 \text{ mg/L}$。毒性较强的重金属,如汞、镉等的毒性效应的最低剂量值更小。水体中某些重金属在微生物作用下还可以转化为毒性更强的重金属化合物,如汞的甲基化。重金属通过食物链的生物放大作用,可在较高营养级生物体内高度富集,然后通过食物进入人体,在人体某些器官中积蓄造成慢性中毒。

一、铅(Pb)

Pb 及其化合物的应用非常广泛,如矿石的采掘与冶炼,铅蓄电池制造,汽油添加剂生产,铅管、铅线和铅板生产,含铅颜料、涂料、农药、合成材料及其他含铅化合物生产等。这些都成了 Pb 的污染源。

Pb 是除金和铂之外常见金属中最重的金属,其质地柔软,颜色为淡黄并带灰色。Pb 易于机械加工、熔点低($327.5 ℃$)、密度高、抗腐蚀,其切削面有金属光泽,但在空气中会很快生成暗灰色的碱式碳酸铅氧化膜[$3PbCO_3 \cdot Pb(OH)_3$]。Pb 能缓慢溶解在非氧化性稀酸中,也易溶于稀硝酸中,加热时溶于盐酸和硫酸,在有氧存在下还能溶于醋酸。大多数的铅化合物都难溶于水,易溶于水的铅盐有硝酸铅和醋酸铅等,含 Pb 的盐类多能水解。Pb 的原子外层轨道有 4 个价电子,其中 2 个 s 电子、2 个 p 电子,它们常与电负性较大的元素的原子共用电子形成共价键。Pb 的氢氧化物有两性,既能形成含 PbO_3^{2-} 和 PbO_2^{2-} 的盐,也能生成含 Pb^{4+} 和 Pb^{2+} 的盐,这两种形式的盐都能水解。在水溶液中,Pb 与配位体反应时,会显示出硬酸和软酸之间的性质。Pb 能与含硫、氮和氧原子的有机配体生成中等强度的螯合物。Pb(Ⅳ)有较强的氧化性,如 PbO_2 在酸性介质中可将 Cl^- 氧化成单质氯,还可以将 Mn^{2+} 氧化成红色的 MnO_4^-。

Pb 常通过消化道和呼吸道进入人体,液体中的 Pb 化合物也可通过皮肤接触进入人体,是作用于人体全身各系统和器官的有毒元素。它可与体内一系列蛋白质、酶和氨基酸中的官能团(如巯基 SH)结合,干扰机体许多方面的生化和生理活动,引起中毒。Pb 中毒主要累及神经、造血、消化和心血管等系统及肾脏,能引起贫血、末梢神经炎、运动和感觉异常、损伤小脑和大脑皮层细胞、干扰代谢活动、导致营养物质和氧气供应不足。幼儿大脑受 Pb 的损害比成人敏感得多。Pb 中毒对心血管和肾脏的损害常表现为细小动脉硬化。Pb 中毒对消化系统的损害,可引起肝脏肿大、黄疸,直至肝硬化或坏死。

二、汞(Hg)

Hg 在环境中的循环如图 2-1 所示。冶金、化工、制药、仪表制造、电气、木材加工、造纸、油漆颜料、纺织和炸药等都可能是环境水体中 Hg 的污染源。化学工业中使用 Hg 的行业主要有水银法电解制碱工业,有机 Hg 农药生产和以 Hg 的化合物为催化剂、定位剂的有机合成工业等。

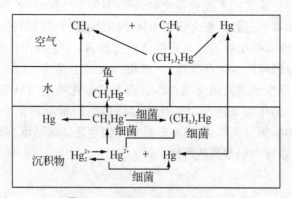

图 2-1　Hg 在环境中的循环图

Hg 是常温下唯一呈液态的金属(熔点－38.9 ℃),具有很大流动性,并能溶解多种金属生成汞齐。Hg 的氧化还原电位较高,并具有较大的挥发性(蒸气压见表 2-1)。各种无机汞化合物挥发性强弱顺序:$Hg > Hg_2Cl_2 > HgCl_2 > HgS > HgO$。在 25 ℃时,元素 Hg 在纯水中的溶解度为 60 $\mu g/L$,在缺氧水体中约为 25 $\mu g/L$。水溶性的汞盐有氯化汞、硫酸汞、硝酸汞和氯酸汞等。有机汞化合物中,乙基汞(HgEt$_2$)和乙基氯汞(EtHgCl)不溶于水,乙酸苯基汞(PhHgAc)(Et—、Ph—分别为乙基、苯基)微溶于水,乙酸汞[Hg(Ac)$_2$]具有最大溶解度。此外,Hg^{2+}易在水体中形成配合物,其配位数一般为2和4。

表 2 - 1　Hg 的蒸气压

温度/℃	0	10	20	30	40	50
蒸气压/Pa	0.025	0.065	0.160	0.371	0.810	1.689

Hg 的无机化合物毒性较小,但其有机化合物毒性很大。例如,Hg 的苯基化合物具有一定毒性,Hg 的烷基化合物则是有毒物质,如甲基汞。甲基汞中毒首见于 20 世纪 50 年代日本有名的水俣病事件。汞及其化合物能通过呼吸道及经消化道和皮肤的吸收进入人体。Hg 脂溶性强,能在人体内蓄积,主要作用于神经系统、肝、肾、心脏和胃肠道。汞中毒症状表现为口齿不清、手脚麻木、面部痴呆、耳聋眼瞎,最后精神失常,昏迷致死。侵入胎盘的甲基汞能导致后代变异,引起胎儿畸形。另外,Hg 对鸟类及水生脊椎动物也有危害作用。

作为汞排放大国,中国汞减排目标的设定对于全球汞减排至关重要,中国也因此成为全球汞公约谈判的重要国家。国际控汞行动要求中国应实施汞减排战略,推进中国的汞减排与其绿色发展战略相衔接,这不仅会使中国在保护环境和人体健康方面受益,也将使中国在国际贸易方面占据主动地位。

三、镉(Cd)

Cd 在自然界中多以硫镉矿存在,并常与锌、铅、铜、锰等矿共存。Cd 在工业中一般作为不锈钢的原料或催化剂等,在化工生产、石油炼制方面,主要用它作催化剂。在水体中,一般分为水溶性 Cd 和非水溶性 Cd 两大类。水溶性 Cd 能被作物所吸收,危害比较大;非水溶性 Cd 不溶于水,不易迁移,不易被植物所吸收。但两者在一定条件下会发生相互转化。

Cd 是银白色有光泽的金属,质地柔软、抗腐蚀、耐磨,加热即会挥发,其蒸气可与空气中的氧结合形成氧化镉。Cd 易溶于稀硝酸,能在盐酸中逐渐溶解,在稀或冷的硫酸中不溶解,但溶于热的浓硫酸。Cd 易与许多含软配位原子(S、Se、N)的有机化合物形成中等稳定的络合物,特别是能与含巯基的氨基酸类配位体螯合。因此,Cd 类化合物具有较大脂溶性、生物富集性和毒性,容易在动植物和水生生物内蓄积。

Cd 一般通过呼吸道和消化道进入人体,与机体中各种含巯基的酶结合,从而抑制酶的活性和生理功能。Cd 在肾、肝中蓄积,能导致肾损坏、肾结石、肝损坏及贫血等。长期饮用受 Cd 污染的水和食物或吸入含 Cd 的烟尘可导致骨痛病。Cd 进入骨骼中会引起骨质软化,骨骼变形,严重时自然骨折,以致死亡。口服硫酸镉量达到 30 mg 可致死。大量吸入 Cd 蒸气可引起气管炎、支气管炎以及肺水肿、肺气肿,并有致癌、致畸作用。此外,水溶性 Cd 很容易通过土壤转移到蔬菜、作物中去,间接引起人畜中毒。灌溉水含 Cd 浓度超过 4 mg/L 即影响水稻等作物成长。Cd 在水中质量浓度达到 0.1 μg/L 以上时,就能使

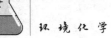

鱼类及其他水生生物死亡。

四、铬(Cr)

Cr 是在环境中分布广泛的元素,在地球上多以铬铁矿或铬酸铅矿存在。Cr 是不锈钢的主要原料。在化学工业中,Cr 一般用于重铬酸盐和 Cr 颜料的制造,废弃物中多为 Cr^{6+}。在石油化工生产中,Cr 一般作为阻蚀剂、催化剂等,废水中则含有 Cr^{3+}。Cr 在潮湿的空气中是稳定的,具有抗腐蚀的性质。Cr 化合物通常有三种形式,即+2 价、+3 价和+6 价的化合物,较常见的为+6 价和+3 价 Cr。Cr^{2+} 在空气中可迅速地被氧化成 Cr^{3+}。Cr 常见的氧化物有 Cr_2O_3 和 CrO_3。常见的铬酸盐 Na_2CrO_4、K_2CrO_4 及重铬酸盐 Na_2CrO_7、K_2CrO_7 是强氧化剂。+3 价和+6 价 Cr 在一定条件下又可以相互转化。在天然水体中,在有机物和还原剂的作用下,+6 价 Cr 可以被还原成+3 价 Cr。因此,在缺氧条件下,Cr 一般以+3 价形式存在,而在富氧时+6 价 Cr 较为稳定。

金属 Cr 和 Cr^{2+} 的毒性较小,Cr^{3+} 和 Cr^{6+} 的毒性大。其中,Cr^{6+} 对人的毒性比 Cr^{3+} 要大 100 倍,但对鱼的毒性小于 Cr^{3+}。Cr 对消化道和皮肤具有强烈刺激和腐蚀作用,能引起黏膜损害、接触性皮炎;对呼吸道也能造成损害,有致癌作用;对中枢神经系统有毒害作用,并能在肝、肾、肺中蓄积,慢性中毒时可引起胃肠道炎症及肺、肾、肝脏疾病,腐蚀内脏,进入血液后,能使血红细胞携氧机能产生障碍,发生内窒息。另外,+3 价或+6 价的 Cr 化合物对水体中的动植物均有致死作用。水中含 Cr 的质量浓度为 20 mg/L 时,可使鱼类死亡。含 Cr 废水能影响小麦、玉米等作物的生长,而且影响作物对其他化学元素的吸收。

五、砷(As)

As 在化学元素周期表中与磷(P)同族,砷位于磷的下一个周期,两者化学性质相近,所以砷很容易被细胞的磷吸收通道吸收,导致中毒。无机砷中三价砷氧化物(As_2O_3)毒性较大,大于五价砷化合物,如 $NaAsO_3$,三价砷的硫化物毒性不大,如雄黄(As_4S_4)和雌黄(As_2S_3)。在生物体内砷价数可互相转变。大多数有机砷化合物在生物体内特别是水生生物体内表现为无毒,但有些有毒,甚至剧毒。在氧化还原电位值适中、pH 呈中性的水中,As 主要以 H_3AsO_3 为主;但在中性或弱酸性富氧水体环境中,以 $H_2AsO_4^-$、$HAsO_4^{2-}$ 为主。砷与汞类似,被吸收后容易跟硫氢根或双硫键结合而影响细胞呼吸及酶活性,甚至使染色体发生断裂。

岩石风化、土壤侵蚀、火山作用以及人类活动,都能使 As 进入环境。As 可被颗粒物吸附、共沉淀而沉积到水体沉积物或土壤中。水生生物能很好富集水体中无机 As 和有机 As。水体无机 As 还可被环境中厌氧细菌还原,产生甲基化,形成有机 As。甲基砷、二甲基砷的毒性仅为砷酸钠的 0.5%,As 的生物有机化过程,是自然界 As 的解毒过程。

第二节 氰化物、氟化物、稀土元素污染

一、氰化物

氰化物,主要指氰化钠和氰化钾这两大化工产品,多见于黄金生产和电镀等行业产生的含氰废水。其他一些行业在生产产品过程中也伴随产生不同浓度的含氰废水,从环境工程和生物安全角度考虑应尤其重视含氰废水除毒处理问题。

1. 氰化物的种类及其危害

氰化物是指化合物分子中含有氰基(CN—)的物质。根据与氰基连接的元素或基团是有机物还是无机物,把氰化物分成有机氰化物和无机氰化物两大类。无机氰化物包含配体氰化物和氰化物配合物,如 HCN、NaCN、KCN、NH_4CN、$Ni(CN)_4^{2-}$、$Ag(CN)_2^-$、$Au(CN)_2^-$、$Fe(CN)_6^{3-}$ 等。

氰化物对温血动物和人的危害较大,特点是毒性大、作用快。CN—进入人体后便生成氰化氢,作用极迅速。暴露在含低浓度(0.005 mg/L)氰化氢的空气中,短时间内会引起头痛、不适、心悸等症状。暴露在含高浓度(>0.1 mg/L)氰化氢的空气中,能使人在很短的时间内死亡。在中等浓度时,人在 2～3 min 内会出现初期症状,大多数情况下,在 1 h 内发生死亡。

氰化物对植物也有危害作用。以 1 mg/L 以下氰化物污水灌溉,小麦、水稻生长发育正常;浓度为 10 mg/L 时,水稻开始受害,产量为对照组的 78%,小麦受害不明显;浓度为 50 mg/L 时,水稻和小麦都明显受害,且水稻受害更为严重,产量仅为对照组的34.7%,小麦为对照组的 63%。

2. 氰化物污染来源

我国生活饮用水和地面水水质要求一样,总氰化物最高允许浓度为 0.05 mg/L,渔业水质要求总氰化物最高允许浓度为 0.005 mg/L,农田灌溉用水与工业"三废"排放标准也一样,最高允许浓度为 0.5 mg/L。

超标排放造成氰化物污染。氰废水除了来源于氰化物自身生产过程以外,还来自氰化物的直接应用领域,如氰化提金、电镀、金属加工等。也有部分来自生产其他产品的过程中,如化肥厂、煤气制造厂、焦化厂、钢铁厂、农药厂、化纤厂等化学工业。由于工业性质的不同,排出的含氰废水的性质、成分也不相同。即使同种工业产生的废水,可能含氰化物的量也相差很大。例如,氰化法提金工艺,此方法可以从原矿或是精矿为原料提取黄金,产生的废水含氰化物浓度相差很大。

3. 含氰废水处理方法

处理含氰废水方法有很多,主要有碱氯化法、酸化回收法、二氧化硫-空气氧化法、电化学法、活性炭吸附催化氧化法、过氧化物氧化法、硫化亚铁法、生物化学法、离子交换法、

自然净化法、臭氧氧化法、乳化液膜法和加压水解法等。目前,最常用的方法是碱氯化法和酸化回收法。普遍采用的碱氯化法是用漂白粉或液氯等在碱性介质中水解生成具有强氧化性的次氯酸根(ClO^-),从而将氰化物氧化成氰酸盐。如果废水中有足够的ClO^-,氰酸盐则继续被氧化成二氧化碳和氮气,从而将氰根的毒性解除。这种方法工艺简单,但操作时逸出氯气刺激较大。酸化回收法是含氰废水在酸性条件下,氰根容易解析、挥发出氰化氢,进一步用碱液吸收。酸化回收法适合处理含氰量较高的废水,但投资大,多需要二次处理,成本高。

二、氟化物

污染环境的氟化物可来自冶金工业的炼铝、炼钢,化学工业的磷肥和氟塑料生产,硅酸盐工业的砖瓦、陶瓷、玻璃、耐火材料的生产。浙江、广东、江苏和山东等省份曾多次发生大面积的蚕桑氟污染中毒事件和其他许多人畜植物氟污染中毒事件,就是由砖瓦厂排出的氟化物造成的,其经济损失之大,在国内外实属罕见。人类地方性氟中毒流行病广泛发生于亚洲、欧洲、美洲、非洲和澳洲。我国除上海市外,其余省市都有本病流行。以下阐述环境中氟化物的迁移和转化及其对人体、动物、植物的污染生态效应。

1. 环境中氟化物的来源及其地球化学特征

(1) 氟的环境背景值

氟的环境背景值、存在形态及其生物效应,除了取决于其基本性质外,还体现了地质大循环、生物小循环以及人类活动的综合作用及其强度。

地壳岩石圈平均含氟量大约为 625 mg/kg。岩浆岩中,超基性橄榄岩或纯橄榄岩中,氟的平均含量为 390 mg/kg,基性喷出岩(如玄武岩)中氟平均含量变化在 180~540 mg/kg,酸性花岗岩中氟含量较高,含量变化在 520~4 550 mg/kg。沉积岩和变质岩中氟的平均含量分别为 493 mg/kg 和 374 mg/kg。世界土壤平均含氟量在 200~620 mg/kg 不等。摩洛哥土壤含氟量极高,为 410~12 630 mg/kg,平均为 2 785 mg/kg。中国 4 093 个不同土壤(A 层)样品平均含氟量为 478 mg/kg,最小为 50 mg/kg,最大为 3 467 mg/kg。

空气中平均含氟量为 0.04~1.2 mg/m³,水中平均含氟量为 0.1~1 mg/L,植物的平均含氟量为 1~15 mg/kg,海洋含氟 0.4~0.9 mg/L,陆地动物骨的含氟 1 000 mg/kg 左右。

(2) 氟化物污染来源

环境中氟化物污染的主要来源是钢铁、制铝、磷肥、玻璃、陶瓷、砖瓦产业等。工业和燃煤过程中排放出含氟"三废"。工业过程排放的含氟"三废"主要是使用冰晶石、萤石、磷矿石和氟化氢(HF)的企业排放的,电解铝企业以冰晶石为电解质,以 NaF、CaF_2、AlF_3 为添加剂,在高温下电解过程中产生 HF 和 SiF_4 气体及含氟粉尘,每生产 1 t 铝要排放15 kg HF,8 kg 氟尘,2 kg SiF_4。磷肥工业以磷灰石为原料(含氟 1%~3.5%),生产过程中含氟量的 12%~13% 以 SiF_4 气体排出。

某些地区由于地质异常也可引起氟污染。自然环境中氟异常主要在火山地区,含氟矿床区和干旱、半干旱的沙漠和草原地区。我国有一条由黑龙江三肇地区,经吉林、辽宁、河北、山西、陕西、宁夏、甘肃河西走廊、青海柴达木盆地,到西藏盐湖地区的自然富氟地区,在南方也有一些局部富氟地区。

（3）土水系统中氟的化学平衡

① 氟的形态及生物有效性

土水系统中氟的形态一般可分为：水溶态、可交换态、铁锰氧化物态、有机束缚态和残余固定态等。其中，水溶态氟和可交换态氟对植物、动物、微生物及人类有较高的有效性。

② 氟的沉淀溶解平衡

在土壤中，氟多以难溶化合物的形式存在于土壤矿物中，这些矿物包括萤石、氟镁石和冰晶石以及 $AlF_3(s)$ 和 $FeF_3(s)$ 等，系土壤中存在的较为稳定的含氟矿物。特别当土壤 pH 大于 5.0 时，这些含氟矿物非常稳定。而 $KF(s)$、$NaF(s)$、$CdF_2(s)$、$Hg_2F_2(s)$、$CuF_2 \cdot 2H_2O(s)$ 等含氟矿物的溶解度是比较高的，在土壤中是不会长久存在的。

从外界输入土壤中的 F^- 能与 Ca^{2+}、Ba^{2+} 和 Mg^{2+} 等生成不溶性胶体氟化物沉淀到土壤中，这就容易造成大量氟在土壤表层积累。这种沉淀作用是可逆的，一旦土壤条件发生变化，它就会溶解出来，重新转化为 F^-。

③ 配位解离平衡

在一些富铝化的酸性土壤中，由于存在着大量的游离 Al^{3+}，F^- 会发生以下络合反应。一些研究也表明，在 pH<6.0 的酸性土壤中，Al 与 F 的络合物（AlF_3、AlF_4^-、AlF^{2+}、AlF_2^+）为土壤溶液中氟的主要形态。

当土壤溶液中不存在 Al^{3+} 和 Fe^{3+} 等游离离子，氟具有使土壤中经常出现的层状硅酸盐和铁、铝氧化物这些矿物晶格解体，并把晶格内的 Al^{3+} 和 Fe^{3+} 带入土壤溶液的能力：

$$Al(OH)_3 + 6MF \longrightarrow M_3AlF_6 + 3MOH$$
$$Fe_2O_3 + 10MF + 3H_2O \longrightarrow 2M_2FeF_5 + 6MOH$$

在土壤溶液中存在的一些低分子有机配位体，包括动、植物组织的天然降解产物，如氨基酸、羧酸、碳水化合物、低级醇和酚类物质等，可与金属氟络合物阳离子（如 FeF_2^+、AlF_2^+ 等）形成复杂的络合物。这种作用有利于这些中间络合产物和一些不稳定氟络合物的稳定作用。

土壤中氟离子的络合反应对于它的生物有效性的维持是十分重要的，因为这种氟络合物对生物是高度或中度有效的，它的形成也不利于 F^- 沉淀反应的进行，而有利于土壤中存在的一些含氟矿物向溶解方向转化。

④ 吸附解吸平衡

土壤溶液中的氟除了与土壤中的某些金属离子发生反应而沉淀外，还可被土壤中的铁铝氧化物、黏土矿物和有机大分子吸附而失去活性。

⑤ 酸碱反应

从外界输入土壤溶液中的 HF，遇水会发生部分解离。土壤溶液中存在的 F^- 或金属的氟络合物，如果遇到强酸物质或 H^+，则会发生氟的质子化或金属氟络合物的解离反应。当土壤受到酸性物质（如酸雨、酸性废水）的污染，会促使上述络合反应向络合物解离的方向进行而释放出 F^- 或 HF。酸碱反应还反映在土壤 pH 对氟的吸附行为及其动态平衡发生方面的作用。

2. 土-水-气-食物链中氟化物的迁移和积累与地方性氟流行病

氟是动物和人体必需的微量元素，故土壤环境中氟含量过低就会导致饮用水和食物中氟的缺乏,从而进一步影响人和大动物牙齿的生长和龋齿的发生。反之,当土壤环境中氟过量,则土壤中的氟通过进入地表水和地下水造成水源性氟中毒,通过食物链传递到动物或人体后造成氟中毒。

10万年前山西省阳高县许家窑人就患有氟斑牙。20世纪30年代,Churchill等证明氟斑牙与饮用水中氟含量过多有因果关系;1932年,Molar等人报道了瑞典冰晶石厂工人的氟骨症。工业性氟骨症又称工业性氟病,是由于长期接触过量的无机氟化物所致,是以骨骼改变为主的全身性疾病,多发于冶金、磷肥、冰晶石矿、农药、玻璃和用到氟氢酸等厂矿的工人。由于氟和氟化物进入人体后,能迅速与钙离子结合成氟化钙或氟磷灰石沉积于骨质中,从而导致骨骼发生病理性改变。

(1) 地方性氟骨症的发病机理

过量氟对人体的作用机制一般认为有以下三个方面:① 影响钙、磷代谢。过量的氟进入人体后,与钙结合生成氟化钙,沉积在骨组织中,使骨密度增加,骨质硬化。血钙减少,刺激甲状旁腺功能增强,促进溶解,加速骨吸收。还能抑制肾小管对磷的重吸收,尿磷增高,使磷大量丢失。氟在骨组织中的沉积,主要通过氟与骨组织中羟基交换,形成氟磷灰石而沉积在骨骼中,从而破坏了正常的骨质代谢。② 抑制酶的作用。进入体内的氟超过生理需要时,就与钙、镁生成难溶性化合物,使许多酶受到抑制,从而使机体物质代谢及生理功能发生障碍。③ 对其他系统的影响。过量氟能影响中枢神经系统的正常活动,引起记忆减退、精神不振、失眠等。

(2) 氟对畜禽健康的影响

土-水-气中含氟量高时,导致植物等食物链(饲料)中氟超标,是畜禽氟中毒的主要原因。

3. 土-水-气中氟的迁移、积累与植物氟毒效应

气态氟化物(HF、SiF_4)具有很强的植物毒性,比SO_2毒性大20多倍。即使氟浓度很低,但植物通过长期暴露,经叶片积累过量氟而产生毒害作用。

植物叶片对氟的吸收和积累具有伤害作用。氟化物对作物生长和产量的影响:氟化物对植物伤害分为可见伤害和不可见伤害,叶片失绿将明显影响植物的产量和品质。在不失绿的情况下,无可见伤害症状对植物生长也有影响。

氟伤害植物机理一般认为是过量氟抑制一些酶的活性,特别是与生物体能量代谢有关的烯醇化酶。两价离子在生物体内是多种酶和辅酶的重要组成部分,氟与Ca^{2+}、Mg^{2+}等两价金属离子作用,从而影响了酶的活性。此外,一些报道认为氟化物过量,使体内氟化物积累过高,喜钙植物易形成CaF_2,喜硅植物易形成氟硅化物积累。除了前述生理生化问题外,植物输导组织系统也会受到伤害,如通道被阻塞,导致水分和养分运输受阻,部分组织变褐干枯。

土壤氟对植物影响方面的研究,不如大气氟对植物影响研究得多,因为在受氟污染的土壤上植物吸收氟也是有限的。

4. 土-水-气中氟的迁移、积累与蚕桑氟化物污染

排气氟企业或工厂排出大量气态氟化物,对其周围的桑蚕产业会带来严重危害。轻者造成茧产量下降、品质下降;重者粒茧无收。世界各地都曾发生蚕氟中毒事件。意大利阿迪

杰炼铝厂附近自 1929 年投产不久,就发现蚕受害中毒,主要原因是蚕叶受炼铝厂气氟污染,蚕食用含过量氟桑叶中毒发病。日本在 1975 年前,桑蚕氟中毒也相当普遍和严重。

我国广东此类问题出现最早,随后江苏、浙江、山东、四川等省蚕茧主要产区,都先后出现过蚕氟中毒,问题普遍且相当严重,至今气氟过高仍然威胁桑蚕产业。

5. 环境中氟污染的防治对策

环境中氟污染的防治,重要的是控制污染源,治理含氟"三废",使之达到环境质量标准。

(1)地方性氟中毒病防治对策

降低总氟摄入量,使成人每天摄入不超过 4 mg 为宜。地方性氟病的防病原则是减少机体对氟的吸收,促进氟从机体排泄,增加钙吸收。对机体功能影响较重的患者实施手术治疗。畜禽氟中毒防治与上类似。

(2)蚕桑氟中毒防治措施

杭嘉湖地区,气氟含量升高主要是由于大量分散的砖瓦窑排出的大量气态、尘态和气溶胶态氟化物。降低大气氟浓度是最有效地防止桑叶氟积累的措施。在一定程度上降低氟中毒,缓解氟中毒症状。浙江农业大学蚕学系曾试用过多种解氟剂,如发现铝、硼化合物在低浓度时有一定的解氟效果。

(3)含氟三废治理措施

对于采用氟化物作原材料的工业企业,有必要研究少用或不用氟化物的新工艺流程,减少氟排放总量。对于燃煤或以黏土为主要原料如水泥、砖瓦、陶瓷、电力等工业部门,尽量选用低氟含量的煤和黏土,加入固氟剂,使氟尽可能多地保留在成品或煤渣中,以减轻对环境污染。

三、稀土元素

稀土元素是镧系元素(Ln,不包括人工合成放射性元素钷,共 14 种)以及与镧系在地球化学上共生的钇(Y)的总称。一些研究中,同属第三副族的钪(Sc)也被视为稀土元素;Sc^{3+} 离子半径显著小于 Y^{3+} 和 Ln^{3+},Sc^{3+} 与后者的地球化学、环境学性质差异也较大。La、Ce、Pr、Nd、Sm、Eu 被称为轻稀土,因离子半径大又被称为类 Ca 稀土元素;Gd、Tb、Dy、Ho、Er、Tm、Yb、Lu、Y 被称为重稀土,因离子半径小又被称为类 Al 稀土元素。由于稀土元素与锕系元素都位于元素周期表的ⅢB族,自然环境中二者经常共生。锕系元素均为放射性元素,除钍和铀为天然放射性元素外,其他均为人造放射性元素,一些稀土矿会含有锕系元素而带有较强的放射性。

稀土元素的光、电、磁性能优异,被广泛应用于冶金机械、石油化工、电子信息、能源交通、国防军工和高新材料等领域。其中,稀土农用是我国独创。

近年来,国际社会对稀土,尤其是重稀土的需求量不断增加。中国成为世界上稀土资源最丰富的国家,中国 2/3 的省区发现稀土矿床。中国是世界上唯一可以大量供应不同品种及品级稀土产品的国家,在世界稀土市场占有支配和主导地位。稀土矿的大规模开采导致了日益严重的生态环境问题,稀土矿的露天开采需大量砍伐地表植被,造成矿区生态环境的破坏和水土流失,也使得稀土元素进入环境的通量加大。

目前,关于稀土元素是否是必需的营养元素,没有明确结论。稀土不仅具有增加作物产量、改善作物品质、提高植物光合作用、促进根系活力、促进对矿质营养元素的吸收等植物生理效应,还具有减轻病虫害、酸雨、重金属、臭氧与紫外辐射、农药等对植物损害的作用和提高植物抗逆性的环境生态效应。稀土元素的生理或环境生态效应呈现明显的"低促高抑"现象,有学者认为稀土是必需营养元素可以解释这一现象,毒物刺激作用即Hormesis 效应也可解释。

无论稀土元素是营养元素还是毒物,过量稀土元素进入环境、食物链、人体,将为环境生态健康埋下隐患。具体影响表现在以下几个方面。

1. 对土壤环境的影响

稀土与重金属元素同样具有土壤吸附性强、移动性差、滞留时间长和不能被微生物降解的特点。只是重金属离子属于软酸,亲硫离子等软碱;而稀土元素属于硬酸,亲氧离子等硬碱,它们对于环境中物质的亲和性与亲和力有一定差异。比如,土壤在淹水状态下,氧化还原电位降低,会产生大量硫离子,这样重金属离子(如 Cd^{2+})的活性会相应降低而被稳定化,但是对于稀土元素的稳定化效果有限。

外源稀土进入土壤后,绝大部分滞留在土壤表层。稀土在土壤环境长期积累会对土壤生态系统的功能和粮食生产安全产生潜在的负面影响,进而危及人类健康。稀土微肥大面积、长期使用,会导致外源稀土不断在土壤等环境中积累。稀土矿藏资源的开采过程对土壤环境中稀土元素含量的增加也具有显著影响。

2. 对水生生态系统的影响

稀土元素主要通过稀土工业废弃物,如稀土尾矿、矿区尾水排放、含稀土的工业废水排放等途径进入水环境。稀土作为农药及饲料添加剂,也会进入水环境,对水生生态系统产生危害。

3. 对大气环境的影响

例如,我国白云鄂博稀土矿采用露天开采的方式,每处理1吨稀土矿约产生六万立方米的焙烧废气,伴有氟化物、SO_2、硫酸酸雾等污染。在稀土矿的露天开采过程中,尾矿渣所含的大量放射性核素还会造成局部大气放射性污染。

4. 对自然景观的破坏

稀土矿的露天开采工艺主要有露天开采工艺、池浸、原地浸矿和堆浸工艺,会对自然景观造成很大破坏。比如,露天开采工艺需要剥离覆盖在矿床上部及其周围的大量表土岩石,并将其运送到专门设置的排土场,在对矿床上部地表植被造成严重破坏的同时,对排土场的地表植被也造成了破坏。原地浸矿工艺无须开挖山体,对生态环境和地表植被的破坏小,但技术难度较大,且容易造成稀土浸出液泄漏,使稀土回收率大幅度降低,同时污染地下水。

5. 对人体及动植物体健康的影响

稀土农用和稀土饲料添加剂在畜牧业上的应用,也使得越来越多的稀土元素通过食物链进入人体。长期食用含有高浓度稀土元素的食物可能对人体健康产生长期、潜在的生物效应。比如,调查表明稀土矿区农民头发中稀土含量明显高于非稀土矿区,稀土污染地区儿童智商明显低于对照地区。

另外,稀土氯化物会削弱大鼠的空间能力和记忆力,还会伤害小鼠肝细胞细胞核和线粒体。La 可较显著地抑制土壤中蚯蚓的纤维素酶活性和过氧化氢酶活性,高浓度的 La 可强烈抑制蚯蚓的生长。一定浓度的稀土会抑制莴苣、西红柿、黄瓜、生菜等作物对营养物质的吸收与植株生长。

第三节 营养元素污染

营养元素包含氮(N)、磷(P)、碳(C)、氧(O)和微量元素如铁(Fe)、锰(Mn)、锌(Zn)等生物必需元素。

一、氮(N)

1. 铵盐、硝酸盐和亚硝酸盐来源

铵盐、硝酸盐和亚硝酸盐是环境中常见的三类含氮污染物。废弃有机物氨化和化石燃料燃烧过程中产生的 NH_3、NO_x 经转化后汇入地表水,土壤施肥流失至水体,以及生活污水和工业废水的排放都会造成这类物质的水体污染。在未经处理的生活污水中,蛋白质及其局部降解产物构成有机氮化合物,它们会相继发生氨化、亚硝化和硝化等反应。

$$RCHNH_2COOH + O_2 \longrightarrow NH_3 + O_2 \longrightarrow HNO_2 + O_2 \longrightarrow HNO_3$$

由 $NH_4^+ - NH_3$ 形成的共轭酸碱对在水溶液中具有如下的平衡关系:

$$NH_3 + H_2O \Longrightarrow NH_4OH \Longrightarrow NH_4^+ + OH^-$$

在 pH<8 的天然水体中,主要存在对鱼类等水生生物无毒的 NH_4^+,而当碱性污水排入水体或藻类等原因使水体 pH 上升时,NH_3 浓度增大,会形成对水生生物有害的生态环境。水中的硝酸盐是氮循环的中间产物,在天然水体中的浓度不高。过度施肥或长时间用生活污水灌溉农田会积聚大量硝酸盐,并通过农田排水、土地渗滤等途径转入地面水或地下水体。

2. 铵盐、硝酸盐和亚硝酸盐性质

常温下的 NH_3 是无色、有刺激性臭味,且较为稳定的气体,其沸点为 −33.4 ℃,易溶于水。吸入少量 NH_3 对人体无害,可通过代谢作用从尿和汗中排出。当空气中 NH_3 浓度达到 280 mg/L 左右时会感受到明显的刺激作用,超过 1 000 mg/L 会对人体产生严重危害,甚至致命。在近中性土壤中的氨呈 NH_4^+,可被土中具有阳离子交换基团的胶粒滞留。人体摄入过量硝酸盐后,经肠道中厌氧微生物作用转变成亚硝酸盐产生毒性作用。亚硝酸盐不仅会将正常的低铁血红蛋白氧化成高铁血红蛋白,使之失去携氧作用,而且还会与仲胺类物质反应生成致癌的亚硝胺类物质。

3. 关于硝酸盐积累问题

植物通过根部从土壤吸收的氮素,大部分为硝态氮,一部分为铵态氮,除水稻外,大多

数植物以硝态氮为主要形态。硝酸根离子进入植物体内后迅速被同化利用,所以积累的浓度不高,一般在 100 ppm 以内,但一定植物种类的部位和生育期,可达 1‰ 以上的高浓度,含高浓度硝酸盐的植物被动物食用后,硝酸盐或硝酸盐产生的亚硝酸盐对动物产生毒害。相对地,硝酸盐本身对哺乳动物是无害的,但是被还原成亚硝酸盐时,易与血红素中的亚铁离子结合生成高铁离子,从而降低血液携带氧的能力,导致高铁血红蛋白血症,引起窒息和死亡,这种死亡事件在欧洲和美国都曾有过报道。

硝酸盐通过饮用水进入哺乳动物体内,可能是由于水源中有硝酸盐自土壤渗滤而进入,硝酸盐含量超过 45 ppm 的水就不适合作为饮用水。烹调过的植物性食品暴露于空气以后,可通过空气中的细菌将硝酸盐还原为亚硝酸盐,通过肠道微生物区系(特别是婴儿由于胃液酸度较低及肠功能不正常时容易产生亚硝酸盐),甚至通过植物本身内部酶的作用也可使硝酸盐还原成亚硝酸盐。人类亚硝酸盐中毒的问题是可以避免的,采用的办法主要是监测饮用水中硝酸盐的含量,并对敏感的作物在生长期使用低量氮肥;同时注意对已烹调的蔬菜(菠菜、南瓜、胡萝卜等)不贮存在室温环境下,保证作物中硝酸盐含量不超过 300 ppm;特别注意不把危险性较大的食品给不满 6 个月的婴儿食用。此外,家畜摄入含硝酸盐的饲料有可能引起中毒症状和流产现象。亚硝酸盐在食品中甚至在人体内与有机化合物相结合形成亚硝基化合物,其中有些亚硝基化合物是强烈致癌物。硝酸盐问题在环境科学中十分重要。

4. 氮肥的其他环境问题

(1) 形成光化学烟雾

氮氧化物能导致野生动物的呼吸疾病,使一些植物受伤害,降低产量。在光化学烟雾的形成上,它也具有重要作用,它可以生成游离氧,游离氧与分子氧作用,形成臭氧,臭氧与碳氢化合物,特别是含有双键的碳氢化合物,经一系列作用生成过氧乙酰基硝酸酯。虽然光化学烟雾主要是汽车废气的作用,但氮肥在土壤中的一系列变化过程,产生氮氧化物,与光化学烟雾也有一定关系。

(2) 破坏臭氧层

肥料氮在反硝化作用下,形成氮和氧化亚氮,释放到空气中。氧化亚氮不易溶于水,可以达到平流层的臭氧层,与臭氧作用,生成一氧化氮,使臭氧层遭到破坏。据了解,农业上使用的氮肥料,在十年后,有 1%~6% 成为氧化亚氮放出,并使臭氧减少 2%。臭氧层集中于离地面 20 km 以上的高空,对维持平流层能量平衡、掩护地球免受太阳紫外线的强烈照射等方面有着重要作用。臭氧减少导致紫外线加强,不仅对蔬菜、果树、绿化植物有危害,也能使人畜的皮肤损伤增多,进一步致畸、致癌,还会破坏平流层能量平衡使气候异常或造成大面积自然灾害。

(3) 水体富营养化

水体富营养化是指生物所需的 N、P 等营养物质大量进入湖泊、河口、海湾等缓流水体,引起藻类及其他浮游生物迅速繁殖,水体溶解氧量下降,鱼类及其他生物大量死亡的现象。通常使用 N/P 值大小来判断湖泊的富营养化状况。当 N/P 值大于 100 时,属贫营养湖泊状况;当 N/P 值小于 10 时,则认为属富营养状况。研究表明,对于湖泊、水库等封闭性水域,当水体内无机态总氮含量大于 0.2 mg/L,PO_4^{3-}-P 的浓度达到 0.02 mg/L 时,就有可能引起藻华现象。

二、磷

磷肥施到土壤后易被固定,应用^{32}P示踪研究石灰性土壤磷素的形态及有效性表明,水溶性磷肥施入土壤后,有效性随时间的延长而降低,在两个月内有2/3变成不可提取态磷(Olsen法),其主要形态是Ca_8-P、Al-P、Fe-P型磷酸盐。磷在土壤中扩散移动极弱,$H_2PO_4^-$离子在土壤中扩散系数为$0.5×10^{-8}~1.0×10^{-8}$ cm^2/s,相当于NO_3^-离子扩散系数的千万分之一或万分之一。磷在土壤中迁移一般主要集中在表土层,较难穿透较厚的土层。据英国洛桑试验站进行的100多年的研究结果表明,磷的移动每年不超过$0.1~0.5$ mm,它只能从施肥点向外移动$1~3$ cm的距离。作物对磷肥的利用率很低,通常情况下当季作物只有5%~15%,加上后效一般也不超过25%,所以约占施肥总量75%~90%的磷滞留在土壤中。长期而过量地施用磷肥,易导致农田耕层土壤处于富磷状态,从而可通过径流等途径加速磷向水体迁移的速度。据估计全世界每年大约有$3×10^6~4×10^6$ t的P_2O_5从土壤迁移到水体中。农田磷流失的途径是磷肥料等通过农田排水和地表径流的方式进入地表水体,并对水体造成污染。

农田氮、磷的损失程度取决于当地的降雨情况(降雨强度、降雨时间和降雨分布)、施肥状况(种类、时间、数量)、地形地貌特点、植被覆盖条件、土壤条件和人为管理措施等多种因素。

控制磷流失的措施和方法有合理施肥、改进施肥方法、提高肥料利用率、加强水肥管理、实施控水灌溉、采用适宜的土地利用方式、防止土壤溶出和侵蚀以及人工湿地在农业面源污染控制中的应用。

第四节 放射性元素

1. 放射性元素与同位素

核素是指具有一定数目质子和一定数目中子的一种原子。核素有稳定和不稳定两种,不稳定核素在放出α、β、γ等射线后,会转变成稳定核素。**同位素**是指具有相同质子数,不同中子数的同一元素的不同核素,它们互为同位素。不稳定核素被称为放射性同位素。没有稳定性核素(同位素)的元素称为放射性元素。

天然放射性元素指最初是从天然产物中发现的放射性元素。它们是钋、氡、钫、镭、锕、钍、镤和铀。人工放射性元素指通过人工核反应合成而被鉴定的放射性元素,是锝、钷、镅、锫、锎、锿、镄、钔、锘、铹,以及原子序数不低于104的元素。

2. 主要核灾难事件

核辐射的危害程度与辐射类型、强度和照射时间密切相关。1945年8月6号和9号,美国分别在日本广岛和长崎投下原子弹。目前,两座城市的辐射水平完全正常,除了当年被"黑雨"淋过的部分地区土壤放射性略高外,当年的核爆已经没有明显的环境影响了。切尔诺贝利核电站事故是 1986 年 4 月 26 日发生在乌克兰苏维埃社会主义共和国的普里皮亚季市。核反应堆全部炸毁,大量放射性物质泄漏,成为核电时代以来最大的事故。福岛核事故是 2011 年 3 月 11 日因日本东北部的太平洋地区发生里氏9.0 级地震,继而海啸,导致福岛第一核电厂放射性物质泄漏到外部。该事故与切尔诺贝利核事故同级。目前,切尔诺贝利和福岛核电站核心区域都被划为人类禁区。

贫铀是从金属铀中提炼核材料铀 235 得到的副产品,主成分是放射性较弱的铀 238,故称贫化铀,简称贫铀。含有铀 238 的硬质合金为主要原料制成的炮弹和枪弹被称为贫铀弹。贫铀炸弹的使用极大地破坏当地生态环境,可能使战后重建工作雪上加霜,特别是贫铀弹爆炸时形成的粉尘被人和动物吸入后会对身体造成严重伤害,尤其是对尚处在发育期的儿童影响更大。

3. 环境天然辐射

地表与大气中的辐射,来源于岩石、土壤、建筑物材料、水和空气中的放射性元素。主要有铀、钍、镭和它们的子体以及放射性核素 ^{40}K 等。铀、钍在地壳中呈高度分散状态存在,它们没有像铁矿那样高含量的矿藏,常和其他金属矿及非金属矿共生。同时,铀、钍系元素在地球各处都有微量存在,一般土壤天然铀含量约在百万分之几(10^{-6} g/g),镭又是铀的几百万分之一(10^{-12} g/g)。

土壤中钍含量大体和天然铀水平相当。这些天然放射性元素在土壤中的含量变化,主要取决于成土母岩的性质和土壤类型。一般火成岩、花岗岩比沉积岩(石灰石、白垩)含有的天然铀、钍要高。土壤中有天然放射性元素铀、钍、镭,所以土壤空气含有它们的放射性子体氡气,浓度一般为 2×10^{-10} Ci/L。一般地下坑道、矿井空气中有较高浓度的氡。

天然钾在地壳中广泛存在,天然钾中约有 0.012% 的钾同位素 ^{40}K。^{40}K 具有 β 放射性,半衰期为 13 亿年。土壤中 ^{40}K 的放射性强度比 ^{238}U 和 ^{232}Th 平均高一个数量级。所以^{40}K 是构成天然辐射的重要来源。

^{87}Rb、^{115}In、^{138}La 等二十多种天然放射性核素也存在于土壤中。地表土壤、岩石中含有多种天然放射性元素,随着刮风、降水、地表地下水的冲刷,溶解和搬运,势必将土壤和岩石中的天然放射性元素转入到大气和水体。大气中的天然放射性,主要是氡与氡子体。空气中的氡浓度在时间和空间上经常有较大的变化。一般凌晨最高,午后最低,一年内以冬春季为高而夏秋季偏低。室内空气氡浓度高低和室内的通风状况有着明显的关系。

陆地空气中氡浓度多在 $4\times10^{-14}\sim4\times10^{-13}$ Ci/L,海平面上要低 1~2 个数量级。水体中含有铀、钍、镭、氡、^{40}K、^{3}H 等多种天然放射性元素。海洋水中天然铀的浓度相当均匀,为 $2\sim3.7$ μg/L。淡水中铀的浓度变化很大,范围为 $0.024\sim200$ μg/L。世界各地海洋表面水中 ^{226}Ra 含量相对恒定,约为 0.05 pCi/L。淡水中 ^{226}Ra 变化很大,典型值约在 $0.01\sim1$ pCi/L。

水中氡浓度变化范围大,地面水氡含量可低于 1 pCi/L,也可高于 5×10^{5} pCi/L。地下水中典型浓度为每升几个毫微居里。

空气、水、土壤中的天然放射性元素都可随着新陈代谢过程进入动植物体内。因此,各种粮食、蔬菜、水果、奶类、肉类等物质都能检出一定量的放射性元素。人生活在天然环境中,通过呼吸空气、摄取食物和饮水等途径,使环境中的天然放射性元素进入体内,从而增加了人体内的放射性元素含量。

第五节 持久性有机污染物

持久性有机污染物(Persistent Organic Pollutants,POPs)指人类合成的能持久存在于环境中,通过生物食物链(网)累积,并对人类健康造成有害影响的化学物质。它具备五种特性:长期残留性、生物蓄积性、高毒性、半挥发性和长距离迁移性。

广义的 POPs 是指具有这五种特性的有机污染物,而狭义的 POPs 一般指"斯德哥尔摩公约"所限制的那些有机污染物。

2001 年,"斯德哥尔摩公约"公布了首批 12 种 POPs,分别是艾氏剂、狄氏剂、异狄氏剂、滴滴涕、六氯苯、七氯、氯丹、灭蚊灵、毒杀芬、多氯联苯、多氯代二苯并-对-二噁英(PCDDs)、多氯代二苯并呋喃(PCDFs)。2009 年公布了 9 种(α-六氯环己烷、β-六氯环己烷、林丹、十氯酮、五氯苯、六溴联苯、四溴二苯醚和五溴二苯醚、六溴二苯醚和七溴二苯醚、全氟辛基磺酸及其盐类和全氟辛基磺酰氟)。2011 年公布了 1 种(硫丹)。2013 年公布了 1 种(六溴环十二烷)。2015 年公布了 3 种(五氯苯酚及其盐类和酯类、六氯丁二烯、多氯萘)。2017 年公布了 2 种(十溴二苯醚、短链氯化石蜡)。至 2017 年总共为 28 种,这个名单目前仍然在不断增加。

通常用污染物在环境中消失一定百分率所需的时间作为判断其持久性的指标。如消失 50% 所需的时间称为**半衰期**($t_{1/2}$)。"斯德哥尔摩公约"附件 D 对持久性的规定是"在水中的半衰期大于 2 个月,在土壤中的半衰期大于 6 个月或在水体沉积物中的半衰期大于 6 个月"。

持久性有机污染物的生物积累性是由于它们具有低水溶性、高脂溶性的特性。可以被生物有机体在生长发育过程中直接从环境介质或从所消耗的食物中摄取并积蓄。生物积累的程度可以用生物浓缩系数来表示。某种化学物质在生物体内积累达到平衡时的浓度与所处环境介质中该物质浓度的比值叫作**生物浓缩系数**。各种化学物质的生物浓缩系数变化范围很大,与其水溶性或脂溶性有关。有人测定农药等多种有机化学物质的生物浓缩系数是其水溶性(S)或辛醇/水分配系数(K_{ow})的函数。"斯德哥尔摩公约"附件 D 对生物积累性的规定:"在水生物种中的生物浓缩系数或生物积累系数大于 5 000"。

持久性有机污染物具有远距离环境迁移的潜在能力,它们能在大气环境中长距离迁移并沉降回地球的偏远极地地区。判断在偏远极地地区一种物质是否存在的标准是该物质在水体中的质量浓度>10 ng/L。由于它们具有半挥发性,能够以蒸气形式存在或者吸附在大气颗粒物上,便于在大气环境中作远距离迁移,同时这种适度挥发性又使得它们不会永久停留在大气中,即能重新沉降到地球上。通常衡量这一特性的指标:在空气中的半

衰期大于 2 天;饱和蒸汽压在 0.01 kPa～1 kPa。

根据 Goldberg ED 最早提出的"全球蒸馏效应",加拿大科学家 Wania F 和 Mackay D 成功地解释了 POPs 从热温带地区向寒冷地区迁移的现象。从全球来看,由于温度的差异,地球就像一个蒸馏装置——在低、中纬度地区,由于温度相对高,POPs 挥发进入到大气;在寒冷地区,POPs 沉降下来,最终导致 POPs 从热带地区迁移到寒冷地区,也就是从未使用过 POPs 的南北极和高寒地区发现 POPs 存在的原因。在中纬度地区在温度较高的夏季 POPs 易于挥发和迁移,而在温度较低的冬季 POPs 则易于沉降下来,所以 POPs 在向高纬度迁移的过程中会有一系列距离相对较短的跳跃过程,这种特性又被称为"蚱蜢跳效应"(Grasshopper Effect)。此外,大气的稀释作用、洋流作用等也会将 POPs 由释放源带到从未使用过 POPs 的清洁地区。

第六节　有毒有机污染物

有毒有机污染物包括持久性有机污染物。20 世纪 80 年代以来发生的三大公害事件(即 1984 年印度博帕尔农药厂甲基异氰酸酯污染事件;1986 年瑞士一家化工厂爆炸,大量有毒化合物流入莱茵河的污染事件;1986 年苏联切尔诺贝利核电站泄漏爆炸事件)中有两起属于有机有毒化学品造成的严重污染事件。据统计,1990 年美国化学文摘登记的化学物质已近 10^7 种,并且还以每周 6 000 种的速度增加,其中 90% 以上是有机化合物。1930 年,有机化学品产量约 10^6 t,1985 年已达 2.5×10^8 t,平均每 7～8 年翻一番,现在其年产量已近 5×10^8 t。如此大量的有机化学品最终都将以各种形式进入环境,产生各种各样的环境效应,直接或间接地危及人体健康。其中,以对生态环境和人类健康影响最大的难降解的,有致癌、致畸、致突变作用的有机污染物环境行为最受人们关注。一般有毒有机污染物按化学结构可以分为以下几类。

一、有机卤代物

有机卤代物包括卤代烃、多氯联苯、多氯代二噁英、有机氯农药等,这里主要介绍卤代烃、多氯联苯和多氯代二苯并二噁英。

1. 卤代烃

卤代烃是通过天然或人为途径释放到大气中。由于天然卤代烃的年排放量基本固定不变,所以人为排放是当今大气中卤代烃含量不断增加的原因。

(1)卤代烃的种类及分布

对流层大气中存在的卤代烃及其寿命见表 2 - 2。表中前 6 种卤代烃占大气中卤代烃总量的 88%,其他卤代烃占 12%。由表中各卤代烃在大气中的寿命可以大体看出其对大气污染的贡献。如 CH_2Cl_2、$CHCl_3$、$CCl_2 = CCl_2$ 和 $CHCl = CCl_2$ 在大气中的寿命非常短,它们在对流层几乎能全部被分解,其分解产物可被降雨所消除。被卤素完全取代的卤代烃,如 CFC - 114(即 $CClF_2$—$CClF_2$)、CFC - 115(即 $CClF_2$—CF_3)和 CFC - 13(即 $CClF_3$),虽然只占对流层中卤代烃总量的 3%,但是它们具有相当长的寿命,它们对平流层氯的积累贡献不容忽视。

表 2 - 2　卤代烃在对流层中含量

名称	对流层聚积量 (Mt)	大气中的寿命 (年)
CH_3Cl	5.2	2~3
CCl_2F_2	6.1	105~169
CCl_3F	4.0	55~93
CCl_4	3.7	60~100
CH_3CCl_3	2.9	5.7~10
$CHClF_2$	0.9	12~20
CF_4	1.0	10 000
CH_2Cl_2	0.5	0.5
$CHCl_3$	0.6	0.3~0.6
CCl_2=CCl_2	0.7	0.4
CCl_3—CF_3	0.6	63~122
CH_3Br	0.2	1.7
$CClF_2$—$CClF_2$	0.3	126~310
$CHCl$=CCl_2	0.2	0.02
$CClF_2$—CF_3	0.1	230~550
CF_3CF_3	0.1	500~1 000
$CClF_3$	0.07	180~450
CH_3I	0.05	0.01
$CHCl_2F$	0.03	2~3
CF_3Br	0.02	62~112

注:表内所有数据均为 1980 年的水平。

(2) 主要卤代烃的来源

近年来,大气中卤代烃的含量不断增加,除少数天然源外,主要来源是其被大量合成用于工业制品等过程。这些产物的水解速率和冲刷清除速率还在研究之中。

一氯甲烷(CH_3Cl):天然源主要来自海洋,人为源主要来自城市汽车排放。

四氯乙烯可转化为三氯乙酰氯:

$$Cl_2C = CCl_2 + [O] \longrightarrow CCl_3COCl$$

(3) 平流层中的转化

进入平流层的卤代烃污染物,能受到高能光子的攻击而被破坏。例如,四氯化碳分子吸收光子后脱去一个氯原子。

$$CCl_4 + h\nu \longrightarrow CCl_3 + Cl$$

CCl_3 基团与对流层中氯仿的情况相同,能被氧化成光气(ClO_2)。随后产生的 Cl 不直

接生成 HCl,而是参与破坏臭氧的链式反应:

$$Cl \cdot + O_3 \longrightarrow ClO \cdot + O_2$$

O_3 吸收高能光子发生光分解反应,生成 O_2 和 O,O 再与 ClO 反应,将其又转化为 Cl:

$$O_3 + h\nu \longrightarrow O_2 + \cdot O \cdot$$
$$\cdot O \cdot + ClO \cdot \longrightarrow Cl \cdot + O_2$$

在上述链式反应中除去了两个臭氧分子后,又再次提供了除去另外两个臭氧分子的氯原子。这种循环将继续下去,直到氯原子与甲烷或某些其他的含氢类化合物反应全部变成氯化氢为止:

$$Cl \cdot + CH_4 \longrightarrow HCl + \cdot CH_3$$

HCl 可与 $\cdot$OH 自由基反应重新生成 Cl。这个氯原子是游离的,可以再次参与使臭氧破坏的链式反应,在氯原子扩散出平流层之前,它在链式反应中进出的活动将发生 10 次以上。一个氯原子进入链反应能破坏数以千计的臭氧分子,直至氯化氢到达对流层,并在降雨时被清除。

2. 多氯联苯(PCBs)

(1) 多氯联苯的结构与性质

多氯联苯是一组由多个氯原子取代联苯分子中氢原子而形成的氯代芳烃类化合物。由于 PCBs 理化性质稳定,用途广泛,已成为全球性环境污染物,而引起人们的关注。

联苯和多氯联苯的结构式如下:

联苯

多氯联苯
($1 \leqslant m+n \leqslant 10$)

按联苯分子中的氢原子被氯取代的位置和数目不同,从理论上计算,一氯化物应有 3 个异构体,二氯化物应有 12 个异构体,三氯化物有 21 个异构体。PCBs 的全部异构体有 210 个,目前已鉴定出 102 个。

PCBs 在各国的商品名各异,美国为 Aroclor,法国为 Phenochlor,德国为 Clophcn,日本为 Kcnechlor,苏联为 Sovol。美国还使用号码数字命名,即用开头两个数字代表多氯联苯分子类型,如 12 代表氯代联苯;用后两个数字代表氯的百分含量,如 Aroclor1242 表示一种含氯为 42% 的氯代联苯。

多氯联苯的纯化合物为晶体,混合物则为油状液体,一般工业产品均为混合物。低氯代物呈液态,流动性好,随着氯原子数增加,黏稠度也相应增大,而呈糖浆或树脂状。PCBs 的物理化学性质高度稳定,耐酸、耐碱、耐腐蚀、耐热和抗氧化,对金属无腐蚀和绝缘性能好,加热到 1 000～1 400 ℃才完全分解。除一氯、二氯代物外,均为不可燃物质。

PCBs 难溶于水,如 Aroclor1254 在水中的溶解度为 53 $\mu g/L$。纯多氯联苯的溶解度,在很大程度上取决于分子中取代的氯原子数,随氯原子数的增加,溶解度降低,如表 2-3 所示。

表 2-3 不同多氯联苯在水中的溶解度(25 ℃)

多氯联苯	溶解度($\mu g/L$)
2,4′-二氯联苯	773
2,5,2′-三氯联苯	307
2,5,2′,5′-四氯联苯	38.5
2,4,5,2′,5′-五氯联苯	11.7
2,4,5,2′,4′,5′-六氯联苯	1.3

常温下 PCBs 的蒸汽压很小,属难挥发物质。但 PCBs 的蒸汽压受温度的影响很大,例如在 150 ℃时,PCBs1254 的蒸汽压为 50 Pa。研究证明,PCBs1254 在 26 ℃时,每天每平方厘米挥发损失量为 2×10^{-6} g,其挥发损失量与时间呈明显的相关性。在 60 ℃时,它每天每平方厘米的挥发量为 8.6×10^{-5} g,其挥发损失量与时间呈线性相关,即随时间增长而增大,如图 2-2 所示。PCBs 的蒸汽压还与其分子中氯的含量有关,氯含量越高,蒸汽压越小,其挥发量越小。

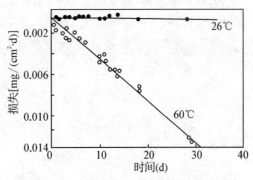

图 2-2 PCBs1254 挥发损失与时间的关系

(2) 多氯联苯的来源与分布

PCBs 被广泛用于工业和商业等方面已有 40 多年的历史。它可作为变压器和电容器内的绝缘流体;在热传导系统和水力系统中作介质;在配制润滑油、切削油、农药、油漆、油墨、复写纸、粘胶剂、封闭剂等中作添加剂;在塑料中作增塑剂。

由于多氯联苯挥发性和水中溶解度较小,故其在大气和水中的含量较少。如美国大气中 PCBs 浓度通常在 1～10 ng/L。PCBs 在水中最大残留量很少超过 2 ng/L。近期报道的数据表明,在地下水中发现 PCBs 的概率与地表水中相当。此外,由于 PCBs 易被颗粒物吸附,故在废水流入河口附近的沉积物中,PCBs 含量可高达 2 000～5 000 $\mu g/kg$。

水生植物通常可从水中快速吸收 PCBs,其富集系数为 1×10^4～1×10^5。通过食物链的传递,鱼体中 PCBs 的含量约在 1～7 mg/kg 范围内(湿重)。在某些国家的人乳中也检出一定量的 PCBs,如表 2-4 所示。

表 2-4 某些国家人乳中 PCBs 含量(mg/L)

国家	美国	英国	德国	瑞典	日本
PCBs 含量	0.03	0.06	0.013	0.016	0.08

(3) 多氯联苯在环境中的迁移与转化

PCBs 主要在使用和处理过程中,通过挥发进入大气,然后经干、湿沉降转入湖泊和海洋。转入水体的 PCBs 极易被颗粒物吸附,沉入沉积物,使 PCBs 大量存在于沉积物中。虽然近年来 PCBs 的使用量大大减少,但沉积物中的 PCBs 仍然是今后若干年内食物链污染的主要来源。

多氯联苯由于化学惰性而成为环境中的持久性污染物,它在环境中的主要转化途径是光化学分解和生物转化。

① 光化学分解:Safe 等人研究了 PCBs 在波长为 280～320 nm 的紫外光下的光化学分解及其机理,认为由于紫外光的激发使碳氯键断裂,产生芳基自由基和氯自由基,自由基从介质中取得质子,或者发生二聚反应。他们还观察到 $2,2',6,6'$ 邻位上氯碳键断裂会优先发生,这是由于联苯分子的共轭平面几何结构在受光激发后,氯原子的空间效应破坏了联苯的平面结构,使其激态分子变得不稳定。邻位碳氯键断裂后,恢复了联苯分子的共轭平面结构,故邻位碳氯键优先断裂。

PCBs 的光化学分解过程及主要产物以 $2,2',4,4',6,6'$-六氯联苯为例说明(图 $2-3$)。

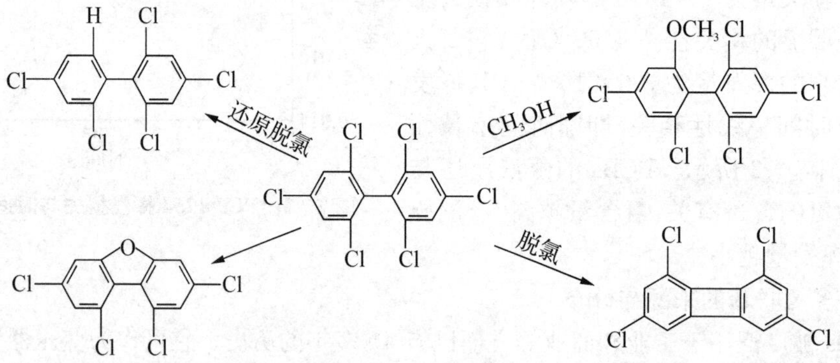

图 2-3　PCBs 的光化学分解过程及主要产物($2,2',4,4',6,6'$-六氯联苯)

PCBs 的光解反应与溶剂有关,如 PCBs 用甲醇作溶剂光解时,除生成脱氯产物外,还有氯原子被甲氧基取代的产物生成;而用环己烷作溶剂时,只有脱氯的产物。此外,PCBs 光降解时,还发现有氯化氧芴和脱氯偶联产物生成。

② 生物转化:经研究表明 PCBs 的细菌降解顺序为联苯＞PCBs1221＞PCBs1016＞PCBs1254。从此可以看出从单氯到四氯代联苯均可被微生物降解。高取代的多氯联苯不易被生物降解。有研究认为,多氯联苯的生物降解性能主要决定于化合物中碳氢键数量。相应的未氯化碳原子数越多,也就是含氯原子数量越少,越容易被生物降解。

另外,研究发现,从活性污泥中分离出来的假单胞菌种 7509 降解 PCBs1221 的速度比单纯用污水降解快 10 倍。而且该菌种即使在 4 ℃时也可氧化降解 PCBs1221,氮、磷营养物的存在不影响微生物的降解。

PCBs 除了能在动物体内积累外,还能通过代谢作用发生转化。其转化速率随分子中

氯原子的增多而降低。含四个氯以下的低氯化 PCBs 几乎都可被代谢为相应的单酚,其中一部分可进一步形成二酚,如:

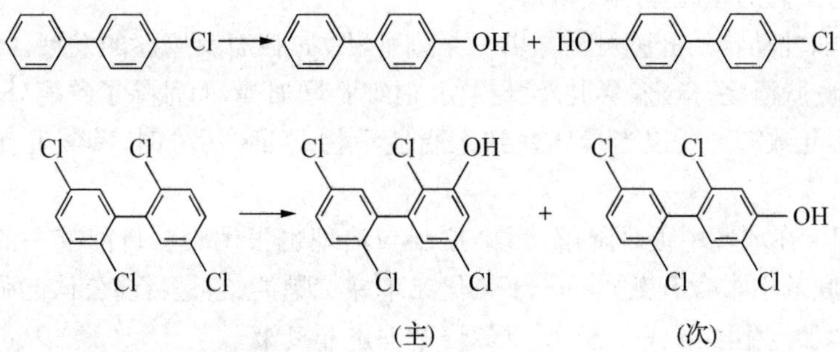

含五氯或六氯的 PCBs 同样可被氧化为单酚,但速度相当慢。含七个氯以上的高氯 PCBs 则几乎不被代谢转化。

此外,PCBs 代谢物中还发现了除酚以外的多种物质。如 2,5,2′,5′-四氯联苯在兔子尿中的代谢物,除单酚以外,还发现有反式 3,4-二氢二酚,它可能是由环氧化物经过水解而来的。其可能的反应过程如图 2-4 所示。

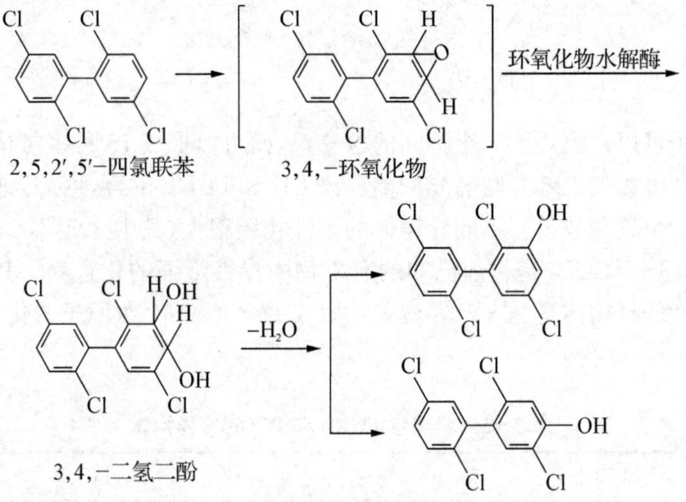

图 2-4　PCBs 代谢物部分反应过程

(4) 多氯联苯的毒性与效应

水中 PCBs 浓度为 $10 \sim 100\ \mu g/L$ 时,便会抑制水生植物的生长;浓度为 $0.1 \sim 1.0\ \mu g/L$ 时,会引起光合作用减少;而较低浓度的 PCBs 就可改变物种的群落结构和自然海藻的总体组成。不同 PCBs 对不同物种的毒性不同,如 PCBs1242 对淡水藻类显示出特别的毒性。

大多数鱼种在其生长的各个阶段对 PCBs 都很敏感。黑头鲸鱼与 PCBs1260 接触 30 天,其半致死量为 $3.3\ \mu g/L$,而与 PCBs1248 接触 30 天,其半致死量为 $4.7\ \mu g/L$。尽管在 PCBs 浓度为 $3\ \mu g/L$ 时仍可繁殖,但其第二代鱼只要接触低含量 PCBs($0.4\ \mu g/L$)便会死亡.

鸟类吸收 PCBs 后可引起肾、肝的扩大和损坏,内部出血及脾脏衰弱等症状。PCBs 还可使水中的家禽的蛋壳厚度变薄。

PCBs 对哺乳动物的肝脏可诱导出一系列症状,如腺瘤及癌症的发展。PCBs 进入人体后,可引起皮肤溃疡、痤疮、囊肿及肝损伤、白细胞增加等,而且除了致癌外,还可以通过母体转移给胎儿致畸。所以当母体受到亲脂性毒物 PCBs 污染时,其婴儿比母体遭受的危害更大。

由于 PCBs 在环境中很难降解,污染控制与治理也很困难。目前唯一的处理方法是焚烧,但多氯联苯中常含有杂质——多氯代二苯并二噁英(它是目前公认的强致癌物质),焚烧多氯联苯会产生多氯代二苯,所以焚烧处理也非良策。

3. 多氯代二苯并二噁英和多氯代二苯并呋喃

(1) 多氯代二苯并二噁英(PCDD)和多氯代二苯并呋喃(PCDF)的结构与性质

多氯代二苯并二噁英和多氯代二苯并呋喃是目前已知的毒性最大的有机氯化合物。它们是两个系列的多氯化物。其结构式如下:

$$\underset{\text{PCDD}}{} \qquad \underset{\text{PCDF}}{}$$

由于氯原子可以占据环上 8 个不同的位置,从而可以形成 75 种多氯代二苯并二噁英异构体和 135 种多氯代二苯并呋喃异构体。PCCD 和 PCDF 的毒性强烈地依赖于氯原子在苯环上取代的位置和数量。不同异构体的毒性相差很大,其中 2,3,7,8-四氯二苯并二噁英(即 2,3,7,8-TCDD)是目前已知的有机物中毒性最强的化合物。其他具有高生物活性和强烈毒性的异构体是 2,3,7,8 位置被取代的含 4~7 个氯原子的化合物,如表 2-5 所示。

表 2-5　强毒性 PCDD 和 PCDF 的异构体

PCDD	PCDF
$2,3,7,8 - \text{TCDD}$	$2,3,7,8 - \text{TCDF}$
$1,2,3,7,8 - \text{P}_5\text{CDD}$	$1,2,3,7,8 - \text{P}_5\text{CDF}$
	$2,3,4,7,8 - \text{P}_5\text{CDF}$
$1,2,3,7,8,9 - \text{P}_6\text{CDD}$	$1,2,3,7,8,9 - \text{P}_6\text{CDF}$
$1,2,3,6,7,8 - \text{P}_6\text{CDD}$	$1,2,3,6,7,8 - \text{P}_6\text{CDF}$
$1,2,3,4,7,8 - \text{P}_6\text{CDD}$	$1,2,3,4,7,8 - \text{P}_5\text{CDF}$
	$2,3,4,6,7,8 - \text{P}_6\text{CDF}$
$1,2,3,4,6,7,8 - \text{P}_7\text{CDD}$	$1,2,3,4,6,7,8 - \text{P}_7\text{CDF}$
	$1,2,3,4,7,8,9 - \text{P}_7\text{CDF}$

由于 PCDD 和 PCDF 具有相对稳定的芳香环,并且其在环境中的稳定性、亲脂性、热稳定性以及对酸、碱、氧化剂和还原剂的抵抗能力随分子中卤素含量的增加而加大,使它们在环境中可以广泛存在。

(2) PCDD 和 PCDF 的来源与分布

PCDD 和 PCDF 主要是在某些物质的生产、冶炼、燃烧、使用、处理过程中进入环境。

① 苯氧酸除草剂:2,4,5-T 和 2,4-D 是主要用于森林的苯氧酸除草剂。其中含有 $0.02 \sim 5\ \mu g/g$ 的 2,3,7,8-TCDD 异构体,因此随着苯氧酸除草剂的使用,PCDD 进入了环境。在密林战争中,常用 2,4,5-T 作落叶剂的地方,曾出现过大量的死胎、胎盘肿瘤和畸形。

② 氯酚:PCDD 和 PCDF 是氯酚生产中的副产物。20 世纪 30 年代以来,氯酚被广泛用作杀菌剂、木材防腐剂,在亚洲、非洲和南美洲还用于血吸虫的防治。血吸虫病也在我国十多个省、市、自治区存在过,我国年产近万吨五氯酚钠。其中 PCDD 和 PCDF 的含量约在 $200 \sim 2\ 000\ mg/kg$,即使以 $1\ 000\ mg/kg$ 计算,每年进入环境的 PCDD 和 PCDF 的量可达 $10^6\ g$。由于它们强烈吸附于底泥中,所以 PCDD 和 PCDF 对土壤、水体底泥及生物的污染应引起重视。最近有分析测定了国产五氯酚钠中 PCDD 和 PCDF 的结果,表明含 2.3,7,8-TCDD 为 $0.05\ \mu g/g$。

③ 多氯联苯产品:1970 年在欧洲的 PCBs 产品中首次检测出 PCDF,并发现 PCBs 的毒性与 PCDF 的含量有关。进一步研究发现,PCDF 的浓度和异构体的比例随 PCBs 的类型与来源有所不同,其中 2,3,7,8-TCDF 是主要异构体。

④ 化学废弃物:在生产苯氧酸除草剂、氯酚、PCBs 的化学废渣中 PCDD 和 PCDF 含量更高。Hagenrain 等在分析氯酚钠废渣中,发现 PCDD 和 PCDF 的含量以百分数计。我国包志成、丁香兰等在分析五氯酚钠废渣中发现 PCDD 和 PCDF 的含量占残渣总量的 40%,毒性最大的 2,3,7,8-TCDD 含量高达 $400\ \mu g/g$。

⑤ 其他:近几年发现造纸废水中含有 2,3,7,8-TCDD,其浓度在每升纳克级甚至每升微克级,而在污泥中较高。

此外,工业化学废弃物和废汽车处理、钢铁冶炼以及木材燃烧都会产生少量 PCDD 和 PCDF。

PCDD 和 PCDF 在环境中的分布通常与特殊的工业排放和大量杀虫剂、除草剂的使用有密切关系。如 1976 年在意大利塞文斯工业区大气尘埃中测得 TCDD 浓度为 $0.06 \sim 2.1\ ng/g$;在美国密歇根州莱化工厂的大气尘埃中 TCDD 的含量为 $1 \sim 4\ ng/g$。在塞文斯莱化工厂附近土壤中 TCDD 的含量为 $1 \sim 120\ \mu g/kg$,在三氯苯酚厂附近土壤中 TCDD 的含量高达 $559\ \mu g/kg$,而该地区城市和农村土壤中的 TCDD 含量则低得多,分别为 0.03 和 $0.005\ \mu g/kg$。在北美安大略湖和伊利湖中 PCDD 的浓度一般低于 $1\ pg/L$,而在工业区水域中却发现相当高浓度的 PCDD。因为 PCDD 和 PCDF 在水中的溶解度很小,如 2,3,7,8-TCDD 在水中的溶解度为 $0.2\ \mu g/L$,所以大气颗粒物、土壤和沉积物是它们存在的主要场所。

(3) PCDD 和 PCDF 在环境中的迁移

地表径流及生物体富集是水体中 PCDD 和 PCDF 的重要迁移方式。在越南南部,由

于 2,4,5-T 的大量使用,西贡内陆河的鱼中 TCDD 的平均含量为 70～810 ng/kg(湿重)。在沿海的无脊椎动物和鱼中的含量分别为 420 和 180 ng/kg(湿重),鱼体对 TCDD 的生物浓缩系数为 5 400～33 500。

(4) PCDD 和 PCDF 在环境中的转化

光化学分解是 PCDD 和 PCDF 在环境中转化的主要途径,其产物为氯化程度较低的同系物。

TCDD 的光分解与环境条件有很大的关系。TCDD 光解除必须有紫外光外,一般还应有质子给予体和光传导层。例如,在水体悬浮物中或干(湿)泥土中,2,3,7,8-TCDD 的光分解由于缺乏质子给予体可以忽略不计,但是在乙醇溶液中,无论是以实验光源或自然光照射,TCDD 都可很快分解。

PCDD 是高度抗微生物降解的物质,仅有 5% 的微生物菌种能够分解 TCDD,其微生物降解半衰期为 230～320 d,而且与细菌有关。苯氧酸除草剂的微生物降解过程,见第五章第四节。

TCDD 在动物体内的代谢慢,其半衰期为 13～30 d。Guenthner 等认为在动物体内它被 P1-450(P-488)酶体系分解代谢为 TCDD 的芳烃氧化物,并很快与蛋白质结合,使其毒性变得更加剧烈。

Poiger 等发现大鼠可以使低于六个氯的 PCDF 发生代谢转化,主要是发生氧化、脱氯和重排反应。而对六和七氯代 PCDF 则不发生反应。

TCDD 在人体中的代谢与动物中不同。1968 年发生在日本的米糠油事件使上千人受到影响,米糠油中有 40 多种三-六氯代 PCDF,18 个月后分析病人的脂肪样品,PCDF 的大多数异构体已在采样期间消化和排泄掉,但留下的却是有毒的 2,3,7,8-TCDD,且它排泄速度非常慢,11 年后仍可检测到。

(5) PCDD 和 PCDF 的毒性及生物效应

2,3,7,8-TCDD 是已知的最毒的几种环境污染物之一,0.1 ng/L 即可抑制蛋的发育。例如,当鳄鱼暴露在含 TCDD 为 2～3 mg/kg 的饵料中 71 天后,平均死亡率高达 88%。PCDD 的同系物和衍生物对鱼类的毒性比 2,3,7,8-TCDD 小得多。

TCDD 对哺乳动物也具有毒性,表现出急性、慢性和次慢性效应。在急性发作期间,肝是主要受害器官。据 Dewse 研究,TCDD 的诱导作用比 3-甲基胆黄对芳烃羟化酶(AHH)的诱导作用要强 3×10^4 倍,AHH 所产生的化学中间体对寄生有机体是强烈致癌的。

二、多环芳烃

多环芳烃是一大类广泛存在于环境中的有机污染物,也是最早被发现和研究的化学致癌物。1930 年,Kennaway 首次提纯了二苯并[a,h]蒽,并确定了它的致癌性。1933 年,Cook 等从煤焦油中分离了多种多环芳烃,其中包括致癌性很强的苯并[a]芘。1950 年,Waller 从伦敦市大气中分离出了苯并[a]芘。后来人们又陆续分离、鉴定出多种致癌的多环芳烃。

1. 多环芳烃的结构与性质

多环芳烃(即 PAH)是指两个以上苯环连在一起的化合物。两个以上的苯环连在一起可以有两种方式:一种是非稠环型,即苯环与苯环之间各由一个碳原子相连,如联苯、联三苯等;另一种是稠环型,即两个碳原子为两个苯环所共有,如萘、蒽等。如图 2-5 所示。

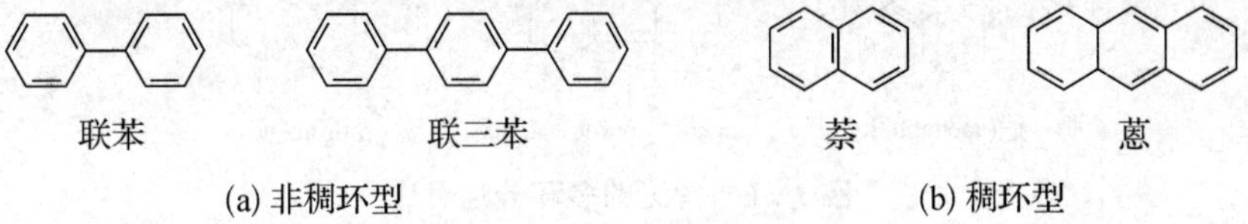

联苯　　　　　　　　联三苯　　　　　　萘　　　　　　蒽

(a) 非稠环型　　　　　　　　　　　(b) 稠环型

图 2-5　多环芳烃结构式

本小节介绍的多环芳烃都是含有三个苯环以上的稠环型化合物,确切的名称应叫作稠环芳烃或稠环烃。由于国内很多文献都把它们叫作多环芳烃,因而也沿用这个名称。

常见多环芳烃母体如图 2-6 所示。

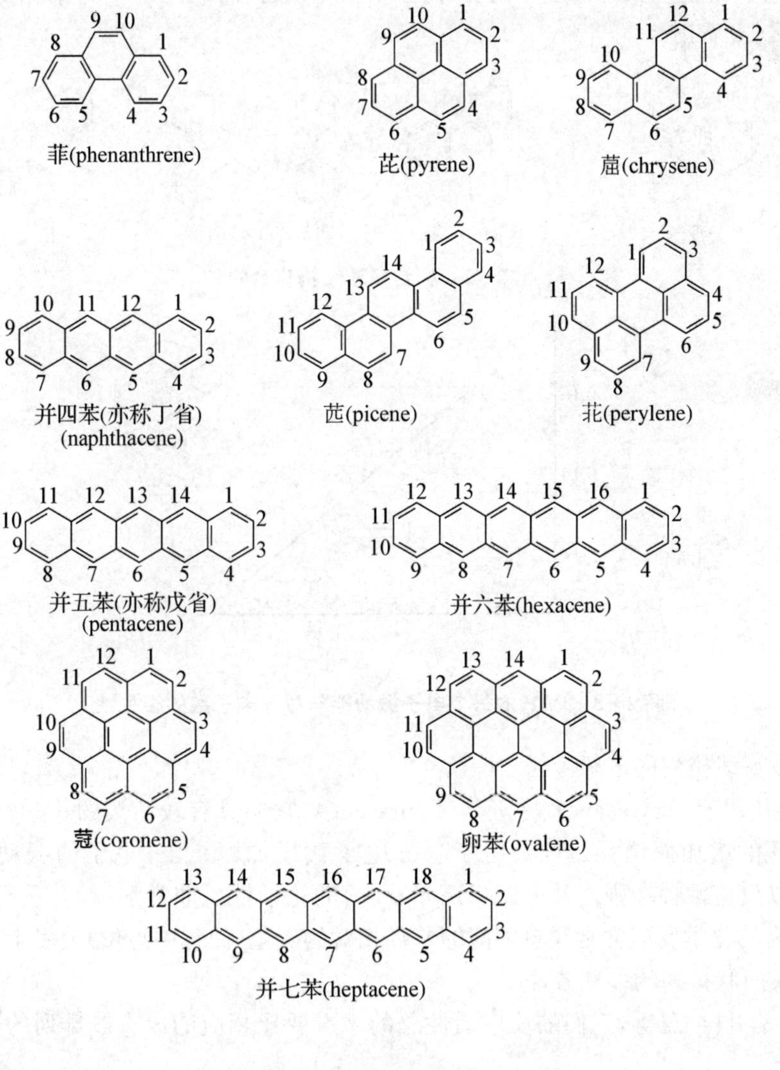

菲(phenanthrene)　　　　芘(pyrene)　　　　䓛(chrysene)

并四苯(亦称丁省)　　　　苉(picene)　　　　苝(perylene)
(naphthacene)

并五苯(亦称戊省)　　　　　　　　并六苯(hexacene)
(pentacene)

蔻(coronene)　　　　　　　　卵苯(ovalene)

并七苯(heptacene)

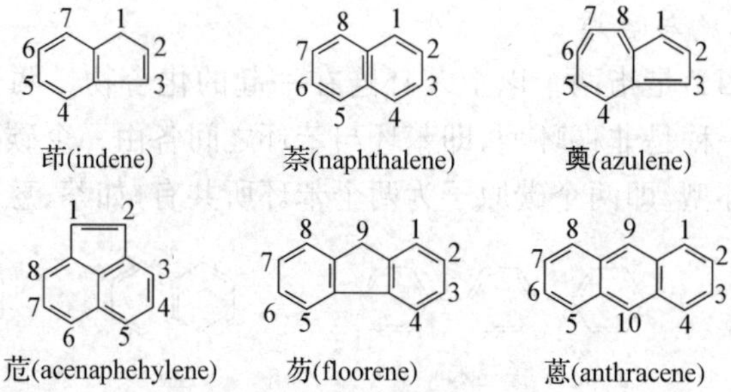

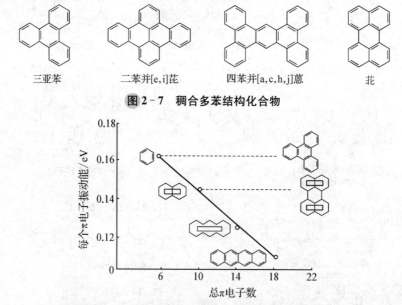

图2-6 常见的多环芳烃母体

多环芳烃的基本单位虽然是苯环,但其化学性质与苯并不完全相同,按其性质可分为下列几种。

(1) 具有稠合多苯结构的化合物

例如,三亚苯、二苯并[e,i]芘、四苯并[a,c,h,j]蒽等,它们具有与苯相似的化学性质,这说明 π 电子在这些多环芳烃中的分布是与苯类似的,而苉的性质与萘相似,这可从图 2-7 和图 2-8 看出。

图2-7 稠合多苯结构化合物

图2-8 PAH 的每个电子振动能与总 π 电子数的相关性

(2) 呈直线排列的多环芳烃

如蒽、并四苯(Tetracene)、并五苯(Pentacene),它们具有较活泼的化学性质,且反应活性随着环的增加而增强。这是由于总 π 电子数增加,每个 π 电子的振动能降低(图 2-8),所以反应活性增强。并七苯(Heptacene)的化学性质非常活泼,几乎得不到纯品。上述化合物的化学反应常常在蒽中间的苯环相对的碳位(简称中蒽位)上发生。

(3) 成角状排列的多环芳烃

如菲、苯并[a]蒽等,它们的反应活性总的来看要比相应的成直线排列的同分异构体小。它们在发生加合反应时,发生在相当于菲的中间苯环的双键部位,即菲的9,10位键(简称中菲键)上进行,如图2-9所示。

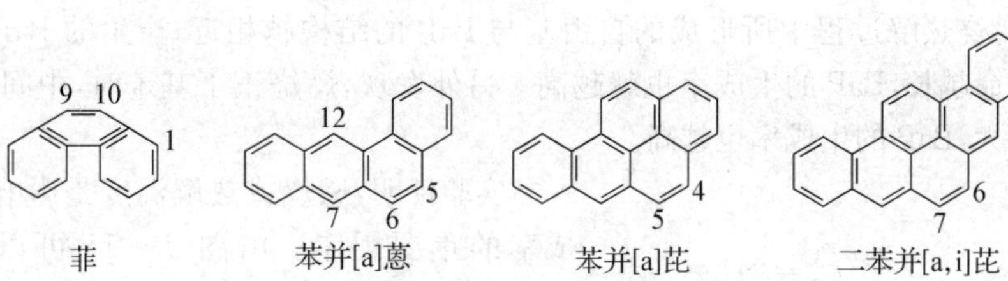

菲　　　　苯并[a]蒽　　　　苯并[a]芘　　　　二苯并[a,i]芘

图2-9　角状多环芳烃

含有四个以上苯环的角状多环芳烃,除了有较活泼的中菲键外,往往还存在与直线多环芳烃类似的活泼对位——中蒽位,如苯并[a]蒽的第7,12位(图2-9)。一些更复杂的稠环烃,如苯并[a]芘、二苯并[a,i]芘等也具有活泼的中菲键,但没有活泼的对位(图2-9)。这类多环芳烃中有不少具有致癌性。

2. 多环芳烃的来源与分布

(1) 天然源

在人类出现以前,自然界就已存在多环芳烃。它们来源于陆地和水生植物、微生物的生物合成,森林、草原的天然火灾以及火山活动,这些来源构成了PAH的天然本底值。由于细菌活动和植物腐烂所形成的土壤PAH本底值为 $100 \sim 1\,000\ \mu g/kg$。地下水中PAH的本底值为 $0.001 \sim 0.01\ \mu g/L$;淡水湖泊中的本底值为 $0.01 \sim 0.025\ \mu g/L$;大气中苯并芘(BaP)的本底值为 $0.1 \sim 0.5\ ng/m^3$。

(2) 人为源

多环芳烃的污染源很多,它主要是由各种矿物燃料(如煤、石油、天然气等)、木材、纸以及其他含碳氢化合物的不完全燃烧或在还原气氛下热解形成的。

在20世纪50～60年代,Bndger和Lang等研究证明,简单烃类和芳烃在高温热解过程中可以形成大量的PAH,如乙炔和萘等热解形成多环芳烃。Badger根据实验结果,提出了在热解过程中形成苯并[a]芘的机理,如图2-10所示。

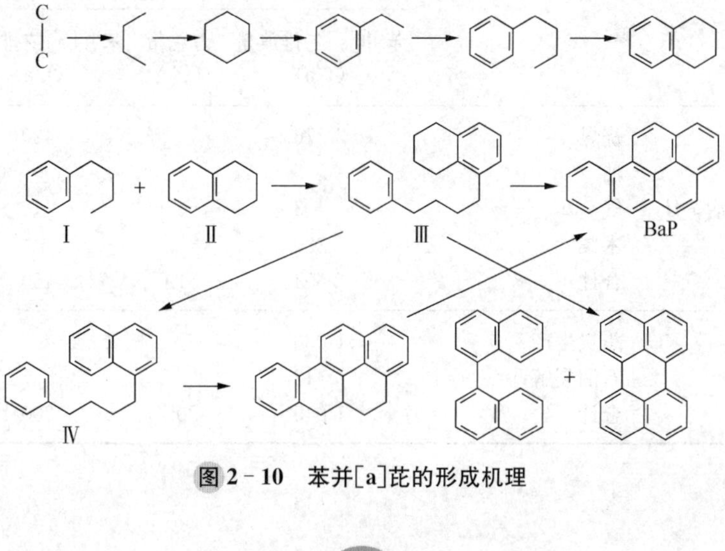

图2-10　苯并[a]芘的形成机理

上述机理是用放射性同位素示踪实验获得的结果,并从热力学的角度考察推断出来的。机理表明简单烃类(包括甲烷)在热解过程中产生的BaP是由一系列不同链长的自由基形成,在燃烧热解过程中所形成的自由基与BaP的结构越相近,产生的BaP就越多。自由基的寿命越长,BaP的生成率也就越高。另外发现,燃烧正丁基苯时,中间体Ⅱ、Ⅲ、Ⅳ的浓度增大,BaP的生成率也越高。

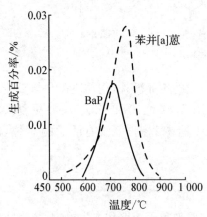

图2-11 燃烧正丁苯生成BaP和苯并[a]蒽的百分率与温度的关系

实验证明:燃烧或热解温度是影响PAH生成率的重要因素。由图2-11可以看出,在600~900 ℃燃烧正丁基苯可生成BaP,其中700~800 ℃生成率最高。

乏氧是生成多环芳烃的另一个重要条件,但乏氧并不是完全缺氧。有人在纯氮中进行焦化(800 ℃),结果所得的产物几乎全是联苯;而在少氧的条件下进行,则生成的产物有酚和一系列多环芳烃的混合物。

表2-6为全球和美国各行业排放苯并[a]芘的估计量,这种以BaP为代表说明多环芳烃的污染来源和污染量的数据,虽然不一定准确,但可以看出它的污染来源广泛,总量也是相当大的。应该特别指出的是家用炉灶排放的烟气中多环芳烃成分更多,污染更为严重,如表2-7所示。此外,烟草焦油中也含有相当数量的PAH。一些国家和组织,对肺癌产生的两个可能因素——吸烟和大气污染进行了调查研究,初步认为吸烟比大气污染对肺癌的增长具有更加直接的关系。用GC/MS分析烟草焦油中的多环芳烃种类有150多种,其中致癌性的多环芳烃有10多种,如苯并[a]芘、二苯并[a,j]蒽、苯并[b]荧蒽、二苯并[a,h]蒽、苯并[j]荧蒽、苯并[a]蒽等,如表2-8所示。

表2-6 全球和美国每年排放到大气中的苯并[a]芘估计量

来　源		全球		美国	
		苯并[a]芘排放量 (t/a)	占总量 (%)	苯并[a]芘排放量 (t/a)	占总量 (%)
工业锅炉和生活炉灶	烧煤	2 376		420	33.7
	油	5		—	
	气	3		—	
	木柴	220		40	3.2
	合计	2 604	51.6	460	36.9
工业生产	焦炭生产	1 033			
	石油裂解	12			
	合计	1 045	20.7	200	16.1

续 表

来 源		全球		美国	
		苯并[a]芘排放量 (t/a)	占总量 (%)	苯并[a]芘排放量 (t/a)	占总量 (%)
垃圾焚化及失火	商业及工业垃圾	69			
	其他垃圾	33			
	煤堆失火	680			
	森林失火及烧荒	520			
	其他失火	148			
	合计	1 350	26.8	563	45.2
机动车辆	卡车及公共汽车	29			
	轿车及其他车	16			
	合计	45	0.9	22	1.8
总计		5 044	100	1 245	100.0

表2-7 工业锅炉与家用炉灶排放的烟气中 PAH 的比较

单位:μg/m³

多环芳烃	家用炉灶	工业锅炉
吖啶	111	3.30
苯并[f]喹啉	57	96
苯并[h]喹啉	38	200
菲啶	32	200
苯并[a]吖啶	26	7.7
苯并[c]吖啶	15	18
茚并[1,2,3-ij]异喹啉	17	—
茚并[1,2,b]喹啉	24	0.17
二苯并[a,h]吖啶	17	0.12
二苯并[a,j]吖啶	2	0.15
蒽	780	250
菲	1 800	910
苯并[a]蒽	1 300	—
䓛	720	
荧蒽	2 900	
芘	2 200	1 400
苯并[a]芘	1 000	1 200
苯并[e]芘	500	1 200
苝	120	100
苯并[g,h,i]苝	760	740
蒽嵌蒽	190	45
晕苯	30	—
总计	12 639	6 370.44

表 2-8　烟草焦油中致癌性多环芳烃

PAH	μg/100 支	PAH	μg/100 支
苯并[a]蒽	0.3～0.6	苯并[b]荧蒽	0.3
䓛	4.0～6.0	苯并[j]荧蒽	0.6
1-,2-,3-及 6-甲基䓛	2.0	茚并[1,2,3-cd]芘	0.4
5-甲基䓛	0.06	二苯并[a,i]芘	痕量
二苯并[a,h]蒽	0.4	二苯并[a,l]芘	痕量
苯并[a]芘	3.0～4.0	二苯并[c,g]咔唑	～0.07
2-甲基荧蒽	0.2	二苯并[a,h]吖啶	0.01
3-甲基荧蒽	0.2	二苯并[a,j]吖啶	0.27～1.0
苯并[c]菲	痕量		

此外,据研究,食品经过炸、炒、烘烤、熏等加工之后也会生成多环芳烃。如北欧冰岛人胃癌发生率很高,与居民爱吃烟熏食物有一定的关系,当地烟熏食物中苯并[a]蒽的含量有的每千克高达数十微克,如表 2-9 所示。

表 2-9　烟熏食品中苯并[a]芘含量

食品	苯并[a]芘含量 (μg/kg)	食品	苯并[a]芘含量 (μg/kg)
香肠、腊肠	1.0～10.5	烤牛肉	3.3～11.1
熏鱼	1.7～7.5	油煎肉饼	7.9
烤羊肉	1～20	直接在火上烤肉排	50.4
烤禽鸟	26～99	烤焦的鱼皮	5.3～760

3. 多环芳烃在环境中的迁移、转化

由于 PAH 主要来源于各种矿物燃料及其他有机物的不完全燃烧和热解过程。这些高温过程(包括天然的燃烧、火山爆发)形成的 PAH 大都随着烟尘、废气被排放到大气中。释放到大气中的 PAH 总是和各种类型的固体颗粒物及气溶胶结合在一起。因此,大气中 PAH 的分布、滞留时间、迁移、转化、进行干湿沉降等都受其粒径大小、大气物理和气象条件的支配。在较低层的大气中直径小于 1 μm 的粒子可以滞留几天到几周,而直径为 1～10 μm 的粒子最多只能滞留几天,大气中 PAH 会通过干、湿沉降进入土壤、水体以及沉积物中,并进入生物圈,如图 2-12 所示。

多环芳烃在紫外光(300 nm)照射下很易光解和氧化,如苯并[a]芘在光和氧的作用下,可在大气中形成 1,6-醌苯并芘、3,6-醌苯并芘和 6,

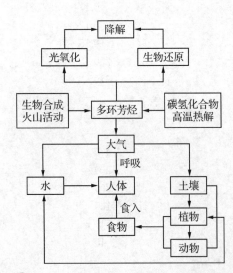

图 2-12　多环芳烃在环境中的迁移、转化

12-醌苯并芘,如图 2-13 所示。

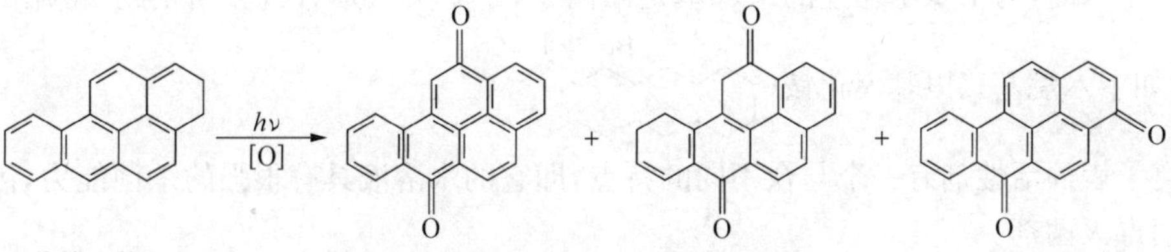

图 2-13 苯并[a]芘在光和氧的作用下产物

苯并[a]芘   6,12-醌苯并芘   1,6-醌苯并芘   3,6-醌苯并芘

多环芳烃也可以被微生物降解,例如苯并[a]芘被微生物氧化可以生成 7,8-二羟基-7,8-二氢-苯并[a]芘及 9,10-二羟基-9,10-二氢-苯并[a]芘(图 2-14)。多环芳烃在沉积物中的消除途径主要靠微生物降解,微生物的生长速度与多环芳烃的溶解度密切相关。

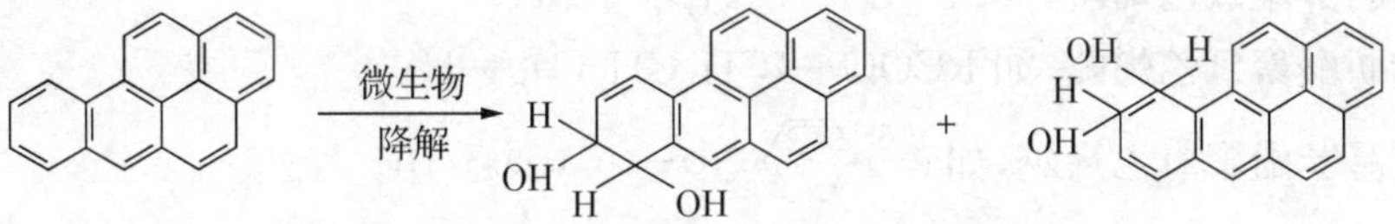

图 2-14 苯并[a]芘被微生物降解产物

第七节 低毒有机污染物

本节以低毒有机污染物——表面活性剂为例做简要说明。**表面活性剂**是分子中同时具有亲水性基团和疏水性基团的物质。它能显著改变液体的表面张力或两相间界面的张力,具有良好的乳化或破乳、润湿、渗透或反润湿、分散或凝聚、起泡、稳泡和增加溶解力等作用。

1.表面活性剂的分类

表面活性剂的疏水基团主要是含碳氢键的直链烷基、支链烷基、烷基苯基以及烷基萘基等,其性能差别较小,其亲水基团部分差别较大。表面活性剂按亲水基团结构和类型可分为四种:阴离子表面活性剂、阳离子表面活性剂、两性表面活性剂和非离子表面活性剂。

(1)阴离子表面活性剂

溶于水时,与憎水基相连的亲水基是阴离子,其类型为:

① 羧酸盐:如肥皂(RCOONa);

② 磺酸盐:如烷基苯磺酸钠(R—⬡—SO₃Na);

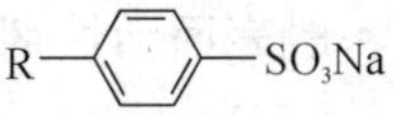

③ 硫酸酯盐:如硫酸月桂酯钠($C_{12}H_{25}OSO_3Na$);

④ 磷酸酯盐:如烷基磷酸钠(RO—PO—(ONa)₂)。

（2）阳离子表面活性剂

溶于水时，与憎水基相连的亲水基是阳离子，主要类型是有机胺衍生物，常用的是季胺盐，如十六烷基三甲基溴化铵（$\overset{Br^-}{\underset{}{}}$）。

离子表面活性剂有一个与众不同的特点，即它的水溶液具有很强的杀菌能力，因此常用作消毒灭菌剂。

（3）两性表面活性剂

由阴、阳两种离子组成的表面活性剂，其分子结构和氨基酸相似，在分子内部易形成内盐，典型化合物如 $R—N^+H_2CH_2CH_2COO^-$、$R—N^+(CH_3)_2CH_2COO^-$ 等。它们在水溶液中的性质随溶液 pH 而改变。

（4）非离子表面活性剂

其亲水基团为醚基和羟基，主要类型如下：

① 脂肪醇聚氧乙烯醚，如 $R—O—(C_2H_4O)_n—H$；

② 脂肪酸聚氧乙烯酯，如 $RCOO—(CH_2CH_2O)_n—H$；

③ 烷基苯酚聚氧乙烯醚，如 $R—\langle\text{苯环}\rangle—O—(C_2H_4O)_n—H$；

④ 聚氧乙烯烷基胺，如 $\overset{R}{\underset{R}{\diagup}}N(C_2H_4O)_n—H$；

⑤ 聚氧乙烯烷基酰胺，如 $RCONH—(C_2H_4O)_n—H$；

⑥ 多醇表面活性剂，如 $C_{11}H_{23}COOCH_2—\underset{OH}{CH}CH_2\ O\underset{OH}{CH_2}CH_2\ OH$。

2. 表面活性剂的结构和性质

表面活性剂的性质依赖于化学结构，即表面活性剂分子中亲水基团的性质及在分子中的相对位置，分子中亲油基团（即疏水基团）的性质等对其化学性质也有明显影响。

（1）表面活性剂的亲水性

表面活性剂的亲油、亲水平衡性比值称为亲水性（HLB），可表示如下：

$$HLB=亲水基的亲水性/疏水基的疏水性$$

测定 HLB 值的实验不仅时间长，而且很麻烦。Davies 将 HLB 值作为结构因子的总和来处理，即把表面活性剂结构分解为一些基团，根据每一个基团对 HLB 值的贡献，按照下面的公式，可求出该分子的 HLB 值。

$$HLB=7+\sum(亲水基团\ HLB\ 值)-\sum(疏水基团\ HLB\ 值)$$

常见基团的 HLB 值见表 2-10。一般表面活性剂的疏水基团为碳氢链，从表2-10中可查出疏水基团的 HLB 值为 0.475，则 $\sum$（疏水基团 HLB 值）=0.475M，其中 M 为碳原子数。

表 2－10　常见基团的 HLB 值

亲水基团的 HLB 值		疏水基团的 HLB 值	
—SO₄Na	38.7	—CH—	
—COOK	21.1	—CH₂—	
—COONa	19.1	—CH₃—	0.475
—SO₃Na	11	=CH—	
—N(叔胺)	9.4	—(C₃H₆O)—	0.15
酯(失水山梨醇环)	6.8	氧丙烯基	
酯(自由)	2.4	—CH₂—	
—COOH	2.1	—CH₃—	0.870
—OH(自由)	1.9		
—O—	1.3		
—OH(失水山梨醇环)	0.5		
—(C₂H₄O)—	0.33		

（2）表面活性剂亲水基团的相对位置对其性质的影响

一般情况下，亲水基团在分子中间比在末端的润湿性能强，如 $C_4H_9CHCH_2OCOCH_2CHCOOCH_2CHC_4H_9$ 是有名的渗透剂。

   C_2H_5 SO_3Na C_2H_5

亲水基团在分子末端的比在中间的去污能力好。如 $C_{16}H_{33}OCOCH_2CH(SO_3Na)COOH$ 去污能力较强。

（3）表面活性剂分子大小对其性质的影响

表面活性剂分子的大小对于性质的影响比较显著。同一品种的表面活性剂，随疏水基团中碳原子数目的增加，其溶解度有规律地减少，而降低水的表面张力的能力有明显地增长。一般规律：表面活性剂分子较小的，其润湿性、渗透作用比较好；分子较大的，其洗涤作用、分散作用等较为优良。例如，在烷基硫酸钠类表面活性剂中，洗涤性能的顺序是 $C_{16}H_{33}SO_4Na>C_{14}H_{29}SO_4Na>C_{12}H_{25}SO_4Na$；但在润湿性能方面则相反，不同品种的表面活性剂中大致以分子量较大的洗涤能力较好。

（4）表面活性剂疏水基团对其性质的影响

如果表面活性剂的种类相同，分子大小相同，则一般有支链结构的表面活性剂有较好润湿、渗透性能。具有不同疏水性基团的表面活性剂分子其亲脂能力也有差别，大致顺序：脂肪族烷烃≥环烷烃＞脂肪族烯烃＞脂肪族芳烃＞芳香烃＞带弱亲水基团的烃基。

疏水基中带弱亲水基的表面活性剂，起泡能力弱，利用该特点可改善工业生产中由于泡沫而带来的工艺上的难度。

3. 表面活性剂的来源、迁移与转化

由于表面活性剂具有显著改变液体和固体表面的各种性质的能力，而被广泛用于纤维、造纸、塑料、日用化工、医药、金属加工、选矿、石油、煤炭等各行各业，仅合成洗涤剂一项，年产量已超过 $1.3×10^6$ t。它主要以各种废水进入水体，是造成水污染的普遍的较大量的污染物之一。由于它含有很强的亲水基团，不仅本身亲水，也使其他不溶于水的物质分散于水体,并可长期分散于水中,随水流迁移,只有当它与水体悬浮物结合凝聚时才沉入水底。

4. 表面活性剂的降解

表面活性剂进入水体后,主要靠微生物降解来消除,但是表面活性剂的结构对生物降解有很大影响。

(1) 阴离子表面活性剂

Swisher 研究了疏水基结构不同的烷基苯磺酸钠(即 ABS)的降解性,结果如图 2-15所示。

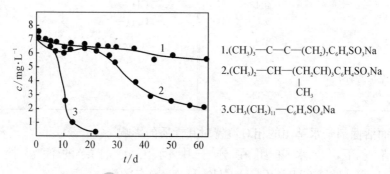

$1.(CH_3)_3{-}C{-}C{-}(CH_2)_7C_6H_4SO_3Na$

$2.(CH_3)_2{-}CH{-}(CH_2CH)_3C_6H_4SO_3Na$
$\qquad\qquad\qquad\quad CH_3$

$3.CH_3(CH_2)_{11}{-}C_6H_4SO_4Na$

图 2-15 河水中三种 ABS 的降解性

由图 2-15可见,其微生物降解顺序:直链烷烃＞端基有支链取代的＞三甲基的。

对于直链烷基苯磺酸钠(LAS),链长为 $C_6{\sim}C_{12}$ 烷基链长的比烷基链短的降解速度快。对于苯基在末端,而磺酸基位置在对位的降解速度较快,即使有甲基侧链存在也是如此。

(2) 非离子表面活性剂

非离子表面活性剂的种类繁多,Bars 等将其分为很硬、硬、软、很软四类。带有支链和直链的烷基酚乙氧基化合物属于很硬和硬两类,而仲醇乙氧基化合物和伯醇乙氧基化合物属于软和很软两类。生物降解试验表明:直链伯、仲醇乙氧基化合物在活性污泥中的微生物作用下能有效地进行代谢。

(3) 阳离子和两性表面活性剂

由于阳离子表面活性剂具有杀菌能力,所以在研究这类表面活性剂的微生物降解时必须注意负荷量和微生物的驯化。

Fenger 等根据德国法定的活性污泥法,研究了十四烷基二甲基苄基氯化铵(TDBA)的降解性与负荷量、溶解氧的浓度、温度的影响,并比较了驯化与未驯化的情况。结果表明驯化后的平均降解率为73%,TDBA 对未驯化污泥中的微生物的生长抑制作用很大,降解率很低,而对驯化的污泥的抑制较小,说明驯化的作用是很明显的。其降解中间产物为安息香酸、醋酸、十四烷基二甲基胺,未检出伯胺和仲胺。除季胺类表面活性别对微生物降解有明显影响外,其他胺类表面活性剂未发现有明显的影响。

(4) 表面活性剂的生物降解机理

主要是烷基链上的甲基氧化(ω 氧化)、β 氧化、芳香环的氧化降解和脱磺化。

① 甲基氧化。表面活性剂的甲基氧化,主要是疏水基团末端的甲基氧化为羧基的过程:

$$RCH_2CH_2CH_3 \longrightarrow RCH_2CH_2CH_2OH \longrightarrow RCH_2CH_2CHO \longrightarrow RCH_2CH_2\overset{O}{\underset{\|}{C}}-OH$$

② β 氧化。表面活性剂的 β 氧化是其分子中的羧酸在 HSCoA 作用下被氧化,使末端第二个碳键断裂的过程:

$$RCH_2(CH_2)_2CH_2\overset{O}{\underset{\|}{C}}-OG \xrightarrow{HSCoA(辅酶\ A)} RCH_2(CH_2)_2CH_2\overset{O}{\underset{\|}{C}}-SCoA+H_2O \longrightarrow$$

$$RCH_2CH_2CH{=}CH-\overset{O}{\underset{\|}{C}}-SCoA+2H \xrightarrow{H_2O} RCH_2CH_2\overset{OH}{\underset{\|}{C}H}-CH_2-\overset{O}{\underset{\|}{C}}-SCoA \longrightarrow$$

$$RCH_2CH_2-\overset{O}{\underset{\|}{C}}-CH_2-\overset{O}{\underset{\|}{C}}-SCoA+2H \xrightarrow{HSCoA} RCH_2CH_2\overset{O}{\underset{\|}{C}}-SCoA+CH_3-\overset{O}{\underset{\|}{C}}-SCoA$$

③ 芳香族化合物的氧化。此过程一般是苯酚、水杨酸等化合物的开环反应,其机理可以认为是首先生成儿茶酚,然后在两个羟基中开裂,经过二羧酸,最后降解消失:

④ 脱磺化过程。无论是 ABS 还是 LAS,都可在烷基链氧化过程中伴随着脱磺酸基的反应过程:

5. 表面活性剂对环境的污染与效应

表面活性剂是洗涤剂的主要原料,特别是早期使用最多的烷基苯磺酸钠(ABS),由于它在水环境中难降解,会造成地表水的严重污染。具体表现如下。

首先,它会使水的感观状况受到影响,如 1963 年发生在美国俄亥俄河上曾覆盖厚达 0.6 m 的泡沫,就是洗涤剂污染的结果。有研究报道,当水体中洗涤剂浓度在 0.7~1 mg/L 时,就可能出现持久性泡沫。洗涤剂污染水源后,用一般方法不易清除,所以在水源受洗涤剂严重污染的地方,自来水中也出现大量泡沫。

其次,出于洗涤剂中含有大量的聚磷酸盐作为增净剂,因此使废水中含有大量的磷,是造成水体富营养化的重要原因。据估计,工业发达国家天然水体中总磷含量的 16%~35% 是来自合成洗涤剂。

此外,表面活性剂可以促进水体中石油和多氯联苯等不溶性有机物的乳化、分散,增加废水处理的困难。

最后,阳离子表面活性剂由于具有一定的杀菌能力,在浓度高时,可能破坏水体微

生物的群落。据试验,烷基二甲基苄基氯化铵对田鼠一次经口的致死量为 340 mg,而人经 24 小时后和 7 天后的致死量分别为 640 mg 和 550 mg。两年的慢性中毒试验表明,即使饮料中仅有 0.063% 的烷基二甲基苄基氯化氨也能抑制发育;当其浓度为 0.5% 时,出现食欲不振,并且有死亡事例发生。但只限于最初的 10 周以内,10 周以后未再出现。共同病理现象是下痢、腹部浮肿、消化道育褐色黏性物、盲肠充盈、胃出血性坏死等。

洗涤剂对油性物质有很强的溶解能力,能使鱼的味觉器官遭到破坏,使鱼类丧失避开毒物和觅食的能力。据报道,水中洗涤剂的浓度超过 10 mg/L 时,鱼类就难以生存。

第八节　新型污染物

新型污染物是指由人类活动造成的,目前已明确存在但尚无法律法规和标准予以规定或规定不完善,危害生活和生态环境的所有在生产建设或者其他活动中产生的污染物,包括全氟有机化合物、微塑料、抗生素等类型。一般而言,新型污染物具有较低浓度、较强的生物持久性、明显的生物富集性、难以监测以及种类繁多等特性。虽然新型污染物在环境中通常浓度较低,但因具有易富集、难降解、较稳定等特点,对人体健康和生态环境依然构成较大危害。

一、全氟有机化合物

全氟有机化合物在 1951 年首次合成,其代表性化合物全氟辛烷磺酸(PFOS)和全氟辛酸(PFOA)及其盐类应用十分广泛,大量用于化工、纺织、涂料、皮革、合成洗涤剂、炊具制造、纸制食品包装材料等诸多与人们日常生活息息相关的生产和产品消费中。全氟化合物在环境中非常稳定,能够经受强的加热、光照、化学作用、微生物的代谢作用而很难被降解,生物蓄积性很强,在全球范围内均普遍存在。目前,在世界范围内的海水、地表水和饮用水中均检测到了 PFOS 和 PFOA 污染;此外,包括北极圈在内的全球生态系统以及野生动物体内及人类血清、乳汁中也广泛存在着 PFOS、PFOA 污染。我国是全氟有机化合物生产和使用的大国,研究表明,我国人体 PFOS 污染水平较高,在水体中也有一定程度的污染,如对长江三峡库区水样采集检测显示,长江三峡库区和武汉地区地表水中均广泛存在着 PFOS 和 PFOA 污染,个别地区水样品中 PFOS 含量大于 10 ng·L^{-1},PFOA 含量更高达 298 ng·L^{-1}。人群调查结果显示,我国沈阳地区人群血清中 PFOA 浓度范围为 2.58~50.40 μg·L^{-1},并在胎儿脐带血中检测出 PFOA 污染。全球范围内人群血清 PFOS 和 PFOA 浓度出现逐年上升趋势。

全氟有机化合物具有化学性质稳定、不易分解和代谢、可生物浓缩和食物链转移等特性。研究表明,PFOS 对哺乳动物和两栖动物具有生殖、发育和神经毒性等多种毒性效应,对职业性暴露人群存在潜在致癌性。PFOA 能够诱发啮齿类动物能量代谢紊乱,诱导过氧化物酶体过度增殖,产生肾脏毒性,还可对免疫系统产生抑制作用,干扰线粒体代谢,导致肝细胞损伤。动物实验表明,全氟有机化合物暴露可能与乳腺、睾丸、胰和肝肿瘤有关。

目前,一些国际组织已提出了限制使用 PFOS、PFOA 的导则。美国国家环保局(U.S. EPA)已将 PFOA 列为人类可能致癌物。2007 年 1 月,在 U.S.EPA 的倡导下,包括杜邦在内的 8 家美国公司与 EPA 签订了 PFOA 减排协议,同意分阶段停止使用 PFOA,并于 2015 年前在所有产品中全面禁用 PFOA。瑞典政府已在 2007 年全面禁止进口含 PFOS 或可降解为 PFOS 的产品。

二、微塑料

微塑料是指直径小于 5 mm 的塑料碎片和颗粒,根据其来源通常分为初级微塑料(河流、污水处理厂等排入水环境中的塑料颗粒)和次级微塑料(产生于大块塑料的降解和破碎)。微塑料类型包括聚乙烯(PE)、聚苯乙烯(PS)、聚丙烯(PP)、聚酰胺(PA)、聚氯乙烯(PVC)等。

微塑料在自然环境中的归趋和影响是近年来研究的焦点。目前,已在海洋、淡水、陆地环境和生物体中广泛检测到微塑料的存在,其中海洋已成为微塑料的重要聚集地。海洋中的微塑料是由大片塑料经过风浪和海流协同作用的分解,以及被太阳辐射降解所产生的。其化学性质较为稳定,一般可以长期存在于海洋中,而且研究发现海洋具有较高浓度的微塑料,从极地地区延伸到赤道,从偏远的海岸线到人口密集的海岸线,从远离海洋的海岸到深海。同一海洋水域表层水和深层水中微塑料丰度不同,东北大西洋表层水和下层水中微塑料丰度分别为 0.34 和 2.46 个/m³;在格陵兰海也有类似的现象,下层海水中的微塑料平均丰度是上层的 1 倍多。海滩作为海洋系统的一部分,也被检测出微塑料的大量存在。deCarvalho 等调查了巴西东南部瓜纳巴拉湾海滩上的微塑料的丰度范围为 12~1 300 个/m²。中国渤海海滩微塑料的丰度范围为 63~201 个/kg,检测的微塑料主要类型为 PEVA(聚乙烯乙酸乙烯酯)、LDPE(低密度聚乙烯)和 PS,且沐浴海滩比非沐浴海滩具有更高的微塑料浓度,表明旅游活动是海滩微塑料的重要来源。

除了本身作为污染物产生潜在的生态风险,微塑料由于其较小的粒径和疏水表面易和其他污染物发生相互作用,成为重金属、疏水有机污染物等的载体,并改变后者的环境行为。例如,Wang 等发现微塑料会降低土壤中砷的积累,并改变蚯蚓的肠道细菌群落;Steinman 等研究发现微塑料表面可显著富集持久性有机污染物。在实际环境中,微塑料通常和其他多类新兴污染物,如药物及个人护理品(PPCPs)、纳米颗粒(NPs)等共存同一体系,进而影响这些污染物的理化性质并对环境产生联合影响。

三、抗生素

抗生素(Antibiotics)是生物(包括微生物、植物和动物)在其生命活动过程中产生或者由其他方法获得的,能在低浓度下有选择地抑制或影响他种生物功能的有机质。目前,抗生素的种类已达几千种,主要有β-内酰胺类、氨基糖甘类、酰胺醇类、大环内酯类、多肽类、硝基咪唑类、抗结核菌类、四环素类等。自 1928 年发现青霉素以来,人们开始在治疗各种病症方面大量使用抗生素,并在家禽饲养、水产养殖和食品加工等方面广泛应用。现有的污水处理工艺并不能将抗生素完全去除,以至于水体中残留的抗生素类物质越来越多,加重了水体中抗生素的污染。抗生素对水体的污染日益严重,已引起了国内外专家的重视,并展开了相关研究。

我国是一个抗生素使用大国,生产抗生素类药物的公司很多。在生产抗生素类药物的同时会产生大量含有抗生素的污废水。在抗生素类药物制药公司,主要从生产过程中排水、辅助过程中排水、冲洗水这3条途径产生抗生素污废水。在生产过程中所排的污废水水量可能不大,但是抗生素类物质浓度含量很高。制药公司产生的污废水虽然会经过处理再排放到自然水体中,但是现有的传统污水处理工艺难以将抗生素类物质完全去除。甚至有些制药公司为节约成本,直接将未经任何处理的含有抗生素的污废水直接排入水体,对自然水体造成了严重污染。如2014年山东鲁抗医药被曝出向京杭大运河大量偷排抗生素污水,浓度超自然水体10 000倍。

医院是抗生素大量使用的地方,由于病人集中,也是抗生素污染的主要地方。抗生素物质不仅从人体排出进入水体,还有一些医用器械清洗掉的残留抗生素也进入水体。医院的污废水经过简单处理就直接排入城市污水收集管网中,甚至一些医院的污废水不经任何处理就直接排放到城市污水收集管网或者自然水体中,对水体造成了严重的抗生素污染。此外,还有将一些未经使用但已经过期的抗生素类药物和残留抗生素的药瓶直接丢弃到自然环境中,使得抗生素类物质经过地表径流和地下径流进入水体,对水体造成污染。家庭抗生素的使用也是造成水体抗生素污染的重要因素之一,一些病人长期服用抗生素类药物治疗疾病和一些个人护理品也含有大量抗生素。人体只能吸收小部分的抗生素,80%~90%的抗生素以原形和代谢物的形式随着粪便和尿液排出体外,最终进入水体造成污染。

我国还是一个农业大国,农药在农业生产中应用广泛。有些农药中含有大量抗生素类有机质,我国已登记的农用抗生素类农药已有20余种,170余个产品,如井岗霉素、农抗120、多抗霉素等。在使用农药防治病虫害时,大部分农药直接进入环境或者残留在植物表面。这些残留的抗生素随着雨水的冲洗,进入水体。农药中所含抗生素造成的面源污染,使得水体污染加重。

四、内分泌干扰物

内分泌干扰物(Endocrine Disrupting Chemicals,EDCs)也称环境激素(Environmental Hormone),是一种外源性干扰内分泌系统的化学物质,指环境中存在的能干扰人类或动物内分泌系统诸环节并导致异常效应的物质,它们通过摄入、积累等各种途径,并不直接作为有毒物质给生物体带来异常影响,而是类似雌激素对生物体起作用,即使数量极少,也能让生物体的内分泌失衡,出现种种异常现象。这类物质会导致动物体和人体生殖器障碍、行为异常、生殖能力下降、幼体死亡,甚至灭绝。

内分泌干扰物多为有机污染物及重金属物质。我们使用的农药中70%~80%属于内分泌干扰物;我们使用的塑料,其中大部分的稳定剂和增塑剂也属于内分泌干扰物;日常人们所食用的肉类、饮料、罐头等食品中也都含有内分泌干扰物。一些有机化合物如烷基酚(AP)、烷基酚聚氧乙烯醚(APE)、双酚 A、邻苯二甲酸酯(PAE)、多氯联苯类(PCB)、农药(如有机氯农药)等都是内分泌干扰物,主要有以下几种类型:农药和除草剂,包括滴滴涕(DDT)及其分解产物、六氯苯、六六六、艾氏剂、狄氏剂等。工业化合物:多氯联苯、多溴联苯、双酚 A、邻苯二甲酸酯类、烷基酚类、硝基苯类等。类固醇雌激素:17α-乙炔基雌二醇(EE2)、17β-雌二醇(E2)、己烷雌酚(DES)等。植物和真菌雌激素:分为异黄酮和木酚素两大类,如三羟异黄酮(降血脂药)和香豆雌酚。金属:镉、汞,有机汞更具内分泌活性。

五、环境纳米污染物

自然界与人为污染的水体、大气与土壤环境中,存在形形色色的微细物质。按照粒度可以分为三类:粒度在 1 nm 以下的离子、小分子;粒度在 100 nm 到数十 μm 的颗粒物;这二者之间粒度为 1~100 nm 的胶体和高分子。它们之间的界限划分是模糊的,由于胶体、高分子与微米级颗粒物的环境行为特征十分相似,通常把它们统称为广义的微纳米颗粒物。

环境纳米污染物实际上是环境中最主要、最重要的环境科学研究与环境防护技术研究的对象。纳米颗粒物种类繁多,特别是人工制造的各类化学品,有相当多种对生态环境产生程度不同的不良影响,成为环境污染物。具体包括无机化合物(铝、铁及重金属水合氧化物,聚硫化物,聚磷酸,聚硅酸,炭黑,烟雾,新生微晶体等);有机化合物(如各种农药,染料,卤代烃,多环芳烃,多氯联苯,内分泌干扰物等)。生命物质(如病毒,生物毒素,藻毒素生物分泌物,激素,信息素等)。以上物质集中了最常见的主要污染物质,它们的环境行为与迁移转化过程有许多共同特征,可以总称为环境纳米污染物(Environmental Nano-Pollutants,ENP)。其需要加以综合统一的研究和控制。

此外,持久性有机污染物(POPs)、持久性有毒化合物(PTS)也常常与离子、小分子污染物结合在一起,并且共同吸附在微纳米级颗粒物界面上进行各种反应,发挥生态效应。

思考与练习

1. 为什么 Hg^{2+} 和 CH_3Hg^+ 在人体内能长期滞留?举例说明它们可形成哪些化合物。

2. 砷在环境中存在的主要化学形态有哪些?其主要转化途径有哪些?

3. PCDD 是一类具有什么化学结构的化合物?并说明其主要污染来源。

4. 简述多氯联苯(PCBs)在环境中的主要分布、迁移与转化规律。

5. 根据多环芳烃形成的基本原理,分析讨论多环芳烃产生与污染的来源有哪些。

6. 表面活性剂有哪些类型?它对环境和人体健康有何危害?

7. 什么是环境污染物,环境污染物怎么分类?新型污染物有哪些?

8. 环境污染物具有什么性质?

第三篇
环境理论化学

　　环境化学利用化学基本原理解决环境实际问题,掌握先导化学原理是进行环境实际应用的前提;另一方面,化学自身也是实践性较强的学科,要求理论联系实际,开展实验、实习、实践。只有巩固基础化学知识,逐步掌握、了解、理解、熟悉环境化学的内容与创新思维,才能进一步掌握新环境理论化学,达到自信自立、守正创新的效果。

　　环境理论化学中特别是结构效应关系是环境化学学习的难点。

第三章　污染物环境转化的结构化学基础

第一节　污染物物质结构与行为效应的关系

一、污染物分子的化学作用力

污染物分子内与分子间存在着分子层次作用力,这种作用力在本质上是电磁力。它决定了物质的组成、性质、结构和变化规律,是污染物行为与效应的物质基础。分子层次包括原子、分子、分子团簇,虽然这些概念之间有一定的重叠,但一般都统称为分子水平。分子水平在微观世界中最接近宏观,换句话说,化学与污染物质的宏观性质关系最为密切。

一般地,多个原子通过化学键组织成分子、离子,再进一步通过弱化学键、分子间作用力组织成分子团簇,最终决定了污染物在环境中的特定行为与效应。化学键、弱化学键、分子间作用力,均是分子层次作用力,在本质上可以看成是电子与质子(H^+)的不同类型的共享形式,电子与质子体积小,易于离域,这可以用量子化学解释,也很好直观地理解。电子可以在两个带正电荷的离子间被共享,这种可以是完全或部分偏向一方,或者是不偏向任何一方;也可以是电子被多个阳离子离域共享;还可以是电子因为诱导和色散发生的共享。质子是在电负性极大的阴离子之间被共享,限制条件比较多,这与质子比电子大得多有关。

化学键、弱化学键、分子间作用力,在本质上都是带电荷的离子对电子与质子的共享行为。电子可以被视为带一定正电荷的粒子间的黏合剂,质子则是大电负性阴离子间的黏合剂。

这个黏合力的大小,许多时候决定了污染物被释放到环境中的难易程度,或者说与污染物的生物有效性相关。

1. 化学键的共享电子与共享形式

(1) 不同类型化学键的共享电子

化学键是化合物分子内或晶体内相邻原子(或离子)间强烈的相互作用力的统称,这种作用力使离子或原子相互结合。化学键有三种类型,即离子键、共价键和金属键。一般化学键能都大于 167.4 kJ/mol。

离子键是带相反电荷离子之间的相互作用,成键的本质是阴阳离子间的静电作用。

成键的两种元素电负性相差极大,一般是金属与非金属,例如氯化钠,电负性大的氯会从电负性小的钠抢走一个电子,分别形成氯阴离子和钠阳离子,而后以离子键结合成氯化钠。

共价键是原子间通过共用电子对,即电子云重叠,形成的相互作用。共用电子对电子在成键原子周围运动。共价键形成遵循泡利不相容原理,具有饱和性,电子云重叠遵循最大重叠原理,即沿着电子云重叠程度最大的方向形成,具有方向性。离子本身带有电荷,形成一个电场,离子在相互电场作用下,可使电荷分布的中心偏离原子核,而发生电子云变形,出现正负极的现象。离子极化的出现,使离子键向共价键过渡,所以离子键和共价键本身没有明显的界线。

金属键是自由电子与晶格排列的金属离子间的静电吸引力。由于电子自由运动,金属键没有固定的方向性。

配位键是一种特殊的共价键。当共价键中共用电子对由一方提供,而空轨道由另一方提供,就称配位键。配位键形成后,就与一般共价键无异。例如氨提供孤对电子,Cu^{2+}提供空轨道,可以形成 $Cu(NH_3)_4^{2+}$ 配位化合物。

有机金属化合物是一类特殊的配位化合物,又称金属有机化合物,是烷基(包括甲基、乙基、丙基、丁基等)、芳香基(苯基等)与金属原子结合形成的化合物,以及其他的碳元素与金属原子直接结合的物质的总称。锂、钠、镁、钙、锌、镉、汞、铍、铝、锡、铅等金属离子均能形成较稳定的有机金属化合物。对环境影响较大的,比如甲基汞、四乙基铅、三丁锡、苯基汞盐、三苯基锡等,还有作汽油抗爆剂的有机锰化合物(如三羰基环戊二烯锰等)。有机金属化合物大部分是人工合成的。铅、汞、镉、锡等在自然界会甲基化(或烷基化),如由无机汞转化为甲基汞,通常是由于水体底泥微生物的作用,在鱼体内则是通过各种生物转化而成。有机金属化合物与金属配合物性质差异大,前者有脂溶性,比后者和无机金属离子更容易通过生物膜、血脑屏障、胎盘屏障,经肠壁吸收进入脑血管或进入胎盘的量较多,有更强的生物毒性。烷基金属化合物容易引起中枢神经的障碍。在体内以肝等器官为主的微粒体药物代谢酶系统使有机金属化合物脱去烷基、芳香基,最终成为无机金属。通过生物体膜引起的毒性,以鸟类最为敏感。金属形成的配合物离子毒性通常降低,而形成有机金属化合物后毒性会增大。

（2）化学键成键电子的共享机制

化学键的成键电子有多种不同类型。离子键的成键电子完全属于电负性大的阴离子。极性共价键,成键电子偏向电负性大的阴离子。非极性共价键,成键电子在对匀称地分布在两核之间,不偏向任何一个原子。金属原子的成键电子是整个金属晶体的共有电子,金属键本质上与共价键类似,只是其外层电子的共有化程度远远大于共价键。配位键由一方提供共用电子对,而另一方提供空轨道。

化学键中离子性和共价性的大小取决化学键中成键元素电负性差值的大小,差值越大,电子云的重叠越小,离子性越强,反之共价性越强。离子键和共价键之间没有明显的界线,存在一个过渡,而离子极化正是离子键向共价键过渡的主要原因。阴阳离子相互靠近时,由于自身的电场作用,一种离子使另一种异号电荷离子的原子核和核外电子发生位移,使正负电荷中心不重合,从而产生偶极,这个变化的过程叫作离子的极化。一种离子使异号离子极化而变形的作用叫作极化作用,离子的极化作用取决于离子的场强。被异号离子极化而发生电子云变形的性能叫作变形性,离子的变形性有赖于离子的体积,体积越大,越有利于变形,如 PbS、$PbSO_4$ 存在相互极化作用,具有较强的共价化合物特征。

半导体物质的化学键电子比较特殊,它们排布在价带上,因而价带是满带,受热激发后,价带部分电子会越过禁带进入能量较高的空带,空带中存在电子后成为导带,价带中缺少一个电子后形成一个带正电的空位,称为空穴。电子、空穴分别具有强的还原性、氧化性,可以对有机污染物进行氧化与还原。

（3）化学键电荷分布与相关物种稳定性的关系

电荷分布模式分为定域与离域。电荷的离域作用即通常的共轭效应,比定域分布能降低内能,因而更加稳定。

共轭体系就是能形成共轭 π 键的体系。一般地,多个原子上的相互平行的 p 轨道,连贯重叠在一起构成一个整体,p 电子在多个原子间运动,产生的和普通两原子间 π 键不同的键称为离域 π 键(也称作共轭 π 键、大 π 键)。在整个共轭体系中垂直于原子实和 σ 键构成的平面型骨架的 p 轨道上的这些电子,在整个体系中运动,使得体系中原子间有一种特殊的相互影响,因而产生了一种使共轭体系比非共轭体系更加稳定,内能更小,键长趋于平均化的效应,称为共轭效应。最典型的共轭体系有 1,3-丁二烯和苯等有机分子。

常见共轭效应体系主要有:① 正常共轭效应,又称 π-π 共轭。只要是两个不饱和键通过单键相连,就可以形成 π-π 共轭体系。例如,CH_2＝CH—CH＝CH_2。② p-π 共轭体系,如果与 π 键相连的某一原子具有一个与 π 键相平行的 p 轨道,那么这个 p 轨道就可以和 π 键离域,形成 p-π 共轭体系。例如,CH_2＝CH—O—CH_3。③ 超共轭体系,超共轭效应是由 $\sigma(Csp_3—H_1s)$ 键参与的共轭效应,分为 σ-π 超共轭,即 $\sigma(Csp_3—H_1s)$ 键与 π 键的共轭,和 σ-p 超共轭,即 $\sigma(Csp_3—H_1s)$ 键与 p 轨道的共轭。例如,$CH_3C≡CCH_3$ 能形成 6 个 σ-π 超共轭;CH_2＝CH—CH_3 能形成 3 个 σ-π 超共轭;$(CH_3)_3C^+$ 能形成 9 个 σ-p 超共轭;$CH_3CH_2^+$ 能形成 3 个 σ-p 超共轭。

共轭体系比非共轭体系更加稳定,内能更小。这一结论不仅适用于常规分子,也适用于自由基和碳正、碳负离子。比如在稳定性方面,苄基自由基>烯丙基自由基>三级碳自由基>二级碳基自由基>一级碳自由基>甲基自由基>烯基自由基>芳基自由基。

2. 弱化学键与分子间相互作用

（1）次级键

通常化学键是分子内强烈的相互作用力,键能一般大于 167.4 kJ/mol。

介于化学键与分子间作用力之间的相互作用称为次级键。氢键(X—H…Y)和没有氢原子参加的 X…Y 间弱作用力都属于次级键。次级键在物质结构与性质、生物体系、超分子化学中起重大作用。化学反应过程中形成的过渡态就是以次级键为特征的中间体或活化配合物。次级键主要根据原子间距离,并辅助以其他实验数据来确定。当原子间距小于或接近其相应离子、共价或金属半径之和时,可认为原子间形成了化学键;当不同分子中的原子间距为范德华半径之和时,则分子间存在范德华力;当原子间距介于化学键与范德华力范围之间时,原子间生成次级键。次级键有氢键、疏水作用、盐键、芳环堆积作用、卤键。

氢原子与电负性大的原子 X 以共价键结合,若与电负性大、半径小的原子 Y(O、F、N)接近,在 X 与 Y 之间以氢为媒介,生成 X—H…Y 形式的一种特殊的分子间或分子内相互作用,称为氢键。氢键键能大多在 25~40 kJ/mol 之间,键能小于 25 kJ/mol 的属于较弱氢键,键能大于 40 kJ/mol 的则是较强氢键。

疏水性是指一个分子(疏水物质)与水互相排斥的物理性质。根据热力学理论,物质倾向于存在于最低能态上,形成氢键是一个减少化学能的方案。水是极性物质,并可以形成氢键。疏水物质不是极性的,也无法形成氢键,所以疏水物质与水产生排斥,即导致疏水作用。疏水、亲水两种相态互不相溶,在一个体系中会向着界面面积的最小方向转化,为了减少暴露在水中的非极性表面积,任何两个在水中的非极性表面积将倾向于结合在一起。

盐键也称为离子相互作用,但这类带正负电荷的离子的电负性差异没有那么大,相互作用不像这些典型离子键这样大,但也是静电引力作用形成。形成离子键的两个元素电负性差异很大,随距离 $1/r$ 而减小,离子相互作用是离子-偶极子或离子-诱导偶极子的相互作用,前者随 $1/r^2$ 而减小,后者随 $1/r^4$ 而减小,离子相互作用较弱。

π-π 堆积是芳香化合物的一种特殊空间排布,指一种常常发生在芳香环之间的弱相互作用,通常存在于相对富电子和缺电子的两个分子之间,是一种与氢键同样重要的非共价键相互作用。

卤键是由卤原子(路易斯酸)与中性的或者带负电的路易斯碱之间形成的非共价相互作用,是一种类似氢键的分子间弱相互作用,在分子识别、手性拆分、晶体工程和超分子组装等很多领域有着广泛的应用。

(2) 次级键作用的本质

离域 π 键或者称为共轭大 π 键是指多原子分子中有相互平行的 p 轨道,它们连贯重叠在一起构成一个整体,p 电子在多个原子间运动形成不局限于两个原子之间的 π 键。可见,共轭效应指的是电子的离域或者共享现象。由于电子很小,关于电子半径,目前尚无定论。诺贝尔奖获得者丁肇中在这方面做了很多工作,目前已证明电子半径是小于 10^{-17} cm。

氢键是质子的离域效应。质子由氢原子失去电子形成,核外没有电子,因此体积远远小于氢原子。质子半径约 0.85×10^{-15} m,氢原子玻尔半径为 53×10^{-12} m。质子的性质非常特殊,可以形成氢键。质子可以被电负性大的阴离子(只有 N、O、F)共享,形成氢键,具有一定的离域特征。这种共享可以在分子内,也可以在分子间发生。

质子带 1.6×10^{-19} 库仑正电荷,半径约 0.85×10^{-15} m,质量是 1.67×10^{-27} kg,原子核中质子数决定其属于何种元素。质子比中子稍轻,大约是电子质量的 1836.5 倍(电子的质量为 9.11×10^{-31} kg)。氢原子的玻尔半径(电子可运行最小轨道半径)为 5.3×10^{-11} m,共价半径(两原子之间以共价键结合时,两核间距离的一半,两原子可以相同也可以不同)为 3.7×10^{-11} m,范德华半径(靠范德华力相互吸引的相邻不同分子中的两个相同原子核间距离的一半)为 1.2×10^{-10} m。由于 CH_3 的氢原子电子云的屏蔽效力很小,所以 CH_3 的 σ 键电子比较容易与邻近的 π 电子(或 p 电子)发生电子的离域作用。

(3) 其他次级键作用的本质

疏水作用或称为相似相溶,是指疏水亲水两种相态在一个体系中必定向着界面面积的最小方向转化。疏水作用对于有机污染物的迁移转化有着非常重要的作用。水相中有机污染物向沉积物地迁移是一个两相分配的行为。有机污染物疏水作用的强弱可以用辛醇/水分配系数(K_{ow})来表示。

盐键是弱的静电吸引力。

芳环堆积作用、卤键可以视为路易斯酸碱作用。

（4）分子间作用力

分子间作用力又称范德华（vander Waals）力，是电中性分子或原子间的一种弱电性吸引力。分子间作用力有三个来源：① 取向力，即极性分子的永久偶极矩之间的相互作用。② 诱导力，即一个极性分子使另一个分子极化，产生诱导偶极矩而发生相互吸引作用。③ 色散力，分子中电子运动产生瞬时偶极矩，它使邻近分子瞬时极化，后者又反过来增强原来分子的瞬时偶极矩，这种相互耦合产生静电吸引作用。范德华力是一种电性引力，但它比化学键或氢键弱得多，通常其能量小于 5 kJ/mol。

二、电子给予体与受体和重金属环境行为效应

1. 电子给予体与受体

基于酸碱电子理论（Lewis 酸碱理论），酸是电子的接受体，碱是电子的给予体。酸碱反应是酸从碱接受一对电子，形成配位键，得到一个酸碱加合物的过程。

Lewis 酸碱理论是酸碱理论发展到一定阶段产生的，之前的酸碱理论分别是① 古典的酸碱理论，最初人们将有酸味的物质叫作酸，有涩味的物质叫作碱。② 酸碱电离理论，凡在水溶液中电离出的阳离子全部都是 H^+ 的物质叫酸，电离出的阴离子全部都是 OH^- 的物质叫碱，酸碱反应的本质是 H^+ 与 OH^- 结合生成水的反应。③ 酸碱溶剂理论，凡是在溶剂中产生该溶剂的特征阳离子的溶质叫酸，产生该溶剂的特征阴离子的溶质叫碱。④ 酸碱质子理论（Bronsted 酸碱理论），凡是能够给出质子（H^+）的物质都是酸，凡是能够接受质子的物质都是碱。

电子受体与电子给予体的概念与氧化还原是不同的。氧化还原是一种电子的完全转移行为，有价态的改变，并且得电子一方与失电子一方也不一定形成化学键。Lewis 酸碱反应则是路易斯酸与路易斯碱形成酸碱加合物，路易斯酸、碱（即电子受体、电子给予体）的价态没有改变，电子在电子受体与电子给予体间共享形成了类似配位键的结构，这种配位键的孤对电子仍然较为偏向电子给予体一方。

2. 软硬酸碱理论与重金属毒性

在软硬酸碱理论（Hard Soft Acid Base Theory，HSAB）中，体积小，正电荷数高，可极化性低的中心原子称作硬酸；体积大，正电荷数低，可极化性高的中心原子称作软酸。将电负性高，极化性低，难被氧化的配位原子称为硬碱；反之为软碱。除此之外的酸碱为交界酸碱。硬酸优先与硬碱结合，软酸优先与软碱结合。

软硬酸碱理论可以视为是 Lewis 酸碱理论和电子极化理论的结合，虽然是一条经验规律，但实验证明以下规律与 HSAB 理论完全吻合。HSAB 是电子理论的补充。

蛋白质是重要的生物大分子，能构成生命体，并参与众多生命活动。蛋白质的结构分为一级至四级结构，比如氨基酸排列顺序构成蛋白质的一级结构，有肽键。巯基与二硫键

在维持蛋白质三级结构中起着重要作用。二硫键与巯基结构遭到破坏，会直接影响蛋白质的生物学活性。硫离子（S^{2-}）半径相对较大，为 1.84×10^{-10} m，而氧离子（O^{2-}）只有 1.40×10^{-10} m，这样根据软硬酸碱理论，硫离子属于软酸，而氧离子属于硬酸。环境学领域的重金属多为过渡金属元素，首先许多重金属在元素周期表上的周期数比较大，其原子半径偏大；其次过渡金属变价较多，许多重金属的低价态稳定性较强，比如铅、铊等。许多重金属阳离子体积大，正电荷数低，可极化性高，是软酸，可以与硫离子、二硫键结合，从而破坏蛋白质的三、四级结构。

重金属中以 Hg^{2+}、Cd^{2+}、Pb^{2+}、$Cr(VI)$、$As(III)$ 毒性最大，这里面除了 Cr 是六价铬阴离子毒性之外，其他均是因为与巯基强结合产生生物毒性。其他的金属 Zn^{2+}、Cu^{2+}、Mn^{2+}、Ni^{2+}、Tl^+、Sn^{2+} 等，因正电荷数低，可极化性高，是软酸，亲巯基，被列入重金属的范畴。

3. 高价态金属阳离子一般不称为重金属

稀土的主要价态是正三价，锕系元素水溶液中的价态主要是正三价，但不同锕系元素可以形成 4～7 各种价态，钛主要是正四价。这些元素由于价态高，尽管它们当中某些元素的离子半径并不小，但这些元素都属于硬酸，不容易与巯基结合。相应地，在金属自身毒性上小于重金属，比如关于稀土元素是否属于植物必需营养元素，一直存在争议。

锕系元素中属于天然元素的是钍和铀，通常钍是 +4 价，而铀是 +6 价，不容易与巯基结合，因此一般表现为放射性毒性。

三、分子正负电荷中心是否重合与有机污染物环境行为效应

分子极性大小与偶极距、电负性差值有关，偶极距越大、电负性差值越大，分子极性越大。同时，极性是矢量，是有方向的，对于两原子之间形成的共价键的极性取决于这两个原子的电负性之差，电负性相差越大，则形成的共价键的极性越大。两个原子以上的化合物，所有键的极性还跟其他原子或者基团有关。复杂化合物极性等于化合物中各键极性的矢量之和。分子正负电荷中心重合，则极性小，与极性较大的水难以互溶，称为疏水性化合物。

对于分子极性大小，目前尚无一个公认准确的量化标准，但比较常用的是根据物质的介电常数（尤其是液体和固体），对于一些简单的分子也可以根据其本身结构判断其是否有极性（如二氧化碳为直线型分子，为非极性化合物，但二氧化硫分子结构为 V 字形，故为极性分子）。疏水性有机化合物，如多溴联苯醚、有机氯农药、拟除虫菊酯类农药等，普遍具有较大的辛醇/水分配系数（K_{ow}），水溶性很低，疏水性很强，极易吸附和富集于环境中的土壤、沉积物、悬浮颗粒和生物体中，是目前环境中最主要的一类污染物。

疏水性有机化合物在环境学上称为持久性有机污染物（POPs）。由于此类化合物不属于生物合成物质，同时疏水性强，因此难以被生物降解，具有持久性或长期残留性，相应地具有高毒性。其疏水性强，易于在生物体脂肪含量高的组织与器官积累，具有生物蓄积性。这些化合物具有半挥发性，因而在赤道附近蒸发量大于沉降量，而在两极地区沉降量大于蒸发量，宏观上表现出长距离迁移性。

疏水性有机化合物的辛醇/水分配系数 $\lg K_{ow}>5$，意味着它在土壤与沉积物中的半衰期有可能大于 6 个月，其生物蓄积系数大于 5 000。这种化合物是需要防范的持久性有

机污染物的可能性较大。

2001 年 5 月 22 日，国际社会通过了控制 POPs 的斯德哥尔摩公约，首批控制的 POPs 有 12 种。此后，受控的 POPs 种类逐年增加，2017 年已达到 28 种，并且还在不断增加。

第二节　环境有机污染物结构效应关系
——以多环芳烃结构与致癌性关系为例

一、传统构效关系

构效关系指具有生理活性（毒性）的污染物的化学结构与其生理活性之间的关系。例如，多环芳烃的结构与致癌性存在相关关系。

近几十年来，为了弄清 PAH 与其致癌性之间的关系，科学工作者进行了大量的研究，并提出了不少理论。其中，影响较大的有"K 区理论""湾区理论"和"双区理论"。

1. K 区理论

人们在研究中发现，凡是 PAH 分子中具有致癌活性的，大都含有菲环结构。其显著特征是相当于菲环 9,10 位的区域有明显的双键性，即具有较大的电子密度。因此，认为 PAH 的致癌性与这个区域的电子密度大小有关。所以 PAH 中相当于菲环 9,10 位的区域叫作 K 区，K 区是德文 Krebs（肿瘤）的缩写。

1955 年，Pullman 提出用 PAH 分子的定域能值作为衡量 PAH 致癌性大小的标准，并计算了 37 种 PAH 的定域能，经过分析提出了"K 区理论"。其要点为：

(1) PAH 分子中存在两类活性区域，一类相当于菲环 9,10 位区域，称为 K 区；另一类相当于蒽环的 9,10 位的区域，称为 L 区。如图 3-1 所示。

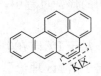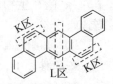

图 3-1　PAH 的 K 区和 L 区

(2) PAH 的 K 区在致癌过程中起主要作用，而 L 区起负作用（即脱毒作用）。K 区愈活泼，L 区愈不活泼的 PAH，其致癌性愈强。

(3) PAH 的碳定域能、邻位定域能、对位定域能通常采用较简单、实用的分子轨道法。当原子组合成分子时，原来专属于某一原子所有的电子将在整个分子范围内运动，某轨道也不再是原来的原子轨道，而成为整个分子所共有的分子轨道。对于具有共轭体系的分子而言，一般认为 σ 电子组成较牢固的 σ 键，整个分子的状态主要取决于活动性较强的 π 电子。比如苯的六个 π 电子组成了环形分子轨道，π 电子总能量为 $6\alpha+8\beta$。

碳定域能是把两个电子定域在发生反应的一个 C 原子上,它们不再参与共轭所需的能量。比如苯中两个电子脱离 π 电子体系而在某一特定位置上定域化时,整个体系发生了改变,如图 3 - 2 所示。π 电子总能量变为 $6\alpha + 5.464\beta$,这样苯的碳定域能为 $(6\alpha + 5.464\beta) - (6\alpha + 8\beta) = -2.536\beta$($\beta$ 为共振积分单位,kcal/mol)。

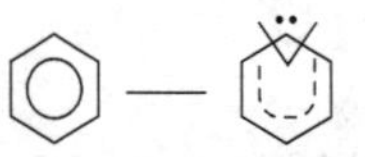

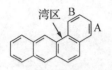

图 3 - 2　苯的碳定域能

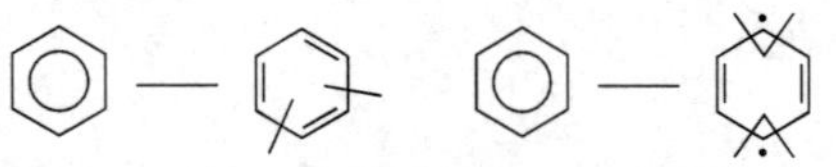

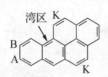

图 3 - 3　苯的邻位定域能、对位定域能

邻位定域能是把一对 π 电子定域在相邻 C 原子间所需的能量。因为是在相邻 C 原子间,故又称键定域能。对位定域能是把两个电子定域在两个相对的 C 原子上所需的能量,比如苯的邻位定域能、对位定域能,如图 3 - 3 所示,分别为 1.528β、4β。

PAH 分子的 K 区复合定域能(邻位定域能＋碳定域能)若小于或等于 3.31β,则有致癌性。若 PAH 分子中同时存在 K 区和 L 区,则 L 区的复合定域能(对位定域能＋碳定域能)必须大于或等于 5.66β,PAH 才具有致癌性。

苯的 K 区理论指数为 $(-2.536\beta) + (-1.528\beta) = -4.064\beta$,L 区理论指数为 $(-2.536\beta) + (-4\beta) = -6.536\beta$。可以看出,苯无论是 K 区指数还是 L 区指数都表明苯无致癌性,这与实验结果一致。

(4) 推测 PAH 的致癌机理,可能是由于 PAH 分子 K 区具有较大的电子密度,DNA 可与之发生亲电加成反应,从而影响了细胞的生化过程,导致癌症发生。

K 区理论虽然能够解释一些 PAH 分子的致癌性,但由于它只考虑了 PAH 本身的电子结构,而缺乏 PAH 在生物体内实际代谢过程的充分资料,因而具有较大的局限性。

2. 湾区理论

1969 年,Grover 和 Sims 等在实验中发现 PAH 不经过代谢活化,在试管中并不能与 DNA 以共价键结合,这说明 PAH 本身不是直接致癌物,它可能是在生物(或人)体内经过肝微粒体酶系的代谢作用才变成某种具有致癌活性的物质。后来 Booth、Borgen、Smis 和 Wood 等经实验证明,苯并[a]蒽、苯并[a]芘在生物体内的代谢过程中,生成的二氢二醇环氧比物,才是具有致癌活性的最终致癌物。

Jerina 等在立足于 PAH 在生物体内代谢实验的基础上,提出了"湾区理论",即把 PAH 分子结构中的不同位置划分为"湾区"、A 区、B 区和 K 区,如图 3 - 4 所示。

图 3 - 4 中,A 区是最先被氧化的区域;B 区是最终被氧化的区域;K 区的位置与"K 区理论"相同。湾区理论要点如下:

图 3 - 4　PAH 的湾区

(1) PAH 分子中存在"湾区",是其具有致癌性的主要原因。

(2) 在"湾区"的角环(B 区)容易形成环氧化物,它能自发地转变成"湾区正碳离子"。

(3) "湾区正碳离子"是 PAH 的"最终致癌形式",其稳定性可用微扰分子轨道法(Perturbation Molecular Orbital, PMO)计算其离域能的大小来定量估计。离域能越大,正碳离子越稳定,其致癌性越强。

(4) B 碳上的 π 电荷密度大小也是衡量 PAH 的致癌性强弱的条件,B 碳上的电荷密度愈小,PAH 的致癌性愈强。

(5)"湾区理论"认为 PAH 的致癌机理:"湾区正碳离子"具有很强亲电性,它可以与生物大分子 DNA 的负电中心结合,生成共价化合物,导致基因突变,形成癌症。"湾区理论"是建立在 PAH 在生物体内代谢实验基础上的,它解释了除苯并[a]蒽和苯并[a]芘之外,多数 PAH 如二苯并[a,h]蒽。3-甲基胆蒽等的致癌性,证明了"湾区环氧化物"在致癌过程中起了重要作用。但是湾区理论"没有提出 PAH 致癌活性的定量判据,因而缺乏预测能力。

3. 双区理论

戴乾圜等在总结"K 区理论""湾区理论"的基础上,用 PMO 法计算了 49 个 PAH 的 K 区碳原子和湾区碳原子的离域能及分子中各个碳原子的 Dewar 指数,并以 PAH 在生物体内的代谢实验资料为依据,对计算数据进行数学处理,提出了"双区理论"。其要点:

(1) PAH 分子具有致癌性的充要条件是在其分子内存在两个亲电活性区域,并把 PAH 分子分为 M 区、E 区、L 区、K 区、角环和次角环,如图 3-5 所示。图中 M 区为首先发生代谢活化的位置(代谢活化区);E 区为发生亲电反应的理论位置(亲电活化区);L 区为脱毒区;K 区为双重性区域,在某些情况下可以起亲电活性区的作用,也可起脱毒区的作用;M 区和 E 区所在的环称为角环;次角环为如图 3-5 中标出的环。

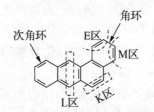

图 3-5 PAH 分子的分区示意

(2) PAH 致癌活性的定量计算公式:

$$\lg K = 4.751\Delta E_1 \Delta E_2^3 - 0.0512 n \Delta E_2^{-3}$$
（活化项）　　　　（脱毒项）　　　　　　(3-2-1)

式中:K 为结构与致癌性的关系指数;ΔE_1 和 ΔE_2 分别为 PAH 分子中最大与次大活性中心相应的碳正离子的离域能;n 为脱毒区总数;4.751 和 0.0512 为关系式的系数。

(3) 确定了 K 值与致癌性的关系,如表 3-1 所示。

表 3-1 K 值与致癌性的关系

K 值	致癌性	说明
K<6	—	不致癌
15>K>6	+	微弱致癌
45>K>15	++	致癌
75>K>45	+++	显著致癌
K>75	++++	强力致癌

(4) 提出了 PAH 致癌机理的假说,即 PAH 分子中的两个亲电中心与 DNA 互补碱基之间的两个亲核中心进行横向交联,引起移码型突变,导致癌症发生,两个亲电中心的最优致癌距离为 2.8～3.00 Å。这正好与 DNA 双螺旋结构的互补碱基之间两个亲核中心的实测距离(2.80～2.92 Å)接近。

戴乾圜等用公式(3-2-1)先计算了 49 个 PAH 的致癌活性,结果与实验的符合率高达 98%。后来又对已有完整致癌实验数据的 150 个 PAH 进行了计算,结果与实验的符合率也高达 95%。这说明"双区理论"较合理地考虑了 PAH 分子中各关键区域的作用,所提出的理论模型更加接近实际。目前,"双区理论"已成功地推广应用于取代的 PAH、偶氮苯体系、芳胺和亚硝胺类化合物中,受到了国内外的重视。

"双区理论"也存在不足之处。因为按"双区理论"的定量公式计算的 PAH 的致癌活性中有 4 个与实验不符,其偏差有一级至二级。如苯并[c]菲的 K 为 5.55,应无致癌性,而实际上有较强的致癌性(++);三苯并[a,e,h]芘的 $K=61.17$,应有显著的致癌性(+++),而实际上只有较强的致癌性(++);三苯并[a,c,j]四苯的 $K=17.32$,应有较强致癌性(++),而实际上只有弱致癌性(+);三苯并[a,c,j]蒽的 $K=8.09$,应有弱致癌性(+),而实际上没有致癌性(-)。

二、定量构效关系

定量构效关系(QSAR,Quantitative Structure Activity Relationship)是指定量的构效关系,是使用数学模型来描述分子结构和分子的某种生物活性之间的关系。其基本假设是化合物的分子结构包含了决定其物理、化学及生物等方面的性质信息,而这些理化性质则进一步决定了该化合物的生物活性。进而,化合物的分子结构性质数据与其生物活性也应该存在某种程度上的相关。

定量构效关系是在传统构效关系的基础上,结合物理化学中常用的经验方程的数学方法出现的,其理论历史可以追溯到 1868 年提出的"Crum-Brown 方程"。该方程认为化合物的生理活性可以用化学结构的函数来表示,但是并未建立明确的函数模型。最早的可实施的定量构效关系方法是美国波蒙拿学院 Hansch 在 1962 年提出的"Hansch 方程"。"Hansch 方程"脱胎于美国物理化学家哈密特(Louis Plack Hammett)提出的"哈密特方程"以及改进的"塔夫托方程"。哈密特方程是一个计算取代苯甲酸解离常数的经验方程,这个方程将取代苯甲酸解离常数的对数值与取代基团的电性参数建立了线性关系。塔夫托方程是在哈密特方程的基础上改进形成的计算脂肪族酯类化合物水解反应速率常数的经验方程,它将速率常数的对数与电性参数和立体参数建立了线性关系。

Hansch 方程在形式上与哈密特方程和塔夫托方程非常接近,以生理活性物质的半数有效量作为活性参数,以分子的电性参数、立体参数和疏水参数作为线性回归分析的变量,随后 Hansch 再次改进 Hansch 方程的数学模型,引入了指示变量、抛物线模型和双线性模型等修正,使得方程的预测能力有所提高。在 Hansch 方法几乎同时,还有 Free-Wilson 方法,这种方法直接以分子结构作为变量对生理活性进行回归分析,其应用范围远不如 Hansch 方法广泛。Hansch 与 Free-Wilson 方法等均将分子作为一个整体考虑其性质,并不能细致地反映分子的三维结构与生理活性之间的关系,因而又被称作二维定量构效关系。

二维定量构效关系中最常见的数学模型是线性回归分析,如 Hansch 方程:

$$\lg\left(\frac{1}{C}\right)=a\pi+b\sigma+cE_s+k \qquad\qquad (3-2-2)$$

式中：π 为分子的疏水参数；σ 为哈密顿电性参数；E_s 为塔夫托立体参数；a,b,c,k 均为回归系数。

对经典 Hansch 方程改进后，采用抛物线模型描述疏水性与活性的关系，见公式 3-2-3，这一模型拟合效果更好。

$$\lg\left(\frac{1}{C}\right)=a\pi^2+b\pi+c\sigma+dE_s+k \qquad\qquad (3-2-3)$$

二维定量构效关系产生了很大影响，人们对构效关系的认识从传统的定性水平上升到定量水平。定量的结构活性关系也在一定程度上揭示了污染物分子与生物大分子结合的模式。

由于二维定量不能精确描述分子三维结构与生理活性之间的关系，20 世纪 80 年代前后人们开始探讨基于分子构象的三维定量构效关系的可行性。1979 年，Crippen 提出了"距离几何学的 3d-QSAR"；1980 年，Hopfinger 等人提出了"分子形状分析方法"；1988 年，Cramer 等人提出了"比较分子场方法"，该方法是应用最广泛的基于定量构效关系的方法。1990 年代，又出现了在比较分子场方法基础上改进的"比较分子相似性方法"以及在"距离几何学的 3d-QSAR"基础上发展的"虚拟受体方法"等新的三维定量构效关系方法，但是比较分子场方法依然是使用最广泛的定量构效关系方法。比较分子场方法将具有相同结构母环的分子在空间中叠合，使其空间取向尽量一致，然后用一个探针粒子在分子周围的空间中游走，计算探针粒子与分子之间的相互作用，并记录空间不同坐标中相互作用的能量值，从而获得分子场数据。不同的探针粒子可以探测分子周围不同性质的分子场，甲烷分子作为探针可以探测立体场，水分子作为探针可以探测疏水场，氢离子作为探针可以探测静电场等，一些成熟的比较分子场程序可以提供数十种探针粒子供用户选择。

QSAR 具有计算量小，预测能力好等优点。在受体结构未知的情况下，定量构效关系方法最为准确和有效，但是 QSAR 方法不能明确给出回归方程的物理意义以及污染物-受体间的作用模式，物理意义模糊是对 QSAR 方法最主要的质疑之一。另外，在定量构效关系研究中大量使用了实验数据和统计分析方法，因而 QSAR 方法的预测能力很大程度上受到试验数据精度的限制，同时时常要面对"统计方法欺诈"的质疑。

第三节　环境自由基化学

一、自由基化学基础与光化学反应基础

1. 自由基化学基础

（1）自由基

自由基，也称为游离基，是化合物分子在光热等外界条件下，共价键发生均裂，形成的

具有不成对电子的原子或基团。

自由基产生的方法有很多,如热裂解、光解、氧化还原、诱导分解等。大气圈中,生成自由基最重要的方法是化合物的光解。例如:

$$O_3 + h\nu \longrightarrow \cdot O \cdot + O_2$$
$$HNO_2 + h\nu \longrightarrow \cdot OH + NO$$

(2) 自由基的稳定性

自由基稳定性是指自由基稳定存在的难易程度,稳定性大的自由基相对不易发生化学键断裂或重排。

生成自由基的共价键均裂解离能、自由基的结构,共同决定了自由基稳定性。R—H 的解离能越小,自由基 R 的相对稳定性越大。烷基自由基的结构也决定其稳定性,不同的结构使自由基不成对电子的共轭效应不同,共轭效应越强,则自由基越稳定。共轭效应是一种离域效应,这里指自由基不成对电子(碳的 p 电子)不被局限于其所属的那个碳原子上,而是与其他 π 键、α 键电子一起被多个碳原子共享,这种共享效应可以使体系更稳定。苄基、烯丙基自由基中,不成对电子与 π 键之间发生 p-π 共轭,结构稳定性强。叔碳、仲碳、伯碳、甲基自由基中,不成对 p 电子分别与相邻碳原子上的 C—H α 键发生 p-α 共轭,相邻碳原子数分别为 3、2、1、0 个,因此稳定性依次递减。

取代基的诱导效应,无论是给电子还是吸电子,一般都会增加 R 自由基的稳定性。例如,$CNCH_2 > OHCH_2$,$CH_3COCH_2 > CH_3CH_2$。

(3) 自由基的反应活性

自由基的反应活性指自由基与其他化学物质发生反应的难易程度。

自由基与 RH 发生的反应,通常夺取的是氢原子,而不会是 R 自由基,即 H 原子摘除反应。如 CH_3CH_3 与 Cl 原子作用,只会生成 CH_3CH_2 和 HCl($\Delta H = -21$ kJ/mol),不会生成 CH_3CH_2Cl 和 H($\Delta H = 63$ kJ/mol)。

H 原子摘除反应的反应活性与参与反应的自由基的稳定性负相关,与反应生成的自由基的稳定性正相关。卤素原子夺 H 活性顺序:F>Cl>Br;烷烃被卤素原子夺 H 的活性顺序:叔碳 H>仲碳 H>伯碳 H。但是 H 原子摘除反应的选择性,与参与反应的自由基的稳定性正相关。卤素原子夺 H 活性越小,反应选择性就越大,如 Br>Cl>F。

Cl 和 Br 与烯烃反应,一般只发生加成反应,但如果生成烯丙基、苄基自由基,这些自由基存在共轭、稳定性强,则可以发生取代反应。

(4) 自由基反应的类型与特点

自由基反应分为三种类型:单分子自由基反应、自由基-分子相互作用和自由基-自由基相互作用。

① 单分子自由基反应,没有其他化学物质参加,包括裂解和重排。其中,裂解是自由基碎裂生成稳定的分子或一个新的自由基,而重排是分子内原子的重排。② 自由基-分子相互作用,主要为加成反应与取代反应。③ 自由基-自由基相互作用,一般生成稳定的物质,如二聚反应与偶联反应,二聚是两个相同的自由基结合,偶联则是两个不同的自由基结合。

自由基电子层外层存在不成对电子,对外来电子有很强的亲和力,在与电子成对的分子发生反应后,将会生成新的自由基,并可自行维持,不断进行,进行链式反应。自由基链式反应的历程,包括链式反应的引发、传递和终止,在此不详述。

2. 光化学反应基础

(1) 光化学反应

分子、原子、自由基或离子,吸收光子而发生的化学反应,称为**光化学反应**。光化学反应分为初级过程与次级过程。

初级过程指化学物种 A 吸收光量子 $h\nu$ 形成激发态 A^*,与随后的去激发过程。激发态的形成:$A+h\nu \longrightarrow A^*$。由于激发态 A^* 不稳定,其能量通过光物理或光化学途径释放。光物理过程回到基态,或荧光、磷光跃迁,或碰撞失活,将能量传递给碰撞的其他分子。光化学过程或发生光解离反应,A^* 解离成为两个或两个以上的新物种,或与其他分子反应生成新物种。其中,光化学过程,对于描述大气污染物在光作用下的转化规律很有意义。

次级过程指在初级过程中的反应物与生成物之间,进一步发生的反应。如大气中 HCl 的光化学反应过程:

初级过程:$HCl + h\nu \longrightarrow H\cdot + Cl\cdot$

次级过程:$H\cdot + HCl \longrightarrow H_2 + Cl\cdot$ 和 $Cl\cdot + Cl\cdot + M \longrightarrow Cl_2 + M$

这里 M 表示反应发生时必须存在的其他物种。

(2) 光化学反应定律

光化学第一定律:限定光的能量、波长。首先,光子能量要大于化学键键能,激发态分子能量才能使该分子化学键发生断裂,才能引起光离解反应;其次,分子对特定波长的光要有特征吸收光谱,才能产生有效的光化学反应。

光化学第二定律:分子吸收光的过程是单光子过程。电子激发态分子的寿命很短,一般不大于 10^{-8} s。对流层只涉及太阳光,辐射强度比较弱,处于其中的如此短寿命的激发态分子,再吸收第二个光子的概率很小。

光量子能量 E,由爱因斯坦公式表示为:

$$E = h\nu = hc/\lambda \qquad (3-3-1)$$

式中:λ 为光波长,nm;h 为普朗克常数,值为 6.626×10^{-34} J·s;c 为光速,值为 2.9979×10^8 m/s。

单光子过程中,一个分子吸收一个光量子。因此,1 mol 分子吸收 1 mol 光子,其吸收的总能量为:$E = N_0 hc/\lambda$。式中:N_0 为阿伏伽德罗常数,值为 6.022×10^{23}。

光量子能量与化学键键能之间的对应关系:吸收 λ 为 400 nm 的光,对应的 E 为 299.1 kJ/mol;λ 为 700 nm 的光,对应 E 为 170.9 kJ/mol。因为化学键键能大于 167.4 kJ/mol,所以波长大于 700 nm 的光就不能引起光化学离解。

(3) 光化学反应的量子产率

初级过程量子产率(φ)是激发态分子数目占吸收光子数目的百分率。所有初级过程(初级光物理与光化学过程)量子产率之和等于 1。

表观量子产率(Φ)是发生反应的或反应生成的分子数目占吸收光子数目的百分率。

链式反应、热反应的发生，都会改变表观量子产率 Φ，其值可以从 0 到 10^6。

3. 大气的重要自由基

大气中重要自由基有 $\cdot OH$、$HO_2 \cdot$、$\cdot R$（烷基）、$RO \cdot$（烷氧基）、$RO_2 \cdot$ 等，$\cdot OH$ 和 $HO_2 \cdot$ 最为重要。计算得出，大气中 $\cdot OH$ 浓度的全球平均值约为 7×10^5 个/cm^3（在 $10^5 \sim 10^6$）；$\cdot OH$ 最高浓度出现在温度高、太阳辐射强的热带，其分布在两个半球之间不对称。自由基的光化学生成产率普遍与光照强弱有关，白天高于夜间，夏季高于冬季。

(1) $\cdot OH$ 与 $HO_2 \cdot$ 的来源

干洁大气中，$\cdot OH$ 的重要来源是 O_3 的光解离：

$$O_3 + h\nu \longrightarrow \cdot O \cdot + O_2$$
$$\cdot O \cdot + H_2O \longrightarrow 2 \cdot OH$$

污染大气中如果存在 HNO_2 和 H_2O_2，则 HNO_2 和 H_2O_2 光解离也可产生 $\cdot OH$；其中 HNO_2 的光解离是大气中 $\cdot OH$ 的重要来源：

$$HNO_2 + h\nu \longrightarrow \cdot OH + NO$$
$$H_2O_2 + h\nu \longrightarrow 2 \cdot OH$$

大气中 $HO_2 \cdot$ 主要来源于醛的光解，尤其是甲醛的光解：

$$H_2CO + h\nu \longrightarrow H \cdot + HCO \cdot$$
$$H \cdot + O_2 \longrightarrow HO_2 \cdot$$
$$HCO \cdot + O_2 \longrightarrow HO_2 \cdot + CO$$

任何光解过程，只要生成 $H \cdot$ 或 $HCO \cdot$，就可与空气中的 O_2 结合生成 $HO_2 \cdot$。其他醛类也发生类似反应，但它们在大气中的浓度远比甲醛低，所以它们对生成 $HO_2 \cdot$ 的贡献不如甲醛重要。

亚硝酸酯和 H_2O_2 的光解也可会生成 $HO_2 \cdot$：

$$CH_3ONO + h\nu \longrightarrow CH_3O \cdot + NO$$
$$CH_3O \cdot + O_2 \longrightarrow H_2CO + HO_2 \cdot$$
$$\cdot OH + H_2O_2 \longrightarrow HO_2 \cdot + H_2O$$

(2) $\cdot R$、$RO \cdot$、$RO_2 \cdot$ 的来源

大气中含量最高的烷基是甲基，它的主要来源是乙醛和丙酮的光解。其中，$HCO \cdot$ 和 $CH_3CO \cdot$ 为羰基自由基：

$$CH_3CHO + h\nu \longrightarrow CH_3 \cdot + HCO \cdot$$
$$CH_3COCH_3 + h\nu \longrightarrow CH_3 \cdot + CH_3CO \cdot$$

其他烷基自由基，由烃类与 $\cdot O$ 或 $\cdot OH$ 发生 H 摘除反应生成：

$$RH + \cdot O \longrightarrow \cdot R + \cdot OH$$
$$RH + \cdot OH \longrightarrow \cdot R + H_2O$$

大气中 $CH_3O \cdot$ 主要来源于甲基亚硝酸酯和甲基硝酸酯的光解：

$$CH_3ONO + h\nu \longrightarrow CH_3O\cdot + NO$$
$$CH_3ONO_2 + h\nu \longrightarrow CH_3O\cdot + NO_2$$

大气中的 $RO_2\cdot$，由烷基与空气中的 O_2 结合而形成：

$$\cdot R + O_2 \longrightarrow RO_2\cdot$$

4. 干洁大气中重要化学物质的光化学反应

干洁大气中重要的光吸收物质有 N_2、O_2、O_3、NO_2、HNO_2、HNO_3、SO_2、甲醛、卤代烃等。这些物质通过初级光化学过程产生各种自由基与活性物质，并可以与大气中各种天然化合物发生反应。

(1) N_2 和 O_2

氮分子中的化学键是叁键，键能较大，为 939.4 kJ/mol，对应光波长为 127 nm。氮分子只对波长为 120 nm 以下的光有吸收，并发生光解。

$$N_2 + h\nu \longrightarrow \cdot\dot{N}\cdot + \cdot\dot{N}\cdot$$
$$O_2 + h\nu \longrightarrow \cdot O\cdot + \cdot O\cdot$$

O_2 的键能为 493.8 kJ/mol，理论上小于 243 nm 的光均可引起 O_2 的光解离。氧分子恰好在波长为 243 nm 以下开始吸收，在 200 nm 以下吸收光谱变得很强，且呈带状。因此，通常认为 240 nm 以下的紫外光可使 O_2 光解。与之相关的次级过程为：

$$\cdot O\cdot + O_2 + M \longrightarrow O_3 + M$$

这一反应主要发生在 N_2 光解的大气层之下，且波长 120 nm 以上，没有被 N_2 吸收参与 N_2 光解的紫外光，如果波长在 240 nm 以下，可使 O_2 光解。该反应是平流层中 O_3 的主要来源，也是上层大气能量的一个来源。

(2) O_3

臭氧分子键能为 101.2 kJ/mol，解离能较低，对应的光波长为 1 180 nm。O_3 对紫外、可见光均有吸收，但对波长大于 290 nm 的吸收相当弱。通常认为 290 nm 以下的紫外光，引起 O_3 的光解离。因此，臭氧层主要吸收波长小于 290 nm 的紫外光，长波长紫外光透过臭氧层进入对流层以至地面的可能性较大。

$$O_3 + h\nu \longrightarrow \cdot O\cdot + O_2$$

(3) NO_2、HNO_2、HNO_3

NO_2 的键能为 300.5 kJ/mol，在 290～410 nm 有连续吸收光谱，可以吸收对流层全部紫外光和部分可见光。NO_2 吸收波长小于 420 nm 的光，可发生以下光解离反应。与之相关的次级过程，是 O_3 的唯一人为来源。

$$NO_2 + h\nu \longrightarrow NO\cdot + O\cdot$$
$$\cdot O\cdot + O_2 + M \longrightarrow O_3 + M$$

HNO_2 中 $HO-NO$ 间的键能为 201.1 kJ/mol，$H-ONO$ 间的链能为 324.0 kJ/mol。HNO_2 对 200～400 nm 的光有吸收，吸光后发生的初级过程：

$$HNO_2 + h\nu \longrightarrow \cdot OH + NO$$

这个初级过程是大气中 $\cdot OH$ 自由基的重要来源之一。此过程还会发生 $HNO_2 + h\nu \longrightarrow \cdot H + NO_2$。

次级过程：

$$\cdot OH + NO \longrightarrow HNO_2$$
$$\cdot OH + HNO_2 \longrightarrow H_2O + NO_2$$
$$\cdot OH + NO_2 \longrightarrow HNO_3$$

HNO_3 中 $HO—NO_2$ 键能为 199.4 kJ/mol，HNO_3 对 $120 \sim 335$ nm 的光有吸收，吸光后发生的初级过程：

$$HNO_3 + h\nu \longrightarrow \cdot OH + NO_2$$

次级过程：

$$\cdot OH + CO \longrightarrow CO_2 + H \cdot$$
$$H \cdot + O_2 + M \longrightarrow HO_2 \cdot + M$$
$$2HO_2 \cdot \longrightarrow H_2O_2 + O_2$$

（4）SO_2

由于波长在 290 nm，特别是 240 nm 以下的光，基本会被高层（臭氧层及以上）大气吸收，而 SO_2 在 $240 \sim 400$ nm 有吸收带，但键能为 545.1 kJ/mol，该波段的光不能使之解离，故只能生成 SO_2 激发态（SO_2^*）。初级过程：

$$SO_2 + h\nu \longrightarrow SO_2^*$$

SO_2 激发态可直接被氧化为 SO_3，为次级过程：

$$SO_2^* + O_2 \longrightarrow SO_4 \longrightarrow SO_3 + \cdot O \cdot$$

（5）甲醛

甲醛的 $C—H$ 键键能为 356.5 kJ/mol，甲醛对 $240 \sim 360$ nm 的光有吸收。吸光后的初级过程：

$$H_2CO + h\nu \longrightarrow H \cdot + HCO \cdot$$
$$H_2CO + h\nu \longrightarrow 2H \cdot + CO$$

次级过程：

$$H \cdot + O_2 \longrightarrow HO_2 \cdot$$
$$HCO \cdot + O_2 \longrightarrow HO_2 \cdot + CO$$

其他醛类光解也同样地生成 $HO_2 \cdot$，醛类光解是大气 $HO_2 \cdot$ 的重要来源。

（6）卤代烃

卤代甲烷光解离的初级过程有三个规律：① C—卤素（$C—X$）与 $C—H$ 的键能大小顺序为 $C—F > C—H > C—Cl > C—Br > C—I$，$C—Cl$ 键优先于 $C—H$ 键断裂；② 断 $C—X$

时,键能小的键优先断裂;③ 高能光辐射时,可以发生一个光子断裂两个最弱 C—X 键,但不会发生一个光子断裂三个最弱 C—X 键。氟利昂 11(CFCl$_3$)与氟利昂12(CF$_2$Cl$_2$)的光化学初级反应:

$$CFCl_3 \cdot + h\nu \longrightarrow CFCl_2 \cdot + Cl \cdot$$
$$CFCl_2 \cdot + h\nu \longrightarrow CFCl \cdot + 2Cl \cdot$$
$$CF_2Cl_2 \cdot + h\nu \longrightarrow CF_2Cl \cdot + Cl \cdot$$
$$CF_2Cl_2 \cdot + h\nu \longrightarrow CF_2 \cdot + 2Cl \cdot$$

二、水体自由基化学

光解作用是不可逆反应,是有机污染物的光化学分解过程,它强烈地影响水环境中某些污染物的归趋。有机毒物的光解产物可能仍然有毒,如辐照 DDT 产生 DDE,DDE 在环境中滞留时间比 DDT 还长。污染物的光解速率依赖于许多的化学和环境因素。光吸收性质、化合物性质、天然水的光迁移特征以及阳光辐射强度,均是影响环境光解作用的重要因素。

光解过程可分为三类:一类是直接光解,这是有机物直接吸收太阳辐射,进行分解反应;二类是敏化光解,水体中的天然物质(如腐殖质等)被阳光激发,又将其激发态的能量转移给有机物,而导致的分解反应;三类是氧化反应,天然物质被辐照产生自由基或单重态氧等中间体,这些中间体又与有机物作用,而导致的分解反应。

1. 直接光解

根据 Grothus-Draper 定律,只有吸收辐射(以光子形式)的那部分分子才会进行光化学转化。光化学反应要求污染物吸收光谱与太阳发射光谱在水环境中可利用的部分相匹配,这点与大气环境化学中的光化学第一定律类似。

(1)水环境中光的吸收作用

如果光子的能量与分子的能级间隔相匹配,则分子可以吸收光量子,发生能级跃迁。光子被吸收的可能性,强烈依赖光的波长。紫外-可见波段的辐射,诱发电子跃迁,可以给光化学反应有效提供能量。

水环境中污染物光吸收作用,仅来自太阳辐射可利用部分。地球表面气体、颗粒物、水,都会通过散射和吸收作用,改变太阳辐射的强度和光谱分布。辐射到水体表面的近紫外(290~320 nm)区光强下降较多,而这部分紫外光往往使许多有机物发生光解。光强随太阳射角高度的降低而降低。此外,一部分太阳光通过大气时被散射,地面接收的光线一部分是直射光,另一部分则是散射光。近紫外区,散射光占 50%以上。

太阳光射到水体表面时,一部分反射回大气,约占 10%;进入水体的太阳光发生折射;还有一部分光被水中颗粒物、可溶性物质和水本身散射。

在一个充分混合的水体中,根据 Lambert 定律,其单位时间吸收的光为:

$$I_\lambda = I_{0\lambda}(1 - 10^{-\alpha_\lambda L}) \tag{3-3-2}$$

式中:$I_{0\lambda}$ 为波长是 λ 时的入射光强;L 为光程,即光在水中走的距离;α_λ 为吸收系数。

同时考虑折射光与散射光，单位体积光的平均吸收率 $I_{a\lambda}$ ：

$$I_{a\lambda} = [I_{d\lambda}(1 - 10^{-\alpha_\lambda L_d}) + I_{s\lambda}(1 - 10^{-\alpha_\lambda L_s})]/D \qquad (3-3-3)$$

式中：D 为水体深度；L_d 为折射光程；L_s 为散射光程。

水体加入污染物后，吸收系数由 α_λ 变为 $(\alpha_\lambda + E_\lambda c)$。其中，$E_\lambda$ 为污染物的摩尔消光系数；c 为污染物的浓度。污染物吸收的光为 $E_\lambda c/(\alpha_\lambda + E_\lambda c)$。由于水中污染物的浓度很低，$E_\lambda c \ll \alpha_\lambda$，所以 $(\alpha_\lambda + E_\lambda c) \approx \alpha_\lambda$。这样光被污染物吸收的平均速率 $(I'_{a\lambda})$：

$$I'_{a\lambda} = I_{a\lambda} E_\lambda c/(j\alpha_\lambda) \qquad (3-3-4)$$

式中：j 为光的强度和摩尔浓度转化常数。

另外，有两种极端情况。如果几乎所有产生光解的光都被体系吸收，这时平均光解速率反比于深度 (D)，这是水体深度 (D) 大于透光层的情况。如果只有小于 2% 的光被体系吸收，这时平均光解速率与深度 (D) 无关。

(2) 光量子产率

所有光化学反应都吸收光子，但并非每个被吸收的光子均能诱发化学反应。除了光化学反应外，被激发的分子还可能产生包括磷光、荧光再辐射，内转换为热能，以及其他分子的激发作用等过程。所以光解速率只是正比于单位时间所吸收的光子数。

分子被活化后，它可能进行光反应，也可能通过光辐射的形式，进行"去激发"再回到基态。进行光化学反应的光子，占吸收总光子数之比，称为光量子产率 (Φ)：

$$\Phi = 生成或破坏的给定物种的摩尔数 / 体系吸收光子的摩尔数 \qquad (3-3-5)$$

在液相中，光化学反应的量子产率有两种性质：光量子产率小于或等于 1；光量子产率与所吸收光子的波长无关。

环境条件影响光解量子产率。分子氧在一些光化学反应中的作用像是淬灭剂，减少光量子产率，在另外一些情况下，它不影响甚至可能参加反应。研究光解速率常数和光量子产率，均需说明水体中氧的浓度。

悬浮沉积物也影响光解速率，它不仅可以增加光的衰减作用，而且还改变吸附在它们上面的化合物的活性。化学吸附作用也影响光解速率。一种有机物在酸或碱中的不同存在形式，可能使其光降解有不同的光量子产率，还会出现光解速率随 pH 变化等现象。

2. 敏化光解

除了直接光解外，光还可以用间接方法使水中有机污染物降解。一个光吸收分子可能将它的过剩能量转移到一个接受体分子，导致接受体反应，这种反应就是光敏化作用。2,5-二甲基呋喃就是可被光敏化作用降解的一种化合物，在蒸馏水中将其暴露于阳光中没有反应，但是它在含有天然腐殖质的水中，降解很快。这是由于腐殖质可以强烈地吸收波长小于 500 nm 的光，并将部分能量转移给 2,5-二甲基呋喃，从而导致它的降解反应。

敏化光解的光量子产率 Φ_s 不是常数，它与污染物的浓度有关，即

$$\Phi_s = Q_s c \qquad (3-3-6)$$

式中：Q_s 为常数。

式 3-3-6 表明,敏化分子转移它的能量至污染分子时,光量子产率与污染物分子的浓度成正比。

20 世纪 70~80 年代,Frank 等首次提出半导体材料可用于催化光解水中污染物;Mathews 用 TiO_2 UV 光催化法对水中有机污染物苯、苯酚、一氯苯、硝基苯、苯胺、邻苯二酚、苯甲酸、间苯二酚、对苯二酚、1,2-二氯苯、2-氯苯酚、4-氯苯酚、2,4-二氯苯酚、2,4,6-三氯苯酚、2-萘酚、氯仿、三氯乙烯、乙烯基二胺、二氯乙烷等进行研究,发现它们的最终产物都是 CO_2,反应速度相差不大,表明大多数有机物都能被 TiO_2 催化而彻底光解。

3. 氧化反应

有机毒物在水环境中常遇见的氧化剂有单重态氧($^1O_2$)、烷基过氧自由基($RO_2 \cdot$)、烷氧自由基($RO \cdot$)和羟基自由基($\cdot OH$),它们是光化学的产物。有机毒物与这些自由基可以发生氧化反应,这类氧化反应常放在光化学反应以外。比如,

$$RO_2 \cdot + ArOH \longrightarrow RO_2H + ArO$$
$$^1O_2 + ArOH \longrightarrow HO_2 \cdot + ArO$$

三、生物体自由基化学

1. 生物体自由基的概念

生物体自由基具有高度的活性,可在细胞代谢过程中连续不断地产生,并参与生物体内正常的生理生化过程。过量的自由基会造成生物体损伤,是引起多种疾病和生物衰老的重要原因。因此,对生物体自由基的研究目前已成为国内外许多科学家极为关注的课题。

自由基生物化学是研究生物体内自由基的产生、利用、清除及其危害的科学。生物体自由基同样是指具有不配对电子的原子或原子团,分子或离子。例如,氢原子为氢自由基($H \cdot$),甲基自由基($CH_3 \cdot$),羟基自由基($\cdot OH$)。氧分子中有两个三电子 π 键(分子轨道理论),即有两个未配对电子,可以看作一个双自由基。普通氧分子为基态三重态$^3O_2$,稳定的三重态氧可被激发成更为活泼,氧化性更强的单线态氧$^1O_2$。

氧分子只得到一个电子,成为带一个负电荷的离子,但仍有一个电子未配对,称为超氧阴离子自由基$\cdot O_2^-$。超氧自由基有两个重要特性:一是活泼性,一旦产生就易与其他物质反应形成新的自由基;二是反应的链式性,链式反应经历引发、增殖和终止三个阶段。这两个性质与自由基对生物体的损害作用有关。

2. 生物体内自由基的来源

生物体内的自由基可以是内源性的,也可以是外源性的,即自由基可以由细胞代谢过程中产生,也可能来自环境。主要来源如下。

(1) 紫外线照射、高能电离辐射能使生物体内水激发产生自由基:$H_2O \longrightarrow H \cdot + \cdot OH$。

(2) 单电子氧化还原反应。在生物体内正常代谢过程中,某些氧化酶可以传递单电子而还原氧,生成超氧阴离子自由基。例如,黄嘌呤氧化酶催化的反应:

$$黄嘌呤 + H_2O + 2O_2 \longrightarrow 尿酸 + 2 \cdot O_2^- + 2H^+$$

（3）细胞的吞噬活动。如粒细胞吞噬活动开始时，细胞内的 NADH 氧化酶或 NADPH 氧化酶活性增强，摄入的氧被还原成·O_2^-。

（4）药物在生物体内的转化过程。许多药物进入生物体后，在生物转化作用过程中可形成自由基。例如，解热镇痛药对乙酰氨基酚，在人体肝脏经细胞色素 P450 代谢，其中有一部分可转变成半醌自由基，大剂量时会引发肝细胞坏死。

（5）环境污染。如空气中氮氧化物及臭氧的污染，氮氧化物能在生物体内生成自由基：$NO_2 + H_2O_2 \longrightarrow HONO_2 + \cdot OH$。吸烟也会给体内增加大量的自由基。

3. 生物对自由基的利用

自由基反应对生物体是必要的。自由基在光合作用、ATP 的生成、花生四烯酸生成前列腺素、凝血酶原的生物合成、生物转化作用、嗜中性白细胞吞噬细胞、嗜酸性粒细胞杀灭寄生虫、巨噬细胞杀伤肿瘤细胞、抗瘤药物的治疗作用等生物活动过程中发挥着重要作用。某些原因引起自由基生成减少将会导致生物功能障碍，如患有慢性肉芽肿的病人因粒细胞不能生成足量的 $^1O_2$ 和·O_2^-，细胞杀菌机能会发生障碍。

4. 生物体内自由基的清除

自由基在生物体内不断生成，也不断被清除，保持着动态平衡。生物体具有两类清除自由基的物质，即非酶类物质和酶。

非酶类物质主要是一些抗氧化剂，通过自身的还原作用参与氧化还原反应，清除自由基及其引起的毒性作用。这类物质称为小分子自由基清除剂，常见的有维生素 E、维生素 C、半胱氨酸、谷胱甘肽、2-巯基乙胺、葡萄糖、甘露醇等。例如，维生素 E 可以直接提供电子还原脂质自由基，还能促进氧化型谷胱甘肽（GSSG）还原为谷胱甘肽（GSH），从而增强对 H_2O_2 的分解。

酶类物质，主要是各种抗氧化酶类，包括超氧化物歧化酶（SOD）、过氧化氢酶（CAT）、过氧化物酶（POD）和谷胱甘肽过氧化物酶（GSH-PX）。SOD 广泛分布于生物体内，是自由基损害的主要防御酶，其发生歧化反应的底物是·O_2^-。

$$2 \cdot O_2^- + 2H^+ \longrightarrow （SOD 催化）\longrightarrow O_2 + H_2O_2$$

CAT 广泛存在于哺乳动物体内，以肝脏和红细胞内含量最多，其主要作用是把 H_2O_2 分解为 H_2O 和 O_2。

$$2H_2O_2 \longrightarrow （CAT 催化）\longrightarrow 2H_2O + O_2$$

POD 是过氧化物酶体的标志酶，以过氧化氢为电子受体催化底物氧化，反应为：

$$供体 + H_2O_2 \longrightarrow 氧化供体 + 2H_2O$$

GSH-PX 普遍存在于动物体内，在人体内有含硒和不含硒两种。含硒的酶分子表面有 4 个硒原子，这种酶以 H_2O_2 和有机过氧化物为底物；不含硒的只能以有机过氧化物为底物。

CAT 和 GSH-PX 是分解 H_2O_2 的主要系统。高浓度的 H_2O_2 有毒，其主要危险是通过 Haber-Weiss 反应或 Fenton 反应生成·OH，而生物体内不存在能清除大量·OH 的生理性防御或酶系统。羟基自由基是一种破坏性很大的氧自由基，可以自由地侵袭不饱和脂肪酸,生成脂质自由基,并引起链式反应,生成脂质过氧化物。

5. 自由基对生物体的损害作用

自由基是一类具有高度活性的物质,可以直接或间接发挥强氧化剂的作用,从而对生物体造成损伤。可以概括为以下几个方面。

(1) 引起蛋白质变性。对蛋白质可以直接氧化破坏,或使其发生交联,或使肽链上氨基酸残基侧链发生变化,致使具有生物活性的蛋白质(包括酶)丧失活性,影响了生物体正常的结构和代谢功能。

(2) 引起核酸变性。对核酸也可以直接氧化破坏,或使碱基之间发生交联,或使核酸解体变性,从而影响了核酸传递信息的功能,导致蛋白质生物合成能力下降或出现合成差错。

(3) 引起多糖降解。自由基对多糖高分子聚合物有较明显的氧化作用,能使结缔组织中的酸性黏多糖-透明质酸降解,失去黏性,其结果有利细菌的侵入和感染的扩散。

(4) 引起过氧化脂质的生成。生物体内有多种高度不饱和脂肪酸,自由基可以氧化这些脂肪酸形成过氧化脂质。当生物膜中的磷脂发生过氧化,导致膜中蛋白质和磷脂交联,膜的通透性增高,多种功能受到损害。亚细胞结构膜的磷脂比质膜含有更多的不饱和脂肪酸,对自由基更为敏感。如线粒体膜受损可导致能量生成系统受损;溶酶体膜受损,可释放出水解酶类,轻则使细胞内多种物质水解,重则造成细胞自溶,组织坏死。

四、土壤自由基化学

自由基在环境中寿命极短(如羟基自由基寿命约 10^{-9} s),被称为瞬时自由基。相对于这些短寿命的自由基,研究者们在环境中发现了寿命长达数分钟甚至几十天的新型自由基,称之为环境持久性自由基(Environmentally Persistent Free Radicals,EPFRs)。EPFRs 氧化活性强,可诱发生物系统的氧化应激反应,引起细胞和机体损伤,引发肺部和心血管疾病等,被认为是一种新型的环境风险物质。EPFRs 广泛存在于不同环境介质中,例如焚化/热处理产生的大气颗粒物,受有机污染物污染的土壤,甚至在未受污染的土壤中也会检测到 EPFRs。

土壤中 EPFRs 一部分来源于天然有机质(如木质素、胡敏素、胡敏酸、富里酸等)以及有机污染物(如多环芳烃、五氯苯酚等)与土壤矿物的相互作用。另一方面来源于焚烧(垃圾燃烧、燃煤、内燃机燃烧等)和低温热裂解(一般为 100～600 ℃)等过程。这些过程产生的 EPFRs 附着在大气颗粒物上,经过沉降作用进入土壤;有的是人为添加到土壤中的土壤改良剂,如生物炭等。

由于土壤有机质结构和成分的复杂性,使得研究者在探索来源于土壤有机质的 EPFRs 分布、反应活性、影响因素等问题时,遇到很大挑战。土壤有机质作为全球碳循环中关键的活性池,与土壤中的 EPFRs 有着密切的联系,探究其活性与稳定性对全球碳循环有着重要的意义。关于土壤中腐殖质、有机-无机复合体中 EPFRs 的生成机制、稳定机理及影响因素,关于外源有机污染物降解过程对土壤中 EPFRs 的贡献均有一些研究。例如,有研究表明受污染土壤中 EPFRs 浓度是未受污染土壤的 30 倍。由于有机污染物与土壤组分,如土壤有机质、无机矿物及过渡金属相互作用,通过电子转移生成稳定的

EPFRs,其潜在危害或许高于污染物本身。EPFRs 的产生改变了污染物降解途径,甚至可能抑制其降解。EPFRs 的稳定性使其可能随着环境扰动而发生远距离迁移,从而带来更高的风险性。

我国科研人员对稻田上覆水在自然光照下可能产生系列活性物质,并促进污染物转化的机制进行了研究。研究表明,水稻不同生长期稻田上覆水存在光化学过程,发现三重激发态溶解性有机物($^3DOM^*$)、单线态氧($^1O_2$)和羟基自由基($\cdot OH$)是主要的活性物质(Reactive Intermediates,RIs),且 $^1O_2$ 的表观光量子产率远高于一般地表水的值。深入研究发现,DOM 的性质和亚硝酸盐的浓度是影响 RIs 生成的关键调控因子,$\cdot OH$ 主要产生于亚硝酸盐和 DOM 在光照下的电子转移,而 $^3DOM^*$ 和 $^1O_2$ 主要来源于光照 DOM 引发的系间窜跃和能量传递。采用超高分辨质谱对 DOM 性质进行分子层面的表征分析发现,相对分子量小、芳构化程度低和饱和度高的 DOM 能够产生更多 RIs,而 DOM 中酚类物质则抑制了 RIs 生成。

稻田常用改良剂可能会改变上覆水的化学性质,进而影响上覆水中光活性物质的产生。秸秆和石灰的施用分别使 RIs 稳态浓度提高 16.8 倍和 11.1 倍,而添加生物炭的影响有限。三维荧光光谱和超高分辨质谱分析结合结构方程模型表明,在添加秸秆和石灰改良剂后,由于秸秆腐解和土壤有机质的溶出,上覆水中 DOM 浓度显著上升,且 DOM 中腐殖类物质大量增加,在光照下产生更多 RIs。

上覆水形成的 RIs 对污染物的非生物转化具有重要贡献,产生的 RIs 显著促进稻田生态系统中三价砷(As(Ⅲ))的氧化,而 $^3DOM^*$ 和 $^1O_2$ 则是 As(Ⅲ)氧化的驱动因子。此外,RIs 也会影响有机污染的降解过程,改良剂的施用能显著加快 2,4 -二氯苯酚(农药 24D 的水解/代谢产物)的降解速率,不同 RIs 对污染物降解路径差异显著,降解中间产物毒性差异较大,OH 介导的脱氯产物毒性能大大降低,而 $^3DOM^*$ 介导的二聚产物毒性增强。以上研究阐明了稻田上覆水中光致活性物质的产生机制,为理解稻田生态系统污染物的非生物转化提供了新思路。

思考与练习

1. 污染物分子的化学作用力种类有哪些?
2. 如何利用路易斯酸碱理论解释重金属环境行为效应?
3. 分子极性与有机污染物环境行为效应之间有什么关系?
4. 化学物质致突变、致癌和抑制酶活性的生物化学作用机理是什么?
5. 举出一个研究实例,说明比较分子力场分析法在 QSAR 中的应用。
6. 比较水、气、土、生四大环境圈层自由基化学的异同。
7. 大气中有哪些重要的吸光物质?其吸光特征是什么?
8. 太阳的发射光谱和地面测得的太阳光谱有何不同?为什么?
9. 大气中有哪些重要自由基?其来源如何?

第四章 污染物的溶液平衡与胶体界面化学

溶液平衡体系、胶体吸附解吸体系中存在对立统一、否定之否定规律。

酸和碱、氧化和还原、溶解和沉淀、配位和解离、胶体的吸附与解吸是溶液与胶体体系的若干对矛盾，它们同时存在、相互依存。以酸碱反应为例，不能只有碱而没有酸，反之亦然。根据酸碱质子理论，酸是质子给体，而碱是质子受体，碱从酸中夺取质子。由于酸能给出质子，碱才能得到质子，才能成为碱；同时由于碱能接受酸给出的质子，酸才能成为酸，所以二者是既对立又相互依存的。另外，酸给出质子的部分，同样可以接收质子变为碱；而碱接收质子后的部分也可以给出质子成为酸，酸和碱可以相互转化，两者相互联系、不可分离。在一定条件下，某物质可以给出质子，它是酸，这是自身性质的肯定。但它给出质子以后，就变成酸对立面的碱，这样它的这种给出质子的能力，就成了对自身性质的否定，即肯定中包含了否定。条件合适的时候，碱又可以得到质子变成酸，否定中也包含了肯定。肯定和否定之间可以相互转化，这与自然辩证法中的否定之否定规律非常吻合。

第一节 水体中无机污染物的化学平衡

一、酸碱平衡

1. 碳酸平衡

（1）碳酸化合物的分布分数

碳酸平衡是天然水中主要的酸碱平衡之一，这是因为大气中含有 CO_2，而碳酸化合物在大气与天然水间平衡，天然水中都存在一定浓度的 $CO_2(aq)$、H_2CO_3、HCO_3^- 和 CO_3^{2-}。碳酸化合物在水圈和生物圈之间，水圈与岩石圈、大气圈之间进行着多相酸碱反应，碳酸平衡对于天然水化学至关重要。

水体中存在着 $CO_2(aq)$、H_2CO_3、HCO_3^- 和 CO_3^{2-} 四种碳酸化合物形态，由于溶于水中的 CO_2 只有很小一部分（约六百分之一）以 H_2CO_3 形式存在，$H_2CO_3^*$ 近似于 $CO_2(aq)$。通常把 $CO_2(aq)$、H_2CO_3 合并为 $H_2CO_3^*$。水中 $H_2CO_3^* - HCO_3^- - CO_3^{2-}$ 体系的反应与平衡常数如下：

$$CO_2(g) \rightleftharpoons H_2CO_3^* \qquad\qquad K_0$$

$$H_2CO_3^* \rightleftharpoons H^+ + HCO_3^- \qquad\qquad K_1$$

$$HCO_3^- \rightleftharpoons H^+ + CO_3^{2-} \qquad\qquad K_2$$

$pK_0 = 1.46, pK_1 = 6.35, pK_1 = 10.33$。

而
$$CO_2(g) \rightleftharpoons CO_2(aq) \qquad\qquad K_H$$
$$CO_2 + H_2O \rightleftharpoons H_2CO_3 \qquad\qquad K_S$$
$$H_2CO_3 \rightleftharpoons H^+ + HCO_3^- \qquad\qquad K_1'$$

可见，$K_0 = K_H$，$K_1 = K_1' K_S$，而 $pK_S = 2.78$。

K_1 和 K_2 值确定后，以 pH 为自变量，可以绘制 $H_2CO_3^* - HCO_3^- - CO_3^{2-}$ 体系各化学组分的分布分数图(图 4-1)。

不同化学组分，在总量中所占的百分比可由下面的表达式给出：

$$\alpha_0 = [H_2CO_3^*]/\{[H_2CO_3^*] + [HCO_3^-] + [CO_3^{2-}]\}$$

$$\alpha_{CO_2} = \frac{[H^+]^2}{[H^+]^2 + K_1[H^+] + K_1K_2}$$

$$\alpha_1 = [HCO_3^-]/\{[H_2CO_3^*] + [HCO_3^-] + [CO_3^{2-}]\}$$

$$\alpha_{HCO_3^-} = \frac{K_1[H^+]}{[H^+]^2 + K_1[H^+] + K_1K_2}$$

$$\alpha_2 = [CO_3^{2-}]/\{[H_2CO_3^*] + [HCO_3^-] + [CO_3^{2-}]\}$$

$$\alpha_{CO_3^{2-}} = \frac{K_1K_2}{[H^+]^2 + K_1[H^+] + K_1K_2}$$

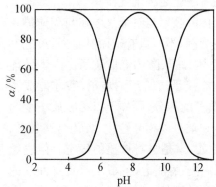

图 4-1 $H_2CO_3^* - HCO_3^- - CO_3^{2-}$ 体系各化学组分的分布分数图

分布分数图显示，在某些特殊 pH 条件下，各组分相对分配比例会发生改变。$pH < pK_1$，体系 $H_2CO_3^*$ 占优势；$pH = pK_1$，体系 $H_2CO_3^*$ 与 HCO_3^- 相等；$pK_1 < pH < pK_2$，HCO_3^- 在体系中占优；$pH = pK_2$，体系 HCO_3^- 与 CO_3^{2-} 含量相等；$pH > pK_2$，CO_3^{2-} 成为含量最大组分。

(2) 开放体系与封闭体系碳酸化合物的 $\lg c$-pH 图

如果不考虑溶解性 CO_2 与大气的交换过程，体系属于封闭水溶液体系。实际上，根据气体交换动力学，CO_2 在气液界面的平衡时间需数日。因此，若所考虑的溶液反应在数小时之内完成，就可应用封闭体系固定碳酸化合态总量的模式加以计算。反之，如果所研究的过程是长时期的，如一年期间的水质组成，则认为大气与水中的 CO_2 处于平衡状态，会更接近真实情况。

当考虑 CO_2 在气相和液相之间的平衡，即开放体系时，各种碳酸盐化合态的平衡浓度可表示为 P_{CO_2} 和 pH 的函数。开放体系时，$[CO_2(aq)]$ 为常数，这是因为大气中 $[CO_2(g)]$ 为常数，而 $[CO_2(aq)]$ 与 $[CO_2(g)]$ 成正比。

$$[CO_2(aq)] = K_H \cdot P_{CO_2}$$
$$c_T = [H_2CO_3^*] + [HCO_3^-] + [CO_3^{2-}]$$
$$c_T = [H_2CO_3^*]/\alpha_0 = [CO_2(aq)]/\alpha_0 = K_H \cdot P_{CO_2}/\alpha_0$$
$$[HCO_3^-] = (\alpha_1/\alpha_0)K_H \cdot P_{CO_2} = (K_1/[H^+])K_H \cdot P_{CO_2}$$
$$[CO_3^{2-}] = (\alpha_2/\alpha_0)K_H \cdot P_{CO_2} = (K_1K_2/[H^+]^2)K_H \cdot P_{CO_2}$$

由这些方程式可知,在 lg c-pH 图(图 4-2)中,$H_2CO_3^*$、HCO_3^-、CO_3^{2-} 三条线的斜率分别为 0、1、2。此时 c_T 为三者之和,它是以三根直线为渐近线的一个曲线。

$H_2CO_3^*$ 线斜率为 0,说明水体中 $H_2CO_3^*$ 的浓度不受 pH 影响,只与大气 CO_2 浓度有关。$H_2CO_3^*$ 线将整个 lg c-pH 图分成两个部分,上部区域气态 CO_2 较稳定,下部区域溶解态 CO_2 较稳定,线上则气态与溶解态 CO_2 二者平衡。类似的,HCO_3^- 线将整个 lg c-pH 图也分成两个部分,左上部区域气态 CO_2 较稳定,右下部区域 HCO_3^- 较稳定,线上则气态 CO_2 与 HCO_3^- 二者平衡。这两条线相交,将整个 lg c-pH 图分成四个部分,左上、右上、左下、右下,分别对应气态 CO_2、HCO_3^-、溶解态 CO_2、HCO_3^- 稳定,或者说这些区域分别是气态 CO_2、HCO_3^-、溶解态 CO_2、HCO_3^- 占优势。

封闭体系较为复杂,$[H_2CO_3^*]$、$[HCO_3^-]$、$[CO_3^{2-}]$ 都随 pH 变化而改变,但因不与外界发生交换,总碳酸量 c_T 是不变的。可以由总碳酸量 c_T 不变,分段近似处理 lg c-pH。pH$<$pK_1 时,体系 $H_2CO_3^*$ 为主,近似为 c_T;从而求得,$[HCO_3^-]=(K_1/[H^+])\cdot c_T$,$[CO_3^{2-}]=\{(K_1 K_2)/[H^+]^2\}\cdot c_T$。此时,在 lg c-pH 图中,$H_2CO_3^*$、HCO_3^-、CO_3^{2-} 三条线的斜率分别为 0、1、2。p$K_1<$pH$<$pK_2 时,HCO_3^- 占优,近似视为 c_T;从而求得,$[H_2CO_3^*]=[H^+]c_T/K_1$,$[CO_3^{2-}]=(K_2/[H^+])\cdot c_T$。此时,lg c-pH 图中,$H_2CO_3^*$、HCO_3^-、CO_3^{2-} 三条线的斜率分别为 -1、0、1。pH$>$pK_2 时,CO_3^{2-} 含量最大,近似为 c_T,$[H_2CO_3^*]=\{[H^+]^2/(K_1 K_2)\}\cdot c_T$,$[HCO_3^-]=[H^+]c_T/K_2$;此时,$H_2CO_3^*$、$HCO_3^-$、$CO_3^{2-}$ 三条线的斜率分别为 -2、-1、0。

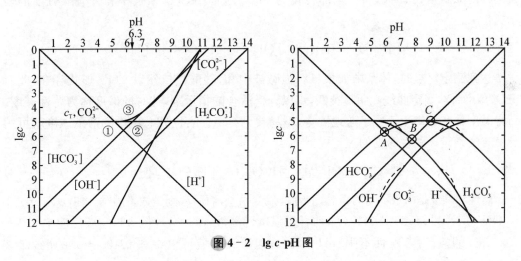

图 4-2 lg c-pH 图

2. 天然水的碱度和酸度

(1) 碱度

碱度,无特别声明时是指总碱度。水的碱度可用来量度其接受质子能力的大小,在水处理、天然水化学和生物学中经常使用。在水处理工艺中,化学药剂投入量的计算,必须以水的碱度为准。碱度高的水,一般 pH 高,而且水中溶有大量的盐分。高碱废水在食品工业、城市供水系统、供锅炉用水中,不宜使用。碱度可以缓冲 pH、贮存无机碳,对于提高水体维持藻类生长的能力也有作用,生物学家也把碱度视为水的肥力的一种量度。

碱度是指水中能与强酸发生中和作用的全部物质,亦即能接受质子 H^+ 的物质总量。组成水中碱度的物质可以归纳为三类:① 强碱,如 $NaOH$、$Ca(OH)_2$ 等,在溶液中全部电离生成 OH^-;② 弱碱,如 NH_3、$C_6H_5NH_2$ 等,在水中有一部分发生反应生成 OH^-;③ 强碱弱酸盐,如各种碳酸盐、重碳酸盐、硅酸盐、磷酸盐、硫化物和腐殖酸盐等,它们水解时生成 OH^-,或者直接接受质子 H^+。后两种物质在中和过程中不断产生 OH^-,直到全部中和完毕。

在测定已知体积水样总碱度时,可用一个强酸标准溶液滴定,用甲基橙为指示剂,当溶液由黄色变成橙红色(pH 约 4.3),为滴定终点,此时所得的结果为总碱度,也称为甲基橙碱度。其化学反应的计量关系式如下:

$$OH^- + H^+ \longrightarrow H_2O$$
$$CO_3^{2-} + H^+ \longrightarrow HCO_3^-$$
$$HCO_3^- + H^+ \longrightarrow H_2CO_3$$

总碱度是水中各种碱度成分的总和。根据溶液质子平衡条件(PBE),可以得到总碱度的表示式:

$$总碱度 = [HCO_3^-] + 2[CO_3^{2-}] + [OH^-] - [H^+] \tag{4-1-1}$$

如果以酚酞作指示剂,滴定终点 pH 为 8.3,此 pH 时,溶液中 HCO_3^- 占优势,由此获得的称酚酞碱度;这时,CO_3^{2-} 全部转化为 HCO_3^-,而 HCO_3^- 未被中和。酚酞碱度的表示式:

$$酚酞碱度 = [CO_3^{2-}] + [OH^-] - [H_2CO_3^*] - [H^+] \tag{4-1-2}$$

达到滴定终点时,体系中如果只有强碱被中和,碳酸盐依然以 CO_3^{2-} 形式存在,此时 pH 约为 10.8,滴定曲线无明显突跃,难以选择适合的指示剂,这时的碱度称为苛性碱度。苛性碱度在实验室里不能迅速地测得,不易找到终点。若已知总碱度和酚酞碱度就可用计算方法确定。苛性碱度的表达式:

$$苛性碱度 = [OH^-] - [HCO_3^-] - 2[H_2CO_3^*] - [H^+] \tag{4-1-3}$$

碱性和碱度是两个不同的概念,前者是强度因子,而后者则是数量因子。如 0.001 mol/L NaOH 与 0.100 mol/L NaHCO$_3$,前者是强碱性溶液,pH=11,但 1 L 溶液仅能中和 1×10^{-3} mol 的酸;后者碱性不强,pH=8.34,但 1 L 溶液可以中和 0.100 mol 的酸,即该 NaHCO$_3$ 溶液碱度是 0.001 mol/L NaOH 的 100 倍。

明矾,$K_2SO_4 \cdot Al_2(SO_4)_3 \cdot 24H_2O$,是水处理工艺中常用的凝聚剂,在凝胶状物质沉淀时,可把悬浮物质一起夹带下来,起着澄清的作用。当水中加入明矾后,酸性的水合铝离子与碱作用生成凝胶状的氢氧化铝:

$$Al(H_2O)_6^{3+} + 3OH^- \longrightarrow Al(OH)_3(s) + H_2O$$

这一化学反应的实质就是降低了水的碱度。反之,对于那些酸度较高的水,在处理时则要加入较多的碱性物质,以防止水过度酸化。

（2）酸度

和碱度相反，酸度是指水中能与强碱发生中和作用的全部物质，亦即放出 H^+ 或经过水解能产生 H^+ 的物质的总量。组成水中酸度的物质也可归纳为三类：① 强酸，如 HCl、H_2SO_4、HNO_3 等；② 弱酸，如 H_2CO_3、H_2S、蛋白质以及各种有机酸类；③ 强酸弱碱盐，如 $FeCl_3$、$Al_2(SO_4)_3$ 等。

以强碱滴定含碳酸水溶液测定其酸度时，其反应过程与上述相反。以甲基橙为指示剂滴定到 $pH=4.3$ 和以酚酞为指示剂滴定到 $pH=8.3$，分别得到无机酸度与游离 CO_2 酸度。总酸度在 $pH=10.8$ 处得到，故一般以游离 CO_2 作为酸度主要指标。同样根据溶液质子平衡条件，得到酸度表达式：

$$无机酸度 = [H^+] - [HCO_3^-] - 2[CO_3^{2-}] - [OH^-] \qquad (4-1-4)$$

$$CO_2 酸度 = [H^+] + [H_2CO_3^*] - [CO_3^{2-}] - [OH^-] \qquad (4-1-5)$$

$$总酸度 = [H^+] + [HCO_3^-] + 2[H_2CO_3^*] - [OH^-] \qquad (4-1-6)$$

表 4-1 酸度碱度表

pH	对应酸度	对应碱度	碳酸化合物主要形态	对应指示剂
4.3	无机酸度	总碱度（甲基橙碱度）	$H_2CO_3^*$	甲基橙（黄色到橙红色）
8.3	CO_2 酸度	酚酞碱度	HCO_3^-	酚酞（无色到红色）
10.8	总酸度	苛性碱度	CO_3^{2-}	—

天然水酸度为水中 H^+ 浓度，是其中和 OH^- 离子能力大小的量度。绝大多数天然水体含矿物质，pH 只在很窄的范围内变化，范围为 $6\sim9$。在自然界，酸性水体很少有，某些自然水体出现微酸性现象，可以归因于 $H_2PO_4^-$、CO_2、H_2S、蛋白质、脂肪酸等弱酸，以及某些酸性金属离子，如 Fe^{3+}。通常，天然水的酸度较难确定，主要在于两个影响酸度的挥发性溶质——CO_2 和 H_2S，很容易从水中逸出而损失：

$$CO_2 + OH^- \longrightarrow HCO_3^-$$

$$H_2S + OH^- \longrightarrow HS^- + H_2O$$

天然水中 H^+ 浓度对于水的化学组成和化学过程影响很大，它关系着矿物的形成、溶解和变化，决定着化学反应的方向。另一方面，天然水体中发生的各种物理和化学反应反过来又会影响水体的 pH。不过，天然水体中存在的二氧化碳、碳酸盐、重碳酸盐、硼酸盐、磷酸盐、砷酸盐及硅酸盐等，对水中 pH 均有良好的调节和缓冲作用；因此，给定天然水体的 pH 一般近乎常数。

（3）对碱度、酸度起主要贡献的物种浓度

水中 $H_2CO_3^*$、HCO_3^-、CO_3^{2-}、OH^- 的浓度（假定其他各种形态对碱度的贡献可以忽略），可以根据 pH、碱度以及有关的平衡常数数据来计算。

试计算 $pH=7.00$，碱度为 1.00×10^{-3} mol/L 水中，上述诸化学物种的浓度（一般计算题中，不特别声明的碱度均指总碱度）。

当 $pH=7.00$ 时，相对于 HCO_3^- 而言，CO_3^{2-} 的浓度可忽略不计。此外，水中的 $[OH^-]$

仅为 1.00×10^{-7} mol/L,因此,水中的碱度全部由 HCO_3^- 所致,即

$$[HCO_3^-] = [碱度] = 1.00 \times 10^{-3}$$

基于这个数据,就可利用 HCO_3^- 的酸式解离平衡常数 (K_1 和 K_2) 来计算 $[CO_2]$:

$$[CO_2] = \frac{[H^+][HCO_3^-]}{K_1} = \frac{1.00 \times 10^{-7} \times 1.00 \times 10^{-3}}{4.45 \times 10^{-7}} = 2.25 \times 10^{-4}$$

把碱度的数值代入 K_2 的表示式中,即可算得 $[CO_3^{2-}]$:

$$[CO_3^{2-}] = \frac{K_2[HCO_3^-]}{[H^+]} = \frac{4.69 \times 10^{-11} \times 1.00 \times 10^{-3}}{1.00 \times 10^{-7}} = 4.69 \times 10^{-7}$$

若碱度保持为 1.00×10^{-3} mol/L,再计算 pH$=10.00$ 时,各化学物种的浓度,并与上述结果相比较,可以发现 CO_3^{2-} 和 OH^- 对碱度都有明显的影响。总碱度可由下式给出:

$$[碱度] = [HCO_3^-] + 2[CO_3^{2-}] + [OH^-]$$
$$[OH^-] = 1.00 \times 10^{-4}$$
$$[CO_3^{2-}] = \frac{K_2[HCO_3^-]}{[H^+]}$$

将 $[CO_3^{2-}]$、$[OH^-]$ 代入 $[碱度]$ 表达式中,得 $[HCO_3^-] = 4.64 \times 10^{-4}$。再解得 $[CO_3^{2-}] = 2.18 \times 10^{-4}$。总碱度:

$$碱度 = 4.64 \times 10^{-4} + 2 \times 2.18 \times 10^{-4} + 1.00 \times 10^{-4} = 1.00 \times 10^{-3} \text{ mol/L}$$

上述结果还可用来表明水的碱度与藻类生产生物量能力之间的关系。根据生物量光合作用的简化方程式:

$$CO_2 + H_2O \xrightarrow{h\nu} \{CH_2O\} + O_2$$

和
$$HCO_3^- + H_2O \xrightarrow{h\nu} \{CH_2O\} + OH^- + O_2$$

这样,当无外来 CO_2 时,在有藻类生长的水溶液中,其 pH 将随着无机碳转化为生物量而上升。在藻类快速生长期间,水中的无机碳消耗很快,空气中的 CO_2 很难及时补充,水的 pH 往往上升很快。

假定水的初始 pH$=7.00$,碱度为 1.00×10^{-3} mol/L,若水的 pH 由 7.00 上升到 10.00,试问消耗 CO_2 而生产的生物量有多大(mg/L)?

开始时,水中的碱全由 HCO_3^- 所致,即 $[HCO_3^-] = 1.0 \times 10^{-3}$ mol/L。把此值代入 K_1 的表示式中,可以算得 pH$=7.00$ 时,$[CO_2] = 2.25 \times 10^{-4}$ mol/L。于是,pH$=7.00$ 时,总无机碳浓度为:

$$总无机碳浓度 = [CO_2] + [HCO_3^-] = 1.225 \times 10^3 \text{ mol/L}$$

在 pH$=10.0$ 时,$[HCO_3^-]$ 和 $[CO_3^{2-}]$ 分别为 4.64×10^{-4} 和 2.18×10^{-4} mol/L,CO_2 的浓度可忽略不计,此时,

$$总无机碳浓度＝[HCO_3^-]+[CO_3^{2-}]＝6.82×10^{-4}\ mol/L$$

上述事实表明,pH 从 7.00 上升到 10.0,无机碳总浓度从 $1.225×10^{-3}$ mol/L 下降到 $6.82×10^{-4}$ mol/L,实际减少 $5.43×10^{-4}$ mol/L,换言之,生物量{CH₂O}增加了$5.43×10^{-4}$ mol/L。{CH₂O}的摩尔质量为 30 g/mol,故实际产生的生物量为 16.33 mg/L。若水的初始碱度较高,在没有外部 CO₂ 输入的情况下,水体 pH 的上升便意味着生产了更多的生物量。因此,水的碱度被生物学家用作反映水的繁殖力的近似量度。

在大多数天然水体中,碱度的主要贡献者是 HCO_3^-,CO₂ 和 CO_3^{2-} 的作用很小,而高碱度的水意味着有较高含量的无机碳。例如,水中初始含 $1.00×10^{-3}$ mol/L NaOH,其碱度即为 $1.00×10^{-3}$ mol/L。若让此溶液与空气接触平衡,水中[CO₂]最终为 $1.028×10^{-5}$ mol/L。

$$CO_2+OH^- \longrightarrow HCO_3^-$$

由此形成的 HCO_3^- 浓度为 $1.00×10^{-3}$ mol/L。于是,[H⁺]可由下式求得:

$$[H^+]=K_1\frac{[CO_2]}{[HCO_3^-]}=4.45×10^{-7}×\frac{1.028×10^{-5}}{1.00×10^{-3}}=4.57×10^{-9}\ mol/L$$

$$pH=8.34$$

此 pH 时,与[HCO_3^-]相比,[CO₂]、[CO_3^{2-}]值很低,因此,无机碳总浓度近似为 $1.00×10^{-3}$ mol/L,基本上由 HCO_3^- 贡献。

二、溶解沉淀平衡

溶解和沉淀是污染物在水环境中迁移的重要途径。通常金属化合物在水中的迁移能力可以用溶解度来衡量,溶解度小迁移能力小,溶解度大迁移能力大。溶解反应是一种多相化学反应,但一般的固-液平衡体系均可以用溶度积来表征溶解度,天然水中各种矿物质的溶解度和沉淀作用也遵守溶度积原则。

在溶解和沉淀现象的研究中,平衡关系和反应速率两者都很重要。平衡关系可预测污染物溶解或沉淀作用的方向,并可计算平衡时溶解或沉淀的量。不过,经常会发现平衡计算的结果与实际观测值相差甚远,其主要原因是自然环境中非均相沉淀溶解过程的影响因素较为复杂。如第一,某些非均相平衡进行得缓慢,在动态环境下不易达到平衡。第二,根据热力学,对于一组给定条件预测的稳定固相,不一定就是所形成的相。例如,硅在生物作用下可沉淀为蛋白石,它可进一步转变为更稳定的石英,但是这种反应进行得十分缓慢且常需要高温。第三,可能存在过饱和现象,即出现物质的溶解量大于溶解度极限值的情况。第四,固体溶解所产生的离子可能在溶液中进一步进行反应。第五,引自不同文献的平衡常数有差异等。

这里重点介绍金属氧化物、氢氧化物、硫化物、碳酸盐及多种成分共存时的溶解-沉淀平衡问题。

1. 氧化物和氢氧化物

金属氢氧化物沉淀有好几种形态,它们在水环境中的行为差别很大。氧化物可看成是氢氧化物脱水而成。这类化合物的形成,直接与 pH 有关,涉及金属的水解和羟基配合

物的平衡过程,往往复杂多变。这里用强电解质的最简单关系式表述:

$$Me(OH)_n \rightleftharpoons Me^{n+} + nOH^-$$

由溶度积 $K_{sp} = [Me^{n+}][OH^-]^n$

则 $[Me^{n+}] = K_{sp}/[OH^-]^n = K_{sp}[H^+]^n/K_w^n$

$$-lg[Me^{n+}] = -lg K_{sp} - nlg[H^+] + nlg K_w$$

$$pc = pK_{sp} + npH - npK_w$$

据此,可以给出溶液中金属离子饱和浓度对数值与 pH 的关系图(lg c-pH)(图 4-3),直线斜率等于 $-n$,n 是金属阳离子的价态。当金属离子价态为 $+3$、$+2$、$+1$ 时,对应的直线斜率分别为 -3、-2、-1。直线在 x 轴的截距则是 $-lg[Me^{n+}] = 0$ 或 $[Me^{n+}] = 1.0$ mol/L 时的 pH,此时 $pH = pK_w - (pK_{sp})/n = 14 - (pK_{sp})/n$。比如,对于 $Fe(OH)_3$,直线在 x 轴的截距为 $pH = pK_w - (pK_{sp})/n = 14 - 39/3 = 1$。而对于 $Fe(OH)_2$,这个截距为 $pH = pK_w - (pK_{sp})/n = 14 - 15/2 = 6.5$。

而当溶液中的金属阳离子 Me^{n+} 接近于被完全沉淀时,$-lg[Me^{n+}] = 5$。即:

$-lg[Me^{n+}] = -lg K_{sp} - nlg[H^+] + nlg K_w = 5$,比如,对于 $Fe(OH)_3$,Fe^{3+} 接近完全沉淀时,$pH = pK_w - (pK_{sp})/n + 5/n = 3.1$;而对于 $Fe(OH)_2$,Fe^{2+} 接近完全沉淀时,$pH = pK_w - (pK_{sp})/n + 5/n = 9$。

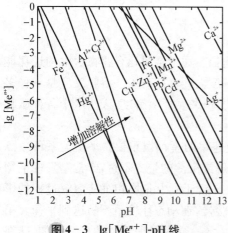

图 4-3　lg $[Me^{n+}]$-pH 线

任意一个金属的 lg c-pH 线,均可将整个图形分成左右两个区域。左边的区域由于 pH 较小,$[OH^-]$ 浓度相对较低,区域中的 Me^{n+} 比较稳定;右边区域 $Me(OH)_n$ 比较稳定,而 lg c-pH 线处两者平衡。

各种金属氢氧化物的溶度积数值列于表 4-2。根据其中部分数据给出的 lg c-pH 图可看出,同价金属离子的 lg c-pH 线斜率相同;斜线越靠图右,代表相应的金属氢氧化物溶解度越大。据 lg c-pH 图,大致可查出各种金属离子在不同 pH 溶液中的饱和浓度。

表 4-2　金属氢氧化物溶度积

氢氧化物	K_{sp}	氢氧化物	K_{sp}	氢氧化物	K_{sp}
AgOH	1.6×10^{-8}	$Cr(OH)_3$	6.3×10^{-31}	$Mn(OH)_2$	1.1×10^{-13}
$Al(OH)_3$	1.3×10^{-33}	$Cu(OH)_2$	5.0×10^{-20}	$Ni(OH)_2$	2.0×10^{-15}
$Ba(OH)_2$	5×10^{-3}	$Fe(OH)_2$	1.0×10^{-15}	$Pb(OH)_2$	1.2×10^{-15}
$Ca(OH)_2$	5.5×10^{-6}	$Fe(OH)_3$	1.0×10^{-39}	$Th(OH)_4$	4.0×10^{-45}
$Cd(OH)_2$	2.2×10^{-14}	$Hg(OH)_2$	4.8×10^{-26}	$Ti(OH)_3$	1.0×10^{-40}
$Co(OH)_2$	1.6×10^{-15}	$Mg(OH)_2$	1.8×10^{-11}	$Zn(OH)_2$	7.1×10^{-18}

但溶度积并不能充分反映出氧化物或氢氧化物的溶解度,还应该考虑溶解性羟基金属离子配合物$[Me(OH)_m^{n-m}]$的存在。如果考虑到羟基配合作用,可以把金属氧化物或氢氧化物的总溶解度(Me_T)表示如下:

$$Me_T=[Me^{n+}]+[Me(OH)_1^{n-1}]+[Me(OH)_2^{n-2}]+\cdots+[Me(OH)_m^{n-m}]$$

与氧化铅 PbO 的溶解有关的溶质有 Pb^{2+}、$Pb(OH)^+$、$Pb(OH)_2$、$Pb(OH)_3^-$ 等,反应如下:

$$PbO(s)+2H^+\rightleftharpoons Pb^{2+}+H_2O \quad \lg K_{s0}=12.7$$
$$PbO(s)+H^+\rightleftharpoons Pb(OH)^+ \quad \lg K_{s1}=5.0$$
$$PbO(s)+H_2O\rightleftharpoons Pb(OH)_2 \quad \lg K_{s2}=-4.4$$
$$PbO(s)+2H_2O\rightleftharpoons Pb(OH)_3^-+H^+ \quad \lg K_{s3}=-15.4$$

Pb^{2+}、$Pb(OH)^+$、$Pb(OH)_2$、$Pb(OH)_3^-$ 的 $\lg c$ - pH 斜线,斜率分别为 -2、-1、0 和 1。Pb_T 是所有四个化合态之和,是以四条直线为渐进线的一条曲线。

$$Pb_T=[Pb^{2+}]+[Pb(OH)^+]+[Pb(OH)_2]+[Pb(OH)_3]$$
$$=K_{s0}[H^+]^2+K_{s1}[H^+]+K_{s2}+K_{s3}/[H^+]$$

PbO 以及其他的金属氧化物和氢氧化物具有两性特征,它们和质子或羟基都发生反应。存在一个 pH,在此 pH 下溶解度为最小值,在碱性或酸性更强的 pH 范围内,溶解度都增大。

2. 硫化物

金属硫化物比氢氧化物溶度积更小(表 4-3),重金属硫化物在中性条件下是不溶的,在盐酸中 Fe、Mn 和 Cd 的硫化物可溶,而 Ni 和 Co 的硫化物难溶。Cu、Hg、Pb 的硫化物只有在硝酸中才能溶解。

表 4-3 金属硫化物的溶度积

硫化物	K_{sp}	硫化物	K_{sp}	硫化物	K_{sp}
Ag_2S	6.3×10^{-50}	FeS	3.3×10^{-18}	PbS	8×10^{-28}
CdS	7.9×10^{-27}	Hg_2S	1.0×10^{-45}	SnS	1×10^{-25}
CoS	4.0×10^{-21}	HgS	4.0×10^{-24}	ZnS	1.6×10^{-24}
Cu_2S	2.5×10^{-48}	MnS	2.5×10^{-13}	Al_2S_3	2×10^{-7}
CuS	6.3×10^{-36}	NiS	3.2×10^{-19}		

由硫化物的溶度积可以看出,只要水环境中存在一定量的 S^{2-},几乎所有重金属均可从水体中除去。当水中有硫化氢气体存在时,溶于水中气体呈二元酸状态,其分级电离为:

$$H_2S\rightleftharpoons H^++HS^- \quad K_1=8.9\times10^{-8}$$
$$HS^-\rightleftharpoons H^++S^{2-} \quad K_2=1.3\times10^{-15}$$

两者相加,

$$H_2S\rightleftharpoons 2H^++S^{2-} \quad K_{1+2}$$
$$K_{1+2}=[H^+]^2[S^{2-}]/[H_2S]=K_1K_2=1.16\times10^{-22}$$

对于 H_2S 的饱和溶液，H_2S 的浓度为 0.1 mol/L。这样，$[H^+]^2[S^{2-}]=K_1K_2[H_2S]=1.16\times10^{-22}\times0.1=1.16\times10^{-23}$。但仅将饱和 H_2S 浓度代入，还有隐含条件未被应用，即由于 H_2S 饱和水溶液中 H_2S 二级解离甚微，可以根据一级电离，近似认为 $[H^+]=[HS^-]$，求得此溶液中 $[S^{2-}]$ 浓度。

$[S^{2-}]=1.16\times10^{-23}/[H^+]^2$，而 $K_1=[H^+][HS^-]/[H_2S]=8.9\times10^{-8}$，

$[H^+]^2=[H^+][HS^-]=8.9\times10^{-9}$，所以，$[S^{2-}]=1.3\times10^{-15}$。

此外，通 H_2S 达到饱和的溶液，其中的 S^{2-} 浓度随溶液 pH 变化，为 $[S^{2-}]=1.16\times10^{-23}/[H^+]^2$。

溶液中使硫化物沉淀的是 S^{2-}，如果溶液中存在二价金属离子 Me^{2+}，那么：$K_{sp}=[Me^{2+}][S^{2-}]$。

所以，硫化氢、硫化物均饱和的任意 pH 溶液中，溶液中金属离子饱和浓度为：

$$[Me^{2+}]=K_{sp}/[S^{2-}]=K_{sp}/(1.16\times10^{-23}/[H^+]^2)=K_{sp}[H^+]^2/1.16\times10^{-23}$$

3. 碳酸盐

在 $Me^{2+}-H_2O-CO_2$ 体系中，如形成碳酸盐沉淀，需要碳酸盐比氧化物、氢氧化物更稳定，还需要同时考虑 CO_2 的气相分压。碳酸盐沉淀问题，实际上是二元酸在三相体系中的平衡分布。这一多相平衡体系，主要分为两种情况：Ⅰ. 大气封闭的体系（只考虑固相、液相间的平衡）；Ⅱ. 除固相、液相外，还包括气相的体系，即开放体系。这里以 $CaCO_3$ 为例。

(1) 封闭体系

① $C_T=$ 常数时，$CaCO_3$ 的溶解度

$$CaCO_3 \Longrightarrow Ca^{2+}+CO_3^{2-} \qquad K_{sp}=[Ca^{2+}][CO_3^{2-}]=10^{-8.32}$$
$$[Ca^{2+}]=K_{sp}/[CO_3^{2-}]=K_{sp}/(C_T\alpha_2)$$

由于 α_2 随 pH 变化，可知 Ca^{2+} 的饱和平衡值随 C_T 和 pH 变化，其他金属类似。图 $lg[Me^{2+}]-pH$ 是由溶度积方程式和碳酸平衡叠加而构成的。已知封闭体系，在 $pH>pK_2$、$pK_1<pH<pK_2$、$pH<pK_1$ 时，$lg[CO_3^{2-}]-pH$ 的斜率分别为 0、1、2；而 $[Me^{2+}]$ 和 $[CO_3^{2-}]$ 的乘积必须是常数 K_{sp}，相应地，在 $pH>pK_2$、$pK_1<pH<pK_2$、$pH<pK_1$ 时，$lg[Me^{2+}]-pH$ 的斜率分别为 0、-1、-2。

② $CaCO_3$ 在纯水中的溶解

溶液中的溶质为 Ca^{2+}、$H_2CO_3^*$、HCO_3^-、CO_3^{2-}、OH^-、H^+，共六个变量。不过溶液中碳酸化合态的总和以及 Ca^{2+}，均来自 $CaCO_3$ 在纯水中的溶解，所以：

$$[Ca^{2+}]=C_T$$

而
$$[Ca^{2+}]=K_{sp}/[CO_3^{2-}]=K_{sp}/(C_T\alpha_2)$$
$$[Ca^{2+}]=(K_{sp}/\alpha_2)^{1/2}$$

$$lg[Ca^{2+}]=\frac{1}{2}lg\,K_{sp}-\frac{1}{2}lg\,\alpha_2$$

根据碳酸化合物分布分数图,将 pH 分为三个区间讨论,即 $pH > pK_2$、$pK_1 < pH < pK_2$、$pH < pK_1$。当 $pH > pK_2$ 时,$\alpha_2 \approx 1$,$\lg[Ca^{2+}] = \frac{1}{2}\lg K_{sp}$;$pK_1 < pH < pK_2$ 时,$\alpha_2 \approx K_2/[H^+]$,$\lg[Ca^{2+}] = \frac{1}{2}\lg K_{sp} - \frac{1}{2}\lg K_2 - \frac{1}{2}pH$;$pH < pK_1$ 时,$\alpha_2 \approx K_1 K_2/[H^+]^2$,$\lg[Ca^{2+}] = \frac{1}{2}\lg K_{sp} - \frac{1}{2}\lg K_1 K_2 - pH$。

（2）开放体系

向纯水中加入 $CaCO_3$,并暴露于大气中。大气 CO_2 分压固定,所以溶液 CO_2 浓度固定。

$$C_T = [CO_2(aq)]/\alpha_0 = K_H \cdot P_{CO_2}/\alpha_0$$
$$[CO_3^{2-}] = C_T \alpha_2 = (\alpha_2/\alpha_0)K_H \cdot P_{CO_2}$$
$$[Ca^{2+}] = (\alpha_2/\alpha_0)[K_{sp}/(K_H \cdot P_{CO_2})]$$

4. 水溶液中不同固相的稳定性

溶液中可能有几种固-液平衡同时存在时,按热力学观点,体系在一定条件下建立平衡状态时,只能以一种固-液平衡占主导地位。因此,可在选定条件下,判断何种固体作为稳定相存在而占优势。比如 Fe^{2+},在碳酸盐溶液中,可能成 $FeCO_3$ 或 $Fe(OH)_2$ 沉淀,但只有一种固-液平衡占主导地位。当 $pH < 10.5$ 时,$FeCO_3$ 优先沉淀,控制着溶液中 Fe^{2+} 的浓度;当 $pH > 10.5$ 后,则转化为 $Fe(OH)_2$ 优先沉淀,控制着溶液中 Fe^{2+} 的浓度;而当 $pH = 10.5$ 时,二种沉淀同时发生。

三、氧化还原平衡

1. 水中氧化还原反应的意义

氧化还原反应在环境水化学中具有很重要的意义。在湖泊中,有机物的还原作用导致水体中含氧量显著下降,给鱼类生存带来致命的危害。在污水处理厂,废水处理成功与否,取决于污水的氧化速率。贮水池中的难溶性铁(Ⅲ),可能被还原成可溶性铁(Ⅱ),给水处理操作增加了麻烦。水中的 NH_4^+ 氧化成 NO_3^- 的反应对水生生物极为重要,因为它可以把氨氮转化成能被水中藻类利用的形式。氧化还原反应的类型、速率和平衡,对于水中主要水溶性物质的性质,有着决定性的作用。

水环境中的氧化还原平衡,有两点需要强调:一是环境中许多重要的氧化还原反应是在微生物催化下完成的;二是水体中氧化还原反应的本质,可以用类似酸碱反应的方式来描述。氧化还原反应中的氧化还原性质,可用电子活度表征。电子活度高的水,如厌氧消化装置排出的水,为还原性;而电子活度低的水,如经氧化处理的水,则为氧化性。

在分层型湖泊中,水体系统中氧化还原平衡的垂直变化比较明显。湖泊的底部是沉积层,是还原性很强的缺氧环境。无机碳在此中呈 C(-Ⅳ),以甲烷(CH_4)形式存在。如果湖泊下层水体同样是缺氧环境,那么,其中包含的化学物质均以还原态形式存在,如氮以 NH_4^+、硫以 H_2S,铁以 $Fe(Ⅱ)$ 形式存在。湖泊的表层水或其他的地表水,由于与大气接触,水中可能被大气氧饱和,是一个氧化性较强的介质。在达到热力学平衡的条件下,其中包含的元素便可能被氧化为高价氧化态形式,如碳以 CO_2 形式、氮以 NO_3^- 形式、铁以难溶的 $Fe(OH)_3$ 形式存在,硫则以 SO_4^{2-} 形式存在。毫无疑问,这些物质的氧化还原变化对于水生生物和水质都是极其重要的。

2. 电子活度

电子活度的概念是参照氢离子活度提出的。在酸碱反应中,$pH = -lg\alpha_{H+}$。式中,α_{H+} 为水溶液中氢离子(质子)的活度。

相似地,可把氧化还原中电子活度 pE 定义为 $pE = -lg\alpha_e$。式中,α_e 是水溶液中的电子活度。

众所周知,水溶液化学中,氢离子活度变化范围常常超过若干个量级,为便于数据处理,用 pH 表示氢离子活度。同样,在一个稳定的水环境中,电子活度变化范围也超过 20 个量级,用 pE 来表示电子活度是合适的。关于 pE 的严格热力学定义,基于以下反应:

$$2H^+(aq) + 2e^\ominus = H_2(g)$$

25 ℃时,离子强度为零的纯水介质,氢离子浓度为 1.0×10^{-7} mol/L,α_{H+} 为 1.0×10^{-7},pH = 7.0。电子活度则必须根据 H^+ 与 H_2 平衡的方程来定义,当水溶液中单位活度的 H^+,与单位活度的 H_2($1.013\ 25 \times 10^5$ Pa)处于平衡状态时,该介质中的电子活度值为 1.00,$pE = 0$。如果水溶液中活度为 0.10 的 H^+,与单位活度的 H_2 相平衡,电子活度从 1.0 增加到 10.0,此时 $pE = -1.0$。

事实上,水溶液中并不客观存在自由电子,通常它们都牢固地与溶质或溶剂分子相结合。自由电子参加的反应,被称为氧化还原半反应,往往不会独立存在,比如一个氧化反应,一定会伴随一个还原反应。而且,电子活度定义的标态,还是与现实环境有较大差距的。但如同氢离子活度一样,电子活度同样是环境化学中一个非常有用的概念。

如酸碱反应,HCO_3^- 得质子,生成二氧化碳:

$$HCO_3^- + H^+ \rightleftharpoons CO_2(g) + H_2O$$

类似地,HCO_3^- 在细菌的催化下,得电子,经过一系列复杂过程,生成甲烷:

$$HCO_3^- + 8e^\ominus + 9H^+ \rightleftharpoons CH_4(g) + 3H_2O$$

水合 Fe(Ⅱ)离子释放 H^+ 时,可以认为是一种酸:

$$Fe(H_2O)_6^{2+} \rightleftharpoons Fe(H_2O)_5(OH)^- + H^+$$

当其释放一个电子时,则可看作一种还原剂:

$$Fe(H_2O)_6^{2+} \rightleftharpoons Fe(H_2O)_6^{3+} + e^\ominus$$

通常,氧化还原反应过程中,电子转移时常常伴随有质子的转移,氧化还原反应与酸碱平衡之间关系密切。pH = 7 时,在 Fe(Ⅱ)失去一个电子的同时,还要失去 3 个 H^+,形成非常难溶的氢氧化铁:

$$Fe(H_2O)_6^{2+} \rightleftharpoons Fe(OH)_3(s) + 3H_2O + 3H^+ + e^\ominus$$

在酸性矿水中,大部分酸都来源于上述氧化还原反应中产生的氢离子。

3. 电极电势、pE 和 Nernst 方程

(1) 电极电势

金属腐蚀的原因在于其表面易于被氧化,水体的一些重金属污染来源于此。如当自来水流经铜质水管时,会发生下列反应:

$$Cu^{2+} + 2e^{\ominus} \Longrightarrow Cu$$

这是氧化态(铜离子)与还原态(金属铜)之间的氧化还原平衡式。如果反应朝逆向进行,自来水中会含有少量的铜离子。不过,通常的 Cu^{2+} 浓度很低,并不构成对人体的危害。当水溶液中 Cu^{2+} 与金属铜平衡时,溶液电子活度取决于铜离子获得电子与金属铜给出电子的能力的相对大小。这个氧化-还原态之间的相对能力,可用一个普通的物理方法测定,测量装置(图4-4)由一个铜半电池与一个标准氢电极联结构成,以

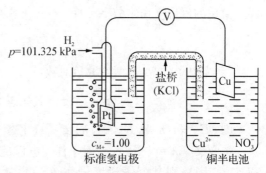

图 4-4　电极电势的测量装置

标准氢电极作参比,由此测得的相对电势称**电极电势**,用 $E^{\ominus}$ 表示。若氢离子和 Cu^{2+} 均以单位活度存在,此时的电势称标准电极电势,按国际纯粹和应用化学联合会(IUPAC)的有关规定,习惯叫标准还原电势,用 $E^{\ominus}$ 表示。Cu^{2+}/Cu 电对的标准电极电势为 0.337 V。

由铜的半电池反应可知,活度与电势的关系极为密切。作为氧化态的 Cu^{2+},它是一个缺电子的离子,当 Cu^{2+} 增加时,集结在铜电极周围的铜离子增加,从而加强了从电极中夺取电子的能力,结果导致电极上残存更多的电荷,换言之,铜的电极电势趋向更正。Cu^{2+} 浓度下降产生的结果正相反。

电极电势与活度的关系,可用 Nernst 方程来描述。对于铜半电池反应:

$$Cu^{2+} + 2e^{\ominus} \Longrightarrow Cu$$

其 Nernst 方程为:

$$E = E^{\ominus} + \{2.303RT/(nF)\}\lg[\alpha_{Cu^{2+}}]$$

式中:E 为铜电极相对于氢标准电极的电势,V;R 为摩尔气体常数;T 为绝对温度,K;n 为参加反应的电子数;F 为法拉第常数;$\alpha_{Cu^{2+}}$ 为铜离子的活度。在 Cu^{2+} 浓度很低时,可简化为:

$$E = E^{\ominus} + \{2.303RT/(nF)\}\lg[Cu^{2+}]$$

通常,金属铜的活度定义为1,在 Nernst 式不出现,温度为 25 ℃时:

$$E = 0.337 + (0.059\ 1/2)\lg[Cu^{2+}]$$

(2) 电子活度与氧化还原反应电势

pE 是电子活度的一种简便表示式,其含义是电子活度的负对数。对于一般的氧化还

原平衡体系：

$$氧化态 + n e^\ominus \Longleftrightarrow 还原态$$

相应的 Nernst 方程为：

$$E = E^\ominus + \{2.303RT/(nF)\} \lg \{[氧化态]/[还原态]\}$$

简化的反应平衡常数 K 为：

$$K = [还原态]/\{[氧化态][e]^n\}$$

[e]为电子的浓度，两边取负对数：

$$-\lg K = \lg \{[氧化态]/[还原态]\} + n \lg [e]$$

则 $pE = (1/n)\lg K + (1/n)\lg \{[氧化态]/[还原态]\}$

按定义，$pE = -\lg [e]$。对于任一电极反应，若还原型物质和氧化型物质都处在标准态，活度为 1，则其电子活度记作 $E^\ominus$；此时体系的电子活度负对数为 $pE^\ominus$，则 $pE^\ominus = (1/n)\lg K$。

所以，$pE = pE^\ominus + (1/n)\lg \{[氧化态]/[还原态]\}$。

另一方面，根据热力学原理，反应平衡时，

$$E^\ominus = \{2.303RT/(nF)\} \lg K$$

由于 $pE^\ominus = (1/n)\lg K$，所以 $E^\ominus = \{2.303RT/F\} pE^\ominus$

25 ℃时，得：$E^\ominus = 0.0591 pE^\ominus$，电极电势单位，伏特(V)。

所以，$pE = (1/n)\lg K + (1/n)\lg \{[氧化态]/[还原态]\}$。

$E = \{2.303RT/(nF)\} \lg K + \{2.303RT/(nF)\} \lg \{[氧化态]/[还原态]\}$。

电子活度与电极电势之间，可以通过系数换算。当 pE 减小时，体系还原态物种相对浓度升高，体系电子浓度增大，提供电子能力增强；反之，pE 增大时，体系氧化态物种浓度上升，电子浓度下降，体系接受电子趋势增强。

一些典型的半还原反应及其相应的 $E^\ominus$、$pE^\ominus$ 如下：

$$Cu^{2+} + 2e^\ominus \Longleftrightarrow Cu \qquad E^\ominus = 0.337 \text{ V} \qquad pE^\ominus = 5.71$$
$$Pb^{2+} + 2e^\ominus \Longleftrightarrow Pb \qquad E^\ominus = -0.126 \text{ V} \qquad pE^\ominus = -2.13$$

标准电极电势($E^\ominus$)或 $pE^\ominus$ 的正值越大，上述反应自左向右进行的可能性越大。因此，$E^\ominus$ 或 $pE^\ominus$ 可用于氧化还原反应方向的判断。例如，若把一片铅箔浸入含有铜离子的溶液，可以预期，在铅箔上将会出现一层铜金属，反应为：

$$Cu^{2+} + Pb \Longleftrightarrow Cu + Pb^{2+}$$

氧化还原反应是一个可逆的过程，若把半反应改写成氧化型，$E^\ominus$ 的符号要与测得的电极电势符号相反。如果铜半电池反应写成氧化型，则 $E^\ominus$、$pE^\ominus$ 变号。

$$Cu \Longleftrightarrow Cu^{2+} + 2e^\ominus \qquad E^\ominus = -0.337 \text{ V} \qquad pE^\ominus = -5.71$$

无论氧化还原反应的写法如何,或者其标准电极电势符号怎样,按电学原理,铜电极相对于氢电极的电势始终是正的。也就是说,铜电极始终是正极。

　　把有关的氧化还原半反应结合起来,可以得到完整的反应式。例如,金属铅还原铜离子的反应。

　　(3) Nernst 方程与氧化还原平衡

　　在天然水系统中,存在着两个很重要的氧化还原反应:

$$NH_4^+ + 2O_2 \rightleftharpoons NO_3^- + 2H^+ + H_2O + 8e^\ominus$$
$$4Fe^{2+} + O_2 + 10H_2O \rightleftharpoons 4Fe(OH)_3(s) + 8H^+ + 4e^\ominus$$

　　NH_4^+ 和 Fe^{2+} 的氧化反应,分别有 8 个和 4 个电子参加反应,如果统一改用 1 mol 电子,反应可改写成:

$$1/8NH_4^+ + 1/4O_2 \rightleftharpoons 1/8NO_3^- + 1/4H^+ + 1/8H_2O + e^\ominus$$
$$Fe^{2+} + 1/4O_2 + 5/2H_2O \rightleftharpoons Fe(OH)_3(s) + 2H^+ + e^\ominus$$

　　$pE^\ominus = (1/n)\lg K$,如反应按 1 个电子转移来表示,则 $pE^\ominus = \lg K$。

　　已知硝化反应的 $pE^\ominus$ 值为 5.85,因此该反应的平衡常数可方便地表示为:

$$\lg K = 5.85$$
$$K = [NO_3^-]^{1/8}[H^+]^{1/4} / \{[NH_4^+]^{1/8} p_{O_2}^{1/4}\}$$

　　二价铁氧化反应的平衡常数,可用类似方法计算,十分方便。

　　(4) E、pE 与自由能的关系

　　无论是天然水系统,还是其中生存的水生生物,都不无例外地遵循热力学定律;在预测和表征一个水生体系特征时,有必要去获得体系中相关反应的能量释放信息。例如,天然水中有两种产能反应:有机物生物催化氧化成 CO_2 和水,有机物厌氧发酵产生甲烷。通过对产能氧化还原反应中自由能变化(ΔG)的观察,可以获得有价值的信息。

　　ΔG 可根据 E 或者 pE 来估算,对于一个有 n 个电子参与的氧化还原反应,其自由能的变化为:

$$\Delta G = -nFE = -2.303nRT(pE)$$

　　假如参加反应的所有组分都处于标准状态,如纯液体、纯固体、溶质的活度为 1.00,那么,下述关系式成立:

$$\Delta G^\ominus = -nFE^\ominus = -2.303nRT(pE^\ominus)$$

　　(5) 水中的 pE-pH

　　① 水中 pE 的范围

　　水被氧化的半反应:

$$1/4O_2 + H^+ + e^\ominus \rightleftharpoons 1/2H_2O \qquad pE^\ominus = 20.75$$
$$pE = 20.75 - pH$$

　　水被还原的半反应:

$$H^+ + e^\ominus \Longrightarrow 1/2H_2 \qquad pE^\ominus = 0.00$$
$$pE = -pH$$

这两个反应决定了水中 pE 的范围。水的氧化决定了 pE 的上限,水的还原决定了 pE 的下限。上述反应包含有氢离子和氢氧根离子,因此,水的 pE 值有 pH 依赖性。对于中性水体,pH=7.00,分别得到的 pE 上下限为 13.75 和 -7.00,在此限度内水较为稳定。在无合适的催化剂存在时,水的分解是极其缓慢的。所以,水可在短暂的时间内具有非平衡态 pE,该值比还原极限更负,或者比氧化极限更正。

② 天然水的 pE

天然水的 E 难以直接测量,所以水的 pE 也不易获得。然而,水中 pE 的值原则上可以根据平衡状态下存在的各种化学物质来估算。

单一成分氧化还原体系的平衡电势,就是该体系的 pE。若平衡时共存有多个氧化还原反应,则混合体系的 pE 介于各单个体系的电势之间,而且一般接近于含量较高的那个体系。假如混合体系中某个体系的含量显著高于其他体系,那么,它的电势近乎混合体系的 pE,这个电势称为"决定电势"。天然水中决定电势的是溶解氧,而在有机物积累的缺氧水中,决定电势的是有机物。介于这两种情况之间的水体,溶解氧和有机物综合体系是决定电势的主要成分。此外,铁和锰是天然水中分布广泛的多价元素,是体系氧化还原反应的主要参与者,在某些场合下,这两个元素亦有决定电势的作用。而其他多价元素,诸如铜、锌、铝、铬、钒和砷等,由于含量低微,对天然水 pE 的影响甚微,可忽略不计。

对于与大气处于热力学平衡的中性水体而言,如前所述,溶解氧是决定电势的主要因素。把 pH=7.00,$p_{O_2} = 0.21$ atm 的数值代入下式:

$$pE = 20.75 - pH + \lg p_{O_2}^{1/4} = 20.75 - 7.00 + 1/4 \times (-0.677) = 13.58$$

此时的天然水系是好氧水,属于氧化性环境,有较强的接受电子的倾向。在缺氧水中,假设水中有机物在缺氧情况下,经微生物降解,产生 CO_2 和甲烷,此过程的单电子摩尔反应为:

$$1/8CO_2 + H^+ + e^\ominus \Longrightarrow 1/8CH_4 + 1/4H_2O$$

假设 $p_{CO_2} = p_{CH_4}$,pH=7.00,则 $pE = pE^\ominus + \lg\{p_{CO_2}^{1/8}[H^+]\}/p_{CH_4}^{1/8}$,由于 $pE^\ominus = 2.87$,于是,$pE = 2.87 - pH = -4.13$。

而 pH=7.00 时,还原极限的 pE 为 -7.00,缺氧水体尚未达还原极限,意味着体系中还存在痕量的溶解氧,其数值计算如下:

$$pE = 20.75 - pH + \lg p_{O_2}^{1/4} = -4.13$$
$$p_{O_2} = 3.0 \times 10^{-72} \text{ atm} = 3.04 \times 10^{-67} \text{ Pa}$$

此时,氧的分压极低,水与氧尚未达到平衡。但无疑,在分压相近的 CO_2 和 CH_4 之间趋于平衡的缺氧水体中,氧的实际分压一定是非常低的。

③ 无机氮化合物的氧化还原转化

水中 N 主要以 NH_4^+、NO_3^- 形态存在,某些条件下有中间氧化态 NO_2^-。与许多水体氧化还原反应一样,氮体系的转化反应是微生物催化形成的。这里讨论中性天然水 pE 变化对无机氮形态浓度的影响。假设总氮浓度为 1.00×10^{-4} mol/L,水体 pH＝7.00。

在较低 pE 时($pE<5$),NH_4^+ 是水中 N 的主要形态。在这个 pE 范围内,NH_4^+ 浓度的对数可表示为 $\lg[NH_4^+]=-4.00$,如图 4-5 中的 1-1。

$\lg[NO_2^-]$-pE 的关系,可以根据含有 NO_2^- 及 NH_4^+ 的半反应求得:

$$1/6\ NO_2^-+4/3H^++e^- \Longleftrightarrow 1/6NH_4^++1/3H_2O \qquad pE^\ominus=15.14$$

而 pH＝7.00,所以 $pE=5.82+\lg[NO_2^-]^{1/6}-\lg[NH_4^+]^{1/6}$

而 $\lg[NH_4^+]=-4.00$,这样 $\lg[NO_2^-]=-38.92+6pE$,见图 4-5 中的 2-1。

在 NH_4^+ 是主要形态,且 $\lg[NH_4^+]=-4.00$ 时,

$$1/8\ NO_3^-+5/4\ H^++e^- \Longleftrightarrow 1/8\ NH_4^++3/8\ H_2O \qquad pE^\ominus=14.90$$

$pE=6.15+\lg[NO_3^-]^{1/8}-\lg[NH_4^+]^{1/8}$,所以,$\lg[NO_3^-]=-53.2+8pE$。

在一个狭窄的中间 pE 范围,约 $pE=6.5$,NO_2^- 是主要形态。在这个 pE 范围内,NO_2^- 浓度对数可表示为 $\lg[NO_2^-]=-4.00$。根据

$$1/6\ NO_2^-+4/3\ H^++e^- \Longleftrightarrow 1/6\ NH_4^++1/3\ H_2O \qquad pE^\ominus=15.14$$

而 pH＝7.00,所以 $pE=5.82+\lg[NO_2^-]^{1/6}-\lg[NH_4^+]^{1/6}$。

将 $\lg[NO_2^-]=-4.00$ 代入,得 $\lg[NH_4^+]=30.92-6pE$。

又因为

$$1/2\ NO_3^-+H^++e^- \Longleftrightarrow 1/2\ NO_2^-+1/2\ H_2O \qquad pE^\ominus=14.15$$

将 $\lg[NO_2^-]=-4.00$ 代入,得 $\lg[NO_3^-]=-18.30+2pE$。

当 $pE>7$,溶液中氮的形态主要为 NO_3^-,此时,$\lg[NO_3^-]=-4.00$。$\lg[NO_2^-]$ 的方程式可以由 NO_3^--NO_2^- 半反应获得,将 $pE>7$ 时 $\lg[NO_3^-]=-4.00$ 代入得: $\lg[NO_2^-]=10.30-2pE$。$\lg[NH_4^+]$ 的方程式同样可以由 NO_3^--NH_4^+ 半反应获得,将 $pE>7$ 时 $\lg[NO_3^-]=-4.00$ 代入得: $\lg[NO_2^-]=45.20-8pE$。

以 pE 对 $\lg[X]$ 作图,即可得到水中 NH_4^+-NO_2^--NO_3^- 体系的对数浓度图(图4-5)。由图可见,在低的 pE 范围,NH_4^+ 是主要的氮形态;在中间 pE 范围,NO_2^- 是主要形态;在高 pE 范围,NO_3^- 是主要形态。

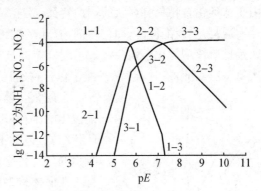

(pH＝7.00,总氮浓度＝1.00×10^{-4} mol/L)

图 4-5　水中 NH_4^+-NO_2^--NO_3^- 体系的对数浓度图

四、配位解离平衡

许多污染物,特别是重金属,以配合物形态存在于水体,其迁移、转化及毒性等均与配合作用有密切关系。重金属的迁移和毒性,都与其配合物的形成有关。重金属在水体中

的可溶态,大部分是配合形态。自由铜离子的毒性大于配合态铜,而甲基汞毒性大于无机汞。配合作用影响毒性的实质,是污染物的哪一种结合态更能为生物所利用。

天然水体中有众多离子,阳离子可以是配合物中心体,而阴离子则可作配位体,它们之间的配合作用和反应速率等概念与机制,可以应用配合物化学基本理论予以描述,软硬酸碱理论是常用的一种。天然水体中重要的无机配位体,有 OH^-、Cl^-、CO_3^{2-}、HCO_3^-、F^-、S^{2-} 等。除 S^{2-} 外,均属于路易斯硬碱,它们易与硬酸进行配合,如 OH^- 在水溶液中,优先与硬酸型中心离子(如 Fe^{3+}、Mn^{2+} 等)结合,形成羟基配合离子或氢氧化物沉淀。而 S^{2-} 离子则更易和软酸型重金属,如 Hg^{2+}、Ag^+ 等形成配合离子或硫化物沉淀。有机配位体情况比较复杂,包括动、植物组织的天然降解产物,如氨基酸、糖、腐殖酸,以及生活废水中的洗涤剂、清洁剂、NTA、EDTA、农药和大分子环状化合物等。

1. 配位化合物在溶液中的稳定性

(1) 单齿配体与螯合物

配位化合物,即配合物,是中心离子或原子与配位体形成的一种复杂化合物。中心离子通常是金属阳离子,具有接受电子对的空轨道;配位体是按一定几何构型围绕在中心离子周围的阴离子或极性分子,如 H_2O、OH^-、NH_3 等。配位体是电子给予体,配体中的配位原子,如 O、N、S 等,具有孤对电子,给予中心离子后形成配位键。金属中心离子与配体结合时,配位体的数量被称为金属离子的配位数。常见配位数为 2,4,6,8。在 $[Cu(NH_3)_4]^{2+}$、$[Fe(CN)_6]^{4-}$ 中的 Cu^{2+}、Fe^{2+},其配位数分别为 4 和 6。

氨和氰根离子均只含一个可与金属离子相键合的配位基,称为单齿配位体。单齿配体与金属离子形成单核配合物,在天然水体系中意义相对较小。含有两个或两个以上配位基的称为多齿配体,如乙二胺($NH_2—CH_2—CH_2—NH_2$)。次氮基三乙酸根 $[N(CH_2COO)_3^-]$、乙二胺四乙酸根,$^-(OOC—CH_2)_2N—CH_2—CH_2—N—(CH_2—COO)_2^-$、焦磷酸根($P_2O_7^{4-}$)等。

多齿配位体易与金属离子结合而成多齿配合物或多核配合物,有时也叫内络合物。由于这类化合物具有环状的构型特征,故常称螯合物,在水体配位化学中占有重要地位。

通常,多齿配位体,即螯合剂,有几个配位原子与一个金属离子同时键合,因此,螯合物远比单核配位化合物稳定。当配位体的电子给予原子,从 1 个(如 NH_3)增加到 4 个(如次氮基三乙酸根)时,1:1锌配位化合物的稳定常数增加若干个数量级。

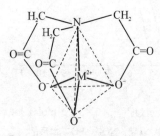

图 4-6 次氮基三乙酸根与二价金属离子形成的四面体构型螯合物

金属螯合物的结合形式,取决于中心金属离子的半径和配位体的半径,以及配位数的多少。金属螯合物都是不同的环状结构,包括正立方体、正四面体和正八面体等。图 4-6 所示的是二价金属离子与次氮基三乙酸根离子结合,生成具有正四面体构型的螯合物示意图。

溶液中配位化合物的稳定性,常用稳定常数,或生成常数来表征。如锌(Ⅱ)离子在氨溶液中,逐级形成 $ZnNH_3^{2+}$、$Zn(NH_3)_2^{2+}$、$Zn(NH_3)_3^{2+}$ 及 $Zn(NH_3)_4^{2+}$ 等配合物。每步都有稳定常数,称逐级稳定常数 K(或逐级生成常数)。而几个配位体与中心金属离子配位过程的加和,则称为累积稳定常

数 β（或累积生成常数）。锌氨配位，各步反应如下：

$$Zn^{2+}+NH_3 \rightleftharpoons ZnNH_3^{2+} \qquad K_1=\beta_1$$

$$K_1=[ZnNH_3^{2+}]/\{[Zn^{2+}][NH_3]\}=3.9\times10^2$$

$$\beta_1=[ZnNH_3^{2+}]/\{[Zn^{2+}][NH_3]\}=K_1$$

$ZnNH_3^{2+}$ 与 NH_3 作用，生成 $Zn(NH_3)_2^{2+}$：

$$ZnNH_3^{2+}+NH_3 \rightleftharpoons Zn(NH_3)_2^{2+} \qquad K_2$$

$$K_2=[Zn(NH_3)_2^{2+}]/\{[ZnNH_3^{2+}][NH_3]\}=2.1\times10^2$$

而

$$Zn^{2+}+2NH_3 \rightleftharpoons Zn(NH_3)_2^{2+} \qquad \beta_2$$

$$\beta_2=[Zn(NH_3)_2^{2+}]/\{[Zn^{2+}][NH_3]^2\}=K_1K_2$$

同样

$$Zn(NH_3)_2^{2+}+NH_3 \rightleftharpoons Zn(NH_3)_3^{2+} \qquad K_3$$

$$Zn^{2+}+3NH_3 \rightleftharpoons Zn(NH_3)_3^{2+} \qquad \beta_3$$

$$Zn(NH_3)_3^{2+}+NH_3 \rightleftharpoons Zn(NH_3)_4^{2+} \qquad K_4$$

$$Zn^{2+}+4NH_3 \rightleftharpoons Zn(NH_3)_4^{2+} \qquad \beta_4$$

所以，$\beta_3=K_1K_2K_3$，$\beta_3=K_1K_2K_3K_4$。

利用上述常数值，可以定量描述金属离子及其各种配位化合物的相对含量。以锌氨配位化合物为例，可根据累积稳定常数分别求出 Zn^{2+}、$ZnNH_3^{2+}$、$Zn(NH_3)_2^{2+}$、$Zn(NH_3)_3^{2+}$ 及 $Zn(NH_3)_4^{2+}$ 的量。

$$Zn\%=[Zn^{2+}]/\{[Zn^{2+}]+[ZnNH_3^{2+}]+[Zn(NH_3)_2^{2+}]+[Zn(NH_3)_3^{2+}]+[Zn(NH_3)_4^{2+}]\}$$
$$=1/\{1+\beta_1[NH_3]+\beta_2[NH_3]^2+\beta_3[NH_3]^3+\beta_4[NH_3]^4\}$$

同理，$ZnNH_3^{2+}\%=\beta_1[NH_3]/\{1+\beta_1[NH_3]+\beta_2[NH_3]^2+\beta_3[NH_3]^3+\beta_4[NH_3]^4\}$

$Zn(NH_3)_2^{2+}\%=\beta_2[NH_3]^2/\{1+\beta_1[NH_3]+\beta_2[NH_3]^2+\beta_3[NH_3]^3+\beta_4[NH_3]^4\}$

$Zn(NH_3)_3^{2+}\%=\beta_3[NH_3]^3/\{1+\beta_1[NH_3]+\beta_2[NH_3]^2+\beta_3[NH_3]^3+\beta_4[NH_3]^4\}$

$Zn(NH_3)_4^{2+}\%=\beta_4[NH_3]^4/\{1+\beta_1[NH_3]+\beta_2[NH_3]^2+\beta_3[NH_3]^3+\beta_4[NH_3]^4\}$

可见，溶液中各种配合物物种的量取决于氨的浓度。当 $[NH_3]$ 很低时，溶液中以 Zn^{2+} 离子为主（不考虑水合的情况）。增加 NH_3 浓度，有利于后续各级配合物生成。当 $[NH_3]$ 达一定浓度时，$Zn(NH_3)_4^{2+}$ 可以成为主要的存在形式。

（2）影响配合物稳定性的因素

金属离子性质。金属离子电荷的平方与离子半径之比越大，即 Z^2/r 越大，电负性越大，极化作用越强，配合物配位键的共价性越显著，稳定性亦越高。以二价金属离子为例，它们与给定配体形成的配合物的稳定性遵循下列次序：

$$Zn^{2+}>Cu^{2+}>Ni^{2+}>Co^{2+}>Fe^{2+}>Mn^{2+}$$

配体的性质。含两种以上配位原子的多齿配位体，如 $HSCH_2N(CH_2COOH)_2$、EDTA、DTPA、NTA 等，与大多数金属离子能形成稳定的配合物。配体的影响主要取决于配体的大小、配位原子电负性，以及酸解离常数（pK_a）大小等因素。

螯合环的大小及数目。螯合物的稳定性比普通配合物高,即所谓螯合物效应。对于螯合物而言,螯合分子越大越复杂,体系熵值越大,根据熵值增加原理,结构复杂的大分子螯合物倾向于更稳定。同时,螯合物的环越多,熵效应越大,形成的螯合物越稳定。

除了上述影响因素以外,螯合剂结构引起的空间效应,以及有机溶剂引起的溶剂效应,均会不同程度地影响配位化合物的稳定性。

2. 天然水中的金属元素和配位体

(1) 天然水体中的重要金属元素

金属元素是天然水的重要化学组成部分。钠、钾广泛存在于各种天然水体之中,钙、镁则是低矿化水中的主要金属元素成分。此外,种类繁多的金属元素,以微量甚至痕量的浓度存在于性质各异的天然水体之中。其中,人们更为重视的是对人类和其他生命体生存有害的金属,特别是重金属。主要是指生物毒性明显的汞、镉、铅、铬和砷等,以及在浓度超出一定范围时具有生物毒性的锌、铜、镍、钴、锡。重金属存在于地壳,通过火山爆发、岩体风化、水流冲刷、大气降尘,以及生物代谢等途径发生环境迁移和形态变化,重金属广泛分布于大气圈、水圈、土圈、生物圈。自然环境的各个构成部分中,都存在重金属的背景含量(或本底含量)。天然淡水体系,重金属背景值的大致范围在 $0.01\sim0.001$ mg/L。人类生产生活中的重金属,如含有重金属的废气、废水、固废排入水体后,会给水体造成程度不同、甚至非常严重的污染。重金属元素大多属过渡元素,具有多变的氧化还原性质。在天然水体中,它们不仅能以水合离子、氢氧化物胶体或沉淀存在,而且可与多种无机或有机配位体形成稳定配合物或螯合物。少数重金属可与有机碳结合,以有机金属化合物的形式存在。重金属元素在不同的水质中,呈现十分复杂的化学形态。

(2) 水中的配位体

水体中存在着各种配体,有天然的,也有人工的。水和土壤中处处可见的腐殖质和氨基酸、海水中大量存在的氯离子均属于天然配位体。人工合成试剂,如三聚磷酸钠,乙二胺四乙酸钠(Na-EDTA),次氮基三乙酸钠(Na-NTA)和柠檬酸等,被广泛用于金属电镀、工业废水处理、洗涤剂生产、食品加工等领域,部分随废水排入水环境,是水体中人工螯合剂的主要来源。

存在于天然水和废水中的有机配体,含有各种不同的有机官能团,金属离子与配体键合所需的电子是由这些官能团提供的。最常见的官能团:

| 羧酸根 | 杂环氮 | 苯氧基 | 脂肪胺或芳香胺 | 磷酸根 |

这些配位体可与天然水中和生物体中的大多数金属离子,如 Ca^{2+}、Mg^{2+}、Mn^{2+}、Fe^{2+}、Fe^{3+}、Cu^{2+}、Zn^{2+}、UO_2^{2+} 等发生配位作用,也可与 Cd^{2+}、Co^{2+}、Ni^{2+} 等污染性金属离子结合成配合物。

自然界存在的许多有机物,如泥炭、厩肥、土壤腐殖质、微生物和动植物的分泌物和生物的残骸等,均含有能与金属离子键合的配体,特别是结构复杂的腐殖质,它普遍地存在于天然水和土壤中,对环境中重金属的迁移和化学变化有很大的影响,是环境中最重要的螯合剂之一。

柠檬酸是天然水中广泛存在的另一种螯合剂,柠檬酸配体中具有电子给予体作用的,有三个羧基官能团,与金属离子键合作用强。其结构式如下:

$$\begin{array}{c} CH_2COOH \\ | \\ HO-C-COOH \\ | \\ CH_2COOH \end{array}$$

乙二胺四乙酸钠盐(Na-EDTA)是一种常用螯合剂,由于其中含有 6 个能与金属离子键合的配位原子,因此是强螯合剂。EDTA 不易被微生物降解,在地下水中可保持十几年,而浓度没有明显的变化。EDTA 对于很多放射性核素,诸如 Co^{60}、稀土放射性裂变产物、锕系元素(如钚、镅、锔、锫等),也有很强的螯合作用。环境水中,尤其是深层地下水中出现的 EDTA,可导致放射性核素迁移速率的明显提高。为确保地质处置核废物时,放射性核素不随地下水流动而扩散,事先必须采取必要措施,把有可能存在于地下水中的各种螯合剂全部予以破坏。

螯合剂对于给定金属离子没有专一性,但都有一些生物体能产生某些结构复杂的螯合剂,这些螯合剂对特定金属离子具有特异性。有一种名为铁色素的螯合剂,它是从真菌中提取出来的肽类化合物,与 Fe(Ⅲ)可形成极为稳定的螯合物。这类螯合剂与铁(Ⅲ)键合的有效官能团是氧肟酸根:

$$\begin{array}{c} O \quad OH \\ \| \quad | \\ -C-N- \end{array}$$

3. 配合物的生成
(1) 去质子化配位体的配位作用

多数情况下,金属离子和氢离子对配位体有竞争作用,配合物的形成过程复杂。比如,乙二胺四乙酸(EDTA)是一种白色晶体,在水中溶解度较小;常用 EDTA 二钠盐,它的溶解度较大。EDTA 是四元酸,含有 4 个可解离的质子(H^+),在水溶液中发生逐级解离:

$$H_4Y \rightleftharpoons H_3Y^- + H^+ \qquad pK_1 = 2.00$$
$$H_3Y^- \rightleftharpoons H_2Y^{2-} + H^+ \qquad pK_2 = 2.67$$
$$H_2Y^{2-} \rightleftharpoons HY^{3-} + H^+ \qquad pK_3 = 6.16$$
$$HY^{3-} \rightleftharpoons Y^{4-} + H^+ \qquad pK_4 = 10.26$$

EDTA 在水溶液中有 5 种可能存在形式,有 H_4Y、H_3Y^-、H_2Y^{2-}、HY^{3-} 和 Y^{4-},各种形式的相对含量取决于 pH。pH<2 时,H_4Y 占优势;pH 为 2~2.67 时,以 H_3Y^- 为主,同时有一定的 H_4Y 和 H_2Y^{2-};pH 为 2.67~6.16 时,大多数为 H_2Y^{2-};pH 为 6.16~10.26 时,以 HY^{3-} 为主;当 pH>10.26 时,EDTA 完全解离成为 Y^{4-} 去质子化状态。

EDTA 能与绝大多数金属离子 Me^{n+} 生成水溶性螯合物(MeY^{n-4}),其几何构型包括正四面体、正方形和正八面体三种。

如果 pH＝11 的废水中铜(Ⅱ)含量为 5.0 mg/L,在无螯合剂存在时,铜基本以难溶的 $Cu(OH)_2$ 或 CuO 的形式存在。而未与铜螯合的过量 EDTA 为 200 mg/L。可以计算出 EDTA 对铜的络合程度以及水合铜离子的平衡浓度。

铜(Ⅱ)与 EDTA 的反应为:

$$Cu^{2+} + Y^{4-} \rightleftharpoons CuY^{2-} \qquad K = 6.3 \times 10^{18}$$

因为未螯合 EDTA 为 200 mg/L,分子量为 372.1 g/mol,且 pH＝11 时,EDTA 基本存在形式为 Y^{4-},故

$$[Y^{4-}] = 200 \times 10^{-3} \text{ g/L} / 372.1 \text{ g/mol} = 5.4 \times 10^{-4} \text{ mol/L}$$

这样,$K = [CuY^{2-}]/\{[Cu^{2+}][Y^{4-}]\} = 6.3 \times 10^{18}$,所以,$[CuY^{2-}]/[Cu^{2+}] = 3.4 \times 10^{15}$。

几乎所有的铜都与 EDTA 生成了螯合物。已知 Cu^{2+} 的总浓度为 5.0 mg/L,相当于 7.8×10^{-5} mol/L。因此,未与 EDTA 络合的水合 Cu^{2+} 离子的平衡浓度为:

$$[Cu^{2+}] = [CuY^{2-}]/(3.4 \times 10^{15}) = 7.8 \times 10^{-5}/(3.4 \times 10^{15}) = 2.29 \times 10^{-20} \text{ mol/L}$$

有 EDTA 这类强螯合剂存在的体系中,未螯合的金属离子几乎不存在,水合金属离子浓度可降低到极低。这是一个很重要的效应,在这种介质中,Cu^{2+} 参与的某些生理反应和电极反应已不复存在,相反,在无螯合剂存在的强酸性体系,这些反应很容易被观察到。

(2) 质子配体的配位作用

通常,络合剂都是质子酸的共轭碱,螯合剂中尤为明显。比如,NH_3 就是酸性阳离子 NH_4^+ 的共轭碱,甘氨酸根阴离子($H_2N—CH_2—COO^-$)是甘氨酸($H_2N—CH_2COOH$)的共轭碱。所以,在大多数情况下,氢离子与金属离子竞争配体。配体与金属离子的螯合强度,与 pH 条件关系密切。天然水体系的 pH 接近中性,此时,有机配体基本上以质子化的形式存在。考察质子化配体化学物种分配与 pH 的相关性,以及氢离子与金属离子竞争配位体的机制,是很有意义的。

以 EDTA 为例,上述平衡表明,溶液中 EDTA 可能存在的形式包括 H_4Y,H_3Y^-,H_2Y^{2-},HY^{3-} 和 Y^{4-},各种品种相对比例取决于溶液的 pH。各个品种在全部 NTA 品种所占的相对分数可计算如下:

$$\alpha_{H_4Y} = [H_4Y]/\{[H_4Y] + [H_3Y^-] + [H_2Y^{2-}] + [HY^{3-}] + [Y^{4-}]\}$$
$$= 1/\{1 + (K_1/[H^+]) + (K_1K_2/[H^+]^2) + (K_1K_2K_3/[H^+]^3) + (K_1K_2K_3K_4/[H^+]^4)\}$$
$$= [H^+]^4/\{[H^+]^4 + K_1[H^+]^3 + K_1K_2[H^+]^2 + K_1K_2K_3[H^+] + K_1K_2K_3K_4\}$$
$$\alpha_{H_3Y} = K_1[H^+]^3/\{[H^+]^4 + K_1[H^+]^3 + K_1K_2[H^+]^2 + K_1K_2K_3[H^+] + K_1K_2K_3K_4\}$$
$$\alpha_{H_2Y} = K_1K_2[H^+]^2/\{[H^+]^4 + K_1[H^+]^3 + K_1K_2[H^+]^2 + K_1K_2K_3[H^+] + K_1K_2K_3K_4\}$$
$$\alpha_{HY} = K_1K_2K_3[H^+]/\{[H^+]^4 + K_1[H^+]^3 + K_1K_2[H^+]^2 + K_1K_2K_3[H^+] + K_1K_2K_3K_4\}$$
$$\alpha_Y = K_1K_2K_3K_4/\{[H^+]^4 + K_1[H^+]^3 + K_1K_2[H^+]^2 + K_1K_2K_3[H^+] + K_1K_2K_3K_4\}$$

可见,配位阴离子实际上只在 pH 较高的条件下才占优势,这个 pH 比天然水体要高得多。HY^{3-} 与 H_2Y^{2-} 在普通淡水体系的 pH 条件下占绝对优势。

（3）氢离子对 EDTA 螯合 Cu 的竞争作用

EDTA 是一种弱酸的共轭碱,在考察未螯合金属离子的浓度时,氢离子对于配位体的竞争作用是不容忽视的。假设有一个溶液,含未螯合 EDTA 的浓度为 5.4×10^{-4} mol/L,Cu^{2+} 的总浓度为 7.9×10^{-5} mol/L,pH=7.00。该 pH 时,EDTA 的主要物种为 HY^{3-},因此,对 Cu^{2+} 的螯合反应可写作:

$$Cu^{2+} + HY^{3-} \rightleftharpoons CuY^{2-} + H^+ \qquad K'$$
$$K' = [CuY^{2-}][H^+]/\{[HY^{3-}][Cu^{2+}]\}$$

而
$$HY^{3-} \rightleftharpoons Y^{4-} + H^+ \qquad\qquad pK_4 = 10.26$$
$$Cu^{2+} + Y^{4-} \rightleftharpoons CuY^{2-} \qquad\qquad K = 6.3 \times 10^{18}$$
$$K' = KK_4 = 3.46 \times 10^8$$

已知 pH=7.00 时,$[HY^{3-}] = 5.4 \times 10^{-4}$ mol/L,而

$$[CuY^{2-}]/[Cu^{2+}] = K'[HY^{3-}]/[H^+] = 1.87 \times 10^{12}$$

溶液中 Cu^{2+} 主要还是呈 CuY^{2-} 形式,因此 $[CuY^{2-}]$ 就等于 Cu^{2+} 的总浓度,即 $[CuY^{2-}] = 7.9 \times 10^{-5}$ mol/L。这样,$[Cu^{2+}] = 4.22 \times 10^{-17}$ mol/L。

结果表明,在 pH=7.00 的水介质中,尽管 Y^{4-} 的相对比例甚低,但由于 CuY^{2-} 螯合物非常稳定,螯合平衡反应向着有利于形成 CuY^{2-} 的方向进行。溶液中未被络合的 Cu^{2+} 的含量极低,未能达到 $Cu(OH)_2$ 的溶度积,其 $K_{sp} = 5.0 \times 10^{-20}$。

（4）天然水中几个重要螯合剂的配位作用

① 腐殖质的螯合作用

腐殖质是一类非常重要的天然螯合剂,这是一种不易降解的植物腐殖化产物。它们广泛存在于土壤、沼泽地、沉积物、泥炭、褐煤和煤中,凡有植物材料发生腐殖化的地方,都有腐殖质的存在。若用强碱溶液提取含腐殖质的材料,然后把提取物酸化,腐殖质可按其溶解性分成三类:不能被强碱提取的部分,称腐黑物或胡敏素;可被碱提取,但酸化提取液沉淀出来的物质,称褐腐酸(腐殖酸)或者胡敏酸;可被碱提取,且溶于酸化液中的有机物,称黄腐酸或富里酸。这些腐殖质具有酸-碱性,有吸附、配位作用等,因而,无论可溶还是难溶,都将给水的性质产生深刻的影响。通常,富里酸溶于水,它的作用发生于水溶液中。腐黑物和胡敏酸是难溶性物质,它们与水发生阳离子和有机物交换作用,并以此对水质产生影响。

腐殖质是一类高分子电解质,腐殖质的分子量范围很宽,从分子量几百的富里酸,到分子量为几万的胡敏酸和腐黑物。腐殖质一般具有一个高度芳香化的碳骨架,芳基中常含有氧的官能团,这些取代基在分子量中占很大比例。腐殖质可能含有蛋白质和碳水化合物成分,它们可以通过化学或生物化学途径水解下来;而芳香化骨架则是耐化学和生化降解的,相当稳定。

大多数腐殖质的元素组成在下述范围:C,45%～55%;O,30%～45%;H,3%～6%;N,1%～5%;S,0～1%。腐黑物、胡敏酸和富里酸,都不是单一化合物,而是由具有相同来源、很多共性的多种化合物组成的混合物。早在 1 800 多年以前,人们对腐殖质就已了

解,但迄今,对其化学结构和特性尚无定论。

当腐殖酸发生化学降解时,在分解产物中可发现一些典型的化合物:

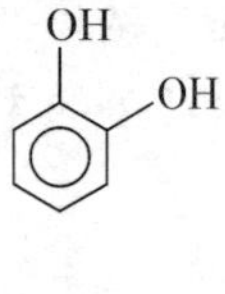

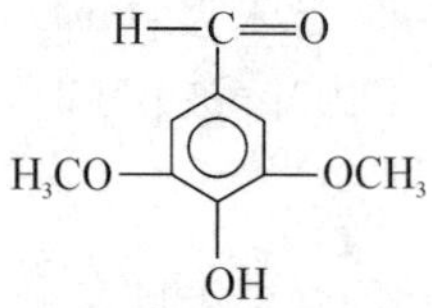

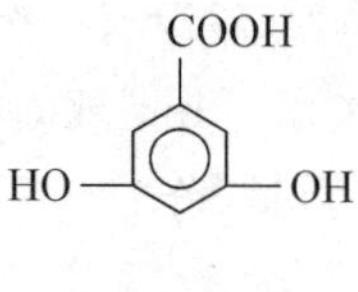

邻苯二酚　　　　丁香醛　　　　3,5-二羟基苯甲酸

据此设想,腐殖酸的基本结构或骨架,大体上是由上述类别化合物缩合构成的,而且在骨架中可能含有—O—和—N—键:

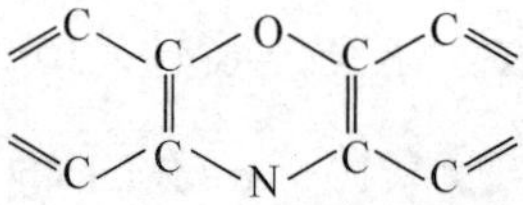

此外,当腐殖酸中芳香成分与富里酸结合时,官能团之间还存在氢键的作用。

腐殖质在结构上的显著特点是除含有大量苯环外,还含有大量羧基、羰基、醇基和酚基。单位重量富里酸含有的含氧官能团数量较多,因而亲水性较强。富里酸的结构式如图 4-7,腐殖质具有高分子电解质的特征,并表现为酸性。

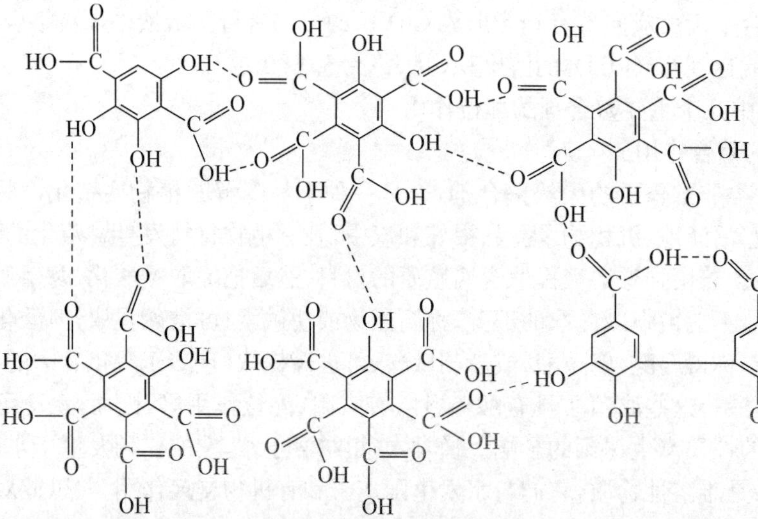

图 4-7　富里酸的结构式

腐殖质对金属离子的键合作用,是它最重要的环境特征之一。键合作用的一种形式是螯合反应。其中,一种螯合作用可能发生于羧基和酚羟基之间:

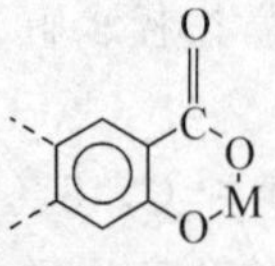

另一种螯合作用则发生在两个羧基之间:

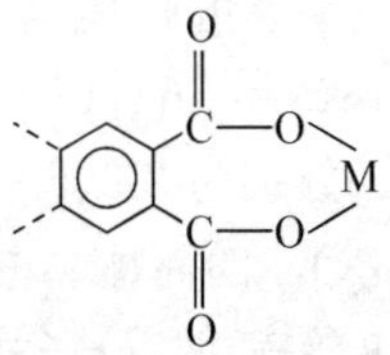

金属离子与一个羧基也可形成配合物：

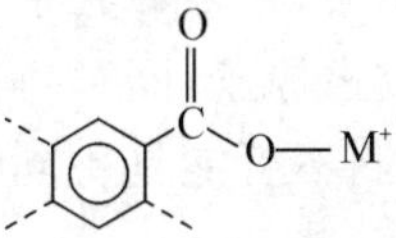

腐殖质对铁和铝的键合作用很强，相反，对镁的键合能力则较弱，对于其他一些常见的金属离子，如 Ni^{2+}、Pb^{2+}、Cd^{2+} 和 Zn^{2+}，有中等强度的键合能力。

在天然水中，金属离子与富里酸形成的配位化合物，能使某些具有重要生物意义的过渡金属成为可溶性状态，保留于水溶液中。这种作用对于提高铁的可溶性和增加铁的迁移率有显著的作用。水中富里酸化合物是显色的，在有色的水中常常含有可溶性铁的成分。

腐黑物和胡敏酸属于难溶性腐殖质。这类腐殖质对金属离子既有交换吸附作用，又有螯合作用，金属离子浓度较高时，前者为主，浓度较低时，后者为主。应用腐殖质对金属离子的交换吸附作用，可以把水中的金属离子浓集起来，从而达到从中去除某些金属的目的。含有大量腐殖质的褐煤，对水中某些金属离子有净化作用。

自从 1970 年在自来水中发现三卤甲烷（如氯仿和二溴—氯甲烷）以来，人们对于腐殖质的作用予以特别关注。目前，人们普遍担心，在城市供水的氯化法消毒过程中，腐殖质的存在可能导致具有致癌性质的三氯甲烷化合物的生成，这是腐殖质与氯的反应产物。因此，在自来水进行氯化之前，设法把腐殖质清除干净是必要的，这样可以显著减少三卤甲烷的形成。

腐殖质与阴离子的作用，也开始被关注。腐殖质可以和水体中 NO_3^-、SO_4^{2-}、PO_4^{3-}、NTA 等反应，使水体中各种阴、阳离子反应复杂化。腐殖质与某些有机污染物，如双氯联苯（PCB）、双对氯苯基三氯乙烷（DDT）、聚丙烯腈（PAH），存在极性相互作用，对其活性、行为、残留速度等产生影响，从而影响它们的迁移和分布。此外，环境中芳香胺能与腐殖质共价键合，而某些有机污染物如邻苯二甲酸二烷基酯能与腐殖酸形成水溶性配合物。

② 多磷酸盐

磷与氧结合可以生成多种阴离子，其中有些是很强的螯合剂。1930 年以来，高分子磷氧阴离子在水处理、水软化、洗涤增效剂中的应用日益广泛。多磷酸盐在水处理中可用作"掩蔽剂"，使钙、镁等主要硬水成分处于可溶性和悬浮状态，显著降低它们的平衡浓度，从而可以防止在锅炉、水管里面生成碳酸盐污垢，而且可以大大提高肥皂或其他洗涤剂的清洁效率。

磷酸根的最简单形式是正磷酸根，即 PO_4^{3-}。正磷酸的三级解离常数分别为，$pK_1=2.17, pK_2=7.31, pK_3=12.36$。

直链型多磷酸，最简单的是两个正磷酸根缩合后的二聚体，为焦磷酸根离子，$P_2O_7^{4-}$。

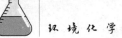

而后是三聚磷酸根，$P_3O_{10}^{5-}$。焦磷酸含 4 个可解离氢原子，一级解离常数 pK_1 很小，酸性相当强，二、三、四级解离常数分别为 $pK_2=2.64$，$pK_3=6.76$，$pK_4=9.42$。对于三聚磷酸根，pK_1 和 pK_2 均很小，pK_3、pK_4、pK_5 分别为 2.3、6.5 和 9.24。

环型多磷酸根，其基本结构仍是 PO_4^{3-} 四面体。三偏磷酸是此类多磷酸中结构最简单的，具有六元环，分子式为 $H_3P_3O_9$。四偏磷酸，分子式为 $H_4P_4O_{12}$，是八元环结构。

直链多磷酸根配位能力较强，相对来说，环型多磷酸根的配位能力较弱。直链型多磷酸根配体，在较低 pH 条件下(pH<4.5)，除末端氢原子以外，其余的氢离子全部失去。因此，相邻 3 个 PO_4^{3-} 基团上的 3 个独立氧原子，同时与一个金属离子发生键合。与此相比，环状多磷酸根由于结构上的限制，它们不可能具备同时可与一个金属离子进行螯合作用的 3 个配位原子。

几乎所有的高分子多磷酸根，均能在水中水解为较简单的产物，最终的产物常常是正磷酸根。多磷酸根的水解作用，使它对重金属迁移的影响远不如有机螯合物。

③ 氨基酸

氨基酸是天然水中的又一类天然螯合剂，它是蛋白质的水解产物。氨基酸能与某些金属离子生成非常稳定的螯合物。例如，Cu^{2+} 与甘氨酸根($NH_2CH_2COO^-$)可形成相当稳定的螯合物，其稳定常数为 1.3×10^8。人们对于氨基酸类天然螯合剂对重金属离子迁移的影响及其重要性，了解不深入，但氨基酸比腐殖质更容易被微生物降解，则是肯定无疑的。可见，氨基酸对于重金属的螯合作用，远远不及富里酸一类螯合剂重要。

第二节 大气与土壤环境的溶液平衡

一、酸雨

在未被污染的大气中，可溶于水且含量比较大的酸性气体是 CO_2。如果只把 CO_2 作为影响天然降水 pH 的因素，根据 CO_2 的全球大气体积分数 3.30×10^{-4}，以及 CO_2 与纯水的平衡：

$$CO_2(g) \rightleftharpoons CO_2(aq) \qquad K_H$$
$$CO_2 + H_2O \rightleftharpoons H_2CO_3 \qquad K_S$$
$$H_2CO_3 \rightleftharpoons H^+ + HCO_3^- \qquad K_1$$
$$HCO_3^- \rightleftharpoons H^+ + CO_3^{2-} \qquad K_2$$

在一定温度下，水的离子积 K_w、亨利常数 K_H、碳酸形成常数 K_S，以及一、二级解离常数 K_1、K_2、p_{CO_2} 都有定值。由上述平衡方程列出平衡常数表达式，结合体系的物料、电荷、质子三大平衡方程式，代入相应数值，即可求得未受污染的大气水的 pH=5.6。多年来国际上一直将 5.6 视为降水的 pH 背景值，以 pH 是否低于 5.6 来界定酸雨。

酸雨中有多种无机酸和有机酸,主要是硫酸和硝酸,硫酸最多。从污染源放出来的 SO_2 和 NO_x 是形成酸雨的主要起始物,形成过程为:

$$SO_2 + [O] \longrightarrow SO_3$$
$$SO_3 + H_2O \longrightarrow H_2SO_4$$
$$SO_2 + H_2O \longrightarrow H_2SO_3$$
$$H_2SO_3 + [O] \longrightarrow H_2SO_4$$
$$NO + [O] \longrightarrow NO_2$$
$$2NO_2 + H_2O \longrightarrow HNO_3 + HNO_2$$

式中:$[O]$ 为各种氧化剂。

大气中的 SO_2 和 NO_x 经氧化后,溶于水形成硫酸、亚硫酸、硝酸和亚硝酸,这是造成降水 pH 降低的主要原因。其他气态或固态酸性物质进入大气,也会影响降水的 pH。大气颗粒物中 Mn、Cu、V 等,可以是酸性气体氧化的催化剂。大气光化学反应生成的 O_3 和 HO_2 等,可以氧化 SO_2。

飞灰中的氧化钙、土壤中的碳酸钙、天然和人为来源的 NH_3 以及其他碱性物质都可使降水中的酸中和,对酸性降水起"缓冲作用"。大气中酸性气体浓度高时,如果中和酸的碱性物质很多,即缓冲能力很强,降水就不会有很高的酸性,甚至可能成为碱性。在碱性土壤地区,如大气颗粒物浓度高时,往往也会如此。相反,当碱性物质相对较少时,即使大气中 SO_2 和 NO_x 浓度不高,降水也仍然会有较高的酸性。

研究酸雨时,通常分析测定的化学离子有:

阳离子:H^+、Ca^{2+}、NH_4^+、Na^+、K^+、Mg^{2+}。

阴离子:SO_4^{2-}、NO_3^-、Cl^-、HCO_3^-。

我国北京与西南地区降水的离子实测数据显示,源于海洋的 Cl^- 和 Na^+ 浓度相近;SO_4^{2-} 在阴离子中占绝对优势,阳离子中 H^+、Ca^{2+}、NH_4^+ 占 80%;酸指标阴离子($SO_4^{2-} + NO_3^-$),浓度相差不大,缓冲阳离子(Ca^{2+}、NH_4^+、K^+)浓度相差较大。我国酸雨中关键性离子组分为 SO_4^{2-}、Ca^{2+} 和 NH_4^+。SO_4^{2-} 的主要来源是燃煤排放的 SO_2,Ca^{2+} 和 NH_4^+ 的来源较为复杂,但以天然来源为主,所以缓冲阳离子与各地自然条件,尤其是土壤理化性质有很大关系,这可以在一定程度上解释我国酸雨分布的区域性。

二、土壤酸碱平衡

我国土壤的 pH 大多在 4.5～8.5 范围内,并有由南向北 pH 递增的规律性。长江(北纬33°)以南的土壤多为酸性和强酸性,如华南、西南地区广泛分布的红壤、黄壤,pH 大多在 4.5～5.5,有少数低至 3.6～3.8;华中、华东地区的红壤,pH 在 5.5～6.5;长江以北的土壤多为中性或碱性,如华北、西北的土壤大多含 $CaCO_3$,pH 一般在 7.5～8.5,少数强碱性土壤的 pH 高达 10.5。

三、土壤氧化还原平衡

氧化还原反应是土壤中无机物和有机物发生迁移转化并对土壤生态系统产生重要影

响的化学过程。土壤中的主要氧化剂有：土壤中氧气、NO_3^- 离子和高价金属离子，如 $Fe(III)$、$Mn(IV)$、$V(V)$、$Ti(IV)$ 等。土壤中的主要还原剂有有机质和低价金属离子。此外，土壤中植物的根系和土壤生物也是土壤发生氧化还原反应的重要参与者。

第三节　环境胶体化学

化学物质在环境介质的悬浮、沉积、迁移、转化等过程，基本都发生在界面，呈多相现象。天然水体是一个多种物质共存的体系，均相化学反应在天然水体中实际上较为少见；大部分重要的化学和生物化学过程，常发生在非均相的界面上，特别是液-固界面。如天然水中的微量重金属污染物质的氧化还原、配位解离、吸附和絮凝等作用，以及有机污染物微生物降解、光化学降解等现象，都在水-固界面上发生和进行。事实上，基于水体是一个多种胶体微粒共存的分散系统，悬浮物、胶粒、固体沉积物对于水体化学的影响很大，尤其是微量污染物的行为和形态。业已证实，胶体微粒的絮凝、沉降和扩散，对于污染物的迁移转化、归宿具有决定性的作用。水污染物对水生生物和人的效应，也与天然水体的胶体化学行为紧密相关。

一、水体胶体微粒

1. 胶体微粒的类别

天然水体是一个多种胶体微粒共存的体系，矿物质、藻类、细菌、蛋白质类物质和一些有机污染物等，均呈胶体微粒存在于水中。

（1）胶体性质的分类

胶体种类很多，通常按性质分，可分为亲水性胶体、疏水性胶体和缔合胶体三类。亲水性胶体一般由高分子物质，如蛋白质、合成聚合物等组成。这类胶体物质进入水中时，能与水发生强烈的作用，自动形成胶体，这是表征亲水性胶体的一种方法。疏水性胶体均带有电荷，它们被反离子包围，疏水性胶体微粒与反离子构成了能引起胶体微粒相互排斥的双电层。加入少量盐类能促进微粒絮凝，并从悬浮液中沉淀出来，而亲水性胶体并无此类现象。

缔合胶体由一些能溶于溶剂的单个小分子或小离子构成。这些可溶性的小单元经絮凝后可形成较大的悬浮颗粒，这就是胶束。肥皂和洗涤剂能生成缔合胶体，如肥皂——硬脂酸钠，形成的硬脂酸根阴离子由有机部分和离子部分两个单元组成。前者是脂肪烃链 $CH_3(CH_2)_{16}$—，后者是羧基离子—COO^-。脂肪烃链疏水，而羧基离子亲水。脂肪烃链部分容易发生憎水效应，因而，硬脂酸根阴离子的碳氢化合物一端容易聚集在一起，凝成一束，防止与水接触。于是就会出现，脂肪烃链排列在胶束内侧，而亲水的羧基基团则露在胶束颗粒的表面，上百个硬脂酸根阴离子组成了一个胶束。

（2）胶体成分的分类

胶体按照组成成分，分为无机胶体、有机胶体和生物胶体。

无机胶体中,土壤矿物质是最为普遍的一种,它由岩石通过风化作用和其他化学过程形成。它的主要成分是水合氧化铝、水合二氧化硅,以及常见铝硅酸盐黏土矿物,如高岭石$[Al_2(OH)_4Si_2O_5]$、蒙脱石$[Al_2(OH)_2Si_4O_{10}]$、水云母$[KAl_2(OH)_2(AlSi_3O_{10})]$。镁铁常与这些矿物质结合在一起。

铝硅酸盐黏土矿物具有层状结构,由SiO_2片与Al_2O_3片交替成层。SiO_2片为四面体结构,每个中心原子Si有4个O原子配位。Al_2O_3片为正八面体结构。每个Al原子围绕有6个O原子。铝硅酸盐黏土矿物可分为两层矿物和三层矿物。两层矿物,即正四面体层与相邻的正八面体层共享氧原子;在三层矿物中,1个正八面体层与两侧2个四面体层共享氧原子。由2片或3片结构单元组成的层,称单元层。两层型矿物的典型厚度约为0.7 nm,三层型矿物的厚度一般在0.9 nm以上。在两层型矿物相邻的两单元层之间,有氢键存在。另外,通过氢键的作用可把水吸附于黏土表面。蒙脱石,单元层之间能吸附大量的水,以致矿物大为膨胀。

铝硅酸盐黏土矿物可以通过离子置换反应获得净负电荷。通过这种途径,$Al(Ⅲ)$和$Si(Ⅳ)$离子都有可能被一些半径相近,而电荷较少的阳离子所置换,获得净负电荷。一些电荷少、尺寸较大的阳离子,如K^+、Na^+或NH_4^+可充当此类角色。这些阳离子属可交换阳离子,它们可与水介质中的其他阳离子发生交换作用。每100 g干重铝硅酸盐黏土矿物可交换的一价阳离子量,称为阳离子交换容量(ECE)。阳离子交换容量是底泥和胶体的一个很重要特征参数。

铝硅酸盐黏土矿物是天然水体中最常见的悬浮物,鉴于其结构特点及比表面高的特性,它对水中的各种化学物质有强烈的吸附作用。因此,铝硅酸盐黏土矿物对于水中生物废物,有机物、微量污染金属、气体以及其他污染物的迁移转化,有重要作用。铝硅酸盐黏土矿物对水中可溶性物质,还有有效的固定和浓集功能,所以对水质有净化功能。

有机胶体主要是腐殖质,还包括废水排放带来的表面活性剂、油滴等。腐殖质是一种带负电的高分子弱电解质,pH较高或离子强度低时,羟基和羧基大多离解,腐殖质趋于溶解;反之,则趋于沉淀或凝聚。富里酸分子量低,受构型影响小,故pH较低仍溶解;胡敏酸pH较高时溶解,pH较低时则变为不溶的胶体沉淀物;腐黑物分子量大,pH较高时官能团的解离也不能使之溶解。

生物胶体有湖泊中的藻类,污水中的细菌、病毒,它们均有类似的胶体化学表现,起类似的作用。

天然水体中各种环境胶体物质并非单独存在,而是相互作用结合成为某种聚集体,即成为水中悬浮沉积物,它们可以沉降进入水体底部,也可重新再悬浮进入水中。

2. 胶体微粒的性质

胶体微粒的性质主要表现在四个方面:布朗运动、丁达尔现象、电性质、分散聚集性质。

(1) 布朗运动、丁达尔现象、电性质

胶体微粒的直径范围为$0.001\sim1~\mu m$,在水中做布朗运动。胶体微粒具有比表面积大,界面能大,表面电荷密度大等物理化学特性,这给胶体物质在水中的行为和特征带来强烈的影响。

胶体悬浮粒子对光有散射作用,这就是丁达尔(Tyndall)效应。当一束白光透过胶体悬浮液时,垂直于入射方向上可以观察到蓝光。胶体的这种特性,归因于其微粒的直径与可见光波长基本相同。

胶体的物理化学特性介于真溶液与大颗粒悬浮液之间。胶体微粒悬浮于水中,有的带正电荷,有的带负电荷。为了维持电中性,它们周围常常伴随有带相反电荷的离子。

(2) 稳定性

稳定性是决定胶体性质的首要因素。沉积物的形成、细菌细胞的分散与团聚、漏油污染物的扩散与清除等过程,均与胶体的稳定性有关。

水合作用和表面电荷是影响胶体稳定性的两个重要因素。水合胶体微粒的表面覆盖有一层水,该层水能阻碍胶粒间相互接触,从而使胶粒不会进一步聚合成更大的颗粒。因此,水合作用有益于提高亲水性胶体的稳定性。

胶体微粒的表面电荷能阻止胶粒絮凝。这是由于悬浮液中具有相同符号电荷的颗粒是互相排斥的。表面电荷与 pH 有关,天然水的 pH 约为 7,此时,大多数胶体微粒带负电荷,诸如藻类细胞、细菌细胞、蛋白质、胶状石油微珠等。

胶体微粒获得电荷的途径有三种。第一种是通过粒子表面的化学反应来获取电荷,常见于氧化物和氢氧化物。这种途径包含有 H^+ 的作用,故对 pH 有依赖关系。在酸性较强的介质中,发生下述反应,可形成一个带正电荷的胶体微粒:

$$Me(OH)_n(s) + H^+ \rightleftharpoons Me(OH)_{n-1}(H_2O)^+(s)$$

相反,在碱性较强的介质中,会丢失 H^+,获得一个带负电荷的胶体微粒:

$$Me(OH)_n(s) \rightleftharpoons MeO(OH)_{n-1}^-(s) + H^+$$

中等 pH 范围时,氢氧化物胶体微粒所带净电荷为零,胶体表面净电荷为零时称为零电点或 ZPC,对沉淀的形成十分有利。此时,

$$Me(OH)_{n-1}(H_2O)^+(s)的正电荷数 = MeO(OH)_{n-1}^-(s)的负电荷数$$

离子吸附是胶体微粒获得电荷的第二种途径。其本质是通过静电作用,把离子吸附在胶粒的表面上。

胶体微粒获得净电荷的第三种途径是离子置换。如 SiO_2 是某些矿物质的基本成分,其晶格中,如果 1 个 Al(Ⅲ)取代 1 个 Si(Ⅳ),净结果是胶体微粒带上一个负电荷。

(3) 聚集

胶体颗粒的聚集亦可称为凝聚或絮凝。由电介质促成的聚集称为凝聚,而由聚合物促成的聚集称为絮凝。胶体颗粒是长期处于分散状态还是相互作用聚集结合成为更粗粒子,将决定着水体中胶体颗粒粒度及其负载污染物的分布变化。

胶体颗粒凝聚的基本原理:典型胶体的相互作用是以胶体稳定性理论、DLVO 理论,为定量基础的。适用于没有化学专属吸附作用的电解质溶液中,假设颗粒是粒度均等、球体形状的理想状态。这种类型的两颗粒在相互接近时有三种作用力,即多分子范德华力、静电排斥力和水化膜阻力。

综合作用位能,是静电斥力位能与范德华引力位能之和。在溶液离子强度较小时,综

合位能曲线上出现较大位能峰。峰值时,排斥作用占优势,颗粒借助于热运动能量不能超越此位能蜂,彼此无法接近,体系保持分散稳定状态。当离子强度增大到一定程度时,综合位能曲线的位能峰由于双电层被压缩而降低,则一部分颗粒有可能超越该位能峰。当离子强度相当高时,综合位能曲线位能峰可以完全消失。

颗粒超过位能峰后,由于吸引力占优势,促使颗粒间继续接近,当其达到综合位能曲线上近距离的极小值时,则两颗粒就可以结合在一起。不过,此时颗粒间尚隔有水化膜。在某些情况下,综合位能曲线上较远距离也会出现一个极小值,成为第二极小值,它有时也会使颗粒相互结合。

胶体颗粒凝聚的方式。凝聚物理理论是一种理想最简体系,实际体系要复杂得多。异体凝聚理论适用于处理物质本性不同、粒径不等、电荷符号不同、电位高低不等之类的分散体系。异体凝聚理论认为:如果两个电荷相异的胶体微粒接近时,吸引力总是占优势;如果两颗粒电荷符号相同,但电性强弱不等,则位能曲线上的能峰高度,总是由荷电少、电位低的一方决定。异体凝聚时,只要其中有一种胶体的稳定性甚低而电位达到临界状态,就可以发生快速凝聚,与另一种胶体无关。天然水环境和水处理过程中的颗粒聚集方式,概括如下:

① 压缩双电层凝聚:由于水中电解质浓度增大而离子强度升高,压缩扩散层,使颗粒相互吸引结合凝聚。

② 专属吸附凝聚:胶体颗粒专属吸附异号离子,降低表面电位,即产生电中和而凝聚。胶体颗粒改变电荷符号后,又会趋于稳定分散状况。

③ 胶体相互凝聚:两种电荷符号相反的胶体相互中和而凝聚,或者因其中一种荷电很低而相互凝聚,都属于异体凝聚。

④ "边对面"絮凝:层状铝硅酸盐矿物颗粒形状呈板状,其板面荷负电而边缘荷正电,各颗粒的边与面之间可由静电引力结合,这种聚集方式的结合力较弱,且具有可逆性。

⑤ 第二极小值絮凝:在一般情况下,位能综合曲线上的第二极小值较微弱,不足以发生颗粒间的结合,但若颗粒较粗或在某一维方向上较长,就有可能产生较深的第二极小值,使颗粒相互聚集。这种聚集具有可逆性。

⑥ 聚合物黏结架桥絮凝:若聚合物具有链状分子,它也可以同时吸附在若干个胶体微粒上,在微粒之间架桥黏结,使它们聚集成团。这时,胶体颗粒可能并未完全脱稳。

⑦ 无机高分子的絮凝:无机高分子化合物的尺度远低于有机高分子,但也可结合起来在较近距离起黏结架桥作用。

⑧ 絮团卷扫絮凝:已经发生凝聚或絮凝的聚集体絮团物,在运动中以其巨大表面吸附卷带胶体微粒,生成更大絮团,使体系失去稳定而沉降。

⑨ 颗粒层吸附絮凝:水溶液透过颗粒层过滤时,由于颗粒表面的吸附作用,使水中胶体颗粒相互接近而发生凝聚或絮凝。

⑩ 生物聚凝:藻类、细菌等微小生物在水中也具有胶体性质,带有电荷,可以发生凝聚。它们分泌的某种高分子物质,发挥絮凝作用,或形成胶团状物质。

实际水环境中,上述凝聚、絮凝方式并不单独存在,而是综合发挥聚集作用。悬浮沉积物是综合絮凝体,其中矿物微粒、水合金属氧化物、腐殖质、有机物等相互作用,几乎囊

括上述 10 种聚集方式。

二、大气与土壤胶体

大气气溶胶也称悬浮物体系。大气悬浮物或称大气颗粒物,是指液体或固体微粒均匀地分散在气体中形成的相对稳定的悬浮体系。大气悬浮物来源与种类众多,甚至包括微生物,其存在影响许多天气现象。悬浮物可以直接参与大气污染物化学转化,许多大气化学反应是在悬浮颗粒物表面进行的。

大气气溶胶的评价指标有:总悬浮颗粒物,即悬浮在空气中的当量直径 $\leqslant 100\ \mu m$ 的颗粒物。当量直径大于 $10\ \mu m$ 的总悬浮颗粒物称为降尘,易自然降落于地面;当量直径小于 $10\ \mu m$ 的称为飘尘,粒径小能在大气长期漂浮,漂浮范围可达几十千米。飘尘又称为可吸入颗粒物,能随呼吸进入人体上、下呼吸道,对健康危害很大,根据粒径大小也被称为 PM_{10}。粒径小于 $2.5\ \mu m$ 的飘尘被称为 $PM_{2.5}$,又称为可入肺颗粒物,能随呼吸进入肺泡或者血液循环系统,危害最大。

土壤胶体是土壤最活跃的组分,对污染物在土壤中的迁移、转化有重要作用。土壤胶体一般为粒径小于 $2\ \mu m$ 的颗粒物,包括高岭石、蒙脱石、伊利石等无机矿物胶体、胡敏酸、富里酸、胡敏素等有机胶体,或者两者在土壤生物作用下的复合胶体,以其巨大的比表面积和带电性,而使土壤具有吸附性。

土壤胶体具有巨大的比表面积和表面能。土壤胶体微粒具有双电层,微粒的内部称微粒核,一般带负电荷,形成一个负离子层(即决定电位离子层),其外部由于电性吸引,而形成一个正离子层(又称反离子层),合称为双电层。土壤胶体有凝聚性和分散性。

在土壤胶体双电层的扩散层中,补偿离子可以和溶液中相同电荷的离子以离子价为依据做等价交换,称为离子交换(或代换)。离子交换作用包括阳离子交换吸附作用和阴离子交换吸附作用。

第四节　胶体界面化学

污染物在环境胶体界面的迁移转化,主要取决于污染物性质与环境界面条件。无机污染物迁移转化的主要方式是吸附,其界面主要为液-固界面,也可以是气-固界面。有机污染物主要通过吸着(分配)作用、挥发作用等过程进行界面迁移转化。分配作用发生的界面为液-液界面,挥发作用发生的界面为液-气界面。研究污染物界面迁移转化,有助于阐明污染物归趋和可能产生的危害。

一、胶体表面吸附

1. 吸附的属性

水环境中胶体颗粒的吸附作用,可分为表面吸附、离子交换吸附和专属吸附等。对于表面吸附,胶体具有巨大的比表面和表面能,在固-液界面存在表面吸附作用,胶体表面积愈大,所产生的表面吸附能也愈大,胶体的吸附作用也就愈强。它属于物理吸附。由于环境中大部分胶体带负电荷,容易吸附各种阳离子。在吸附过程中,胶体每吸附一部分阳离子,就释放出等量的其他阳离子,这种吸附称为离子交换吸附,它属于物理化学吸附。这种吸附是可逆的,而且能够迅速地达到可逆平衡。该反应不受温度影响,在酸碱条件下均可进行,其交换吸附能力与溶质的性质、浓度及吸附剂性质等有关。可变电荷表面的胶体,当体系 pH 高时,带负电荷并能进行交换吸附。专属吸附是指吸附过程中,除了化学键的作用外,尚有加强的憎水键和范德华力或氢键在起作用。专属吸附作用不但可使表面电荷改变符号,而且可使离子化合物吸附在同号电荷表面。在水环境中,配合离子、有机离子、有机或无机高分子的专属吸附作用特别强烈。

水合氧生物胶体对重金属离子有较强的专属吸附作用,这种吸附作用发生在胶体双电层的 Stern 层中。进入 Stern 层的被吸附金属离子,不能由交换性阳离子交换,只能被亲和力更强的金属离子取代,或在强酸性条件下解吸。专属吸附可以在中性表面,或与吸附离子带相同电符号的表面进行吸附作用。例如,水锰矿吸附碱金属(K、Na),是离子交换吸附;而吸附过渡金属离子(Co、Cu、Ni),是专属吸附。对于碱金属,当体系 pH 在水锰矿等电点(ZPC)以上时,才发生吸附作用。对于 Co、Cu、Ni 等,当体系 pH 在 ZPC 处或小于 ZPC 时,都能进行吸附作用,这表明水锰矿不带电荷或带正电荷均能吸附过渡金属元素。表 4-4 列出了水合氧化物对重金属离子的专属吸附机理与交换吸附的区别。

表4-4 水合氧化物对重金属离子的专属吸附机理与交换吸附的区别

项目	离子交换吸附	专属吸附
表面静电荷符号	—	−,0,+
金属离子作用	反离子	配位离子
反应类型	阳离子交换	配体交换
体系 pH 要求	>ZPC	无
发生位置	扩散层	内层
对表面电荷影响	无	负电荷减少,正电荷增加

2. 吸附等温线和等温式

吸附是指溶液中的溶质,在界面层浓度升高的现象。水体中颗粒物对溶质的吸附是一个动态平衡过程,在固定的温度条件下,当吸附达到平衡时,颗粒物表面上的吸附量(G)与溶液中溶质平衡浓度(c)之间的关系,可用吸附等温线来表达。水体中常见的吸附等温线有三类,即 Henry 型、Freundlich 型、Langmuir 型,简称为 H 型、F 型、L 型。

H 型等温线为直线型,其等温式为:

$$G = kc \qquad\qquad (4-4-1)$$

式中:k 为分配系数。

该等温式表明溶质在吸附剂与溶液之间按固定比值分配。

F 型等温式为:

$$G = kc^{1/n} \tag{4-4-2}$$

G-c 是幂函数曲线,两侧取对数,则有 $\lg G = \lg k + 1/n \lg c$。

$\lg G$ 对 $\lg c$ 作图可得一直线。$\lg k$ 为截距,k 是 $c=1$ 时的吸附量,它可以大致表示吸附能力的强弱。$1/n$ 为斜率,它表示吸附量随浓度增长的强度。

L 型等温式为:

$$G = G^0 c/(A+c) \tag{4-4-3}$$

式中:G^0 为单位表面上达到饱和时的最大吸附量,A 为常数。

G-c 是双曲函数线,其渐近线为 $G = G^0$,表示 c 趋近于 ∞ 时,G 趋近于 G^0。在等温式中 A 为吸附量达到 $G^0/2$ 时溶液的平衡浓度。

L 型等温式可以转化为:

$$1/G = 1/G^0 + (A/G^0)(1/c) \tag{4-4-4}$$

$(1/G)$-$(1/c)$ 图,是一直线。

等温线在一定程度上反映了吸附剂与吸附质的特性,其形式在许多情况下与实验所用溶质浓度区段有关。当溶质浓度低时,可能呈现 H 型,当溶质浓度较高时,可能表现为 F 型,但统一起来仍属于 L 型的不同区段。

影响吸附的因素很多,首先是溶液 pH。一般情况下,颗粒物对重金属的吸附量随 pH 升高而增大。当溶液 pH 超过某元素的临界 pH 时,则该元素在溶液中的水解、沉淀起主要作用。其次是胶体颗粒的粒度和浓度。颗粒物对重金属的吸附量随粒度增大而减少,溶质浓度范围固定时,吸附量随颗粒物浓度增大而减少。温度、共存离子的竞争作用均对吸附产生影响。

3. 吸附动力学模型

吸附动力学描述吸附反应的快慢,吸附动力学与溶液中溶质在固-液界面上的吸附机理紧密相关。对于动力学过程的描述主要为准一级动力学模型和准二级动力学模型等。

(1)准一级动力学模型

$$dq/dt = k_1'(q_e - q) \tag{4-4-5}$$

式中:q_e 为平衡时的吸附量,q 为任意时刻的吸附量,k_1' 为吸附常数,t 为时间。利用边界条件,$t=0$,$q=0$;$t=t$,$q=q$。积分得:

$$q = q_e(1 - e^{k_1 t}) \tag{4-4-6}$$

(2)准二级动力学模型

$$dq/dt = k_2'(q_e - q)^2 \tag{4-4-7}$$

同样利用边界条件,并积分,得:

$$q = q_e^2 k_2' t/(1 + q_e k_2' t) \tag{4-4-8}$$

(3)氧化物的表面配合模型

在水环境中,硅、铝、铁的氧化物和氢氧化物是悬浮沉积物的主要成分。这类物质表面上发生的吸附,特别是对金属离子的吸附,表面配合模型是最主流的机理解释理论之一。

这一模型的基本点,是把氧化物表面对 H^+、OH^-、金属离子、阴离子等的吸附看作表面配合反应。金属氧化物表面都含有≡MeOH 基团,这是由于金属氧化物表面金属离子配位不饱和,在水溶液中与水配位,水发生离解吸附而生成羟基化表面,一般氧化物表面每平方纳米有 $4\sim10$ 个 OH^-。

表面羟基在溶液中可发生质子迁移,其质子迁移的平衡常数即表面配合常数。

$$\equiv MeOH_2^+ \Longrightarrow \; \equiv MeOH + H^+$$
$$\equiv MeOH \Longrightarrow \; \equiv MeO^- + H^+$$

表面≡MeOH 基团在溶液中可以与金属阳离子和阴离子生成表面配位配合物,表现出两性表面特性及相应的电荷变化。其相应的表面配合反应为:

$$\equiv MeOH + M^{z+} \Longrightarrow \; \equiv MeOM^{z-1} + H^+$$
$$2 \equiv MeOH + M^{z+} \Longrightarrow (\equiv MeO)_2 M^{z-2} + 2H^+$$
$$\equiv MeOH + A^{z-} \Longrightarrow \; \equiv MeA^{1-z} + OH^-$$
$$2 \equiv MeOH + A^{z-} \Longrightarrow (\equiv Me)_2 A^{2-z} + 2OH^-$$

表面配合反应使氧化物表面电荷随之变化。表面配合模型的实质是把具体表面看作聚合酸,其含有大量羟基可产生表面配合反应。但在配合平衡过程中需将邻近基团的电荷影响考虑在内,有别于溶液配合。这种模型可以使吸附从经验方法走向理论计算。研究表明,无论对金属离子还是对有机阴离子的吸附,表面配合常数与溶液配合常数之间,都存在较好的相关性。

(4) 沉积物中重金属的释放

重金属从悬浮物或沉积物中重新释放,属于二次污染,对水生生态系统、饮用水安全都是危险的。其诱发因素有:

① 盐浓度升高:碱金属和碱土金属阳离子可将被吸附在固体颗粒上的金属离子交换出来。在 $0.5\ mol/L\ Ca^{2+}$ 作用下,悬浮物中的铅、铜、锌可以解吸出来,这三种金属被钙离子交换的容易顺序为 $Zn>Cu>Pb$。

② 氧化还原条件的变化:在湖泊、河口及近岸沉积物中一般均有较多的耗氧物质,使一定深度以下沉积物中的氧化还原电位急剧降低,并使铁、锰氧化物部分或全部溶解,被其吸附或与之共沉淀的重金属离子同时释放出来。

③ 降低 pH:pH 降低,导致碳酸盐和氢氧化物溶解,同时 H^+ 的竞争作用增加了金属离子的解吸量。

④ 增加水中配合剂的含量:天然或合成的配合剂使用量增加,能和重金属形成可溶性配合物,使重金属从固体颗粒上解吸下来。

一些生物化学迁移过程也能引起金属的重新释放。

二、分配理论

1. 吸附还是分配

土壤(沉积物)-水两相体系间,有机污染物由水相向土壤(沉积物)的转移过程,其机制究竟是吸附,还是分配,起初存在争议,20世纪70年代末以来,国际上众多学者开展了广泛研究。

分配作用,是指水体中,土壤有机质(包括水生生物脂肪以及植物有机质等)对有机污染物的溶解作用。分配作用与表面吸附点位无关,所以吸附等温线在全部污染物浓度范围内,都是线性的,只与有机污染物在土壤有机质中的溶解度相关。分配作用无饱和吸附现象,无最大吸附量。另外,分配作用的热效应非常小。

吸附作用主要靠范德华力、氢键、极性相互作用,是各种化学键如离子键、配位键、π键作用的结果。其吸附等温线是非线性的,并存在着竞争吸附,同时在吸附过程中往往要放出大量热,来补偿反应中熵的损失。

未确定由水相向土壤(沉积物)的转移过程究竟是分配还是吸附前,先采用吸着这个术语代替。

对25种不同类型土壤样品的研究表明,当土壤有机质含量在0.5%~40%时,两种农药(有机磷与氨基甲酸酯)在土壤-水两相间的浓度之比(吸着系数),与土壤有机质含量成正比。根据池塘、河流沉积物对10种芳烃与氯烃的吸着,在各种沉积物颗粒大小一致时,其吸着系数与沉积物有机碳含量成正相关。这说明,颗粒物(沉积物或土壤)从水中吸着憎水有机物的量,与颗粒物中有机质含量密切相关。

Chiou进一步指出,当有机物在水中含量增高、接近其溶解度时,憎水有机物在土壤上的吸附等温线仍为直线,表示在所研究的浓度范围内这些非离子性有机物在土-水平衡的热函变化是常数,而且土-水吸着系数与这些溶质在水中的溶解度成反比。同时还研究了用活性炭吸附同样的几种有机化合物,发现在相同溶质浓度范围内所观察到的等温线是高度的非线性。只有在低浓度时,吸附量才与溶液中平衡浓度呈线性关系。

由污染物的吸着呈线性、无吸附热、无竞争作用,提出在土-水体系中,土壤对非离子性有机物的吸着,主要是溶质的分配过程(溶解)这一分配理论。即非离子性有机物可通过溶解作用分配到土壤有机质中,并经过一定时间达到分配平衡,此时该有机物在土壤和水中含量的比值称为分配系数。

而土壤沉积物的吸附现象,主要指非极性有机溶剂中,土壤矿物质对有机物的表面吸附作用;或干土壤矿物质对有机合物的表面吸附作用。

2. 标化分配系数

有机毒物在沉积物(或土壤)与水之间的分配,往往可用分配系数(K_p)表示:

$$K_p = \rho_a / \rho_w \qquad (4-4-9)$$

式中:ρ_a、ρ_w分别为有机毒物在沉积物中和水中的平衡质量浓度。

引入悬浮颗粒物的浓度,有机物在水与颗粒物之间平衡时总浓度可表示为:

$$\rho_T = w_a \rho_P + \rho_w \qquad (4-4-10)$$

式中:ρ_T为单位溶液体积内颗粒物上和水中有机毒物质量的总和,$\mu g/L$;w_a为有机毒物在颗粒物上的质量分数,$\mu g/kg$;ρ_P为单位体积溶液中颗粒物的质量,kg/L。

前面的ρ_a可视为这里的w_a,此时水中有机物平衡质量浓度ρ_w为:

$$\rho_w = \rho_T / (K_p \rho_P + 1) \qquad (4-4-11)$$

为了在类型各异、组分复杂的沉积物或土壤之间找到表征吸着的常数,可引入标化的分配系数 K_{oc}:

$$K_{oc} = K_p / w_{oc} \qquad (4-4-12)$$

式中:K_{oc} 为标化的分配系数,即以有机碳为基础表示的分配系数;w_{oc} 为沉积物中有机碳的质量分数。

K_{oc} 与沉积物特征无关,只与有机化合物性质有关。对特定有机化合物,不论遇到何种类型沉积物(或土壤),只要知道其有机质含量,便可求得相应的分配系数。若进一步考虑到颗粒物大小产生的影响,其分配系数 K_p 可以表示为:

$$K_p = K_{oc}[0.2 \times (1-w^f)w_{oc}^s + w^f w_{oc}^f] \qquad (4-4-13)$$

式中:w^f 为细颗粒的质量分数($d < 50\ \mu m$);w_{oc}^s 为粗沉积物组分的有机碳含量;w_{oc}^f 为细沉积物组分的有机碳含量。

由于颗粒物对憎水有机物的吸着是分配机制,当 K_p 不易测得或测量值不可靠需加以验证时,可运用 K_{oc} 与水-有机溶剂间的分配系数的相关关系。Karichoff 等(1979)揭示了 K_{oc} 与憎水有机物在辛醇-水分配系数(K_{ow})的相关关系:

$$K_{oc} = 0.63 K_{ow} \qquad (4-4-14)$$

式中:K_{ow} 为辛醇-水分配系数,即化学物质在辛醇-水中的浓度比例。

脂肪烃、芳烃、芳香酸、有机磷和有机氯农药、多氯联苯等,其辛醇-水分配系数 K_{ow} 和溶解度的关系可表示为:

$$\lg K_{ow} = 5.00 - 0.670 \times \lg(S_w \times 10^3 / M_r) \qquad (4-4-15)$$

式中:S_w 为有机物在水中的溶解度,mg/L;M_r 为有机物的分子量。

例如,某有机物分子量为 192,溶解在含有悬浮物的水体中,85% 为细颗粒,有机碳含量为 5%,其余粗颗粒有机碳含量为 1%,已知其在水中溶解度为 0.05 mg/L,那么,请计算其分配系数。

$\lg K_{ow} = 5.00 - 0.670 \times \lg(0.05 \times 10^3 / 192)$,则 $K_{ow} = 2.46 \times 10^5$

$K_{oc} = 0.63 K_{ow} = 1.55 \times 10^5$

$K_p = K_{oc}[0.2 \times (1-w^f)w_{oc}^s + w^f w_{oc}^f] = 1.55 \times 10^5 \times [0.2 \times (1-0.85) \times 0.01 + 0.85 \times 0.05]$
$\quad = 6.63 \times 10^3$

3. 生物浓缩因子

生物体内有机毒物浓度与水中该有机物浓度之比,为生物浓缩因子(BCF,Bio-Concentration Factor 或 K_B)。一般采用平衡法和动力学方法来测量 BCF。表面上,这是生物-水两相的分配机制,但生物浓缩有机物的过程是复杂的。有机物的水解、微生物降解、挥发等变化,将影响有机物与生物之间达到平衡。有机物向生物体内部缓慢地扩散,及体内代谢有机物,也会使有机物与生物的平衡延缓到达。在某些控制条件下,仍可以获得有价值的平衡数据资料,可以看出不同有机物向各种生物内浓缩的相对趋势。

三、挥发作用

挥发作用是有机物质从溶解态转入气相的一种重要迁移过程。在自然环境中,需要考虑许多有毒物质的挥发作用。挥发速率依赖于有毒物质的性质和水体的特征。对"高挥发"性有毒物质,挥发作用是影响其迁移转化、归趋的一个重要过程。然而,即使毒物的挥发性较小,挥发作用也不能忽视,这是由于毒物的归趋是多过程的共同贡献。

许多情况下,有机化合物的大气分压是零,对于有机毒物挥发速率的预测,可以根据以下关系得到:

$$\mathrm{d}c/\mathrm{d}t = -Kv'c \tag{4-4-16}$$

式中:c 为溶解相中有机毒物的浓度;Kv' 为混合水体的挥发速率常数;t 为时间。

有机污染物的气-液相亨利定律。当一个化学物质在气-液相达到平衡时,溶解于水相的浓度与气相中化学物质浓度(或分压力)有关,即为亨利定律,可表示式为:

$$p = K_H c_w \tag{4-4-17}$$

式中:p 为污染物在水面-大气中的平衡分压,Pa;c_w 为污染物在水中的平衡浓度,mol/m^3;K_H 为亨利定律常数,$Pa \cdot m^3/mol$。

注意这里的亨利定律常数 $K_H = p/c_w$,单位为 $Pa \cdot m^3/mol$;而前面描述水中气体溶解的亨利定律常数,由 $[X(aq)] = K_H p_G$ 得,$K_H = [X(aq)]/p_G$,单位为 $mol/(L \cdot Pa)$。关注问题的角度不同,本质是一致的。

量纲为 1 的亨利定律常数的替换形式为:

$$K'_H = c_a/c_w \tag{4-4-18}$$

式中:c_a 为有机毒物在空气中的摩尔浓度,mol/m^3。

根据上式可得如下关系式:

$$K'_H = K_H/(RT) = K_H(0.12 \text{ mol} \cdot \text{k} \cdot \text{J}^{-1})/T \tag{4-4-19}$$

$T = 25 ℃$时,$K'_H = K_H \times (4.0 \times 10^{-4} \text{ mol/J})$

式中:T 为水的绝对温度,K;R 为摩尔气体常数,$8.314 \text{ J}/(\text{mol} \cdot \text{K})$。

对于微溶化合物(摩尔分数<0.02),计算亨利定律常数:

$$K_H = p_s M_w/\rho_w \tag{4-4-20}$$

式中:p_s 为纯化合物的饱和蒸汽压,Pa;M_w 为分子量,g/mol;ρ_w 为化合物在水中的溶解度,mg/L。

例如,二氯乙烷的蒸汽压为 2×10^4 Pa,$20 ℃$时其在水中的溶解度为 $5\,500$ mg/L,则亨利定律常数为:

$$K_H = p_s M_w/\rho_w = 2 \times 10^4 \times 99/5\,500 = 360 \text{ Pa} \cdot \text{m}^3/\text{mol}$$
$$K'_H = 0.12 \times 360/293 = 0.15$$

微溶化合物（摩尔分数＜0.02）的亨利定律,所适用的浓度范围是 34～227 g/L,化合物摩尔质量相应在 30～200 g/mol。

思考与练习

1. 请推导出封闭和开放体系碳酸平衡中$[H_2CO_3^*]$、$[HCO_3^-]$ 和 $[CO_3^{2-}]$ 的表达式,并讨论这两个体系之间的区别。

2. 请导出总酸度、CO_2 酸度、无机酸度、总碱度、酚酞碱度和苛性碱度的表达式作为总碳酸量和分布系数(a)的函数。

3. 向某一含有碳酸的水体加入重碳酸盐。问:总酸度、总碱度、无机酸度、酚酞碱度和 CO_2 酸度是增加、减少还是不变?

4. 在一个 pH 为 6.5,碱度为 1.6 mmol/L 的水体中,若加入碳酸钠使其碱化,问每升中需加多少的碳酸钠才能使水体 pH 上升至 8.0。若用 NaOH 强碱进行碱化,每升中需加多少碱?

5. 具有 2.00×10^{-3} mol/L 碱度的水,pH 为 7.00,请计算$[H_2CO_3^*]$、$[HCO_3^-]$、$[CO_3^{2-}]$ 和 $[OH^-]$ 的浓度各是多少?

6. 水 A 的 pH 为 7.5,碱度为 6.38 mmol/L,水 B 的 pH 为 9.0,碱度为 0.80 mol/L,若以等体积混合,问混合后的 pH 是多少?

7. 溶解 1.00×10^{-4} mol/L 的 $Fe(NO_3)_3$ 于 1 L 具有防止固体 $Fe(OH)_3$ 沉淀作用所需最小$[H^+]$的水中。假定溶液中仅形成 $Fe(OH)_2^+$ 和 $Fe(OH)^{2+}$ 而没有形成$Fe_2(OH)_4^{4+}$,体系达到平衡时,该溶液中$[Fe^{3+}]$、$[Fe(OH)^{2+}]$、$[Fe(OH)_2^+]$、$[H^+]$ 和 pH 分别是多少?

8. 含 Cd 的废水通入 H_2S 达到饱和,并调节 pH 为 8.0,请算出水中剩余 Cd^{2+} 浓度(CdS 溶度积为 7.9×10^{-7})。

9. 已知 Fe^{3+} 与水反应生成的主要配合物及平衡常数如下:

$$Fe^{3+}+H_2O \Longrightarrow Fe(OH)^{2+}+H^+ \qquad \lg K_1=-2.16$$
$$Fe^{3+}+2H_2O \Longrightarrow Fe(OH)_2^++2H^+ \qquad \lg K_2=-6.74$$
$$Fe(OH)_3(s) \Longrightarrow Fe^{3+}+3OH^- \qquad \lg K_3=-38$$
$$Fe^{3+}+4H_2O \Longrightarrow Fe(OH)_4^-+4H^+ \qquad \lg K_4=-23$$
$$2Fe^{3+}+2H_2O \Longrightarrow Fe_2(OH)_2^{4+}+2H^+ \qquad \lg K_5=-2.91$$

请用 pc-pH 图表示 $Fe(OH)_3(s)$ 在纯水中的溶解度与 pH 的关系。

10. 已知 $Hg^{2+}+2H_2O \Longrightarrow Hg(OH)_2+2H^+$、$\lg K=-6.3$。溶液中存在$[H^+]$、$[OH^-]$、$[Hg^{2+}]$、$[Hg(OH)_2]$ 和 $[ClO_4^-]$ 等形态,且忽略$[Hg(OH)^+]$和离子强度效应,求 1.00×10^{-5} mol/L 的 $Hg(ClO_4)_2$ 溶液在 25° 时的 pH。

11. 在 pH＝7.00 和$[HCO_3^-]=1.25\times10^{-3}$ mol/L 的介质中,HT^{2-} 与固体 $PbCO_3(s)$ 平衡,其反应如下:

$$PbCO_3(s)+HT^{2-} \Longrightarrow PbT^-+HCO_3^-, K=4.06\times10^{-2}$$

求 HT^{2-} 形态占配体的百分数。

12. 有机配体对重金属迁移有什么影响?

13. 什么是电子活度 pE? 它与 pH 有何区别?

14. 有一个垂直湖水,pE 随湖的深度增加将如何变化?

15. 从湖水中取出深层水,其 pH=7.0,含溶解氧质量浓度为 0.32 mg/L,计算 pE 和 Eh。

16. 厌氧消化池水 pH=7.0,与水接触的气体含 65%CH_4 和 35%CO_2,计算 pE 和 Eh。

17. 在一个 pH 为 10.0 的 $SO_4^{2-} - HS^-$ 体系中(25 ℃),其反应为:

$$SO_4^{2-} + 9H^+ + 8e^{\ominus} \Longrightarrow HS^- + 4H_2O(1)$$

已知标准自由能 $G_f^{\ominus}$ 的值,SO_4^{2-} 为 -742.0 kJ/mol;HS^- 为 12.6 kJ/mol;$H_2O(1)$ 为 273.2 kJ/mol。水溶液中质子和电子的 $G_f^{\ominus}$ 值为零。

(1) 请给出该体系的 $pE^{\ominus}$。

(2) 如果体系化合物的总浓度为 1.00×10^{-4} mol/L,那么请绘出 HS^- 和 SO_4^{2-} 的 $\lg c$-pE 图,写出关系式。

18. 解释下列名词:分配系数;标化分配系数;辛醇-水分配系数;生物浓缩因子;Henry 定律常数;水解速率;直接光解;间接光解;光量子产率;生长物质代谢和共代谢。

19. 某水体中含有 300 mg/L 的悬浮颗粒物,其中 70% 为细颗粒($d<50$ μm),有机碳含量为 10%,粗颗粒有机碳含量为 5%。已知苯并[a]芘的 K_{ow} 为 10^6,求其分配系数。

20. 一个有毒化合物排入 pH=8.4,$T=25$ ℃水体中,90% 的毒物被悬浮物所吸着,已知酸性、碱性、中性水解速率常数分别为 $K_a=0$,$K_b=4.9 \times 10^{-7}$ L/(d·mol),$K_n=1.6$ d^{-1},计算化合物的水解速率常数。

21. 某有机污染物排入 pH=8.0,$T=20$ ℃的江水中,该江水中含悬浮颗粒物 500 mg/L,其有机碳含量为 10%。

(1) 若该污染物相对分子质量为 129,溶解度为 611 mg/L,饱和蒸气压为 1.21 Pa(20 ℃),求该化合物的 Henry 定律常数,并判断挥发速率是受液膜控制还是受气膜控制。

(2) $K_g=3\,000$ cm/h,求该污染物在水深 1.5 m 处挥发速率常数(K_v)。

22. 某水体 pH=8.0 和 $T=20$ ℃,含 200 mg/L 悬浮物,悬浮物中细颗粒为 70%,有机碳含量为 5%,粗颗粒有机碳含量为 2%。某有机污染物溶解于这个水体中,此时该污染物的中性、酸性、碱性水解速率常数分别为 $K_n=0.5$ d^{-1}、$K_a=1.7$ L/(d·mol)、$K_b=2.6 \times 10^6$ L/(d·mol)。光解速率常数 $K_p=0.02$ h^{-1},污染物的辛醇-水分配系数 $K_{ow}=3.0 \times 10^5$,生物降解速率常数 $K_B=0.20$ d^{-1},忽略颗粒物存在对挥发和生物降解速率的影响。求该有机污染物在水体中的总转化速率常数 K_T。

23. 什么是表面吸附作用、离子交换吸附作用和专属吸附作用?说明水合氧化物对金属离子的专属吸附和非专属吸附的区别。

24. 请叙述氧化物表面吸附配合模型的基本原理以及与溶液中配合反应的区别。

25. 用 Langmuir 方程描述悬浮物对溶质的吸附作用,假设溶液平衡浓度为 3.00×10^{-3} mol/L,溶液中每克悬浮物固体吸附溶质为 0.50×10^{-3} mol/L,当平衡浓度降至 1.00×10^{-3} mol/L 时,每克吸附剂吸附溶质为 0.25×10^{-3} mol/L,问每克吸附剂可以吸附溶质的最大量是多少?

26. 水中颗粒物有哪些聚集方式,水环境中促成颗粒物絮凝的机理是什么? 说明胶体的凝聚和絮凝之间的区别。

第五章　环境生物化学

环境生物化学是唯物辩证法三大规律的生动体现。唯物辩证法包括了对立统一、量质互变、否定之否定三大规律。

对立统一规律认为,事物的对立性和统一性紧密联系,不可分割。生物体内化学反应有条不紊地进行有赖于酶的催化。酶存在两类调节机制,数量调节与活性调节;前者通过控制酶合成与降解速度来控制酶量,作用缓慢持久,称粗调;后者改变酶的活性,效果快速短暂,称细调。化学本质上,不同调节过程最终将导致截然相反的效应,体现了矛盾的对立性;但就整个生物体而言,二者相辅相成、协调一致实现正常的生理功能,体现了矛盾的统一性。

量质互变规律揭示了事物发展的形式状态,当量变达到关键点必然引起质变。酶的"中间产物"可看作量质互变规律的体现。酶在体内催化不同底物,最终形成产物,这是一个质变过程。"中间产物"是在这一过程中存在的一种物质,即酶——底物复合物,这一中间产物更有利于酶通过诱导等多种机制对底物进行催化,这是酶促反应的量变阶段,为最终质变进行准备。

否定之否定规律揭示事物发展形势是辩证的,事物发展是螺旋上升或波浪前进的;事物发展要经过三个阶段、两次否定,表现出周期性。正如基因治疗就经历了肯定-否定-否定之否定的发展阶段。1990 年首例基因治疗案例的成功,在世界各国都掀起了基因治疗的研究热潮,进入了基因治疗的"肯定"阶段。然而在 1999 年,美国一位患者接受基因治疗后,产生了严重的超敏反应而死亡;随后又陆续出现 2 例基因治疗导致白血病的患者。这使得基因治疗发展跌入低谷,进入了"否定"阶段。在这之后,随着基因疗法技术不断提升,监管机制和法律法规不断完善,在肯定基因疗法巨大应用价值的同时,严控不良事件的发生,基因治疗的发展又进入"否定之否定"阶段。

第一节　氮、硫、重金属的微生物转化

一、氮、硫的微生物转化

1. 氮的微生物转化

氮是构成生物机体的必需元素,在环境中主要有三种形态。一是空气中的分子氮;二是生物体内的蛋白质、核酸等有机氮化合物,以及生物残体变成的各种有机氮化合物;三是铵盐、硝酸盐等无机氮化合物。这三种氮形态在自然界中通过生物作用,尤其是微生物作用不断地相互转化。其中主要的转化是同化、氨化、硝化、反硝化和固氮。

绿色植物和微生物吸收硝态氮和铵态氮,形成机体中蛋白质、核酸等含氮有机物质的过程称为同化。反之,所有生物残体中的有机氮化合物,经微生物分解成氨态氮的过程则称为氨化。氨在有氧条件下通过微生物作用,氧化成硝酸盐的过程称为硝化。硝化分两个阶段进行,即:

$$2NH_3+3O_2 \longrightarrow 2H^++2NO_2^-+2H_2O+能量$$

$$2NO_2^-+O_2 \longrightarrow 2NO_3^-+能量$$

第一阶段主要由亚硝化单胞菌属引起,第二阶段主要由硝化杆菌属引起。这些细菌分别从氧化氨至亚硝酸盐和氧化亚硝酸盐至硝酸盐过程中取得能量,均以二氧化碳为碳源进行生活的化能自养型细菌。它们对环境条件呈现高度敏感性,严格要求高水平的氧,需要中性至微碱性条件,当 pH=9.5 以上时硝化细菌受到抑制,而在 pH=6.0 以下时亚硝化细菌被抑制;最适宜温度为 30 ℃,低于 5 ℃或高于 40 ℃时便不能活动,参与硝化的微生物虽为自养型细菌,但在自然环境中必须在有机物质存在的条件下才能活动。

硝化在自然界和污水处理中很重要,如植物摄取氮的最为普遍的形态是硝酸盐。水稻等植物可利用氨态氮,然而这一氮形态对其他植物是有毒的。当肥料以铵盐或氨形态施入土壤时,上述微生物将它们转变成植物可利用的硝态氮。

硝酸盐在通气不良条件下,通过微生物作用而还原的过程称为反硝化。反硝化通常有三种情形。第一种情形,包括细菌、真菌和放线菌在内的多种微生物,能将硝酸盐还原为亚硝酸。

$$HNO_3+2H \longrightarrow HNO_2+H_2O$$

第二种情形,兼性厌氧假单胞菌属、色杆菌属等能使硝酸盐还原成氮气,其基本过程是:

$$2HNO_3 \xrightarrow[-2H_2O]{4H} 2HNO_2 \xrightarrow[-2H_2O]{4H} 2HNO \longrightarrow \begin{array}{l} \xrightarrow[-2H_2O]{2H} N_2\uparrow(逸至大气) \\ \xrightarrow[-H_2O]{H_2} \\ \xrightarrow[-H_2O]{} N_2O\uparrow(逸至大气) \end{array}$$

这些菌分布较广,在土壤、污水、厩肥中都存在。

第三种情形,梭状芽孢杆菌等常将硝酸盐还原成亚硝酸盐和氨,其基本过程为:

$$HNO_3 \xrightarrow[-H_2O]{2H} HNO_2 \xrightarrow[-H_2O]{2H} HNO \xrightarrow{H_2O} NH(OH)_2 \xrightarrow[-H_2O]{2H} NH_2OH \xrightarrow[-H_2O]{2H} NH_3$$

但是所形成的氨,被菌体进而合成自身的氨基酸等含氮物质。

微生物进行反硝化的重要条件是厌氧环境,环境氧分压愈低,反硝化愈强。但是在某些通气情况下,如在疏松土壤或曝气的活性污泥池中,除有硝化外,也可以见到反硝化发生。这两种作用常联在一起发生,很可能是环境中的氧气分布不均匀所致。反硝化要求的其他条件是:有丰富的有机物作为碳源和能源,硝酸盐作为氮源,pH 一般是中性至微碱性,温度多为 25 ℃左右。

反硝化过程中所形成的 N_2、N_2O 等气态无机氮的情况是造成土壤氮素损失、土肥力下降的重要原因之一。但在污水处理工程中却常增设反硝化装置使气态无机氮逸出,以防止出水硝酸盐含量高而在排入水体后引起水体富营养化。

通过微生物的作用把分子氮转化为氨的过程称为固氮。此时,氨不释放到环境中,而是继续在机体内进行转化,合成氨基酸,组成自身蛋白质等。固氮必须在固氮酶催化下进行,其总反应可表示为:

$$3\{CH_2O\}+2N_2+3H_2O+4H^+ \longrightarrow 3CO_2+4NH_4^+$$

环境中进行固氮作用的微生物以好氧根瘤菌最重要。它与豆科植物共生,丰富了土壤的氮素营养。除根瘤菌等共生固氮微生物外,还有一类自生固氮微生物。如厌气的梭状芽孢杆菌属,是土壤某些厌氧区中主要的固氮者;光合型固氮微生物中的蓝细菌,在光照厌氧条件下能进行旺盛的固氮作用,是水稻土及水体中的重要固氮者。微生物的固氮作用,为农业生产提供了丰富的氮素营养,在维持全球氮良性循环方面具有独特的生态学意义。

但是由于合成无机氮肥的大量使用,在促进农业迅速发展的同时,施入土壤的氮肥中约有 1/3 以上的氮素未被植物利用而进入生物圈,严重干扰了氮的自然循环,给环境带来不利影响。如过量的无机氮经地表或地下水进入水体,造成不少水体富营养化和硝酸盐污染;地表高水平硝酸盐经反硝化产生的过剩氧化亚氮,使一些环境科学家担心其上升至同温层,引起大气臭氧层的耗损。

2. 硫的微生物转化

硫是生命必需元素,在环境中有单质硫、无机硫化合物、有机硫化合物三种存在形态。这些硫形态可在微生物及其他生物作用下进行相互转化。

环境中的含硫有机物质有含硫的氨基酸、磺氨酸等。许多微生物都能降解含硫有机物,其降解产物在好氧条件下是硫酸,在厌氧条件下是硫化氢。下面为微生物降解半胱氨酸的反应:

$$HS-CH_2-\underset{\underset{NH_2}{|}}{CH}-COOH \xrightarrow{细菌} CH_3-\underset{\underset{O}{\|}}{C}-COOH + H_2SO_4 + NH_4^+$$

$$HS-CH_2-\underset{\underset{NH_2}{|}}{CH}-COOH \xrightarrow{细菌} CH_3-\underset{\underset{O}{\|}}{C}-COOH + H_2S + NH_3$$

在含硫有机物质降解不彻底时,可形成硫醇(如硫甲醇)而被菌体暂时积累,再转化为硫化氢。

硫化氢、单质硫等在微生物作用下进行氧化,最后生成硫酸的过程称为硫化。硫化可增加土壤中植物硫素营养,消除环境中的硫化氢危害,生成的硫酸可以促进土中矿物质的溶解。在硫化作用中以硫杆菌和硫黄菌最为重要。

硫杆菌广泛分布于土壤、天然水及矿山排水中,它们绝大多数是好氧菌,有的能氧化硫化氢至硫,有的能氧化硫至硫酸,总反应式为:

$$2H_2S+O_2 \longrightarrow 2H_2O+2S$$

$$2S+3O_2+2H_2O \longrightarrow 2H_2SO_4$$

但是均可氧化硫代硫酸盐至硫酸,总反应式为:

$$Na_2S_2O_3+2O_2+H_2O \longrightarrow Na_2SO_4+H_2SO_4$$

丝状硫黄细菌广泛分布在深湖表面、污水池塘和矿泉水中,在生活污水和含硫工业废水生物处理过程中也会出现。它们是好氧或微量好氧菌,都能氧化硫化氢至单质硫,再至硫酸。

硫酸盐、亚硫酸盐等在微生物作用下进行还原,最后生成硫化氢的过程称为反硫化。其中,以脱硫弧菌最重要。此菌适于生长在缺氧的水体和土壤淹水及污泥中,利用硫酸根作为氧化有机物质的受氢体,显示反硫化作用,其总反应式可以表示为:

$$\underset{(葡萄糖)}{C_6H_{12}O_6}+3H_2SO_4 \longrightarrow 6CO_2+6H_2O+3H_2S$$

$$2\underset{(乳酸)}{CH_3CH(OH)COOH}+H_2SO_4 \longrightarrow 2CH_3COOH+H_2S+2H_2O+2CO_2$$

由于海水中硫酸盐浓度较高,所以由硫酸盐经细菌作用还原为硫化氢,是海水中硫化氢的主要来源。严重时,会在一些沿海地区引起硫化氢污染问题。而在淡水中硫酸盐浓度低,反硫化不占重要地位,水中硫化氢主要来源于体系内含硫有机物质的厌氧降解。

二、重金属元素的微生物转化

1. 汞

汞在环境中的存在形态有金属汞、无机汞化合物、有机汞化合物三种。各形态的汞一般均具有毒性,但毒性大小不同,按无机汞、金属汞、有机汞的顺序递增,其中烷基汞是已知毒性最大的汞化合物。甲基汞的毒性比无机汞大 50~100 倍。1953—1961 年间在日本流行的水俣病,就是甲基汞中毒症。甲基汞是由该地排海废水中的无机汞盐转化形成,无机汞先被颗粒物吸着沉入底泥,再通过细菌转变成甲基汞。甲基汞脂溶性大,化学性质稳定,易被生物吸收,难代谢消除,在食物链中逐级传递放大,最后经食用鱼进入当地居民体内而致毒。

微生物参与汞形态转化的主要方式是甲基化作用和还原作用。在好氧或厌氧条件下,水体底泥中某些微生物使二价无机汞转变为甲基汞和二甲基汞的过程,称汞的生物甲基化。这些微生物利用机体内的甲基钴胺蛋氨酸转移酶实现汞甲基化,该酶的辅酶是甲基钴胺素(甲基维生素 B12),属于含三价钴离子的一种咕啉环衍生物,结构式如图5-1所示。其中钴离子位于由四个氢化吡咯连接成的咕啉环的中心。它有六个配位体,即咕啉环上的四个氮原子、咕啉 D 环支链上二甲基苯并咪唑(Bz)的一个氮原子和一个负甲基离子(CH_3^-),其简式见图 5-2。

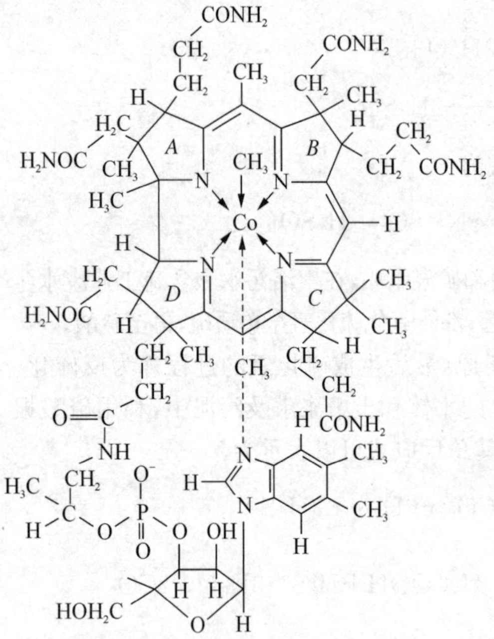

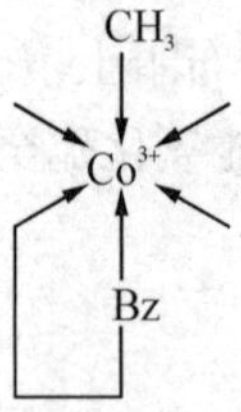

图 5-2 甲基钴胺素简式

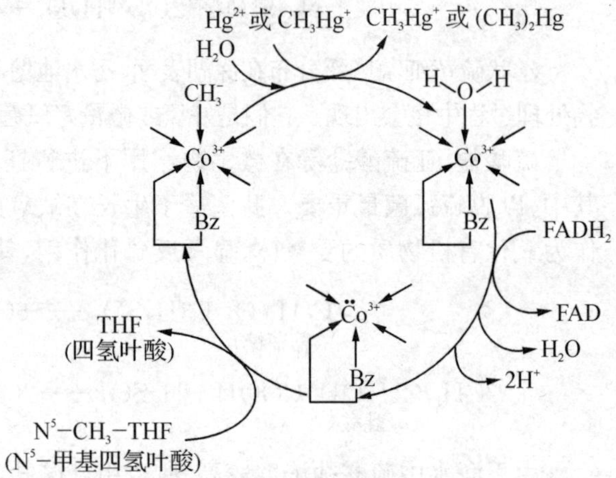

图 5-1 甲基钴胺素结构式

图 5-3 汞的生物甲基化途径

汞的生物甲基化途径可由此辅酶把负甲基离子传递给汞离子形成甲基汞(CH_3Hg^+)，本身变为水合钴胺素。后者由于其中的钴被辅酶 $FADH_2$ 还原，并失去水而转变为五个氮配位的一价钴氨素。最后，辅酶甲基四氢叶酸将正甲基离子转于五配位钴氨素，并从其一价钴上取得两个电子，以负甲基离子与之络合，完成甲基钴胺素的再生，使汞的甲基化能够继续进行(图 5-3)。同理，在上述过程中以甲基汞取代汞离子的位置，可形成二甲基汞 [$(CH_3)_2Hg$]。二甲基汞的生成速率比甲基汞约慢 6×10^3 倍。二甲基汞化合物挥发性很大，容易从水体逸至大气。多种厌氧和好氧微生物都具有生成甲基汞的能力。前者中有某些甲烷菌、匙形梭菌等，后者中有荧光假单胞菌、草分枝杆菌等。

在水体底泥中还可存在一类抗汞微生物，能使甲基汞或无机化合物变成金属汞，这是微生物以还原作用转化汞的途径，如：

$$CH_3HgCl + 2H \longrightarrow Hg + CH_4 + HCl$$

$$(CH_3)_2Hg + 2H \longrightarrow Hg + 2CH_4$$

$$HgCl_2 + 2H \longrightarrow Hg + 2HCl$$

前两个反应的方向恰好与汞的生物甲基化相反，故又称为汞的生物去甲基化；常见的抗汞微生物是假单胞菌属。我国从第二松花江底泥中分离出三株可使甲基汞还原的假单胞菌，其清除氯化甲基汞的效率较高，对 1 mg/L 和 5 mg/L 的氯化甲基汞清除率接

122

近100%。

2. 砷

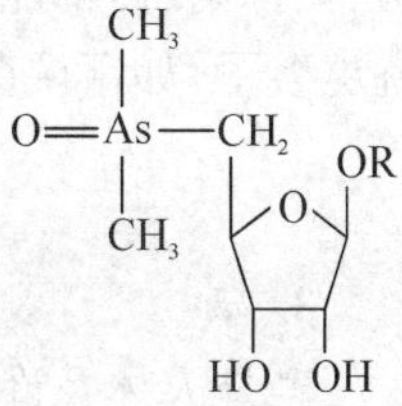

砷在环境中的重要存在形态有五价无机砷化合物[As(Ⅴ)]、三价无机砷化合物[As(Ⅲ)]、一甲基胂酸[$CH_3AsO(OH)_2$]及其盐、二甲基胂酸[$(CH_3)_2AsO(OH)$]及其盐、三甲基砷氧化物[$(CH_3)_3AsO$]、三甲基胂[$(CH_3)_3As$]、砷胆碱[$(CH_3)_3As^+CH_2CH_2OH$]、砷甜菜碱[$(CH_3)_3As^+CH_2COO^-$]、砷糖等。砷糖结构式如图5-4所示,其中R代表有几种形式的脂肪族取代基,如—$CH_2CH(OH)CH_2OH$。

图5-4 砷糖结构式

砷是一种毒性很强的元素,但不同形态的砷毒性差异很大。一般,毒性以As(Ⅲ)最大,As(Ⅴ)次之,甲基砷化合物再次之,大致呈现砷化合物甲基数递增、毒性递减的规律。如鼠的毒性试验表明,下列砷化合物的毒性顺序是:

$$As_2O_3 \gg CH_3AsO(OH)_2 \approx (CH_3)_2AsO(OH) > (CH_3)_3AsO \approx (CH_3)_2As^+CH_2COO^-$$

(高毒)　　　(毒)　　　　　(毒)　　　　　(无毒)　　　　　(无毒)

上述规律例外情况较少。一个典型的例外是三甲基胂具有高毒性。国外曾报道,一些含有无机砷化合物的糊墙纸由于在潮湿季节生长霉菌而产生三甲基胂气体,导致了19世纪初流行于英、德等国的居室砷中毒事件。三甲基胂事件说明砷可以与汞一样发生微生物甲基化。

砷的微生物甲基化的基本途径如图5-5。其甲基供体是相应转移酶的辅酶(s-腺苷甲硫氨酸,结构式见图5-6),它起着传递正甲基离子的作用。砷酸盐还原得到亚砷酸盐,正甲基离子先进攻亚砷酸盐的砷,夺取As外层孤对电子,转变为负甲基离子与As(Ⅴ)结合,即形成五价砷的一甲基胂酸盐。此后一甲基胂酸盐被还原为一甲基砷。As再依次发生甲基化、还原反应,分别生成二甲基胂酸盐、二甲基胂,三甲基胂氧化物、三甲基胂。

$$H_3AsO_4 \xrightarrow{2e^-} H_3AsO_3 \xrightarrow{CH_3^+} CH_3AsO(OH)_2 \xrightarrow{2e^-}$$
$$CH_3As(OH)_2 \xrightarrow{CH_3^+} (CH_3)_2AsO(OH) \xrightarrow{2e^-}$$
$$(CH_3)_2AsOH \xrightarrow{CH_3^+} (CH_3)_3AsO \xrightarrow{2e^-} (CH_3)_3As$$

图5-5 砷的微生物甲基化途径　　　图5-6 s-腺苷甲硫氨酸结构式

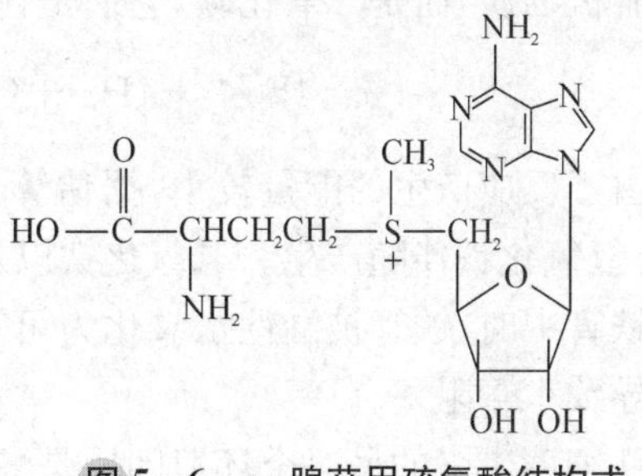

环境中砷的微生物甲基化在厌氧或好氧条件下都可发生,主要场所是水体和土壤。有不少微生物能使砷甲基化,如帚霉属中的一些种将砷酸盐转化为三甲基胂,甲烷杆菌把砷酸盐变成二甲基胂。

另一方面,一系列试验还发现,在培养液中,若干微生物能将砷甜菜碱转变为二甲基胂酸盐或一甲基胂酸盐,甚至转变成无机砷化合物(Ⅲ或Ⅴ),表明了微生物也能使砷去甲基化。尽管试验条件与实际环境有一定差异,但可以认为在某些环境中也很可能存在着砷的微生物去甲基化的作用。

微生物还可参与As(Ⅲ)及As(Ⅴ)之间的转化。许多微生物,如无色杆菌,假单胞菌、黄杆菌等,都能将亚砷酸盐氧化成砷酸盐。至于能使砷酸盐还原为亚砷酸盐的微生物就更多了,如甲烷菌、脱硫弧菌、微球菌等。

$$2NaAsO_2 + O_2 + 2H_2O \longrightarrow (土壤) \longrightarrow 2NaH_2AsO_4$$

3. 硒

硒是人体及许多生物的必需微量元素,但是所需硒的最适宜浓度范围很窄,摄入机体的硒稍有不足或过量,都会产生毒害作用。在有毒的硒化合物中,以亚硒酸及其盐、酯的毒性最大。

硒在环境中除了亚硒酸盐外,还有硒酸盐、单质硒、有机硒化合物等存在形态。微生物参与硒转化有以下几种情况:① 有机硒化合物转化为无机硒化合物。如土壤中植物残体释放的硒蛋氨酸[$CH_3SeCH_2CH_2CH(NH_2)COOH$]及硒-甲基硒代半胱氨酸[$CH_3SeCH_2CH(NH_2)COOH$],均可被某些微生物转变为硒酸盐或亚硒酸盐。② 硒化合物甲基化,最重要的产物是二甲基硒和三甲基硒离子。如土壤及湖底淤泥中的亚硒酸、硒酸盐、硒蛋氨酸、硒-甲基硒代半胱氨酸等无机及有机硒化合物,能被一些微生物转变成稳定、高挥发性的二甲基硒[$(CH_3)_2Se$]随即释放至大气。③ 还原成单质硒。如土壤中一些微生物能使硒酸盐还原为单质硒,使菌体呈现硒的鲜红色。④ 单质硒的氧化。如光合紫硫细菌能将单质硒氧化成硒酸盐。

4. 铁

环境中铁以无机铁化合物和有机铁化合物两类形态存在。无机铁化合物主要有溶解性二价亚铁和难溶性三价铁,二价铁、三价铁与含铁有机物之间的相互转化,同微生物的活动有关。

铁细菌能把二价铁氧化为三价铁,从中获得该菌代谢所需的能量。有的铁细菌碳源不是有机物质,而是二氧化碳,它们是自养菌,如氧化亚铁硫杆菌。

$$4Fe^{2+} + 4H^+ + O_2 \longrightarrow 4Fe^{3+} + 2H_2O + 能量$$

由于反应产生的能量较小,据估算铁细菌每氧化 224 g Fe^{2+},合成 1 g 细胞碳,约有430 g 氢氧化铁伴随产生。氢氧化铁以水溶胶分泌于细胞外,形成凝胶沉积。当铁细菌生活在铁管中时,铁管被酸性水氧化为可溶的二价铁,再被铁细菌转化为三价铁,沉积于管壁上导致水管阻塞。

铁细菌带来的另一个环境问题是酸性矿山废水的形成。首先是煤矿及一些无机矿床内所含黄铁矿,暴露于空气后发生化学氧化。

$$2FeS_2 + 2H_2O + 7O_2 \longrightarrow 4H^+ + 4SO_4^{2-} + 2Fe^{2+}$$

这使得采矿地排出水(矿水)为酸性,一般 pH 为 4.5～2.5。在此 pH 范围,发生下列化学氧化反应:

$$4Fe^{2+} + 4H^+ + O_2 \longrightarrow 4Fe^{3+} + 2H_2O$$

反应可被耐酸铁细菌催化而大大加快。铁细菌包括在 pH<3.5 时起作用的氧化亚铁硫杆菌,在 pH 为 3.5～4.5 起作用的各种生金菌等。生成的铁离子还进一步氧化黄

铁矿：

$$FeS_2 + 14Fe^{3+} + 8H_2O \longrightarrow 15Fe^{2+} + 16H^+ + 2SO_4^{2-}$$

以上两种氧化反应联合构成一个由铁细菌发挥重大作用的溶解黄铁矿的循环过程，生成大量硫酸，加剧了矿水的酸化，有时能使 pH 下降至 0.5。

此外，在环境中通过微生物代谢产生的酸类，可使难溶性三价铁化合物溶解，或通过微生物分解有机质降低环境氧化还原电位，使三价铁化合物还原成亚铁化合物而溶解。这些反应容易在通气不良的条件下发生。有机铁化合物也可按一些微生物分解，将无机态铁释放出来。

第二节　环境有机污染物的降解转化

一、有机污染物降解

1. 水体有机污染物降解

（1）水解作用

水解作用是有机物与水之间最重要的反应。反应中，有机物的官能团 X^- 和水中的 OH^- 发生交换，反应可表示为：

$$RX + H_2O \rightleftharpoons ROH + HX$$

反应步骤还可以包括一个或多个中间体的形成。有机物通过水解反应改变了化学结构。对于许多有机物来说，水解作用是其在环境中消失的重要途径。在环境条件下，可能发生水解的官能团有烷基卤、酰胺、胺、氨基甲酸酯、羧酸酯、环氧化物、腈、磷酸酯、碳酸酯、磺酸酯、硫酸酯等。

2-溴丁烷水解：

$$CH_3CH_2CH(Br)CH_3 + H_2O \rightleftharpoons CH_3CH_2CH(OH)CH_3 + H^+ + Br^-$$

氨基甲酸酯类化合物的水解：

$$C_6H_5NHCOOCH_3 + H_2O \rightleftharpoons C_6H_5NH_2 + CO_2 + CH_3OH$$

苯乙腈的水解：

$$C_6H_5CH_2CN + 2H_2O \rightleftharpoons C_6H_5CH_2COOH + NH_3$$

水解作用可以改变反应分子，多数有机物水解生成低毒产物，但并非总是如此。例如，2,4-D 酯类经水解作用生成毒性更大的 2,4-D 酸（2,4-二氯苯氧乙酸，简称 2,4-D）。水解产物可能比原来化合物更易或更难挥发，其中与 pH 有关的离子化水解产

物的挥发性可能是零。水解产物一般比原来的化合物更易为生物降解,只有少数例外。

通常水中有机物水解是一级反应,这时 RX 消失的速率正比于[RX],即

$$-d[RX]/dt = K_h[RX] \tag{5-2-1}$$

式中:K_h 为水解速率常数。

一级反应,意味着 RX 水解的半衰期与 RX 浓度无关。只要温度、pH 等反应条件不变,高浓度 RX 的半衰期结果可外推至低浓度 RX:

$$t_{1/2} = 0.693/K_h \tag{5-2-2}$$

实验表明,水解速率与 pH 有关。Mabey 等把水解速率归纳为酸性催化、碱性催化、中性过程,因而水解速率可表示为:

$$-d[RX]/dt = K_h c = \{K_A[H^+] + K_N + K_B[OH^-]\}c \tag{5-2-3}$$

$$K_h = K_A[H^+] + K_N + K_B[OH^-] \tag{5-2-4}$$

式中:K_A、K_B 分别为酸性催化、碱性催化的二级反应水解速率常数;K_N 为中性过程水解速率常数。

(2) 光解作用

光解作用是有机污染物的光化学分解过程,不可逆,强烈影响环境中某些污染物的归趋。许多有机毒物光解产物仍然有毒,毒性甚至增大,如辐照 DDT 产生 DDE。污染物的光解速率依赖于许多的化学和环境因素。光解过程可分为三类:一类是直接光解,这是有机物直接吸收太阳辐射,而进行的分解反应;二类是敏化光解,天然物质(如腐殖质等)被阳光激发,随后将其激发态的能量转移给有机物,导致有机物发生的分解反应;三类是氧化反应,天然物质被辐照,产生自由基或单重态氧等中间体,这些中间体又与有机物作用,而导致的分解反应。

(3) 生物降解

生物降解是能引起有机污染物分解的最重要的环境过程之一。环境中有机物的生物降解,依赖于微生物通过酶催化反应分解有机物。当微生物代谢时,有机污染物有的能够作为微生物的唯一碳源和能源,而有的则不能。因此,有机物生物降解存在两种代谢模式:生长代谢和共代谢,这两种代谢特征和降解速率极不相同。

① 生长代谢

许多有机毒物可以像天然有机化合物那样作为微生物的生长基质。用这些有机毒物作为微生物培养的唯一碳源,可以鉴定这种有机毒物生物降解是否是生长代谢。生长代谢过程中,微生物可对有机毒物进行较彻底地降解或矿化,或者说是对生长基质解毒。生长代谢去毒效应相当强,意味着可以生长代谢的毒物与那些无法生长代谢的化合物相比,对环境威胁小。

一个化合物在开始使用之前,必须使微生物群落适应这种化学物质,在野外和室内试验表明,这个适应过程一般需要 2～50 天的滞后期,一旦微生物群体适应了它,生长基质的降解是相当快的。由于生长基质和生长浓度均随时间而变化,因而其动力学表达式相

当复杂。Monod 方程可用来描述当化合物作为唯一碳源时,化合物的降解速率:

$$-\mathrm{d}c/\mathrm{d}t=(1/Y)\mathrm{d}B/\mathrm{d}t=(\mu_{\max}/Y)\{Bc/(K_s+c)\} \tag{5-2-5}$$

式中:c 为污染物浓度;B 为细菌浓度;Y 为消耗一个单位碳所产生的生物量;$\mu_{\max}$ 为最大的比生长速率;K_s 为半饱和常数,即在最大比生长速率($\mu_{\max}$)一半时的基质浓度。

Monod 方程式在实验中已成功地应用于唯一碳源的基质转化速率,而不论细菌菌株是单一种还是天然混合种群。Paris 等用不同来源的菌株,以马拉硫磷作唯一碳源进行生物降解,得到 Monod 方程中的各种参数:$\mu_{\max}=0.37~\mathrm{h}^{-1}$,$K_s=2.17~\mu\mathrm{mol/L}$,$Y=4.1\times10^{10}$ $\mu\mathrm{mol/L}$。

Monod 方程是非线性的,但是在污染物浓度很低时,即 $K_s\gg c$,化合物的降解速率可简化为:

$$-\mathrm{d}c/\mathrm{d}t=K_{b2}Bc \tag{5-2-6}$$

$$K_{b2}=(\mu_{\max}/Y)/K_s \tag{5-2-7}$$

式中:K_{b2} 为二级生物降解速率常数。

用简化方程$-\mathrm{d}c/\mathrm{d}t=K_{b2}Bc$,Paris 等实测了不同浓度($0.027\,3\sim0.33~\mu\mathrm{mol/L}$)马拉硫磷的降解速率常数,为$(2.6\pm0.7)\times10^{-12}~\mathrm{L\cdot cell^{-1}\cdot h^{-1}}$。按参数值计算出的$(\mu_{\max}/Y)/K_s$值为$4.16\times10^{-12}~\mathrm{L\cdot cell^{-1}\cdot h^{-1}}$,两者仅相差一倍,这说明可以在污染物浓度很低时应用简化的动力学表达式。

但是这个降解速率方程如果应用于实际生态系统,在理论上都是说不通的。实际环境中,没有任何有机毒物会被微生物作为唯一碳源。一个天然微生物群落,总是从大量各式各样的有机物质中获取能量,并降解它们。微生物通常倾向于降解天然有机物,而不是合成有机物;合成化合物性质接近天然基质时,微生物可以降解合成有机物,但也是合成有机物同天然基质一起被降解。如果在微生物量保持不变的情况下使化合物降解,Y 的概念就失去意义。通常应用简单的一级动力学方程表示:

$$-\mathrm{d}c/\mathrm{d}t=K_b c \tag{5-2-8}$$

式中:K_b 为一级生物降解速率常数。

② 共代谢

某些有机污染物不能作为微生物的唯一碳源与能源,必须在有另外的化合物提供微生物碳源或能源时,该有机物才能被降解,这种现象称为共代谢。它在那些难降解的化合物代谢过程中起着重要作用,展示了通过几种微生物的一系列共代谢作用,可使某些特殊有机污染物彻底降解的可能性。微生物共代谢的动力学明显不同于生长代谢的动力学,共代谢没有滞后期,降解速度一般比完全驯化的生长代谢慢。共代谢并不提供微生物体任何能量,不影响种群多少。然而,共代谢速率直接与微生物种群的多少成正比,Paris 等描述了微生物催化水解反应的二级速率定律:

$$-\mathrm{d}c/\mathrm{d}t=K_{b2}Bc \tag{5-2-9}$$

由于微生物种群不依赖于共代谢速率,因而生物降解速率常数可以用 $K_b=K_{b2}B$ 表

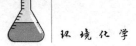

示,从而使其简化为一级动力学方程。

用上述二级生物降解的速率常数文献值时,需要估计细菌种群的多少,不同技术的细菌计数可能使结果发生高达几个数量级的变化,因此根据用于计算 K_{b2} 的同一方法来估计 B 值是重要的。

影响生物降解的主要因素是有机物化学结构和微生物的种类。环境因素如温度、pH、反应体系的溶解氧等也能影响生物降解有机物的速率。

2. 大气与土壤有机污染物降解

由于透明度和透光率的原因,大气有机污染物降解以光降解为主,土壤有机污染物降解以水解与生物降解为主。

土壤有机污染物的光降解,只能发生在土壤表层,大约最多零点几个厘米;目前处于实验室研究阶段,应用的实例很少。土壤有机污染物光降解的主要实验方法如下:

(1)悬浮态的土壤或者土壤组分对一些污染物的光降解影响。土壤或者土壤中的组分,如有机质、金属氧化物、黏土矿物等与一定体积的水配比,形成悬浮态,然后放在阱式反应器,使用汞灯或者氙灯进行光降解研究。

(2)表层土壤直接光降解实验。关于表层土壤中有机物光解报道很少,主要采用两种实验方法:一种是先把目标物溶解在有机溶剂中,然后采用摇床、超声波振荡等方法使之和土壤混匀,风干,得到土壤样品。再把一定量的土壤样品平铺在皮氏培养皿,得到一定厚度的土壤样品,放在光下照射。另一种方法是把土壤与去离子水混匀,得到土壤悬浊液。移入一定量的悬浊液到皮氏培养皿,自然风干形成一定厚度的土壤层,然后把目标物的有机溶剂均匀喷洒在土壤表层,最后放在光下照射,进行光化学反应。

(3)把污染物萃取出来,然后进行光化学实验研究。萃取主要采用表面活性剂或者超临界水。在实验中选用的光源主要是自然的太阳光和人工模拟的太阳光(主要是汞灯、氙灯等),发射波长在近紫外光和可见光范围。

污染物在土壤中的光转化受多种因素的影响。土壤自然组成、土壤的物理化学性质、光照深度、环境条件、有机污染物的挥发性、极性、辛醇水分配系数等对光转化有很大影响。

二、有机污染物的生物转化

物质在生物作用下经受的化学变化,称为生物转化或代谢。生物转化、化学转化和光化学转化构成了污染物质在环境中的三大主要转化类型。通过生物转化,污染物质的毒性也随之改变。对于污染物质在环境中的生物转化,微生物起着关键作用。这是因为它们大量存在于自然界,生物转化具有多样性,又具有大的表面/体积比,繁殖非常迅速,对环境条件适应性强等特点。因此,了解污染物质的生物转化,尤其是微生物转化,有助于深入认识污染物质在环境中的分布与转化规律,为保护生态提供理论依据;并可有的放矢采取污染控制及治理的措施,开发无污染新工艺,而具有重要实用价值。

生物转化中的基础内容包括酶学和氢传递过程,典型的生物转化包括耗氧和有毒有机污染物质的微生物降解,以及污染物质的生物转化速率。

1. 生物转化中的酶

绝大多数生物转化是在机体酶的参与和控制下进行的。酶是一类由细胞制造和分泌的、以蛋白质为主要成分的、具有催化活性的生物催化剂。其中,在酶催化下发生转化的物质称为底物或基质,底物所发生的转化称为酶促反应。

酶催化作用的特点包括以下几个方面。

(1) 催化专一性高

一种酶只能对一种或一类底物起催化作用,而促进特定反应生成特定代谢产物。如脲酶仅能催化尿素水解,对包括结构与尿素非常相似的甲基尿素($CH_3NHCONH_2$)在内的其他底物均无催化作用:

$$O=C{\overset{NH_2}{\underset{NH_2}{\big|}}} + H_2O \xrightarrow{\text{脲酶}} 2NH_3 + CO_2$$

蛋白酶只能催化蛋白质水解,而不能催化淀粉水解。

(2) 酶催化效率高

蔗糖酶催化蔗糖水解的速率是强酸催化的 2×10^{12} 倍。0 ℃时,过氧化氢酶催化过氧化氢分解的速率是铁离子催化的 1×10^{10} 倍。一般酶催化反应的速率是化学催化剂的 $10^7 \sim 10^{13}$ 倍。

(3) 酶催化的外界条件温和

化学催化剂一定条件下会因中毒失去催化能力。酶的本质为蛋白质,比化学催化剂更容易受到外界条件影响,因变质失去催化效能,强酸、强碱、高温等条件都能使酶丧失催化效能。酶催化作用一般要求温和的外界条件,如常温、常压、接近中性的酸碱度等。

酶种类很多,已知的酶有两千多种。根据催化的场所,酶分为胞外酶、胞内酶两大类。这两类都在细胞中产生,但胞外酶能通过细胞膜,在细胞外对底物起催化作用,通常是催化底物水解;而胞内酶不能通过细胞膜,仅能在细胞内发挥各种催化作用。

酶根据催化反应类型,分成六大类:氧化还原酶(催化氧化还原反应)、转移酶(催化化学基团转移反应)、水解酶(催化水解反应)、裂解酶(催化底物分子中某些键非水解性断裂反应)、异构酶(催化异构反应)、合成酶(与高能磷酸化合物分解相耦联,催化两种底物结合的反应)。

酶按照成分,分为单成分酶和双成分酶两大类。单成分酶只含有蛋白质,如脲酶、蛋白酶。双成分酶除含蛋白质外,还含有非蛋白质部分,前者称酶蛋白,后者为辅基或辅酶。辅基同酶蛋白的结合比较牢固,不易分离;辅酶与酶蛋白结合松弛,易于分离。两者的区别仅在于同酶蛋白结合的牢固程度不同,而无严格的界线。为了简便起见,均用辅酶称呼。

在双成分酶催化反应时,一般是辅酶起着传递电子、原子或某些化学基团的功能,酶蛋白起着决定催化专一性和催化高效率的功能。因此,只有双成分酶的整体才具有酶的催化活性,而当酶蛋白与辅酶经分离后各自单独存在时则均失去相应作用。

辅酶的成分是金属离子、含金属的有机化合物或小分子的复杂有机化合物。已经发现的辅酶有30余种。同一辅酶可以结合不同的酶蛋白,构成许多种双成分酶,可对不同底物进行相同反应。因此,了解辅酶对电子、原子或某些化学基团的传递功能,是了解双成分酶催化反应的关键。

2. 若干重要辅酶的功能

(1) FMN 和 FAD

辅酶 FMN 和 FAD 分别是黄素单核苷酸和黄素腺嘌呤二核苷酸,其结构式如图5-7所示。

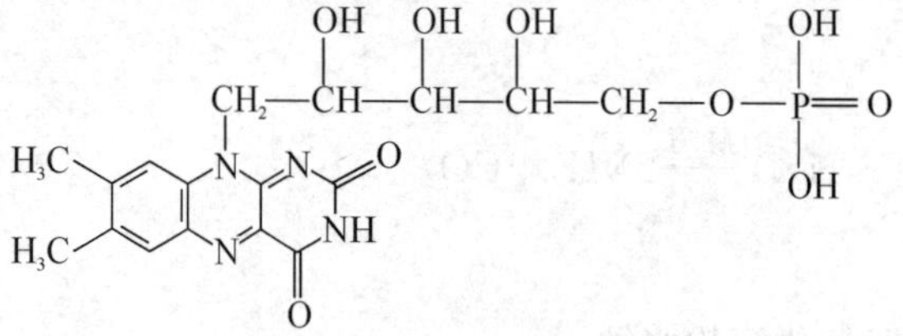

FMN(黄素单核苷酸)

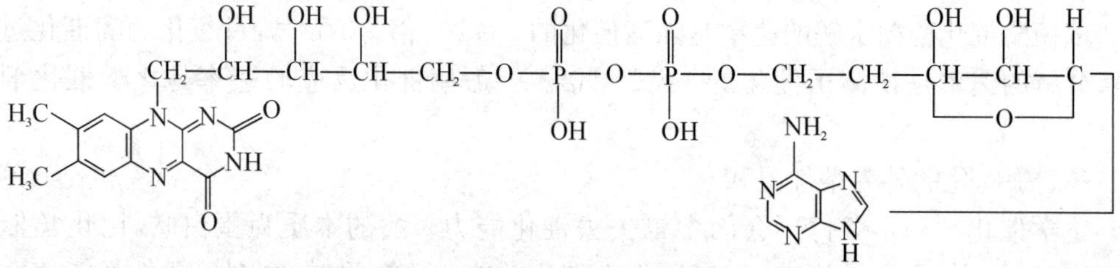

FAD(黄素腺嘌呤二核苷酸)

图 5-7 FMN 和 FAD 的结构式

FMN 或 FAD 是一些氧化还原酶的辅酶,在酶促反应中具有传递氢原子的功能。

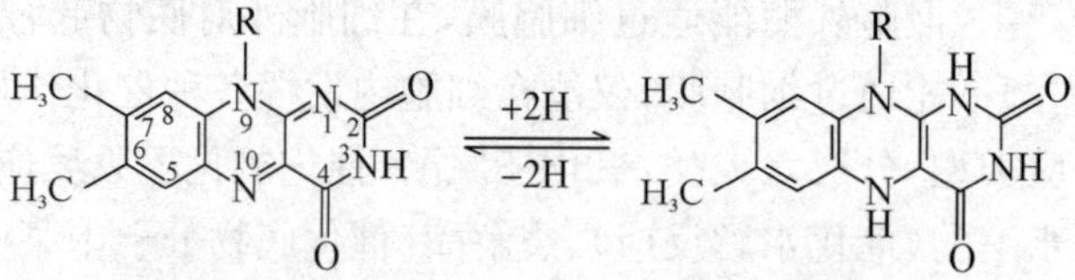

FMN/FAD
(氧化型FMN/FAD)

FMNH$_2$/FADH$_2$
(还原型FMN/FAD)

(R— FMN/FAD的其余部分)

上式表明,从底物上脱落下来的二个氢原子,由辅酶 FMN 或 FAD 分子中的异咯嗪基进行传递。二个氢分别加到异咯嗪基中标号为 1 和 10 的氮上,于是 FMN/FAD 变为 FMNH$_2$/FADH$_2$。随后按逆反应,将氢传递于不同底物,又恢复为 FMN/FAD。

(2) NAD$^+$ 和 NADP$^+$

辅酶 NAD$^+$ 和 NADP$^+$ 分别称为辅酶Ⅰ和辅酶Ⅱ,依次是烟酰胺腺嘌呤二核苷酸和烟酰胺腺嘌呤二核苷酸磷酸的缩写,结构式如图 5-8 所示。NAD$^+$ 和 NADP$^+$ 是一些氧化还原酶的辅酶,在酶促反应中起着传递氢的作用,具体反应如下,从底物上脱落下

130

来的二个氢原子,由辅酶分子中烟酰胺基团进行传递。其中,一个加到此基团中氮对位的碳 L;另一个氢中的电子加到基团环的氮上,使之由五价变为三价,剩下的 H^+ 游离于细胞液中备用。这样,$NAD^+/NADP^+$ 转变为 $NADH+H^+$ 或 $NADPH+H^+$。它们随后按反应式的逆反应,把氢传递于不同底物,又复原为 $NAD^+/NADP^+$。

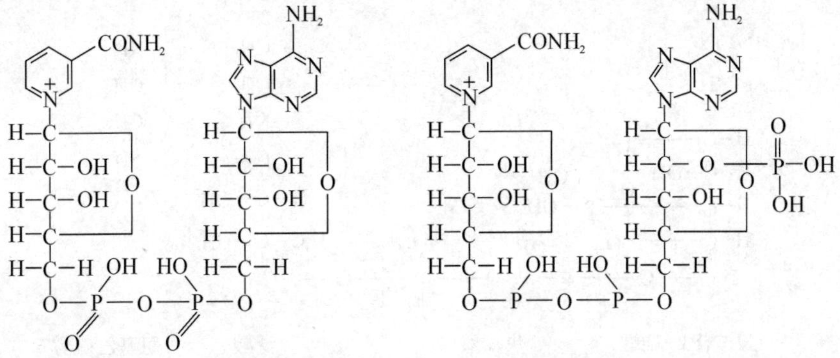

NAD⁺(烟酰胺腺嘌呤二核苷酸)　　　　　NADP⁺(烟酰胺腺嘌呤二核苷酸磷酸)

图 5-8　NAD^+ 和 $NADP^+$ 的结构式

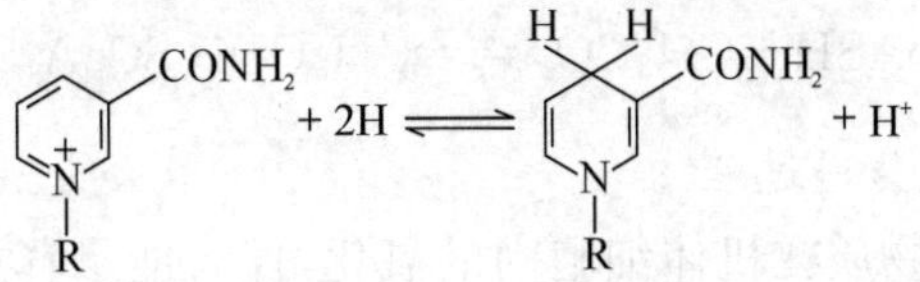

NAD⁺/NADP⁺　　　　　　NADH/NADPH
(氧化型NAD⁺/NADP⁺)　　(还原型NAD⁺/NADP⁺)
(R—NAD⁺/NADP⁺的其余部分)

(3) 辅酶 Q

辅酶 Q 又称泛醌,简写 CoQ,是某些氧化还原酶的辅酶,在酶促反应中担任递氢任务。

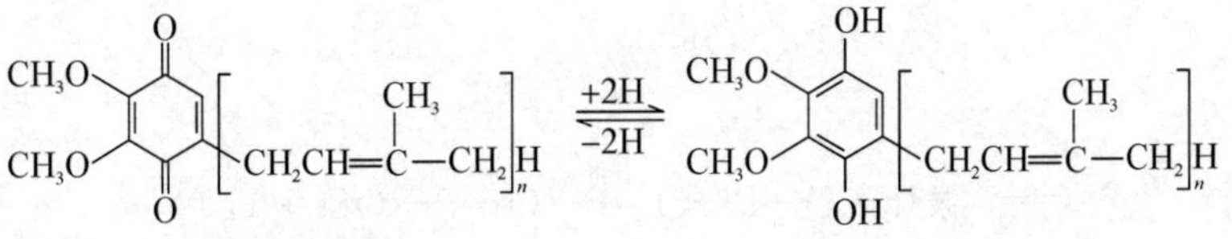

CoQ(氧化型CoQ)　　　　　CoQH₂(还原型CoQ)
($n=6\sim10$)

(4) 细胞色素酶系的辅酶

细胞色素酶系是催化底物氧化的一类酶系,主要有细胞色素 b、c_1、c、a 和 a_3 等几种。它们的酶蛋白部分各不相同,但是辅酶都是铁卟啉。在酶促反应时辅酶铁卟啉中的铁不断地进行氧化还原,当铁获得电子时从三价还原为二价,之后把电子传递出去后又氧化为三价,从而起到传递电子作用。

$$\text{cyt}_n Fe^{3+} + e^{\ominus} \longrightarrow \text{cyt}_n Fe^{2+}, \text{cyt}_n Fe^{2+} - e^{\ominus} \leftarrow \text{cyt}_n Fe^{3+}$$

式中:cyt 为细胞色素酶系;n 为 b、c_1、c、a 和 a_3。

（5）辅酶 A

辅酶 A 是泛酸的一个衍生物，简写为 CoASH，结构式如图 5-9。辅酶 A 是一种转移酶的辅酶，所含的巯基与酰基形成硫酯，在酶促反应中起着传递酰基的功能，其传递乙酰基的反应如下。

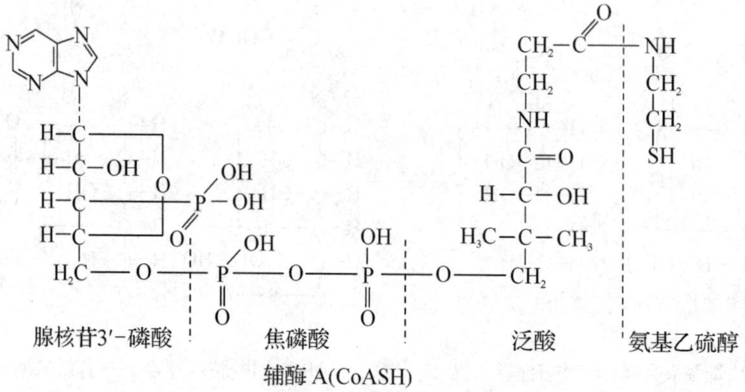

图 5-9　辅酶 A 结构式

$$CoASH + CH_3CO^+ \rightleftharpoons CH_3CO-SCoA + H^+$$

3. 生物氧化中的氢传递过程

生物氧化是指有机物质在机体细胞内的氧化，伴有能量释放。放出的能量主要通过二磷酸腺苷与正磷酸合成三磷酸腺苷而被暂时存放。这是因为三磷酸腺苷比二磷酸腺苷多一个高能磷酸键。以后，在三磷酸腺苷分解为二磷酸腺苷时再放出相应能量，用作机体进行吸能反应。

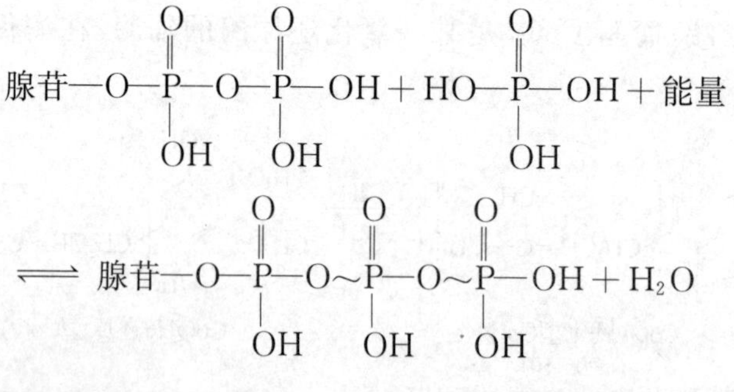

式中："～"为高能磷酸键。

腺苷部分的结构如图 5-10 所示。

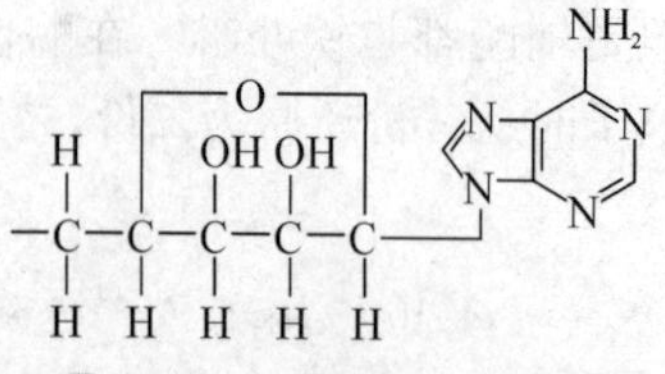

图 5-10　腺苷部分的结构

生物氧化中有机物质的氧化多为去氢氧化,所脱落的氢($H^+ + e^-$)以原子或电子形式,由相应氧化还原酶按一定顺序传递至受体。这一氢原子或电子的传递过程称为氢传递或电子传递过程,其受体称为受氢体或电子受体。受氢体如果为细胞内的分子氧就是有氧氧化,而若为非分子氧的化合物则是无氧氧化。

就微生物来说,好氧微生物进行有氧氧化,厌氧微生物进行无氧氧化,兼性厌氧微生物视生存环境中氧含量的多少而定。所涉及的氢传递过程按照受氢体情况,分为以下几类。

(1) 有氧氧化中以分子氧为直接受氢体的递氢过程

这类氢传递过程中只有一种酶作用于有机底物,脱落底物的氢($H^+ + e^-$)中的电子由该酶辅酶直接传递给分子氧,形成激活态 O^{2-},与脱落氢剩下的 H^+ 化合成水,如图 5-11 所示。

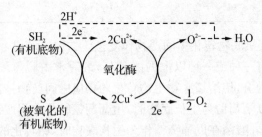

图 5-11 分子氧作为直接受氢体的氢传递过程举例

(2) 有氧氧化中分子氧为间接受氢体的递氢过程

这类氢传递过程中有几种酶共同发挥作用,第一种酶从有机底物脱落氢($H^+ + e^-$),由其余的酶顺序传递,最后把其中的电子传给分子氧形成激活态 O^{2-},并与脱落氢中剩下的 H^+ 结合为水。此类氢传递一般过程如图 5-12 所示。

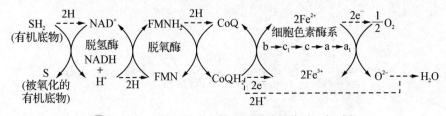

图 5-12 分子氧作为间接受氢体的氢传递一般过程

图 5-12 中各辅酶顺序传递氢的反应如下:

$$SH_2 + NAD^+ \longrightarrow S + NADH + H^+$$

$$NADH + H^+ + FMN \longrightarrow NAD^+ + FMNH_2$$

$$FMNH_2 + CoQ \longrightarrow FMN + CoQH_2$$

$$CoQH_2 + 2cyt_b Fe^{3+} \longrightarrow CoQ + 2cyt_b Fe^{2+} + 2H^+$$

$$2cyt_n Fe^{2+} + 2cyt_{n'} Fe^{3+} \Longleftrightarrow 2cyt_n Fe^{3+} + 2cyt_{n'} Fe^{2+}$$

式中:n 依次为 b,c_1,c,a;n' 依次为 c_1,c,a,a_3。

$$2cyt_{a_3}Fe^{2+}+1/2O_2 \longrightarrow 2cyt_{a_3}Fe^{3+}+O^-$$

上述氢传递过程得到多方面实验结果的支持。如测得过程中各步反应的氧化还原电位（pH＝7）（表5-1）呈现逐增的趋势，以 $NAD^+/(NADH+H^+)$ 的 E^0 最小，而以 O_2/H_2O 的 $E^{\ominus}$ 最大，这恰好表明氢传递方向是从 NAD^+ 到分子氧。

表5-1　生物去氢氧化中各反应的电极电位（pH＝7）

电对	$E^{\ominus}$(V)	电对	$E^{\ominus}$(V)
$NAD^+/NADH+H^+$	-0.32	$2cyt_{c_1}(2Fe^{3+}/2Fe^{2+})$	$+0.22$
$FMN/FMNH_2$	-0.12	$2cyt_c(2Fe^{3+}/2Fe^{2+})$	$+0.26$
$CoQ/CoQH_2$	$+0.10$	$2cyt_{aa_3}(2Fe^{3+}/2Fe^{2+})$	$+0.28$
$2cyt_b(2Fe^{3+}/2Fe^{2+})$	$+0.05$	O_2/H_2O	$+0.82$

（3）无氧氧化中有机底物转化中间产物作受氢体的递氢过程

这类氢传递过程有一种或一种以上的酶参与，最后常由脱氢酶辅酶 $NADH+H^+$ 将所含来源于有机底物的氢,传给该底物生物转化的相应中间产物。例如,兼性厌氧的酵母菌在无分子氧存在下以葡萄糖为生长底物时,用葡萄糖转化中间产物乙醛作受氢体,乙醛被还原成乙醇;厌氧的乳酸菌在以葡萄糖作为生长底物时,糖转化的中间产物丙酮酸是受氢体,丙酮酸被还原为乳酸。

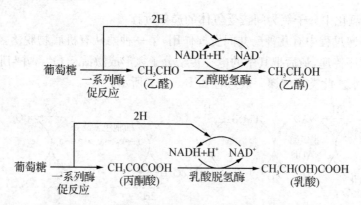

（4）无氧氧化中某些无机含氧化合物作受氢体的递氢过程

在这类氢传递过程中最常见的受氢体是硝酸根、硫酸根和二氧化碳。它们接受来源于有机底物、酶传递来的氢,而被分别还原为分子氮（或一氧化二氮）、硫化氢和甲烷。例如:

$$10[H]+2NO_3^-+2H^+ \xrightarrow[\text{反硝化菌}]{\text{兼性厌氧}} N_2+6H_2O$$

$$24[H]+3H_2SO_4 \xrightarrow[\text{硫酸还原菌}]{\text{兼性厌氧}} 3H_2S+12H_2O$$

$$8[H]+CO_2 \xrightarrow{\text{厌氧甲烷菌}} CH_4+2H_2O$$

4. 耗氧有机污染物质的微生物降解

有机物质通过生物氧化及其他生物转化,可以转变成小分子,这一过程称为有机物质的生物降解。有机物质如降解成二氧化碳、水等简单无机化合物为彻底降解,否则为不彻底降解。

耗氧有机污染物质是生物残体、废水、废弃物中的糖类、脂肪、蛋白质等较易生物降解的有机物质。耗氧有机污染物质的微生物降解,广泛地发生于土壤和水体之中。

(1) 糖类的微生物降解

糖类通式为 $C_x(H_2O)_y$,可分成单糖、二糖和多糖三类。单糖中以戊糖和己糖最重要,通式分别为 $C_5H_{10}O_5$ 和 $C_6H_{12}O_6$,戊糖主要是木糖及阿拉伯糖,己糖主要是葡萄糖、半乳糖、甘露糖及果糖。二糖是由两个己糖缩合而成,通式为 $C_{12}H_{22}O_{11}$ 的主要有蔗糖、乳糖和麦芽糖。二糖是己糖自身或其与另一单糖的缩合产物,葡萄糖和木糖是最常见的缩合单体。多糖有淀粉、纤维素和半纤维素。

微生物降解糖类的基本途径包括以下几种。

① 多糖水解成单糖

多糖在胞外水解酶催化下水解成二糖和单糖,而后才能被微生物摄取进入细胞。二糖在细胞内经胞内水解酶催化,继续水解成为单糖。多糖水解成的单糖产物以葡萄糖为主(图 5-13)。

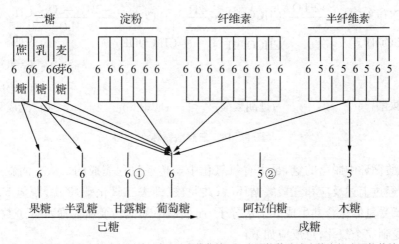

① 由牙果和椰子水解成甘露糖,同时生成葡萄糖;② 由阿拉伯胶或麦糠水解成阿拉伯糖。

图 5-13 糖类的水解

② 单糖酵解成丙酮酸

细胞内单糖不论在有氧氧化或在无氧氧化条件下,都可经过相应的一系列酶促反应形成丙酮酸,这一过程称为单糖酵解。葡萄糖酵解的总反应如下。

$$C_6H_{12}O_6 + 2NAD^+ \longrightarrow 2CH_3COCOOH + 2NADH + 2H^+$$

③ 丙酮酸的转化

在有氧氧化条件下,丙酮酸先通过酶促反应转化成乙酰辅酶 A;乙酰辅酶 A 与草酰乙酸再经酶促反应转成柠檬酸。柠檬酸通过图 5-14 所示酶促反应途径,最后形成草酰乙酸,又与上述丙酮酸持续转变成的乙酰辅酶 A 生成柠檬酸,再进行新一轮的转化。这种生物转化的循环途径称为三羧酸循环或柠檬酸循环,简称 TCA 循环。

$$CH_3COCOOH + NAD^+ + CoASH \longrightarrow CH_3COSCoA + NADH + H^+ + CO_2$$

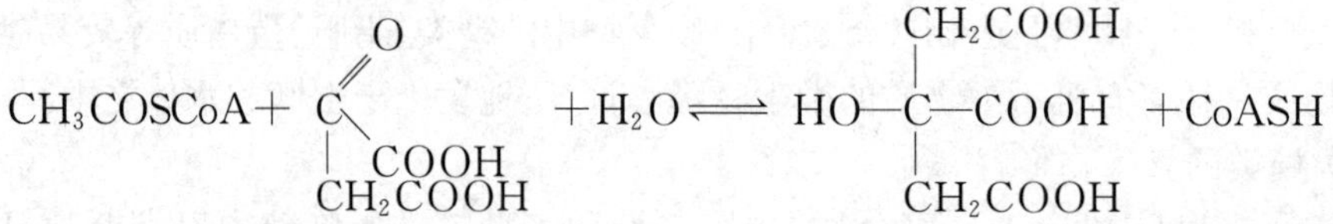

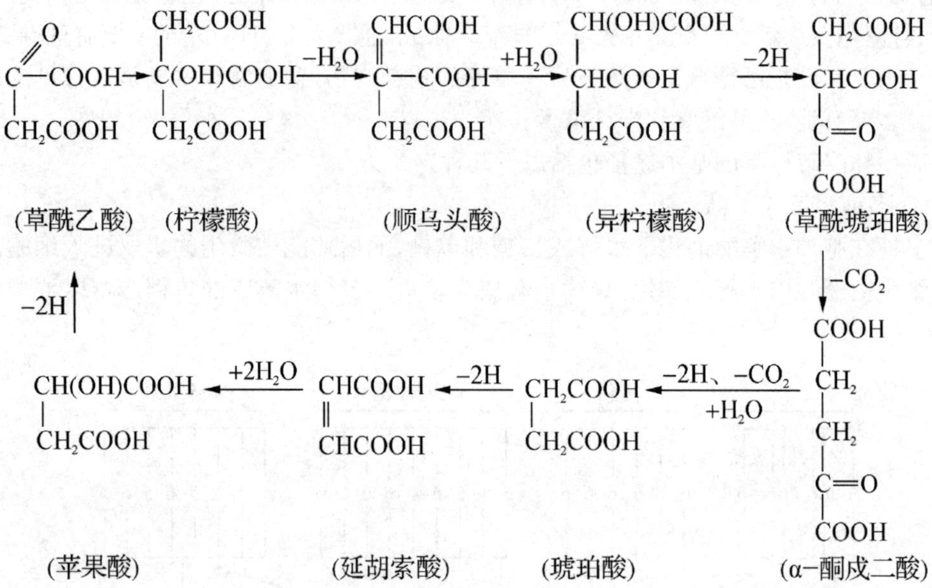

$$CH_3COSCoA + \underset{CH_2COOH}{\overset{O}{\underset{\displaystyle |}{\overset{\displaystyle \|}{C}} \,}} \overset{\displaystyle COOH}{} + H_2O \rightleftharpoons HO-\underset{CH_2COOH}{\overset{CH_2COOH}{\underset{\displaystyle |}{\overset{\displaystyle |}{C}}}}-COOH + CoASH$$

（草酰乙酸）　（柠檬酸）　　　（顺乌头酸）　　　（异柠檬酸）　　　（草酰琥珀酸）

−CO₂

（苹果酸）　　　　（延胡索酸）　　　（琥珀酸）　　　　（α-酮戊二酸）

图 5-14 三羧酸循环

在三羧酸循环中脱落的氢,是由有氧氧化中氢传递过程完成的。从上面叙述可知,1 分子丙酮酸经过上述反应和三羧酸循环后,共脱羧(即去二氧化碳)3 次,脱氢 5 次每次 2 个,与分子氧受氢体化合共生成 5 个水分子,而过程中其他转变所需净水分子数为 3。因此,丙酮酸受到完全氧化,总反应如下:

$$CH_3COCOOH + \frac{5}{2}O_2 \longrightarrow 3CO_2 + 2H_2O$$

在无氧氧化条件下丙酮酸通过酶促反应,往往以其本身作受氢体而被还原为乳酸,或以其转化的中间产物作受氢体,发生不完全氧化生成低级的有机酸、醇及二氧化碳等。

$$CH_3COCOOH + 2[H] \xrightarrow[\text{乳酸菌}]{\text{厌氧}} CH_3CH(OH)COOH$$

或　　　　　　　　$$CH_3COCOOH \longrightarrow CO_2 + CH_3CHO$$

$$CH_3CHO + 2[H] \longrightarrow CH_3CH_2OH$$

$$CH_3COCOOH + 2[H] \xrightarrow[\text{酵母菌}]{\text{兼性厌氧}} CO_2 + CH_3CH_2OH$$

综上所述,糖类通过微生物作用,在有氧氧化下能被完全氧化为二氧化碳和水,降解彻底;在无氧氧化下通常氧化不完全,生成简单有机酸、醇及二氧化碳等,降解不能彻底。后一过程因有大量简单有机酸生成,体系 pH 下降,所以归属于酸性发酵,发酵的具体产物决定于产酸菌种类和外界条件。

（2）脂肪的微生物降解

脂肪是由脂肪酸和甘油合成的酯,常温下呈固态的是脂,多来自动物,液态的是油,多来自植物。微生物降解脂肪的基本途径如下。

① 脂肪水解成脂肪酸和甘油

脂肪在胞外水解酶催化下可水解为脂肪酸及甘油。生成的脂肪酸链长大多为 12～20 个碳原子,其中以碳原子数为偶数的饱和酸为主,另外,还有含双键的不饱和酸。脂肪酸及甘油能被微生物摄入细胞内继续转化。

$$\begin{array}{c} CH_2OOCR_1 \\ | \\ CHOOCR_2 \\ | \\ CH_2OOCR_3 \end{array} + 3H_2O \longrightarrow \begin{array}{c} CH_2OH \\ | \\ CHOH \\ | \\ CH_2OH \end{array} + R_1COOH + R_2COOH + R_3COOH$$

② 甘油的转化

甘油在有氧或无氧氧化条件下,均能被一系列酶促反应转变成丙酮酸。丙酮酸的进一步转化如前叙,在有氧氧化条件下变成二氧化碳和水,而在无氧氧化条件下通常转变为简单有机酸、醇和二氧化碳等。

$$\begin{array}{c} CH_2OH \\ | \\ CHOH \\ | \\ CH_2OH \end{array} \longrightarrow CH_3COCOOH + 4[H]$$

③ 脂肪酸的转化

在有氧氧化条件下,饱和脂肪酸通常经过酶促 β-氧化途径(图 5-15)变成脂酰辅酶 A 和乙酰辅酶 A。乙酰辅酶 A 进入三羧酸循环,使其中的乙酰基氧化成二氧化碳和水,并将辅酶 A 复原。而脂酰辅酶 A 又经 β-氧化途径进行转化。如果原酸含偶数个碳原子,则脂酰辅酶 A 陆续转变为乙酰辅酶 A,而后按上述过程转化。如果原酸含奇数个碳原子,则在脂酰辅酶 A 最后一轮 β-氧化途径产物中,除乙酰辅酶 A 外,还有甲酰辅酶 A。甲酰辅酶 A 通过相应转化,所含的甲酰基经甲酸而氧化成二氧化碳和水,并使辅酶 A 复原。总之,饱和脂肪酸一般通过 β-氧化途径进入三羧酸循环,最后完全氧化生成二氧化碳和水,下式是硬脂酸氧化总反应。至于脂肪水解成的含双键不饱和脂肪酸,也经过类似于图 5-15 的 β-氧化途径进入三羧酸循环,最终产物与饱和脂肪酸相同。

$$CH_3(CH_2)_{16}COOH + 26O_2 \longrightarrow 18CO_2 + 18H_2O$$

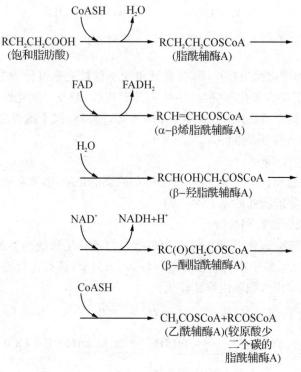

图 5-15 饱和脂肪酸 β-氧化途径简要图示

在无氧氧化条件下,脂肪酸通过酶促反应,往往以其转化的中间产物作受氢体而被不完全氧化,形成低级的有机酸、醇和二氧化碳等。

综上所述,脂肪通过微生物作用,在有氧氧化下能被完全氧化成二氧化碳和水,降解彻底;而在无氧氧化下常进行酸性发酵,形成简单有机酸、醇和二氧化碳等,降解不彻底。

(3) 蛋白质的微生物降解

蛋白质的主要组成元素是碳、氢、氧和氮,有些还含有硫、磷等元素。蛋白质是一类由 α-氨基酸通过肽键联结成的大分子化合物。蛋白质中有 20 多种 α-氨基酸。由一个氨基酸的羧基与另一个氨基酸的氨基脱水形成的酰胺键(—C—N—C—)就是肽键。通过肽键,两个、三个或三个以上氨基酸的结合,依次称为二肽、三肽和多肽。多肽分子中氨基酸首尾相互衔接,形成的大分子长链称肽链。多肽与蛋白质的主要区别,不在于多肽分子量(<10 000)小于蛋白质,而是多肽中肽链没有一定的空间结构,蛋白质分子的长链却卷曲折叠成各种不同的形态,呈现各种特有的空间结构。

微生物降解蛋白质的基本途径如下。

① 蛋白质水解成氨基酸

蛋白质由胞外水解酶催化水解,经多肽至二肽或氨基酸而被微生物摄入细胞内。二肽在细胞内可继续水解形成氨基酸。

根据氨基酸取代基的不同,可以分为脂族和芳香族氨基酸两类,下面是脂族氨基酸的转化。

② 氨基酸脱氨脱羧成脂肪酸

由于不同酶的作用,氨基酸在细胞内的转化有多种途径,其中以脱氨脱羧形成脂肪酸为主。在有氧氧化条件下,氨基酸脱氨形成与原酸碳原子数相同的 α-羟基脂肪酸;氨基酸脱氨脱羧则变成比原酸少一个碳的饱和脂肪酸。而在无氧氧化条件下,氨基酸脱氨成为饱和或不饱和的脂肪酸。

$$\underset{\underset{H}{|}}{\overset{\overset{NH_2}{|}}{R-C-COOH}} + H_2O \longrightarrow \underset{\underset{H}{|}}{\overset{\overset{OH}{|}}{R-C-COOH}} + NH_3$$

$$\underset{\underset{H}{|}}{\overset{\overset{NH_2}{|}}{R-C-COOH}} + O_2 \longrightarrow RCOOH + NH_3 + CO_2$$

$$\underset{\underset{H}{|}}{\overset{\overset{NH_2}{|}}{R-C-COOH}} + 2[H] \longrightarrow RCH_2COOH + NH_3$$

$$\underset{\underset{H}{|}}{\overset{\overset{NH_2}{|}}{RCH_2-C-COOH}} \longrightarrow RCH=CHCOOH + NH_3$$

上述脂肪酸可以继续转化至最终产物。蛋白质通过微生物作用,在有氧氧化下可被彻底降解成为二氧化碳、水和氨(或铵离子),而在无氧氧化下通常是酸性发酵,生成简单有机酸、醇、二氧化碳、氨等,降解不彻底。蛋白质中还有含硫氨基酸如半胱氨酸、胱氨酸和蛋氨酸,它们在有氧氧化下可形成硫酸,在无氧氧化下还有硫化氢产生。

(4) 甲烷发酵

如前所述,在无氧氧化条件下糖类、脂肪和蛋白质都可借助产酸菌的作用降解成简单的有机酸、醇等化合物。如果条件允许,这些有机化合物在产氢菌和产乙酸菌作用下,可被转化为乙酸、甲酸、氢气和二氧化碳,进而经产甲烷菌作用产生甲烷。复杂有机物质降解的这一总过程,称为甲烷发酵或沼气发酵。在甲烷发酵中,一般以糖类的降解率和降解速率最高,脂肪次之,蛋白质最低。

产甲烷菌产生甲烷的主要途径如下所示。

$$CH_3COOH \longrightarrow CH_4 + CO_2$$

$$CO_2 + 4H_2 \longrightarrow CH_4 + 2H_2O$$

甲烷发酵需要满足产酸菌、产氢菌、产乙酸菌和产甲烷菌等各种菌种所需的生活条件,它只能在适宜环境条件下进行。产甲烷菌是专一性厌氧菌,因此甲烷发酵必须处于无氧条件。产甲烷菌生长还要求弱碱性环境,故需控制发酵的适宜 pH 范围,一般 pH 为 7~8。微生物每利用 30 份碳，需要 1 份氮，因而发酵有机物质的适宜碳氮比为 30 左右。发酵的其余重要条件还有温度、菌种分布、发酵有机物质的浓度等。

5. 有毒有机污染物质生物转化类型

进入生物机体的有毒有机污染物质，一般在细胞或体液内通过酶促反应转化成代谢物，但其在机体中的转化部位不尽相同。人与动物的主要转化部位是肝脏，很多有机毒物是肝细胞中一组专一性较低的酶的底物。此外，肾、肺、肠黏膜、血浆、神经组织、皮肤、胎盘等也含有酶，对有机毒物也具有不同程度的转化功能。生物转化一方面使有机毒物水溶性和极性增加，易于排出体外；另一方面也会改变有机毒物的毒性，多数使毒性减小，少数毒性反而增大。

有机毒物生物转化途径复杂多样，但反应类型主要是氧化、还原、水解和结合反应四种。通过前三种反应，可将活泼的极性基团引入亲脂的有机毒物分中，使有机毒物水溶性、极性增高；之后，还能与机体内某些内源性物质进行结合反应，形成水溶性更高的结合物，而容易排出体外。氧化、还原和水解反应称为有机毒物生物转化的第一阶段反应，而第一阶段反应产物所进行的结合反应称为第二阶段反应。有毒有机物质生物转化的主要类型如下。

（1）氧化反应类型

① 混合功能氧化酶加氧氧化

混合功能氧化酶又称单加氧酶，广泛存在于各种生物体中，呈规律性分布，在人与动物肝细胞的内质网膜中含量最高。

混合功能氧化酶的功能是利用细胞内分子氧，将其中的一个氧原子与有机底物结合，使之氧化，而使另一个氧原子与氢原子结合形成水。在这一催化底物的氧化过程中，混合功能氧化酶的成分之一——细胞色素 P450 酶起着关键作用。P450 酶的活性部位是铁卟啉的铁原子，它在二价与三价间进行变换。

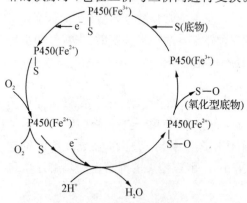

图 5 - 16　P450 对底物催化氧化

如图 5 - 16 所示，在酶促反应过程中，首先是氧化型 P450（Fe^{3+}）结合底物（S），再接受从混合功能氧化酶中 NADPH＋H^+ 传来的一个电子，成为底物-还原型 P450 结合物。后者与被激活的分子氧形成底物-还原型 P450-氧的三体结合物。此三体结合物接受 NADPH＋H^+ 传来的第二个电子，使所结合的分子氧中一个氧原子得到电子成为 O^{2-}，与辅酶 Ⅱ 游离出来的 H^+ 结合成水，并使另一氧原子转入底物形成含氧底物。在水和含氧底物相继析出之后，三体结合物又恢复为氧化型 P450（Fe^{3+}），重新催化新来底物的氧化。

混合功能氧化酶专一性较差，能催化许多有机毒物氧化，包括碳双键环氧化：

$$R_1CH-CHR_2+O \longrightarrow R_1CH-CHR_2$$
$$\diagdown O \diagup$$

$$\text{苯} + O \longrightarrow \text{环氧苯}$$

$$\text{(艾氏剂)} \quad\quad\quad\quad \text{(狄氏剂)}$$

氮的羟基化：

$$R_1CH(NH_2) + 2O \longrightarrow R_1C(=NOH) + H_2O$$

$$R_1CH(NH_2) + O \longrightarrow R_1C(=O) + NH_3$$

$$RCH_2NH_2 + O \longrightarrow RCHO + NH_3$$

② 脱氢酶脱氢氧化

脱氢酶是伴随氢原子或电子转移物为受氢体的酶类。脱氢酶能使底物脱氢氧化，例如：

醇氧化成醛

$$RCH_2OH \longrightarrow RCHO + 2H$$

醇氧化成酮

$$R_1CH(OH)R_2 \longrightarrow R_1COR_2 + 2H$$

醛氧化成羧酸

$$RCHO + H_2O \longrightarrow RCOOH + 2H$$

③ 氧化酶氧化

氧化酶伴有氢原子或电子转移,以分子氧为直接受氢体。氧化酶使相应底物氧化,例如:

$$RCH_2NH_2 + H_2O \longrightarrow RCHO + NH_3 + 2H$$

(2) 还原反应类型

① 可逆脱氢酶加氢还原

可逆脱氢酶是指起逆向作用的脱氢酶类,能使相应的底物加氢还原,例如:

$$R_1COR_2 + 2H \longrightarrow R_1CH(OH)R_2$$

② 硝基还原酶还原

硝基还原酶能使硝基化合物还原,生成相应的胺,例如:

③ 偶氮还原酶还原

偶氮还原酶能使偶氮化合物还原成相应的胺,例如:

④ 还原脱氯酶还原

还原脱氯酶能使含氯化合物脱氯(用氢置换氯)或脱氯化氢而被还原,例如:

(3) 水解反应类型

① 羧酸酯酶使脂肪族酯水解

$$RCOOR' + H_2O \longrightarrow RCOOH + R'OH$$

② 芳香酯酶使芳香族酯水解

③ 磷脂酶使磷酸酯水解

④ 酰胺酶使酰胺水解

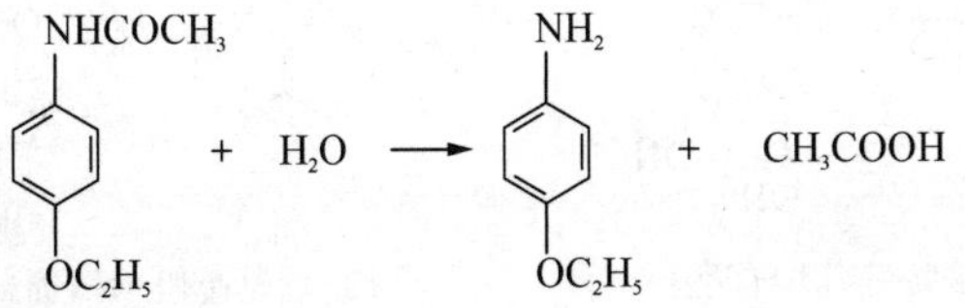

$$\text{(结构式)} + H_2O \longrightarrow \text{(结构式)} + CH_3COOH$$

（4）若干重要结合反应类型

① 葡萄糖醛酸结合

在葡萄糖醛酸基转移酶的作用下,生物体内尿嘧啶核苷二磷酸葡萄糖醛酸中,葡萄糖醛酸基可转移至含羟基的化合物上,形成 O-葡萄糖苷酸结合物。所涉及的羟基化合物有醇、酚、烯醇、羧酰胺、羟胺等。芳香酸及脂肪酸中羧基上的羟基,也可与葡萄糖醛酸结合成 O-葡萄糖苷酸。例如:

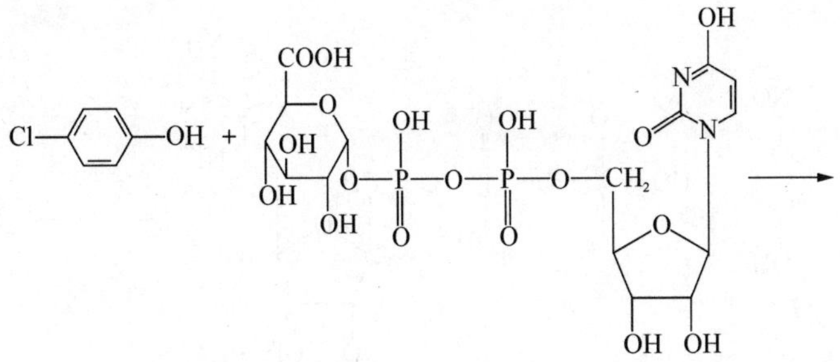

(UDPGA—尿嘧啶核苷二磷酸葡萄糖醛酸)

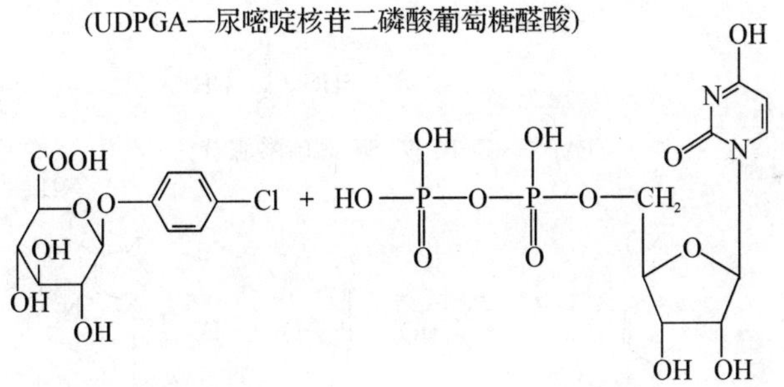

(对氯苯酚葡萄糖苷酸)   (UDP—尿嘧啶核苷二磷酸)

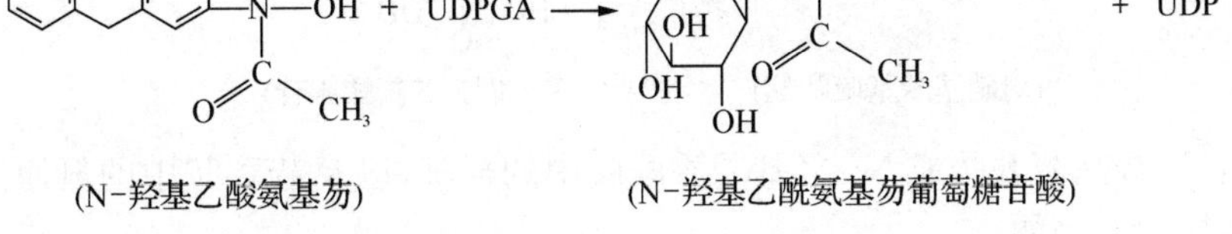

(N-羟基乙酸氨基芴)   (N-羟基乙酰氨基芴葡萄糖苷酸)

此外,伯胺、酰胺、磺胺等的氮原子和大部分含巯基化合物中硫原子,也都与葡萄糖醛酸分别形成 N-和 S-葡萄糖苷酸结合物,如图 5-17 所示。

该结合反应是常见且重要的生化反应。由于葡萄糖醛酸具有羧基($pK_a=3.2$)及多个羟基,所以结合物水溶性高,易于从体内排出。葡萄糖苷酸结合物的生成,可避免许多有

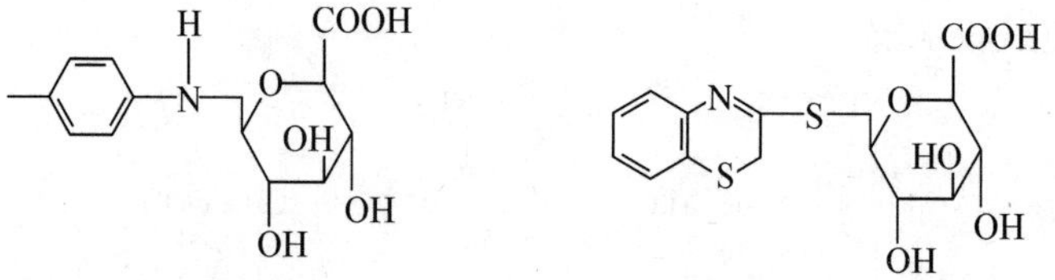

(苯胺葡萄糖苷酸)　　　(2-巯基噻唑-S-葡萄糖苷酸)

图 5 - 17　N-和 S-葡萄糖苷酸结合物结构式

机毒物对 RNA、DNA 等生物大分子的损伤,而起到解毒作用。但也有少数结合物的毒性比原有机物更强,如与 2-巯基噻唑相比,其葡萄糖苷酸结合物的致癌性更强。

② 硫酸结合

在硫酸基转移酶的催化下,可将 3′-磷酸-5′-磷硫酸腺苷中硫酸基转移到酚或醇的羟基上,形成硫酸酯结合物。例如:

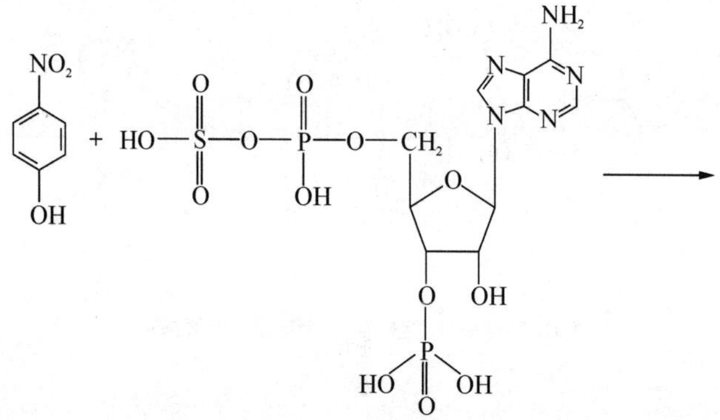

(PAPS—3′-磷酸-5′-磷硫酸腺苷)

(对硝基苯基硫酸酯)　　　(PAP—3′-磷酸-5′磷酸腺苷)

此外,N-羟基芳香胺或 N-羟基芳香酰胺中的羟基,以及芳香胺中的氮原子,都可形成硫酸酯结合物,例如:

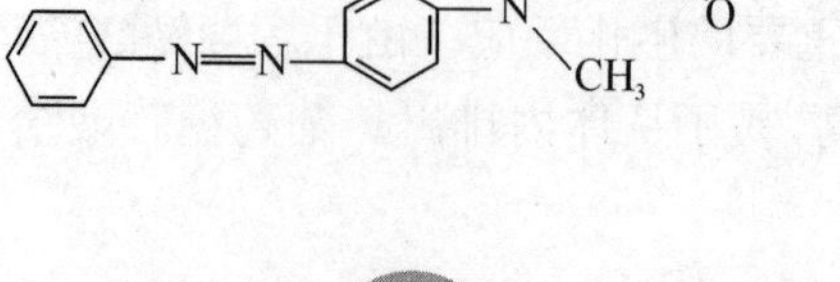

一般形成硫酸酯后,结合物极性增加,容易排出体外,起到解毒作用,但是有些 N-羟基芳胺或 N-羟基芳酰胺与硫酸结合后毒性增加,如上列举出的结合物可与核酸相结合而具有致癌性。虽然许多有机物质可形成硫酸酯,但是这一结合不如葡萄糖醛酸结合重要,这是因为不少内源性化合物需要硫酸盐进行反应,体内硫酸盐库并不总能提供足量硫酸盐与外来有机物质结合,如体内葡萄糖醛酸丰富,有力地争夺可与硫酸结合的有机物质(如酚)。此外,体内硫酸酯酶的活性较强,形成的硫酸酯结合物较易被酶解而再次脱去硫酸盐。

　　③ 谷胱甘肽结合

　　在相应转移酶催化下,谷胱甘肽中的半胱氨酸及乙酰辅酶 A 的乙酰基,将以 N-乙酰半胱氨酸基形式加到有机卤化物(氟除外)、环氧化合物、强酸酯、芳香烃、烯等亲电化合物的碳原子上,形成巯基脲酸结合物。这种结合反应分四步进行,如图 5-18 所示。此外, N-乙酰半胱氨酸基也可转至某些亲电化合物的氧或硫原子上,形成相应巯基脲酸结合物。

图 5-18　谷胱甘肽结合反应

　　亲电子化合物如果与细胞蛋白或核酸上亲核基团结合,常可引起细胞坏死、肿瘤、血液功能紊乱和过敏现象。谷胱甘肽的结合,有力地解除了对机体有害亲电化合物的毒性。

6. 有毒有机污染物质的微生物降解

从物质生物转化反应类型、酶种类、分布和外界影响条件等方面,可以对有机毒物的生物降解途径做出一定估计。然而,每种物质的生物转化途径一般都包含着一系列连续反应,转化途径多样且相互交错,因此很难确切判定。以下列举的是几种有机毒物的微生物降解途径。

(1) 烃类

烃类的微生物降解,在解除碳氢化合物环境污染方面起重要作用。环境中烃类的微生物降解以有氧氧化条件占绝对优势。碳原子数大于 3 的正烷烃,其降解途径为:通过烷烃的末端氧化,或次末端氧化,或双端氧化,逐步生成醇、醛及脂肪酸,而后经 β-氧化进入三羧酸循环,最终降解成二氧化碳和水。其中,以烷烃末端氧化最为常见。末端氧化的降解过程如图 5-19 所示。

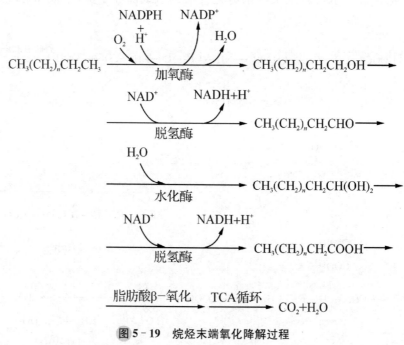

图 5-19 烷烃末端氧化降解过程

一般认为甲烷的降解途径为:

$$CH_4 \longrightarrow CH_3OH \longrightarrow HCHO \longrightarrow HCOOH \longrightarrow CO_2 + H_2O$$

许多微生物都能降解碳原子数大于 1 的正烷烃。而能降解甲烷的是一群专一性微生物,如好氧型的甲基孢囊菌、甲基单胞菌、甲基球菌、甲基杆菌等。

烯烃的微生物降解途径主要是烯的饱和末端氧化,再经与正烷烃(碳数>1)相同的途径成为不饱和脂肪酸;或者是烯的不饱和末端双链环氧化成为环氧化合物,再经开环所成的二醇至饱和脂肪酸。然后,脂肪酸通过 β-氧化进入三羧酸循环,降解成二氧化碳及水。具体过程如图 5-20 所示。

图 5-20　烯烃微生物降解途径

　　烯烃中乙烯是一种主要的大气污染物。地球上乙烯被大量散入空中,幸而环境中某些微生物具有转化乙烯的能力,致使大气中乙烯浓度并未见明显增加。能降解烯烃的微生物有蜡小球菌、铜绿色板毛菌等。

　　苯的微生物降解途径如图 5-21 所示。

图 5-21　苯的微生物降解途径

　　虽然苯及其衍生物的微生物降解过程各不相同,但是存在着一定的共性。第一,降解前期,带侧链芳香烃往往先从侧链开始分解,并在单加氧酶作用下使芳环羟基化形成双酚中间产物,如上述的儿茶酚。第二,形成的双酚化合物在高度专一性的双加氧酶(将二个氧原子加到底物的加氧酶)作用下,环的两个碳原子上各加一个氧原子,使环键在邻酚位或间酚位分裂,形成相应的有机酸,如上述儿茶酚邻酚位断裂成为顺-顺粘康酸。第三,得到的有机酸逐步转化为乙酰辅酶 A、琥珀酸等,从而进入三羧酸循环,最后降解成二氧化碳和水。苯系化合物能被假单胞菌、分枝杆菌、不动杆菌、节杆菌、芽孢杆菌、诺卡氏菌等氧化降解。

环境化学

萘、蒽、菲等二环和三环芳香化合物,其微生物降解是先经过包括单加氧酶作用在内的若干步骤生成双酚化合物,再在双加氧酶作用下逐一开环形成侧链,而后按直链化合物方式转化,最终分解为二氧化碳和水。总过程中的前几步降解粗框架如图5-22所示。

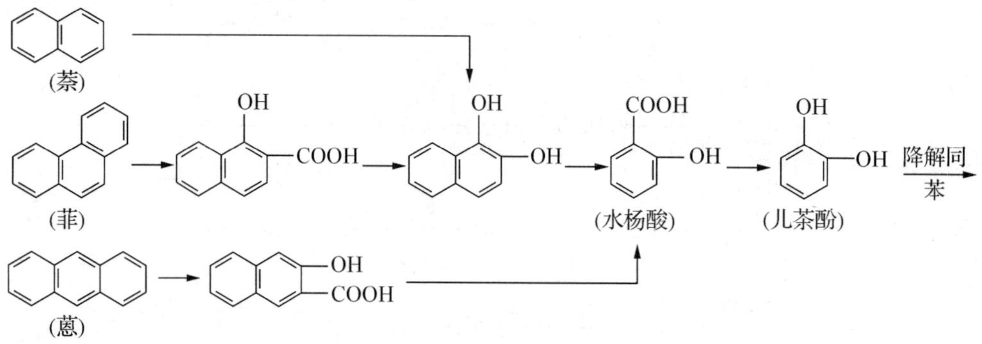

图 5-22 萘、菲、蒽微生物降解流程

能分解二、三环芳香化合物的微生物有假单胞菌、产碱杆菌、棒状杆菌、气单胞菌、诺卡氏菌等。

总之,从一至数十个碳原子的烃类化合物,只要条件合适,均可被微生物代谢降解。其中,烯烃最易降解,烷烃次之,芳烃较难,多环芳烃更难,脂环烃最为困难。在烷烃中,正构烷烃比异构烷烃容易降解,直链烷烃比支链烷烃容易降解。在芳香类中,苯的降解要比烷基苯类及多环化合物困难。

(2)农药

苯氧乙酸类除草剂是应用广泛的一类除草剂,其中的2,4-D乙酯微生物降解的基本途径如图5-23所示,苯氧乙酸类农药的微生物降解基本类同。能降解这类农药的微生物有球形节杆菌、聚生孢噬纤维菌、绿色产色链霉菌、黑曲霉等。它们一般都能彻底或几乎彻底地降解苯氧乙酸类除草剂。

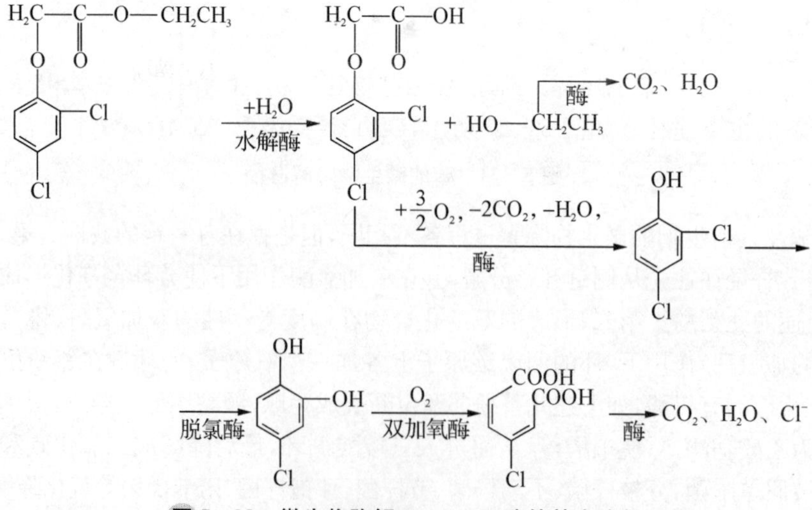

图 5-23 微生物降解 2,4-D 乙酯的基本途径

图 5-24 是有机磷杀虫剂对硫磷的可能降解途径,所包括的酶促反应类型有:氧化(Ⅰ),表现为硫代磷酸酯的脱硫氧化,如对硫磷转化为对氧磷;水解(Ⅱ),即相应酯键断裂形成对硝基苯酚、乙基硫酮磷酸酯酸、乙基磷酸酯酸、磷酸以及乙醇;还原(Ⅲ),包括硝基变为氨基,对硝基苯酚变为氨基苯酚。其中,微生物以脂酶水解方式的降解最常见。另外,降解过程的中间产物——对氧磷的毒性反而比母体对硫磷大。

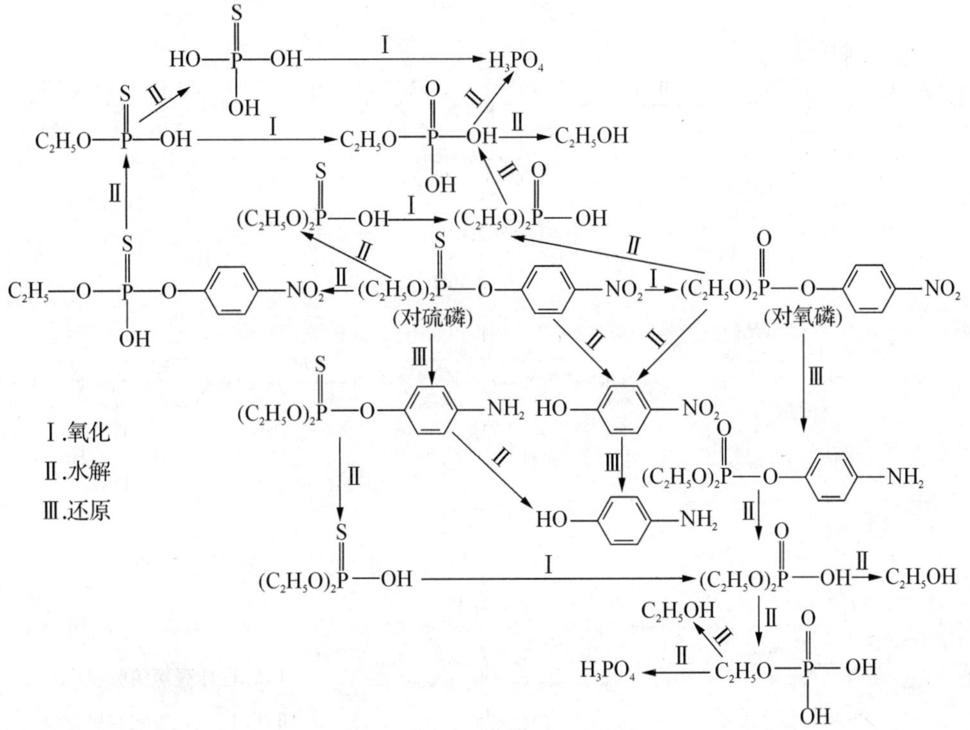

图 5-24　对硫磷生物降解

图 5-25 是土壤中已知的各种微生物降解 DDT 过程的简要概括。DDT 由于分子中特定位置上的氯原子而难于降解。因此,在微生物还原脱氯酶作用下,脱氯和脱氯化氢成为 DDT 降解的主要途径。如图 5-25 所示,DDT 转变为 DDE 及 DDD 是其常见的降解过程,DDE 极其稳定,DDD 还可通过上面提及的途径,形成一系列脱氯型化合物,如DDNS、DDNU 等。另外,又可由微生物氧化酶作用使 DDT 和 DDD 羟基化,分别形成三氯杀螨醇和 FW-152。至少已有 20 种 DDT 不完全降解产物被分离出来。DDT 在厌氧条件下降解较快。可降解 DDT 的微生物有互生毛霉、链孢霉、木霉、产气杆菌等。一般来说,有机氯农药较有机氮农药和有机磷农药要难降解得多。

7. 污染物质的生物转化速率

污染物质的微生物转化反应与降解途径是一个重要方面,另一个重要方面是微生物对污染物质的反应速率。反应速率一方面与体外酶促反应速率有密切关系,而另一方面,由于微生物体内含有许多种酶,其酶促反应在不同程度上相互影响,并与微生物的生理活

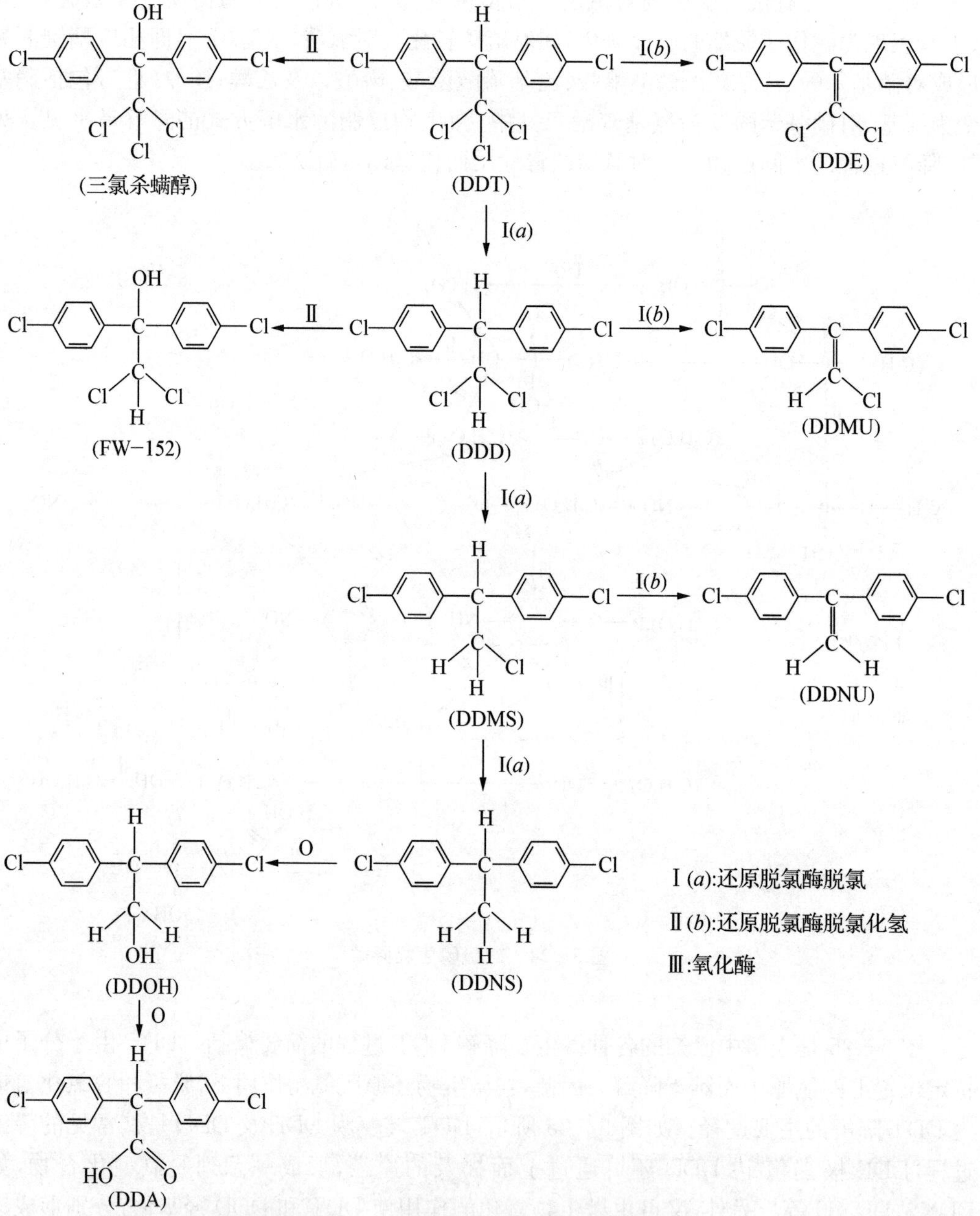

图 5‑25 微生物降解 DDT 的简要图示

动有联系,使微生物对物质的反应速率与体外酶促反应速率又有较大区别。

(1)酶促反应速率

① 米氏方程

污染物质在环境中的生物转化,绝大多数都是酶促反应。酶促反应机理,一般认为是底物(S)与酶(E)形成复合物(ES),再分离出产物(P)。

$$E+S \underset{k_2}{\overset{k_1}{\rightleftharpoons}} ES \overset{k_3}{\longrightarrow} E+P \qquad (5-2-10)$$

式中：k_1、k_2、k_3 分别为相应单元反应速率常数。

令 $[E]_0$ 为酶的总浓度，$[S]$ 为底物浓度，$[ES]$ 为底物-酶复合物浓度，则 ES 形成与分解的速率微分方程依次为：

$$\frac{d[ES]}{dt} = k_1\{[E]_0 - [ES]\} \cdot [S] \qquad (5-2-11)$$

$$-\frac{d[ES]}{dt} = k_2[ES] + k_3[ES] \qquad (5-2-12)$$

假定酶促反应体系处于动态平衡，则：

$$k_1\{[E]_0 - [ES]\}[S] = k_2[ES] + k_3[ES]$$

$$\{[E]_0 - [ES]\}[S] = (k_2 + k_3)[ES]/k_1$$

令 $k_m = (k_2 + k_3)/k_1$，则 $[ES] = [E]_0[S]/\{k_m + [S]\}$

产物 P 的生成速率，即酶促反应的速率(v)为：

$$v = k_3[ES] \qquad (5-2-13)$$

代入可得：

$$v = k_3 \frac{[E]_0[S]}{k_m + [S]} \qquad (5-2-14)$$

当底物浓度很高时，所有的酶转变成 ES 复合物，就是说，在 $[ES] = [E]_0$ 时酶促反应达到最大速率(v_{max})，所以：

$$v_{max} = k_3[ES] = k_3[E]_0 \qquad (5-2-15)$$

则：

$$v = \frac{v_{max}[S]}{K_m + [S]} \qquad (5-2-16)$$

式(5-2-16)就是底物酶促反应速率方程，常称为米氏方程。方程中 k_m 称为米氏常数。米氏方程表明，在已知 k_m 及 v_{max} 下，酶促反应速率与底物浓度之间的定量关系。

从米氏方程可知，当 $[S] \ll k_m$ 时方程右端分母中 $[S]$ 值与 k_m 值相比可以忽略不计，于是 $v \approx v_{max}[S]/k_m$，酶促反应速率与底物浓度呈线性比例关系，显示动力学一级反应特征，这是米氏方程曲线(图 5-26)的第一阶段情形。当 $[S] \gg k_m$ 时，则 $v = v_{max}$，酶促反应速率接近最大速率，并与底物浓度无关，相对于底物 S 来说，呈现动力学零级反应特征，这是该曲线的第三段情形。而在 $[S]$ 与 k_m 数值相差不多时，v 由米氏方程原形式表达，酶促反应速率随底物浓度而变动于零级和一级反应之间，反映出该曲线的第二阶段情形。

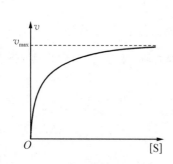

图 5‑26 酶浓度一定时酶促反应速率与
底物浓度关系

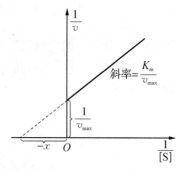

图 5‑27 作图法求 k_m 及 v_{max} 图示

k_m 及 v_{max} 值通过实验作图法求得。如可将米氏方程两边取倒数,把实验得到的[S]和 v,以 $1/v$ 为纵坐标、$1/[S]$ 为横坐标作图,如图 5‑27 所示,由其斜率 k_m/v_{max} 及截距 $1/v_{max}$ 算出 k_m 及 v_{max} 值。

$$\frac{1}{v} = \frac{k_m}{v_{max}} \cdot \frac{1}{[S]} + \frac{1}{v_{max}} \qquad (5\text{-}2\text{-}17)$$

当酶促反应 $v = \frac{1}{2} v_{max}$ 时,$k_m = [S]$,即 k_m 值是酶促反应速率达到最大反应速率一半时的底物浓度,其单位与底物浓度相同。k_m 值越大,达到最大反应速率一半所需要的底物浓度越大,说明酶对底物的亲和力越小;反之,k_m 值越小,说明酶与底物的亲和力越大。这是 k_m 值的物理意义和酶学意义。

k_m 值是酶反应的一个特征常数。不同的酶,k_m 值不同。如果一个酶有几种底物,则对每一种底物各有相应的 k_m 值。另外,k_m 值还随 pH、温度、离子强度等反应条件而变化,大多数酶的 k_m 为 $10 \sim 10^6$ mol/L。由此可知,米氏方程正是通过 k_m 部分地描述了酶促反应性质、反应条件对酶促反应速率的影响。

② 影响酶促反应速率的因素

pH 对酶促反应的速率有显著影响,从图 5‑28 看出,酶反应速率与 pH 的关系一般表现为近于钟形的曲线关系,即在一定 pH 下酶反应具有最大的速率,高于或低于此 pH,反应速率便明显下降。这是因为在 pH 改变不是很剧烈时,酶虽不变性,但酶和底物分子结合的有关基团解离状态会发生改变,使酶的活性随着酶反应速率由最大值而明显降低。酶反应速率最大时的 pH 称为酶的最适 pH。各种酶的最适 pH 一般在 5～8 范围内,最适 pH 有时因底物种类、浓度和缓冲液成分的不同而改变,只是在一定条件下才有意义。另外,最适 pH 与酶所在正常细胞生理 pH 也并不一定相同。

温度对酶促反应速率的影响很大,如图 5‑29 所示。随着温度上升,酶反应速率增加,直至最高点,以后由于酶的热致变性,速率也随之增大,而使酶反应速率显著减小。酶反应速率达到最高点时的温度,称为酶最适温度。在最适温度前每提高 10 ℃,对酶反应来说,速率增加 1～2 倍。各种酶的最适温度常在 35～50 ℃ 区间。一般,当温度接近

70～80 ℃时酶会交性损坏失去催化作用。就同种酶来说,其最适温度也会因酶作用时间增长而向温度降低方向移动。有竞争性抑制与无抑制的酶促反应相比,前者 $1/v$ - $1/[S]$ 图斜率大,增加 $(1+[I]/k_i)$ 倍,而它们的截距是完全相同的(图 5 - 30)。

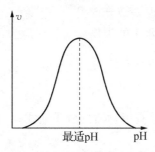

图 5 - 28　pH 对大部分酶反应速率的影响

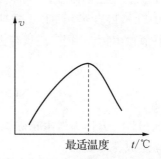

图 5 - 29　温度对酶反应速率的影响

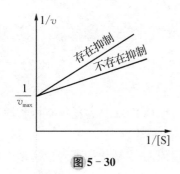

图 5 - 30

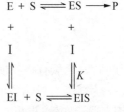

图 5 - 31　非竞争性抑制的酶促反应机理

非竞争性抑制的酶促反应机理如图 5 - 31 所示。底物 S 和抑制剂 I 分别在酶的活性中心及其之外部位与酶结合,彼此无争;所形成的 ES 和 EI 可分别再与抑制剂和底物结合成 EIS;但是中间产物 EIS 不能进一步分解为产物 P,因此酶反应速率降低。例如,大部分非竞争性抑制都是由一些金属离子化合物与酶的活性中心之外的巯基进行可逆结合而引起的。这种抑制不能通过加大底物浓度来解除。非竞争性抑制的 $1/v$ 表达式为:

$$\frac{1}{v} = \frac{k_m}{v_{max}}\left(1+\frac{[I]}{K_i}\right)\frac{1}{[S]} + \frac{1}{v_{max}}\left(1+\frac{[I]}{K_i}\right) \tag{5-2-18}$$

式中:K_i 为 EIS 的解离常数。

比较上式和米氏方程可知,非竞争性抑制与无抑制的酶反应,其主要不同在于:前者的斜率和截距都增加 $(1+[I]/K_i)$ 倍。

(2) 微生物反应的速率

① 微生物反应速率方程

微生物对污染物质的转化速率,往往可用幂函数速率方程或二级反应速率方程来表述。幂函数速率方程的一般微分形式为:

$$-\frac{\mathrm{d}c}{\mathrm{d}t}=kc^{n} \qquad (5-2-19)$$

式中:c 为污染物质浓度;k 为微生物反应速率常数;n 为反应级数。

通常 $0<n<1$,当 $n=1$ 时,上式即为一级反应速率微分方程。

如在好氧微生物作用下,耗氧有机污染物质在水中的生物耗氧总反应为:

$$10C_a H_b O_c+(5a+2.5b-5c)O_2+a\mathrm{NH_3}\longrightarrow$$
$$a\mathrm{C_5 H_7 NO_2}+5a\mathrm{CO_2}-(2a-5b)\mathrm{H_2O}$$

式中:$C_a H_b O_c$ 为作为微生物碳源和能源的耗氧有机物质的分子通式;$C_5 H_7 NO_2$ 为生物细胞粗略组成。

这一反应的速率常用一级反应速率微分方程描述:

$$-\frac{\mathrm{d}L}{\mathrm{d}t}=kL \qquad (5-2-20)$$

积分得:

$$L=L_0 e^{-kt} \qquad (5-2-21)$$

式中:L 为 t 瞬时耗氧有机物质在水中的浓度(BOD);L_0 为耗氧有机物质在水中的起始浓度(BOD);k 为耗氧有机物质的微生物反应速率常数。

James J 等人通过实验,提出水体沉积物中汞生物甲基化的幂函数速率方程为:

$$\mathrm{NSMR}=\gamma(\beta \cdot c_{\mathrm{t}})^{n} \qquad (5-2-22)$$

式中:NSMR 为沉积物中汞的净甲基化速率,即沉积物活性测量值 VSS 为 1g 时、1 天合成甲基汞及二甲基汞所相当的微克汞量,$\mu g/d$;γ 为沉积物中呈甲基化作用的微生物的活性系数;c_{t} 为沉积物中的无机汞总浓度,mg/L;β 为总汞中汞离子的有效系数;n 为微生物甲基化反应级数(通常沉积物在好氧条件下为 0.28,厌氧条件下为 0.15)。

大多数有机污染物质和某些无机污染物质在水中的微生物转化速率,都遵守二级反应动力学规律,其微分方程为:

$$-\frac{\mathrm{d}[S]}{\mathrm{d}t}=k_{\mathrm{b}}[\mathrm{B}][\mathrm{S}] \qquad (5-2-23)$$

式中:[S]为水中污染物质浓度;[B]为水中微生物浓度。

$$\ln \frac{[\mathrm{Y}]}{[\mathrm{S}]_0-[\mathrm{Y}]}=[\mathrm{S}]_0 k_{\mathrm{b}}kt-[\mathrm{S}]_0 k_{\mathrm{b}}kt_{1/2} \qquad (5-2-24)$$

这里 $t_{1/2}$ 是 $\left\{[\mathrm{Y}]-\frac{1}{2}[\mathrm{S}]_0\right\}$ 时,河段水横断面沿程时间。在一具体河段中$[\mathrm{S}]_0$、k_{b}、k 及 $t_{1/2}$ 均可视为常数。令 $a=[\mathrm{S}]_0 k_{\mathrm{b}}k$,$b=[\mathrm{S}]_0 k_{\mathrm{b}}kt_{1/2}$,则上式可改写成:

$$\ln \frac{[Y]}{[S]_0 - [Y]} = at - b \qquad (5-2-25)$$

此式为稳态,扩散可以忽略不计的河段的氨氮硝化数学模式。式中参数 a、b 值可用两点法确定。

② 影响微生物反应速率的因素

环境中污染物质的微生物转化速率,决定于物质的结构特征和微生物本身的特性,同时也与环境条件有关。就有机污染物质微生物降解速率来说,有机物质化学结构的影响呈现若干定性规律。例如:

链长规律,是指脂肪酸、脂族碳氢化合物和烷基苯等有机物质,在一定范围内碳链越长,降解也越快的现象,以及有机聚合物降解速率随分子的增大呈现减小趋势的现象。

链分支规律,是指烷基苯磺酸盐、烷基化合物($R_n CH_{4-n}$)等有机物质中,烷基支链越多,分支程度越大,降解也越慢的现象。

取代规律,是指取代基的种类、位置及数量对有机物质降解速率的影响规律。以芳香族化合物来说,羟基、羧基、氨基等取代基的存在会加快其降解,而硝基、磺酸基、氯基等取代基的存在则使其降解变慢,一氯苯降解快于二氯苯,二氯苯降解快于三氯苯,随取代基增加,降解速率下降;苯酚的一氯取代物中,邻、对位的降解比间位的快,取代基位置不同,对降解速率产生的影响不尽相同。

不同微生物的体内含有不同的酶。这些酶具有不同的催化活性,从而造成了微生物对各种有机污染物质的不同降解速率。另外,某些有机污染物质虽然不能作为微生物的唯一碳源与能源而被分解,但在有另外的化合物存在可提供碳源或能源时,或者在先经结构相似物质对微生物诱导驯化,使其机体内产生诱导酶后,该有机物质也能被降解,这种现象称为微生物的共代谢。例如,直肠梭菌需在有蛋白胨类物质存在并提供能源时,才能降解丙体六六六;邻苯二甲酸酯类是增塑剂的主要品种,不被生物降解,已在环境中广泛扩散,对人体有害。研究发现,个别菌株预先用邻苯二酸诱导驯化后,即能降解邻苯二甲酸双乙酯。实践表明,微生物的共代谢在促进难降解有机物质转化中起着特别重要的作用。

环境条件关系到微生物的生长、代谢等生理活动,对于微生物降解有机污染物质的速率也有很大影响。环境条件包括温度、pH、营养物质、溶解氧、共存物质等。

各种微生物有其适宜生长的温度范围。如果温度超过这一范围,对于微生物生长不利,微生物甚至会死亡,那么有机物质的降解速率便急剧下降,直至为零。而若温度在此范围内适当升高,增加了反应活化能,则能加速有机物质降解。此时,温度改变对降解速率常数的影响,可用 Arrhenius 关系式来表示,即:

$$K_T = K_{T_1} \theta (T - T_1) \qquad (5-2-26)$$

式中:K_T、K_{T_1} 分别为温度 T、T_1 时微生物对有机物质的降解速率常数;θ 为温度系数。温度系数通过实验测定,一般有机耗氧反应的温度系数为 1.047。

不同的微生物有其适合生长的 pH 范围,通常是在 pH 为 5~9。显然,pH 超过这一范围,有机污染物质降解速率一般将会减小。鉴于微生物生长的合适 pH 条件不一定就是微生物的作用酶催化有机底物降解的恰当条件,在目前缺少有关的预测方法下,可通过试验在微生物生长合适的 pH 范围内进行最佳选定,如在 BOD 测定中,反应介质 pH 经选定须保持在 7.0~8.0。

厌氧、好氧及兼性厌氧微生物,对溶解氧需求性是不同的。当 pH 一定时,可用所测得的体系氧化还原电位(Eh)求得相应的溶解氧浓度(DO)。采用 Eh 值表示 DO 值的方法,能够克服一般氧电极无法检测较低 DO 值的困难。各种微生物生长所需的 Eh 值不一样。一般,好氧微生物在 Eh 值为 0.1 V 以上均可生长,以 0.3~0.4 V 为宜。厌氧微生物只能在 Eh 值小于 0.1 V 以下生长。兼性厌氧微生物在 Eh 值为 0.1 V 上下都能生长。如前所述,好氧微生物降解有机物质的途径不同于厌氧微生物。另外,前者降解速率显著大于后者。

环境中与有机污染物质共存的其他物质,往往会在不同程度上影响微生物对该有机物质的降解速率。如据报道,几种重金属离子对河水 BOD 反应速率常数有显著影响(表5-2)。

表 5-2　含 1.0 mg/L 不同重金属下 BOD 反应速率常数(d^{-1})

金属离子	(原河水)	Pb^{2+}	Cr^{6+}	Cd^{2+}	Cu^{2+}	Hg^{2+}
反应速率常数	0.314	0.252	0.242	0.158	0.137	0.012

第三节　毒作用的生物化学机制

从毒作用过程可知,毒物及其代谢活性产物与机体靶器官中受体之间的生物化学反应及机制,是毒作用的启动过程,在毒理学和毒理化学中占有重要地位。毒作用的生化反应及机制的内容相当多,下面做简要介绍。

一、酶活性的抑制

酶在构成机体生命基础的生化过程中起着重大的作用。毒物进入机体后,一方面在酶催化下进行代谢转化;另一方面也可干扰酶的正常作用,包括酶的活性、数量等,从而有可能导致机体的损害。在干扰酶的作用中最常见的是对酶活性的抑制。

其一是有些有机化合物与酶的共价结合可干扰酶的作用,这种结合往往是通过酶活性内羟基来进行的。一个典型例子是有机磷酸酯和氨基甲酸酯对胆碱酯酶的结合:

$$(C_3H_7O)_2\text{—}\overset{\displaystyle O}{\overset{\|}{P}}\text{—}F \ + \ HO\text{—}E \longrightarrow HF+ \ (C_3H_7O)_2\text{—}\overset{\displaystyle O}{\overset{\|}{P}}\text{—}OE$$

（二异丙基磷酰氟）　　　（乙酰胆碱酯酶）　　　　　　　　磷酰化的乙酰胆碱酯酶、无活性）

[N-甲基(α-萘氧基)甲酰胺]　　　　　　　　　　（氨基甲酸酯乙酰胆碱酯酶、无活性）

这一结合对乙酰胆碱酯酶活性造成不可逆的抑制,使其再也不能执行原有催化乙酰胆碱水解的功能。乙酰胆碱是一神经传递物质,在神经冲动的传递中起着重要作用。在正常的神经冲动中,不可缺少的步骤之一是其休止,这就需要通过下式水解乙酰胆碱。所以,有机醋酸酯和氨基甲酸酯对乙酰胆碱酯酶抑制所造成的乙酰胆碱积累,将使神经过分刺激,而引起机体痉挛、瘫痪等一系列神经中毒病症,甚至死亡。

$$(CH_3)_3NCH_2CH_2O-\overset{O}{\overset{\|}{C}}CH_3 + H_2O \xrightarrow{\text{乙酰胆碱酯酶}}$$

乙酰胆碱

$$(CH_3)_3NCH_2CH_2OH + CH_3COOH$$

（胆碱）

其二是有些重金属离子与含巯基的菌强烈结合可干扰酶的作用,涉及的重金属离子有 Pb^{2+}、Hg^{2+}、Cd^{2+}、Ag^+ 等。酶巯基常在酶的活性中心之外,帮助维持酶分子的构象,对于酶活性来说也是很重要的。因而,重金属离子与含巯基的酶进行可逆非竞争性的结合,会使酶失去活性,反应如下。

$$Hg^{2+} + E\begin{matrix}SH\\SH\end{matrix} \rightleftharpoons E\begin{matrix}S\\S\end{matrix}Hg + 2H^+$$

这些重金属离子也能抑制巯基在酶活性中心之内的酶,这可能也是通过重金属离子与巯基结合来实现的。

其三是某些金属取代金属酶中的不同金属可干扰酶的作用。金属酶是金属离子为辅酶或为辅酶一个成分的酶类。一个有关金属取代金属酶中金属的例子是 Cd(Ⅱ)可以取代锌酶中的 Zn(Ⅱ),这是因为两者性质和离子半径都很相近的缘故。碱性磷酸酶、醇脱氢酶和碳酸酐酶等一些锌酶被 Cd^{2+} 取代后,活性便受到抑制。

二、致突变作用

致突变作用是指生物细胞内 DNA 改变,引起的遗传特性突变的作用。这一突变可以传至后代。具有致突变作用的污染物质称为致突变物。致突变作用分为基因突变和染色体突变两类。

基因突变是指 DNA 中碱基对的排列顺序发生改变。它包含碱基对的转换、颠换、插入和缺失四种类型(图 5-32)。

环境化学

野生型基因

```
—T—C—G—A—C—T—G—T—A—C—G—
—A—G—C—T—G—A—C—A—T—G—C—
```

转换

```
—T—C—G—┃G┃—C—T—G—T—A—C—G—
—A—G—C—┃C┃—G—A—C—A—T—G—C—
```

颠换

```
—T—C—G—┃T┃—C—T—G—T—A—C—G—
—A—G—C—┃A┃—G—A—C—A—T—G—C—
```

插入

```
—T—C—G—A—G—C—T—G—T—A—C—G—
—A—G—C—T—C—G—A—C—A—T—G—C—
```

缺失

```
        A
—T—C—G—C—T—G—T—A—C—G—
—A—G—C—G—A—C—A—T—G—C—
        T
```

A—腺嘌呤；G—鸟嘌呤；T—胸腺嘧啶；C—胞嘧啶。

图 5－32　基因突变的类型

转换是同型碱基之间的置换，即嘌呤碱被另一嘌呤碱取代，嘧啶碱被另一嘧啶碱取代。如亚硝酸可使带氨基的碱基 A、G 或 C 脱氨而变成带酮基的碱基(图 5－33)。

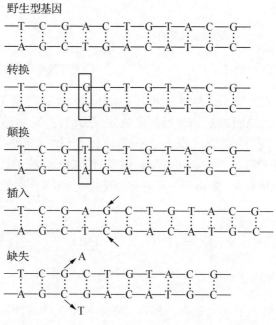

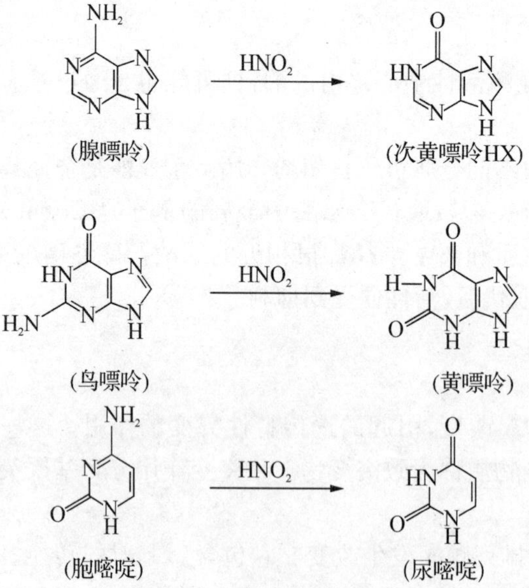

(腺嘌呤)　HNO₂→　(次黄嘌呤HX)

(鸟嘌呤)　HNO₂→　(黄嘌呤)

(胞嘧啶)　HNO₂→　(尿嘧啶)

图 5－33　亚硝酸造成的转换

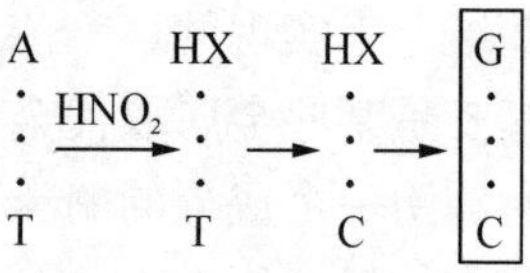

```
A        HX      HX   ┌─┐
·  HNO₂  ·       ·  → │G│
·  ───→  ·  ───→ ·    │·│
T        T       C    │C│
                      └─┘
```

图 5－34　碱基对转换

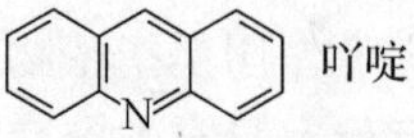

吖啶

图 5－35　吖啶

于是可以引起一种如图 5-34 所示的碱基对转换，其中 A、G、T、C 意义同图 5-32，HX 为次黄嘌呤。即在 DNA 复制时 A 被 HX 取代，而后因 HX 较易同 C 配对及 C 又更易与 G 配对，所以进一步复制时就出现图 5-32 中转换部分所示的 G…C 对。

颠换是异型碱基之间的置换，即嘌呤碱基被嘧啶碱基取代或反之亦是。颠换和转换统称碱型置换，所致突变称为碱型置换突变。

插入和缺少分别指 DNA 碱基对顺序中增加和减少一对碱基或几对碱基，使遗传读码格式发生改变，自该突变点之后的一系列遗传密码都发生错误。这两种突变统称为移码突变。如吖啶类(图 5-35)染料处理细胞时，很容易发生移码突变。

细胞内染色体是一种复杂的核蛋白结构，主要成分是 DNA。在染色体上排列着很多基因。若其改变只限于基因范围，就是上述的基因突变；而若涉及整个染色体，呈现染色体结构及数目的改变，则称为染色体畸变。

染色体畸变属于细胞水平的变化，这种改变可用普通光学显微镜直接观察。基因突变属于分子水平的变化，不能直接观察，要用其他方法来鉴定。一个常用的鉴定基因突变的试验，是鼠伤寒沙门氏菌-哺乳动物肝脏微粒体酶试验(艾姆斯试验)。

突变本来是人类及生物界的一种自然现象，是生物进化的基础，但对于大多数机体个体往往有害。如人和哺乳动物的性细胞如果发生突变，可以影响妊娠过程，导致不孕和胚胎早期死亡等；体细胞的突变，可能是形成癌肿的基础。因此，致突变作用是毒理学和毒理化学中的一个很重要的课题。

常见的具有致突变作用的环境污染物质有：亚硝胺类、苯并[a]芘、甲醛、苯、砷、铅、烷基汞化合物、甲基对硫磷、敌敌畏、百草枯、黄曲霉毒素 B_1 等。

三、致癌作用

致癌是体细胞不受控制的生长。能在动物和人体中引起致感的物质称为致癌物。致癌物根据性质可分为化学(性)致癌物、物理性致癌物(如 X 射线)和生物性致癌物(如某些致癌病毒)。据估计，人类癌症中 80%～85% 与化学致癌物有关，在化学致癌物中又以合成化学物质为主。因此，化学品与人类癌症的关系密切，受到多门学科和公众的极大关注。

化学致癌物的分类方法很多。按照对人和动物致癌作用的不同，可分为确证致癌物、可疑致癌物和潜在致癌物。确证致癌物是经人群流行病调查和动物实验确定有致癌作用的化学物质；可疑致癌物是已确定对试验动物有致癌作用，而对人致癌性证据尚不充分的化学物质；潜在致癌物是对试验动物致癌，但无任何资料表明对人有致癌作用的化学物质。到 1978 年为止，确定为动物致癌的化学物质达到 3 000 种，以后每年都有数以百计的新致癌物被发现。目前，确认为对人类有致癌作用的化学物质有 20 多种，如苯并[a]芘、二甲基亚硝胺、2-萘胺、砷及其化合物、石棉等。

化学致癌物根据其作用机理，可分为遗传毒性致癌物和非遗传毒性致癌物。遗传毒性致癌物细分为：直接致癌物，即能直接与 DNA 反应引起 DNA 基因突变的致癌物，如双氯甲醚；间接致癌物，又称前致癌物，它们不能直接与 DNA 反应，而需要机体代谢活化转变，经过近致癌物至终致癌物后，才能与 DNA 反应导致遗传密码修改，如苯并[a]芘、二甲基亚硝胺等。大多数目前已知的致癌物都是前致癌物。

非遗传毒性致癌物不与 DNA 反应,而是通过其他机制,影响或呈现致癌作用。非遗传毒性致癌物包括促癌物,可使已经癌变细胞不断增殖而形成瘤块,如巴豆油中的巴豆醇二酯、雌性激素乙烯雌酚等,免疫抑制剂硝基咪唑嘌呤等;助致癌物,可加速细胞癌变和已癌变细胞增殖成瘤块,如二氧化硫、乙醇、儿茶酚、十二烷等,促癌物巴豆醇二酯同时也是助致癌物;固体致癌物,如石棉、塑料、玻璃等可诱发机体间质的肿瘤。

此外,还有其他种类致癌物。例如,铬、镍、砷等若干重金属的单质及其无机化合物对动物是致癌的,有的对人也是致癌的。根据临床病例及流行病学研究结果,无论是服用大量砷进行治疗,还是职业上的接触者,砷化合物都可引起皮肤癌。

化学致癌物的致癌机制非常复杂,仍在研讨之中。关于遗传毒性致癌物的致癌机制,一般认为有两个阶段。第一是引发阶段,即致癌物与 DNA 反应,引起基因突变,导致遗传密码改变。大部分环境致癌物都是间接致癌物,需通过机体代谢活化,经近致癌物至终致癌物,由后者来引发。如果细胞中原有修复机制对 DNA 损伤不能修复或修而不复,则正常细胞便转变成突变细胞。第二是促长阶段,主要是突变细胞改变了遗传信息的表达,增殖成为肿瘤,其中恶性肿瘤还会向机体其他部位扩展。

引发阶段中直接致癌物或间接致癌物的终致癌物,都是亲电的性质活泼的物质,能通过烷基化、芳基化等作用与 DNA 碱基中富电的氮或氧原子,以共价相结合而引起 DNA 基因突变。这是引发阶段的始发机制。如可以认为,二甲基亚硝胺通过混合功能氧化酶催化氧化成活性中间产物 N-亚硝基-N-羟甲基甲胺,再经几步化学转化失去甲醛,最后产生活泼的亲电甲基正碳离子 CH_3^+,而与 DNA 碱基中富电的氮(或氧)原子结合,使之烷基化,导致 DNA 基因突变,过程如下。

关于苯并[a]芘致癌的始发机制,可认为主要是经混合功能氧化酶催化氧化成相应的7,8-环氧化物,再由水化酶作用形成相应的 7,8-二氢二醇,而后酶促氧化成 7,8-二氢二醇-9,10-环氧化合物,经开环形成相应芳基正碳离子,与 DNA 碱基中氮(或氧)相结合,使之芳基化,导致 DNA 基因突变,过程如下。

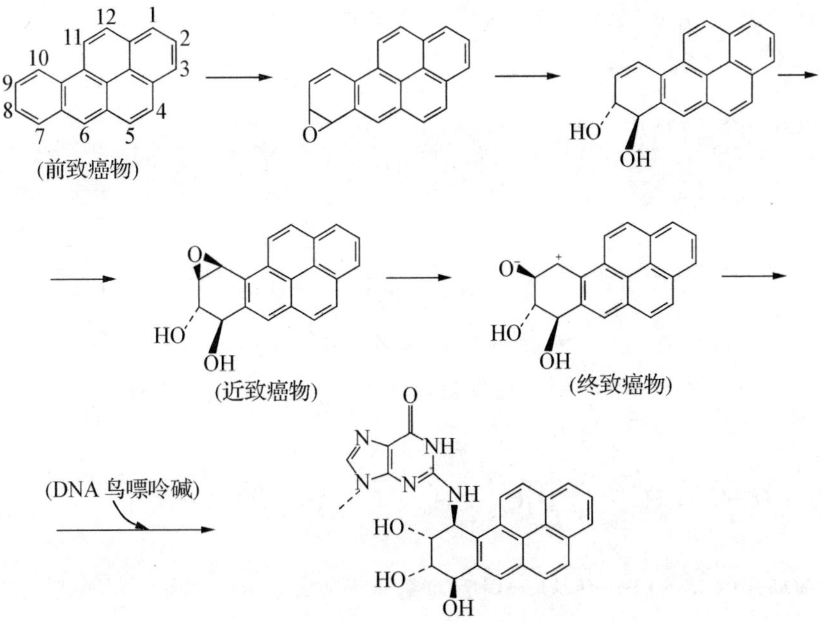

（前致癌物）

（近致癌物）

（终致癌物）

（DNA 鸟嘌呤碱）

四、致畸作用

人或动物在胚胎发育过程中由于各种原因所形成的形态结构异常,称为先天性畸形或畸胎。遗传因素、物理因素（如电离辐射）、化学因素、生物因素（如某些病毒）、母体营养缺乏或内分泌障碍等都可引起先天性畸形,并称为致畸作用。

具有致畸作用的污染物质称为致畸物。截至 20 世纪 80 年代初期,已知对人的致畸物约有 25 种,对动物的致畸物约有 800 种。其中,声名最为狼藉的人类致畸物是"反应停"（图 5-36）。它曾于 20 世纪 60 年代初在欧洲及日本被用作妊娠早期安眠镇静药物,结果导致约 10^4 名产儿四肢不完全或四肢严重短小。另外,甲基汞对人的致畸作用也是大家熟知的。

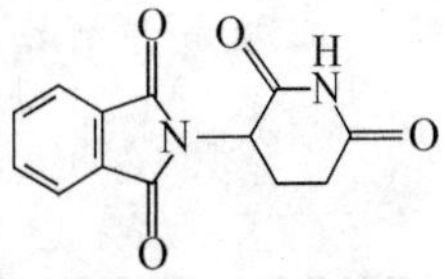

图 5-36 反应停

不同的致畸物对于胚胎发育各个时期的效应,往往具有特异性。因此它们的致畸机制也不完全相同。一般认为致畸物的致贿生化机制可能有以下几种:致畸物干扰生殖细胞遗传物质的合成,从而改变了核酸在细胞复制中的功能;致畸物引起了染色体数目缺少或过多;致畸物抑制了酶的活性;致畸物使胎儿失去必需的物质（如维生素）,从而干扰了向胎儿的能量供给或改变了胎盘细胞膜的通透性。

思考与练习

1. 在试验水中某鱼体从水中吸收有机污染物 A 的速率常数为 $18.76\ h^{-1}$,鱼体消除 A 的速率常数为 $2.38\times10^{-2}\ h^{-1}$。如果 A 在鱼体内起始浓度为零,在水中的浓度视为不变。计算 A 在鱼体内的浓缩系数及其浓度达到稳态浓度的 95% 时所需的时间。

2. 在通常天然水中微生物降解丙氨酸的过程如下,在其括号内填写有关的化学式和生物转化途径名称,并说明这一转化过程将对水质带来什么影响。

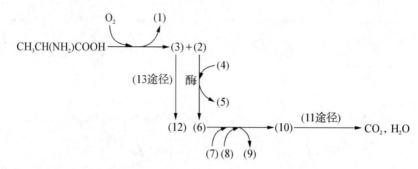

3. 比较下列各对化合物中微生物降解的快慢,指出所依据的定性判别规律。

(1) ⬡NO₂   ⬡OH

(2) $CH_3(CH_2)_5CH_3$ $CH_3CH_2CH_3$

(3)

$$NaO_3S-⬡-\overset{CH_3}{\underset{}{CH}}-(CH_2)_3-CH_3$$

$$NaO_3S-⬡-\overset{CH_3}{\underset{CH_3}{C}}-CH_2-\overset{CH_3}{CH}-CH_2-\overset{CH_3}{CH}-CH_2-\overset{CH_3}{CH}-(CH_2)_2-CH_3$$

4. 写出微生物降解烷基叔胺[$R_1CH_2(R_2CH_2)NCH_2R_3$]的过程中有关的酶、化学式、转化途径。

5. 已知氨氮硝化数学模式适用于某一河段,试从表5-3中该河段的有关数据,写出这一模式的具体形式。

表5-3

河段设置的断面	流经时间(h)	氨氮浓度(mg/L)	被硝化的氨氮浓度(mg/L)
I	0	2.86	0
II	2.37	2.04	0.63
III	8.77	0.15	2.65

6. 试说明化学物质致突变、致癌和抑制酶活性的生物化学作用机理。

7. 在水体底泥中有图5-37所示反应发生,填写图中有关光分解反应中所缺的化学式或辅酶简式,并回答图中的转化对汞的毒性有何影响?

8. 简要说明氯乙烯致癌的生化机制和在一定程度上防御致癌的解毒转化途径(氯代环氧乙烷在氯乙烯致癌机制中起重要作用)。

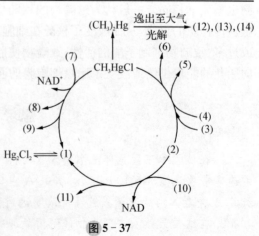

图5-37

第四篇
自然环境圈层的环境化学

　　学习自然界各圈层的环境化学,目的是服务构建出更加美好的"蓝天、碧水、净土、生态"家园。党的二十大报告指出:"大自然是人类赖以生存发展的基本条件。尊重自然、顺应自然、保护自然,是全面建设社会主义现代化国家的内在要求。必须牢固树立和践行绿水青山就是金山银山的理念,站在人与自然和谐共生的高度谋划发展"。

　　生态环境治理的长期性、复杂性要求我们标本兼治。例如,减少二氧化硫、氮氧化物排放量,降低 $PM_{2.5}$ 等颗粒物浓度,从而改善生态环境特别是空气质量现状,是"治标";真正地解决生态环境问题,要找到生态环境破坏和污染的本质源头,并进行综合治理,这是"治本"。现今各种污染物的产生都有其深层次的复杂根源,这些是我们当前的学习任务与未来的科研任务。

第六章　大气环境化学

第一节　大气及其污染物

一、大气的组成

大气是生命营养物的重要来源,是生命体免遭外太空有害影响的保护性覆盖层,是水文循环的基本组成部分,并且对于保持地球热平衡有重要作用。

大气由悬浮物与气体组成。

悬浮物,或称大气颗粒物,是指液体或固体微粒均匀地分散在气体中形成的相对稳定的悬浮体系,也称气溶胶。悬浮物漂浮于大气之中,来源与种类众多,有火山爆发、岩石风化、炉灶及工厂矿物燃料燃烧,还有微生物、病毒及花粉等。许多天气现象与悬浮物的存在有直接关系。悬浮物可以直接参与大气中的一些污染物质的化学变化,比如许多大气中的化学反应就是在这些悬浮颗粒物表面上进行的,这使得污染物质及转化过程复杂化。

总悬浮颗粒物是大气质量评价中的一个通用的重要污染指标,总悬浮颗粒物是指悬浮在空气中,空气动力学当量直径$\leqslant 100\ \mu m$ 的颗粒物。总悬浮颗粒物中大于$10\ \mu m$ 的,称为降尘,是可以自然降落于地面的空气颗粒物。总悬浮颗粒物中小于$10\ \mu m$ 的称为飘尘,因其粒小体轻,故而能在大气长期漂浮,漂浮范围可达几十千米,可在大气中造成不断蓄积;又称可吸入颗粒物,能随呼吸进入人体上、下呼吸道,对健康危害很大。

除去水蒸气和杂质的近地面大气,称为"干洁(干燥洁净)大气",其组成可视为大气组成的"本底值"。距离地面$90\ km$ 以下的大气层,尽管大气密度随高度增加而减小,但大气主要成分的相对组成几乎不变。大气的主要成分为(百分比为体积分数):N_2(78.08%)、O_2(20.95%)、Ar(0.934%)、CO_2(0.033%)。大气中水的含量,一般在1%~3%。其次要成分主要是惰性气体,和微量的有毒气体(CH_4、NO、NO_2、CO、SO_2、H_2S),这些有毒气体的天然本底值一般小于10^{-6}数量级。

二、大气的结构

大气可分均质层与异质层,从地表至$90\ km$ 之间的为均质层,大气组成稳定,只是大气密度随高度上升而减小。异质层大气组成变化很大,分为氮层(90～200 km)、氧层(200～1 100 km)、氦层(1 100～3 500 km)和氢层(3 500 km 以上)。

气象学中大气的结构,以温度和海拔高度分层,把大气分为对流层、平流层、中间层、热层和逃逸层,如表 6-1 所示。

表 6-1　气象学大气结构

大气分层	对流层	平流层	中间层	热层	逃逸层
高度/km	0～(9～17)	(9～17)～50	50～80	80～500	500～
温度/℃	15～-56	-56～-2	-2～-92	-92～1 200	
热量来源	地表吸收太阳辐射后的长波散热	臭氧生成消除过程吸收紫外辐射	臭氧生成消除过程吸收紫外辐射	物质解离过程吸收紫外辐射	

1. 对流层

近地面最下层大气为对流层,其特征是温度随高度上升而下降,温度下降率称为"大气温度垂直递减率",这个递减率约为-0.6 ℃/100 m。这层大气的热量,来自地表吸收太阳辐射后,以长波辐射形式的向外散热。对流层厚度随大气对流强弱的不同而各异,赤道、夏季的对流层厚度相对较大。

对流层中,空气下热上冷,热空气密度小而上升,冷空气下降,造成空气强烈对流。正常情况下,对流层有利于污染物稀释,但在某些条件下,如形成下冷上热的逆温现象,就会不利于污染物的稀释,造成污染。

对流层集中了大气 3/4 的总质量,以及 90.9% 的水气,水分总量约为 1.29×10^4 t。依据对流层受地表活动影响大小的不同,可将其进一步分为摩擦层和自由大气层大气。摩擦层的海拔高度低于 1～2 km,受地表机械作用和热力作用影响强烈,绝大部分大气污染物会停留在这一层。大气主要天气现象,如云、雾、风、降水等,都发生在对流层的自由大气层。

在对流层顶部温度递减率发生转变的地方,叫对流层顶。对流层顶的温度很低,-56 ℃,水汽在此凝结,所以大气中的水一般不会超越对流层这一高度,水汽、尘埃等多聚集在对流层中。

2. 平流层

在对流层顶以上,到海拔高度约 50 km 的区域,称为平流层。平流层 30～35 km 以下,温度随高度变化不大,所以平流层下部又称同温层。平流层 30～35 km 以上,温度分布随高度增加而增加,平流层顶温度最高。原因是平流层顶有一个厚度约 20 km 的臭氧层,臭氧形成过程中有放热现象,且臭氧强烈吸收太阳的紫外辐射。

平流层温度分布下冷上热,没有上下对流引起的扩散运动,大气稳定。污染物一旦进入平流层,停留时间甚至可长达数年,会造成比较大的全球性影响。以往人类的活动尚不能影响平流层大气,但今天的超音速飞机或航天飞行,已将 CO、NO 等污染物排放到了平流层,对臭氧层产生明显破坏。

3. 中间层、热层、逃逸层

中间层距离地面 50～80 km,由于臭氧层消失,其温度随高度而降低,对流强烈。

距地面 80~500 km 的大气层称为热层,热层大气(主要是其中的氧)强烈吸收远紫外太阳辐射的能量,大气迅速增温,也使得这层大气温度随高度增加而迅速升高,热层上缘温度可达 1 200 ℃以上。热层大气分子(主要是氮、氧)在太阳紫外线和宇宙射线的作用下发生电离,变成带电荷的离子,所以又被称为电离层。

电离层之上(距地球表面约 500 km 以上)的大气层,称为逃逸层;这里空气极为稀薄,因为地心引力很小,空气能自由扩散到太空去。逃逸层逐步过渡到星际空间,没有截然的界限,所以又被称为外大气层。

4. 大气层的压力分布

大气压随海拔高度升高而下降。大气温度视为不随高度变化时,符合以下指数关系:

$$p_h = p_0 \exp(-Mgh/RT) \tag{6-1-1}$$

式中:p_0 为海拔高度为零(即海于面)时的大气压,1.013×10^5 Pa;M 为空气平均摩尔质量,其值等于 0.028 97 kg/mol;g 为重力加速度,9.81 m/s²;h 为海拔高度,m;R 为气体常数,8.314 J/(mol·K);T 为温度,K。

方程两边取对数,$\lg p_h$ 与 h 呈线性关系。

$$\lg p_h = \lg p_0 - Mgh/2.303RT = 5.0057 - Mgh/2.303RT \tag{6-1-2}$$

三、大气中的重要污染物

1. 大气污染物

大气环境中的某种物质超过了环境承载能力,对人、动植物、气候等产生直接或间接的不良影响与危害,称为大气污染;使大气产生污染的物质称为大气污染物。

大气污染物可以按物理状态、形成过程、化学类型、影响范围等进行分类。按(1)物理状态,可以将大气污染物分为气态污染物(约占 90%,体积分数)和颗粒态污染物(约占 10%)两类。气态污染物常温下是气体或蒸气,包括 SO_2、NO_x、CO_x、碳氢化合物、氟氯烃等。(2)形成过程,分为一次污染物和二次污染物。一次污染物是直接来自污染源的污染物,如 CO、SO_2、NO 等。二次污染物是指由一次污染物经化学或光化学反应形成的污染物质,这类反应可以在污染物之间发生,也可以在污染物与大气天然组分之间发生,可以是均相反应,也可能是多相反应。(3)化学类型,分为含硫化合物、含碳化合物、含氮化合物、含氯化合物等。(4)影响范围,分为地区性污染物(影响范围距污染源 100 km 内),如光化学烟雾;区域性污染物(影响范围距污染源 1 000 km 内),如酸雨、沙尘暴等;全球性污染物,如二氧化碳、氟氯烃类化合物等。

2. 大气污染物的源和汇

源是指大气污染物质产生的途径和过程,包括天然和人为两种途径。天然源指由自然界发生的物理、化学、生物等过程向大气输送污染物;人为源指人类生活、生产过程向大气输送污染物;大气污染物的源以后者为主。汇是指大气污染物质从大气中去除的途径和过程,包括降水湿去除、大气中化学反应转化为其他气体或微粒、地表物质吸收或反应去除、向平流层输送等。

3. 大气中的重要污染物

大气中的重要污染物主要有四类,分别为含 S、N、C、卤素的化合物。

(1) 含 S 化合物

主要包括 SO_2、H_2S、SO_3、H_2SO_4、有机硫化物等。

① SO_2

主要来自人为源,燃烧过程以产生 SO_2 为主,SO_3 极少。燃料中的硫可以是有机硫化物或元素硫,通常煤的含硫量约为 $0.5\%\sim6\%$,石油约为 $0.5\%\sim3\%$。天然源包括火山排放和 H_2S 氧化。

汇机制有降水湿去除,化学反应转化为 SO_4^{2-}、H_2SO_4,扩散后被地表土壤、水体吸附或碱性吸收等。

SO_2 无色,有刺激性,浓度小于 8×10^{-6} 不产生明显生理学影响,一般认为无毒(毒性不大)。SO_2 排放量大,会造成大气污染,产生酸雨和硫酸烟雾型污染等。

② H_2S 和有机硫化物

天然源主要来自生物、火山、有机硫化物厌氧还原。有机残体在厌氧菌作用下产生 H_2S 的反应如下:

$$C_6H_{12}O_6+3SO_4^{2-}\Longrightarrow3H_2S+3CO_2+3CO_3^{2-}+3H_2O$$

人为源主要是工业排放。

汇机制主要是氧化,主要氧化剂有 $\cdot OH$、$\cdot O\cdot$、O_2 等。

(2) 含 N 化合物

主要包括 N_2O、NO、NO_2、HNO_2、HNO_3 等。

① N_2O

N_2O 是低层大气含量最高的含 N 化合物。天然源主要是生物源,来自水体、土壤中的生物残体,经细菌反硝化作用(厌氧条件)形成。N_2O 也是温室气体,浓度已经从工业革命前 250 ppb 上升到现在 328.9 ± 0.1 ppb,仍以 0.9 ppb 的年增长率变化。N_2O 人为源包括:燃烧过程,肥料经细菌生物作用转化,以及工业排放。

② NO_x(NO 和 NO_2)

NO_2 浓度大于 10^{-6} mol/mol 时即产生刺激性,NO_x 对平流层 O_3 层有破坏作用。天然源包括生物源如 N_2O、NH_3 的氧化,和放电过程。人为源主要来自矿物燃料燃烧,包括流动源和固定源,主要是产生 NO,NO_2 生成量为 NO 的 $1\%\sim10\%$。按照化学过程又分为燃烧型和温度型,燃料的直接燃烧称为燃烧型,而由空气中 N_2 高温转化而来称为温度型。汇机制包括降水湿去除,大气化学反应转化为 HNO_2、NO_3^-,扩散至地表去除。

③ NH_3

NH_3 浓度大于 1.0×10^{-6} mol/mol 时对生物造成危害。大气中的氨,主要来自动物废弃物、土壤腐殖质的氨化、土壤 NH_3 基肥料的损失以及工业排放。天然源主要是来自生物残体或排泄物。汇机制包括 NH_4^+ 态气溶胶湿沉降和干沉降,以及大气化学反应($\cdot OH$ 氧化)转化为 NO_x 等。

(3) 含 C 化合物

主要包括碳氧化物、烃类、醛类等。

碳氧化物指 CO 和 CO_2，CO 具有毒性，对生物体有直接的损害作用，还会参与光化学烟雾形成；CO_2 是大气中常见气体，对长波辐射的吸收和再辐射造成近地面大气升温，对全球气候有重要贡献。

碳氢化合物是大气中的重要污染物。大气中以气态形式存在的碳氢化合物，即所有挥发性烃类，其碳原子数主要为 1～10，是形成光化学烟雾的主要参与者。其他碳氢化合物大部分以气溶胶形式存在于大气中。全球碳氢化合物中，天然源几乎占了 95% 以上，包括甲烷的约 84%，植物排出的萜类的 9.15%；人为源仅占总排出的 5% 以下。

① CO

CO 天然源来源较多，有 CH_4 转化、海水中 CO 挥发、植物排放的烃类物质经大气反应转化、植物叶绿素分解、森林与草原的火灾等。人为源主要来自矿物燃料中碳的不完全燃烧，其中 80% 来自交通工具。汇机制有两种，土壤吸收，指经过活细菌代谢的转化过程，$CO—CO_2—CH_4$；羟基自由基转化为 CO_2。

② CO_2

天然源有海洋脱气、CH_4 的转化、动植物呼吸作用，和生物残体自然氧化；人为源主要是矿物燃料的完全燃烧。汇机制有通过植物光合作用转化为生物碳，溶解于海水。2021 年数据显示，CO_2 在全球范围的体积分数为 415.7 ± 0.2 ppm。

③ CH_4

甲烷化学性质稳定。甲烷是大气中含量最高的碳氢化合物，约占全世界碳氢化合物排放量的 80% 以上。它是唯一能由天然源排放而造成大浓度的气体。无论人为源还是天然源，除了化石燃料之外，产生甲烷的机制都是有机物的厌氧发酵

$$2\{CH_2O\} \xrightarrow{\text{厌氧菌}} CO_2 + CH_4$$

该过程可发生在沼泽、泥塘、湿冻土带和水稻田底部等；反刍动物以及蚂蚁等动物的呼吸过程也产生甲烷。

人为源主要是天然气和原油泄露。甲烷的汇机制有，通过与 ·OH 反应转化为 CO 和 CO_2，向平流层扩散，与 Cl· 反应。

甲烷是一种重要的温室气体，其温室效应要比 CO_2 大 20 倍。近一个世纪以来，大气中甲烷浓度上升了一倍多，2021 年的数据显示，甲烷在全球范围的体积分数为 $1\,908 \pm 2$ ppb。

④ 非甲烷的烃类化合物

天然源主要是植物排放的异戊二烯和萜类化合物。萜类约占非甲烷烃总量的 65%，是植物生长过程中向大气释放的有机化合物。萜类的 C 原子数为 5 的倍数，可以看作两个及以上的异戊二烯分子按不同方式、首尾相连而成。松柏科、桃金娘科和柑橘属植物能释放萜类，最常见的是 α-蒎烯（图 6-1），这是松节油的主要成分。异戊二烯（2-甲基-1,3-丁二烯）是半萜，存在于橡树、枫树等落叶树中。

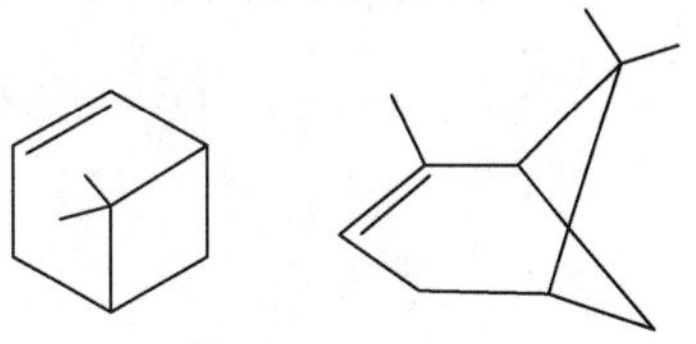

图 6-1　α-蒎烯结构式

非甲烷烃的人为源，主要来源于交通运输和工业生

产,按数量占比多少依次为,汽油燃烧 38.5%,焚烧28.3%,溶剂蒸发 11.3%,石油蒸发和运输损耗 8,8%,废弃物提炼 7,1%。

汇机制主要是参与大气化学反应或转化为有机气溶胶。

(4) 含卤素化合物

主要包括卤代烃、无机氯化物、氟化物等。

① 卤代烃

脂肪烃和芳香烃的卤代物,卤代烃没有天然源,主要来自冷却剂、喷雾剂、发泡剂、灭火剂等。卤代烃破坏平流层 O_3,引起对流层气候变化,引发全球性环境问题。

汇机制主要有:对流层化学或光化学反应去除、至平流层光解离。

② 无机氯化物

包括 Cl_2、HCl 等,具有刺激性、腐蚀性。天然源主要是火山排放,人为源主要来自工业泄露和排放。汇机制主要是降水湿去除,扩散到地表被土壤、植被吸收。

③ 氟化物

指 HF、SiF_4、H_2SiF_6、F_2、CaF_2。天然源主要是火山喷发,人为源有多个来源,源于含氟矿石的开采加工、源于陶瓷行业、源于燃煤工业。汇机制为降水湿去除、扩散至地表被土壤、植被吸收。

(5) 光化学氧化剂

指 O_3、PAN、H_2O_2、醛等光化学反应产物。

① O_3

平流层 O_3 强烈吸收高能紫外线,屏蔽了高能射线对地面生物体的辐射量;臭氧层吸收的热量形成平流层逆温,保证地表热量不易散失。但对流层 O_3 有强氧化性,对生物体、对材料有腐蚀性和刺激性。

天然源主要来自大气基本光化学过程,而大气物理过程也会影响 O_3 的浓度分布;人为源包括交通运输、石化企业排放过程中的光化学转化。

汇机制有两种,气相均相汇机制(自由基生成和反应机制)和非均相汇机制(雾滴和降水的去除作用)。

② 过氧乙酰基硝酸酯(PAN)

源主要是乙醛的氧化。

$$CH_3CHO + \cdot OH \longrightarrow CH_3CO \cdot + H_2O$$
$$CH_3CO \cdot + O_2 \longrightarrow CH_3CO(O_2) \cdot$$
$$CH_3CO(O_2) \cdot + NO_2 \longrightarrow CH_3CO(O_2)NO_2$$

汇机制主要为热解,是一级反应。

$$CH_3CO(O_2)NO_2 + 热能 \longrightarrow CH_3CO(O_2) \cdot + NO_2$$

第二节　大气中污染物的迁移

一、大气污染物迁移转化

大气污染物迁移与转化,是大气具有自净能力的表现。大气污染物在迁移过程中会受到多种因素的影响,主要有空气机械运动(如风和气流)、由于天气形势和地理地势造成的逆温现象以及污染物本身的特性等。迁移可发生在大气圈内,也可发生在大气圈与其他圈层之间。污染物如在大气中滞留时间足够长,环境条件适宜,它将在大气迁移中同时发生转化,比如光化学反应。

二、对流层的逆温现象及其对大气污染物迁移的影响

1. 逆温现象

一般地,对流层中大气温度随高度升高而递减。干空气的垂直递减率相对恒定,为 $-1\ ℃/100\ m$;湿空气的垂直递减率约为 $-0.6\ ℃/100\ m$,但比较不恒定。这种温度结构,会造成空气强烈对流,有利于污染物的扩散稀释。

但在一些条件下,对流层大气温度不随高度升高而降低,这种反常现象被称为逆温现象。逆温现象会使气团稳定性增强,对其垂直运动起阻碍作用,不利于污染物扩散稀释。

按照逆温的形成过程,可将其分为近地面层逆温和自由大气逆温两种。近地面层的逆温有辐射逆温和地形逆温等;自由大气的逆温有乱流逆温、下沉逆温和锋面逆温等。

2. 近地面层逆温

（1）辐射逆温

近地面层逆温,多由于热力条件形成,以辐射逆温为主。白天地面受日照而升温,近地面空气的温度随之升高;夜晚地面由于向外辐射而冷却,会使近地面空气的温度自下而上逐渐降低。上面空气比下面冷却慢,结果形成辐射逆温现象。大气温度-高度关系如图 6-2 所示,白天为 ABC,无逆温现象;夜晚为 FEC,其中 FE 段为逆温层。地面降温会造成逆温层不断加厚,到清晨厚度最大,曲线变为 DBC。日出后地面温度上升,逆温层于近地面处首先破坏,自下而上逐渐变薄,最后完全消失。最有利于辐射逆温形成的条件是平静而晴朗的夜晚,有云和有风都能减弱逆温。

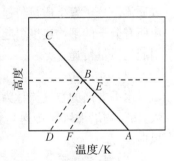

图 6-2　大气温度-高度关系

（2）地形逆温

不同地形,会引起热状况在水平方向上的分布不均匀。这种热力差异有可能产生局

部地区的环流,如海陆风、城郊风、山谷风等,从而形成地形逆温等。

海洋由于有大量水,其表面温度变化缓慢。但是大陆表面温度变化剧烈。白天陆地上空气密度较轻,空气上升,引起海洋冷空气向陆地流动,形成海风;并使沿岸地面产生逆温。当海风移动到内地时,逆温层变薄,最后消失。

城市的企业、居民要燃烧大量燃料,大量热能因此排放到城市大气中,造成市区的温度比郊区高,这被称为城市热岛效应。相应地,城市暖而轻的空气上升,引起郊区冷空气向城市流动,形成城郊环流,也发生逆温现象。导致烟尘等污染物聚积在城市上空。

夜间山坡的空气温度较谷底下降得快,密度比谷底大。山坡的冷空气沿山坡下滑形成山风,聚集在山谷中,发生逆温现象。山谷逆温只有在阳光直射山谷或热风劲吹时,才会消失;其逆温层厚、强度大、持续时间长。山谷城市,由于山地可以阻碍空气的水平流动,而逆温现象的存在又阻止了污染物的垂直稀释作用,空气污染特别严重。著名的马斯河谷和多诺拉公害事件都是如此。

3. 自由大气逆温

比如,当大气压分布不均,在高压区里存在着下沉气流,该气流受压而变热,使气温高于下层的空气,而形成上热下冷的下沉逆温。下沉逆温持续时间长、范围分布广、厚度厚,会使从污染源排出来的污染物,长时间积累在逆温层中得不到扩散。

不利的天气形势和地形特征结合在一起,常使某些地区污染程度大大加重。

三、风、垂直气流、湍流对大气污染物迁移的影响

大气的流动受到四种力作用:水平气压梯度力,地面摩擦力,地球自转偏向力,空气惯性离心力。当气块做有规律运动时,水平速度分量称为风,铅直方向分量称为铅直速度。铅直速度中,大尺度被称为系统性铅直速度,小尺度则被称为对流,对流可达每秒几米以上。气块的不规律运动称为湍流,来自气块与起伏不平地面的摩擦。

污染物在大气中的迁移,取决于风、垂直气流、湍流、浓度梯度等因素。风使污染物向下风向传递,垂直气流使其向低气压传递,湍流使其向各个方向传递,浓度梯度则可使污染物沿浓度梯度传递。风、垂直气流、湍流对污染物传递起主导作用,这被称为整体流动,或质流。分子发生质量传递的速度,同时包含质流分量和扩散分量。通常认为"质流"是由所有分子的平均速度引起的质量传递,而"扩散"是由单个分子随时间变化的随机速度引起的质量传递。

(1) 风

水平方向的空气流称为风,风促使大气污染物得到自然稀释,浓度趋于均一。风速越大,污染物沿下风向传递越快;风向则与污染物走向直接有关,习惯上将风的来向定为风向。

(2) 垂直气流

对流是小尺度垂直气流,由于地面温度高,近地面空气受热膨胀上升,高处冷空气下降,形成对流。它关系到污染物在垂直方向上的迁移。

(3) 不规律空气运动湍流(乱流)

乱流产生于摩擦层气层,该气层与地面接触,厚 1～1.5 km。分为动力湍流和热力湍

流,主次难分。动力湍流是由于气流受到起伏不平的地形扰动而产生。热力湍流是由于地表温度高造成的近地面空气膨胀上升。湍流越强,则污染物在纵向的稀释速率越快。低层大气中污染物的分散在很大程度上取决于动力湍流和热力湍流的混合程度。

对于一个静态平衡大气的流体元,有

$$dP = -\rho g\,dz \qquad (6-2-1)$$

式中:P 为大气压;ρ 为大气密度;g 为重力加速度;z 为高度。

对于受热获得浮力,正向上加速运动的气团,有

$$dv/dt = -g - (1/\rho')(dP/dz) \qquad (6-2-2)$$

由于该气团与周围空气的压力相等,将式(6-2-1)的 dP 代到式(6-2-2)中,有

$$dv/dt = -(\rho'-\rho)g/\rho' \qquad (6-2-3)$$

根据理想气体状态方程

$$P = \rho RT = \rho' RT' \qquad (6-2-4)$$

用温度代替密度,可得

$$dv/dt = -(T'-T)g/T' \qquad (6-2-5)$$

该式为由于温差而造成气团获得浮力加速度的方程。可见受热气团会不断上升,直到 T' 与 T 相等为止,这时气团与周围达到平衡,气团所处的高度称为最大混合层高度(MMD)。图 6-3(a)中 T_0 表示地面温度,温度曲线以实线表示$(dT/dz)_{env}$。图中气团受太阳辐射升温到 T_0',会膨胀而上升,如图虚线所示。两条曲线相交处,就是最大混合层高度。图 6-3(b)是有逆温时的最大混合层高度,这时,最大混合层高度明显降低。夜间存在逆温现象,最大混合层高度较低;季节上夏初最大混合层高度最大。当最大混合层高度小于 1 500 m 时,城市会普遍出现污染现象。

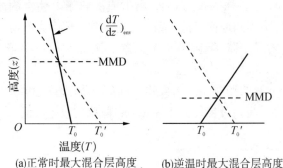

(a)正常时最大混合层高度　(b)逆温时最大混合层高度

图 6-3　正常与逆温时的最大混合层高度

四、干沉降与湿沉降对大气污染物迁移的影响

1. 干沉降

干沉降是指物质在重力作用下或与地面及其他物体碰撞后,发生沉降而被去除。干

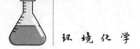

沉降速度,以在某一特定高度内污染物的沉降末速度表示。该特定高度内污染物平均浓度与干沉降速度的乘积,则称为干沉积率。

干沉降第一种机制为物质受重力、浮力、黏滞力的合力作用,这时沉降速率与颗粒的粒径、密度正相关,与空气运动黏滞系数负相关,可以用斯托克斯定律表述。斯托克斯定律公式:

$$v=[gd^2(\rho_1-\rho_2)]/(1.8\eta) \qquad\qquad (6-2-6)$$

式中:v 为沉降速度,m/s;g 为重力加速度,m/s²;d 为粒径,m;ρ_1,ρ_2 分别为颗粒物和空气的密度,kg/m³;η 为空气黏度,Pa·s。

不考虑风力等气象条件,$1.0~\mu m$ 粒径的颗粒物由 5 000 m 高空沉降到地面,需要约 4 年时间;而 $10.0~\mu m$ 粒径的,则仅需 19 天。

第二种机制:大粒径颗粒物($>30~\mu m$)不适用于斯托克斯定律,大粒子周围的流动状态变为湍流,惯性力对流场的作用大于黏滞力。斯托克斯定律要求流体连续,流动状态为层流,粒径符合牛顿定律。

第三种机制:对于小颗粒物($<0.36~\mu m$),由于粒径与分子间平均距离相当,流体不能再被视为连续介质。这些小颗粒物的运动形式为布朗运动。

干沉降对于去除大颗粒悬浮物较为有效,但对于小颗粒不理想。干燥大气悬浮颗粒物大都能传输到很远的下风向地区。统计表明,全球范围内干沉降去除的悬浮颗粒物,只占总悬浮颗粒物(TSP)的 10%~20%(质量分数)。

2. 湿沉降

大气中所含污染物质,包括大气颗粒物和痕量气态污染物,通过雨除、冲刷作用,随降水降落并积留在地表的过程称为湿沉降。湿沉降是污染物质在大气中被消除的重要过程。

雨除:悬浮颗粒物中相当一部分细粒子,特别是粒径小于 $0.1~\mu m$ 的粒子,可以成为云形成中的凝结核。这些凝结核通过凝结、碰撞过程,不断长大为水滴或冰晶。粒径小于 $0.05~\mu m$ 的粒子,还会由于较强的布朗运动,黏附或溶解于上述水滴冰晶。当颗粒的自身重力大于空气浮力时,降落到地面,即形成降雨或降雪。云中大气悬浮颗粒物和其他污染物,参与雨雪形成,并随降水降落地表,称为雨除。雨除对粒径小于 $1~\mu m$ 的颗粒物效率较高。

冲刷:降雨时,云下面的颗粒物及污染物,与降落的雨滴发生惯性碰撞或扩散、吸附过程,从而使颗粒物去除。冲刷对粒径大于 $4~\mu m$ 的颗粒物效率较高。

第三节　大气中污染物的转化

污染物在大气中经过光化学、化学反应过程,可以转化为无毒化合物,也可以转化为毒性更大的污染物。污染物转化,在大气环境化学中十分重要。

一、氮氧化物

1. 氮氧化物的生成

氮氧化物通常指一氧化氮和二氧化氮,用 NO_x 表示。氮氧化物是大气中主要的气态污染物之一,在溶于水后可生成亚硝酸和硝酸,在阳光照射下与其他物质共存可发生光化学烟雾。

氮氧化物的天然来源,主要是生物有机体腐败过程,这里微生物转化有机氮为氮氧化物;有机体氨基酸分解产生的氨,也可被 $\cdot OH$ 氧化为 NO_x。燃烧是 NO_x 的主要人为来源,其中,城市大气 NO_x 主要来自汽车尾气和一些固定排放源。燃烧的高温,使氮和氧通过链式反应机制生成 NO_x。

$$O_2 \longrightarrow \cdot O \cdot + \cdot O \cdot \qquad (极快)$$

$$\cdot O \cdot + N_2 \longrightarrow NO + \cdot \overset{\cdot}{N} \cdot \qquad (极快)$$

$$\cdot \overset{\cdot}{N} \cdot + O_2 \longrightarrow NO + \cdot O \cdot \qquad (极快)$$

$$2NO + O_2 \longrightarrow 2NO_2 \qquad (慢)$$

燃烧生成 NO 的反应很快,但生成 NO_2 的反应很慢。因此,产生的 NO_2 含量相对很少,NO_x 中通常以 NO 为主,占 90% 以上。

2. 空气中 NO_x 的光化学循环反应

NO_x 在光化学过程中非常重要。NO_2 光离产生活泼氧原子,它与 O_2 结合生成 O_3。O_3 又把 NO 氧化成 NO_2。NO、NO_2 与 O_3 之间存在光化学循环。当阳光照射到含有 NO 和 NO_2 的空气时,有如下反应发生

$$NO_2 + h\nu \longrightarrow NO + \cdot O \cdot \qquad k_1 (速率常数)$$

$$\cdot O \cdot + O_2 + M \longrightarrow O_3 + M \qquad k_2$$

$$O_3 + NO \longrightarrow NO_2 + O_2 \qquad k_3$$

这些反应均为基元反应,因此

$$d[NO_2]/dt = -k_1[NO_2] + k_3[O_3][NO]$$
$$d[O]/dt = k_1[NO_2] - k_2[O][O_2][M]$$

采用稳态近似法,假设体系最终达到稳态,此时所有物质生成速率等于消耗速率,浓度保持恒定。则 $d[NO_2]/dt$,$d[O]/dt$ 均等于 0。

$$d[NO_2]/dt = -k_1[NO_2] + k_3[O_3][NO] = 0$$

因此,$[O_3] = k_1[NO_2]/(k_3[NO])$。没有其他反应参与时,$O_3$ 浓度取决于 $[NO_2]/[NO]$。

$$d[O]/dt = k_1[NO_2] - k_2[O][O_2][M] = 0$$

$[O] = k_1[NO_2]/(k_2[O_2][M])$,由于 $[O_2]$、$[M]$ 浓度不变,$[O]$ 仅随 $[NO_2]$ 变化。

3. 氮氧化物的气相转化

(1) NO 的氧化

NO 可以被 O_3、$HO_2\cdot$、$RO_2\cdot$ 直接,或 $\cdot OH$、$RO\cdot$ 通过链式反应间接氧化成 NO_2。

$$直接 \quad NO+O_3 \longrightarrow NO_2+O_2$$
$$间接 \quad RH+\cdot OH \longrightarrow R\cdot +H_2O$$
$$R\cdot +O_2 \longrightarrow RO_2\cdot$$
$$NO+RO_2\cdot \longrightarrow NO_2+RO\cdot$$

生成的 $RO\cdot$ 可与 O_2 进一步反应,O_2 从 $RO\cdot$ 中邻近 O 的亚甲基上摘除 H 原子,生成 HO_2 和相应的醛

$$RO\cdot +O_2 \longrightarrow HO_2\cdot +R'CHO$$
$$HO_2\cdot +NO \longrightarrow HO\cdot +NO_2$$

式中 R' 比 R 少一个碳原子。在一个烃被 $HO\cdot$ 氧化的链式反应中,有两个 NO 被氧化成 NO_2,而 $HO\cdot$ 还得到了复原。

$HO\cdot$ 引发的烃链式反应速度很快,因此能与 O_3 氧化反应竞争,$HO\cdot$ 链式反应氧化较 O_3 氧化占优,这造成了 O_3 的积累。O_3 也成为光化学烟雾的标志产物。

$HO\cdot$ 和 $RO\cdot$ 也可与 NO 反应生成极易光解的亚硝酸或亚硝酸酯

$$HO\cdot +NO \longrightarrow HNO_2$$
$$RO\cdot +NO \longrightarrow RONO$$

(2) NO_2 的转化

NO_2 的光解,引发大气中生成 O_3 的反应。

NO_2 的其他重要反应还包括,它和 $HO\cdot$、O_3 及 NO_3 的反应。

$$NO_2+HO\cdot \longrightarrow HNO_3$$

大气中气态 HNO_3 主要来源于该反应,同时酸雨和酸雾的形成也与之有关。白天大气中 $HO\cdot$ 浓度较夜间高,所以白天反应进行得更为有效。HNO_3 比 HNO_2 在大气中的光解要慢得多,因此它在大气中的汇主要是沉降。

$$NO_2+O_3 \longrightarrow NO_3+O_2$$
$$NO_2+NO_3+M \Longleftrightarrow N_2O_5+M$$

生成 N_2O_5 的反应是一个可逆反应,N_2O_5 又可以分解为 NO_2 和 NO_3。夜间,$HO\cdot$ 浓度相对不高,如果 O_3 有一定积累,NO_2 会被 O_3 氧化成 NO_3,随后进一步生成 N_2O_5。

(3) 过氧乙酰基硝酸酯(PAN)

乙酰基与空气中的 O_2 结合而形成过氧乙酰基,然后再与 NO_2 化合,生成 PAN

$$CH_3CO\cdot +O_2 \longrightarrow CH_3C(O)OO\cdot$$
$$CH_3C(O)OO\cdot +NO_2 \longrightarrow CH_3C(O)OONO_2$$

乙酰基是由乙醛光解产生的:

$$CH_3CHO + h\nu \longrightarrow CH_3CO\cdot + H\cdot$$

而大气中的乙醛主要来源于乙烷的氧化

$$C_2H_6 + HO\cdot \longrightarrow C_2H_5\cdot + H_2O$$
$$C_2H_5\cdot + O_2 + M \longrightarrow C_2H_5O_2 + M$$
$$C_2H_5O_2 + NO \longrightarrow C_2H_5O\cdot + NO_2$$
$$C_2H_5O\cdot + O_2 \longrightarrow CH_3CHO + HO_2\cdot$$

PAN 具有热不稳定性,遇热又分解回到过氧乙酰基和 NO_2;PAN 的形成与分解之间存在着平衡,其平衡常数随温度而变化。如果 PAN 中的乙酰基被其他酰基替代,就会形成相应的过氧某酰基硝酸酯。

4. NO_x 的液相反应

(1) NO_x 可溶于大气中的水,并构成一个复杂的液相平衡体系

该体系存在以下的平衡。

$$2NO_2(g) + H_2O \Longleftrightarrow 2H^+ + NO_2^- + NO_3^- \quad K_{NO_2} = 2.4\times10^{-8}(mol\ L^{-1})^4/Pa^2$$
$$NO(g) + NO_2(g) + H_2O \Longleftrightarrow 2H^+ + 2NO_2^- \quad K_{NO_x} = 3.2\times10^{-11}(mol\ L^{-1})^4/Pa^2$$

这其实是两个平衡过程的总和。首先是 NO 和 NO_2 在气液两相间的平衡,服从亨利定律。

$$NO(g) \Longleftrightarrow NO(aq) \quad K_{H,NO}$$
$$NO_2(g) \Longleftrightarrow NO_2(aq) \quad K_{H,NO_2}$$

然后是溶于水的 NO(aq) 和 NO_2(aq),再通过液相反应产生硝酸和亚硝酸。

分别列出平衡常数 K_{NO_2}、K_{NO_x},经数学转换,可得:

$$[NO_3^-] = [(p_{NO_2}^3/p_{NO})/(K_{NO_2}^2/K_{NO_x})]^{1/4}$$
$$[NO_2^-] = [(p_{NO}^3/p_{NO_2})/(K_{NO_x}^3/K_{NO_2}^2)]^{1/4}$$
$$([NO_3^-]/[NO_2^-]) = (p_{NO_2}/p_{NO})(K_{NO_2}/K_{NO_x})$$

p_{NO}、p_{NO_2} 分别为大气 NO、NO_2 的分压。这样,当 p_{NO_2}/p_{NO} 大于 10^{-5} 时,体系中 $[NO_3^-]$ 远大于 $[NO_2^-]$。由电荷平衡关系式 $[H^+] = [OH^-] + [NO_2^-] + [NO_3^-]$,可以认为此时 $[H^+] \approx [NO_3^-]$。

(2) NH_3,HNO_3 等其他含 N 化合物的液相平衡

NH_3 的液相平衡包括 NH_3 溶于水的两相平衡,以及 $NH_3\cdot H_2O$ 的解离平衡。

$$NH_3(g) + H_2O \Longleftrightarrow NH_3\cdot H_2O \quad K_{H,NH_3}$$
$$NH_3\cdot H_2O \Longleftrightarrow NH_4^+ + OH^- \quad K_{b,NH_3}$$

因此,可溶铵态氮总浓度为:

$$[NH_3\cdot H_2O] + [NH_4^+] = [NH_3\cdot H_2O](1 + K_{b,NH_3}/[OH^-])$$
$$= K_{H,NH_3}p_{NH_3}(1 + K_{b,NH_3}/[OH^-])$$
$$= K_{H,NH_3}p_{NH_3}(1 + K_{b,NH_3}[H^+]/K_w)$$

其中, $K_w = [OH^-][H^+]$, 为水的离子积。

HNO$_3$ 的液相平衡, 包括大气 HNO$_3$ 溶于水的两相平衡, 以及 HNO$_3$ 溶于水之后的解离平衡。

$$HNO_3(g) \rightleftharpoons HNO_3(aq) \qquad K_{H,HNO_3}$$
$$HNO_3(aq) \rightleftharpoons H^+ + NO_3^- \qquad K_{HNO_3}$$

因此, 可溶硝态氮总浓度为:

$$[HNO_3(aq)] + [NO_3^-] = [HNO_3(aq)](1 + K_{HNO_3}/[H^+])$$
$$= K_{H,HNO_3} p_{HNO_3}(1 + K_{HNO_3}/[H^+])$$

HNO$_2$ 的液相平衡与 HNO$_3$ 类似, 可溶亚硝态氮总浓度为:

$$[HNO_2(aq)] + [NO_2^-] = K_{H,HNO_2} p_{HNO_2}(1 + K_{HNO_2}/[H^+])$$

（3）NO$_x$ 反应动力学

NO$_x$ 通过非均相反应生成硝酸、亚硝酸。某些反应进行得非常快, 此时液相表面的含 N 化学物不足以维持平衡的浓度值, 气液界面的扩散过程就会成为控制步骤。

二、碳氢化合物

1. 烷烃的反应

① 氢原子摘除反应

在烷烃与 HO· 和 O· 之间发生, 生成烷基自由基:

$$RH + \cdot OH \longrightarrow R\cdot + H_2O$$
$$RH + \cdot O\cdot \longrightarrow R\cdot + HO$$

前一个反应的速率常数, 比后一个大两个数量级以上。大气中的 ·O· 主要来自 O$_3$ 的光解, 因此通过第二个反应, 烷烃会消耗 ·O·, 导致臭氧层的损耗。甲烷是大气中含量最高的烷烃, 最可能对臭氧层造成损耗。

② 过氧化反应

氢原子摘除所产生的 R·, 与空气中 O$_2$ 结合生成 RO$_2$·。RO$_2$· 可将 NO 氧化成 NO$_2$, 并产生 RO·。O$_2$ 还可从 RO· 中再摘除一个 H, 生成 HO$_2$· 和一个相应的稳定产物醛或酮。

③ 甲烷的相关反应

氢原子摘除:
$$CH_4 + OH\cdot \longrightarrow CH_3\cdot + H_2O$$
$$CH_4 + \cdot O\cdot \longrightarrow CH_3\cdot + HO$$

过氧化反应:
$$CH_3\cdot + O_2 \longrightarrow CH_3O_2\cdot$$

氧化 NO:
$$NO + CH_3O_2\cdot \longrightarrow NO_2 + CH_3O\cdot$$
$$CH_3O\cdot + NO_2 \longrightarrow CH_3ONO_2$$
$$CH_3O\cdot + O_2 \longrightarrow HO_2\cdot + H_2CO$$

RO$_2$·在 NO 浓度低时发生以下反应

$$RO_2 \cdot + HO_2 \cdot \longrightarrow ROOH + O_2$$
$$ROOH + h\nu \longrightarrow RO \cdot + \cdot OH$$

O$_3$ 不能氧化烷烃,但 NO$_3$ 可以氧化烷烃。

$$RH + NO_3 \longrightarrow R \cdot + HNO_3$$

NO$_3$ 由 NO$_2$ 与 O$_3$ 反应生成,极易光解,生成 NO 与 O$_2$,或者 NO$_2$ 和 O·。NO$_3$ 在有阳光的白天不易积累,但在夜间可达一定浓度,城市污染大气中 NO$_3$ 体积分数可达 3.5×10^{-7}。

2. 烯烃的反应

① 加成反应

乙烯与 HO·: $CH_2 = CH_2 + HO \cdot \longrightarrow \cdot CH_2CH_2OH$

之后,过氧化反应:$CH_2CH_2OH + O_2 \longrightarrow \cdot OOCH_2CH_2OH$
$\cdot OOCH_2CH_2OH + NO \longrightarrow \cdot OCH_2CH_2OH + NO_2$

再后,·OCH$_2$CH$_2$OH 分解或者与 O$_2$ 发生氢原子摘除:

$$\cdot OCH_2CH_2OH \longrightarrow H_2CO + \cdot CH_2OH$$
$$\cdot OCH_2CH_2OH + O_2 \longrightarrow HCOCH_2OH + HO_2 \cdot$$

丙烯与 HO·:$CH_3CH = CH_2 + HO \cdot \longrightarrow \cdot CH_3CHCH_2OH$(更稳定、主产物)$+$ $CH_3CH(OH)CH_2 \cdot$(副产物)

② 氢原子摘除反应

发生在烯丙基或苄基上,如丁烯:

$$CH_3CH_2CH = CH_2 + HO \cdot \longrightarrow \cdot CH_3CHCH = CH_2 + H_2O$$

③ 烯烃与臭氧的反应

进一步产生羰基化合物和二元自由基,$R_1 —(C = O)— R_2$ 和 $R_3 —(C \cdot — O — O \cdot)—$ R_4,或者 $R_1 —(C \cdot — O — O \cdot)— R_2$ 和 $R_3 —(C = O)— R_4$。

其中,乙烯与臭氧加成

而后,乙烯臭氧化物分解为 HCHO 和 H$_2$C·—O—O· 二元自由基。二元自由基非常活泼,可以发生单分子的重排反应、裂解反应,也可以和其他分子或自由基发生反应。例如,$H_2C\cdot—O—O\cdot$ 可以重排为 $HCOOH$,也可以裂解为 CO_2+H_2,或 $CO+H_2O$,$H_2C\cdot—O—O\cdot$ 还可以氧化 NO 成 NO_2,自身转变成 $HCHO$。

④ 烯烃与 NO_3 的反应

首先,加成生成自由基,再发生过氧化反应、氧化 NO、酯化反应,生成乙二醇二硝酸酯。

NO_3 加成反应: $CH_2{=}CH_2+NO_3{\longrightarrow}CH_2(ONO_2)—CH_2\cdot$

过氧化反应 $CH_2(ONO_2)—CH_2\cdot+O_2{\longrightarrow}CH_2(ONO_2)—CH_2O_2\cdot$

氧化 NO: $CH_2(ONO_2)—CH_2O_2\cdot+NO{\longrightarrow}CH_2(ONO_2)—CH_2O\cdot+NO_2$

酯化: $CH_2(ONO_2)—CH_2O\cdot+NO_2{\longrightarrow}CH_2(ONO_2)—CH_2(ONO_2)$

3. 环烃、芳香烃的反应

大气中环烃大多在燃烧过程中生成,城市中环烃浓度高于其他地区。环烃在大气中的反应,以氢原子摘除反应为主。

环内双键烯烃,由于可通过适当的构象获得合适的键角,稳定其生成的自由基,与环外双键烯烃相比,具有很强的反应活性。比如大气中环己烯,$HO\cdot$ 和 NO_3 可加成到它的双键上。O_3 可与环己烯烃迅速反应,首先是加成到双键上,之后开环,生成带有二元自由基的脂肪族化合物,并再进一步分解。

相比烷烃和烯烃,对于芳烃大气反应的了解较少,对多环芳烃大气反应了解更少。能与芳烃、多环芳烃反应的主要是 $HO\cdot$,其反应机制是加成反应或氢原子摘除反应。芳烃、多环芳烃发生的氢原子摘除反应与烷烃类似,首先生成相应的烃基自由基,而后与氧分子发生过氧化反应,再氧化 NO 成为 NO_2,自身成为烃氧基自由基,或烃氧基硝酸酯;与烷烃 H 原子摘除不同点则是,有取代基的芳烃、多环芳烃所形成的自由基,因存在 p-π 共轭结构而更加稳定。如甲基苯的氢原子摘除形成非常稳定的苄基自由基。

$HO\cdot$ 和 NO_3 都可以加成到芳烃、多环芳烃的双键上去。甲基苯与 $HO\cdot$ 发生加成反应,$HO\cdot$ 主要加成在甲基的邻位,这时形成的自由基稳定性大。加成形成的自由基的不成对电子,可以位于甲苯苯环上连接甲基的碳原子上,也可以位于沿着顺或反时针方向间隔了 1 个碳原子的那两个碳原子上;这样自由基不成对电子,可与环上两个双键、环外甲基形成大的共轭体系,而增大稳定性。甲基苯的 $HO\cdot$ 间位、对位加成产物中,自由基不成对电子的共轭体系小,稳定性小。

甲基苯的 $HO\cdot$ 邻位加成产物,与 O_2 可以发生氢原子摘除或过氧化反应。前者生成邻位羟基甲苯、$HO_2\cdot$。后者生成的过氧自由基,氧化 NO 之后形成特殊的烃氧自由基,可与 O_2 发生开环反应,最后断裂为两个脂肪烃衍生物。

多环芳烃在湿的气溶胶中,可与氧分子发生光氧化反应,生成环内氧桥化合物,转变为相应的醌。如蒽被 O_2 氧化,最后转化为 9,10 -蒽醌。

4. 醚、醇、酮、醛的反应

烷烃衍生的醚、醇、酮、醛,在大气中的反应主要是与 $HO\cdot$ 发生氢原子摘除反应,如乙醇。

$$CH_3CH_2OH+HO\cdot \longrightarrow \cdot CH_3CHOH+H_2O$$

所生成的自由基,在 O_2 存在下,可生成过氧自由基,与 $RO_2\cdot$ 有相类似的氧化作用。

在污染空气中,上述各含氧有机化合物,醛最为重要。醛,尤其是甲醛,既是一次污染物,又可由大气中的烃氧化而产生;几乎所有大气污染化学反应都有甲醛参与。其主要反应有:

$$H_2CO+HO\cdot \longrightarrow HCO\cdot +H_2O$$
$$HCO\cdot +O_2 \longrightarrow CO+HO_2\cdot$$

甲醛能与 $HO_2\cdot$ 迅速反应:

$$H_2CO+HO_2\cdot \longrightarrow H_2C(-O\cdot)OOH$$

产物经重排得到的 $H_2C(OH)OO\cdot$ 是一个比较稳定的过氧自由基,可氧化大气中的 NO,然后与 O_2 反应生成甲酸,生成的甲酸会对酸雨有贡献。

$$H_2C(OH)OO\cdot +NO \longrightarrow (HO)H_2CO\cdot +NO_2$$
$$H_2C(OH)OO\cdot +O_2 \longrightarrow HCOOH+HO_2\cdot$$

醛也能与 NO_3 反应:

$$RCHO+NO_3 \longrightarrow RCO\cdot +HNO_3$$

不饱和烃和芳烃的醚、醇、酮、醛衍生物,在大气中主要发生与 $HO\cdot$ 的加成反应。其反应类似于烯烃与 $HO\cdot$ 的加成。

三、硫氧化物

大气 SO_2 转化,包括 SO_2 氧化成 SO_3,SO_3 被水吸收、生成硫酸,从而形成酸雨或硫酸烟雾,硫酸与大气中的 NH_4^+ 等阳离子结合,生成硫酸盐气溶胶。

1. 二氧化硫的气相氧化

(1) SO_2 的直接光氧化

低层大气 SO_2 气态分子吸光,只能形成激发态 SO_2 分子,而不发生光离解。激发态有单重激发态、三重激发态。电子跃迁后,原本成对的两个电子处于分立的轨道上,自旋方向相同要比相反更稳定些(Hund 定则),因此,三重态激发态比单重态激发态稳定。SO_2 吸收太阳紫外光,跃迁至单重态、三重态。

$$SO_2+h\nu(290\sim340\ nm) \longrightarrow {}^1SO_2(单重态)$$
$$SO_2+h\nu(340\sim400\ nm) \longrightarrow {}^3SO_2(三重态)$$

能量较高的单重态分子,可跃迁到三重态或基态。在环境大气条件下,激发态的 SO_2 主要以相对稳定的三重态形式存在。

$$^1SO_2+M \longrightarrow {}^3SO_2+M$$

$$^1SO_2+M \longrightarrow SO_2+M$$

大气中 SO_2 直接氧化成 SO_3 的机制为：

$$^3SO_2+O_2 \longrightarrow SO_4 \longrightarrow SO_3+\cdot O\cdot$$
$$SO_4+SO_2 \longrightarrow 2SO_3$$

（2）SO_2 被自由基氧化

污染大气中，有机污染物光解与化学反应，可生成各种自由基，如 $HO\cdot$、$HO_2\cdot$、$RO\cdot$、$RO_2\cdot$ 和 $RC(O)O_2\cdot$ 等。这些自由基大多数都有较强的氧化作用，在这样的污染大气中，SO_2 很容易被氧化。

SO_2 与 $HO\cdot$ 的氧化反应，是大气中 SO_2 转化的重要反应，首先 $HO\cdot$ 与 SO_2 结合，形成一个活性自由基：

$$HO\cdot+SO_2+M \longrightarrow HOS(=O)O\cdot+M$$

这个反应可视为 $HO\cdot$ 对 S、O 双键的加成反应。由于自由基带有不成对电子，因此相对容易从 S、O 中电负性较小的 S 上进攻双键，这样生成的自由基，其不成对电子在 O 原子上，会比 $\cdot S(=O)OOH$ 更稳定。

$HOSO_2\cdot$ 进一步与空气中 O_2 作用：

$$HOSO_2\cdot+O_2+M \longrightarrow HO_2\cdot+SO_3+M$$
$$SO_3+H_2O \longrightarrow H_2SO_4$$

反应过程中所生成的 $HO_2\cdot$，通过氧化 NO，自身被还原为 $HO\cdot$ 而再生，使上述 SO_2 氧化循环进行，其速度决定步骤是 SO_2 与 $HO\cdot$ 的反应。

SO_2 与其他自由基的反应。另一个重要反应是 SO_2 与二元活性自由基的反应。二元活性自基可由 O_3 与烯烃反应生成。由于它的结构中含有两个活性中心，如 $CH_3C\cdot(H)OO\cdot$，易发生反应，如：

$$CH_3C\cdot(H)OO\cdot+SO_2 \longrightarrow CH_3CHO+SO_3$$

过氧自由基（通式 $AO_2\cdot$）$HO_2\cdot$、$CH_3O_2\cdot$、$CH_3C(O)O_2\cdot$ 也能将 SO_2 氧化成 SO_3：

$$AO_2\cdot+SO_2 \longrightarrow AO\cdot+SO_3$$

（3）SO_2 被氧原子氧化

污染大气的氧原子主要来源于 NO_2 的光解：

$$NO_2+h\nu \longrightarrow NO+\cdot O\cdot$$
$$SO_2+O\cdot \longrightarrow SO_3$$

NO_2 光解，是氮氧化物光化学循环的重要反应。氮氧化物光化学循环中，NO_2 光解生成 $O\cdot$、与 O_3 形成消耗 $O\cdot$，同时不断进行，体系处于稳态。SO_2 被氧原子氧化的反应速率甚小，对体系稳态，以及 $O\cdot$ 稳态浓度影响不大。

对 SO_2 的氧化去除，贡献最大的自由基是 $HO\cdot$，去除率为 $3.2\%/h$，其次是 $\cdot O\cdot$，为

0.002%/h。这一去除率与自由基的含量有关,但主要由反应速率常数决定。

$$SO_2 + O_x \longrightarrow SO_2O_x \qquad 反应速率常数\ k$$
$$-d[SO_2]/dt = k\,[SO_2][O_x]$$
$$t=0, [SO_2]=[SO_2]_0,$$
$$[SO_2]/[SO_2]_0 = \exp(-k[O_x]t)$$

2. 二氧化硫的液相氧化

大气中存在着少量水和颗粒物质。SO_2 可溶于大气中的水,也可溶解在颗粒物表面所吸附的水中,从而发生液相反应。

(1) SO_2 的液相平衡

SO_2 被水吸收

$$SO_2 + H_2O \rightleftharpoons SO_2 \cdot H_2O \qquad K_H$$
$$SO_2 \cdot H_2O \rightleftharpoons H^+ + HSO_3^- \qquad K_{S1}$$
$$HSO_3^- \rightleftharpoons H^+ + SO_3^{2-} \qquad K_{S2}$$

液相可溶态四价硫,$SO_2 \cdot H_2O$、HSO_3^-、SO_3^{2-} 的浓度,可由大气中 SO_2 分压,结合亨利定律平衡常数 K_H,以及亚硫酸的一、二级解离常数计算获得。

液相可溶性四价硫总浓度为:

$$[S(\text{IV})] = [SO_2 \cdot H_2O] + [HSO_3^-] + [SO_3^{2-}]$$

在高 pH 范围,$S(\text{IV})$ 以 SO_3^{2-} 为主,中间 pH 时以 HSO_3^- 为主,而低 pH 时以 $SO_2 \cdot H_2O$ 为主。$S(\text{IV})$ 参与的液相化学反应,反应速度依赖于 pH。

(2) O_3 对 SO_2 的氧化

污染空气中 O_3 的浓度比清洁空气高,这是由于 NO_2 光解导致。O_3 可溶于大气的水中,将 SO_2 氧化:

$$O_3 + SO_2 \cdot H_2O \longrightarrow 2H^+ + SO_4^{2-} + O_2$$
$$O_3 + HSO_3^- \longrightarrow H^+ + SO_4^{2-} + O_2$$
$$O_3 + SO_3^{2-} \longrightarrow SO_4^{2-} + O_2$$

O_3 与 SO_3^{2-} 反应最快,其次是 HSO_3^-,最慢的是 $SO_2 \cdot H_2O$。这三个反应的重要性随 pH 的变化而不同,pH 较低时,$SO_2 \cdot H_2O$ 与 O_3 反应较为重要,pH 较高时,SO_3^{2-} 与 O_3 的反应占优势。

(3) H_2O_2 对 SO_2 的氧化

H_2O_2 在 pH 为 0~8 范围内,均可氧化 SO_2,通常氧化反应式可表示为:

$$HSO_3^- + H_2O_2 \longrightarrow SO_2OOH^- + H_2O$$

即
$$SO(OH)O^- + H_2O_2 \longrightarrow SO(O^-)OOH + H_2O$$
$$SO(O^-)OOH + H^+ \longrightarrow H_2SO_4$$

过氧亚硫酸生成硫酸,需要结合一个质子;因此介质酸性越强,反应越快。

（4）金属离子对 SO_2 液相氧化的催化作用

过渡金属离子可以催化 SO_2 的液相氧化反应，但这种催化过程比较复杂，步骤多，反应速度表达式多为经验式。以催化作用较大的 Mn^{2+} 为例。

$$SO_2 + Mn^{2+} \longrightarrow MnSO_2^{2+}$$
$$2MnSO_2^{2+} + O_2 \longrightarrow 2MnSO_3^{2+}$$
$$MnSO_3^{2+} + H_2O \longrightarrow Mn^{2+} + H_2SO_4$$

总反应为： $2SO_2 + 2H_2O + O_2 + Mn^{2+} \longrightarrow 2H_2SO_4 + Mn^{2+}$

只能粗略比较 SO_2 各种液相氧化途径的贡献。贡献最大的途径，当 pH 低于 4 或 5 时，是 H_2O_2；pH≈5 或更大时，是 O_3；而在高 pH 下，则是 Fe、Mn 催化氧化。在所有 pH 范围内，$HNO_2(NO_2^-)$、NO_2 对 S(Ⅳ) 的氧化都不重要。

第四节　重要的大气污染现象

重要大气污染现象有光化学烟雾、硫酸型烟雾、酸雨、温室效应、臭氧层破坏、颗粒物污染等。温室效应、臭氧层破坏是全球性污染，酸雨、颗粒物污染是区域性污染，光化学烟雾、硫酸型烟雾是地区性污染。

一、地区性污染

1. 光化学烟雾

（1）现象

光化学烟雾于 1943 年首次出现在美国洛杉矶，特征是烟雾呈蓝色，具有强氧化性，能使橡胶开裂，刺激人眼，伤害植物叶子，并使大气能见度降低。光化学烟雾刺激物浓度高峰出现在中午或午后。污染区域一般在污染源的下风向几十到几百 km 处。形成光化学烟雾，必须存在有氮氧化物和碳氢化合物，大气温度低，阳光照射强。

含有氮氧化物和碳氢化合物等一次污染物的大气，在阳光照射下发生光化学反应而产生二次污染物，如 O_3、醛、PAN、H_2O_2 等；这种由一次与二次污染物混合形成的烟雾污染现象，称为光化学烟雾，也称洛杉矶烟雾。

继洛杉矶之后，光化学烟雾在世界多地出现，如日本的东京、大阪，英国的伦敦，以及澳大利亚、德国等的大城市。自 1950 年代至今，对于光化学烟雾的发生源、发生条件、反应机制及模型，其对生态系统的毒害，以及光化学烟雾监测和控制等，开展了大量研究，并取得了许多成果。

① 污染物浓度的日变化

光化学烟雾在白天生成，傍晚消失，污染高峰出现在中午或稍后。污染区大气 NO、NO_2、烃、醛及 O_3 呈规律性日变化。

烃和 NO 的最大值在早晨交通早高峰时,来源是汽车尾气。NO_2、醛、O_3 的浓度随太阳辐射增强而迅速增大,其峰值通常比 NO 峰值晚出现 4～5 h。这表明 NO_2、O_3、醛是光化学反应的二次污染物。

交通晚高峰,日光较弱,不足以引起光化学烟雾。

② 烟雾箱模拟实验

实验是在一个大的封闭容器中,通入反应气体,在模拟太阳光的人工光源照射下,模拟大气光化学反应,研究光化学烟雾中各物种的浓度随时间变化的机理。

以丙烯、NO_x、空气混合气体为起始物质,光照射后结果显示,随着实验进行,NO 向 NO_2 转化,丙烯被氧化消耗,相应生成臭氧及其他二次污染物,如 PAN、H_2CO。其中的关键反应有:NO_2 光解导致 O_3 生成;丙烯被氧化生成多种自由基,如 $HO·$、$HO_2·$、$RO_2·$ 等;$HO_2·$ 和 $RO_2·$ 等促进了 NO 向 NO_2 转化,提供了更多的生成 O_3 的 NO_2 源。

(2)光化学烟雾的形成机制

光化学烟雾是一个链式反应。

① 引发反应。主要是 NO_2 光解。NO_2 吸收 $\lambda < 430$ nm 的光发生光离解,生成 $·O·$ 和 NO,其中 $·O·$ 与 O_2 形成 O_3,而 O_3 再将 NO 氧化为 NO_2。这一系列反应,被称为 NO_x 的光化学循环反应。当 NO、NO_2 和 O_3 三者之间达到稳态时,O_3 的平衡浓度取决于体系中 NO 和 NO_2 的浓度。

醛光解也属于自由基引发反应。

$$RCHO + h\nu \longrightarrow RCO· + H·$$

② 自由基传递反应。实现自由基转化和增殖,其根本原因是由于存在碳氢化合物。

$$RH + O· \longrightarrow R· + HO·$$
$$RH + HO· \longrightarrow R· + H_2O$$
$$H· + O_2 \longrightarrow HO_2·$$
$$R· + O_2 \longrightarrow RO_2·$$
$$RCO· + O_2 \longrightarrow RC(O)O_2·$$

$R·$、$RCO·$、$RO_2·$、$RC(O)O_2·$ 分别为烷基、酰基、过氧烷基、过氧酰基自由基。

过氧类自由基 $AO_2·$(A 为 H、R、RC(O))均可将 NO 氧化成 NO_2,在不消耗臭氧的情况下,使 NO_2 再生。如

$$NO + AO_2· \longrightarrow NO_2 + AO·$$

一个烃类自由基形成后,到它猝灭之前,可以参加多个自由基传递反应。比如,烷基自由基 $·R^1$ 转化为醛、醛基自由基,再转化为少一个 C 原子的烷基自由基 $·R^2$。自由基传递过程提供了使 NO 向 NO_2 转化的条件。

$$NO + R^1O_2· \longrightarrow NO_2 + R^1O·$$
$$R^1O· + O_2 \longrightarrow HO_2· + R^2CHO \qquad R^2 比 R^1 少一个 C 原子$$
$$NO + R^2C(O)O_2· \longrightarrow NO_2 + R^2C(O)O·$$

$$R^2C(O)O\cdot + O_2 \longrightarrow \cdot R^2 + CO_2$$

③ 终止反应。NO_2 起链引发作用，但同时又可以生成 PAN、HNO_3 和硝酸酯等稳定产物，起链中止作用。

光化学烟雾形成的简化机制，概括为 3 类 12 个反应。引发反应，为 NO_x 的光化学循环反应，3 个。

传递反应，6 个。其中 3 个为过氧类自由基形成反应，3 个为过氧类自由基与 NO 发生的反应。

$$RH + HO\cdot + O_2 \longrightarrow RO_2\cdot + H_2O$$
$$RCHO + HO\cdot + O_2 \longrightarrow RC(O)O_2\cdot + H_2O$$
$$RCHO + 2O_2 \longrightarrow RO_2\cdot + HO_2\cdot + CO_2$$
$$NO + HO_2\cdot \longrightarrow NO_2 + HO\cdot$$
$$NO + RO_2\cdot + O_2 \longrightarrow NO_2 + HO_2\cdot + R'CHO$$
$$NO + RC(O)O_2\cdot + O_2 \longrightarrow NO_2 + RO_2\cdot + CO_2$$

终止反应，3 个

$$HO\cdot + NO_2 \longrightarrow HNO_3$$
$$RC(O)O_2\cdot + NO_2 \longrightarrow RC(O)O_2NO_2$$
$$RC(O)O_2NO_2\cdot \longrightarrow RC(O)O_2\cdot + NO_2 \qquad \text{PAN 生成反应的逆反应}$$

(3) 有机污染物初始浓度对光化学烟雾的影响

依照简化机制，固定 NO 初始浓度，计算不同有机物初始浓度时体系中各组分含量。

当有机物初始浓度较低时，反应中总有机物消耗很少，RCHO 略有增加；NO 向 NO_2 转化显著，且有 O_3 生成；但因有机物浓度低，O_3 生成量也很低。

有机物初始浓度中等时，NO 向 NO_2 转化加快，O_3 生成速度和浓度也增大。

有机物浓度较高时，120 min 时 NO_2 出现了极大值，随后降低，原因是有消耗 NO_2 的反应在竞争。由于光解速率增加，RCHO 浓度下降很快。有机物浓度较高时的模拟结果，与实际大气及烟雾箱模拟实验比较接近。

日出前，大气中仅少量 NO 被氧化为 NO_2。日出后，NO_2 光解生成 $O\cdot$，引发次级反应；碳氢化合物则产生大量自由基，并可以与 O_2 作用生成多种过氧类自由基。过氧类自由基可有效地将 NO 氧化为 NO_2。这时，NO_2、O_3 浓度上升，碳氢化合物与 NO 浓度下降。但是，NO_2 同时可以发生终止反应，使 NO_2 增长受到限制。因为 O_3 还在不断地增加，当 NO 向 NO_2 转化的速率等于自由基与 NO_2 之间终止反应的速率时，NO_2 浓度达到极大。当 NO_2 浓度下降到一定程度时，其光解产生的 $O\cdot$ 量不断减少，这时 O_3 生成速度减少。当 O_3 的增加与其消耗达到平衡时，O_3 的浓度达到最大。下午，因日光减弱，NO_2 光解受到限制，于是反应趋于缓慢，产物浓度相继下降。

(4) 光化学烟雾的控制对策

① 控制高反应活性有机物的排放

有机物反应活性，表示某有机物通过反应生成产物的能力。碳氢化合物是光化学烟雾形成过程中必不可少的重要组分,控制那些反应活性高的有机物的排放,能有效地控制光化学烟雾的形成和发展。

描述有机物反应活性的因素有很多,但光化学反应中,一般依据有机物与 HO· 反应的速率来将有机物的反应活性进行分类。大多数有机物均可与 HO· 发生反应,且 HO· 是光化学反应中消耗有机物的主要化学物种。即使是极易与 O_3 反应的烯烃,照射初期其与 HO· 反应也同样起主要作用。

反应活性大致顺序:有内双键的烯烃>二烷基或三烷基芳烃和有外双键的烯烃>乙烯>单烷基芳烃>$C_2 \sim C_5$ 以上的烷烃>$C_2 \sim C_5$ 的烷烃。

② 控制臭氧的浓度

氮氧化物和碳氢化合物初始浓度的大小会影响 O_3 的生成量和生成速度。当 $[RH]_0/[NO_x]_0$ 高时,NO_x 少,O_3 的生成受 NO_x 量的限制,因此这时 NO_x 对 O_3 生成非常灵敏,但 RH 对 O_3 生成影响不大。当 $[RH]_0/[NO_x]_0$ 低时,O_3 生成不受限于 NO_x 的量,而受限于光照射时间和 O_3 形成速度。这时 RH 量少,相应的自由基浓度也低,NO 向 NO_2 转化慢,O_3 在日落之前可能无法达到最大值。照射时间成了影响生成 O_3 量的主要因素。

大气中 $[RH]_0/[NO_x]_0$ 值,对于生成 O_3 量,有控制作用的。已有的研究成果表明,不同的 $[RH]_0/[NO_x]_0$ 值,与相应的 O_3 生成浓度最大值和 O_3 生成速度之间,不是简单的直线关系。

2. 硫酸烟雾型污染

硫酸烟雾最早发生在英国伦敦,也被称为伦敦烟雾。这种大气污染现象,主要由燃煤污染物造成,包括燃煤排放的 SO_2、颗粒物,以及 SO_2 氧化所形成的硫酸盐颗粒物。这种污染多发生在冬季,气温较低、湿度较高和日光较弱的气象条件下。1952 年 12 月,伦敦发生硫酸烟雾时,上空受冷高压控制,高空中的云阻挡了来自太阳的光。地面温度迅速降低,相对湿度高达 80%,于是就形成了雾。由于地面温度低,上空又形成了逆温层。大量家庭的烟囱和工厂所排放出来的烟,积聚在低层大气中难以扩散,在低层大气中就形成了很浓的黄色烟雾。

在硫酸型烟雾的形成过程中,SO_2 转变为 SO_3 的氧化反应,主要靠雾滴中锰、铁及氨的催化作用而加速完成。SO_2 的氧化速度还会受到其他污染物、温度,以及光强等的影响。

硫酸烟雾污染物,从化学上看属于还原性混合物,故称此烟雾为还原烟雾。而光化学烟雾是高浓度氧化剂的混合物,因此也称为氧化烟雾。这两种烟雾在许多方面具有相反的化学行为。产生这两种烟雾的根源各有不同,伦敦烟雾主要是由燃煤引起的,光化学烟雾则主要是由汽车排气引起的。表 6-2 给出了两种类型烟雾的区别。目前已发现两种类型烟雾污染可交替发生。例如,广州夏季以光化学烟雾为主,而冬季则以硫酸烟雾为主。

表 6-2　不同类型烟雾的区别

项目		伦敦型	洛杉矶型
概况		发生较早(1873 年),至今已多次出现	发生较晚(1946 年),发生光化学反应
污染物		颗粒物,SO_2,硫酸雾等	碳氢化合物,NO_x、O_3、PAN、醛类等
燃料		煤	汽油、煤气、石油
气象条件	季节	冬	夏、秋
	气温	低(4 ℃以下)	高(24 ℃以上)
	湿度	高	低
	日光	弱	强
臭氧浓度		低	高
出现时间		白天夜间连续	白天
毒性		对呼吸道有刺激作用,严重时导致死亡	对眼和呼吸道有强刺激作用,O_3 等氧化剂有强氧化破坏作用,严重时可导致死亡

注:本表自王晓蓉,1993。

二、区域性大气污染现象

1. 酸性降水

通过降水,如雨、雪、雾、冰雹等,将大气中的酸性物质迁移到地面的过程,为酸性降水。酸雨是最常见的一种。降水过程称为湿沉降,与之对应的是干沉降,指大气中酸性物质在气流的作用下,直接迁移到地面的过程。两种过程共同称为酸沉降。这里主要讨论湿沉降。

酸性降水的研究始于酸雨问题出现之后。20 世纪 50 年代,英国的 RA Smith 最早观察到酸雨,并提出酸雨这个名词。之后发现降水酸性有增强的趋势,尤其当西欧、北美均发现酸雨对地表水、土壤、森林、植被等有严重的危害之后,酸雨问题受到普遍重视。各国相继大力开展酸雨研究,纷纷建立酸雨监测网站,制订长期研究计划,开展国际间合作。

我国酸雨研究工作,始于 20 世纪 70 年代末,在北京、上海、南京、重庆和贵阳等城市开展研究。1982—1984 年,我国开展酸雨调查,1985—1986 年,我国在全国范围内布设了 189 个监测站,523 个降水采样点,对降水数据进行了全面系统分析。调研表明,我国降水年平均 pH 小于 5.6 的地区,主要分布在秦岭淮河以南;降水年平均 pH 小于 5.0 的地区,主要在西南、华南以及东南沿海;我国酸雨的主要致酸物是含硫化合物。

（1）降水的 pH

在未被污染的大气中,可溶于水且含量比较大的酸性气体是 CO_2。如果只把 CO_2 作为影响天然降水 pH 的因素,根据 CO_2 的全球大气体积分数 3.3×10^{-4},以及 CO_2 与纯水的平衡:

$$CO_2(g) \Longleftrightarrow CO_2(aq) \qquad K_H$$
$$CO_2 + H_2O \Longleftrightarrow H_2CO_3 \qquad K_S$$
$$H_2CO_3 \Longleftrightarrow H^+ + HCO_3^- \qquad K_1$$
$$HCO_3^- \Longleftrightarrow H^+ + CO_3^{2-} \qquad K_2$$

在一定温度下,水的离子积 K_w、亨利常数 K_H、碳酸形成常数 K_s,以及一二级解离常数 K_1、K_2、pco_2 都有定值。由上述平衡方程列出平衡常数表达式,结合体系的物料、电荷、质子三大平衡方程式,代入相应数值,即可求得未受污染的大气水 pH=5.6。详细运算过程,可参考第 7 章相关内容。多年来国际上一直将 5.6 视为降水的 pH 背景值,以 pH 是否低于 5.6 来界定酸雨。

(2) 降水 pH 的背景值

实际上,大气中除 CO_2 外,还存在各种酸碱性气态和气溶胶物质。它们量虽少,但对降水的 pH 也有贡献。未被污染的大气,降水 pH 不一定正好是 5.6。作为对降水 pH 影响较大的强酸,如硫酸和硝酸,也有其天然产生的来源,对降水 pH 同样有贡献。相反,有些地域大气中碱性尘粒或其他碱性气体,如 NH_3 含量较高,会导致降水 pH 上升。只有调查降水 pH 的背景值,才可以更合理地判定人为活动导致的酸雨。

世界各地区自然条件不同,地质、气象、水文等存在差异,降水 pH 各不相同。这样,即使 pH 大于 5.6 的降水,未必没受到酸性物质的人为干扰,因为雨水的缓冲能力如大于人为酸性干扰,是不会使雨水呈酸性的。另一方面,雨水与天然本底硫平衡时,pH 为 5.0,那么 pH 在 5.0~5.6 的雨水,由于并未超出天然缓冲作用的调节范围,很难判定人为活动是否影响了降水的 pH。但如果雨水 pH 小于 5.0,就可以确信人为影响是存在的;基于此,认为 5.0 作为酸雨 pH 的界限更为确切。

(3) 降水的化学组成

① 降水的组成

大气中固定气体成分。O_2、N_2、CO_2 及惰性气体。

无机物。土壤衍生矿物离子,Al^{3+}、Ca^{2+}、Mg^{2+}、Fe^{3+}、Mn^{2+} 和硅酸盐等;海洋盐类离子,Na^+、Cl^-、Br^-、SO_4^{2-}、HCO_3^- 及少量 K^+、Mg^{2+}、Ca^{2+}、I^- 和 PO_4^{3-};气体转化产物,SO_4^{2-}、NO_3^-、NH_4^+、Cl^- 和 H^+;人为排放源,As、Cd、Cr、Co、Cu、Pb、Mn、Mo、Ni、V、Zn、Ag、Sn 和 Hg 等的化合物。

有机物。有机酸、醛类、烷烃、烯烃和芳烃。

光化学反应产物。H_2O_2、O_3 和 PAN 等。

不溶物。雨水中的不溶物,来自土壤粒子和燃料燃烧排放尘粒中的不能溶于雨水的部分。

② 降水中的离子成分

降水中最重要的离子是 SO_4^{2-}、NO_3^-、Cl^-、NH_4^+、Ca^{2+}、H^+。这些离子参与了地表土壤的平衡,对陆地和水生态系统有很大影响。

降水中 SO_4^{2-} 含量各地区有很大差别,大致为 1~20 mg/L(10~210 $\mu mol/L$)。降水中 SO_4^{2-} 除来自岩石矿物风化作用、土壤中有机物、动植物与废弃物的分解之外,更多地来源于燃料燃烧时的排放,因此在工业区和城市的降水中 SO_4^{2-} 含量一般较高,且冬季高于夏季。我国城市降水中 SO_4^{2-} 含量高于外国,这与我国燃煤污染严重有关。

降水中的含氮化合物存在形式多样,主要是 NO_3^-、NO_2^- 和 NH_4^+,含量小于 1~3 mg/L。降水中 NO_3^- 一部分来自人为污染源排放的 NO_x 和尘粒,但相当一部分可能来自空气放电产生的 NO_x。NH_4^+ 的主要来源是生物腐败,及土壤和海洋挥发等天然源排放的 NH_3。

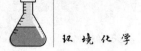

碱性土壤地区降水中 NH_4^+ 含量相对较高。

降水中阴离子含量最高的是 SO_4^{2-}，其次 NO_3^- 和 Cl^-，主要阳离子为 NH_4^+、Ca^{2+} 和 H^+。在国外，硫酸和硝酸是降水酸度的主要贡献者，两者比例大致是 $2:1$。国外一些数据显示（美国加州），降水中 NO_3^- 至少同 SO_4^{2-} 一样重要，这可能与汽车尾气污染有关。我国酸雨一般是硫酸型的，SO_4^{2-} 含量约为 NO_3^- 的 $3\sim10$ 倍。

国外降水中 Ca^{2+} 浓度较小，我国降水 Ca^{2+} 浓度比国外降水高 1 到 2 个数量级，提供了相当大的中和能力。

③ 降水中的有机酸

通常认为降水酸度主要来自硫酸和硝酸等强酸，但有机弱酸（甲酸和乙酸等）对降水酸度也有贡献。在美国城市地区，有机酸对降水自由酸度的贡献为 $16\%\sim35\%$ 左右；而在偏远地区，它们酸度的贡献甚至可高达 60% 以上。我国南方城市或工业区雨水中，有机酸浓度并不低，但对自由酸贡献很小；但在高山降水中，虽然有机酸绝对浓度不很高，但对自由酸的贡献却较大。

④ 降水中的金属元素

湿沉降中金属元素浓度，城市＞乡村＞偏远地区。人为活动对金属元素湿沉降的影响是明显的。

（4）酸雨的化学组成

酸雨中有多种无机酸和有机酸，主要是硫酸和硝酸，硫酸最多。从污染源放出来的 SO_2 和 NO_x 是形成酸雨的主要起始物，形成过程为：

$$SO_2 + [O] \longrightarrow SO_3$$
$$SO_3 + H_2O \longrightarrow H_2SO_4$$
$$SO_2 + H_2O \longrightarrow H_2SO_3$$
$$H_2SO_3 + [O] \longrightarrow H_2SO_4$$
$$NO + [O] \longrightarrow NO_2$$
$$2NO_2 + H_2O \longrightarrow HNO_3 + HNO_2$$

式中：$[O]$ 为各种氧化剂。

大气中的 SO_2 和 NO_x 经氧化后，溶于水形成硫酸、亚硫酸、硝酸和亚硝酸，这是造成降水 pH 降低的主要原因。其他气态或固态酸性物质进入大气，也会影响降水的 pH。大气颗粒物中 Mn、Cu、V 等，可以是酸性气体氧化的催化剂。大气光化学反应生成的 O_3 和 $HO_2\cdot$ 等，可以氧化 SO_2。

飞灰中的氧化钙，土壤中的碳酸钙，天然和人为来源的 NH_3 以及其他碱性物质都可使降水中的酸中和，对酸性降水起"缓冲作用"。大气中酸性气体浓度高时，如果中和酸的碱性物质很多，即缓冲能力很强，降水就不会有很高的酸性，甚至可能成为碱性。在碱性土壤地区，如大气颗粒物浓度高时，往往如此。相反，即使大气中 SO_2 和 NO_x 浓度不高，但碱性物质相对较少，降水也仍然会有较高的酸性。

研究酸雨，通常分析测定的化学离子有：

阳离子：H^+、Ca^{2+}、NH_4^+、Na^+、K^+、Mg^{2+}；

阴离子:SO_4^{2-}、NO_3^-、Cl^-、HCO_3^-。

我国北京与西南地区降水的离子实测数据显示,源于海洋的 Cl^- 和 Na^+ 浓度相近;SO_4^{2-} 在阴离子中占绝对优势,阳离子中 H^+、Ca^{2+}、NH_4^+ 占 80%;酸指标阴离子(SO_4^{2-} + NO_3^-)浓度相差不大,缓冲阳离子(Ca^{2+}、NH_4^+、K^+)浓度相差较大。我国酸雨中关键性离子组分为 SO_4^{2-}、Ca^{2+} 和 NH_4^+。SO_4^{2-} 来源主要是燃煤排放的 SO_2,Ca^{2+} 和 NH_4^+ 的来源较为复杂,但以天然来源为主,所以缓冲阳离子与各地自然条件,尤其是土壤理化性质有很大关系,这可以在一定程度上解释我国酸雨分布的区域性。

(5) 影响酸雨形成的因素

① 酸性污染物的排放及其转化条件

监测数据显示,降水酸度的时空分布与大气中 SO_2 和降水中 SO_4^{2-} 浓度的时空分布存在着相关性。SO_2 污染严重地区,降水中 SO_4^{2-} 浓度高,降水的 pH 低。我国西南地区煤的含硫量高,直接燃烧后,大量排放 SO_2。这个地区的气候条件,也有利于 SO_2 的转化,形成强酸性降雨。

② 大气中的氨

降水 pH 决定于硫酸、硝酸与 NH_3 以及碱性尘粒的相互关系。NH_3 为碱性气体、易溶于水,能中和酸性气溶胶或雨水中的酸。大气中,NH_3 与硫酸气溶胶形成 $(NH_4)_2SO_4$ 或 NH_4HSO_4。SO_2 也与 NH_3 反应,避免转化为硫酸。酸雨严重的地区,往往是酸性气体排放量大,并且大气中 NH_3 含量少的地区。

大气中 NH_3 的来源主要是有机物分解,和农田施用的含氮肥料的挥发。土壤 NH_3 挥发量随着土壤 pH 的上升而增大。我国重庆、贵阳地区,大气中 NH_3 含量较低,同时土壤偏酸性,风沙扬尘的缓冲能力也低,这两个因素合在一起,使其成为酸雨多发区。

③ 颗粒物酸度及其缓冲能力

酸雨也与大气中颗粒物性质有关。大气颗粒物组成复杂,主要是扬尘。扬尘的化学组成与土壤组成基本相同,因而颗粒物的酸碱性取决于土壤的性质。我国大气颗粒物浓度普遍很高,在酸雨研究中不能忽视。

颗粒物对酸雨的形成有两方面的作用,一是其中的金属可催化 SO_2 氧化成硫酸。二是对酸起中和作用。但如果颗粒物本身是酸性的,就不能起中和作用,而且还会成为酸的来源之一。无酸雨地区颗粒物的 pH 和缓冲能力均高于酸雨区,就我国颗粒物缓冲能力而言,北京大大高于西南地区,酸雨弱的成都又高于酸雨重的贵阳和重庆。

④ 天气形势的影响

气象条件和地形如有利于污染物扩散,则大气污染物浓度降低,酸雨减弱,反之则加重。重庆煤耗量只相当于北京的三分之一,但每年排放 SO_2 量为北京的 2 倍。而且重庆和贵阳的气象条件和多山地形均不利于污染物扩散,所以成为强酸性降雨区。

2. 雾霾、沙尘暴与大气颗粒物

(1) 雾霾、沙尘暴

雾霾、轻雾、沙尘暴、扬沙、浮尘等天气现象,均由大气颗粒物影响产生,均致使有效水平能见度小于 10 km。有时气象专业人员都难以区分,必须结合天气背景、天空状况、空气湿度、颜色气味及卫星监测等因素来综合分析判断。这里在介绍雾霾、沙尘暴的基础上，详细探讨大气颗粒物。

常用雾霾来合称雾与霾，雾和霾相同之处都是视程障碍物，但雾和霾有很大区别。雾是由大量悬浮在近地面空气中的微小水滴或冰晶组成的气溶胶系统，是近地面层空气中水汽凝结或凝华的产物，多出现于秋冬季节。霾则是空气中可造成视觉障碍的，由灰尘、硫酸、硝酸等颗粒物组成的气溶胶系统；人体呼吸道吸入霾后有害，长期吸入严重者会导致死亡。雾与霾的形成原因和条件不同。雾是浮游在空中的大量微小水滴或冰晶，形成时要具备较高的水汽饱和因素。霾则是由汽车尾气等污染物造成的，霾在发生时相对湿度不大，而雾发生时相对湿度是饱和的。相对湿度小于 80% 时的大气视程障碍，由霾造成；相对湿度大于 90% 时的大气视程障碍，由雾造成；相对湿度介于两者之间时，是雾和霾的混合物，主要成分是霾。不过，当水汽凝结加剧、空气湿度增大时，霾就会转化为雾。

沙尘暴是指强风将地面尘沙吹起，使空气混浊，水平能见度小于 1 km 的天气现象。沙尘暴是风蚀荒漠化中的一种天气现象，它的形成受自然因素和人类活动因素的共同影响。前者包括大风、降水减少及其沙源。后者是指人类对植被破坏以后，导致沙尘暴爆发频数增加。沙尘暴天气主要发生在冬春季节，这是由于冬春季半干旱和干旱区降水甚少，地表极其干燥松散，抗风蚀能力很弱，大风刮过时，会有大量沙尘被卷入空中，形成沙尘暴天气。

(2) 大气颗粒物的来源与消除

大气是一个庞大的气溶胶体系，其中分散着各种固体、液体微粒，这些固体、液体微粒，统称为大气颗粒物。大气颗粒物可以是无机物、有机物、或二者共同组成；可以是无生命物质、或生命体；可以是固态或者液态。

大气颗粒物参与气象过程，饱和水蒸气以大气颗粒物为核，形成云、雾、雨、雪等。同时，许多有毒物质的绝大部分存在于大气颗粒物中，"带毒"颗粒物通过呼吸过程进入人体会危害人体健康。大气颗粒物还是一些大气污染物的反应床，对大气污染物的迁移转化有明显影响。

清洁大气中大气颗粒物很少，无毒。在污染大气中，大气颗粒物是污染物，且许多有毒。大气颗粒物有天然源和人为源两种来源，有直接排放的一次颗粒物，也有二次颗粒物。二次颗粒物由大气某些污染组分之间，或污染组分与大气成分之间发生反应而产生。天然源有地面扬尘、海浪浪沫、火山灰、森林火灾燃烧物、宇宙陨星尘、植物花粉孢子等。人为源主要是燃料燃烧的煤烟、飞灰等，工业排放的原料、产品微粒，汽车尾气的含铅化合物，以及 SO_2 在一定条件下转化成的硫酸盐粒子等。

大气颗粒物的去除，与颗粒物粒度、化学组成及性质密切相关，有干、湿沉降两种消除方式。

干沉降。干沉降是指颗粒物在重力作用下的沉降，或与其他物体碰撞后发生的沉降。这种沉降存在着两种机制。一种是通过重力对颗粒物的作用，使其降落在土壤、水体的表面或植物、建筑物等物体上。沉降的速度与颗粒物的粒径、密度、空气运动黏滞系数等有关。粒子的沉降速度可应用斯托克斯定律求出：

$$v = gd^2(\rho_1 - \rho_2)/1.8\eta \qquad (6-4-1)$$

式中：v 为沉降速度，m/s；g 为重力加速度，m/s²；d 为粒径，m；ρ_1,ρ_2 分别为颗粒物和空气的密度，kg/m³；η 为空气黏度，Pa·s。

粒径越大，扩散系数和沉降速度也越大。

另一种沉降机制是粒径小于 $0.1\ \mu m$ 的颗粒，即爱根核型粒子，它们靠布朗运动扩散，相互碰撞而凝聚成较大的颗粒，通过大气湍流扩散到地面或碰撞而去除。

湿沉降。湿沉降是指通过降雨、降雪等，使颗粒物从大气中去除的过程，是去除大气颗粒物和痕量气态污染物的有效方法。湿沉降也可分雨除和冲刷两种机制。雨除是指一些颗粒物可作为形成云的凝结核，成为云滴的中心，通过凝结过程和碰撞过程使其增大为雨滴，进一步长大而形成雨降落到地面，颗粒物也就随之从大气中被去除。雨除对半径小于 $1\ \mu m$ 的颗粒物的去除效率较高，特别是具有吸湿性和可溶性的颗粒物更明显。冲刷则是降雨时在云下面的颗粒物与降下来的雨滴发生惯性碰撞或扩散、吸附过程，从而使颗粒物去除。冲刷对半径为 $4\ \mu m$ 以上的颗粒物效率较高。

一般通过湿沉降过程去除大气中颗粒物的量，约占总量的 $80\%\sim90\%$，而干沉降只有 $10\%\sim20\%$。但是不论雨除或冲刷，对半径为 $2\ \mu m$ 左右的颗粒物都没有明显的去除作用。因而它们可随气流被输送到几百 km 甚至上千 km 以外的地方去，造成大范围的污染。

（3）颗粒物粒度与表面性质

① 颗粒物的粒径

粒径通常是指颗粒物的直径，这意味着颗粒物要被视为球体。实际上大气中粒子形状极不规则，把粒子看成球形是不确切的。不规则形状粒子的粒径，实际工作中往往用诸如当量直径或有效直径来表示。对于大气粒子，目前普遍采用有效直径来表示。最常用的是空气动力学直径（D_p），这个直径是与所研究粒子有相同终端降落速度、密度为1的球体的直径。

$$D_p = D_g K \sqrt{\dfrac{\rho_p}{\rho_0}} \qquad\qquad (6-4-2)$$

式中：D_g 为几何直径；ρ_p 为忽略了浮力效应的粒子密度；ρ_0 为参考密度（1 g/cm³）；K 为形状系数，粒子为球体时，$K=1$。

机械地按粒径大小，大气颗粒物一般分为四类。

总悬浮颗粒物。标准大容量颗粒采样器滤膜上，收集到的颗粒物的总质量，用 TSP 表示，粒径小于 $100\ \mu m$。

降尘：能用采样罐采集到的大气颗粒物。在总悬浮颗粒物中一般直径大于 $10\ \mu m$ 的粒子，由于自身的重力作用会很快沉降下来。

PM_{10}：粒径小于 $10\ \mu m$，可在大气中长期飘浮的悬浮物，也称飘尘。易于进入呼吸道，国际标准化组织（ISO）建议将其定为可吸入颗粒物。

$PM_{2.5}$：粒径小于 $2.5\ \mu m$，可以进入人体肺泡，称为可入肺颗粒物。

② 大气颗粒物的三模态

大气颗粒物间的粒径差异，会导致其表面积差异，从而引起物理化学性质上的差异。

三模态将大气颗粒物划分为三种不同的粒度类型,并用来解释大气颗粒物的来源与归宿。

按这个模型,大气颗粒物表示成爱根(Aitken)核型粒子(或核型粒子,$D_p<0.05\ \mu m$)、积聚型粒子($0.05\ \mu m<D_p<2\ \mu m$)和粗粒子型粒子($D_p>2\ \mu m$)。

核型粒子主要来源于燃烧过程所产生的一次颗粒物,以及气体分子通过化学反应均相成核而生成的二次颗粒物。核型粒子粒径小,数量多,表面积大而很不稳定,易于相互碰撞凝结成大粒子而转入积聚型粒子;也可在大气湍流扩散过程中,被其他物质或地面吸收而去除。积聚型粒子主要由核型粒子凝聚,或通过热蒸汽冷凝再凝聚而长大,它们多为二次污染物,其中硫酸盐占80%以上。积聚型粒子在大气中不易由扩散或碰撞而去除。以上两种类型的颗粒物合称为细粒子。粗粒子型粒子称为粗粒子,多由机械过程所产生的扬尘、液滴蒸发、海盐溅沫、火山爆发和风沙等一次颗粒物所构成,因而它的组成与地面土壤十分相近,这些粒子主要靠干沉降和湿沉降过程而去除。

由上述各类型粒子形成过程可看出,细粒子与粗粒子之间一般不会相互转化。两种粒子的化学组分完全不同,前者多含 SO_4^{2-}、NH_4^+、NO_3^-、Pb、C,后者多含 Fe、Ca、Si、Na、Cl、Al,也充分证明了这一点。

③ 大气颗粒物表面性质

大气颗粒物有三种重要的表面性质:成核作用、黏合和吸着。成核作用是指过饱和蒸汽在颗粒物表面形成液滴的现象,如雨滴的形成。在被水蒸气饱和的大气中,存在有阻止水分子聚集成微粒或液滴的强势垒,但如果存在颗粒物,水蒸气分子就倾向于在这些颗粒物上凝聚。这些已有的颗粒物可以是由水蒸气凝结的液滴,也可以是其表面覆盖了水蒸气吸附层。

粒子可以彼此黏合或在固体表面上黏合。黏合或凝聚使小颗粒长大,并最终达到快速沉降所需的粒径。相同组成的液滴在相互碰撞时可能凝聚,固体粒子相互黏合的可能性随粒径的降低而增加,颗粒物的黏合程度与颗粒物及表面的组成、电荷、表面膜组成(水膜或油膜)及表面的粗糙度有关。

气体或蒸汽溶解在微粒中,称为吸收。吸附在颗粒物表面上,则称为吸着。涉及特殊化学相互作用的吸着,称为化学吸附作用。如大气中 CO_2 与 $Ca(OH)_2$ 颗粒的反应:

$$Ca(OH)_2(s)+CO_2 \longrightarrow CaCO_3+H_2O$$

还有 SO_2 与氧化铝或氧化铁气溶胶的反应,硫酸气溶胶与 NH_3 的反应等。

(4) 大气颗粒物的化学组成

① 无机颗粒物

无机颗粒物成分由颗粒物形成过程决定。天然源无机颗粒物,如扬尘的成分主要与该地区的土壤粒子类似。火山灰,除主要由硅和氧组成的岩石粉末外,还有锌、锑、硒、锰和铁等金属元素的化合物。海洋溅沫颗粒物,成分主要有氯化钠粒子、硫酸盐粒子,还会含有一些镁化合物。人为源无机颗粒物,如电厂燃烧煤与石油排放的颗粒物,成分除大量烟尘外,还含有铍、镍、钒等的化合物。市政焚烧炉会排放出砷、铍、镉、铬、铜、铁、汞、镁、锰、镍、铅、锑、钛、钒和锌等的化合物。

一般地,粗粒子主要是土壤及污染源排放出来的尘粒,大多是一次颗粒物。主要是由硅、铁、铝、钠、钙、镁、铁等 30 余种元素组成。细粒子主要是硫酸盐、硝酸盐、铵盐、痕量金属和炭黑等。不同粒径的颗粒物,其化学组成差异很大。如硫酸盐粒子,其粒径属于积聚型粒子,为细粒子,主要是二次污染物。土壤粒子大都属于粗粒子型粒子,为粗粒子,其成分与地壳组成元素十分相近。

硫酸主要是由污染源排放出来的 SO_2 氧化后溶于水形成。硫酸再与大气中的 NH_3 化合而生成 $(NH_4)_2SO_4$ 颗粒物。硫酸也可以与大气中其他金属离子化合生成各种硫酸盐颗粒物。硫酸盐粒子对光吸收和散射的能力较强,可以降低大气的能见度。正常大气条件下所形成的硫酸盐颗粒物属于核型粒子范围,但核型粒子间迅速凝聚,进入积聚型粒子粒径范围。积聚型粒子十分稳定,在沉降过程中,半衰期可达数月。积聚型粒子与粗粒子之间是相互独立的,因此硫酸盐粒子大多维持在积聚型粒子中。研究表明,在粒径小于 $3.5\ \mu m$ 的细粒子中,SO_4^{2-} : 总硫为 1.01 ± 0.14,NH_4^+ : 总氮为 1.08 ± 0.45,NO_3^- : 总氮为 0.007 ± 0.008;说明细粒子中,硫主要是以 SO_4^{2-} 形式存在,且 SO_4^{2-} 与 NH_4^+ 高度相关,即硫酸盐颗粒物主要是硫酸铵盐。

研究硝酸及硝酸盐颗粒物,不如研究硫酸盐颗粒物深入。HNO_3 比 H_2SO_4 容易挥发,所以在相对湿度不太大时,HNO_3 多以气态形式存在于大气中,除在硝酸污染源附近外,几乎不以 HNO_3 颗粒物形式存在。与硫酸盐颗粒物相类似,如果 HNO_3 一开始就能形成爱根核,并能迅速长大,则硝酸及其盐的粒子也可能存在于积聚型粒子中:

$$NH_3(g)+HNO_3(l)\Longleftrightarrow NH_4NO_3(s)$$
$$H_2SO_4(l)+NH_4NO_3(s)\longrightarrow NH_4HSO_4(s)+HNO_3(l)$$

当 HNO_3 或 NH_3 的浓度很低时,或者 H_2SO_4 的浓度很高时,或温度较高时,都能促使第一个反应所生成的 $NH_4NO_3(s)$ 变得不稳定。这时 HNO_3 与土壤粒子的反应往往更重要些,从而使 HNO_3 并入粗粒子型粒子中去。

湿空气中加入 NO_2 和 $NaCl$,$NaNO_3$ 和 $HCl(g)$ 的平衡体系会很快建立。首先是湿空气中 NO_2 与水蒸气作用产生 HNO_3 和 NO:

$$3NO_2+H_2O\longrightarrow 2HNO_3+NO$$

而后反应生成的 $HNO_3(g)$ 吸附在 $NaCl$ 颗粒物上。相对湿度大于 75% 时,HNO_3 或 NO_2 可能吸附在含有 $NaCl$ 的液滴上或被吸收在液滴中,发生反应:

$$3NO_2+H_2O+2NaCl\longrightarrow 2NaNO_3+2HCl(g)+NO$$

最后产生的 $HCl(g)$ 脱附而进入大气。

沿海城市污染源排放的 NO_x 与从海洋中逸出的 $NaCl$ 相遇,是一个 $NaCl$、NO_x、水蒸气和空气构成的体系,因而其大气中硝酸盐颗粒物比较重要。同理,如沿海城市还有 SO_2 排放,则是一个由 $NaCl$、SO_2、水蒸气和空气所构成的体系,硫酸盐颗粒物也不可忽视。

② 有机颗粒物

有机颗粒物是指大气中的有机物质凝聚而形成的颗粒物,或有机物质吸附在其他颗粒物上面而形成的颗粒物。大气颗粒污染物主要是这些有毒或有害的有机颗粒物。

有机颗粒污染物种类繁多,结构极其复杂。已检测到的主要有烷烃、烯烃、芳烃和多环芳烃等各种烃类。另外还有少量的亚硝胺、氮杂环类、环酮、酮类、酚类和有机酸等。这些有机颗粒物,主要由矿物燃料燃烧、废弃物焚化等各种高温燃烧过程形成。在各类燃烧过程中已鉴定出来的化合物有 300 多种。按类别分为多环芳香族化合物,芳香族化合物,含氮、氧、硫、磷类化合物,羟基化合物,脂肪族化合物,羰基化合物和卤化物等。

有机颗粒物多数是由气态一次污染物通过凝聚过程转化而来的。转化速率比 SO_2 转化为硫酸盐颗粒物要小。一次污染物转化为二次污染物时,通常都含有—COOH、—CHO、—CH_2ONO、—$C(O)SO_2$、—$C(O)OSO_2$ 等基团,这是由于转化反应过程中有 $HO\cdot$、$HO_2\cdot$ 和 $CH_3O\cdot$ 等自由基参与的结果。有机颗粒物的粒径一般都比较小,属于爱根核型或积聚型粒子。

③ 多环芳烃(PAH)

有机颗粒物所包含的有机化合物中,毒性较大的是 PAH。

PAH 是由若干个苯环彼此稠合在一起,或是若干个苯环和戊二烯稠合在一起的化合物。PAH 的蒸汽压由分子中环的多少决定,环少的蒸汽压低,环多的蒸汽压高。因而环少的易于以气态形式存在,环多的则在固相颗粒物中。大气颗粒物中含量较多,并已证实有较强致癌性的 PAH 为苯并[a]芘(BaP)、苯并[a]蒽、苯并[a]菲、苯并[e]芘、苯并[e]芘、苯并[j]荧蒽和茚并[1,2,3-cd]芘等。PAH 大多出现在城市大气中,代表性致癌 PAH 含量大约为 20 $\mu g/m^3$,特殊大气和废气中 PAH 含量更高。煤炉排放废气中 PAH 可超过 1 000 $\mu g/m^3$,香烟的烟气中可达 100 $\mu g/m^3$。

常见的气体污染物,不论是分子状态的、激发状态的,还是游离基态的,作为一个亲电子体,都可能与 PAH 的具有高电子密度的碳原子反应。例如,O_3 作为一个亲电子体以两种不同方式与 PAH 反应,一种方式是作用于负电荷较强的碳原子,产生取代的氧化产物,如酚型和醌型化合物等。另一种方式是作用于电子密度最大的双键,产生一个臭氧化合物,接着开环并进一步氧化。

(5) 大气颗粒物来源的识别

大气颗粒物的来源不同,其组成元素不同,因而可以根据颗粒物的组成推断它的来源,服务污染控制。

① 富集因子法

富集因子法,研究大气颗粒物中元素的富集程度,判断和评价颗粒物中元素的自然来源和人为来源。它是双重归一化数据处理的结果,能消除采样过程中各种不定因素的影响。

选定一种环境中存在相对稳定的元素 R 作参比元素,计算颗粒物中考查元素 i 与参比元素 R 的相对浓度 $(x_i/x_R)_{颗粒物}$,地壳中元素 i 和 R 的相对浓度 $(x_i/x_R)_{地壳}$,前者与后者的比值为富集因子(EF):

$$EF = (x_i/x_R)_{颗粒物}/(x_i/x_R)_{地壳} \qquad (6-4-3)$$

参比元素通常是大量存在的、人为污染源很小、化学稳定性好、挥发性低、且易于分析的元素。比如研究海洋上空颗粒物时,常选 Na 作参比元素。

颗粒物中某元素,相对地壳的富集因子较大,则表明该元素有了富集。某元素的富集因子小于 10,可认为相对于地壳来源没有富集,颗粒物主要是由土壤或岩石风化的颗粒组成。如富集因子在 $10\sim10^4$ 范围,则可认为该元素被富集了,这里不仅有地壳物质的贡献,也与人类活动有关。此法可消除采样过程中受风速、风向、样品量多少、离污染源距离等可变因素的影响,比用绝对浓度判断更为确切可靠。

② 化学元素平衡法

富集因子法可推测污染物在某一地区富集的程度,以及污染源受天然或人为污染的程度。但只能定性判断,不能定量给出各种污染源的相对贡献。

化学元素平衡法属于受体模型的一种。所谓受体是指某一相对于排放源被研究的局部大气环境。受体模型不考虑颗粒物从排放源到受体传输过程中的化学变化和化学反应动力学过程,只测定直接从受体处采集样品的化学组成来推测出它们的来源类型,并计算出不同来源类型所占的比例。

此法假定环境颗粒物中各元素的组成是各污染源排放颗粒物元素组成的总和,即它们之间存在着线性组合的关系。根据质量平衡原理,其表达式为

$$\rho_i = \sum \rho_j \omega_{ij} \qquad\qquad (6-4-4)$$

式中:ρ_i 为某采样点所得颗粒物中元素 i 的浓度;ρ_j 为从污染源 j 产生的颗粒物总浓度;ω_{ij} 为从污染源 j 排出的颗粒物中元素 i 的浓度。

通过这个表达式,目的是求出在所采集的颗粒物中有哪些是由污染源 j 排放出来的,这样就必须通过实验方法把 ρ_j 和 ω_{ij} 测定出来。这样,必须了解主要污染源排放物的详细化学组成,还必须为每个主要污染源选择"标识元素"(特征元素)。标识元素是污染源类型的标志,标识元素应占污染源排放总量的重要部分,且该元素在其他污染源排放物中不存在或存在很少。

具体研究的地区不同,各地区选择的主要污染源不同,地理、气象以及经济特点不同,各污染源的标识元素就会不同。比如机动车的标识元素一般选用 Pb,有时也选 Br。有了标识元素,并测得 ρ_j 和 ω_{ij},将各组数据代入方程可得到一个方程组,并求解;可定量计算各种污染源对不同元素的贡献,以及探索不同元素的未知污染源的位置。

但化学元素平衡法必须有完善的、具有代表性的污染源及环境的元素浓度数据,其 ω_{ij} 值实际上又是不稳定的,且方法仅涉及一次颗粒物,都会影响计算结果的正确性。

(6) PM$_{2.5}$

人们对大气颗粒物的研究,先是一次颗粒物,重心逐渐由总悬浮颗粒物转移到可吸入颗粒物;20 世纪 90 年代后,人们开始重视二次颗粒物,更侧重于 PM$_{2.5}$,甚至超细或纳米颗粒的研究。

PM$_{2.5}$ 是指大气中直径小于或等于 2.5 μm 的颗粒物,也称为可入肺颗粒物,无法被鼻腔、咽喉等呼吸器官屏障阻碍,可直接进入人体的肺泡。虽然 PM$_{2.5}$ 只是地球大气成分中含量很少的组分,但它对空气质量和能见度等有重要的影响。PM$_{2.5}$ 主要有自然源和人为源两种,后者危害较大,主要来自机动车尾气尘、燃油尘、硫酸盐、餐饮油烟尘、建筑水泥尘、煤烟尘和硝酸盐等。PM$_{2.5}$ 粒径小,这种细微颗粒富含大量的有毒、有害物质,且在大气中的停留时间长、输送距离远。

PM$_{2.5}$由直接排入空气中的一次粒子,以及空气中的气态污染物通过化学转化生成的二次粒子组成。一次粒子主要由尘土性粒子和由植物、矿物燃料燃烧产生的炭黑粒子两大类组成;二次粒子主要由硫酸铵和硝酸铵组成(由大气中的一次气态污染物 SO$_2$ 和 NO$_x$,通过均相或非均相的氧化形成酸性气溶胶,酸性气溶胶再和大气中唯一的碱性气体 NH$_3$ 反应,生成硫酸铵或亚硫酸铵和硝酸铵气溶胶粒子,即二次污染物。大气中的水滴为这些化学转化过程提供了重要的前提条件)。PM$_{2.5}$的化学组成主要为二次无机盐(硫酸盐、硝酸盐和铵盐)、有机物、元素碳、K$^+$、Cl$^-$、微量元素、地壳元素和未知组分。平均水平下,PM$_{2.5}$中所占比最高的为二次无机盐,其次是有机物,然后为无机元素、无机离子及元素碳以及未知组分。二次无机盐以硫酸盐为主,其次是硝酸盐和铵盐。PM$_{2.5}$中有机碳的来源包括化石燃料、生物质等燃烧产生的一次排放颗粒物,及气-粒转化或由挥发性及半挥发性有机物光化学氧化而生成的二次有机颗粒物。

PM$_{2.5}$会携带有害物质由肺泡进入血液,由此会产生血管内膜增厚、血管狭窄等症状。2013 年 10 月 17 日,世界卫生组织下属国际癌症研究机构发布报告,首次指认大气污染对人类致癌,并视其为普遍和主要的环境致癌物。PM$_{2.5}$长期暴露可引发心血管病和呼吸道疾病以及肺癌。当空气中 PM$_{2.5}$的浓度长期高于 10 $\mu g/m^3$,就会带来死亡风险的上升。浓度每增加 10 $\mu g/m^3$,总死亡风险上升 4%,心肺疾病带来的死亡风险上升 6%,肺癌带来的死亡风险上升 8%。此外,PM$_{2.5}$极易吸附多环芳烃等有机污染物和重金属,使致癌、致畸、致突变的概率明显升高。

人们一般认为,PM$_{2.5}$只是空气污染,但其实,PM$_{2.5}$对整体气候也有影响。PM$_{2.5}$能影响成云和降雨过程,间接影响着气候变化。大气中雨水的凝结核,除了海水中的盐分,细颗粒物 PM$_{2.5}$也是重要的源。有些条件下,PM$_{2.5}$太多了,可能"分食"水分,使天空中的云滴都长不大,蓝天白云就变得比以前更少;有些条件下,PM$_{2.5}$会增加凝结核的数量,使天空中的雨滴增多,极端时可能发生暴雨。

PM$_{2.5}$超标,有气象条件的原因,但由燃煤、机动车、工业、扬尘等造成的城市空气污染源排放基数大是重要原因。对 PM$_{2.5}$贡献较高的污染源主要为机动车、燃煤和餐饮油烟;此外,另有其他污染源贡献,包括工业粉尘、建筑装修粉尘等。

PM$_{2.5}$超标,必须采用区域尺度协同控制策略,并在重污染日采取应急措施,即健康防护措施和建议性或强制性减排措施。

三、全球性大气污染现象

1. 臭氧层破坏与平流层化学

臭氧层存在于平流层中,主要分布在距地面 10~50 km 处,浓度峰值在 20~25 km 处。臭氧层能够吸收 99% 以上来自太阳的紫外辐射,从而保护了地球上的生物不受其伤害。臭氧层对地球上生命的出现、发展,对维持地球上的生态平衡起着重要作用。然而人们活动已使大量污染物排入并滞留在平流层,超音速飞机向平流层排放水蒸气、氮氧化物等,还有制冷剂、喷雾剂等物质,会起到破坏臭氧层的作用。

(1)臭氧层破坏机理

平流层 O$_2$ 光解产生臭氧:

$$O_2 + h\nu \longrightarrow \cdot O \cdot + O \cdot$$
$$\cdot O \cdot + O_2 + M \longrightarrow O_3 + M$$

臭氧消耗过程,其一为 O_3 光解:

$$O_3 + h\nu \longrightarrow O_2 + \cdot O \cdot$$

O_3 吸收的主要是 210 nm $< \lambda <$ 290 nm 的紫外光。因此,臭氧层吸收了来自太阳的大部分紫外光,从而使地面生物不受其伤害。长波长的光也可使 O_3 光解,但量子产额很低。由于 O_3 光解形成的 O 会很快与 O_2 反应,重新形成 O_3,所以这一途径不能真正耗损臭氧。

另一个消耗过程为:

$$O_3 + \cdot O \cdot \longrightarrow 2O_2$$

上述生成和耗损过程同时存在,正常情况下它们处于动态平衡,因而臭氧的浓度保持恒定。然而,由于水蒸气、氮氧化物、氟氯烃等污染物进入平流层,形成 $HO_x \cdot$、NO_x 和 $ClO_x \cdot$ 等活性基团,它们能催化臭氧耗损过程,破坏臭氧层的稳定状态。

臭氧层破坏的催化反应过程,通式如下:

$$Y + O_3 \longrightarrow YO + O_2$$
$$YO + \cdot O \cdot \longrightarrow Y + O_2$$

总反应:
$$O_3 + \cdot O \cdot \longrightarrow 2O_2$$

或者写成
$$Y + O_3 \longrightarrow YO + O_2$$
$$YO + O_3 \longrightarrow Y + 2O_2$$

总反应:
$$2O_3 \longrightarrow 3O_2$$

其中 O 也是 O_3 光解的产物。Y 物种可以是 NO、$H \cdot$、$HO \cdot$、$Cl \cdot$,相对应的 YO 分别为 NO_2、$HO \cdot$、$HO_2 \cdot$、$ClO \cdot$,称为破坏 O_3 的活性物种或催化活性物种。

平流层中 NO、NO_2 的主要天然来源是 N_2O 的氧化:

$$N_2O + \cdot O \cdot \longrightarrow 2NO$$

超音速飞机排放 NO,这是平流层中 NO_x 的人为来源。NO_x 破坏臭氧层的机理为:

$$NO + O_3 \longrightarrow NO_2 + O_2$$
$$NO_2 + \cdot O \cdot \longrightarrow NO + O_2$$

总反应:
$$O_3 + \cdot O \cdot \longrightarrow 2O_2$$

平流层中 NO、NO_2 的消除,主要方式是被下沉气流带到对流层,因它们可溶于水,可以随对流层降水而被消除。

平流层中的 $HO_x \cdot$,主要是由 H_2O、CH_4 或 H_2 与 O 反应而生成:

$$H_2O + \cdot O \cdot \longrightarrow 2HO \cdot$$
$$CH_4 + \cdot O \cdot \longrightarrow \cdot CH_3 + HO \cdot$$

$$H_2 + \cdot O \longrightarrow HO \cdot + H \cdot$$

较高平流层,由于 O 浓度较大,所以 O_3 消除途径为:

$$H \cdot + O_3 \longrightarrow HO \cdot + O_2$$
$$HO \cdot + \cdot O \cdot \longrightarrow H \cdot + O_2$$

总反应:

$$O_3 + \cdot O \cdot \longrightarrow 2O_2$$
$$HO \cdot + O_3 \longrightarrow HO_2 \cdot + O_2$$
$$HO_2 \cdot + \cdot O \cdot \longrightarrow HO \cdot + O_2$$

总反应:

$$O_3 + \cdot O \cdot \longrightarrow 2O_2$$

较低平流层,由于 O 浓度较小,所以 O_3 消除途径为:

$$HO \cdot + O_3 \longrightarrow HO_2 \cdot + O_2$$
$$HO_2 \cdot + O_3 \longrightarrow HO \cdot + 2O_2$$

总反应:

$$2O_3 \longrightarrow 3O_2$$

平流层中 $HO_x \cdot$ 的消除,主要有两种方式,即 $HO_x \cdot$ 间自由基复合反应,以及它们与 $HO_x \cdot$ 之间的自由基终止反应。

平流层中 $Cl \cdot$ 的天然来源是海洋生物产生的 CH_3Cl,天然源产生 $Cl \cdot$ 很少,对 O_3 破坏不重要。

$$CH_3Cl + h\nu \longrightarrow \cdot CH_3 + Cl \cdot$$

$Cl \cdot$ 的人为来源是制冷剂,如 F-11($CFCl_3$)和 F-12(CF_2Cl_2)等氟氯烃。它们在波长 175~220 nm 的紫外光照射下会产生 $Cl \cdot$:

$$CFCl_3 + h\nu \longrightarrow \cdot CFCl_2 + Cl \cdot$$
$$CF_2Cl_2 + h\nu \longrightarrow \cdot CF_2Cl + Cl \cdot$$

破坏 O_3 的机理为:

$$Cl \cdot + O_3 \longrightarrow ClO \cdot + O_2$$
$$ClO \cdot + \cdot O \cdot \longrightarrow Cl \cdot + O_2$$

总反应:

$$O_3 + \cdot O \cdot \longrightarrow 2O_2$$

$Cl \cdot$ 可以形成 HCl 得以消除:

$$Cl \cdot + CH_4 \longrightarrow HCl + \cdot CH_3$$
$$Cl \cdot + HO_2 \longrightarrow HCl + O_2$$

(2) 南极臭氧层空洞现象

1985 年,英国南极探险家 J.C. Farman 等首先发现南极出现了"臭氧空洞"。他发表了 1957 年以来哈雷湾考察站臭氧总量测定数据,说明自 1957 年以来,每年冬末春初臭氧异乎寻常地减少。随后得到美国宇航局人造卫星雨云监测数据的进一步证实。如图 6-4

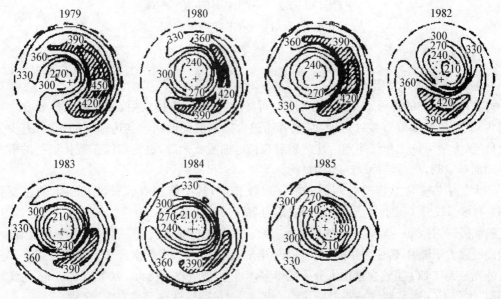

图 6‑4 1979—1985 年南极地区每年 10 月份总臭氧的月均值变化

所示,10 月份南极的臭氧月均值从 1979 年的约 290 Dobson 单位,减少到 1985 年的 170 Dobson 单位,南极上空的臭氧极其稀薄,与周围比,好像是形成了一个"洞"。

关于南极"臭氧洞"的成因,近年来曾有多种解释。美国宇航局弗吉尼亚州汉普顿芝利中心 Callis 等认为与强烈太阳活动有关(太阳活动学说)。麻省理工学院 Tung 等认为南极存在独特大气环境,造成冬末春初臭氧耗竭(大气动力学学说)。人们更为普遍接受的观点是,大量氟氯烃化合物的使用和排放,主要造成了臭氧层破坏。

① McElrog 等的氯溴协同作用机理

$$Cl \cdot + O_3 \longrightarrow ClO \cdot + O_2$$
$$ClO \cdot + BrO \cdot \longrightarrow Cl \cdot + Br \cdot + O_2$$
$$Br \cdot + O_3 \longrightarrow BrO \cdot + O_2$$

总反应: $$2O_3 \longrightarrow 3O_2$$

② Solomon 等提出 HO· 和 HO_2· 自由基的氯链反应机理

$$HO \cdot + O_3 \longrightarrow HO_2 \cdot + O_2$$
$$Cl \cdot + O_3 \longrightarrow ClO \cdot + O_2$$
$$ClO \cdot + HO_2 \cdot \longrightarrow HOCl + O_2$$
$$HOCl + h\nu \longrightarrow Cl \cdot + HO \cdot$$

总反应: $$2O_3 \longrightarrow 3O_2$$

③ Molina 和 Rodtiqu 的 ClO· 二聚体链反应机理

$$Cl \cdot + O_3 \longrightarrow ClO \cdot + O_2$$
$$ClO \cdot + ClO \cdot + M \longrightarrow Cl_2O_2 + M$$

$$Cl_2O_2 + h\nu \longrightarrow Cl \cdot + ClOO \cdot$$
$$ClOO \cdot + M \longrightarrow Cl \cdot + O_2 + M$$

总反应： $2O_3 \longrightarrow 3O_2$

2. 温室气体和温室效应

太阳对地球的辐射，一部分回到外空间，包括被大气直接反射，或者被大气吸收之后的再辐射；另一部分直接到达地面，或者通过大气散射到地面。到达地面的辐射，有少量紫外光、大量可见光和红外光。这些辐射在被地面吸收之后，最终都以长波长辐射的形式再返回外空间，从而维持地球的热平衡。

大气中许多化学物质对辐射有特征吸收光谱，其中能够吸收长波长辐射的主要有 CO_2 和水蒸气分子。水分子只能吸收波长为 700～850 nm 和 1 100～1 400 nm 的红外辐射，且吸收极弱，对 850～1 100 nm 的辐射无吸收。水分子较弱地吸收一部分红外辐射，因此当地面吸收太阳辐射，转变为热能，而后以红外光向外辐射时，大气水分子只能截留很小部分红外光。大气 CO_2 虽然含量比水分子低得多，但它强烈吸收波长为 1 200～1 630 nm 的红外辐射；大气 CO_2 对截留红外辐射能量影响较大，对维持地球热平衡有重要影响。

CO_2 如温室的玻璃一样，允许太阳辐射到达地面，也能阻止地面辐射的红外光返回外空间，CO_2 起着单向过滤器的作用。大气中 CO_2 吸收地面辐射出来的红外光，把能量截留于大气，从而使大气温度升高，这种现象称为温室效应。能够引起温室效应的气体，称为温室气体。如果大气中温室气体增多，便可能有过多的能量保留在大气中，不能正常地向外空间辐射，会使地表和大气的平衡温度升高，对整个地球的生态平衡有巨大影响。

矿物燃料燃烧，是大气中 CO_2 的主要来源；能源利用量逐年增加，使大气中 CO_2 浓度不断增高。另一方面，人类大量砍伐森林，毁坏草原，使地球表面植被日趋减少，以致降低了植物对 CO_2 的吸收作用。全球 CO_2 的浓度逐年上升，19 世纪为 2.9×10^{-4} mol/mol，1958 年为 3.15×10^{-4}，1988 年为 3.5×10^{-4}，1998 年则为 3.67×10^{-4}。CO_2 一年内呈现夏低而冬高的周期变化，这是因为夏季植物对 CO_2 吸收增大，而冬季 CO_2 排放量增大。

除了 CO_2 之外，大气中还有一些痕量温室气体，其中有些长波辐射吸收能力比 CO_2 还要强，《京都议定书》中要求控制 6 种温室气体，二氧化碳（CO_2）、臭氧（O_3）、氧化亚氮（N_2O）、甲烷（CH_4）、氢氟氯碳化物类（CFCs，HFCs，HCFCs）、全氟碳化物（PFCs）及六氟化硫（SF_6）。此外的温室气体还有 CO 等。

有学者预计到 2030 年左右，大气中温室气体的浓度相当于 CO_2 浓度增加 1 倍。全球变暖问题除 CO_2 外，还应考虑具有温室效应的其他气体及颗粒物的作用。比如 CH_4、N_2O 对温度上升的影响，因为在 20 世纪 60 年代为 CO_2 的 1/6、1/12，进入 21 世纪后则为 CO_2 的 1/3、1/6。

已观察到气温变暖现象，地表大气平均温度有上升的趋势。近 100 年来，平均气温上升为 0.3～0.7 ℃，由于海水温度上升而使海水膨胀以及陆地冰川融化等原因，海平面上升了 10～20 cm。全球气温变暖问题、全球气候变化的机制研究相当活跃。

研究表明，气温变暖在全球不同地域有明显的差异。若全球平均气温升高 2 ℃，赤道地区至多上升 1.5 ℃,高纬度和极地地区却能上升 6 ℃以上;高纬低纬间温差将明显减小,将使由温差而产生的大气环流运动状态发生变化。一般认为,温室效应对北半球影响更为严重。有预测认为,按现在趋势,35 年后北极平均温度可上升 2 ℃,而南极 65 年才会产生这种结果。50 年后,欧亚和北美国家的平均温度要比目前提高 2 ℃,而南半球可能提高不到 1 ℃;表 6-3 给出了北半球气温变化的地域性差异。可见,由温室效应导致的气温变暖,使北半球高纬度地带的冬季气温增幅最大。

表 6-3 北半球气温变化的地域性差异

地域	温度变化值为全球平均数的倍数		降水变化
	夏季	冬季	
高纬度(60°~90°)	0.5~0.7	2.0~2.4	冬季多雨
中纬度(30°~60°)	0.8~1.0	1.2~1.4	夏季少雨
低纬度(0°~30°)	0.7~0.9	0.7~0.9	某地域暴雨

四、热点空气污染现象——人居环境空气污染

1. 室内空气污染问题的由来

建筑,有天然洞穴,有摩天大厦,可以为人们遮风避雨、御寒,也体现了一个时代的艺术科技水平、价值观念和文化意识。但归根结底,建筑体现了人们对舒适的人居环境的追求。科学技术和工业革命,使大量新材料和新设施用于建筑,以丰富建筑的功能。为了追求所谓的舒适,人们甚至建立起完全封闭的、靠人工照明和空调来维系室内环境的大型建筑,隔绝了人与自然环境的直接联系,人类与自然界之间的和谐被打破了。

20 世纪 70 年代,国外大量研究结果表明,室内空气污染会引起"建筑综合征",包括头痛、眼、鼻和喉部不适,干咳、皮肤干燥发痒、头晕恶心、注意力难以集中、对气味敏感等,大多数患者在离开建筑物不久症状即行缓解。而与建筑封闭环境相关的"建筑物关联症",症状有咳嗽、胸部发紧、发烧寒颤和肌肉疼痛等,患者即使在离开建筑物后也需要较长时间才能恢复。室内人居环境空气质量,在西方国家受到重视,成为研究热点。

现代成年人 70%~80% 的时间在室内度过,老弱病残者在室内的时间更长,可超过 90%,每天要吸入 10~13 m³ 空气,长时间停留在室内,并大量吸入含多种污染物且浓度严重超标的空气,会引起眼、鼻腔黏膜刺激、过敏性皮炎、哮喘等症状。

室内空气污染,是继 18 世纪"煤烟型污染",19 世纪"光化学烟雾污染"之后,现代人正经历的第三个污染时期。

室内空气污染物,主要为四个类型:生物污染、化学污染、物理污染和放射性污染。生物污染物,包括细菌、真菌、病菌、花粉、尘螨等,可能来自室内生活垃圾、现代化办公设备和家用电器、室内植物花卉、家中宠物、室内装饰与摆设。化学污染物主要来源于建筑材料、装饰材料、日用化学品、人体排放物、香烟烟雾、燃烧产物(二氧化硫)、一氧化碳、氨、甲醛、挥发性有机物等。放射性污染主要来源于地基、建材、室内装饰石材、瓷砖、陶瓷洁具。物理污染指的是噪声、电磁辐射、光线等。

室内空气污染物,按照形态可以分为气态污染物和颗粒物。室内空气污染物按照来源划分为室内发生源和进入室内的大气污染物。当室内与室外无相同污染源时,空气污染物进入室内后浓度则大幅度衰减,而室内外有相同污染源时,室内浓度一般高于室外。

中国在 20 世纪 80 年代以前,室内污染物主要是燃煤产生的二氧化碳、一氧化碳、二氧化硫、氮氧化物;在 20 世纪 90 年代初期,因为室内吸烟、燃煤、烹调以及人体排放等造成有害气体对室内的污染;在 20 世纪 90 年代末期,建材业高速发展,由建筑和装饰材料所造成的污染成了室内污染的主要来源,尤其是空调使用时的密闭性,造成空气质量恶化。

2. 室内气态污染物

室内污染与室内外污染源都相关。

(1) 二氧化碳

CO_2 在一般家庭中浓度为 $3.20 \times 10^{-4} \sim 3.50 \times 10^{-4}$。主要来自动植物燃料燃烧过程,以及有机物分解和呼吸作用。室内的来源有燃烧器具、人和宠物等。室内最高浓度出现在人们停留时间最长的地方,并且直接与室内人数相关。室外来源主要是工厂排放和燃油的燃烧。

在相对较低的污染浓度,引起脉搏频率上升、呼吸困难、头痛和反常的疲乏感;在较高的污染浓度,可能的症状包括恶心、头晕和呕吐;在极端的污染水平可能引起发狂。引发的症状主要是因为 CO_2 浓度增高的同时氧气浓度降低,流向大脑的氧气量减少,导致大脑神经局部受损。

为防止室内二氧化碳超标,必须保证燃料炉通风良好,使用必要的通风装置。

(2) 一氧化碳

CO 主要来自燃料的不完全燃烧过程。室外的 CO 源主要包括汽车排放、发电燃烧燃油的工业过程。室内源包括燃气加热装置、煤气炉、通风不好的煤油炉、吸烟。

CO 吸入会和血液运送氧分子的血红素结合为羰基血红素,抑制向全身各组织输送氧气,症状为头痛、恶心、注意力、反应能力和视力减弱、瞌睡。在高浓度引起昏迷,甚至死亡。室内一氧化碳的平均浓度在 $0.5 \times 10^{-6} \sim 5 \times 10^{-6}$,通风不好的炉子可能达到 1.00×10^{-4}。在浓度 5.00×10^{-4} 时可能引起死亡,但是因个体身体情况而异,除非达到 1.5×10^{-3}、暴露时间超过 1 h,一般并不致命。

CO 是燃烧不完全的副产物,如果能确保所有设备燃烧充分,确保完好通风,那么危险可以降到最低。如果家里的 CO 浓度达到危险值,可以采用某些过滤装置。CO 报警装置,也可以在达到危险值时通知居住者。使用管道煤气的居室,一定要尽量保证通风良好,发现危险时迅速增大通风换气量是可行的措施。

(3) 氮氧化物

氮氧化物包括一氧化氮和二氧化氮。一氧化氮是有毒、无色、无味的气体,在高温燃烧时产生。一旦与空气混合就迅速与氧结合生成二氧化氮。二氧化氮是高毒性、棕红色、有刺激性气味的气体。二氧化氮是重要的室外大气污染物,反应活性高,可以作用于材料表面、家具等,衰减速率决定于温度、湿度、与之作用的表面的面积和成分。二氧化氮也是酸沉降的重要成分。

这两种气体的室内源,包括未通风的燃料燃烧设备、反向气流加热装置和吸烟。室外源主要包括汽车和工业锅炉。

两种气体都高度刺激皮肤、眼睛和黏膜,在高浓度时可刺激喉咙,引起严重的咳嗽,甚至致癌。一氧化氮也可与血红蛋白结合,在高浓度时引发的症状与一氧化碳相似,引起缺氧、中枢神经麻痹。二氧化氮的毒性是一氧化氮的 $4\sim5$ 倍,可引起神经衰弱,肺部纤维化,心、肝、肾及造血系统的生理机能破坏。研究表明,人特别是儿童长期暴露于二氧化氮气氛中会导致呼吸系统疾病。

控制氮氧化物污染的最佳方法是保证燃烧充分和通风良好,或者在排放物进入空气前加以破坏,催化还原为氮气和氧气。

（4）二氧化硫

二氧化硫是无色、有刺激性气味的气体,本身毒性不大。二氧化硫来自含硫燃料的燃烧,进入空气中后吸水可转化为亚硫酸,或被氧化为三氧化硫,进一步生成硫酸和硫酸盐气溶胶,对生物体和各种表面造成损害。二氧化硫是室外大气污染的重要贡献物,是酸雨的主要诱因。室内源主要是炊事、供暖用燃煤和燃油,室外源主要来自供暖锅炉、工业烟囱排放等,还有天然源,但是一般距离民居较远,影响较小。

二氧化硫对呼吸道黏膜有强烈刺激作用,损害纤毛,使呼吸系统功能减退,引起支气管哮喘、肺气肿等。此外,形成的酸性物质对家具、水管、墙壁等有腐蚀作用。

控制室内二氧化硫的根本方法,是采用低硫煤或以燃气代替,并控制好工业过程中二氧化硫的排放。

（5）臭氧

臭氧是蓝色、强刺激性气味的气体,具有高活性和不稳定性,臭氧的半衰期在 $6\sim8$ h。

臭氧的天然存在有臭氧层,在对流层臭氧形成是阳光与氮氧化物和挥发性碳氢化合物作用的结果。在室内,臭氧可以因为使用高压或紫外光的任何设备生成,比如电动摩托、高压办公设备如复印机、激光打印机等。虽然臭氧在室内外都可以生成,但是许多研究表明,室外臭氧浓度对室内浓度起着相当大的决定作用。尽管室内臭氧浓度低,仍然对人体产生相当程度的影响。

臭氧在相当低的浓度就可以影响人体健康。臭氧可以刺激眼睛和呼吸道,包括鼻子、喉咙和气管,引起咳嗽和胸部发紧。在较高浓度时,臭氧会削弱肺功能;长期暴露跟细菌感染、肺组织增厚和中枢神经系统病变等症状的增加有相关性。

室外臭氧浓度决定着室内浓度,居民一般不易控制室内臭氧浓度水平。存在空气污染物和光化学烟雾问题的大城市通常会有地面臭氧生成,相应导致产生高浓度的室内臭氧。室内臭氧源的控制包括利用臭氧净化设备,小心使用高压办公设备、电动空气过滤器。通风换气以去除室内臭氧,在大城市室外臭氧浓度高于室内时,要在通风系统上安装过滤装置,通常使用活性炭或木炭,通过化学手段将臭氧转变为氧气。

（6）多环芳烃

多环芳烃(PAHs)是有机化合物,大多数不挥发,在含碳和氢的物质燃烧时产生,已经确定了100多种化合物,是室内空气中最重要的致癌物和致突变物类型。

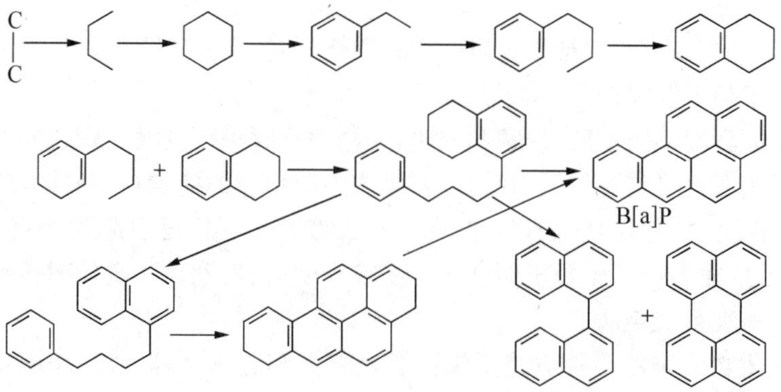

图 6 - 5 多环芳烃(PAHs)的形成

PAHs 主要室外源包括内燃机、燃煤和某些地区烧木柴的设备,室内源包括吸烟、烧柴、食物的燃烧和焦化。某些多环芳烃被认为是潜在的致癌物,比如苯并[a]芘,长期暴露其中可能导致癌症的生成。多环芳烃的室内源很容易去除或很好地控制,例如使烧柴的设备燃烧良好,不吸烟,室内换气设备工作良好。

(7) 甲醛

甲醛室温时是无色、具有刺激性气味的气体。甲醛属于挥发性有机化合物(VOCs),用于涂料、树脂或建筑材料的黏合剂。有多种甲醛树脂混合物,主要有酚醛树脂、三聚氰胺甲醛树脂、脲醛树脂。脲醛树脂是室内空气污染中贡献最大的混合物。

室内甲醛主要的污染源是吸烟、炊事燃气、油漆、化纤地毯、复合木制品如中密度纤维板和碎料板等。中密度纤维板是家具、橱柜、绷架生产中最常用的材料,含有 2～4 倍碎料板中脲醛树脂的量。甲醛也用于一些地毯衬背和脲醛树脂泡沫绝热材料的生产。

用于建筑材料的甲醛混合物,都会向空气中释放甲醛。释放速率决定于空气的温度和相对湿度,温度升高 5～6 ℃,气体浓度增大一倍,湿度由 30% 升到 70%,则甲醛浓度增加 40%。

甲醛达到高浓度时会引起多种不同的症状。先是对眼睛、鼻子和喉咙的刺激,随之而来的是咳嗽和呼吸困难、哮喘、恶心、呕吐、头痛和鼻子出血。如果暴露时间比较短,只要污染物去除了,这些症状都会消失;但是长期暴露会使人体对这些气体过敏,并可能导致癌症。甲醛还可能损害人的中枢神经,导致神经行为异常。

最有效的控制方法是尽量避免在室内建筑材料中使用含脲醛树脂的材料。如果不能避免使用这类材料,可以用两层水质的聚氨酯密封剂或专业的甲醛密封剂来密封。再就是使用良好的通风设备以控制甲醛的积累。

(8) 挥发性有机化合物

挥发性有机化合物(VOCs)是指沸点在 50～250 ℃、室温下饱和蒸气压超过 133.322 Pa 的易挥发性化合物,其主要成分为烃类、氧烃类、含卤烃类、氮烃及硫烃类、低沸点的多环芳烃类等,是室内外空气中普遍存在且组成复杂的一类有机污染物。它主要产生于各种化工原料加工及木材、烟草等有机物不完全燃烧过程,汽车尾气及植物的自然排放物。不同 VOCs 表现出不同的毒性、刺激性和致病作用,其具有的特殊气味能导致人体呈现种种不适反应，并对人体健康造成较大的影响。

VOCs 来自室内多种源排放，已确定了 400 多种，其中地毯中就有 250 多种。VOCs 范围广泛，很难确切地描述其对健康的影响，但可以一般性地把健康问题和 VOCs 相关联。已知许多 VOCs 具有神经毒性、肾毒性、肝毒性或致癌作用，还可能损害血液成分和心血管系统，引起胃肠道紊乱。VOCs 排放物和与之相关的健康问题的报道，多出自大量使用人造装饰材料的建筑，最常见的症状包括头痛、瞌睡、眼睛刺激、皮疹、呼吸疾病、鼻窦充血等。急性高浓度苯可引起中枢神经抑制和发育不全性白血病，虽然一般家居还达不到这么高的浓度水平，但是已有研究表明儿童白血病患者与家庭装修有一定相关性。甲苯、乙苯、二甲苯对眼睛和上呼吸道黏膜有刺激作用，并能引起疲乏、头痛、意识模糊、中枢神经抑制，高浓度时可造成脑萎缩。甲苯的急性毒作用为神经毒性和肝毒性，二甲苯的急性毒作用为肾毒性、神经毒性和胚胎毒性。

认真选择产品，可以尽量减少可能的 VOCs 排放。在室内要限制化学地毯的使用，尽量少使用黏合剂，使用良好的通风设备。加热房屋到一定温度，比如 38 ℃也可以降低室内 VOCs。

3. 室内颗粒物污染物

（1）石棉

石棉是一系列纤维状硅酸盐材料的统称，呈化学惰性，不可燃。有两类主要的石棉——闪石和蛇纹石。

从陶器到建筑，石棉已经在方方面面使用了几个世纪。石棉是不可燃的并且是热的不良导体，因此用来生产消防员的救生衣和绝热产品。石棉也用于很多其他产品的生产，比如建筑材料、沥青、纺织品、导弹、喷气机部件、涂料、防渗漏剂、刹车衬面等。与室内污染问题相关的是石棉绝热材料的使用。

石棉绝热材料可以向空气中释放微小的纤维，有的比人体细胞还要小。这些纤维能被吸入，因为它们粒径小而且不能生物降解，就会在肺部永久地停留下来。吸入这些粒子和石棉尘会导致石棉沉滞症（一种慢性的肺炎），在经过 30 年或更久的潜伏期后转化为癌症。

石棉广泛用于商业和家庭作为绝热材料，对于废弃石棉材料的清除，必须请专业技术人员，因为需要使用特殊的技能和设备。

（2）尘和尘螨

尘是不同来源和粒径颗粒物的统称。这些颗粒物包括植物和动物纤维（毛发、皮等）、花粉、细菌、霉菌等。室内尘中，尘螨粪及其污染的颗粒物对人的健康有害。尘螨属于节肢动物，在温暖潮湿的环境下（如地毯、床、毛毯和家具）繁育旺盛。沾染尘螨粪的尘，是最有效的过敏源之一。

尘螨需要高湿度、暖和和食物条件才能存活，通过控制这些因素，如降低湿度、减少尘量，就可以控制尘螨的数量，以减少空气中尘螨粪的量。

（3）铅

铅是天然存在的蓝灰色重金属，被广泛使用。铅最大的用量是蓄电池和电缆包皮，也用于 X 射线设备、管道和罐头内衬。由于铅的高密度和防辐射性质，它被广泛用于屏蔽放射性物质。

室外在某些燃烧过程中将铅或将铅盐蒸发,然后燃烧气体冷却,铅凝结形成细粒子;主要室内源是涂料、污染的灰尘和水管。含铅涂料一般情况下并不对人体健康造成威胁,只有在它们发生剥落时,可能形成潜在危险的铅尘进入空气。

铅对人体健康极度有害,特别是学龄前儿童和胎儿更容易受害。铅毒害在低浓度的时候不易测定,此时可能没有症状;或表现为其他病症的症状,例如贫血、肌肉震颤、胃绞痛、头痛、失忆、失眠、过敏、烦躁、注意力不集中。在高浓度的时候,铅可导致大脑和肾损伤、降低雄性生育率、导致妊娠并发症。研究表明,甚至在相对低的暴露浓度,铅可以影响儿童的大脑和神经的发育,导致学习障碍、行为失调、智力降低。

铅污染的控制可以针对不同的来源采取相应的措施。

（4）微生物

微生物包括细菌、酵母菌、霉菌、病毒和藻类,其他形式的还包括花粉和动物皮屑以及有机尘。主要的室内源包括:居民打喷嚏和皮屑脱落,整理床铺、清扫灰尘区,动物和昆虫皮屑、粪便、干燥的唾液和尿,使用空调、加湿器、梳洗、洗浴等。

空气污染小的微生物包括两类:过敏原和病原体。过敏原导致过敏反应,常见症状是皮肤和眼睛刺痛、鼻窦炎、流鼻涕。病原体实际是导致疾病,包括军团病、肺结核、麻疹、流感。室内空气中最重要的两种过敏原是霉菌和尘螨粪。

适当家务管理可以将微生物量降低到不引起健康问题的程度,包括经常清扫、整理房间,清理并保养好加湿器、空调,保持通风良好。

（5）总悬浮颗粒物

总悬浮颗粒物（TSP）指的是一定体积空气中的所有颗粒物,不分来源。由于高人口密度,人类活动,一般城市地区的比农村地区要高。产生 TSP 的主要过程包括摩擦、燃烧和新陈代谢过程。在典型的室内,有数百种不同的 TSP 源。

TSP 涵盖了许多颗粒物,不是所有的 TSP 对人体都有害,也不可能列出所有专门症状。

过滤空气、保证通风良好等可以很好地降低室内 TSP 浓度。

4. 室内放射性污染物

具有放射性的天然元素,被称为放射性元素。放射性元素原子核不稳定,在自然状态下不断进行核衰变,在衰变过程中放出 α、β、γ 三种射线。其中 α 射线是氦核流,质量大、电离能力强和高速的旋转运动,是造成对人体内照射危害的主要射线;β 射线是电子流;而 γ 射线是短波长电磁波,穿透能力很强,是造成人体外照射伤害的主要射线。

在天然放射性元素中,放射能量最大的是铀（U）、钍（Th）和镭（Ra）,其次有钾 40（^{40}K）、铷（Rb）和铯（Cs）。它们是构成自然界一切物质的组成部分,无论是在各类岩石土壤中,还是在水和大气中。铀主要存在于花岗石、页岩、磷酸盐及沥青铀矿,钍存在于磷酸盐、花岗岩和片麻岩中。

氡是天然存在的放射性气体,来自地壳中铀、钍的衰变。氡无色无味,相对无害。但在衰变为氡子体以前,铀、钍子体被吸入后就沉积在肺部并继续衰变,同时释放出射线,对人体健康有害。氡同位素中寿命最长的是 ^{222}Rn,半衰期为 3.825 d,因此居家空气污染中氡的基本成分是^{222}Rn。

氡的唯一来源是地壳,是铀天然放射性衰变的一部分。因为铀遍布全球,氡也成为无所不在的一类污染物。室外氡浓度非常低,因为氡一旦离开土壤就被大气稀释了。但室内氡会被集聚。

氡最重要的源,是作为建筑基础土壤岩石,以及建筑材料。土壤可以保留氡,是氡的源也是汇。氡也可以通过给水系统进入室内,特别是水井。一旦水被煮沸或者用来淋浴或者被剧烈震动,氡气就释放出来。建筑材料是氡进入室内的重要途径。

某些建材,如水泥中的磷酸盐矿渣和石膏板、煤灰渣烧制的墙体砖,都可能是导致高放射性的源。此外,各种家用电器,如电视机、电冰箱、电脑、空调、微波炉等都会不停释放出少量辐射,遍布室内的电线也是辐射的重要源。如果某些类型的岩石富含放射性物质,或者产自放射性物质丰富的地区,这些石材被用作建筑材料或装饰材料,有可能带来比较大的问题。具有放射性的石材,主要指石材中含有镭、钍和钾三种放射性元素,是否会产生危害可从放射性活度方面考察。放射性活度是指放射性物质衰变的频率,即单位时间内原子核衰变的平均数。

天然装饰石材中,大理石类、绝大多数的板石类、暗色系列(包括黑色、蓝色、暗色中的绿色)和灰色系列的花岗岩类,其放射性辐射强度都小。对于浅色系列中的白色、红色、绿色和花斑系列的花岗岩,也不能笼统地认为放射性辐射强度都大。只有来自富含放射性物质地区的白岗岩,含钾长石矿物多的花岗岩,含锆石矿物的变质岩和含天河石矿物的花岗岩,才有可能放射性辐射强度偏大。放射性辐射强度偏大花岗岩,在全部浅色系花岗岩中只占20%~25%。板石类石材是沉积泥质岩石变化而成的,黑色板石含有较多的碳质成分,泥质和碳质能够吸附水中放射性物质和各种杂质,造成有些黑色板石的辐射强度偏大。

不少国家将氡气对人体的危害上限定为100 Bq/m³,中国居室内氡辐射水平为70~90 Bq/m³,在安全范围内。氡气比空气重9倍,近地面、地下室氡的浓度较高。

氡的子体带电荷,倾向于附着在各种表面之上。氡的子体进入肺部后继续衰变,向附近的肺组织释放出 α 粒子。氡衰变产生的元素,如^{218}Po、^{210}Pb,有一定活性,可与肺部组织结合并滞留。氡被认为是肺癌的第二诱因,仅次于吸烟。但氡一般不是影响住户健康的因素。

如果室内环境有氡的问题,可以采用很多方法解决。直接的方法是消除源排放,如果氡存在于装饰材料,则直接去除。如果是来自外部土壤、空气,则可以通过控制进入室内的空气量,控制室内外气体交换量,或者覆盖土壤来解决。

氡是潜在的致癌物,所以要尽量降低其室内浓度,如果普通民居氡浓度超过年均800 Bq/m³,就必须采取相应措施。

5. 室内空气质量控制

(1) 控制途径

室内空气质量影响人的健康,不仅是化学与生物物质的直接作用,还包括人们对室内环境的心理感觉。最初室内空气质量的表达,只是一系列污染物的浓度指标;后来,人的主观感受也包含其中。

世界卫生组织于1974年4月在荷兰召开"室内空气质量与健康"会议,首次在国际上讨论室内空气污染问题,并于1978年起每三年召开一次。美国、加拿大等发达国家,自20世纪70年代起,出台了室内空气质量标准和室内空气监测分析标准方法。我国自20世纪80年代,制订和颁布了一些公共场所和劳动场所的室内空气卫生标准。

室内空气质量差的主要原因包括室内污染源的排放、通风换气效果不良、使用劣质建筑材料、室外污染物进入室内等。室内空气质量的控制,涉及产品和建筑的设计、制造、管理和使用等多方面的利益,涵盖众多的产业和技术领域。室内空气质量的研究涉及医学卫生、建筑环境工程、建筑设计等多方面学科。

室内空气质量的控制方法在叙述室内空气污染物各项时已经分别讨论,总结起来主要有以下几点:

① 保障通风良好。

② 控制污染源。

③ 植物净化。

④ 化学去除法。

为了解决某些室内空气污染问题带来的纠纷,在政策法规方面进行了一些限制。比如建筑材料的使用,各种不同类型的建筑、建筑物的不同功能区,使用的建筑、装修材料根据相关的规定进行限制;对于已建成的居室等建筑物,要求相关的污染物种类不超出相应的污染指标。

(2)控制模式

室内空气污染物的相关模式,有简化的盒子模式,也有更复杂些的模式。简化盒子模式假设建筑内部空气总是混合均匀,只有一个源和一个汇,即渗入和渗出,而补充、循环、排出的空气量假设为0。

按照这些假设,得到污染物的稳态质量平衡简化式为:

$$c_1 = c_0 + (S - R)/Q \tag{6-4-5}$$

式中:c_1为建筑浓度;c_0为室外浓度;S为建筑源;R为建筑汇;Q为渗入或渗出空气量。c_0相当于背景浓度,$(S-R)/Q$是室内排放减去污染物的去除后,建筑内部增加了的浓度。

6. 绿色建筑和室内环境

国内对室内环境的研究,从初期的炉灶燃料,到建筑装修材料;从源产生机制、致病机制,到人居环境中物理、化学、生物等因素的综合作用,再到居室主体人本身的主观感受。初期是有什么问题解决什么问题,发现什么污染物处理什么污染物,整体上处于消极应对状态。随着人们对环境大统一观念的认可,如何与环境和谐共处,既能满足人类日益发展的生活需求,又能不破坏人类赖以生存的环境空间,成为人们认识和解决环境问题的出发点。体现在室内环境问题方面,就出现了绿色建筑的概念。

所谓绿色建筑,就是不仅要能提供舒适安全的室内环境,同时应具有与自然环境相和谐的良好的建筑外部环境,符合建筑的可持续发展原则。

就室内环境和室内外环境的协调而言,绿色建筑主要考虑以下因素:

① 能源的使用。要求使用低污染、低噪音、高效率能源,最好是可再生能源,充分利用自然能源,使用低能耗高效率的办公设备和家庭用品等。

② 资源的使用。要求使用无污染或污染小的建筑、装饰材料,办公、生活用品材料无污染化,最好使用天然资源和可再生资源。

③ 空气质量。要求在能源和资源使用优化的基础上,除了满足基本的热平衡要求外,对于舒适度的要求也能达到。这是一个综合考量指标,既包括污染物的有效控制,也包括人的感官指标的满足。

④ 室内外能量交换。绿色建筑要求尽量采用再生能源,减少能耗和向外部环境的能量排放。

⑤ 室内外物质交换。通风是室内空气质量的一个重要影响因素,室内外空气的交换是建筑内人群生存的必然要求。绿色建筑要求在满足人们的室内生活质量需求的同时,尽可能减少向周围环境排放有毒有害废弃物,或者能通过一定方式集中室内废弃物并加以处理、回收。

⑥ 建筑与环境的协调。绿色建筑要考虑与所处环境的气候特征、经济条件、文化传统相匹配。绿色建筑还要考虑建设成本和效益,不但要与环境达成和谐,也要经济实惠。最佳组合是平衡好室内外环境、满足使用者与建设者之间的利益要求、协调好建筑对能源的需求及与环境的自然融和。

思考与练习

1. 大气主要层次如何划分?每个层次具有哪些特点?

2. 逆温现象对大气中污染物的迁移有什么影响?

3. 大气中有哪些重要污染物?说明其主要来源和消除途径。

4. 影响大气中污染物迁移的主要因素是什么?

5. 大气中有哪些重要含氮化合物?说明它们的天然来源和人为来源及对环境的污染。

6. 大气中 NO 转化为 NO_2 的各种途径。

7. 大气中有哪些重要的碳氢化合物?它们可发生哪些重要的光化学反应?

8. 碳氢化合物参与的光化学反应对各种自由基的形成有什么贡献?

9. 什么是光化学烟雾现象,解释污染物与产物的日变化曲线,并说明光化学烟雾产物的性质与特征。

10. 说明烃类在光化学烟雾形成过程中的重要作用。

11. 何谓有机物的反应活性?如何将有机物按反应活性分类?

12. 简述大气中 SO_2 氧化的几种途径。

13. 论述 SO_2 液相氧化的重要性,并对各种催化氧化过程进行比较。

14. 说明酸雨形成的原因。

15. 确定酸雨 pH 界限的依据是什么?

16. 论述影响酸雨形成的因素。

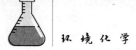

17. 什么是大气颗粒物的三模态？如何识别各种粒子模？

18. 说明大气颗粒物的化学组成以及污染物对大气颗粒物组成的影响。

19. 大气颗粒物中多环芳烃的种类、存在状态以及危害性如何？

20. 何谓温室效应和温室气体？

21. 说明臭氧层破坏的原因和机理，说明目前臭氧层破坏的状况如何。

第七章 水环境化学

第一节 水体环境

一、天然水的特性、分布、循环

1. 水分子特性

水分子(H_2O)中氧原子连接两个氢原子,氢氧键之间夹角为104.5°,为极性分子。不同于同一主族元素(C、N、F元素),其独特的偶极-偶极作用和氢键作用,赋予了水分子高熔点、高沸点(表7-1)和特殊的密度($\rho_气 < \rho_固 < \rho_液$,4℃时ρ_{H_2O}最大)。

表7-1 不同物质的熔点沸点比较

指标	CH_4	NH_3	H_2O	HF
熔点(℃)	−192	−78	0	−83
沸点(℃)	−164	−33	100	20

水分子的独特物理性质决定了水环境中的许多自然规律。例如水的极性使它成为一种优良溶剂,水的无色透明使水生生物光合作用成为可能,水的特殊的密度、比热容也对水环境、临近地理区气候有影响。

纯水是无色无味无臭的液体,而自然界中的水,由于含有化学物质或杂质,其性质往往与纯水不同。标准大气压力下,水的凝固点是0℃,沸点为100℃,0℃冰的熔解热为334.7 J/g,100℃水的汽化热为2.26 kJ/g。自然界中的水循环,实质上是水的三态之间不断互变的过程。水分子间有氢键,水具有某些独特的性质。水的介电常数高于任何其他液体,多数离子性物质易溶于水,并实现离子化。作为一种良好的溶剂,水参与了一系列生理生化反应过程,在生命体新陈代谢过程中,起输送营养物质和废弃物质的作用。水具有高比热容,4.186 kJ/kg,天然水体对于其邻近区域的气温具有缓冲和稳定作用。水汽化热高,20℃为2.447 kJ/g,同样可以稳定调节水体周围地理环境的温度。水在4℃时密度最大,寒冷季节里,冰密度不及4℃的下层水体,冰停留在表层水面,浮冰下面的水仍保持液态,对于防止水体完全冻结、保护水生生物有至关重要的意义。

环境化学

2. 天然水资源概况

地球上水资源极其丰富,天然水总量达 14 亿 km³,地球被水覆盖的面积为 3.8×10^8 km²,占是地球表面积的 71%。天然水中 97.5% 以上是海水,淡水资源只有 0.35 亿 km³。淡水资源分布于高山冰冠、极地冰川、江河、湖泊和地下水中,人类可利用的水资源占淡水总量的 20%;其中人类直接利用的水资源则只占淡水总量的 0.4% 以下,1.4×10^5 km³。2021 年世界实际淡水资源总量 4.7×10^4 km³,总耗水量 5.5×10^3 km³,水资源匮乏已成为当前突出的全球性环境问题之一。2021 年,中国地表水总径流量为 2.8×10^3 km³,全年总用水量 5.92×10^2 km³,人均地表水资源约 2 700 m³,水资源短缺矛盾也十分突出。

3. 自然界水循环

水的三态之间的转化是自然界水循环的基础,地表水蒸发成水气,水气随大气气流运动转移,遇冷凝结成云,继以雨水形式回到地表。蒸发、凝结、降落,过程循环不已,这就是自然界的水循环。决定水循环的是水的性质,太阳辐射能量,还有地质地貌、土壤和生物群落的种类和性质等。

参与水循环的水量称为水的动储量,全球水分蒸发量约为 5.77×10^5 km³,海面蒸发占 87.5%,其余为陆地水面蒸发、土面蒸发、植物蒸腾。水蒸气随大气环流输送至各地,而陆地降水中又有部分成为径流汇入海洋;海洋水气向大陆输送,愈向内陆水分愈少,最后由于空气中水汽太少而难以形成降水。向内陆输送的水气,对于增强内陆水循环的强度和增加大陆水分意义重大。大陆水分一般包括大气下层的水气、土壤表层的水分、动植物体内的水分、陆地水面和冰雪上层的水分,它们对于地区的小气候、径流及植被等均有重要的影响,因此称之为有效水。内陆河流和湖泊的水量主要决定于内陆水循环的强度,水循环过程中成为径流回归海洋的水称为无效水。

我国的径流区域分布非常不匀,大体上呈东南向西北减少的趋势。在东南沿海地区,雨量充沛,径流量大;而大部分西北地区,则降水稀少蒸发旺盛,径流缺乏,某些沙漠地带的径流深度不足 5 mm。河川径流是人类用水的基本来源,它对于人类社会和经济发展关系重大。

水分在循环过程中无论途经大气层还是陆地,不仅以它的动力作用洗涤大气物质、冲刷地表物质,而且溶解各种可溶性物质,从而构成自然界多种的化学循环系统。水循环与化学循环是两个相互影响、相互制约、密切联系的过程。了解与掌握水循环基础知识,对于学习环境化学无疑是十分必要的。

4. 海水的特性

海水占天然水总量的 97.3%,不是人类可直接利用的水资源。海水化学成分包括 >1 mg/L 的元素(表 7-2),不含 O、H,有 Cl、Na、Mg、S、Ca、K、Br、C、Sr、B 和 F,共 11 种,称为常量元素。P、Si、Fe、Mn、Cu 等,含量低于 1 mg/L 的为微量元素,共约 0.25 mg/L。此外还有来源于大气、火山喷发、海洋生物和化学反应的 CO_2、CH_4、H_2S、O_2、N_2 和 Ar 等溶存气体,以及来源于陆地输入、海洋生物分泌和尸体破裂的有机质。

表 7-2　海水中的常量元素

常量元素	平均含量(g/L)	理论上主要存在形态	常量元素	平均含量(g/L)	理论上主要存在形态
Cl	19.10	Cl^-	Br	0.067 3	Br^-
Na	10.62	Na^+	C	0.028 0	CO_3^{2-}
S	0.905	SO_4^{2-}	Sr	0.007 9	Sr^{2+}
Mg	1.28	Mg^{2+}	B	0.004 4	$B(OH)_3$
Ca	0.412	Ca^{2+}	F	0.001 3	F^-、MgF^+
K	0.399	K^+			

　　海水中化学成分的浓度通常会因时因地产生一定变化,但其中常量元素占总盐量的百分比却基本稳定,这一规律称为海水常量元素的恒比关系。如 Cl^- 占比恒定在 55.1%～55.3%,Na^+ 占比恒定在 30.3%～30.9%。

　　5. 海水淡化

　　海水淡化是人类的梦想,海水淡化是利用海水脱盐生产淡水,实现海水水资源利用。海水淡化技术大规模应用始于干旱的中东地区,近 30 年来迅速在中东以外得以实施。已开发淡化技术有二十多种,蒸馏法、电渗析法、反渗透法都达到了工业化规模水平,已在世界各地广泛应用。2021 年底,中国有海水淡化工程 144 个,日均工程规模达 185.6 万吨,但在产业化发展、研究水平、创新能力、装备开发制造能力、系统设计和集成等方面与国外仍有差距。当前,海水淡化领域的关键基础材料、核心零部件等仍大多依赖进口,要想实现产业链自主可控,还须破解核心技术研发不足、国产化设备应用不畅、产业发展滞后的痛点。

二、天然水水质检测指标

　　水质检测指标,是指水中杂质的种类与数量,是衡量水污染程度的尺度;也特指对水中存在的具体杂质或污染物所规定的最低限制数量或浓度。

　　水质状况指标,有单项指标和综合指标之分。前者用水的理化、生物特性的具体因素指明水质状况,如金属元素含量、溶解氧、细菌总数等;后者用水在多因素作用下的水质状况表示水质,如生物化学需氧量、总硬度、生物指数。

　　更多是把水质检测指标分为物理、化学、生物学指标。

　　1. 物理指标

　　(1) 温度

　　(2) 嗅味

　　根据人对恶臭物质的反应,以判定水环境质量恶臭物污染状况。通常分为无臭、轻微臭味、明显臭味、强烈臭味和难忍受臭味等 5 级。

　　(3) 色度

　　天然水常显出浅黄、浅褐、黄绿等不同颜色,由溶于水的腐殖质、有机物或无机物质造成。当水体受到工业废水污染时,也会呈现不同的颜色。天然水颜色分为真色和表色,真色由水中溶解性物质引起,是除去水中悬浮物后的颜色,而表色是没有除去水中悬浮物时的颜色。色度是天然水颜色的定量,水质色度测定用铂钴标准比色法,溶解氯铂酸钾(K$_2$PtCl$_6$)和氯化钴(CoCl$_2$·6H$_2$O)配制标准溶液,规定 1 L 水中含有 1 mg Pt 和 0.5 mg Co 时,所产生的颜色深浅定为色度 1°。

（4）浊度

浊度是指水体对光线通过时所产生的阻碍程度,它包括悬浮物对光的散射和溶质分子对光的吸收。水的浊度主要由水中悬浮态及胶体态微粒产生,不仅与水中悬浮物质的含量有关,而且与它们的大小、形状及折射系数等有关。浊度的单位用"度"来表示,1 L 的水中含有 1 mg 的 SiO$_2$（或白陶土、硅藻土）时,所产生的浑浊程度为 1 度,或称 1 杰克逊(JTU)。现代仪器显示的浊度是散射浊度,单位 NTU,也称 TU,1 NTU＝1 JTU。

（5）悬浮物

水中悬浮物质是颗粒直径约在 0.1～10 μm 的微粒,肉眼可见,主要由泥沙、黏土、原生动物、藻类、细菌、病毒以及高分子有机物等组成,常常悬浮在水流之中,使水产生的浑浊现象。水体中有机悬浮物沉积后,易厌氧发酵,使水质恶化。悬浮物采用坩埚抽滤恒重法定量,将称至恒重的滤纸放入布氏漏斗,用中速定量滤纸过滤水样,经 103～105 ℃烘干至恒重,得到悬浮物含量。

2. 化学指标

（1）无机污染非专一性指标

电导率、氧化还原电位、pH、硬度、碱度、酸度等。

（2）无机污染物指标

三氮（NH$_4^+$-N、NO$_2^-$-N,NO$_3^-$-N）、重金属、有毒准金属、硝酸盐、亚硝酸盐、磷酸盐等。

（3）有机污染非专一性指标

化学耗氧量、生化耗氧量、总耗氧量,总有机碳、高锰酸钾指数、酚类等。

① 化学耗氧量（COD）,是氧化水中有机物（或其他还原性物质）,所需化学氧化剂的量,以相对应的 O$_2$ 含量来计,mg/L 表示。常用氧化剂有:重铬酸钾（COD$_{Cr}$）,主要测定污染水体,与高锰酸钾（COD$_{Mn}$）,主要测定清洁水体或饮用水中的还原性物质,常称作高锰酸钾指数。

② 生化需氧量（BOD）,指好氧条件下水中有机物被微生物所氧化,在一定期间内所消耗的溶解氧的量。BOD$_5$ 称五日生化需氧量。

③ 总需氧量（TOD）,是指水中的还原性物质,主要是有机物质在燃烧中变成稳定的氧化物所需要的氧量,结果以 O$_2$ 的含量（mg/L）计。TOD 值能反映几乎全部有机物质经燃烧后变成 CO$_2$、H$_2$O、NO、SO$_2$ 等所需要的氧量。将少量水样与含一定氧气的惰性气体（氮气）一起送入装有铂催化剂的高温燃烧管中（900 ℃）,水样中的还原性物质在 900 ℃温度下被瞬间燃烧氧化,测定惰性气体中氧气的浓度,根据氧的减少量求得水样的TOD 值。

④ 总有机碳（TOC）,是指水体中溶解性和悬浮性有机物含碳的总量。测定时,先用催化燃烧或湿法氧化法将样品中的有机碳全部转化为二氧化碳,生成的二氧化碳可直接用红外线检测器测量,亦可转化为甲烷,用氢火焰离子化检测器测量,然后将二氧化碳含

量折算成含碳量。

TOC 与 TOD 都是利用燃烧法来测定水中有机物的含量。所不同的是,TOC 是以碳的含量表示的,TOD 是以还原性物质所消耗氧的数量表示的,且 TOC 所反映的只是含碳有机物,而 TOD 反映的是几乎全部有机物质。根据 TOD 对 TOC 的比例关系,可以大体确定水中有机物的种类。对于只含碳的化合物而言,因为一个碳原子燃烧时消耗两个氧原子,$O_2/C=2.67$,所以从理论上讲,TOD$=2.67$ TOC。若水样的 TOD/TOC≈2.67,可认为水中主要是含碳有机物。若 TOD/TOC>4.0,则水样中可能有较多的含 N、P 或 S 的有机物,因为它们只显示 TOD 值而不显示 TOC 值。当 TOD/TOC<2.6 时,水样中硝酸盐和亚硝酸盐的含量可能较大,它们在高温和催化条件下分解放出氧,使 TOD 测定呈现负误差。

（4）有机污染物指标

挥发性酚、农药残留、洗涤剂、多环芳烃、多氯联苯等。

（5）溶解性气体

氧气、二氧化碳等。溶解氧(DO),溶解于水中的分子态氧,单位 mg/L。

3. 生物学指标

细菌总数、大肠菌群、藻类数量等。

4. 放射性指标

总 α 射线、总 β 射线、铀、镭、钍等。

三、天然水中的离子、气体、颗粒物与生物

1. 主要离子

天然水中,K^+、Na^+、Ca^{2+}、Mg^{2+}、HCO_3^-、SO_4^{2-}、NO_3^-、Cl^- 最常见,这八大离子占天然水离子总量的 $95\%\sim99\%$。它们的浓度和,可以粗略作为水体总含盐量(TDS):

$$TDS=[K^++Na^++Ca^{2+}+Mg^{2+}]+[HCO_3^-+SO_4^{2-}+NO_3^-+Cl^-]$$

天然水中主要离子是这八大离子,以及 H^+ 和 OH^-,可以分为 5 类。按对水体碱度有无贡献,可将阴离子分为 2 类,强酸酸根 SO_4^{2-}、NO_3^-、Cl^- 不发生水解,对碱度没有贡献;HCO_3^-、CO_3^{2-} 水解,它们与 OH^- 都对碱度有贡献。阳离子分为 3 类,第一类是 H^+,这是致酸离子;第二类 K^+、Na^+,既不水解、也不形成沉淀;第三类 Ca^{2+}、Mg^{2+},可与碳酸盐形成沉淀,是决定硬度的阳离子。

2. 金属阳离子

水中金属阳离子以 M^{n+} 表示,实际为水合阳离子 $M(H_2O)_x^{n+}$;水中金属离子必须与水分子或其他强配体相结合,才能稳定存在。酸碱、沉淀、配位、氧化还原等化学反应,都有助于水合金属阳离子趋于最稳定状态。

水合金属阳离子,特别是其中的高价离子,在水溶液中有失去质子的倾向。Bronsted酸碱理论认为,酸是质子给予体,而碱是质子受体。多价水合金属离子属于 Bronsted 酸,其酸度随金属阳离子电荷数增加而增强,随离子半径的增大而减弱。水合 Fe^{3+} 离子是一种酸性较强的酸,反应:

$$Fe(H_2O)_6^{3+} + H_2O \Longrightarrow Fe(H_2O)_5OH^{2+} + H_3O^+$$

在 pH=7 或偏碱性的介质中,水合三价金属离子,一般至少失去一个氢离子。与四价金属离子配位的,则通常是 O^{2-},比如 VO_2^+。在 pH<6 时,一价、二价金属离子的水合物一般不会失去氢离子。

多价水合离子具有酸性倾向,对于水环境有深刻影响。如酸性矿坑水,这种矿坑水的酸性特性,与水合 Fe^{3+} 离子失去氢离子的倾向有关:

$$Fe^{3+} + 3H_2O \longrightarrow Fe(OH)_3(s) + 3H^+$$

与金属离子键合的羟基(OH^-)具有桥式官能团的作用,它能通过脱水二聚反应,把两个或更多的金属离子连接在一起:

除 Fe^{3+} 以外,能够通过 OH^- 官能团桥式聚合的金属离子还有:Al^{3+}、Be^{2+}、Bi^{3+}、$Ce(Ⅳ)$、Co^{3+}、Cu^{2+}、Ga^{3+}、$Mo(Ⅵ)$、Pb^{2+}、Sc^{3+}、Sn^{2+}、$Sn(Ⅳ)$ 和 $U(Ⅵ)$。金属二聚物的水分子,还可再次失去氢离子形成 OH^-,进一步桥式聚合。若这个过程持续进行,就会生成胶状羟基聚合物,最终形成沉淀。含 Fe^{3+} 溶液中,水合氧化铁 $Fe_2O_3 \cdot xH_2O$,或氢氧化铁 $Fe(OH)_3$ 的沉淀过程,就属于上述机制。

天然水 pH 值一般近中性,近似为 7,可估算此条件下水中各种可溶性铁物质浓度。

$$Fe^{3+} + H_2O \longrightarrow FeOH^{2+} + H^+ \qquad\qquad K_1$$
$$Fe^{3+} + 2H_2O \longrightarrow Fe(OH)_2^+ + 2H^+ \qquad\qquad K_2$$
$$2Fe^{3+} + 2H_2O \longrightarrow Fe_2(OH)_2^{4+} + 2H^+ \qquad\qquad K_3$$

相关的平衡常数 K_1、K_2、K_3 分别为 8.9×10^{-4}、4.9×10^{-7}、1.23×10^{-3}。

结合 $Fe(OH)_3$ 溶度积常数 K_{sp} 为 3.2×10^{-38},可知,$[Fe^{3+}] = 3.2 \times 10^{-38}/(10^{-7})^3 = 3.2 \times 10^{-17}$ mol/L。

而 $K_1 = [FeOH^{2+}][H^+]/[Fe^{3+}]$,$K_2 = [Fe(OH)_2^+][H^+]^2/[Fe^{3+}]$,

$K_3 = [Fe_2(OH)_2^{4+}][H^+]^2/[Fe^{3+}]^2$,把 Fe^{3+} 代入,可以求得:$[FeOH^{2+}] = 2.8 \times 10^{-13}$ mol/L,$[Fe(OH)_2^+] = 1.6 \times 10^{-9}$ mol/L,$[Fe_2(OH)_2^{4+}] = 1.3 \times 10^{-22}$ mol/L。

可见,大多数近中性天然水体中,水合铁离子浓度非常低,可忽略不计。然而,许多地下水中,可溶性亚铁水合离子含量较高,地下水与空气接触后,其中的 Fe^{2+} 缓慢氧化成 Fe^{3+},并形成橘红色沉淀,从溶液中析出。地下水中铁含量一般在 1~10 mg/L。

3. 气体

(1) 亨利定律

溶解于水的气体,对水体生命生存至关重要。鱼类摄入溶解氧,同时释放二氧化碳;

水生绿色植物正相反,因为它需要进行光合作用。水中溶解氮则存在着潜在的危险,溶解氮可能会导致气泡栓塞病(或称"潜函病"),严重时可置鱼或人于死地。气泡栓塞病,是因为气压下降过快,血液和肌肉组织中的溶解氮释放,形成氮气泡,从而导致机体机能失调。人发病多因做深水潜水后,回升水面速度过快所致。

大气中气体分子与水溶液中同种气体分子之间的平衡遵循亨利定律:

$$G(g) \longrightarrow G(l)$$

亨利定律指出,液体中某种气体的溶解度,与同液体接触的此种气体的分压成正比。即某种气体在水中的浓度,与其在大气中的浓度成正比。气体 G 在水中的溶解度可用下述的平衡式表示:

$$[G(l)] = K_H \times p_G \qquad (7-1-1)$$

式中:K_H 为气体 G 在一定温度下的亨利常数;p_G 为气体的分压。

亨利定律不考虑气体在溶液中进一步发生的化学反应,如:

$$CO_2 + H_2O \longrightarrow H_2CO_3$$
$$H_2CO_3 \longrightarrow HCO_3^- + H^+$$
$$SO_2 + H_2O \longrightarrow H_2SO_3$$
$$H_2SO_3 \longrightarrow HSO_3^- + H^+$$

若有化学反应存在,溶于水的气体量,可以远远高于亨利定律表示的量。

一些重要气体在水中溶解时的亨利常数,列于表 7-3。

表 7-3　25 ℃时水中某些气体的亨利常数

气体	$K(mol \cdot L^{-1} \cdot atm^{-1})$	$K(mol \cdot L^{-1} \cdot Pa^{-1})$	气体	$K(mol \cdot L^{-1} \cdot atm^{-1})$	$K(mol \cdot L^{-1} \cdot Pa^{-1})$
O_2	1.28×10^{-3}	1.263×10^{-8}	N_2	6.48×10^{-4}	6.395×10^{-9}
CO_2	3.38×10^{-2}	3.335×10^{-7}	CH_4	1.34×10^{-3}	1.322×10^{-8}
H_2	7.90×10^{-4}	7.796×10^{-9}	NO	2.0×10^{-3}	1.940×10^{-8}

由于水蒸气本身也产生分压,因而在计算水中气体溶解度时,应考虑该因素,并进行相应校正,尽管低温下这个分压不大。不同温度下水的分压值列于表 7-4。

表 7-4　水在不同温度时的分压

$t(℃)$	$P_{H_2O}(atm)$	$P_{H_2O}(torr)$	$P_{H_2O}(Pa)$	$t(℃)$	$P_{H_2O}(atm)$	$P_{H_2O}(torr)$	$P_{H_2O}(Pa)$
0	0.006 03	4.58	611	30	0.041 87	31.82	4 243
5	0.008 61	6.45	872	35	0.055 49	42.18	5 623
10	0.012 12	9.21	1 228	40	0.072 79	55.32	7 375
15	0.016 83	12.79	1 705	45	0.094 58	71.88	9 583
20	0.023 07	17.54	2 338	50	0.121 72	92.51	12 333
25	0.031 26	23.76	3 131	100	1	760	101 325

（2）水中溶解氧

25 ℃时，水蒸气分压为 $3.131×10^3$ Pa，干燥空气中氧含量 20.95％，大气压为 $1.013×10^5$ Pa，此时空气中氧的分压为：

$$P_{O_2}=(1.013×10^5-3.131×10^3)Pa×0.209\ 5=2.056×10^4\ Pa$$

因此，被空气饱和的水，其中氧的溶解度为：

$$[O_2(aq)]=K_H·p_{O_2}=1.263×10^{-8}\ mol/(L·Pa)×2.056×10^4\ Pa=2.60×10^{-4}\ mol/L$$

氧摩尔质量为 32 g/mol，故其溶解度为 8.32 mg/L。

如果水中没有足够的溶解氧，许多水生生物就难以生存。水中有机物降解时需要消耗溶解氧，因此，通常不是水体污染物毒性直接造成了鱼类死亡，造成鱼类死亡往往是污染物降解过程耗氧导致的水中缺氧。

25 ℃，$1.013×10^5$ Pa 时，与空气达到平衡的水体中，氧溶解度仅为 8.32 mg/L。与其他许多可溶性物质相比，氧在水体中含量并不高，水中溶解氧易于消耗殆尽。如果把有机物用化学式 $\{CH_2O\}$ 表示，那么耗氧作用可描述如下：

$$\{CH_2O\}+O_2\longrightarrow CO_2+H_2O$$

基于上式，可知在 25 ℃时，与大气达到平衡的 1 L 水中，降解 7.8 mg $\{CH_2O\}$，需要消耗 8.3 mg 的氧气。降解过程中，只要 7~8 mg 有机物，就足以把与空气平衡的 1 L 水中的全部溶解氧消耗殆尽。

氧的溶解度与溶解氧浓度，是两个不同的概念，前者通常是指热力学平衡条件下达到的最大溶解氧浓度，而后者则是非平衡状态下受氧气溶解速度控制的溶解度。水溶解氧除了光合作用能够提供外，只能来源于大气，没有其他途径可以补充溶解氧。

（3）二氧化碳

二氧化碳是大气的组成部分，干燥空气中含有 0.031 4％体积的 CO_2（1970 年代数据），由于大气污染的原因，该数值有不断上升的趋势。CO_2 是一种酸性气体，与水接触形成碳酸。天然水与大气接触时，大气中的 CO_2 与水中溶解的 CO_2 达到下述平衡；

$$CO_2(g)\longrightarrow CO_2(aq)$$
$$CO_2(aq)+H_2O\longrightarrow H_2CO_3$$

25 ℃时，CO_2 形成 H_2CO_3 的平衡常数约为 $2×10^{-3}$，溶于水中的 CO_2 只有很小一部分（约六百分之一）以 H_2CO_3 形式存在；因此，以水中 CO_2 表示溶解 CO_2 与未解离 H_2CO_3 之和。

与氧溶解的情况不同，CO_2 溶入水中后，发生复杂化学反应，在水中形成一个 CO_2-HCO_3^--CO_3^{2-} 体系，有关反应及其平衡常数可描述如下：

$$CO_2(g)\rightleftharpoons CO_2(aq) \qquad\qquad K_H$$
$$CO_2(aq)+H_2O\rightleftharpoons H^++HCO_3^- \qquad\qquad K_1$$
$$K_1=\frac{[H^+][HCO_3^-]}{[CO_2]}=4.45×10^{-7}$$
$$pK_1=6.35$$
$$HCO_3^-\rightleftharpoons H^++CO_3^{2-} \qquad\qquad K_2$$
$$pK_2=10.33$$

25 ℃时，干燥空气 CO_2 体积百分含量为 0.031 4%，水蒸气压力为 3.131×10^3 Pa，大气压为 1.013×10^5 Pa，因此：

$$p_{CO_2} = (1.013 \times 10^5 - 3.131 \times 10^3) \text{Pa} \times 0.031\ 4\% = 30.8 \text{ Pa}$$

CO_2 的亨利定律常数为 3.34×10^{-7} mol/(L·Pa)，那么与大气平衡的水所溶解 CO_2 浓度如下：

$$[CO_2(aq)] = K_H \cdot p_{CO_2} = 3.34 \times 10^{-7} \text{ mol/(L·Pa)} \times 30.8 \text{ Pa} = 1.028 \times 10^{-5} \text{ mol/L}$$

溶于水的 CO_2，部分发生解离；由于 H_2CO_3 的二级解离与一级解离相比，可以忽略，可以只考查一级解离；H_2CO_3 一级解离产生相等浓度的 H^+ 和 HCO_3^-：

$$CO_2(aq) + H_2O \longrightarrow H^+ + HCO_3^-$$
$$[H^+] = [HCO_3^-]$$

根据 H_2CO_3 的一级解离常数：

$$K_1 = \frac{[H^+][HCO_3^-]}{[CO_2]} = \frac{[H^+]^2}{[CO_2]} = 4.45 \times 10^{-7}$$

所以，　　$[H^+] = (1.028 \times 10^{-5} \times 4.45 \times 10^{-7})^{1/2} = 2.14 \times 10^{-6}$ mol/L

pH = 5.67

基于此，由空气溶解于 1 L 水中的 CO_2，等于 $[CO_2(aq)]$ 与 $[HCO_3^-]$ 之和，故其值为 1.24×10^{-5} mol/L。

水中溶解 CO_2 浓度的计算，比氧气困难，这是因为 CO_2 在水中的化学行为比较复杂，存在若干化学平衡过程，同时，共存的有关平衡产物对水化学都有一定的影响。由于大气中 CO_2 含量低，与大气平衡的水中 CO_2 含量也低，不过，HCO_3^- 和 CO_3^{2-} 的形成，可明显增加 CO_2 在水中的溶解度。天然水中 CO_2 主要是有机物降解的产物，并非来自大气。水中较高的游离 CO_2 浓度对水生动物不利，一般认为，水中 CO_2 含量不应超过 25 mg/L。

4. 水中颗粒物

天然水体是一个多种物质共存的体系。均相的化学反应较为少见，大部分重要的化学和生物化学过程，比如化学物质在环境介质的悬浮、沉积、转化和迁移等过程，常常发生在非均相的界面上，特别是液-固间的界面上。基于水体是一个多种胶体微粒共存的分散系统，悬浮物、胶粒、固体沉积物对于水体化学的影响很大，尤其是微量污染物的行为和形态。业已证实，胶体微粒的絮凝、沉降、扩散，对于污染物的转化、迁移、归宿具有决定性的作用。

天然水中的颗粒物，既含有铝、铁、锰、硅水合氧化物等的无机高分子，又含有腐殖质、蛋白质等的有机高分子，还有油滴、气泡构成的乳浊液、泡沫、表面活性剂等半胶体，以及藻类、细菌、病毒等生物胶体。

(1) 矿物微粒和黏土矿物

天然水中常见矿物微粒有石英（SiO_2）、长石（$KAlSi_3O_2$）、云母及黏土矿物等。石英、长石等不易碎裂，颗粒较粗，缺乏黏结性。云母、蒙脱石、高岭石等黏土矿物具有层状结

构,易碎裂,颗粒细,具有黏结性,可生成稳定聚集体。后者是天然水中具有显著胶体化学特性的微粒。

（2）金属水合氧化物

铝、铁、锰、硅等金属的水合氧化物,在天然水中以无机高分子及溶胶等形态存在,在水环境中发挥重要的胶体化学作用。

铝在岩石、土壤中含量大,但在天然水中一般不超过 1 mg/L。铝在水中水解,主要形态是 Al^{3+}、$Al(OH)^{2+}$、$Al_2(OH)_2^{4+}$、$Al(OH)_2^+$、$Al(OH)_3$ 和 $Al(OH)_4^-$ 等,各形态间浓度的比例,随 pH 值的变化而改变。铝在一定条件下,会发生聚合反应,生成多核配合物或无机高分子,最终生成 $[Al(OH)_3]_\infty$ 的无定形沉淀物。

铁在岩、土、天然水中分布,它的水解、形态与铝类似。在不同 pH 值下,Fe(Ⅲ)的存在形态是,Fe^{3+}、$Fe(OH)^{2+}$、$Fe_2(OH)_2^{4+}$、$Fe(OH)_2^+$、$Fe(OH)_3$ 等。固体沉淀物可转化为 FeOOH 的不同晶型物。同样,它也可以聚合成为无机高分子和溶胶。

锰与铁类似,其丰度不如铁,但溶解度比铁高,因而也是常见的水合金属氧化物。

硅酸单体可以写成 H_4SiO_4 或 $Si(OH)_4$,是一种弱酸,过量硅酸会生成聚合物,并可生成胶体以至沉淀。硅酸的聚合反应：

$$2Si(OH)_4 \Longrightarrow H_6Si_2O_7 + H_2O$$

所生成的硅酸聚合物是无机高分子,$Si_nO_{2n-m}(OH)_{2m}$。

金属水合氧化物都能结合水中微量物质,同时本身又趋向于结合在矿物微粒和有机物的界面上。

（3）腐殖质

腐殖质是一种带负电的高分子弱电解质,其形态构型与官能团的离解程度有关。在 pH 较高的碱性溶液中,或离子强度低的条件下,羟基和羧基大多离解,沿高分子呈现的负电荷相互排斥,构型伸展,亲水性强,因而趋于溶解。在 pH 较低的酸性溶液中,或有较高浓度的金属阳离子存在时,各官能团难于离解而电荷减少,高分子趋于卷缩成团,亲水性弱,因而趋于沉淀或凝聚;但富里酸因分子量低,受构型影响小,故仍溶解,腐殖酸则变为不溶的胶体沉淀物。

（4）水体悬浮沉积物

悬浮沉积物的结构组成不固定,它随着水质和水体组成物质及水动力条件而变化。悬浮沉积物一般是以矿物微粒,特别是黏土矿物为核心骨架,有机物和金属水合氧化物结合在矿物微粒表面上,作为各微粒间的黏附架桥物质,把若干微粒组合成絮状聚集体（聚集体在水体中一般在数十微米以下）,经絮凝成为较粗颗粒而沉积到水体底部。

（5）其他

湖泊中的藻类、污水中的细菌、病毒,废水排出的表面活性剂、油滴等,也都有类似的胶体化学表现。

5. 水生生物

水生生态系统,包括河流、湖泊、水库和海洋生态系统,其中的生物体可分为自养和异养两类。自养生物特性是,能利用太阳能或化学能,把简单的、非生命的无机物转变成复杂生命分子,藻类就是典型的自养水生生物。通常,自养生物的碳、氮和磷来源分别为 CO_2、NO_3^- 和 PO_4^{3-},能够利用太阳能把无机物合成为有机生命物质,称为生产者。异养生物则利用自养生物生产的有机物,作为合成自身生物量的原料。分解者是异养生物的一个分支,主要由细菌、真菌组成,能够把有机物质最终分解转化,使之成为可以被自养生物用来合成简单生命物质的无机物。营养级高于藻类和细菌的水生生物,如鱼类,在大多数水体中所占生物量比例,仅为很小一部分,对水体化学的影响不大。

水体物理、化学性质,对于水生生物生存,对于水体生产率,具有决定性作用。水体生产生命物质的能力称作它的生产率,生产率是各种物理、化学因素的综合结果。生产率低的水体是理想的水源,而生产率较高的水体有利于鱼类生长。

温度、浊度和湍流,是影响水生生物的三个主要物理性质。水温偏低,其中生物过程的速率缓慢;水温过高,对于大多数水生生物会带来致命危害。水的浊度与阳光透过率有关,对于藻类生长尤其重要。湍流在水的混合和输送过程中具有重要作用,基本功能是输送营养物质给生物,并带走生物排泄废物;湍流还在水体中输送氧、二氧化碳和其他气体,增进水与大气在界面上的物质交换。

氧是决定水体中水生生物种类和数量的关键性物质,对于大多数水生动物,如鱼类,缺氧是致命的。然而,氧的存在对于许多厌氧细菌来说,同样是致命的。溶解氧(DO)浓度始终是衡量河流或湖泊生物学特征的首要监测参数之一。生物化学需氧量(BOD)是又一个重要的水质参数,其含义是指给定体积水中,有机物在生物降解过程中所需的氧的数量。一个生化需氧量高的水体,氧气又难以及时获得补充,这种水体中需氧水生生物将无法生存。水和沉积物中的二氧化碳,是由其中生物呼吸过程产生的,也有部分来自大气。藻类应用光合作用生产生物量时,需要利用二氧化碳。水中有机物降解产生二氧化碳过多,可导致藻类过度生长和繁殖,故在某些情况下应予以控制。

水生植物的生长,需要提供适量的碳(CO_2)、氮(NO_3^-)、磷(磷酸根)和痕量元素(如铁)。在许多场合下,磷是一种控制性营养物质。限制使用含磷物质,可以限制水体中过剩的生产率。

水的盐度,对于水生生物种类有一定的影响。海洋生物需要咸水,淡水水生生物多忌盐。

第二节　天然水中的污染物

20世纪60年代,美国学者把水体污染分为八类,其中前七类为水体污染物:① 耗氧污染物(能快速被微生物降解的有机物);② 致病污染物(致病微生物);③ 合成有机物;④ 植物营养物;⑤ 无机物及矿物质;⑥ 由土壤、岩石等冲刷下来的沉积物;⑦ 放射性物质;⑧ 热污染。环境化学的研究热点是金属污染物与难降解有机物在水环境中的分布和存在形态。

污染物进入水体后通常以可溶态或悬浮态存在,其在水体中的迁移转化及生物可利用性均直接与污染物存在形态相关。重金属对鱼类和其他水生生物的毒性,不是与溶液中重金属总浓度相关,主要取决于游离(水合)金属离子浓度。如镉的毒性主要取决于游离 Cd^{2+} 的浓度,铜取决于游离 Cu^{2+} 及其氢氧化物。大部分稳定金属配合物、金属与胶体颗粒结合形态则是低毒的。脂溶性的金属配合物是例外,如甲基汞,它们能迅速透过生物膜,对细胞产生很大的破坏作用。

通过各种途径进入水体中的金属,绝大部分将迅速转入沉积物或悬浮物内,因此许多研究者都把沉积物作为金属污染水体的研究对象。目前已基本明确了水体固相中,金属结合形态通过吸附、沉淀、共沉淀等的化学转化过程,以及某些生物、物理因素的影响作用。由于金属污染源普遍存在,水体金属形态多变,金属转化过程与生态效应复杂,金属形态、转化、生物可利用性研究是环境化学的一个研究热点。

尽管水环境中有机污染物种类繁多,但对其环境化学行为了解较少。一些全球性污染物,如多环芳烃、有机氯等,一直受到高度重视。特别是一些有毒、难降解有机物,通过迁移、转化、富集或食物链循环,危及水生生物及人体健康。这些有机物往往含量低、毒性大、异构体多、毒性大小差别很大。例如四氯二噁英有 22 种异构体,如将其按毒性大小排列,排首位的与排第二位的,毒性相差 1 000 倍。有机污染物自身理化性质,如溶解度、分子极性、蒸汽压、电子效应、空间效应等,同样会影响有机污染物在水环境中的归趋及生物可利用性。

一、重金属及其化合物

我国水中优先控制污染物黑名单中,金属及 As 共有 9 种,分别是 As、Be、Cd、Cr、Cu、Pb、Hg、Ni、Tl,以及它们的化合物。这里分别介绍它们和 Zn。

1. 砷(As)

岩石风化、土壤侵蚀、火山作用以及人类活动,都能使 As 进入天然水中。淡水中 As 含量为 $0.2 \sim 230 \ \mu g/L$,平均 $1 \ \mu g/L$。天然水中砷可以 H_3AsO_3、$H_2AsO_3^-$、H_3AsO_4、$H_2AsO_4^-$、$HAsO_4^{2-}$、AsO_4^{3-} 等形态存在。在氧化还原电位值适中、pH 呈中性的水中,以 H_3AsO_3 为主。但在中性或弱酸性富氧水体环境中,以 $H_2AsO_4^-$、$HAsO_4^{2-}$ 为主。

As 可被颗粒物吸附、共沉淀而沉积到底部沉积物中。水生生物能很好富集水体中的无机 As 和有机 As。水体无机 As 还可被环境中厌氧细菌还原,产生甲基化,形成有机 As。甲基砷、二甲基砷的毒性仅为砷酸钠的 0.5%,As 的生物有机化过程,是自然界 As 的解毒过程。

2. 铍(Be)

Be 是局部污染,来自生产 Be 的矿山、冶炼厂、加工厂排放的废水和粉尘。天然水中 Be 的含量很低,在 $0.05 \sim 2.0 \ \mu g/L$ 之间。水中 Be^{2+} 水解为 $Be(OH)^+$、$Be_3(OH)_3^{3+}$ 等羟基或多核羟基配离子;难溶态的 Be 主要为 BeO 和 $Be(OH)_2$。天然水中 Be 的含量和形态取决于水的化学特征,在接近中性或酸性的天然水中以 Be^{2+} 为主,当水体 pH>7.8 时,主要是不溶的 $Be(OH)_2$,并聚集在悬浮物表面,沉降至底部沉积物中。

3. 镉(Cd)

工业含 Cd 废水排放,大气 Cd 尘沉降,和雨水对地面的冲刷,都可使 Cd 进入水体。Cd 在水中迁移性强,除了 CdS 外,其他 Cd 的化合物均能溶于水。水体中 Cd 主要以 Cd^{2+} 存在。进入水体的 Cd 可与无机、有机配体生成多种可溶性配合物,如 $CdOH^+$、$Cd(OH)_2$、$HCdO_2^-$、CdO_2^{2-}、$CdCl^+$、$CdCl_2$,$CdCl_4^{2-}$、$Cd(NH_3)^{2+}$、$Cd(NH_3)_2^{2+}$、$Cd(NH_3)_3^{2+}$、$Cd(NH_3)_4^{2+}$、$Cd(NH_3)_5^{2+}$、$Cd(HCO_3)_2$、$CdHCO_3^+$、$CdCO_3$、$CdHSO_4^+$、$CdSO_4$ 等。天然水中 Cd 溶解度受碳酸根或羟基浓度制约。

水体中悬浮物和沉积物对 Cd 有较强的吸附能力。研究表明,悬浮物和沉积物中 Cd 的含量占水体总 Cd 量 90% 以上。

水生生物对 Cd 有很强的富集能力。报道称,32 种淡水植物所含 Cd 的平均浓度,高出邻接水相 1 000 多倍。水生生物吸附、富集,是水体中重金属迁移转化的一种形式,会通过食物链对人类造成严重威胁。日本的痛痛病,就是由于长期食用含 Cd 高的稻米所引起。

4. 铬(Cr)

Cr 广泛存在于环境中。冶炼、电镀、制革、印染等工业将含 Cr 废水排入水体。天然水 Cr 含量在 $1\sim40\ \mu g/L$,主要以 Cr^{3+}、CrO_2^-、CrO_4^{2-}、$Cr_2O_7^{2-}$ 四种形态存在,即水体中 Cr 主要以 +3 价和 +6 价存在。Cr 存在形态决定着其在水体的迁移能力,+3 价 Cr 大多数被底泥吸附转入固相,少量溶于水,迁移能力弱。而 +6 价 Cr 在碱性水体中较为稳定,并以溶解状态存在,迁移能力强,+6 价 Cr 毒性也比 +3 价 Cr 大。但它可被还原为 +3 价 Cr,还原作用的强弱取决于 DO、BOD_5、COD 值。DO 值越小,BOD_5、COD 值越高,还原作用越强。

水中 +6 价 Cr,可先被有机物还原成 +3 价 Cr,然后被悬浮物强烈吸附而沉降至底部颗粒物中,这是水体中 +6 价 Cr 的主要净化机制之一。由于 +3 价 Cr 和 +6 价 Cr 之间能相互转化,所以总铬量是重要水质标准。

5. 铜(Cu)

冶炼、金属加工、机器制造、有机合成及其他工业排放含铜废水,造成水体 Cu 污染。水生生物对铜特别敏感,故渔业用水铜的容许质量浓度为 $10\ \mu g/L$,仅为饮用水容许浓度的百分之一。淡水中铜的含量平均为 $3\ \mu g/L$。水体铜含量及形态与 OH^-、CO_3^{2-} 和 Cl^- 等浓度有关,同时受 pH 的影响。如 pH 为 $5\sim7$ 时,水体中碱式碳酸铜 $Cu_2(OH)_2CO_3$ 最多,离子态铜以 Cu^{2+} 最多;pH>7 时,水体中 CuO 最多,离子态铜以 Cu^{2+}、$CuOH^+$ 形态为主;当 pH>8 时,$Cu(OH)_2$、$Cu(OH)_3^-$;$CuCO_3$ 及 $Cu(CO_3)_2^{2-}$ 等铜形态逐渐增多。

水体中颗粒物,能强烈吸附或螯合铜离子,使铜最终进入底部沉积物中,因此,河流对铜有明显的自净能力。

6. 铅(Pb)

由于人类活动及工业的发展,几乎在地球上每个角落都能检测出铅。矿山开采、金属冶炼、汽车废气、燃煤、油漆、涂料等都是环境中铅的主要来源。岩石风化及人类的生产活动,使铅不断由岩石向大气、水、土壤、生物转移,从而对人体的健康构成潜在威胁。

淡水中铅的含量为 $0.06\sim120\ \mu g/L$,中值为 $3\ \mu g/L$。天然水中铅主要以 Pb^{2+} 存在,

铅的含量和形态受 CO_3^{2-}、SO_4^{2-}、OH^-、和 Cl^- 等含量的影响,铅可以 $PbOH^+$、$Pb(OH)_2$、$Pb(OH)_3^-$、$PbCl^+$、$PbCl_2$ 等多种形态存在。在中性或弱碱性水中,Pb^{2+} 浓度受 $Pb(OH)_2$ 限制;而在偏酸性天然水中,Pb^{2+} 浓度被硫化铅限制。

水体中悬浮颗粒物和沉积物对铅有强烈的吸附作用。铅化合物的溶解度和水中固体物质对铅的吸附作用,是导致天然水中铅含量低、迁移能力小的重要因素。

7. 汞(Hg)

天然水体汞含量一般不超过 $1.0~\mu g/L$。水体汞污染主要来自有色金属冶炼,以及生产、使用汞的部门排出的工业废水,尤其是化工生产中汞的排放。

水体中汞以 Hg^{2+}、$Hg(OH)_2$、CH_3Hg^+、$CH_3Hg(OH)$、CH_3HgCl、$C_6H_5Hg^+$ 为主,在悬浮物和沉积物中主要以 Hg^{2+}、HgO、HgS、$CH_3Hg(SR)$、$(CH_3Hg)_2S$ 为主,汞在生物相中主要形态是 Hg^{2+}、CH_3Hg^+、$(CH_3)_2Hg$。

汞与其他元素等形成配合物,是汞能随水流迁移的主要因素之一。当天然水体中含氧量减少时,水体氧化-还原电位可能降至 $50\sim200~mV$,Hg^{2+} 易被水中有机质、微生物或其他还原剂还原为 Hg,而后形成气态汞,逸散到大气中;溶解在水中的汞约仅有 $1\%\sim10\%$。水体悬浮物和底泥对汞有强烈的吸附作用。水中悬浮物能大量吸附溶解性汞,使其最终沉降到沉积物中。水体中汞生物迁移的数量有限,但微生物可以将沉积物中的无机汞,转变成剧毒的甲基汞,而不断释放至水体中;甲基汞亲脂性很强,极易被水生生物吸收,通过食物链逐级富集,最终对人类造成严重威胁。甲基汞迁移与无机汞不同,是一种危害人体健康的生物地球化学迁移。日本著名的水俣病就是食用含有甲基汞的鱼造成的。

8. 镍(Ni)

岩石风化、镍矿开采、冶炼及镍化合物使用等过程中排放的废水,均可导致水体镍污染。天然水中镍含量约为 $1.0~\mu g/L$,常以卤化物、硝酸盐、硫酸盐,以及某些无机和有机配合物的形式溶解于水。水中 Ni^{2+} 能与水形成 $[Ni(H_2O)_6]^{2+}$,与氨基酸、富里酸等形成可溶性有机配合离子随水流迁移。

水中镍可被水中悬浮颗粒物吸附、沉淀和共沉淀,最终迁移到底部沉积物中,沉积物中镍含量为水中含量的 3.8 万～9.2 万倍。水体中的水生生物也能富集镍。

9. 铊(Tl)

Tl 是分散元素,大部分 Tl 以分散状态的同晶形杂质存在于铅、锌、铁、铜等硫化物和硅酸盐矿物中。Tl 在矿物中还可以替代了钾和铷。黄铁矿和白铁矿中含 Tl 量最大。目前 Tl 主要从处理硫化矿时所得到的烟道灰中制取。

天然水中 Tl 含量为 $1.0~\mu g/L$,但受采矿废水污染的河水含 Tl 可达 $80~\mu g/L$,水中的 Tl 可被黏土矿物吸附迁移到底部沉积物中。

环境中 Tl 化合物,一价比三价稳定性要大得多;Tl_2O 溶于水,生成 TlOH,溶解度很高,碱性很强。Tl_2O_3 几乎不溶于水,仅溶于酸。Tl 对人、动植物都是有毒元素。

10. 锌(Zn)

天然水中锌含量为 $2\sim330~\mu g/L$。工业废水排放是引起水体锌污染的主要原因。天然水中 Zn 主要以二价离子形态存在,在天然水 pH 范围内,锌能水解生成多羟基配合物

$Zn(OH)_m^{2-m}$,还可与水中的 Cl^-、有机酸和氨基酸等形成可溶性配合物。锌可被水体中悬浮颗粒物吸附,或生成化学沉积物向底部沉积物迁移,沉积物中锌含量为水中的 1 万倍。水生生物对锌有很强的吸收能力,锌易向生物体迁移,锌的生物富集系数达 $10^3 \sim 10^5$。

二、有机污染物

1. 农药

水中常见农药为有机氯、有机磷农药,还有氨基甲酸酯类农药。它们通过喷施农药、地表径流及农药工厂的废水排放进入水体。

有机氯农药难以被化学降解、生物降解,在环境中滞留时间很长。由于有机氯具有低水溶性、高辛醇-水分配系数,其大部分被分配到沉积物有机质和生物脂肪中。世界所有地区的土壤、沉积物和水生生物中,都已发现有机氯,并有相当高的浓度。与沉积物和生物体中的浓度相比,水中有机氯浓度很低。目前,有机氯农药,如 DDT,因它持久性和通过食物链的累积性,已被许多国家禁用。

有机磷农药、氨基甲酸酯农药,与有机氯相比,较易被生物降解,在环境中的滞留时间也相对较短,在土壤和地表水中降解速率较快。对于大多数氨基甲酸酯类和有机磷农药来说,由于它们的溶解度较大,其沉积物吸附和生物累积过程是次要的;然而当它们在水中浓度较高时,有机质含量高的沉积物和脂类含量高的水生生物也会吸收相当量的这类污染物。目前在地表水中能检出的不多,污染范围较小。

近年来除草剂的使用量逐渐增加,可用来杀死杂草和水生植物。它们具有较高的水溶解度和低的蒸汽压,通常不易发生生物富集、沉积物吸附,也不易从溶液中挥发。根据它们的结构性质,主要分为氮取代物、脲基取代物和二硝基苯胺除草剂等。这类化合物的残留物通常存在于地表水体中,除草剂及其中间产物是污染土壤、地下水以及周围环境的主要污染物。

2. 多氯联苯(PCBs)

多氯联苯由联苯经氯化而成。氯原子在联苯的不同位置,取代 1~10 个氢原子,可以合成 210 种化合物,通常获得的为其混合物。由于 PCBs 化学稳定性和热稳定性较好,它被广泛用在变压器和电容器中。多氯联苯极难溶于水,不易分解,但易溶于有机溶剂和脂肪,具有高的辛醇/水分配系数,能强烈的分配到沉积物有机质和生物脂肪中。即使 PCBs 在水中浓度很低,它在水生生物体内和沉积物中的浓度仍然可以很高。鉴于 PCBs 的环境持久性和人体危害性,1973 年以后,各国陆续开始减少或停止生产 PCBs。

3. 卤代脂肪烃

大多数卤代脂肪烃属挥发性化合物,可以挥发至大气,并进行光解;与挥发速率相比,这类物质的化学、生物降解速率是很慢的。卤代脂肪烃类化合物在水中的溶解度高,辛醇-水分配系数低,在沉积物有机质或生物脂肪层中分配的趋势较弱,大多通过测定其在水中的含量来确定分配系数。

4. 醚类

有七种醚类化合物属美国 EPA 优先污染物,它们在水中的性质及存在形式各不相同。其中五种,即双-(氯甲基)醚、双-(2-氯甲基)醚、双-(2-氯异丙基)醚、2-氯乙基-乙烯基醚、双-(2-氯乙氧基)甲烷大多存在于水中,辛醇-水分配系数很低,因此它的潜在生物积累和在底泥上的吸附能力都低。4-氯苯苯基醚和4-溴苯苯基醚的辛醇/水分配系数较高,因此有可能在底泥有机质和生物体内累积。

5. 单环芳香族化合物

多数单环芳香族化合物也与卤代脂肪烃一样,在地表水中主要是挥发,然后光解。它们在沉积物有机质或生物脂肪层中的分配趋势较弱。在优先污染物中,有六种化合物,即氯苯、1,2-二氯苯、1,3-二氯苯、1,4-二氯苯、1,2,4-三氯苯和六氯苯,可被生物积累。但总的来说,对这类化合物吸附和生物富集均不是重要的迁移转化过程。

6. 苯酚类和甲酚类

酚类化合物具有高的水溶性、低辛醇-水分配系数等性质。大多数酚并不能在沉积物和生物脂肪中发生富集,主要残留在水中。但当苯酚分子氯代程度增高时,则其化合物溶解度下降,辛醇-水分配系数增大,如五氯苯酚等就易被生物累积。酚类化合物的主要迁移、转化过程是生物降解和光解,它在自然沉积物中的吸附及生物富集作用通常很小(高氯代酚除外),挥发、水解和非光解氯化作用通常也不很重要。

7. 酞酸酯类

有六种列入优先污染物,除双-(2-甲基-己基)酞酯外,其他化合物的资料都比较少。这类化合物由于在水中的溶解度小,辛醇-水分配系数高,因此主要富集在沉积物有机质和生物脂肪体中。

8. 多环芳烃类(PAH)

多环芳烃在水中溶解度很小,辛醇-水分配系数高,是地表水中滞留性污染物,主要累积在沉积物、生物体内和溶解的有机质中。多环芳烃化合物可以发生光解反应,其最终归趋可能是吸附到沉积物中,然后进行缓慢的生物降解。多环芳烃的挥发过程与水解过程均不是重要的迁移转化过程。沉积物是多环芳烃的蓄积库,在地表水体中其浓度通常较低。

9. 亚硝胺和其他化合物

优先污染物中2-甲基亚硝胺和2-正丙基亚硝胺可能是水中长效剂,二苯基亚硝胺、3,3-二氯联苯胺、1,2-二苯基肼、联苯胺、丙烯腈共五种化合物主要残留在沉积物中,有的也可在生物体中累积。丙烯腈生物累积可能性不大,但可长久存在于沉积物和水中。

三、优先污染物

随着工业的发展,目前市场上化学品约达8万种,每年还有1 000~1 600种新化学品进入市场。除少数物种外,人们对进入环境中的化学物质,特别是有毒有害物质,在环境中的行为(光解、水解、微生物降解、挥发、生物富集、吸附、淋溶等)及其可能产生的潜在危害,知之甚微。然而,一次次严重的有毒化学物质污染事件的发生,使人们的环境意识不断得到提高。但有毒物质品种繁多,不可能对每一种污染物都制定控制标准,因而提出在众多污染物中筛选出潜在危险大的,作为优先研究和控制对象,称之为优先污染物。

美国最早开展优先监测,并于20世纪70年代中期,在"清洁水法"中明确规定了129

种优先污染物,其中有 114 种是有毒有机污染物。日本于 1986 年底,由环境厅公布了 1974—1985 年间对 600 种优先有毒化学品环境安全性综合调查,其中检出率高的有毒污染物为 189 种。苏联 1975 年公布了 496 种有机污染物在综合用水中的极限容许浓度,1985 年公布了在此基础上进行修改后的 561 种有机污染物在水中的极限容许浓度。前联邦德国于 1980 年公布了 120 种水中有毒污染物名单,并按毒性大小分类。欧洲经济共同体在"关于水质项目的排放标准"的技术报告中,也列出了黑名单和灰名单。

我国把环境保护作为一项基本国策,有毒化学物质污染防治工作已经列入国家环境保护科技计划,开展了大量研究工作。为了更好地控制有毒污染物排放,近年来我国也开展了水中优先污染物筛选工作,提出初筛名单 249 种,通过多次专家研讨会,初步提出我国的水中优先控制污染物黑名单有 68 种,将为我国优先污染物控制和监测提供依据。

有毒化学物质的污染问题越来越受到世界各国的重视和关注。

第三节　热点水体污染现象

一、水体富营养化

富营养化是用来反映湖泊和水库中藻类生长过量的一种概念。过高的水体生产率,即水体生成生物体的能力,可以导致水中藻类生产旺盛,藻类尸体分解时要消耗水中的溶解氧,从而使水中的含氧量下降到很低的水平;同时造成淤塞现象,并随之发生恶臭,水质恶化,促使水生生物大量死亡。

水体富营养化污染将会造成一些危害,诸如水质下降,水产资源破坏和湖泊衰退等。植物富营养物质氮素,在水中经微生物作用后,可氧化成硝酸根,中间产物亚硝酸根,是一种潜在的致癌物质,对人体健康有害。水体中氮、磷营养元素过量,势必使藻类大量繁殖。这将严重影响鱼类和其他水生生物的生存,水产资源受到破坏。近年来,日本和我国近海海域曾发生过多次的"赤潮"事件,这是一种因植物营养物质污染引起海水变色现象。这种"赤潮"中含有大量的红色海藻,其中带有一种名为石房蛤毒素的有害物质,对神经系统有损伤作用。"赤潮"给近海的渔业资源带来极大的威胁。另一方面,富营养化也是水体老化的一种表现。一个湖泊,若水中藻类大量繁殖,必然会导致严重缺氧状态,水生动物的生存空间愈来愈少,水道阻塞,恶臭现象频频发生,它标志着水体逐步在衰退,面临着"死亡"的危机。

藻类的生成和分解,就是在水体中进行光合作用(P)和呼吸作用(R)的典型过程,可用简单的化学计量关系来表征:

$$106CO_2 + 16NO_3^- + HPO_4^{2-} + 122H_2O + 18H^+ + (痕量元素和能量)$$
$$(respiration)R \uparrow \downarrow P(photosynthesis)$$

$$C_{106}H_{263}O_{110}N_{16}P + 138O_2$$

表 7-5 列出了植物生长所必需的化学元素。通常,在湖泊、池塘和水库中,大多数必需营养元素的含量,已超过维持水生植物生长所需的水平。氢和氧来自水体本身,碳由大气的或植物残骸腐解生成的二氧化碳提供。钙、镁和硫酸根来自矿物,一般水体中这些物质含量丰富。而微量营养物质的需要量很少,水体含量已超过水生植物的生长所需水平。所以,需要严格控制的营养物质,主要是氮、磷,特别是磷。

表 7-5 植物生长所必需的化学元素

常量营养物质	来源	功能	常量营养物质	来源	功能
C	大气、腐解物	生物量成分	S	矿物质、污染物	蛋白质、酶
H	水	生物量成分	K	矿物质	代谢功能
O	水	生物量成分	Ca	矿物质	代谢功能
N	大气、腐解物、污染物	生物量成分	Mg	矿物质	代谢功能
P	矿物质、腐解物、污染物	DNA、RNA 成分	Fe、Cu、Mn、Zn、Mo、Cl、B	矿物质、污染物	代谢功能、酶成分

对于水体富营养化,农田施肥、农业废弃物、城市生活污水、工业污水中营养物质输入水体是关键,其中农田化肥经径流排入水体占最重要地位。据统计,1990 年代以来,中国合成氨产量连年突破 5 000 万吨。施入农田的化肥,仅有一部分被农作物吸收,约 50% 左右未被植物利用;氮肥更为严重,有 80% 未被作物吸收,这些未被利用的肥料绝大部分经农田排水或地表径流,排入地表水或地下水中。营养物质进入水体后,通过光合作用生产大量植物生物量和少量动物生物量。死亡的生物量在水底不断积累,其中有一部分腐烂变质,此时,营养物氮、磷、钾、二氧化碳重新返回水体。如果水体属于浅的湖泊,只要湖底有植物开始生长,水体固体物质积聚大大加快;于是湖泊越来越浅,终而形成沼泽地,继而又演变成草地或森林。事实上,富营养化是一种由来已久的环境现象,不过文明社会的人类活动促进和加剧了富营养化的发展。

二、水体洗涤剂污染

城市生活污水中含有大量的洗涤剂成分,它们对水体的污染作用不容忽视。

肥皂是常用清洁剂,其主要成分是高级脂肪酸盐,包括硬脂酸钠 $C_{17}H_{35}COONa$、软脂酸钠 $C_{15}H_{31}COONa$ 和油酸钠 $C_{17}H_{33}COONa$。肥皂的净化功能源于它的乳化作用。如硬脂酸根的结构,由"头""尾"两部分组成,"头"部是亲水的阴离子型羧酸根离子,而"尾"部是疏水的含 17 个碳原子的长链烷烃。如果遇到油、脂肪或其他疏水有机物质,硬脂酸根"尾"部倾向于溶解有机物质,而"头"则留在水溶液中。这样,肥皂就能使水中有机物质发生乳化,或者变成悬浮物质。硬脂酸根阴离子在此过程中形成了胶束。

肥皂能降低水的表面张力。25 ℃时,纯水的表面张力为 7.18×10^{-2} N/m,若水中可溶性肥皂存在时,表面张力可降至 2.5×10^{-2} N/m 左右。

肥皂可以与二价阳离子作用,特别是钙和镁,生成难溶性的钙盐和镁盐:

$$2C_{17}H_{35}COONa + Ca^{2+} \longrightarrow (C_{17}H_{35}COO)_2Ca(s) + Na^+$$

因此,从洗涤角度看,肥皂在含钙镁较多的硬水中净化效果较差,在软水中清洁功能较佳。曾经采用多磷酸盐将钙和镁形成配合物的方法,将硬水软化。然而,多磷酸盐是最受人关注的环境污染物,是环境水体中磷酸根污染物的主要来源之一,而磷酸根是藻类的限制性营养物质。我国已在一些水系较多的地区开始禁磷,同时提倡使用无磷、低磷的洗涤剂。

从环境保护角度来看,硬脂酸根与钙或镁形成难溶性盐类的特性,是一个优点。肥皂一旦进入污水或环境水体时,它将与水中存在的钙或镁作用而生成沉淀,随后经过生物降解作用,从环境中完全消失,不会给环境造成不利的后果。

合成洗涤剂是一代新型的清洁剂,有良好的洁净功能,而且不会与钙和镁生成难溶性盐类。如烷基苯磺酸钠,其通式为 $C_nH_{2n+1}C_6H_4SO_3Na$,疏水基为烷基苯基,亲水基为磺酸基。早期产品为四聚丙烯苯磺酸钠(Alkyl Benzene Sulfonic Acid,ABS),由于烷基部分带有支链,所以生物降解性差,这是其最大的缺点。在含有 ABS 的污水处理系统中,在污水处理厂的曝气池和排水口处常有大量的泡沫产生,严重时会把整个水面覆盖住;这种情况不仅给污水处理操作带来麻烦,而且由于降低了水的表面张力,使胶体抗凝聚、固体漂浮、油脂乳化,以及对有益微生物产生杀伤作用。20 世纪 60 年代,各国相继改为生产以正构烷烃为原料的直链烷基苯磺酸钠(Linear Alkyl Benzene Sulfonic Acid,LAS),这是一种易生物降解的新一代洗涤剂。LAS 化学名称为 α-十二烷基苯磺酸钠,除了直链烷链末端碳原子外,苯环可以与其他任何碳原子相连。由于 LAS 烷链部分没有支链结构,无叔碳原子,比 ABS 易生物降解。用 LAS 取代 ABS 以后,由洗涤剂中表面活性剂造成的环境问题显著减少,水中表面活性剂污染物的水平亦大大降低。

洗涤剂引起的环境问题,事实上主要源自其中的增白剂或增效剂,最常用的增白剂为三聚磷酸钠。增白剂与钙离子相结合,使得洗涤剂溶液呈碱性,从而大大地提高了表面活性剂的功效。大多数商售洗涤剂固体中表面活性剂仅占 10%～30%。洗涤剂含表面活性剂、增白剂,还有防腐剂如硅酸钠,酰胺类泡沫稳定剂,羧甲基纤维素类固体悬浮剂,以及硫酸钠稀释剂等。这其中多聚磷酸盐可能引起富营养化,最受关注。

思考与练习

1. 请叙述水中主要有机和无机污染物的分布和存在形态。

2. 请叙述天然水体中存在哪几类颗粒物。

3. 某河段流量 $q_v = 2.16 \times 10^6 \ m^3/d$,流速为 46 km/d,$T = 13.6 \ ℃$,耗氧系数 $K_1 = 0.94 \ d^{-1}$,复氧系数 $K_2 = 1.82 \ d^{-1}$,BOD 沉浮系数 $K_3 = 0.17 d^{-1}$,起始断面排污口排放的废水约为 $10 \times 10^4 \ m^3/d$,废水中 BOD_5 为 500 mg/L,溶解氧为 0 mg/L,上游河水 BOD_5 为 0 mg/L,溶解氧为 8.95 mg/L。求排污口下游 6 km 处河水的 BOD_5 和 DO。

4. 说明湖泊富营养化预测模型的基本原理。

5. 有机物在水环境中的迁移、转化存在哪些重要过程?

6. 叙述有机物水环境归趋模式的基本原理。

第八章　土壤环境化学

　　土壤是重要的自然环境要素,它是处在岩石圈最外面的一层疏松表层,具有支持植物和微生物生长繁殖的能力,被称为土壤圈。土壤圈是处于大气圈、岩石圈、水圈和生物圈之间的过渡地带,是联系有机界和无机界的中心环节。它与地球的直径相比,只不过相当于一张薄纸,但它是农业生产的基础,是人类生活的一项宝贵自然资源。土壤还具有同化和代谢外界进入土壤的物质的能力,所以土壤又是保护环境的重要净化剂。这就是土壤的两个重要的功能。

　　土壤曾被认为可以无限抵御人类活动的干扰。其实,土壤也很脆弱,容易被人类活动所损害。例如,每年数十亿吨地下矿藏(包括煤)被采掘出来,造成的土壤污染是显而易见的。大量化石燃料的燃烧,造成大气 CO_2 过量而引起全球气候变暖,使肥沃的土壤变得干旱荒芜;将土地变成有毒化学品的堆放场;大量农药和化肥施入土壤,不仅造成土壤污染,而且造成地下水和地表水污染,直接危及人类的健康。为使土壤圈永远成为适于人类生存的良好环境,保护土壤环境是每个人义不容辞的责任,也是环境化学要研究的关键问题之一。土壤污染化学就是研究和掌握污染物在土壤中的分布、迁移、转化与归趋的规律,为防治土壤污染奠定理论基础。

第一节　土壤

一、土壤组成

　　土壤是由固、液、气三相组成的多相体系(图8-1),三相相对含量因时因地有所差异。土壤固相包括土壤矿物质与有机质,土壤矿物质占土壤固相总重量的绝大部分,约90%～99%;土壤有机质约占固相总重量的1%～10%,一般可耕性土壤中约占5%,且绝大部分在土壤表层(0～30 cm)。土壤气液相合称土壤孔隙,所占体积与土壤固相大致相当。土壤液相是指土壤中的水分及水溶物,土壤孔隙中土壤液相之外的部分充满空气,即土壤气相,土壤具有疏松的结构。

　　典型土壤随深度呈现不同的层次(图8-2)。最上层为覆盖层(A_0),由地面上枯枝落叶构成。第二层为淋溶层(A),是土壤中生物最活跃的一层,土壤有机质大部分在这一层,金属离子和黏土颗粒在此层中被显著淋溶。第三层为淀积层(B),它接纳来自上一层

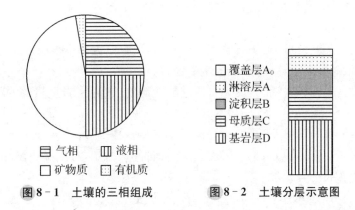

图 8-1 土壤的三相组成	图 8-2 土壤分层示意图

淋溶出来的有机物、盐类和黏土颗粒类物质。C 层也叫母质层,是由风化的成土母岩构成。母质层下面为未风化的基岩,常用 D 层表示。

1. 土壤矿物质

土壤矿物质是岩石经过物理风化和化学风化形成的。按成因可将土壤矿物质分为两类:一类是原生矿物,它们是各种岩石(主要是岩浆岩)受到程度不同的物理风化,而未经化学风化的碎屑物,其原来的化学组成和结晶构造都没有改变;另一类是次生矿物,它们大多数是由原生矿物经化学风化后形成的新矿物,其化学组成和晶体结构都有所改变。在土壤形成过程中,原生矿物与次生矿物按不同比例混合成为土壤矿物质。

(1) 原生矿物

原生矿物主要有石英、长石类、云母类、辉石、角闪石、橄榄石、赤铁矿、磁铁矿、磷灰石、黄铁矿等,其中前五种最常见。土壤中原生矿物的种类和含量,随母质类型、风化强度和成土过程的不同而异。土壤中 $0.02\sim2$ mm 的砂粒几乎全部是原生矿物。在原生矿物中,石英最难风化,长石次之,辉石、角闪石、黑云母易风化。石英常以较粗颗粒残留存在于土壤中,构成土壤砂粒部分;辉石、角闪石和黑云母在土壤中残留较少,大都被风化为次生矿物。

岩石化学风化有三种过程,氧化、水解和酸性水解。

氧化:以橄榄石为例,其化学组成为 $(Mg,Fe)SiO_4$,其中 $Fe(II)$ 可以氧化为 $Fe(III)$。

$$2(Mg,Fe)SiO_4(s) + 0.5O_2 + 5H_2O \longrightarrow Fe_2O_3 \cdot 3H_2O(s) + Mg_2SiO_4(s) + H_4SiO_4(aq)$$

水解:

$$2(Mg,Fe)SiO_4(s) + 4H_2O \longrightarrow 2Mg^{2+} + 4OH^- + Fe_2SiO_4(s) + H_4SiO_4(aq)$$

酸性水解:

$$(Mg,Fe)SiO_4(s) + 4H^+ \longrightarrow Mg^{2+} + Fe^{2+} + H_4SiO_4(aq)$$

化学风化释放出来的 Fe^{2+}、Mg^{2+} 等离子,一部分被植物吸收,一部分随水迁移最后进入海洋。$Fe_2O_3 \cdot 3H_2O$ 是形成的新矿,SiO_4^{4-} 也可与某些阳离子形成新矿。

土壤中主要的原生矿物有四类:硅酸盐类矿物、氧化物类矿物、硫化物类矿物和磷酸

盐类矿物。其中硅酸盐类矿物占岩浆岩重量的 80％以上。

① 硅酸盐矿物

常见的有长石类、云母类、辉石类和角闪石类等，它们大都不很稳定，容易风化而释放出钠、钾、钙、镁、铁等元素，同时形成次生矿物。

长石类矿物：属钾、钠、钙、镁的无水铝硅酸盐矿物，占岩浆岩重量的 60％。常见的有钾长石 $[K^+(AlSi_3O_8)^-]$，含 K_2O 10％～12％、$CaO+Na_2O$ 3％～5％、SiO_2 65％、Al_2O_3 20％；钙长石 $[CaAl_2(SiO_4^{4-})_2]$，含 CaO 9％～12％、Na_2O 4％～5％、K_2O 1％～2％、SiO_2 50％～55％、Al_2O_3 25％～30％。它们都不大稳定，特别是在湿热气候条件下易风化，释放出钾、钠、钙等元素；

云母类：属铝硅酸盐矿物，占岩浆岩重量的 3％左右。常见的有白云母 $[KAl_2(AlSi_3O_{10})^{5-}(OH,F)_2]$ 和黑云母 $[K(Mg,Fe,Mn)_3(AlSi_3O_{10})^{5-}(OH)_2]$。云母类矿物的风化产物是土壤及植物营养中铁、镁、钾元素的重要来源。

辉石类和角闪石类：通称为铁镁矿物，属于偏硅酸盐类矿物，占岩浆岩重量的 17％左右，是岩浆岩中深色矿物的主要成分，多呈绿色或黑色。辉石 $\{Ca(Mg,Fe,Al)[(Si,Al)_2O_6]\}$、角闪石 $\{NaCa_2(Mg,Fe)_4(Al,Fe^{3+})[Si_6(Si,Al)_2O_{22}](OH)_2\}$ 在土壤中含量相当丰富。它们风化后，释放出大量铁、钙、镁等，同时形成大量的富铁、铝的次生矿物，如含水氧化铁、水铝矿等。

② 氧化物类矿物

包括石英(SiO_2)、赤铁矿(Fe_2O_3)、金红石(TiO_2)等，它们稳定，不易风化。其中石英是土壤中分布最广的矿物，砂粒的主要成分。

③ 硫化物类矿物

土壤中通常只有铁的硫化物矿物，即黄铁矿和白铁矿。二者是同质异构物(黄铁矿属立方晶系，白铁矿属斜方晶系)，分子式均为 FeS_2。它们极易风化，是土壤中硫的主要来源。

④ 磷酸盐类矿物

土壤中分布最广的是磷灰石，包括氟磷灰石$[Ca_5(PO_4)_3F]$和氯磷灰石$[Ca_5(PO_4)_3Cl]$两种，其次是磷酸铁、铝及其他磷化合物。它们是土壤中无机磷的重要来源。

(2) 次生矿物

土壤中次生矿物种类很多，不同的土壤所含的次生矿物的种类和数量不同。通常根据其性质与结构可分为三类：简单盐类、三氧化物类和次生铝硅酸盐类。

次生矿物中的简单盐类为水溶性盐，易淋溶流失，一般土壤中较少，多存在于盐渍土中。三氧化物和次生铝硅酸盐是土壤矿物质中最细小的部分，粒径小于 $0.25\ \mu m$，一般统称之为广义黏粒(黏土)矿物。土壤很多重要物理、化学过程和性质都和土壤所含的黏土矿物，特别是次生铝硅酸盐的种类和数量有关。

① 简单盐类

如方解石($CaCO_3$)、白云石$[Ca,Mg(CO_3)_2]$、石膏($CaSO_4 \cdot 2H_2O$)、泻盐($MgSO_4 \cdot 7H_2O$)、岩盐($NaCl$)、芒硝($Na_2SO_4 \cdot 10H_2O$)、水氯镁石($MgCl_2 \cdot 6H_2O$)等。它们都是原生矿物经化学风化后的最终产物，结晶构造也较简单，常见于干旱和半干旱地区的土

壤中。

② 三氧化物类

如针铁矿（$Fe_2O_3 \cdot H_2O$）、褐铁矿（$2Fe_2O_3 \cdot 3H_2O$）、三水铝石（$Al_2O_3 \cdot 3H_2O$）等，它们是硅酸盐矿物彻底风化后的产物，结晶构造较简单，常见于湿热的热带和亚热带地区土壤中，特别是基性岩（玄武岩、安山岩、石灰岩）上发育的土壤中含量最多。

③ 次生硅酸盐类

这类矿物在土壤中普遍存在，种类很多，由长石等原生硅酸盐矿物风化后形成。它们是构成土壤的主要成分，故又称为狭义黏粒（黏土）矿物。由于母岩和环境条件的不同，使岩石风化处在不同的阶段，在不同的风化阶段所形成的次生黏土矿物的种类和数量也不同，但最终产物都是铁铝氧化物。例如，在干旱和半干旱气候条件下，风化程度较低，处于脱盐基初期阶段，主要形成伊利石；在温暖湿润或半湿润的气候条件下，脱盐基作用增强，多形成蒙脱石和蛭石；在湿热气候条件下，原生矿物迅速脱盐基、脱硅，主要形成高岭石。若再进一步脱硅，矿物质彻底分解，造成铁铝氧化物的富集（即红土化作用）。

伊利石（或水云母）$[K_yAl_2[(Si,Al_x)Si_3O_{10}](OH)_2]$（$x,y<1$）是一种风化程度较低的矿物，一般土壤中均有分布，温带干旱地区土壤含量最多。其颗粒直径小于 $2\ \mu m$，膨胀性较小，阳离子代换量较高，并富含钾（$K_2O:6\%\sim9\%$）。

蒙脱石$[Al_2Si_4O_{10}(OH)_2]$为伊利石进一步风化的产物，是基性岩在碱性环境条件下形成的，在温带干旱地区土壤中含量较高。其颗粒直径小于 $1\ \mu m$，阳离子代换量极高。它所吸收的水分植物难以利用，因此富含蒙脱石的土壤，植物易感水分缺乏，同时干裂现象严重而不利于植物生长。

高岭石$[Al_2Si_2O_5(OH)_4]$为风化程度极高的矿物，主要见于湿热的热带地区土壤中，在花岗岩残积母质上发育的土壤中含量也较高。其颗粒直径范围较大，为 $0.1\sim5.0\ \mu m$，膨胀性小，阳离子代换量低。富含高岭石的土壤，透水性好、植物可获得有效水分多，但保肥能力低、植物易感养分不足。

伊利石、蒙脱石、高岭石表现出的土壤性质差异与它们的晶体结构有关。它们均属层状结构，即由硅氧四面体片层和铝氢氧八面体片层构成的晶层重叠而成（图 8-3）。重叠的情况各不相同，造成性质不同。

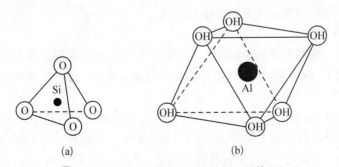

图 8-3　硅氧四面体(a)和铝氢氧八面体(b)

高岭石属 1∶1 型矿物。由一层硅氧四面体和一层铝氢氧八面体组成 1∶1 型片层单元，每一片层单元，一面是铝氢氧八面体上的 OH，另一面是硅氧四面体上的氧原子，各个片层单元之间可由氢键连接,甚为紧密,层间空隙不大,层间距离难以扩大,所以遇水不易膨胀,如图8-4(a)所示。这类矿物极少发生同晶置换。

伊利石由二层硅氧四面体夹一层铝氢氧八面体结合成2:1型片层单元,属2:1型矿物。在两片层单元之间通过K离子相连,使片层单元间距离比较固定,不易改变,因此膨胀性小,如图8-4(b)所示。晶格中硅、铝原子可发生同晶置换,但不显著。

蒙脱石亦属2:1型矿物,但片层单元之间主要靠弱的分子间力连接,故片层单元间连接不紧密,层间空隙大,水分子容易进入,层间距离可随水分子进入而扩大,因此所成晶体膨胀性大,如图8-4(c)所示。晶格中的硅、铝原子也极易被同晶离子所置换。

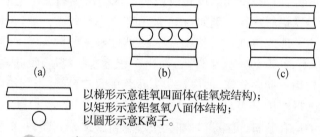

以梯形示意硅氧四面体(硅氧烷结构);
以矩形示意铝氢氧八面体结构;
以圆形示意K离子。

图8-4　高岭石(a)、伊利石(b)、蒙脱石(c)结构示意图

当硅酸盐黏土矿物形成时,晶格内的组成离子,常被另一种半径略大、电荷符号相同或相近的离子所取代,取代后晶体构造未发生改变,这种现象叫作同晶置换。例如八面体中的Al^{3+},离子半径为0.57 Å,可被Fe^{3+}(离子半径为0.64 Å)所取代,也可被Mg^{2+}取代。在硅氧片中,Si^{4+}(0.41 Å)常被Al^{3+}取代。低价离子取代高价离子的同晶置换,会导致晶体局部电荷不平衡而带负电,可以吸附阳离子。

2. 土壤有机质

广义的土壤有机质是土壤中含碳有机化合物的总称,一般只占固相总重量5%以下,却是土壤的重要组成部分,标志着土壤的形成,影响土壤性质。

土壤有机质主要来源于植物残体。可分为两大类,一类是组成有机体的各种有机化合物,称为非腐殖物质,如蛋白质、糖类、树脂、有机酸等;另一类是称为腐殖物质的特殊有机化合物,它是土壤特有的有机物,包括腐殖酸(胡敏酸、褐腐酸)、富里酸(黄腐酸)和胡敏素(腐黑物)等。腐殖物质是狭义的土壤有机质。

3. 土壤水分

土壤水分是土壤的重要组成部分,主要来自大气降水和灌溉。在地下水位接近地面(2~3 m)的情况下,地下水也是上层土壤水分的重要来源。此外,空气中水蒸气遇冷凝结,成为土壤水分。

水进入土壤以后,由于土壤颗粒表面的吸附力和微细孔隙的毛细管力,可将一部分水保持住。但不同土壤保持水分的能力不同。砂土由于土质疏松,孔隙大、水分容易渗漏流失;黏土土质细密,孔隙小,水分不容易渗漏流失。气候条件对土壤水分含量影响也很大。

土壤水分并非纯水,实际上是土壤中各种成分和污染物溶解形成的溶液,即土壤溶液。因此土壤水分既是植物养分的主要来源,也是进入土壤的各种污染物向其他环境圈层(如水圈、生物圈等)迁移的媒介。

4. 土壤中的空气

土壤空气组成与大气基本相似，主要成分都是 N_2、O_2 和 CO_2。其差异在于：(1) 土壤空气存在于相互隔离的土壤孔隙中，是一个不连续的体系。(2) 在 O_2 和 CO_2 含量上有很大的差异。土壤空气中 CO_2 含量比大气中高得多。大气中 CO_2 含量约为 0.03%，而土壤空气中 CO_2 含量一般为 $0.15\%\sim0.65\%$，甚至高达 5%，这主要是由生物呼吸作用和有机物分解产生。氧的含量低于大气。(3) 土壤空气中水蒸气、还原性气体的含量比大气中高得多。土壤空气中还原性气体有 CH_4、H_2S、H_2、NH_3 等。如果是被污染的土壤，土壤空气中还可能存在污染物。

二、土壤的粒级分组与质地分组

1. 土壤矿物质的粒级划分

土壤矿物质是以大小不同的颗粒状态存在的。不同粒径的土壤矿物质颗粒（即土粒），其性质和成分都不一样。为了研究方便，人们常按粒径的大小将土粒分为若干组，称为粒组或粒级，同组土粒的成分和性质基本一致，组间则有明显差异。

各国粒级的划分标准不一，主要有四种划分方法，即中国制、苏联制、美国制和国际制，其划分情况见表 8-1。

表 8-1　各国土壤粒级划分标准

粒径/mm	中国制(1987)	苏联制(1957)		美国制(1951)	国际制(1930)
3～2	石砾	石砾		石砾	石砾
2～1			粗砂粒	极粗砂粒	
1～0.5	粗砂粒	物理性砂粒	中砂粒	粗砂粒	
0.5～0.25				中砂粒	粗砂粒
0.25～0.2			细砂粒	细砂粒	
0.2～0.1	细砂粒				
0.1～0.05			粗粉粒	极细砂粒	细砂粒
0.05～0.02					
0.02～0.01	粗粉粒		中粉粒		
0.01～0.005	中粉粒	物理性砂粒	细粉粒	粉粒	粉粒
0.005～0.002	细粉粒				
0.002～0.001	粗黏粒			黏粒	黏粒
0.001～0.0005	细黏粒		粗黏粒		
0.0005～0.0001			细黏粒		
<0.0001			胶质黏粒		

我国土壤粒级的划分，曾先后采用过国际制、苏联制和美国制三种分法。中国科学院南京土壤研究所和西北水土保持生物土壤研究所，总结我国的经验，制订了我国的土壤粒级划分标准。一般可以把 2、0.02、0.002 mm 作为砾、砂、粉、黏的分界线，易于记忆，且与土壤孔隙大小分级对应。

2. 各粒级的主要矿物成分和理化特性

各种矿物抵抗风化的能力不同，它们经受风化后，在各粒级中分布也不相同。石英抗风化的能力很强,故常以粗土粒存在,而云母、角闪石等易于风化,故多以较细土粒存在(表8-2)。矿物的粒级不同,其化学成分有较大的差异。在较细粒级中,钙、镁、磷、钾等元素含量增加。一般地说,土粒越细,所含养分越多,反之,则越少(表8-3)。

表8-2 各级土粒的矿物组成(%)

粒径(mm)	石英	长石	云母	角闪石	其他
1~0.25	86	14			
0.25~0.05	81	12		4	3
0.05~0.01	74	15	7	3	1
0.01~0.005	63	8	21	5	3
<0.005	10	10	66	7	7

表8-3 各级土粒的化学组成(%)

粒径(mm)	SiO_2	Al_2O_3	Fe_2O_3	CaO	MgO	K_2O	P_2O_5
1~0.2	93.6	1.6	1.2	0.4	0.6	0.8	0.05
0.2~0.04	94.0	2.0	1.2	0.5	0.1	1.5	0.1
0.04~0.01	89.4	5.0	1.5	0.8	0.3	2.3	0.2
0.01~0.002	74.2	13.2	5.1	1.6	0.3	4.2	0.1
<0.002	53.2	21.5	13.2	1.6	1.0	4.9	0.4

由于土粒大小不同,矿物成分和化学组成也不同,各粒级所表现出来的物理化学性质和肥力特征差异很大。

(1) 石块和石砾:多为岩石碎块,直径大于1 mm。山区土壤和河漫滩土壤中常见。土壤中若石块和石砾多时,其孔隙过大,水和养分易流失。

(2) 砂粒:主要为原生矿物,大多为石英、长石、云母、角闪石等,其中以石英为主,粒径为1~0.05 mm。在冲积平原土壤中常见。土壤含砂粒多时,孔隙大,通气和透水性强,毛管水上升高度很低(小于33 cm),保水保肥能力弱,营养元素含量少。

(3) 粉粒:也称作粉砂粒、面砂,是原生矿物与次生矿物的混合体,原生矿物有云母、长石、角闪石等,其中白云母较多;次生矿物有次生石英、高岭石、含水氧化铁、铝。其中次生石英较多。粒径为0.05~0.002 mm。在黄土中含量较多。粉砂粒的物理及化学性状介于砂粒与黏粒之间。团聚、胶结性差,分散性强。保水保肥能力较好。

(4) 黏粒:主要是次生矿物,粒径小于0.002 mm。含黏粒多的土壤,营养元素含量丰富,团聚能力较强,有良好的保水保肥能力,但土壤通气透水性差。

3. 土壤质地分类及其特性

由不同的粒级混合在一起所表现出来的土壤粗细状况,称为土壤质地(或土壤机械组成)。土壤质地分类以土壤中各粒级含量的相对百分比作标准,各国土壤质地分类标准不尽相同,主要有国际制、美国制和苏联制。国际制和美国制均采用三级分类法,即按砂粒、粉粒、黏粒(2~0.02,0.02~0.002,<0.002 mm)三种粒级的百分数,划分为砂土、壤土、黏壤土和黏土四类十二级。砂土和壤土的黏粒含量都小于15%,但砂土的砂粒含量大于

85％,而壤土的砂粒含量小于 85％;黏壤土黏粒含量为 15％～25％,黏土黏粒含量大于 25％。

我国于 1975 年由中国科学院南京土壤所和西北水土保持生物土壤研究所拟订了我国土壤质地分类方案。土壤中砂粒(1～0.05 mm)含量大于 50％为砂土,黏粒(<0.001 mm)含量大于 30％为黏土,其余为壤土。

土壤质地可在一定程度上反映土壤矿物组成和化学组成,同时土壤颗粒大小与土壤物理性质密切相关,影响土壤孔隙状况,对土壤水分、空气、热量和养分转化均有影响。质地不同的土壤表现出不同性状,如表 8-4。由表可见,壤土兼有砂土和黏土的优点,而克服了二者的缺点,是理想的土壤质地。

表 8-4　不同质地土壤的性状

土壤性状	土壤质地		
	砂土	壤土	黏土
比表面积	小	中	大
孔隙	大孔隙多	大小孔隙平均	小孔隙多
紧密度	低	中	高
通水透气性	高	中	低
蓄水保肥	低	中	高
春季土温	升温快	升温中等	升温慢
触觉	砂	细腻可塑	黏

三、土壤吸附性

土壤中两个最活跃的组分是土壤胶体和土壤微生物,它们对污染物在土壤中的迁移、转化有重要作用。土壤胶体以其巨大的比表面积和带电性,而使土壤具有吸附性。

1. 土壤胶体的性质

(1) 土壤胶体具有巨大的比表面和表面能

比表面是单位重量(或体积)物质的表面积。一定体积的物质被分割时,随着颗粒数增大,比表面显著增大。

物体表面分子与该物体内部分子所处的条件不同,物体内部分子在各个方向都与其他分子接触,受到的吸引力平衡;而处于表面的分子在某个或某些方向上不受吸引力,受到的吸引力不平衡,表面分子因此具有一定的自由能,即表面能。物质的比表面越大,表面能也越大。

(2) 土壤胶体的电性

土壤胶体微粒具有双电层,微粒的内部称微粒核,一般带负电荷,形成一个负离子层(即决定电位离子层),其外部由于电性吸引,而形成一个正离子层(又称反离子层,包括非活动性离子层和扩散层);合称为双电层。决定电位层与液体间的电位差通常叫作热力学电位,在一定胶体系统内它是不变的。非活动性离子层与液体间的电位差叫电动电位,它的大小视扩散层厚度而定,随扩散层厚度增大而增加。扩散层厚度决定于补偿离子的性质和电荷数量,水化程度大的补偿离子(如 Na^+)形成的扩散层较厚,反之扩散层较薄。

(3) 土壤胶体的凝聚性和分散性

由于胶体的比表面和表面能都很大,为减小表面能,胶体具有相互吸引、凝聚的趋势,这就是胶体的凝聚性。但是在土壤溶液中,胶体常带负电荷,具有负的电动电位,带负电荷的土壤胶体微粒相互排斥;电动电位越高,相互排斥力越强,胶体微粒呈现的分散性越强。

影响土壤凝聚性能的主要因素是土壤胶体的电动电位和扩散层厚度。土壤溶液中阳离子增多时,由于土壤胶体表面负电荷被中和,从而加强了土壤胶体凝聚。阳离子改变土壤凝聚作用的能力与其种类和浓度有关。一般,土壤溶液中常见阳离子的凝聚能力顺序: $Na^+ < K^+ < NH_4^+ < H^+ < Mg^{2+} < Ca^{2+} < Al^{3+} < Fe^{3+}$,价态越低,凝聚能力越小。价态相同时,水合离子半径越大,凝聚能力越小。此外,土壤溶液中电解质浓度、pH 值也将影响其凝聚性能。

2. 土壤胶体的离子交换吸附

在土壤胶体双电层的扩散层中,补偿离子可以和溶液中相同电荷的离子以离子价为依据作等价交换,称为离子交换(或代换)。离子交换作用包括阳离子交换吸附作用和阴离子交换吸附作用。

(1) 土壤胶体的阳离子交换吸附

土壤胶体吸附的阳离子,可与土壤溶液中的阳离子进行交换,其交换反应如下:

$$\boxed{土壤胶体} {-Na^+ \atop -Na^+} \quad + Ca^{2+} \quad \rightleftharpoons \quad 2Na^+ \quad \boxed{土壤胶体} = Ca^{2+}$$

土壤胶体阳离子交换吸附过程以离子价为依据,进行等价交换、受质量作用定律支配;此外,各种阳离子交换能力强弱,主要依赖于以下因素:

① 电荷数:离子电荷数越高,阳离子交换能力越强。

② 离子半径及水化程度:同价离子中,离子半径越大,水化离子半径越小,具有较强的交换能力。土壤中一些常见阳离子的交换能力顺序: $Fe^{3+} > Al^{3+} > H^+ > Ba^{2+} > Sr^{2+} > Ca^{2+} > Mg^{2+} > Cs^+ > Rb^+ > NH_4^+ > K^+ > Na^+ > Li^+$。

每千克干土所含全部阳离子总量,称阳离子交换量,以厘摩尔每千克土(cmol/kg)表示。不同土壤阳离子交换量不同:① 不同种类胶体阳离子交换量的顺序:有机胶体 > 蒙脱石 > 水云母(伊利石) > 高岭土 > 含水氧化铁、铝。② 土壤质地越细,阳离子交换量越高。③ 土壤胶体中 SiO_2/R_2O_3 比值越大,其阳离子交换量越大,当 SiO_2/R_2O_3 小于 2 时,阳离子交换量显著降低。④ 因为胶体表面-OH 基团的离解受 pH 的影响,所以 pH 值下降,土壤负电荷减少,阳离子交换量降低;反之则交换量增大。

土壤的可交换性阳离子有两类:一类是致酸离子,包括 H^+ 和 Al^{3+};另一类是盐基离子,包括 Ca^{2+}、Mg^{2+}、K^+、Na^+、NH_4^+ 等。当土壤胶体上吸附的阳离子均为盐基离子,且已达到吸附饱和时的土壤,称为盐基饱和土壤。当土壤胶体上吸附的阳离子有一部分为致酸离子时,这种土壤为盐基不饱和土壤。土壤交换性阳离子中,盐基离子所占的百分数称为土壤盐基饱和度：

盐基饱和度(％)＝［交换性盐基离子总量(cmol/kg)/阳离子交换量(cmol/kg)］×100％

土壤盐基饱和度与土壤母质、气候等因素有关。

（2）土壤胶体的阴离子交换吸附

土壤阴离子交换吸附是指带正电荷的胶体所吸附的阴离子与溶液中阴离子的交换作用。阴离子的交换吸附比较复杂，它可与胶体微粒(如酸性条件下带正电荷的含水氧化铁、铝)或溶液中阳离子(Ca^{2+}、Al^{3+}、Fe^{3+})形成难溶性沉淀而被强烈地吸附。如 PO_4^{3-}、HPO_4^{2-} 与 Ca^{2+}、Al^{3+}、Fe^{3+} 可形成 $CaHPO_4 \cdot 2H_2O$、$Ca_3(PO_4)_2$、$FePO_4$、$AlPO_4$ 难溶性沉淀。由于 Cl^-、NO_3^-、NO_2^- 等离子不能形成难溶盐，故它们不被或很少被土壤吸附。各种阴离子被土壤胶体吸附的顺序：F^-＞草酸根＞柠檬酸根＞PO_4^{3-}＞AsO_4^{2-}＞硅酸根＞HCO_3^-＞$H_2BO_3^-$＞CH_3COO^-＞SCN^-＞SO_4^{2-}＞Cl^-＞NO_3^-。

四、土壤酸碱性

由于土壤是一个复杂的体系，其中存在着各种化学和生化反应，使土壤表现出不同的酸碱性。根据土壤酸度可以将其划分为 9 个等级，分别是极强酸(pH＜4.5)、强酸(pH 4.5～5.5)、酸(pH 5.5～6.0)、弱酸(pH 6.0～6.5)、中(pH 6.5～7.0)、弱碱(pH 7.0～7.5)、碱(pH 7.5～8.5)、强碱(pH 8.5～9.5)、极强碱(pH＞9.5)。

我国土壤 pH 大多在 4.5～8.5 范围内，由东南向西北 pH 递增，长江(北纬 33°)以南土壤多为酸性和强酸性，如华南、西南地区广泛分布的红壤、黄壤，pH 大多在 4.5～5.5，有少数低至 3.6～3.8；华中华东地区土壤 pH 在 5.5～6.5；长江以北土壤多为中性或碱性，如华北、西北土壤大多含 $CaCO_3$，pH 一般在 7.5～8.5，少数强碱性土壤的 pH 高达 10.5。

1. 土壤酸度

根据土壤中 H^+ 的存在方式，土壤酸度可分为两大类。

（1）活性酸度

土壤的活性酸度是土壤溶液中氢离子浓度的直接反映，又称为有效酸度，通常用 pH 表示。

土壤溶液中氢离子主要来自土壤中 CO_2 溶于水形成的碳酸，有机物质分解产生的有机酸，土壤矿物质氧化产生的无机酸，还有施用无机肥中残留的无机酸，如硝酸、硫酸和磷酸等。此外，大气污染形成的大气酸沉降也会使土壤酸化，也是土壤活性酸度的一个重要来源。

（2）潜性酸度

土壤潜性酸度来自土壤胶体吸附的可代换性 H^+ 和 Al^{3+}。当这些离子处于吸附状态时，不显酸性；但当它们通过离子交换作用进入土壤溶液，即可增加土壤溶液 H^+ 浓度，使土壤 pH 降低。只有盐基不饱和土壤才有潜性酸度，其大小与土壤代换量和盐基饱和度有关。根据测定土壤潜性酸度所用的提取液，可以把潜性酸度分为代换性酸度和水解酸度。

① 代换性酸度

用过量中性盐(如 NaCl 或 KCl)溶液淋洗土壤,溶液中阳离子与土壤 H^+、Al^{3+} 发生离子交换,表现出的酸度称为代换性酸度。即

$$\boxed{土壤胶体}—H^+ + KCl \Longrightarrow \boxed{土壤胶体}—K^+ + HCl$$

土壤矿物质胶体释放出的 H^+ 很少,土壤腐殖质中的腐殖酸则可产生较多的 H^+:

$$RCOOH + KCl \Longrightarrow RCOOK + H^+ + Cl^-$$

研究已确认,代换性 Al^{3+} 是矿物质土壤中潜性酸度的主要来源。例如,红壤潜性酸度 95% 以上是由代换性 Al^{3+} 产生的。由于土壤酸度过高,造成铝酸盐晶格内的铝氢氧八面体破裂,晶格中的 Al^{3+} 被释放出来,形成代换性 Al^{3+}。

$$\boxed{土壤胶体} \equiv Al^{3+} + 3KCl \Longrightarrow \boxed{土壤胶体}\begin{matrix}—K^+\\—K^+\\—K^+\end{matrix} + AlCl_3$$

$$AlCl_3 + 3H_2O \Longrightarrow Al(OH)_3 + 3HCl$$

② 水解性酸度

用弱酸强碱盐(如醋酸钠)淋洗土壤,溶液中金属离子可以将土壤胶体吸附的 H^+、Al^{3+} 代换出来,同时生成某弱酸(醋酸)。此时,所测定出的该弱酸的酸度称为水解性酸度。其化学反应分几步进行。首先,醋酸钠水解:

$$CH_3COONa + H_2O \longrightarrow CH_3COOH + Na^+ + OH^-$$

由于生成的醋酸分子离解度很小,而氢氧化钠可以完全离解。氢氧化钠离解后,所生成的钠离子浓度很高,可以代换出绝大部分吸附的 H^+ 和 Al^{3+},其反应如下:

$$H^+—\boxed{土壤胶体} \equiv Al^{3+} + 4CH_3COONa + 3H_2O \Longrightarrow$$

$$Na^+—\boxed{土壤胶体}\begin{matrix}—Na^+\\—Na^+\\—Na^+\end{matrix} + 4CH_3COOH + Al(OH)_3$$

水解性酸度一般比代换性酸度高,土壤溶液碱性越大,土壤胶体吸附的 H^+ 被代换下来越多,因此中性盐所代换的酸度只是水解性酸度的一部分。但红壤和灰化土对醋酸分子有吸附作用,或者胶体中 OH^- 中和醋酸,其水解性酸度接近于或低于代换性酸度。

③ 活性酸度与潜性酸度的关系

土壤的活性酸度与潜性酸度是同一个平衡体系的两种酸度。二者可以互相转化,在一定条件下处于暂时平衡状态。土壤活性酸度是土壤酸度的根本起点和现实表现。土壤胶体是 H^+ 和 Al^{3+} 的贮存库,潜性酸度则是活性酸度的贮备。

土壤的潜性酸度往往比活性酸度大得多,在砂土中前者大约是后者的 1 000 倍,在有机质丰富的黏土中则是 $5 \times 10^4 \sim 1 \times 10^5$ 倍。

2. 土壤碱度

土壤溶液中 OH^- 离子主要来自 CO_3^{2-} 和 HCO_3^- 的碱金属（Na、K）及碱土金属（Ca、Mg）盐类，碳酸盐碱度和重碳酸盐碱度称总碱度，可用中和滴定法测定。不同溶解度的碳酸盐和重碳酸盐对土壤碱性的贡献不同，$CaCO_3$ 和 $MgCO_3$ 的溶解度很小，在正常的 CO_2 分压下，它们在土壤溶液中的浓度很低，故富含 $CaCO_3$ 和 $MgCO_3$ 的石灰性土壤呈弱碱性（pH 7.5~8.5）；Na_2CO_3、$NaHCO_3$ 及 $Ca(HCO_3)_2$ 等都是水溶性盐类，可以大量出现在土壤溶液中，使土壤溶液总碱度很高，从土壤 pH 来看，含 Na_2CO_3 的土壤，其 pH 值可高达 10 以上，而含 $NaHCO_3$ 及 $Ca(HCO_3)_2$ 的土壤，其 pH 常在 7.5~8.5，碱性较弱。

当土壤胶体上吸附的 Na^+、K^+、Mg^{2+}（主要是 Na^+）等离子的饱和度增加到一定程度时，会引起交换性阳离子的水解作用：

$$\boxed{土壤胶体}-x\,Na^+ + y\,H_2O \Longrightarrow \boxed{土壤胶体}{\genfrac{}{}{0pt}{}{-(x-y)Na^+}{-y\,H^+}} + y\,NaOH$$

水解使土壤溶液中产生 NaOH，使土壤呈碱性。Na^+ 饱和度亦称为土壤碱化度，即交换性 Na^+ 占阳离子交换量的百分数。

3. 土壤缓冲性能

土壤缓冲性能是指土壤具有缓和酸度发生剧烈变化的能力，它可以保持土壤 pH 相对稳定，为植物和土壤生物创造比较稳定的生活环境，土壤缓冲性能是土壤的重要性质之一。土壤缓冲能力大小的顺序：腐殖质土＞黏土＞砂土。广义土壤缓冲性还包括对于土壤氧化还原性能、土壤污染物、营养元素等的缓冲作用。

（1）土壤溶液的缓冲作用

土壤溶液中含有碳酸、硅酸、磷酸、腐殖酸和其他有机酸等弱酸及其盐类，构成一个良好的缓冲体系，对酸碱具有缓冲作用。现以碳酸及其钠盐为例说明。当加入盐酸时，碳酸钠与它作用，生成中性盐和碳酸，大大抑制了土壤酸度的提高。

$$Na_2CO_3 + 2HCl \Longrightarrow 2NaCl + H_2CO_3$$

当加入 $Ca(OH)_2$ 时，碳酸与它作用，生成溶解度较小的碳酸钙，限制了土壤碱度的提高。

$$H_2CO_3 + Ca(OH)_2 \Longrightarrow CaCO_3 + H_2O$$

土壤中的某些有机酸（如氨基酸、胡敏酸等）是两性物质，具有缓冲作用，如氨基酸含氨基和羧基可分别中和酸和碱，从而对酸和碱都具有缓冲能力。

$$RCH(NH_2)COOH + HCl \longrightarrow RCH(NH_3Cl)COOH$$
$$RCH(NH_2)COOH + NaOH \longrightarrow RCH(NH_2)COO^- + Na^+ + H_2O$$

（2）土壤胶体的缓冲作用

土壤胶体吸附有各种阳离子，其中盐基离子、致酸离子能分别对酸、碱起缓冲作用。

① 对强酸的缓冲作用（以 M 代表一价盐基离子）

$$\boxed{土壤胶体}\!-\!M^+ + HCl \rightleftharpoons \boxed{土壤胶体}\!-\!H^+ + MCl$$

② 对强碱的缓冲作用

$$\boxed{土壤胶体}\!-\!H^+ + MOH \rightleftharpoons \boxed{土壤胶体}\!-\!M^+ + H_2O$$

土壤胶体数量、盐基代换量越大,土壤缓冲性能就越强。因此,砂土掺黏土及施用各种有机肥料,都是提高土壤缓冲性能的有效措施。在代换量相等的条件下,盐基饱和度愈高,土壤对酸缓冲能力愈大;反之,盐基饱和度愈低,土壤对碱缓冲能力愈大。

③ 铝离子对碱的缓冲作用

在 pH<5 的酸性土壤里,土壤溶液中 Al^{3+} 有 6 个水分子围绕着,当加入碱类使土壤溶液中 OH^- 离子增多时,铝离子周围的 6 个水分子中有一两个水分子离解出 H^+,与加入的 OH^- 中和,并发生如下反应:

$$2Al(H_2O)_6^{3+} + 2OH^- \rightleftharpoons [Al_2(OH)_2(H_2O)_8]^{4+} + 4H_2O$$

水分子离解出来的 OH^- 则留在铝离子周围,这种带有 OH^- 的铝离子很不稳定,它们要聚合成更大的离子团,如图 8-5 所示。可多达数十个铝离子相互聚合成离子团。聚合的铝离子团越大,解离出的 H^+ 离子越多,对碱的缓冲能力就越强。

在 pH>5.5 时,铝离子开始形成 $Al(OH)_3$ 沉淀,而失去缓冲能力。

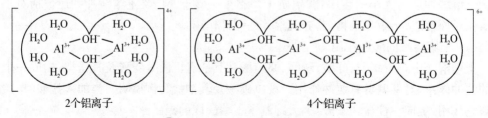

图 8-5　铝离子缓冲作用示意图

4. 土壤的氧化还原性

氧化还原反应是土壤中无机物或有机物发生迁移转化的重要化学过程,会影响土壤生态系统功能。

土壤主要氧化剂有氧气、NO_3^-、高价金属离子,如 $Fe(Ⅲ)$、$Mn(Ⅳ)$、$V(Ⅴ)$、$Ti(Ⅳ)$等。土壤中主要还原剂有有机质、低价金属离子。土壤植物根系和土壤生物也是土壤氧化还原反应的重要参与者。主要氧化还原体系如表 8-5。

表 8-5　主要氧化还原体系

体系	氧化态	还原态
Fe	$Fe(Ⅲ)$	$Fe(Ⅱ)$
Mn	$Mn(Ⅳ)$	$Mn(Ⅱ)$
S	SO_4^{2-}	H_2S

体系	氧化态	还原态
N	NO_3^-	NO_2^-
	NO_3^-	N_2
	NO_3^-	NH_4^+
C	CO_2	CH_4

土壤氧化还原能力的大小,可以用土壤氧化还原电位(E_h)来衡量,其值以氧化态与还原态物质的相对浓度比为依据。由于土壤中氧化态物质与还原态物质组成十分复杂,计算土壤实际氧化还原电位(E_h)很困难,主要以实测土壤氧化还原电位(E_h)衡量土壤氧化还原性。一般旱地土壤氧化还原电位(E_h)为 400~700 mV,水田 E_h 在 300~−200 mV。根据土壤 E_h 值可以确定土壤有机物和无机物可能发生的氧化还原反应和环境行为。

当土壤 E_h>700 mV 时,土壤完全处于氧化条件下,有机物质会迅速分解;当 E_h 在 400~700 mV 时,土壤氮素主要以 NO_3^- 形式存在;当 E_h<400 mV 时,反硝化开始发生;当 E_h<200 mV 时,NO_3^- 开始消失,出现大量 NH_4^+;当土壤渍水时,E_h 降至−100 mV,Fe^{2+} 浓度已经超过 Fe^{3+};E_h 再降低至<−200 mV 时,H_2S 大量产生,Fe^{2+} 变成 FeS 沉淀,迁移能力降低。其他变价金属离子在土壤不同氧化还原条件下的迁移转化行为与水环境相似。

第二节　污染物在土壤−植物体系中的迁移及其机制

众所周知,植物生长发育过程中所必需的一切养分均来自土壤。其中,微量金属营养元素(如 Cu、Zn、Mo、Fe、Mn 等)在植物体内主要作酶催化剂,这类金属,或是一些非必需的金属如 Cd、Hg 等,如果土壤中过量存在,就会限制植物正常的生长、发育和繁衍,甚至改变植物群落结构。如铜是植物必需微量元素,但土壤含铜量如果大于 50 $\mu g/g$,柑橘幼苗生长受阻,含铜量达到 200 $\mu g/g$ 时小麦会枯死,含铜量 250 $\mu g/g$ 时水稻会枯死。

近年来研究发现,在重金属含量较高的土壤中,有些植物呈现较大耐受性,从而形成耐性群落;或者一些原本不具有耐性的植物群落,由于长期生长在受污染土壤中而产生了适应性,形成耐性生态型(或称耐性品种)。如日本发现小犬蕨对重金属有很强耐受性,其叶片可富集 100 mg/kg 的镉,2 000 mg/kg 的锌,仍能生长良好。在日本还发现了一种“矿毒不知”的大麦品种,它可以在其他麦类均不能生长的铜污染地区正常生长。我国学者证实,在高铝含量的南方土壤上,不同品种大豆、玉米的耐铝能力不同,耐铝能力低的大豆或玉米品种根系发育不好、活性低、产量也低得多。说明重金属(广义重金属)在不同耐性植物品种的迁移行为及其机制是不同的。

一、污染物在土壤-植物体系中的迁移

土壤中污染物主要是通过植物根系的根毛细胞,积累于植物茎、叶和果实部分。由于该迁移过程受到多种因素的影响,污染物可能停留于细胞膜外,也可能穿过细胞膜进入细胞质。

1. 污染物由土壤向植物体内迁移的方式

污染物由土壤向植物体内迁移的方式主要包括被动转移和主动转移两种。

2. 影响重金属在土壤-植物体系中转移的因素

土壤中重金属向植物体内的转移过程,与重金属种类、价态、存在形式以及土壤和植物的种类、特性有关。

(1)植物种类:不同植物种类或同种植物的不同植株从土壤中吸收转移重金属的能力不同。如日本"矿毒不知"大麦品种,可以在 Cu 污染地区生长良好,而其他麦类则不能生长;而水稻、小麦在土壤铜含量很高时,由于根部积累过量铜,新根不能生长,其他根根尖变硬,因吸收水和养分困难而枯死。

(2)土壤种类:土壤酸碱性和腐殖质含量都可能影响重金属向植物体的转移。如在冲积土壤、腐殖质火山灰土中加入 Cu、Zn、Cd、Hg、Pb 等元素后,观察它们对水稻生长的影响,结果表明,Cd 造成水稻严重生育障碍,而 Pb 几乎无影响。在冲积土壤中,其障碍大小顺序为:$Cd>Zn$、$Cu>Hg>Pb$,而在腐殖质火山灰土中则为 $Cd\gg Hg>Zn>Cu>Pb$,这是由于在腐殖质火山灰土中 Cu 与腐殖质结合而被固定,使 Cu 向水稻体内转移大大减弱,对水稻生长的影响大大减弱。

(3)重金属形态:将相同含镉量的 $CdSO_4$、$Cd_3(PO_4)_2$、CdS 加入无镉污染的土壤中进行水稻生长试验,结果证明,Cd 对水稻生长的抑制与 Cd 盐溶解度有关。土壤 pH、E_h 改变或有机物分解都会引起难溶化合物溶解度发生变化,从而改变重金属向植物体转移的能力。

(4)重金属在植物体的迁移能力:将 Zn、Cd 加到水稻田中,总的趋势是随着 Zn、Cd 加入量增加,水稻各部分 Zn、Cd 含量增加。但对 Zn 来说,添加量在 250 mg/kg 以下,糙米中 Zn 的含量几乎不变。而 Cd 的添加量大于 1 mg/kg 时,糙米中 Cd 的含量就急骤增加。说明 Cd 与 Zn 在水稻体内迁移能力不同。

二、植物对重金属污染产生耐性的几种机制

植物对重金属污染产生耐性,由植物生态学特性、遗传学特性和重金属理化性质等因素决定,不同种类植物对重金属污染的耐性不同;同种植物由于其分布和生长的环境各异,长期受不同环境条件的影响,在植物生态适应过程中,可能出现对某种重金属有明显耐性种群与群落。人们从不同方面研究探讨植物对重金属的耐受机制。

1. 植物根系通过改变根际化学性状、原生质泌溢等作用限制重金属离子跨膜吸收

Lolkema 对采自铜矿山遗址的石竹科蝇子草属植物的耐性、非耐性系列进行了对比研究,结果表明,耐性系列根中铜浓度明显比非耐性低,推测耐性系列具有降低根系铜吸收的机制。

已经证实,某些植物可以通过根际分泌螯合剂抑制重金属跨膜吸收,从而降低植物对

重金属离子的吸收能力。如 Zn 可以诱导细胞外膜产生分子量 60 000～93 000 的蛋白质，Zn 与这类蛋白质形成配合物，无法跨过细胞膜。植物还可以通过在根际形成氧化还原电位梯度、pH 梯度等来抑制其对重金属的吸收。

2. 重金属与植物的细胞壁结合

植物体 Zn 分布表明，耐性植物 Zn 由根向地上部移动的量比非耐性植物少得多，Zn 在亚细胞分布以细胞壁最多，占 60%。Nishizono 等研究了蹄盖蕨属植物根细胞壁中重金属的分布、状态与作用，结果表明，这类植物吸收 Cu、Zn、Cd 总量的 70%～90% 位于细胞壁，大部分以离子形式存在，或与细胞壁的纤维素、木质素结合。金属离子被局限于细胞壁上，就不能进入细胞质影响细胞内代谢活动，植物因而表现出对重金属的耐性。不过当重金属与细胞壁结合达到饱和时，多余的金属离子还是会进入细胞质。不同金属与细胞壁结合能力不同，Cu 的结合能力大于 Zn 和 Cd；不同植物细胞壁对金属离子结合能力也不同。但通常认为，细胞壁对金属离子的固定作用并不是普遍的重金属植物耐性机制，不是所有耐性植物都表现为将金属离子固定在细胞壁上。如 Weigel 等的豆科植物亚细胞 Cd 分布表明，70% 以上的 Cd 位于细胞质中，只有 8%～14% 的 Cd 位于细胞壁上。Grill 研究证实，被子植物吸收 Cd 后，90% 存在于细胞质内，结合于细胞壁上的极少。杨居荣等对 Cd 和 Pb 在黄瓜和菠菜亚细胞的分布研究发现，77%～89% 的 Pb 沉积于细胞壁上，而 Cd 则有 45%～69% 存在于细胞质中。

3. 酶系统的作用

研究发现，重金属含量增加时，耐性植物中几种酶的活性仍能维持正常水平，但非耐性植物这些酶活性明显降低。此外，在耐性植物中还发现另一些酶可以被激活，从而使耐性植物在受重金属污染时可以保持正常代谢过程。如在重金属 Cu、Cd、Zn 对膀胱麦瓶草生长影响的研究中发现，耐性品种其体内磷酸还原酶、葡萄糖 6-磷酸脱氢酶、异柠檬酸脱氢酶、苹果酸脱氢酶、硝酸还原酶等被显著激活，而非耐性或耐性差品种中这些酶则被抑制，可以认为耐性品种或植株中有保护酶活性的机制。

4. 形成重金属硫蛋白或植物络合素

1957 年 Margoshes 等首次由马的肾脏中提取出一种金属结合蛋白，命名为"金属硫蛋白"（简称 MT），并研究了其性质、结构。研究证实能大量合成 MT 的细胞对重金属有明显抗性，而丧失 MT 合成能力的细胞对重金属高度敏感，MT 是动物及人体最主要的重金属解毒剂。Caterlin 等首次从大豆根中分离出富含 Cd 的复合物，由于其表观分子量及其他性质与动物体金属硫蛋白极为相似，故称为类 MT，后来从水稻、玉米、卷心菜和烟叶等植物中也分离得到了镉诱导产生的结合蛋白，其性质也与动物体 MT 类似。如 1991 年何笃修等利用反相高效液相色谱法从玉米根中分离纯化得到 Cd 结合蛋白，其半胱氨酸含量为 29.6%，每个蛋白质分子结合大约 3 个镉原子，Cd 与半胱氨酸的比值为 1∶2.3，其性质与动物金属硫蛋白相似，是玉米因诱导产生的植物类金属硫蛋白。

1985 年，Grill 从经过重金属诱导的蛇根木悬浮细胞中提取分离了一组重金属络合肽，其分子量、氨基酸组成、紫外吸收光谱等性质都不同于动物金属硫蛋白，所以不是植物类金属硫蛋白，将其命名为植物络合素（简称为 PC），其结构通式为 $(\gamma\text{-}Glu\text{-}Cys)_n\text{-}Gly$（$n=3\sim7$）。PC 可视为线性多聚体，可被重金属 Cd、Cu、Hg、Pb 和 Zn 等诱导合成，未经重金属离子处理的细胞中不存在这种络合素。Grill 还对重金属处理的单子叶植物和双子叶植物中的 PC 进行过分析鉴定,结果证明,细胞吸收 Cd 的 90% 以 PC 结合形式存在。后来人们又从向日葵、山芋、马铃薯和小麦中分离得到了类似的镉化合物。

还有研究证明,重金属 Cd 在植物体内还可诱导产生其他金属结合肽。有关植物中广义重金属结合蛋白质的问题还有许多研究工作需要进行。但无论植物体内存在的广义金属结合蛋白是类金属硫蛋白还是植物络合素,或者是其他未知金属结合肽,它们的作用都是与进入植物细胞内的重金属结合,使其以不具生物活性的无毒络合物形式存在,降低金属离子活性,从而减轻或解除其毒害作用。当重金属含量超过金属结合蛋白的最大束缚能力时,重金属才以自由状态存在或与酶结合,这时引起细胞代谢紊乱,出现植物中毒现象。人们认为植物耐重金属污染的重要机制之一是金属结合蛋白的解毒作用。

第三节　土壤中农药的迁移转化

农药是一个泛指性术语,它不仅包括杀虫剂、除草剂、杀菌剂,还包括防治啮齿类动物的药物,以及动、植物生长调节剂等;其中主要是除草剂、杀虫剂和杀菌剂。我国 2005 年生产的农药原药品种有 260 多种,制剂 3 000 多种,而世界各国目前注册的农药品种则有 1 500 多种。由于病、虫、草三害,全世界农业每年损失粮食占总产量的一半左右,使用农药大概可夺回其中的 30%。从防治病虫害和提高农作物产量的角度看,使用农药确实取得了显著效果。但由于农药残留在环境中的持久性,尤其像 DDT 类农药对生态环境产生了许多有害影响,如降低浮游植物的光合作用,使鸟类不能正常生长繁殖,使害虫获得抗药能力,使益鸟、益虫大量减少等,农药污染现已成为全球性的环境问题。

一、土壤中农药的迁移

农药在土壤中的迁移主要通过扩散和质体流动两个过程。在这两个过程中,农药迁移运动可以蒸汽或非蒸汽形式进行。

1. 扩散

扩散是由于分子热能引起分子不规则运动,使物质分子发生转移的过程。不规则的分子运动使分子不均匀地分布在系统中,因而引起分子由浓度高的地方向浓度低的地方迁移运动。扩散既能以气态发生,也能以非气态发生。非气态扩散可以发生于溶液中、气液或气固界面上。

研究均质稳态扩散的 Fick 第一定律和非稳态扩散的 Fick 第二定律,由于以均质系统和扩散系数与物质浓度无关为前提,所以它们不能解决土壤这个非均质体系的复杂扩散问题。土壤系统的复杂性包括:① 扩散物质通常可被土壤吸附。② 扩散系数决定于土壤特性,如矿物组成、有机质含量、水分含量、紧实度和温度。③ 有机农药通过土壤系统的扩散,可以蒸汽或非蒸汽形式进行。④ 不能假设扩散系数与浓度无关等。Shearer 等根据农药在土壤系统中的扩散特性,提出了农药在土壤中的扩散方程式。

$$\frac{\partial c}{\partial t} = D_{VS}\frac{\partial^2 c}{\partial x^2} \qquad (8-3-1)$$

$$D_{VS} = \left[\frac{D_V P^{\frac{7}{3}}}{P_T^2(R+1)} + \frac{R}{R+1}\right] \times \left[\frac{D_S + D_A K'\beta + \beta D_1 R'}{\beta K' + \theta + \beta R'}\right] \qquad (8-3-2)$$

表 8-6　公式中的字母含义

参数	中文	单位
c	土壤中农药浓度	g/g
R	农药在蒸汽与土壤间的平衡系数	
K'	农药在溶液与液固界面间的平衡系数	cm³/g
R'	农药在溶液与汽固界面间的平衡系数	cm³/g
P, P_T	土壤充气孔隙度,总孔隙度	cm³/cm³
β	土壤容重	g/cm³
θ	土壤水分含量	cm³/cm³
D_V	农药蒸汽的空气扩散系数	cm²/s
D_S	液相扩散系数	cm²/s
D_A	液固界面农药的扩散系数	cm²/s
D_1	液汽界面农药的扩散系数	cm²/s
D_{VS}	总扩散系数	cm²/s

其中 $D_S = (\theta/P_T)^2\theta^{4/3}D_0$,$D_0$ 为自由溶液扩散系数。

由于扩散受多种土壤和农药特性影响,其中一些能够计算,而另一些不能计算,如 D_A、D_1,所以目前尚无法实现对土壤中农药扩散的定量预测。影响农药在土壤中扩散的因素主要是土壤水分含量、吸附、孔隙度、温度,以及农药自身的性质等。

(1) 土壤水分含量

Shearer 等曾对林丹在粉沙壤土中的扩散做过详细的研究。测定了在不同水分含量条件下林丹的气态和非气态扩散情况,并计算了发生在溶液中和水汽与液固界面的扩散量。结果如图 8-6 所示。

由图可见:① 农药在土壤中的扩散确实存在气态和非气态(D_S)二种扩散形式。土壤水分含量在 4%~20%时,气态扩散占 50%以上;当水分含量超过 30%,主要为非气态扩散。② 在干燥土壤中没有发生扩散。③ 扩散随水分含量增加而变化。在水分含量为 4%时,无论总扩散 D_{VS} 或非气态扩散 D_S 都是最大的;在 4%以下,二种扩散随土壤水分含量增大而增大;在 4%~30%,总扩散 D_{VS} 则随水分含量增大而减少;非气态扩散 D_S 在 4%~16%,随水分含量增加而减少,在 16%以上随水分含量增加而增大。

上述研究结果也被其他研究者所证实。

Guenzi 和 Beard 研究了林丹和 DDT 在四种不同性质的土壤和不同含水量条件下的挥发。图 8-7 为土壤中林丹的挥发量,由图可见,当土壤含单分子层水时,农药就不再挥发了。因此,在水分含量为1/3 Pa水吸力到大约一单分子层水范围内,挥发取决于水分含量。DDT 也有类似情况。

环境化学

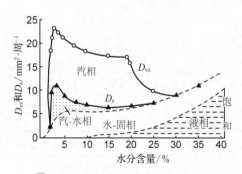

图 8-6　林丹在粉沙壤土中的扩散

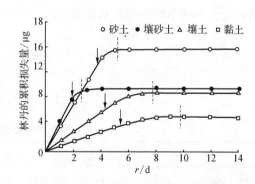

图 8-7　30 ℃时一个干燥循环周期土壤中林丹的挥
　　　　发量(箭头表示 $15×10^5$ Pa 吸力时的水分;
　　　　垂直虚线表示土壤水分为一单分子层水)

（2）吸附

许多研究证明吸附对农药在土壤中的扩散是有影响的。Lind-strom 等研究了除草剂 2,4-D 在九种土壤中的吸附系数与扩散系数。结果证明,由于土壤对2,4-D的化学吸附,使其有效扩散系数降低了,并且两者呈负相关关系。

Guenzi 和 Beard 也发现林丹和 DDT 的蒸汽密度与四种土壤的表面积呈负相关关系,即随土壤的表面积的增大,林丹和 DDT 的蒸汽密度降低。

（3）土壤紧实度

土壤紧实度是影响土壤孔隙率和界面特性的参数。增加土壤紧实度,总的影响是降低土壤对农药的扩散系数。这对于以蒸汽形式进行扩散的化合物来说,增加紧实度就减少了土壤充气孔隙率,扩散系数相应降低。研究证明,当壤砂土紧实度由 1.39 g/cm³ 增加到1.62 g/cm³(水分含量保持不变)时,土壤充气孔隙率由 0.302 减小为 0.189,结果使二溴乙烷表观扩散系数由 $4.49×10^{-4}$ cm²/s 降低为 $2.67×10^{-4}$ cm²/s。当粉沙壤土紧实度由 1.00 g/cm³ 增加为 1.55 g/cm³,水分含量保持在 10%,充气孔隙率由 0.515 降低为 0.263,林丹在该土壤中的扩散系数由 16.5 mm²/周降低为 7.5 mm²/周。提高土壤紧实度就是降低土壤孔隙率,农药在土壤中的扩散系数随之降低。

（4）温度

当土壤温度增高时,农药蒸汽密度显著增大。温度增高的总效应是扩散系数增大。如林丹表观扩散系数随温度增高而呈指数增大。即当温度由 20 ℃提高到 40 ℃时,林丹总扩散系数增加 10 倍。

（5）气流速度

气流速度可直接或间接影响农药挥发。如果空气相对湿度不是 100%,那么增加气流就促进土壤表面水分含量降低,可以使农药蒸汽更快地离开土壤表面,同时使农药蒸汽向土壤表面运动的速度加快。以狄氏剂在含水量为 1%(即 1 Pa 水吸力)的土壤中的挥发为例,当土壤空气气流相对湿度为 100%,而且是垂直的,气流速度从 2 mL/s 增加到 8 mL/s,狄氏剂挥发量增加 0.5~1 倍(在 20 ℃)。风速、湍流和相对湿度是造成农药田间挥发损失的重要因素。

（6）农药种类

不同农药扩散行为不同。有机磷农药乐果和乙拌磷在粉沙壤土中的扩散行为是不同的,乐果的扩散随土壤水分含量增加而迅速增大,扩散系数在水分含量 10％时为 3.31×10^{-8} cm²/s,而在水分含量 43％时,为 1.41×10^{-8} cm²/s。乙拌磷在整个含水范围内扩散系数变化很小,乙拌磷主要以蒸汽形式扩散,而乐果则主要在溶液中扩散。

2. 质体流动

物质的质体流动是由水或土壤微粒或者两者共同作用引起的,质体流动的发生是外力作用的结果。土壤中的物质如农药,既能溶于水中,也能悬浮于水中,或者以气态存在,或者吸附于土壤固体物质上,或存在于土壤有机质中,而使它们能随水和土壤微粒一起发生质体流动,这里的质体流动并不包括因机械耕作和地表径流引起的土壤表面侵蚀。

在稳定的土壤-水流状况下,农药通过多孔介质移动的一般预测方程为:

$$\frac{\partial c}{\partial t}=D\frac{\partial^2 c}{\partial x^2}-V_0\frac{\partial c}{\partial x}-\beta\frac{\partial S}{\theta\partial t} \qquad (8-3-3)$$

表 8-7　公式中的字母含义

参数	中文	单位
c	土壤农药浓度	g/cm³
S	吸附农药浓度	g/g
D	分散系数	cm²/s
V_0	孔隙水流速	cm/s
β	土壤容重	g/cm³
θ	土壤水分含量	cm³/cm³

虽然多种因素对农药在土壤中的质体流动有影响,但研究表明,最重要的是农药与土壤之间的吸附。下列几种农药在土壤中移动距离大小顺序为:非草隆＞灭草隆＞敌草隆＞草不隆,而土壤对它们的吸附系数顺序则相反,为草不隆＞敌草隆＞灭草隆＞非草隆,说明吸附越强的农药迁移越困难,反之亦然。

土壤有机质含量增加,农药在土壤中渗透深度减小。另外,增加土壤中黏土矿物的含量,也可减少农药的渗透深度。

不同农药在土壤中通过质体流动转移的深度不同。测定林丹和 DDT 在四种不同土壤中的质体流动转移距离时发现,DDT 只能在土壤中移动 3 cm,而林丹则比 DDT 移动的距离长,这是由于 DDT 水溶性非常低的缘故。

二、非离子型农药与土壤有机质的作用

吸附是农药与土壤相互作用的一个主要过程,对农药在土壤中的环境行为和毒性均有较大影响,如吸附使农药大量积累在土壤表层。

农药可分为离子型和非离子型农药,其中非离子型农药品种数量较多,如有机氯、有机磷和氨基甲酸酯等类农药。1950 年以来,研究表明非离子型农药在土壤中的吸附行为有明显规律。Beall 和 Nash 等指出,DDT 在土壤中的残留和活性与土壤有机质含量关系

密切。Pierce 等进一步指出,非离子型农药与土壤有机质的结合,是与土壤有机质中的类脂物发生相互作用。随后不少学者提出了非离子型有机物在土壤-水体系中的吸附实质上是分配作用。

1. 非离子型有机物在土壤-水体系的分配作用

(1) 吸附等温线呈线性

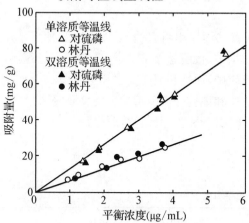

图 8-8　对硫磷和林丹单独吸附和共同吸附时的等温线

吸附质在吸附剂(包括土壤)上的吸附,其吸附等温线通常是非线性的,可用 Langmuir、Freundlich 吸附等温线来拟合描述。而非离子型有机物在土壤-水体系中的吸附等温线呈线性,图 8-8 所示。

(2) 不存在竞争吸附

在土壤-水体系中土壤矿物质表面除吸附离子型物质外,还与水分子发生偶极作用,离子型物质与水分子几乎占据了全部吸附位,使非离子型有机化合物很难吸附在土壤矿物质表面的吸附位上。这样,非离子型有机物的土壤吸附行为基本只与土壤有机质有关。非离子型有机物难溶于水,易溶于土壤有机质,土壤有机质类似于有机溶剂,从水中萃取非离子型有机物,因此当多种非离子型有机物在土壤有机质与土壤溶液间发生分配时,会服从溶解平衡原理,也不存在竞争吸附现象,溶质的吸附量和吸附等温线不会因其他溶质的存在而发生变化(图 8-8)。

(3) "吸附热"小

分配过程放出热量比吸附过程小,这进一步证明非离子型有机化合物在土壤-水体系中的吸附主要是分配作用。

(4) 分配作用与溶解度的关系

Chiou 研究证明非离子型有机化合物在土壤有机质-水体系的分配系数随其水中溶解度减小而增大,如图 8-9 所示。

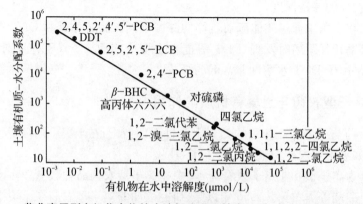

图 8-9　一些非离子型有机化合物的水溶解度和土壤有机质-水分配系数的相关关系图

2. 土壤湿度对分配过程的影响

土壤湿度,即土壤含水量,是影响非离子型有机物在土壤中吸附行为的关键因素之一。Spencer 等系统研究了狄氏剂和林丹在不同水分土壤中的平衡气相浓度。当土壤水分含量小于 2.2％时,在含 0.6％有机质的 Gila 粉砂沃土中,林丹(吸附量约为 50 mg/kg 土)和狄氏剂(为100 mg/kg土)的平衡蒸汽密度明显低于两种农药的纯物质饱和蒸汽密度。当土壤含水量在 3.9％~17％时(17％为当地饱和水含量),农药的平衡蒸汽密度剧增,与纯物质饱和蒸汽密度相等,并保持不变。狄

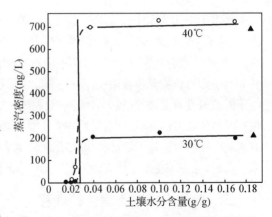

图 8-10 狄氏剂蒸汽密度随土壤含水量的变化

氏剂在 30 ℃和 40 ℃时的气相密度随土壤含水量变化如图 8-10 所示。说明干土壤(即土壤含水分低)时,土壤矿物质表面对狄氏剂和林丹吸附强烈,使农药大量吸附在土壤中;相反,在土壤潮湿时,由于水分子的竞争作用,土壤农药吸附量减少,甚至蒸汽浓度增加。

1985 年,Chiou 等研究了不同水分相对含量(R.H.)对 m-二氯苯的吸附等温线,进一步证明土壤水分含量对非离子型有机物吸附量的影响。如图 8-11 所示,随着相对湿度增大,土壤吸附量逐渐减少,吸附等温线也逐渐接近直线。在相对湿度为 90％时,吸附等温线非常接近水溶液条件下的吸附等温线。在相对湿度较低时,土壤中吸附作用和分配作用同时发生,吸附等温线为非线性;在相对湿度在 50％以上时,由于水分子强烈竞争矿物质表面的吸附位,使非离子型有机物在矿物质表面的吸附量迅速降低,分配作用占据主导地位,吸附等温线接近线性。

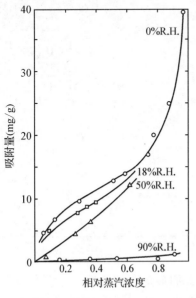

图 8-11 不同水分相对含量(R.H.)对 m-二氯苯被 Woodburn 土壤(在 20 ℃时)吸附的影响

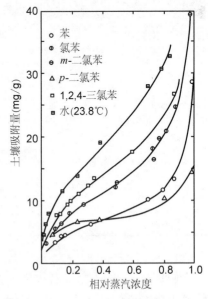

图 8-12 干 Woodburn 土壤(在 20 ℃时)对有机物的吸附

图 8-12 为无水干燥土壤对不同蒸汽浓度有机物的吸附量,由图可见,干土壤对苯、氯苯、p-二氯苯、m-二氯苯、1,2,4-三氯苯以及水蒸气都表现出很强的吸附性,吸附等温线为非线性,与非离子型有机物在土壤-水体系中的吸附特性完全不同。由于在干土壤中,没有水分子与非离子型有机物竞争吸附位,这些有机物都可以被土壤矿物质表面所吸附。吸附强弱程度与吸附质极性有关,极性越大者吸附就越强。在此土壤中有机质对非极性有机物的分配作用也同时发生,因此非离子型有机物在干土壤中表现为强吸附(被土壤矿物质)和高分配(在土壤有机质中)的特征,是土壤对有机物吸附量最大的情况。且表面吸附作用要比分配作用大得多。例如,二氯苯在干土壤表面的吸附量为 45 mg/g,为同样条件下从水溶液中吸附的 100 倍。

三、典型农药在土壤中的迁移

1. 有机氯农药

有机氯农药大部分是含有一个或几个苯环的氯代衍生物,其特点是化学性质稳定,残留期长,脂溶性强,易在脂类物质中积累。有机氯农药是目前造成污染的主要农药。美国已于 1973 年停止使用,我国也于 1984 年停止使用。其主要品种如表 8-8 所示。

表 8-8　几种主要有机氯农药

商品名称	化学名称	分子结构
DDT	p,p'-二氯二苯基三氯乙烷	
六六六 r-六六六(林丹)	六氯环己烷	
氯丹	八氯-六氢化-甲基茚	
毒杀芬	八氯莰烯	

(1) DDT(滴滴涕)

DDT 在 20 世纪 70 年代中期以前是全世界人们最常用的杀虫剂。它有若干种异构体,其中仅对位异构体(p,p'-DDT)有强烈的杀虫性能,工业品中对位异构体含量在 70% 以上。DDT 为无色结晶,在 115 ℃~120 ℃加热 15 h 性质仍很稳定,在 190 ℃以上开始分解。DDT 挥发性小,不溶于水,易溶于有机溶剂和脂肪。

DDT 可通过食物链进入人体,1963—1972 年对美国、日本、英国、法国、德国等 20 多个国家的调查发现,人体脂肪中都含有一定数量的 DDT 和 DDE(含量范围在 2.32～26.0 mg/kg 之间)。

DDT 在土壤中挥发性不大,由于其易被土壤胶体吸附,故它在土壤中移动也不明显。DDT 可通过植物根际渗入植物体内,它在叶片中积累量最大,在果实中较少,植物的蒸腾作用形成了 DDT 的积累。由于 DDT 是持久性农药,分解很慢,据预测,DDT 停止使用后的一两个世纪内,鱼体内仍会存在相当浓度的 DDT。土壤中 DDT 的降解主要靠微生物,在缺氧(如土壤灌溉后)和湿度较高时,DDT 的降解速度较快,南方土壤 DDT 降解最快,北方土壤 DDT 可保持 10 年以上。DDT 在土壤中的生物降解主要按还原、氧化和脱氯化氢等机理进行。

DDT 的另一个降解途径是光解。空气中 p,p'-DDT 在 290～310 nm 的紫外光照射下,可转化为 p,p'-DDE 及 DDD, p,p'-DDE 进一步光解,形成 p,p'-二氯二苯甲酮及若干二、三、四氯联苯,其光分解历程如图 8-13 所示。

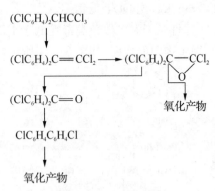

图 8-13 DDT 的光解

(2)林丹

六六六有多种异构体,其中只有丙体六六六(γ-六六六)具有杀虫效果,含丙体六六六在 99% 以上的六六六称为林丹。林丹为白色或稍带淡黄色的粉末状结晶,它在 60～70 ℃下不易分解。在日光和酸性条件下很稳定,但遇碱会发生分解,失去杀虫作用。六六六蒸汽压比 DDT 大,它较 DDT 易挥发进入大气。1961 年伦敦大气中六六六的含量为 0.01 $\mu g/m^3$,东京大气中六六六含量为 0.249 $\mu g/m^3$。据计算,20 ℃时林丹在大气中最大可能浓度为 5 $\mu g/m^3$,40 ℃时几乎可高出 12 倍。由于林丹挥发性强,它在水、土壤和其他环境对象中积累较少,这种杀虫剂在土壤底层移动相当缓慢。

六六六易溶于水(在 20 ℃时为 7.3 mg/L),故六六六可从土壤和空气中进入水体。由于挥发性较强,它亦可随水蒸发,又进入大气。

表 8-9 为土壤、植物、牛奶中六六六的含量,表中数据可以看出,植物能从土壤中吸收积累六六六,不同植物积累量不同。另外对不同六六六异构体,植物吸收积累的数量不同。如稻谷积累 β-六六六最多,西红柿积累 α-六六六最多。γ-六六六在各种植物体中含量最少,为避免六六六在植物中积累,最好使用纯品 γ-六六六。此外,六六六还能在土壤动物如蚯蚓体内积累。

表 8-9 土壤、植物、牛奶中六六六的含量(地点:日本,单位:mg/kg)

样本	α-六六六	β-六六六	γ-六六六	δ-六六六	六六六总计
稻田土壤	0.539	1.029	0.231	0.220	2.019
稻草	1.914	8.146	0.989	3.635	14.684

样本	α-六六六	β-六六六	γ-六六六	δ-六六六	六六六总计
稻谷	0.152	0.079	0.044	0.097	0.372
西红柿	0.234	0.061	0.105	0.026	0.426
牛奶	0.055	0.229	0.002	0.006	0.292

1961—1967 年,在英、法、意、印度等国调查发现,人体脂肪中六六六含量为 $0.07\sim$ 1.43 mg/kg,比 DDT 低很多。

林丹对于大多数鱼类毒性低于 DDT,对成鱼毒性更低。林丹及其异构体在植物、昆虫、微生物中的代谢,如图 8-14 所示。

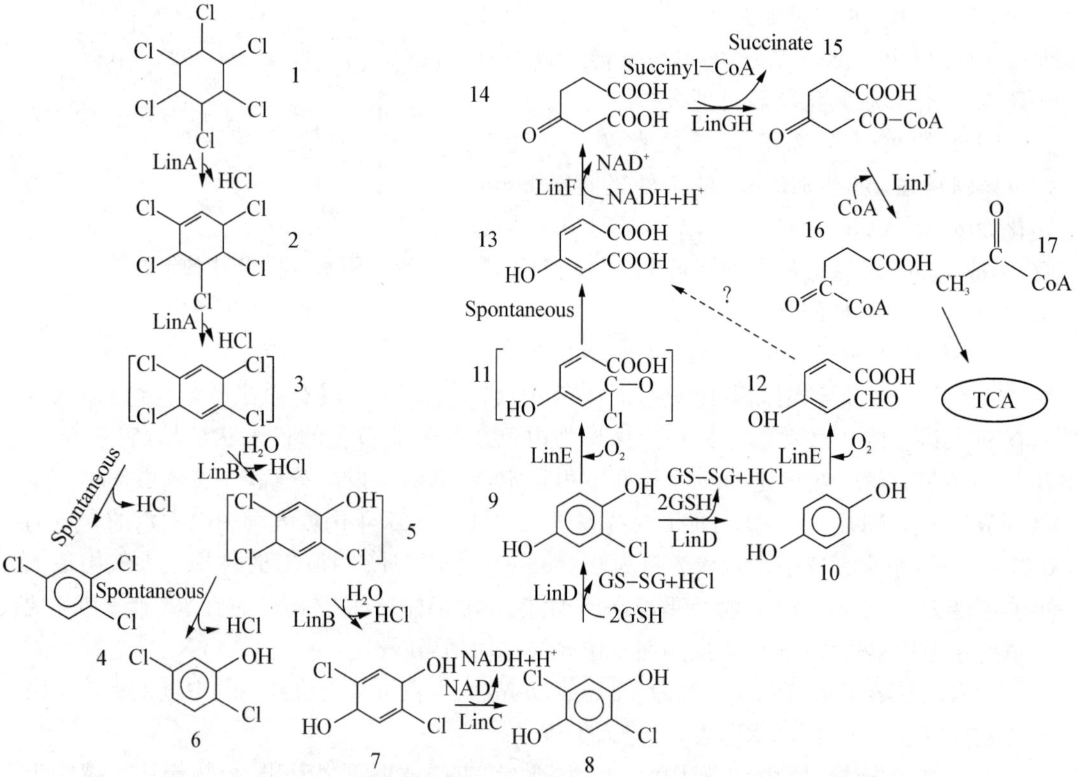

图 8-14　六六六的生物代谢(其中 LinA,B,C,D,E,F,GH,J 为一系列的催化酶)

在大多数情况下,六六六代谢的最初产物是五氯环己烯,它以几种异构体形式被分离出来。在微生物影响下,六六六可以形成酚类,在土壤中它们还要进一步降解。在动物(大鼠)体内,可以生成二氯、三氯和四氯苯酚的各种异构体。与 DDT 相比,六六六的积累性和持久性相对较低。

2. 有机磷农药

有机磷农药大部分是磷酸的酯类或酰胺类化合物。按结构可分为磷酸酯、硫代磷酸酯、膦酸酯、硫代膦酸酯类、磷酰胺、硫代磷酰胺类。

① 磷酸酯:磷酸中的氢原子被有机基团取代生成的化合物,如敌敌畏、二溴磷等。

② 硫代磷酸酯：硫代磷酸分子中的氢原子被甲基等基团取代生成的化合物，如对硫磷、马拉硫磷、乐果等。

③ 膦酸酯和硫代膦酸酯类：磷酸中一个羟基被有机基团取代，即在分子中形成 C—P 键，称为膦酸。膦酸中羟基的氢原子被有机基团取代，则形成膦酸酯。如果膦酸酯中的氧原子被硫原子取代，形成硫代膦酸酯，如敌百虫。

④ 磷酰胺和硫代磷酰胺类：磷酸分子中羟基被氨基取代的化合物，为磷酰胺。而磷酰胺分子中的氧原子被硫原子所取代，形成硫代磷酰胺、如甲胺磷等。

几种常见有机磷农药的分子结构及商品名如表 8-10 所示。

表 8-10　几种常用有机磷农药的分子结构

分类	商品名称	化学名称	分子结构
磷酸酯	敌敌畏	O,O-二甲基-O-(2,2-二氯乙烯基)磷酸酯	$(CH_3O)_2P{=}O$，O—CH=CCl$_2$
硫代磷酸酯（即硫逐磷酸酯）	甲基对硫磷	O,O-二甲基-O-对硝基苯基硫代磷酸酯	$(CH_3O)_2P{=}S$，O—⟨benzene⟩—NO$_2$
二硫代磷酸酯	马拉硫磷	O,O-二甲基-S-(1,2-二乙氧酰基乙基)二硫代磷酸酯	$(CH_3O)_2P{=}S$，S—CH—COOC$_2$H$_5$，CH$_2$—COOC$_2$H$_5$
	乐果	O,O-二甲基-S-(N-甲胺甲酰甲基)二硫代磷酸酯	$(CH_3O)_2P{=}S$，S—CH$_2$—C(=O)—NH—CH$_3$
膦酸酯	敌百虫	O,O-二甲基-(2,2,2-三氯-1-羟基乙基)膦酸酯	$(CH_3O)_2P{=}O$，CH—CCl$_3$，OH
磷酸酰胺酯	乙酰甲胺磷	O,S-二甲基-N-乙酰基硫代磷酰胺	CH$_3$O—P(=O)，CH$_3$S，NHCOCH$_3$

有机磷农药是有机氯农药的替代品，比有机氯农药容易降解，对自然环境的污染及对生态系统的危害和残留都没有有机氯农药那么严重。但有机磷农药毒性较高，大部分对生物体内胆碱酯酶有强抑制作用。

有机磷农药多为液体，除少数品种（如乐果、敌百虫）外，一般都难溶于水，易溶于乙醇、丙酮、氯仿等有机溶剂中。不同有机磷农药挥发性差别很大，如在 20 ℃时，敌敌畏在大气中蒸汽浓度为 145 mg/m³，乐果为 0.107 mg/m³。

环境化学

（1）有机磷农药的非生物降解

① 吸附催化水解

吸附催化水解是有机磷农药在土壤中降解的主要途径。由于吸附催化作用，水解反应在土壤体系比在水体系中快。如硫代磷酸酯类农药地亚农在 pH=6 条件下，无土体系每天水解 2%，土壤体系每天水解 11%，它们水解产物相同。地亚农等硫代磷酸酯水解反应如下：

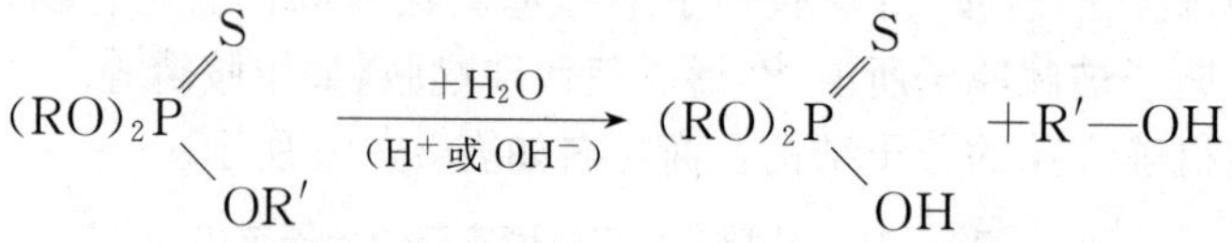

$$(RO)_2P{\overset{S}{\parallel}}{-}OR' \xrightarrow[\text{(H}^+\text{或 OH}^-)]{+H_2O} (RO)_2P{\overset{S}{\parallel}}{-}OH + R'{-}OH$$

马拉硫磷在 pH=7 的土壤体系，水解半衰期为 6～8 小时；在 pH=9 的无土体系中，半衰期为 20 天。其反应过程如下：

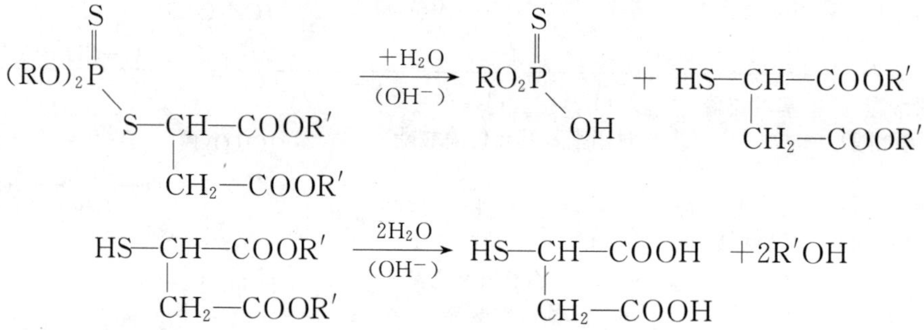

$$(RO)_2P{\overset{S}{\parallel}}{-}S{-}CH{-}COOR' \atop CH_2{-}COOR' \xrightarrow[\text{(OH}^-)]{+H_2O} RO_2P{\overset{S}{\parallel}}{-}OH + HS{-}CH{-}COOR' \atop CH_2{-}COOR'$$

$$HS{-}CH{-}COOR' \atop CH_2{-}COOR' \xrightarrow[\text{(OH}^-)]{2H_2O} HS{-}CH{-}COOH \atop CH_2{-}COOH + 2R'OH$$

此外，磷酸酯类农药丁烯磷的水解也有类似情况，在 pH=7 的土壤体系，降解半衰期为 2 h，而在 pH=6 的无土体系，降解半衰期为 14 d。

② 光降解

有机磷农药可发生光降解反应。如马拉硫磷在大气中可以逐步发生光化学分解，并在水和臭氧存在下加速分解。有机磷光降解过程中有可能生成比其自身毒性更强的中间产物，如乐果在潮湿空气中可较快地发生光化学分解，但其第一步氧化产物是氧化乐果，即 $(CH_3O)_2P(O)SCH_2C(O)NHCH_3$，比乐果本身对温血动物的毒性更大。又如辛硫磷在 253.7 nm 的紫外光下照射 30 h，其光解产物如图 8-15 所示。其中，一硫代特普的毒性较高，但照射 80 h 以后，一硫代特普又逐渐光解消失。

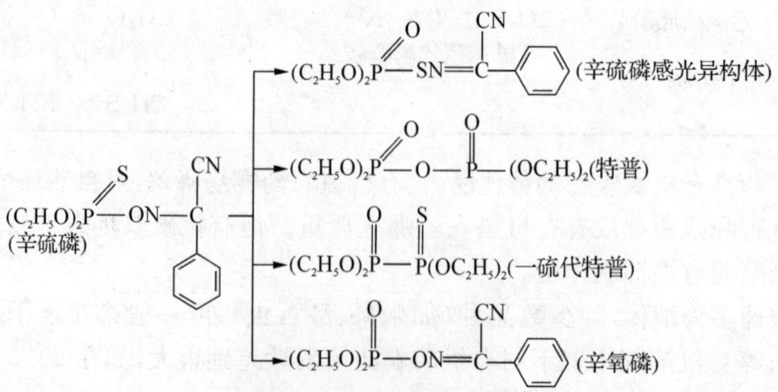

图 8-15　辛硫磷的光解

（2）有机磷农药的生物降解

有机磷农药在土壤中被微生物降解是它们转化的另一条重要途径。如马拉硫磷可被两种土壤微生物-绿色木霉和假单胞菌以不同的方式降解，其反应如图 8-16 所示。

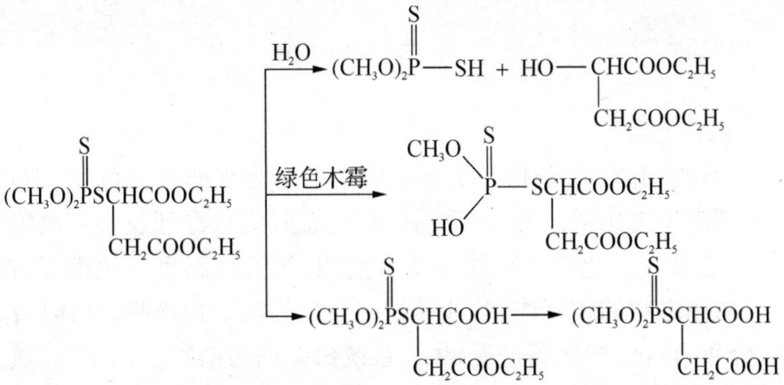

图 8-16　马拉硫磷的生物降解反应

马拉硫磷的羧酸衍生物是代谢产物的主要组成部分。一些可溶性酯酶能使马拉硫磷水解成为羧酸衍生物，目前已从微生物中分离出来。某些绿色木霉的培养变种也有高效脱甲基作用。

思考与练习

1. 土壤有哪些主要成分？它们对土壤的性质与作用有哪些影响？
2. 什么是土壤的活性酸度与潜在酸度？我国南方土壤酸性偏高的原因是什么？
3. 土壤的缓冲作用有哪几种？举例说明其作用原理。
4. 什么是盐基饱和度？它对土壤性质有何影响？
5. 试比较土壤阳、阴离子交换吸附的主要作用原理与特点。
6. 土壤中重金属向植物体内转移的主要方式及影响因素有哪些？
7. 植物对重金属污染产生耐受性作用的主要机制是什么？
8. 农药在土壤中进行质流与扩散的影响因素是什么？
9. 比较 DDT 和林丹在环境中的迁移转化与归趋的主要途径与特点。
10. 试述有机磷农药在环境中的主要转化途径，并举例说明其原理。

第九章　污染生态化学

污染生态化学研究化学污染物在生态系统中的行为规律及其危害,涉及化学污染物的迁移转化及其微观生态化学过程,化学污染物生态效应与毒理及生态风险评价,全球变化的生态化学,生态系统中化学污染物分析与监测,污染控制生态化学等方面。此外,还介绍污染物与生物体之间的相互作用,涉及细胞层次的污染物跨膜,个体层次的生物体对污染物的吸收、分布、转化、排泄等过程,生态系统参差的污染物生物富集、放大和积累,以及污染物生物毒性效应与机制。

污染生态化学以分子水平和生态学角度为出发点防治环境污染。它是一门联系和发展的科学,污染生态化学是一个完整的知识体系,各知识点间是彼此联系的;同时,污染生态化学与其他学科间存在广泛联系,这种联系越来越紧密,并形成许多新兴的交叉学科。污染生态化学又是一门发展的科学,如人们对生命的认识经历了由整体→器官→细胞→分子→系统的转变,实现了片面向系统的回归,每一次转变都建立在已有认识的基础上,同时又是已有认识的进一步发展。

第一节　细胞层次的污染物迁移——跨生物膜

一、生物膜结构

污染物进入生物体的第一步是通过细胞膜,其结构如图 9-1 所示。细胞膜由磷脂双分子层和蛋白质镶嵌组成,厚度为 75~100 Å,是流动变动复杂体。在磷脂双分子层中,亲水极性基团排列于外侧,疏水烷链端伸向内侧,即双分子层中央存在一个疏水区,生物膜是类脂层屏障。膜上镶嵌着蛋白质,有的附着在磷脂双分子层表面,有的深埋或贯穿磷脂双分子层中,其亲水端也都位于双分子层外侧。这些蛋白质各具一定生理功能,或是转运膜内外物质的载体,或是起催化作用的酶,或是能量转换器等。生物膜中还存在带有极性、含有水的微小孔道,

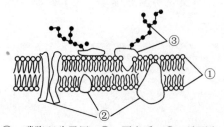

①—磷脂双分子层;②—蛋白质;③—糖蛋白。

图 9-1　细胞膜结构示意图

称为膜孔。

二、物质通过生物膜的方式

物质通过生物膜的方式可分为五类。

1. 膜孔滤过

直径小于膜孔的水溶性物质,可借助膜两侧静水压及渗透压解析膜孔滤过。

2. 被动扩散

脂溶性物质从高浓度侧向低浓度侧,顺浓度梯度扩散,通过有类脂层屏障的生物膜,属于被动扩散,其扩散速率服从 Fick 定律:

$$\mathrm{d}Q/\mathrm{d}t = -DA(\Delta c/\Delta x) \tag{9-1-1}$$

式中:$\mathrm{d}Q/\mathrm{d}t$ 为物质膜扩散速率,$\mathrm{d}t$ 时间间隔内垂直向扩散通过膜的物质量;Δx 为膜厚度;Δc 为膜两侧物质的浓度梯度;A 为扩散面积;D 为扩散系数,取决于扩散物质性质和膜性质。

一般地,脂/水分配系数越大,分子越小,或在细胞液 pH 条件下解离越少的物质,扩散系数越大,容易扩散通过生物膜。被动扩散不需耗能,不需载体参与,因而不会出现特异性选择、竞争性抑制、饱和等现象。

3. 被动易化扩散

有些物质在高浓度侧与膜上特异性蛋白质载体结合,通过生物膜,至低浓度侧解离出原物质。这一转运称为被动易化扩散,它受膜特异性载体及载体数量制约,呈现特异性选择、同类物质竞争性抑制、饱和等现象。

4. 主动转运

借助消耗一定代谢能量,一些物质可在低浓度侧与膜上高度特异性蛋白载体结合,通过生物膜,至高浓度侧解离出原物质,这一转运称为主动转运。能量来自膜上三磷酸腺苷酶分解三磷酸腺苷(ATP)成二磷酸腺苷(ADP)和磷酸时所释放的能量。这种转运与膜上高度特异性载体及载体数量有关,呈特异性选择、同类物质竞争性抑制、饱和等现象。如 K^+ 在细胞内外浓度分布为 $[K^+]_{\text{细胞内}} \gg [K^+]_{\text{细胞外}}$。这一浓度分布是由 K^+ 的主动转运造成的,即低浓度侧 K^+ 易与膜上蛋白(Proteins,Ps)结合为 KPs,而后在膜中扩散,并与膜的 ATP 发生磷化(Phosphoproteins,磷酸根与蛋白质丝氨酸残基结合的产物),将结合的 K^+ 释放至高浓度侧。如下列反应所示:

$$K^+(\text{膜外}) + Ps \longrightarrow KPs$$
$$KPs + ATP \longrightarrow KPsP + ADP \longrightarrow PsP + ADP + K^+(\text{膜内})$$

5. 胞吞和胞饮

少数物质对膜上某些蛋白质有特殊亲和力,当它们与膜接触后,可改变这部分膜的表面张力,引起膜外包或内陷,使这些物质被包围进入膜内,这一过程如转运固体物质称为胞吞,转运液态物质称为胞饮。

物质通过生物膜的方式取决于生物膜特性、物质结构及理化性质。物质理化性质包

括脂溶性、水溶性、解离度、分子大小等。被动易化扩散和主动转运,是营养物质及其代谢物通过生物膜的常规方式。非营养物质一般以被动扩散方式通过生物膜,只有少数物质通过膜孔过滤、胞吞、胞饮跨膜。

第二节 个体层次的污染物转运

污染物在生物体内的运动过程,包括吸收、分布、排泄和生物转化,统称转运,其中排泄与生物转化又称消除。这些原理不仅适用于哺乳动物,也适用于其他生物,如鱼类等。

一、吸收

吸收是污染物从生物体外,采用各种途径通过生物膜进入血液的过程,途径主要是生物体消化道、呼吸道、皮肤。

消化道是吸收污染物最主要的途径。从口腔摄入的食物和饮水中的污染物,主要通过被动扩散被消化道吸收,主动转运较少。消化道主要吸收部位在小肠,其次是胃。小肠道最内层是黏膜,黏膜向肠腔内形成许多突起,称为小肠绒毛,黏膜内布满毛细血管。进入小肠的污染物大多以被动扩散通过肠黏膜再转入血液,因而污染物脂溶性越强、在小肠内浓度越高,被小肠吸收也越快。血液流速也是影响污染物吸收的因素,血流速度越大、黏膜两侧污染物浓度梯度越大,生物体对污染物吸收速率也越大。由于脂溶性污染物的跨膜通透性好,它们被小肠吸收的速率受到血流速度的限制。相反,一些脂溶性小的极性污染物,在被小肠吸收时跨膜扩散是限速因素,对血流影响不敏感。小肠液酸性($pH \approx 6.6$)明显低于胃液($pH \approx 2$),有机弱碱在小肠液、胃液中分别以未解离型、解离型占优,未解离型易于扩散通过膜,因此有机弱碱在小肠中的吸收比在胃中快。反之,有机酸在小肠中主要呈解离型,对吸收不利。不过,小肠的吸收总面积达 $200 \ m^2$、血流速度为 $1 \ L/min$,而胃吸收总面积仅 $1 \ m^2$、血流速度 $0.15 \ L/min$,小肠对有机弱酸的吸收一般比胃快。促进胃排空常可加速小肠对污染物吸收。

呼吸道是吸收大气污染物的主要途径,主要吸收部位是肺泡。肺泡的膜很薄,数量众多,四周布满壁膜极薄、结构疏松的毛细血管。吸收的气态和液态气溶胶污染物,可以被动扩散和滤过方式,分别迅速通过肺泡和毛细血管膜进入血液。固态气溶胶和粉尘污染物吸进呼吸道后,可在气管、支气管及肺泡表面沉积。到达肺泡的固态颗粒很小,粒径小于 $5 \ \mu m$。其中,易溶微粒在溶于肺泡表面体液后,按上述过程被吸收,而难溶微粒往往在吞噬作用下被吸收。

皮肤吸收是不少污染物进入生物体的途径。皮肤接触的污染物,常以被动扩散相继通过皮肤表皮与真皮,再以滤过方式通过皮中毛细血管壁膜进入血液。一般,分子量低于300,处于液态或溶解态,呈非极性的脂溶性污染物,最容易被皮肤吸收,如酚、尼古丁、马钱子碱等。

二、分布

分布是指污染物被吸收后或其代谢转化物质形成后，由血液转送至生物体各组织，与组织成分结合，从组织返回血液，以及再反复等过程。在污染物分布过程中，污染物的转运以被动扩散为主。

脂溶性污染物易于通过生物膜，但跨膜通透性对其分布影响不大，组织血流速度是分布的限速因素。污染物在血流丰富的组织（如肺、肝、肾）的分布，比血流少的组织（如皮肤、肌肉、脂肪）迅速。

与一般器官组织的多孔性毛细血管壁不同，中枢神经系统的毛细血管壁内皮细胞互相紧密相连、几乎无空隙。当污染物由血液进入脑部时，必须穿过这一毛细血管壁内皮的血脑屏障。此时，污染物跨膜通透性成为其转运的限速因素。高脂溶性、低解离度污染物跨膜通透性好，容易通过血脑屏障，由血液进入脑部，如甲基汞化合物。非脂溶性污染物很难入脑，如无机汞化合物。污染物由母体转运到胎儿体内，必须通过由数层生物膜组成的胎盘，称为胎盘屏障，也同样受到跨膜通透性的限制。

污染物常与血液中的血浆蛋白质结合。这种结合呈可逆性，结合与解离处于动态平衡。只有未与蛋白结合的污染物才能在体内组织进行分布。因此，与蛋白结合率高的污染物，在低浓度下几乎全部与蛋白结合，存留在血浆内；但当其浓度达到一定水平，未被结合的污染物剧增，快速向生物体组织转运，组织中该污染物的分布显著增加。与蛋白结合率低的污染物，随浓度增加，血液中未被结合的污染物也逐渐增加，故对污染物在体内分布的影响不大。由于亲和力不同，污染物与血浆蛋白的结合受到其他污染物及生物体内源性代谢物质的置换竞争影响。该影响显著时，会使污染物在生物体内的分布有较大改变。

有些污染物可与血液的红细胞或血管外组织蛋白相结合，也会明显影响它们在体内的分布。如肝、肾细胞内有一类含巯基氨基酸的蛋白，易与锌、镉、汞、铅等重金属结合成复合物，称为金属硫蛋白，因而肝、肾中这些污染物的浓度，可以远远超过其血液浓度的数百倍。在肝细胞内还有一种 Y 蛋白，易与很多有机阴离子相结合，对于有机阴离子转运进入肝细胞起着重要作用。

三、排泄

排泄是污染物及其代谢物质向生物体外的转运过程。排泄器官有肾、肝胆、肠、肺、外分泌腺等，而以肾和肝胆为主。

肾排泄是污染物通过肾随尿而排出的过程。肾单位包括肾小体和肾小管，其中肾小体包括肾小球和肾小囊。肾小球毛细血管壁有许多较大膜孔，大部分污染物都能从肾小球滤过。分子量过大或与血浆蛋白结合的污染物，不能滤过仍留在血液内。肾小管的近曲小管存在有机酸、有机碱主动转运系统，能分别分泌有机酸（如羧酸、磺酸、尿酸、磺酰胺）和有机碱（如胺、季胺）。通过这两类转运，使污染物进入肾小囊腔与肾小管腔，从尿中排出。远曲小管则对滤过肾小球溶液中的污染物，通过被动扩散进行重吸收，使之在不同程度上返回血液。肾小管膜的类脂性与其他生物膜相同，因此脂溶性污染物容易被重吸收。肾小管液 pH 对重吸收也有影响，肾小管液呈酸性时，有机弱酸解离少易被重吸收，有机弱碱解离多难被重吸收,肾小管液呈碱性时恰好相反。肾排泄污染物的效率是肾小球滤过、近曲小管主动分泌、远曲小管被动重吸收的综合结果。肾排泄是污染物的主要排泄途径。

污染物另一个重要排泄途径是肝胆系统的胆汁排泄。胆汁排泄是指由消化道或其他途径吸收的污染物,经血液到达肝脏,以原物或其代谢物并和胆汁一起分泌至十二指肠,经小肠至大肠,再排出体外的过程。污染物在肝脏的转移主要是主动转运,被动扩散较少。少数是原形物质,多数是原形物质在肝脏经代谢转化形成的产物。胆汁排泄是原形污染物排出体外的一个次要途径,但它是污染物代谢物排出的主要途径。一般分子量在300以上、分子中具有强极性基团的化合物,即水溶性大、脂溶性小的化合物,胆汁排泄良好。有些物质由胆汁排泄,在肠道运行中又重新被吸收,这种现象称为肠肝循环,这些物质呈高脂溶性。能进行肠肝循环的污染物,通常在体内停留时间较长。如高脂溶性甲基汞化合物主要通过胆汁从肠道排出,但由于肠肝循环,其半衰期长达70天。

四、蓄积

生物体长期接触某污染物,若吸收超过排泄及其代谢转化,则会出现该污染物在体内逐增的现象,称为**生物蓄积**。蓄积量是吸收、分布、代谢转化和排泄各量的代数和。蓄积时,污染物的体内分布,常表现为相对集中的方式,主要集中在生物体的某些部位。

生物体的主要蓄积部位是血浆蛋白、脂肪组织和骨骼。污染物常与血浆蛋白结合而蓄积。许多有机污染物及其代谢脂溶性产物,通过分配作用,溶解集中于脂肪组织,如苯、多氯联苯等。氟及钡、锶、铍、镭等金属,经离子交换吸附,进入骨骼组织的无机羟磷灰石蓄积。

有些污染物的蓄积部位与毒性作用部位相同。如百草枯在肺及一氧化碳在红细胞中血红蛋白的集中,就属于这类情形。但是有些污染物的蓄积部位与毒性作用部位不相一致。如DDT在脂肪组织中蓄积,而毒性作用部位是神经系统及其他脏器;铅集中于骨骼,而毒性作用部位在造血系统、神经系统及胃肠道等。

蓄积部位中的污染物,常同血浆中游离型污染物保持相对稳定的平衡。当污染物从体内排出或生物体不与之接触时,血浆中污染物即减少,蓄积部位就会释放该物质,以维持上述平衡。因此,在污染物蓄积和毒性作用的部位不相一致时,蓄积部位可成为污染物内在的二次接触源,有可能引起生物体慢性中毒。

第三节 污染物在生态系统的生物富集、放大和积累

一、生物富集

生物富集是指生物通过非吞食方式,从周围环境(水、土壤、大气)蓄积某种元素或难降解的物质,使其在生物体内浓度超过周围环境中浓度的现象。生物富集用生物浓缩系

数表示，即：

$$BCF = c_b/c_e \qquad\qquad (9-3-1)$$

式中：BCF 为生物浓缩系数；c_b 为某种元素或难降解物质在生物体中的浓度；c_e 为某种元素或难降解物质在生物体周围环境中的浓度。

生物浓缩系数可以是个位到万位级，甚至更高。其大小与污染物、生物、环境三方面因素有关。污染物物性因素有降解性、脂溶性和水溶性。一般降解性小、脂溶性高、水溶性低的物质，生物浓缩系数高；反之则低。如虹鳟鱼对 2,2′-四氯联苯、4,4′-四氯联苯的浓缩系数为 12 400，而对四氯化碳的浓缩系数是 17.7。生物方面因素有生物种类、大小、性别、器官、生物发育阶段等。如金枪鱼和海绵对铜的浓缩系数，分别是 100 和 1 400。环境影响因素包括温度、盐度、水硬度、pH 值、氧含量和光照状况等。如翻车鱼对多氯联苯浓缩系数在水温 5 ℃时为 6.0×10^3，而在 15 ℃时为 5.0×10^4，水温升高，相差显著。重金属元素和许多氯化碳氢化合物、稠环、杂环等有机化合物通常具有很高的生物浓缩系数。

从动力学观点来看，水生生物对水中难降解物质的富集速率，是生物对其吸收速率、消除速率及由生物体质量增长引起的物质稀释速率的代数和。吸收速率（R_a）、消除速率（R_e）及稀释速率（R_g）的表示式为：

$$R_a = k_a c_w \qquad\qquad (9-3-2)$$

$$R_e = -k_e c_f \qquad\qquad (9-3-3)$$

$$R_g = -k_g c_f \qquad\qquad (9-3-4)$$

式中：k_a、k_e、k_g 为水生生物吸收、消除、生长的速率常数；c_w、c_f 为水及生物体内的瞬时物质浓度。

于是水生生物富集速率微分方程：

$$dc_f/dt = k_a c_w - k_e c_f - k_g c_f \qquad\qquad (9-3-5)$$

如果富集过程中生物质量增长不明显，则 k_g 可忽略不计，式（9-3-5）简化成

$$dc_f/dt = k_a c_w - k_e c_f \qquad\qquad (9-3-6)$$

通常水体足够大，水中物质浓度（c_w）可视为恒定。又设 $t=0$ 时 $c_f(0)=0$。此条件下求解式（9-3-5）、式（9-3-6），水生生物富集速率方程：

$$c_f = [k_a c_w - \exp(-k_e t - k_g t)]/(k_e + k_g) \qquad\qquad (9-3-7)$$

$$c_f = [k_a c_w - \exp(-k_e t)]/(k_e) \qquad\qquad (9-3-8)$$

从式（9-3-7）、式（9-3-8）看出，水生生物浓缩系数（c_f/c_w）随时间延续而增大，先期增大比后期迅速，当 $t \to \infty$ 时，生物浓缩系数依次为

$$BCF = c_f/c_w = k_a/(k_e + k_g) \qquad\qquad (9-3-9)$$

$$BCF = c_f/c_w = k_a/k_e \qquad\qquad (9-3-10)$$

说明在一定条件下生物浓缩系数有一阈值，此时水生生物富集达到动态平衡。生物

浓缩系数常指生物富集到达平衡时的 BCF 值,可由实验得到。在控制条件下实验,可用平衡方法测定水生生物体内及水中物质浓度,也可用动力学方法测定 k_a、k_e 和 k_g,然后用式(9-3-9)或(9-3-10)算得 BCF 值。

水生生物对水中物质的富集是一个复杂过程。但是对于有高脂溶性、低水溶性、以被动扩散通过生物膜的难降解有机物质,这一过程可简化为该类物质在水和生物脂肪组织两相间的分配作用。如鱼类通过呼吸,短时间内有大量的水流经鳃膜;水中溶解的这类有机物质,易于被动扩散通过极薄的鳃膜,随血流转运,经过富含血管的组织,除少许被消除外,主要运输至脂肪组织中蓄积,显示其在水-脂肪体系中的分配特征。人们以正辛醇作为水生生物脂肪组织代用品,发现这些有机物质在辛醇-水两相分配系数的对数($\lg K_{ow}$),与其在水生生物体中浓缩系数的对数($\lg BCF$)之间有良好的线性正相关关系。其通式为:

$$\lg BCF = a \lg K_{ow} + b \qquad (9-3-11)$$

如 Neeley WB 等报道,8 种有机物质的 $\lg K_{ow}$ 和它们在虹蹲体中的 $\lg BCF$ 之间相关系数为 0.948,回归方程为:

$$\lg BCF = 0.542 \lg K_{ow} + 0.124 \qquad (9-3-12)$$

式(9-3-11)中回归系数 a、b 与有机物质、水生生物及水体条件有关,选用已建成的回归方程,利用 K_{ow} 值可估算相应有机物质的 BCF 值。

二、生物放大

生物放大是指在同一食物链上的高营养级生物,通过吞食低营养级生物蓄积某种元素或难降解物质,使其在生物体内的浓度随营养级数提高而增大的现象。生物放大的程度也用生物浓缩系数表示。生物放大的结果,可使食物链上高营养级生物体内这种元素或物质的浓度超过周围环境中的浓度。如 1966 年有人报道,美国图尔湖和克拉斯南部自然保护区内生物群落受到 DDT 的污染,以鱼类为食的水鸟位于食物链顶端,其体内 DDT 浓度比当地湖水高约 1.0×10^5 至 1.2×10^5 倍。在北极地区,地衣→北美驯鹿→狼食物链上明显存在着 ^{137}Cs 的生物放大。

生物放大并不是在所有条件下都能发生,文献报道有些物质只能沿食物链传递,不能沿食物链放大;还有些物质甚至不沿食物链传递。这是因为影响生物放大的因素是多方面的。如食物链往往都十分复杂,相互交织成网状,同一种生物在发育的不同阶段或相同阶段,有可能隶属于不同的营养级而具有多种食物来源,这就扰乱了生物放大。不同生物或同一生物在不同的条件下,对物质的吸收、消除等均有可能不同,也会影响生物放大状况。

三、生物积累

生物放大或生物富集是属于生物积累的一种情况。**生物积累**就是生物从周围环境(水、土壤、大气)和食物链蓄积某种元素或难降解物质,使其在生物体中的浓度超过周围环境中浓度的现象。生物积累也用生物浓缩系数表示。

　　水生生物对某物质的生物积累,其微分速率方程可以表示为:

$$dc_i/dt = k_{ai}c_w + a_{i,i-1} \cdot W_{i,i-1}c_{i-1} - (k_{ei} + k_{gi})c_i \qquad (9-3-13)$$

　　式中:c_w为生物生存水中某物质浓度;c_i为食物链i级生物中该物质浓度;c_{i-1}为食物链$i-1$级生物中该物质浓度;$W_{i,i-1}$为i级生物对$i-1$级生物的摄食率;$a_{i,i-1}$为i级生物对$i-1$级生物中该物质的同化率;k_{ai}为i级生物对该物质的吸收速率常数;k_{ei}为i级生物体中该物质消除速率常数;k_{gi}为i级生物的生长速率常数。

　　式(9-3-13)表明,食物链上水生生物对某物质的积累速率等于从水中的吸收速率,从食物链上的吸收速率,及本身消除、稀释速率的代数和。

　　当生物积累达到平衡时$dc_i/dt=0$,式(9-3-13)成为:

$$c_i = [k_{ai}/(k_{ei} + k_{gi})]c_w + [a_{i,i-1} \cdot W_{i,i-1}/(k_{ei} + k_{gi})]c_{i-1} \qquad (9-3-14)$$

　　式(9-3-14)中右端二项依次以c_{wi}和$c_{\phi i}$表示,则此式改写成

$$c_i = c_{wi} + c_{\phi i} \qquad (9-3-15)$$

　　式(9-3-15)表明,生物积累的物质中,一项是从水中摄得,另一项是从食物链传递得到。这二项的对比,反映出相应的生物富集和生物放大在生物积累达到平衡时的贡献大小。另外,可知$c_{\phi i}$与c_{i-1}的关系:

$$c_{\phi i}/c_{i-1} = a_{i,i-1} \cdot W_{i,i-1}/(k_{ei} + k_{gi}) \qquad (9-3-16)$$

　　只有$c_{\phi i}/c_{i-1}$大于1时,食物链随营养级升高才会呈现生物放大。通常$W_{i,i-1} > k_{gi}$,故对同种生物,k_{ei}越小、$a_{i,i-1}$越大的物质,生物放大也越显著。

　　生物积累、放大和富集可从不同侧面探讨环境中污染物的迁移、排放标准、可能造成的危害,为利用生物对环境进行监测和净化提供科学依据。

第四节　污染物的毒性

一、毒物

　　大多数环境污染物都是毒物。毒物是进入生物体后,能使体液和组织发生生物化学变化,干扰或破坏生物体正常生理功能,并引起暂时性或持久性的病理损害,甚至危及生命的物质。这一定义受到多种因素的限制,如进入生物体的物质数量、生物种类、生物暴露于毒物的方式等。限制因素的改变,有可能使毒物成为非毒物,反之亦然;所以毒物与非毒物之间并不存在绝对的界限。例如,钙是人及生物的一种必需营养元素,但是它在人体血清中的最适浓度范围为$90\sim95\ \text{mg/L}$。如果高于这一范围,会引起生理病理反应,当

血清中钙高于 105 mg/L 时发生钙过多症,主要症状是肾功能失常。而若低于这一范围,又将发生钙缺乏症,引起肌肉痉挛、局部麻痹等。其他人体及生物的必需营养元素也有类似情形,只不过各自的最适浓度范围会有不同。

毒物的种类,按作用于生物体的主要部位,可分为作用于神经系统、造血系统、心血管系统、呼吸系统、肝、肾、眼、皮肤的毒物等。根据作用性质,毒物可分为刺激性、腐蚀性、窒息性、致突变、致癌、致畸、致敏的毒物等。此外,还有其他的毒物分类方法。

二、毒物的毒性

不同毒物或同一毒物在不同条件下的毒性,常有显著差异。影响毒物毒性的因素多且复杂。概括来说,包括毒物化学结构及理化性质(如毒物的分子立体构型、分子大小、官能团、溶解度、电离度、脂溶性等);毒物所处的基体因素(如基体的组成、性质等);生物体暴露于毒物的状况(如毒物剂量,浓度,生物体暴露的持续时间、频率、总时间、生物体暴露的部位及途径等);生物因素(如生物种属差异、年龄、体重、性别、遗传及免疫情况、营养及健康状况等);生物所处的环境(如温度、湿度、气压、季节及昼夜节律的变化、光照、噪声等)。其中,关键因素之一是毒物剂量(浓度)。这是因为毒物毒性在很大程度上取决于毒物进入生物体的数量,而后者又与毒物剂量(浓度)紧密相关。

毒理学把毒物剂量(浓度)与引起个体生物学的变化,如脑电、心电、血象、免疫功能、酶活性等的变化称为效应;把引起群体的变化,如肿瘤或其他损害的发生率、死亡率等变化称为反应。研究表明,毒物剂量(浓度)与反(效)应变化之间存在着一定的关系,称为剂量-反(效)应关系。大多数的剂量-反(效)应关系曲线呈 S 形(图 9-2),即在剂量开始增加时,反(效)应变化不明显,随着剂量的继续增加,反(效)应变化趋于明显,到一定程度后,变化又不明显。

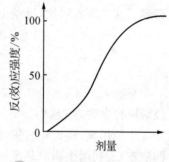

图 9-2　剂量-反(效)应关系曲线

毒物剂量(浓度)关系到毒物毒作用的快慢。根据剂量(浓度)大小所引起毒作用快慢的不同,将毒作用分为急性、慢性和亚急(或亚慢)性三种。高剂量(浓度)毒物在短时间内进入生物体致毒为急性毒作用。低剂量(浓度)毒物长期逐渐进入生物体,累积到一定程度后而致毒为慢性毒作用。由甲基汞引起的水俣病和由镉引起的骨痛病便是环境污染物慢性毒作用的两个典型例子。情况介于上述两者之间的为亚急(或亚慢)性毒作用。

急性毒作用一般以半数有效剂量(ED_{50})或半数有效浓度(EC_{50})来表示。ED_{50} 和 EC_{50} 分别是毒物引起一群受试生物的半数产生同一毒作用所需的毒物剂量和毒物浓度。显然,ED_{50} 或 EC_{50} 数值越小,受试物质的毒性越高,反之,则毒性越低。半数有效剂量或半数有效浓度,若以死亡率作为毒作用的观察指标,则称为半数致死剂量(LD_{50})或半数致死浓度(LC_{50})。

物质的急性毒性根据半数致死剂量,一般分为 4 或 5 级。表 9-1 是 1978 年我国工业企业设计卫生标准科研协作会议提出的分级建议。半数致死剂量是通过由急性毒性试验得到的一组剂量和死亡率的数据,把其中的剂量换算成对数剂量,把死亡率经查表换成概率单位表示,而使 S 形剂量与反应(死亡)曲线直线化,然后用直线内插方法求出。

慢性毒作用以阈剂量(浓度)或最高允许剂量(浓度)来表示。阈剂量(浓度)是指在长期暴露毒物下,会引起生物体受损害的最低剂量(浓度)。最高允许剂量(浓度)是指长期暴露在毒物下,不引起生物体受损害的最高剂量(浓度)。显然,阈剂量(浓度)或最高允许剂量(浓度)越小,试验物质的慢性毒性越高,反之,慢性毒性越小。这两个参数由慢性毒性试验来确定,或由亚急性毒性试验作出初步估计。

表 9 - 1   化学物质急性毒性分级(LD_{50}, mg/kg)

毒性分级	小鼠经口	小鼠吸入染毒 2 h	兔经皮
剧毒	$\leqslant 10$	$\leqslant 50$	$\leqslant 10$
高毒	$11 \sim 100$	$51 \sim 500$	$11 \sim 50$
中毒	$101 \sim 1\,000$	$501 \sim 5\,000$	$51 \sim 500$
低毒	$1\,001 \sim 10\,000$	$5\,001 \sim 50\,000$	$501 \sim 5\,000$
微毒	$>10\,000$	$>50\,000$	$>5\,000$

三、毒物的联合作用

在实际环境中往往同时存在着多种污染物,它们对生物体同时产生毒性,这有别于其中任一种污染物对生物体引起的毒性。两种或两种以上毒物同时作用于生物体,所产生的综合毒性称为毒物的联合作用,毒物联合作用通常分为四类。

1. 协同作用

协同作用是联合作用毒性大于其中各个毒物成分单独作用时毒性的加和。这些毒物中某一毒物使生物体对其他毒物吸收加强、降解受阻、排泄迟缓、蓄积增多或产生高毒代谢物等,造成混合物毒性增加,如四氯化碳与乙醇联合,臭氧与硫酸气溶胶联合等。如以死亡率作为毒性的观察指标,两种毒物单独作用死亡率分别为 M_1 和 M_2,则其协同作用死亡率为 $M > M_1 + M_2$。

2. 相加作用

相加作用是指联合作用毒性等于其中各毒物成分单独作用毒性的加和。这些毒物之间均可按比例取代另一毒物,混合物毒性均无改变。当各毒物化学结构相近、性质相似、对生物体作用部位及机理相同,其联合作用往往呈毒性相加作用。如丙烯腈与乙腈联合,稻瘟净与乐果联合等。以死亡率作为毒性指标,两种毒物单独作用死亡率分别是 M_1 和 M_2,其相加作用为 $M = M_1 + M_2$。

3. 独立作用

各毒物对生物体的侵入途径、作用部位、作用机理等均不相同,因而在其联合作用中各毒物生物学效应彼此无关,互不影响。独立作用的毒性低于相加作用,但高于其中单项毒物的毒性,如苯巴比妥与二甲苯联合。以死亡率作为毒性指标,两种毒物单独作用死亡率分别是 M_1 和 M_2,则其独立作用 $M = M_1 + M_2(1 - M_1)$。

4.拮抗作用

联合作用毒性小于其中各毒物成分单独作用毒性的加和为拮抗作用。这些毒物中某一毒物能使生物体对其他毒物降解加速、排泄加快、吸收变少或产生低毒代谢物等,使混合物毒性降低。例如三氯乙烷与乙醇联合,亚硝酸与氰化物联合,硒与汞联合,硒与镉联合等。如用死亡率作为毒性指标,两种毒物单独作用的死亡率分别为 M_1 和 M_2,则其拮抗作用为 $M < M_1 + M_2$。

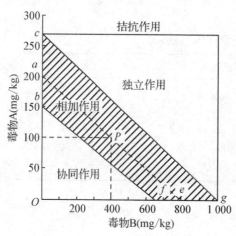

图 9-3　毒物联合作用等效应图

确定毒物联合作用类型的方法很多,其中等效应图法较常见,它是以半数致死剂量(浓度)作为等效应计量,绘图评定联合作用类型的方法。如图 9-3,a 点是单个 A 毒物的 LD_{50},c、b 点是此 LD_{50} 的置信区间;e 点是单个 B 毒物的 LD_{50},f、g 点是该 LD_{50} 的置信区间。它们的相应连线把图分为四个区。通过试验得到这两种毒物联合的 LD_{50}(实际是 OP 长),按各自百分含量换算成相应的 B、A LD_{50} 量,其中 100%B,A 毒物的 LD_{50} 量分别为 e、a,数值标在 x、y 轴上,垂直于轴延伸相交于一点 P。P 点若落在阴影区内,则两种毒物联合作用类型为相加作用;若 P 落在其他三个区内,则联合作用类型依次为协同、独立、拮抗作用。

四、毒作用的过程

生物体暴露于某一毒物至其出现毒性,一般要经过以下三个过程:

过程 1:毒物被生物体吸收进入体液后,经分布、代谢转化,并有某一程度的排泄。其间毒物或被解毒,即转化为无毒或低毒代谢物(非活性代谢产物)陆续排出体外;或被增毒,即转化为更毒的代谢物(活性代谢产物)而至其靶器官中的受体;或不被转化,直接以原形毒物而至其靶器官中的受体。靶器官是毒物首先在生物体中达到毒作用临界浓度的器官。受体是靶器官中相应毒物分子的专一性作用部位。受体成分几乎都是蛋白质类分子,通常是酶,非酶受体有鸦片类型受体(或称神经受体)等。显然,这一过程对毒物毒作用具有重要影响。

过程 2:毒物或活性代谢产物与其受体进行原发反应,使受体改性,随后引起生物化学效应。如活性受到抑制、细胞膜破裂、干扰蛋白质合成、破坏脂肪和糖的代谢、抑制呼吸等。

过程 3:接着引起一系列病理生理的继发反应。出现在整体条件下可观察到的毒作用的生理和(或)行为的反应,即致毒症状。对人和动物来说,有生物体体温增高或降低,脉搏加快、减慢或不规则,呼吸速率增加或减小,血压升高或降低,中枢神经系统出现幻觉、痉挛、昏迷、动作机能不协调、瘫痪等症状,以及呼吸系统、血液系统、循环系统、消化系统和泌尿系统等方面的症状。对于植物来说,则有叶片失绿黄化,乃至枯焦脱落,使生长发育受到阻碍等症状。

思考与练习

1. 污染物在亚细胞层次、个体层次和生态系统层次迁移的途径分别是什么?

2. 写出水生生物富集速率方程和生物浓缩系数。

3. 有机物质的辛醇-水分配系数 $\lg K_{ow}$,与其在水生生物体中浓缩系数 $\lg$BCF 之间存在何种关系,如何用数学方程表达?

4. 毒物联合作用种类有哪些?

5. 解释下列名词概念:① 被动扩散;② 主动转运;③ 肠肝循环;④ 血脑屏障;⑤ 半数有效剂量(浓度);⑥ 阈剂量(浓度);⑦ 助致癌物;⑧ 促癌物;⑨ 酶的可逆和不可逆抑制剂。

第五篇
环境分析与污染控制化学

　　学习环境分析与污染控制化学，可以明确建设美丽中国的具体路径。党的二十大报告指出："我们要推进美丽中国建设，坚持山水林田湖草沙一体化保护和系统治理，统筹产业结构调整、污染治理、生态保护、应对气候变化，协同推进降碳、减污、扩绿、增长，推进生态优先、节约集约、绿色低碳发展。"这在环境保护的前端、中端、末端全方位对环保工作者进行了指导和引领。

　　二十大报告还要求：(1) 加快发展方式绿色转型。推动经济社会发展绿色化、低碳化是实现高质量发展的关键环节。(2) 深入推进环境污染防治。坚持精准治污、科学治污、依法治污，持续深入打好蓝天、碧水、净土保卫战。(3) 提升生态系统多样性、稳定性、持续性。(4) 积极稳妥推进碳达峰碳中和。

第十章　环境分析化学

在环境分析化学学习与实验中,定量分析过程由试样的采集、试样的分解与制备、样品的预处理、分析测定、分析结果的计算和评价等步骤组成,这些步骤组成一个统一的整体,它们又相互联系,相互依赖,互为存在。

第一节　环境分析化学概述

1. 环境分析化学定义

环境科学和化学关系非常密切,为了研究环境中各种物质来源、分布、迁移、转化、归宿、效应的规律,从而了解环境状况,对环境质量作出正确评价,就必须研究各种物质的化学分析与测定方法,环境分析化学应运而生。环境分析化学是环境化学、分析化学的前沿领域,但已渗透到整个环境科学领域,环境科学的发展严格依赖于环境分析化学的发展。

环境分析化学由环境科学与分析化学互相渗透而产生。分析化学是一门基础学科,随着社会与科技的发展,其内容日益深化。20 世纪 60 年代电子科学兴起以来,微观、微量分析化学迅猛发展;70 年代因环保事业的需要,微观、微量分析化学向纵深开拓,因此环境分析化学其实也丰富了环境科学的内容。

2. 环境分析化学研究内容

环境分析化学测定对象复杂、研究领域宽、内容丰富、任务十分繁重。

根据分析任务不同,环境分析化学可分为定性分析和定量分析。定性分析鉴定污染物由哪些元素或离子组成,其官能团和分子结构如何。定量分析测定各污染物的含量。环境受到化学污染时,首先要明确污染由何种化学污染物引起,为此需要鉴别污染物结构和性质,就是进行定性分析;其次,为了说明污染的程度,还需要测定污染物含量,即进行定量分析。

从环境污染来源看,环境分析化学的研究对象主要有:

(1) 工业生产过程排放的废物

如含硫的矿物燃料(煤和石油)在工业生产过程中排出的二氧化硫,有色金属冶炼过程中排出的二氧化硫、氟化氢、铅、镉、汞、砷等有毒物质,制碱工业和无机、有机化工部门排放的氯化氢、氰及其衍生物、各种有机合成物,电镀厂的含氰废水,鞣革厂的铬,造纸、纤维和食品工厂的浮游物质,核电站及反应堆的放射性物质和热污染。

(2) 交通运输及某些非定期的污染

汽车排出废气中的一氧化碳、氮的氧化物、烃类及铅,石油装卸时的漏油和油船的压舱、洗舱水的大量排放,自然界某些地区性的毒物的聚集,某些偶然性事件的出现(如油船失事)。

(3) 有毒物质的无意识流失或散播

如各种剧毒的有机氯、有机磷等农药,含大量多氯联苯(PCBs)的无碳复写纸,某种食品添加剂,以及各种危险品、有毒物在存放和使用过程中的散失和传播。

(4) 某些无毒物质在使用过程中,由于老化、分解反应,分泌出有毒物质

如塑料、橡胶等在使用中,由于老化、分解反应,会向环境中分泌有毒物质。

(5) 城市生活污水等其他方面的污染源

从环境介质看,造成水体、土壤、大气等环境污染的原因主要是工业"三废"、化肥农药和汽车排气,据此环境分析化学研究内容主要是:

(1) 水环境

水污染常用生化需氧量(BOD)来表征水质污染程度,化学需氧量(COD)除了可表示有机物污染以外,还可表示硫化物、亚铁、氨类等物质的污染。钢铁、氮肥、制碱、水泥等工业部门的废水中 COD 均相当高。悬浮性颗粒物(SS)是悬浮于水中的不溶物质,在食品、纤维、造纸、冶炼、选矿、矿山废水中 SS 含量很高,尤其是造纸工业的废水,SS 不仅含量高,还会在水中膨胀,使水质严重污染。除了上述项目,水质经典分析还包括矿物质方面的分析项目,有固体物、可溶氯、硬度的测定,以及颜色和浊度等。被测阳离子主要是 Ca^{2+}、Mg^{2+}、Al^{3+}、Fe^{2+}、Fe^{3+}、Mn^{2+} 及碱金属离子,阴离子主要是:Cl^-、SO_4^{2-}、NO_3^-、HCO_3^-、OH^-、PO_4^{3-}、S^{2-}、F^- 等。现代水质全分析除上述经典分析项目之外,还要测定 Pb、Cd、Hg、Cu、Cr、Co、Ni、Zn、As、Sb、Be、Se、Mo、W、V、Ag、Zr、Os、Re、Ge、In 等金属元素,和酚、氰、氨、硫醇、芳香类、油脂类、磷酸类、各种表面活性剂、各种有机氯、有机磷农药、多氯联苯(PCBs)等,以及放射性污染物。

(2) 大气环境

大气污染物影响范围广,危害性大的是二氧化硫、一氧化碳、氮氧化物、碳氢化合物、臭氧、光化学烟雾和粉尘,特别是二氧化硫。每人每天要呼吸约 7 000 L 或约 15 kg 空气,即使大气中只有微量毒物,吸入人体的也相当可观。据调查,当二氧化硫年平均值达到 0.05 g/m^3 时,呼吸系统疾病发病率将达到 5%。二氧化硫测定方法很多,如二氧化铅法和电导率法,前者测定一个月或一定时间的平均值,后者则可以自动记录;还有甲醛-品红比色法,这些方法都在不断发展。大气中有机农药污染不容忽视,即使大气中有机农药只有 $0.5 \text{ }\mu\text{g/m}^3$,每人每天吸入的有机农药也可达 $3 \times 10^{-6} \text{ g}$;由于农药可通过呼吸、水环境食物链多途径进入人体,大气和水环境有机农药常需要系统分析。光化学烟雾分析方法,特别是光化学烟雾形成中起着重要作用的某些自由基的分析方法,对光化学烟雾形成机理研究非常重要。

(3) 土壤环境

土壤污染主要源于化肥和农药,工业固废、放射性物质等。农药作为杀虫剂、除草剂、

土壤调节剂等得到广泛应用,对农业生产到促进作用,但也出现了副作用,造成了农作物和土壤的污染。如有机氯农药,DDT、六六六、狄氏剂、艾氏剂等不仅能污染作物根部,还可迁移进入作物果实,有 $4\%\sim8\%$ 剂量的农药在施用 $5\sim6$ 年后仍残留在土壤中。土壤和食品中农药残留分析非常重要,多采用气相色谱法完成。又如有机汞农药,曾作为水稻的防瘟剂使用,后果是有机汞广泛散布于土壤中,农作物含汞量增大,威胁人类健康。除汞之外,铅、砷等元素也由于工农业污染,在土壤中积累成为持久性污染物而被作物吸收。工业固废是土壤污染的一个重要来源,它不仅毒化土壤,还会污染地面水和地下水,即使是一些发达国家,工业固废的处理也十分困难。

　　大气、水和土壤污染,其实彼此不能分割,形成污染循环。在环境中的污染物质,可能发生氧化、还原、沉淀、配位,无机物转化为有机物、有机物转化为无机物,毒性或增大或减小。污染物还可通过大气-水-土壤-生物循环而迁移、分散或富集。

　　3. 环境分析化学发展动向

　　环境分析化学相当复杂,不仅分析对象和项目千变万化,而且很多污染物质的含量很低,特别是在环境、动物、植物、人体组织中的背景含量非常小,一般在 $10^{-6}\sim10^{-12}$ g,这就要求分析方法具有非常高的灵敏度。近年来,微观、微量分析技术被引入环境分析化学之中,环境分析化学的需求反过来也促进了痕量和超痕量分析技术的进一步发展。分光光度、原子吸收光谱、红外与紫外吸收光谱、X 射线荧光光谱、核磁共振、质谱、火花质谱、气相色谱、离子选择电极、电子探针、中子活化等,以及各种分析手段的联合使用,比如气相色谱-质谱联用,在环境分析中应用逐渐广泛,并且可以实现自动控制。

　　由于环境分析化学的内容广泛,对象复杂,含量低,具有流动性和不稳定性的特点,它几乎动用了所有的分析化学手段。过去很长一段时期,对各种污染物质的分析测试工作都是用间断的测试方法进行,在不同的条件下,孤立地进行测定,这样自然不能很好地反映出环境质量变化的情况,而且从采样、分析到得出数据资料所需时间较长,因而测得的资料不能及时用于环境污染的控制工作。近来,在环境监测方面都趋向于设置自动连续监测系统,从采样、分析、数据处理和传送都向自动化发展。遥感技术也开始应用于环境分析,如利用地球监测卫星、通信卫星和飞机等对环境进行遥测或遥感。为了把环境分析的数据同环境质量的评价、环境质量状况变化的预报、环境与人的关系联系起来,还运用了系统论、信息论、控制论为工具提出人-环境系统的概念,把环境科学的研究提高到一个新水平。

　　环境分析化学是环境科学的一个重要领域,是一个新的边缘分支学科,是环境保护工作的眼睛和耳鼻,随着环境科学的发展,必然要迅速地推动分析技术的提高和环境分析化学向纵深开拓。

　　4. 环境分析化学与环境监测

　　环境分析与环境监测既密切联系、又互相区别,环境监测是在环境分析基础上发展起来的。

　　随着世界各国经济发展,大城市和工矿区不断发展,各种有害物质排放超过了环境的自净能力,造成环境污染,危及人类生存。为了探求环境质量变化的根源,人们开始调查研究污染物质的性质、来源、含量及其分布状态,并以基本化学物质为单位进行定性、定量分析,这就是环境分析。环境分析是环境科学的一个先驱组成部分,其研究对象是人类因生产生活排放到环境(包括大气、水体、土壤和生物)中的各种污染物质。环境分析的方式,既可以是现场直接测定,也可以是采集样品后在实验室中进行,通常后者居多。这种以不连续操作为特点的环境分析、往往只能分析测定短时间、局部、单个的污染物质。

对单个污染物的分析研究是环境科学的重要基础,但如果是评价环境质量的好坏,仅对单个污染物短时间的样品分析是不够的,还要有各种代表环境质量标志的数据。环境监测,就是测定各种代表环境质量标志的数据。环境分析是环境监测的发展基础,环境监测内容要比环境分析更广泛、更深刻。既包含化学物质污染,也包含各种物理因素如噪声、振动、热能、辐射和放射性等污染;既包含直接污染,也包含间接污染。另外,要想取得具有代表性的数据,就需要在一定区域范围内,对污染物进行长时间连续监测。环境监测综合利用化学、物理、生物监测手段。物理监测涉及的物理单位有时间、温度、长度、重量等,物理量有热、光、电、磁等。生物监测是利用各种生物对环境中污染物质的反应,即利用生物在各种污染环境中发出的各种信息,来判断环境污染。

第二节　环境分析中的再现性和误差来源

一、环境分析中的再现性

环境分析中多数污染物质含量极低,常采用痕量或超痕量分析技术。其测定结果的可信赖特征用"再现性"表示,再现性取决于分析方法和测定技术的统计误差、精密度及准确度,同系统误差也有一定关系。这些名词的定义及相互关系在分析化学中有论述。

分析样品中大量或中量成分,即微量分析通常有较好的再现性;被测物质浓度大于10^{-3}M时系统误差很小。但在痕量分析中,由于浓度很低,再现性往往较差。如岩石、土壤、生物样品中的痕量元素分析,特别是 ng/m³ 级的痕量分析,分析结果波动较大,再现性较差。

痕量和超痕量分析技术测定结果的再现性不好,除了分析方法本身的原因之外,操作技术以及某些客观因素均会有影响,如试剂、水、空气、器皿、分析操作的环境等,对于测定结果的准确度与再现性均有决定性的影响。这些是造成误差的来源,并且往往带有一定的偶然性。

1. 空气沾污

实验室空气中往往含有痕迹的硅、铝、铁、钙、钠、钾、镁、碳、钛、硼、氯、硫、磷等,大气中常有锌、铅、钒、铜、镍、铬、氟、溴等,有时含量可能达到或超过 $0.1\ \mu g/m^3$。由于某些原因,实验室空气还会含有其他元素,如汞蒸气在一些实验室中常见。有些实验室空气中会发现含较高的砷、锑、铋、镓、铟、铊、银,干燥过的热空气中可能有 g/m³ 量级的锌、亚 g/m³

量级的铜和砷，痕量即几到几十 mg/m³ 量级的银、金。没有空气过滤与调节设施的实验室，由于周围环境的影响，有时玷污混入不少元素，以至于无法精确测定 1 g/m³ 钠、钾、钙、镁、硅、硼、锌，和 1 mg/m³ 的铁、铜、铅、铝、钛。一般敞开实验室每天降尘大于 0.2 g/cm²，密闭实验室每天降尘约 0.1 g/cm²，有除尘设施的微量分析实验室每天降尘小于 0.02 g/cm²。

当试样溶解、溶液蒸发、灰化操作时间较长时，试样被空气玷污的机会增大。在水浴、汽浴、沙浴、气体火焰炉、电炉上加热时，可能带入铁、铬、镍、钼、铜、锌。气体火焰加热则可能带入痕量的硫、钠、镁、硼、磷、碳等。

2. 容器的玷污和吸附

分析容器的材料有玻璃、石英、聚乙烯、聚丙烯、聚氟乙烯等。容器同试样溶液接触，能引起溶液中微量成分浓度发生变化。原因：(1) 容器材料被溶液侵蚀，使溶液中微量成分浓度增加（玷污）；(2) 容器表面吸附某些痕量元素，使溶液中微量成分元素浓度降低（损失）；(3) 原来被容器表面吸附的元素，逐渐脱附混入试液（玷污）。一般接触的温度越高、压力越大、时间越长，出现玷污或损失也越显著。

容器玷污或损失均引起再现性变差，并难以控制和评估。痕量和超痕量分析中一些意想不到的误差，往往同容器引起的玷污和吸附有关，因此在痕量和超痕量分析中，容器选择、器皿洗涤、贮藏方法非常重要。

容器材料质量一般以聚四氟乙烯塑料（特氟隆）最好，然后是聚乙烯塑料、石英、铂，而以玻璃最差。玻璃容器作超痕量分析是不适合的，普通玻璃烧杯盛水煮沸 1 h 可溶出 1 mg SiO₂；盛氨水只要热沸 30 分钟就能溶出 1.4 mg 以上的 SiO₂。玻璃表面长时间同重金属水溶液接触，则发生吸附现象。石英的化学抗蚀能力优于玻璃，根据痕量分析的对象和要求可选择适当纯度的石英器皿，石英玻璃器皿一般含 SiO₂ 96%、B₂O₃ 3%，其杂质如表 10-1 所示。

表 10-1　石英玻璃中的杂质含量(mg/kg)

类型	Al	Fe	K	Na	B
普通石英	53	35	220	300	
高纯石英	50～60	0.74		4	0.1
合成石英	0.02～0.25	0.1～0.2	0.004	0.04～0.1	<0.01

类型	Ca	Cu	Mn	Sb	P
普通石英					
高纯石英	0.4	0.01	0.026	0.23	0.01
合成石英	<0.1	<0.000 2	从<0.001 到 0.04	<0.000 1	<0.001

铂制容器不适于痕量和超痕量分析，而塑料容器可用于痕量分析。聚乙烯塑料的热稳定性较差，100 ℃以上的温度就不能使用，特氟隆之类的氟塑料有良好的抗蚀能力和热稳定性，适用于痕量和超痕量分析。不论何种塑料，高压法制造的比中压法和低压法的好。聚乙烯塑料中的杂质含量如表 10-2 所示。

环境化学

方法	Ag	Al	B	Ca	Cr	Cu	Fe
高压法	0.02	0.3～4	0.09	0.2～2.0	0.06～0.3	0.004	0.6～15
中压法		0.3					14～17
低压法		18～27					12～22

方法	Mg	Si	Ti	K	Mn	Ni	Zn
高压法	0.008	2	0～2.1				
中压法			0～3.2				
低压法			17～57				

表 10‑2 聚乙烯塑料中杂质含量(mg/kg)

　　容器表面吸附溶液中的离子,对痕量、特别是超痕量分析有很大影响,其吸附程度取决于容器材料、离子性质和浓度、pH、其他离子的存在、接触时间、表面状态等多种因素。吸附现象也可被理解为离子交换过程,吸附有时可达 $10^{-9}\sim10^{-12}$ mol/cm^2 量级。通常吸附强度依硼硅玻璃、钠玻璃、铂、石英、聚乙烯、聚丙烯、特氟隆顺序降低。但也有例外,如对水溶液中 Ce(Ⅲ)、La(Ⅲ)、Be(Ⅱ)、磷酸盐的吸附,为玻璃稍弱于聚丙烯; 2×10^{-5} mol/L钴(Ⅱ)的水溶液,在 pH=9 时的吸附率依石英、特氟隆、聚乙烯、玻璃的顺序增加,而 pH=1.5 时石英的吸附稍弱于聚乙烯。

　　吸附现象同离子性质有很大关系。玻璃表面对 Pb^{2+}、H^+ 的吸附强于 Cu^{2+}、Ba^{2+}、K^+ 等,对 Zn^{2+} 吸附稍强于 Co^{2+},水溶液中大部分 Ag^+ 吸附在玻璃上。水溶液中铁、锌、钴、铅、银、铟、锑、铯、铀、锶等在聚乙烯和硬质玻璃表面有不同的吸附行为。另外,同一元素价态不同时吸附行为不同。

　　容器从酸性溶液吸附金属离子低于碱性或中性溶液,pH 大于 8 时,钴与锌在特氟隆、聚乙烯、玻璃上的吸附急剧增加,金属离子吸附率的增加以玻璃最强烈。pH=9.5 的水溶液中,经 30 小时接触,玻璃、聚乙烯、特氟隆、熔融石英表面对 Co^{2+} 的吸附量分别达到2.0、1.5、1.0、0.4×10^{-10} mol/cm^2;而 pH 为 1.5 时,接触 30 小时后,玻璃、聚乙烯、特氟隆、熔融石英对 Co^{2+} 的吸附量分别为 1.5、1.1、0.3、0.4×10^{-10} mol/cm^2。

　　氯化钠存在时石英对 Al^{3+} 吸附强烈降低。玻璃表面会强烈地吸附铬酸洗液中的铬。滤纸对于很多离子有吸附作用,其吸附的程度取决于 pH、离子性质、浓度、滤纸特性,一般滤纸表面吸附量在 $10^{-4}\sim10^{-7}$ g/cm^2 范围内。很多容器表面还能吸附水和气体,其吸附更为复杂。玻璃表面对水的吸附,取决于玻璃类型、表面光洁度、温度,其吸附量在 0.3～20 μg/cm^2 波动。

　　痕量分析的误差,往往是由于试液或试剂贮存太久和温度增高引起的偶然误差,特别是高纯试剂的贮存。试剂适于长期贮存在石英、特氟隆容器中,有时也可存放于聚乙烯、聚丙烯容器中。许多试剂,包括盐酸、硝酸、氢氟酸及高纯水,长期贮存会引起较大的质量变化。硝酸、盐酸能从石英容器表面上侵蚀下痕量的镁、铁、硼。含钙、镁、钛、铜 1～10^3 ng/kg 的高纯水在特氟隆或聚乙烯中存放 50 天后,上述杂质浓度增加 5～10 倍,还会发现有痕量铝、铁和铬,存放时间更长铜、铬浓度会继续升高。只有短期间保存的高纯水,质量才能保证。

高压聚乙烯和特氟隆杂质含量低,而且对某些无机离子有优良的抗吸附和解吸性能,低压聚乙烯没有这些性能。聚乙烯可视为是有机还原物质,它能使高价离子[如 CrO_4^{2-}、MnO_4^-、BrO^-、$Ce(IV)$]在贮存过程中逐渐被还原。0.1 mol/L 氢氧化钠溶液在聚乙烯瓶中存放 16 个月(24 ℃),其质量变化不大,而在软质玻璃瓶存放会使其质量大大变化,参见表 10-3。

表 10-3　不同容器中 0.1M 氢氧化钠的污染(24 ℃贮存 16 个月)

单位:μg/kg

	Al	B	Ba	Ca	Cr	Cu
原液	<60	<20	<40	60	3	2
聚乙烯	<60	<20	<40	<60	<3	<2
软质玻璃	4 000	400	500	1 200	<3	<20

	Fe	K	Mg	Sr	Zn	
原液	30	<400	2	30	<600	
聚乙烯	<30	<400	<2	<30	<600	
软质玻璃	<30	<400	10	150	2 000	

容器洗涤对于痕量和超痕量分析非常重要。经典分析中的铬酸(重铬酸钾-硫酸)洗液不适用,玻璃等用铬酸洗后在其表面吸附有大于 10 ng/cm² 的铬。用浓硫酸和浓硝酸混合物、热的氨性 EDTA 液洗涤容器效果良好,特别是对于痕量重金属的测定。应根据待测元素种类,选择适当方法清洗容器,但要避免具有腐蚀或伤害能力的洗涤剂,如测定铁时可用盐酸洗涤容器。已经洗净的容器应密闭妥善保存,避免存放太久再次玷污。

3. 试剂的影响

痕量和超痕量分析的测定极限(即检测限与定量限)和再现性,与所用试剂纯度密切相关。试剂中常含有硅、镁、铝、钙、锰、铁、镍、铜、铅、钛、硼等杂质。经过一定方法提纯,可使试剂其中杂质元素含量降低至 0.01~1 μg/kg 或更低。试剂提纯需在无尘洁净条件下进行,方法有蒸馏、升华、离子交换、溶剂萃取、再结晶等。

市售"优级纯""高纯"级别的试剂,不一定能满足超痕量分析要求。这类试剂所控制的杂质只有几个元素,因此对试剂纯度需要有一定了解。因试剂运输、贮存也会带入杂质,影响纯度,试剂长期保存时最好选择-25 ℃以下。

痕量分析中使用的纯水,纯度上有严格要求。一般铜制蒸馏器蒸馏的水含有铜、锌、铁、锰等元素,不适于痕量分析。石英蒸馏器经二次蒸馏的水,能满足一般重金属痕量分析要求。为防止蒸馏时混入痕量挥发性还原物质,往往加入少量高锰酸钾和氢氧化钠进行蒸馏,弃去初期和后期馏分,只取中间馏分。精制纯水最好用阴、阳离子交换树脂,通过离子交换法得到高纯去离子水。

各类高纯无机酸的制备方法各有不同。(1)盐酸一般利用共沸法,即将约 20% HCl 在沸点 110 ℃蒸馏精制。或将 HCl 气体通过浓硫酸洗涤,再用冰冷却的纯水吸收可得浓度 12 mol/L 盐酸。少量高纯盐酸可用等温扩散法制得,将 500~700 mL 浓盐酸倒入 4~

6 L 的干燥器中,干燥器中同时放置 250 mL 纯水,于 18~20 ℃下密闭放置数天,可得浓度约 3 mol/L 盐酸;如纯水只有 50 mL,则可得 10 mol/L 盐酸。(2)氢溴酸可利用 47.6% HBr 在沸点 124.3 ℃共沸蒸馏精制,注意保存在棕色瓶中避免氧化为 Br$_2$。或者将溴化钠溶液经过 H 型强酸性阳离子交换树脂,可得纯氢溴酸。(3)氢氟酸精制多用铂或银制蒸馏器蒸馏,但蒸馏后纯度难以保证。利用等温扩散法能制得高纯氢氟酸,在带盖塑料小桶中放两个 300 mL 聚乙烯杯,一个盛 200 mL 35 mol/L 氢氟酸,另一个盛有 200 mL 纯水,密闭 2~3 天可得到 12 mol/L 氢氟酸,如换成新的 35 mol/L 氢氟酸,再经过 2 天等温扩散,则得到浓度为 25 mol/L 氢氟酸。(4)硝酸可在石英蒸馏器中用 68% HNO$_3$ 在沸点 120.5 ℃共沸蒸馏精制。

高纯氨水可通过将氨气通入纯水中吸收获得,也可通过等温扩散法制得。等温扩散法将盛有 500 mL 氨水和 50 mL 纯水的聚乙烯杯置于在带盖塑料小桶中,密闭 2 天得到 9.5 mol/L 氨水,如用 250 mL 纯水吸收经 4 天则得到 8.7 mol/L 氨水。高纯 NaOH 或 KOH 溶液制备,是将 NaOH 或 KOH 浓溶液,依次用二硫腙和 8-羟基喹啉的氯仿溶液萃取,除去重金属离子,然后通过 OH⁻ 型强碱性阴离子交换树脂,流出液为高纯 NaOH 或 KOH 溶液。

各种盐类的提纯方法有:升华法精制,适用于碘化铵等。萃取法,适用于大多数盐类溶液,可用二硫腙和 8-羟基喹啉的氯仿或四氯化碳液萃取除去金属。离子交换法,能用于某些盐类提纯。

有机溶剂的纯化一般根据溶剂特性和使用目的,用酸、碱、盐类的水溶液洗涤后,蒸馏精制。

4. 挥发损失

某些元素的化合物易挥发,是形成误差的另一原因。如在还原剂存在下,甚至室温时汞(Ⅱ)溶液也会发生还原汞蒸气的挥发损失,加入少量氧化剂(如高锰酸钾)能防止汞挥发。在盐酸溶液中汞(Ⅱ)、砷(Ⅲ)、硒(Ⅳ)会以氯化物状态挥发损失。高氯酸溶液中,大于 150 ℃时铬以 CrOCl$_2$ 状态挥发。用高氯酸或硫酸冒烟时,砷(Ⅲ)、锡(Ⅱ)、钌、锇能以氯化物状态挥发。强还原剂存在下,磷、砷、锑、硫能以氢化物挥发。硼酸的水溶液蒸发时,B 会有痕量挥发,加入甘露醇可降低或免除 B 损失。

易挥发氯化物有:AlCl$_3$、FeCl$_3$、Hg$_2$Cl$_2$、HgCl$_2$、SnCl$_2$、AsCl$_3$、SbCl$_3$、SeCl$_4$、GeCl$_4$、NbCl$_5$、TaCl$_5$、TeCl$_2$、TeCl$_4$、TiCl$_4$、MoCl$_5$、MoCl$_6$、WCl$_5$、WCl$_6$、VCl$_4$;挥发的氟化物有:AsF$_3$、BF$_3$、SiF$_4$、MoF$_6$、OsF$_3$、TeF$_6$。可挥发的硝酸盐:Cd(NO$_3$)$_2$(沸点 132 ℃)、Mn(NO$_3$)$_2$·6H$_2$O(沸点 130 ℃)。

5. 水样贮存中痕量元素损失

样品保存与分析过程一样是误差的重要来源。样品分析时,经常取样之后不能立即测试,需要贮存或寄送;为了保证分析结果的真实性和代表性,使它确切反映环境质量状况,就必须了解痕量物质样品贮存过程的行为和特征,以便掌握其变化规律,使测试数据精确准确。

汞是环境分析的重要项目,但汞在水样中不稳定。如水样贮存在玻璃容器中,汞被玻璃表面吸附而损失,汞损失与 pH 相关,pH 越高损失越大。聚乙烯容器对汞的吸附弱于玻璃容器,聚乙烯贮存水样时汞损失相对较小,但同样不可忽视。贮存于聚乙烯瓶的河水样品中加入 0.05 mg/L 的汞(氯化汞形态),如不加保护剂,立即分析汞损失 60%,贮存 15 分钟后分析汞损失 80%,1 小时后损失 95% 以上,3~5 天内所有加入的汞完全损失。以醋酸-甲醛作保护剂,加入的汞立即分析损失 20%,第 3 天后损失 50%,24 天后完全损失。在贮存于聚乙烯瓶的蒸馏水中也加入 0.05 mg/L 的汞,不论是否加保护剂,汞损失情况大体与河水相同。如果河水和蒸馏水样品中加入酸作保护剂,汞损失因酸性质不同而不同。用盐酸或硫酸调节至 pH=1,数天内汞损失 20%~40%;到第 9~10 天,蒸馏水样汞损失 100%,而河水中损失 80%。用磷酸调节 pH=1 也不能有效保护汞,5 天内汞损失 70%。用硝酸调节至 pH=1,对水样中汞有较好的保护作用。但是硝酸加入顺序和方法会影响汞稳定性,如果水和汞溶液比保护剂硝酸先加于容器,20% 的汞会立即损失,第 5 天汞损失 90%,第 9 天损失 100%。如果硝酸在水和汞溶液之前加入容器,汞损失率大大减少。稀溶液中汞的损失,可能是器壁吸附和挥发二者兼有。因此,即使是聚乙烯容器也不适于贮存低浓度汞,但聚乙烯质轻价廉,坚固不易碎,还是常用于贮存含汞水样。为了使聚乙烯瓶贮存水样中汞不损失,只有先在容器中先加入硝酸作保护剂,然后采集水样于容器中,并争取在尽可能短的时间内测试,使结果具有较好的真实性。此外,利用酸性高锰酸钾也可作为天然水、河水、废水及汞标准溶液的有效保护剂。

除汞之外,很多痕量元素在水样贮存过程中也常发生损失,主要是由于容器表面吸附所致。如海水中磷酸根离子被聚乙烯和聚氯乙烯表面强烈吸附,但玻璃只轻微地吸附磷酸根。贮存于聚乙烯瓶中的海水在三星期内,其所含的金损失 75% 以上。玻璃瓶中的海水,其中铀浓度随贮存时间递降。水样中的痕量铁能慢慢地沉积在聚乙烯或玻璃容器的表面上。在 pH=4.6 的 0.1 mol/L 氯化钠溶液中加入痕量银,在硅玻璃和聚乙烯瓶中贮存 248 h,容器表面吸附损失 7%~10% 的银。pH=7~8 的海水贮存在聚乙烯或玻璃瓶中,铟、钪、铁、银、铀、钴等痕量元素由于器壁表面的吸附而严重损失,铟损失最快,贮存 20 天后便被聚乙烯表面吸附损失 90% 以上;但当海水的酸度用盐酸调节到 pH=1.5 时,聚乙烯吸附现象可完全消除;玻璃表面从中性水中吸附铟很慢,贮存 75 天后只损失 20%。铁行为与铟相似,55 天后 90% 以上的铁为聚乙烯表面吸附,加入盐酸也可免除铁的吸附损失。中性水样中痕量铁,55 天后为玻璃表面吸附 70%。pH=7~8 的海水贮存在聚乙烯或玻璃瓶中,铷、锌、锶和锑吸附损失较小。铷在玻璃表面上损失约 10%,10 天或更长的时间均保持这个水平,但海水贮存于聚乙烯瓶中铷没有吸附损失。海水中痕量的锌、锶和锑贮存 75 天,被各种容器的吸附是很微弱的。

同海水一样,其他水样采集后立即酸化至 pH=1~1.5,并贮存于聚乙烯瓶中较为合适。大多数聚乙烯除含痕量的铁(10 ppm 左右)外,是极纯的,而玻璃中有较高含量水平的杂质。

冷冻保存水样法,可有效地使水中硝酸根、亚硝酸根,以及能起反应的磷酸根和硅酸根保持稳定。但这种方法对于痕量金属的贮存效果尚未定论。

酚类等有机物易为微生物或某些氧化还原物质所分解,要求在采样后 4 小时内就要分析。如不能立即分析,可向水样中加磷酸酸化,并加入硫酸铜作稳定剂,能保存 2~3 天。

容器表面吸附造成水样中痕量元素损失并不新奇,但对吸附机理尚不清楚。对玻璃和塑料表面吸附性质有过几种解释,可以认为玻璃或塑料是过冷的熔融体,具有扭曲和断裂的化学键,所以它们有较高的吸附能量,使其能够吸附水溶液中的离子,并且在其表面和被吸附离子之间生成较稳定的化学键。玻璃还有阴离子、阳离子交换剂的效应。聚乙烯类塑料表面,在热、阳光和氧气作用下会老化或退化,形成具有吸附性能的羧基或羰基。此外,塑料中含有的增塑剂、催化剂和填充料,也是具有吸附活性的位点。

第三节　环境分析方法

一、痕量分析技术

环境分析化学对象复杂,包括大气、水、土壤、沉积物、岩石、植物、动物、食品、人体组织等。环境分析所测定的污染元素或化合物含量很低,特别是在环境、动植物和人体组织中背景含量极低,被测成分绝对量往往在 $10^{-6} \sim 10^{-12}$ g。要求分析方法具有很高的灵敏度,需要采用痕量或超痕量分析技术。

所谓痕量分析技术,是指被测定的污染物含量低于百万分之一百数量级,100 $\mu g/g$,如果分析时取样量以克计,则被测成分的绝对量小于 100 微克(μg)。超痕量分析技术是指被测定污染物含量小于百万分之一,1 $\mu g/g$。

表 10 - 4 是痕量和超痕量分析中常用浓度表示法,表 10 - 5 列举了几种元素测定方法的检测限。

表 10 - 4　痕量和超痕量分析中常用浓度表示法

单位	英文	换算	单位	英文	换算
百万分之一	ppm	$\mu g/g$	十亿分之一	ppb	ng/g
万亿分之一	ppt	pg/g			
千	k,kilo	10^3	百	h,hecta	10^2
十	da,deca	10^1			
分	d,deci	10^{-1}	厘	c,centi	10^{-2}
毫	m,milli	10^{-3}	微	μ,micro	10^{-6}
纳	n,nano	10^{-9}	皮	p,pico	10^{-12}
飞	f,femto	10^{-15}	阿	a,atto	10^{-18}

表 10 - 5　元素测定方法检测限比较

分析方法	检测限(g)	备注
滴定法	10^{-9}	电位指示终点
分光光度法	10^{-10}	比色皿

分析方法	检测限(g)	备注
荧光法	10^{-11}	比色皿
X 射线荧光法	10^{-9}	晶体
电子探针	10^{-14}	计算
极谱法	10^{-10}	反溶法
气相色谱	10^{-12}	ECD 或 FID
原子吸收光谱	10^{-13}	石墨炉
发射光谱	10^{-10}	溶液法
催化分析	10^{-12}	
放射分析法	10^{-12}	萃取
中子活化法	10^{-14}	大截面、短半衰期
质谱	10^{-16}	计算

水质分析中测定 1 μg/g 含量的污染物，是指 1 mL 水样中含有 1 μg 污染物。水中污染物百万分之一以 1 μg/g，1 μg/mL，1 mg/L 表示，十亿分之一以 1 ng/g，1 ng/mL，1 μg/L 表示。大气分析中，百万分之一有害气体相当于 1 mL 空气中含有 10^{-6} mL 有害气体。标准状态下，气体摩尔体积为 22.4 L，如果 1 mL 空气中含 10^{-6} mL 有害气体，大约为 10^{13} 个有害气体分子。人每分钟约呼吸 5～6 L 空气，如果空气中含百万分之一有害气体，人一分钟可吸入 10^{17}～10^{18} 个有害气体分子。大气中污染物浓度另一种表示法是 mg/m³，1 mol 气体在 25 ℃，101 kPa 时体积为 24.45 L，因此 10^{-6} mL/mL 和 mg/m³ 之间的换算为：

$$10^{-6} \text{ mL/mL} = (\text{mg/m}^3) \times 24.45/M, M \text{ 为气体污染物的相对分子量。}$$

二、环境分析各类方法、特点及其对比

随着科技发展，除经典化学分析、各种仪器分析应用于环境分析监测外，一些新测试技术，如色谱-质谱联用、激光、中子活化法、遥感遥测技术等逐渐用于环境污染监测，为及时反映监测对象的真实取样情况，确切掌握环境污染的连续变化，许多现场监测仪器与系统也投入使用。

1. 化学分析

化学分析以化学反应为基础，分为重量分析和滴定分析两类。**重量分析法**是将待测组分通过化学反应、过滤、气化等操作步骤转化为可称量的物质，通过称量确定待测组分含量的方法。重量法操作繁琐，对于污染物浓度低的样品，会产生较大误差，它主要用于大气中总悬浮颗粒物、降尘量、烟尘、生产性粉尘，及废水中悬浮固体、残渣、油类等的测定。**滴定分析法**是将已知准确浓度的溶液，即标准溶液，通过滴定管加到待测液中，使其与待测液中的待测组分发生化学反应，待二者反应完全时停止滴定，利用消耗的标准溶液的体积和浓度，并根据发生反应的化学反应方程式，计算出待测组分含量的方法。滴定分析法具有操作方便、快速、准确度高，应用范围广的特点，但灵敏度不高，对于测定浓度太低的污染物，不能得到满意的结果，它用于水的酸碱度、氨氮(NH_3-N)、化学需氧量

（COD）、生化需氧量（BOD）、溶解氧（DO）、S^{2-}、Cr（VI）、氰化物、氯化物、硬度、酚等，以及废气中铅的测定。化学分析法常用于常量分析或常量组分分析。常量分析是指试样质量大于 0.1 g 或试液体积大于 10 mL，而微量与超微量分析试样质量小于 10 mg，后者需应用特殊微量分析天平，其灵敏度为 10^{-6} g。常量组分分析是指待测组分在样品中的相对质量分数大于 1%（表 10-6）。

表 10-6　常量、半微量、微量、超微量分析分类

名称	试样质量	试液体积	名称	待测成分含量
常量分析	>0.1 g	>10 mL	常量组分分析	>1%
半微量分析	10~100 mg	1~10 mL	微量组分分析	0.01%~1%
微量分析	0.1~10 mg	0.01~1 mL	痕量组分分析	<0.01%
超微量分析	<0.1 mg	<0.01 mL	超痕量组分分析	<0.000 1%

2. 仪器分析法

仪器分析法是指采用比较复杂或特殊的仪器设备，通过测量物质某些物理或物理化学性质的参数及其变化，来获取物质化学组成、成分含量及化学结构等信息的一类方法。与化学分析法相比较，仪器分析方法具有灵敏度高、检出限低、适合复杂样品的分离分析等特点，因此特别适用于对复杂环境样品中微量甚至痕量组分的分析测定。

在用仪器分析法分析某一试样时，一要选择合适的仪器分析方法，二要注重选择仪器的基本性能指标。利用仪器分析法对样品进行分析测试时，在测定过程中经常受到各种因素的影响，使得在同样条件下测得的数据具有波动性。另外环境样品的复杂性也会给测定结果带来波动。因此，在获得测试数据后，首先要对所得结果进行分析和处理，剔除异常数据，从测试数据中发现其中的统计规律，进而得出符合事实的科学结论。仪器分析获得的结果是表征待测物质物理或者物理化学性质的信号值，而不是待测组分的真实含量，因此，必须利用某种校正方法将信号值转换为组分含量值。常用的仪器校正方法包括标准曲线法、标准加入法和内标法。

仪器分析方法可分为光学分析法、电化学分析法、色谱法及一些其他的方法。

（1）光学分析法

光学分析法以光的吸收、辐射、散射等性质为基础，主要有以下几种：

① 分光光度法

分光光度法是基于被测物质分子对光具有选择性吸收的特性建立起来的分析方法，属于分子吸收光谱法，是一种仪器简单、容易操作、灵敏度较高、测定成分广的常用分析法。用于测定金属、非金属、无机和有机化合物等，在环境分析法中占有很大的比重。

② 原子吸收分光光度法

原子吸收分光光度法是在待测元素的特征波长下，通过测量样品中待测元素基态原子对辐射吸收的程度，以确定其含量。此法操作简便、迅速、且灵敏度高，是环境中痕量金属污染物测定的主要方法，可测定 70 多种元素，常用作测定重金属的标准分析方法。

③ 发射光谱分析法

发射光谱分析法是在高压火花或电弧激发下，使原子发射特征光谱，根据各元素特征

性的光谱线可作定性分析,而谱线强度可用作定量测定。本法样品用量少、选择性好、不需化学分离便可同时测定多种元素,可用于无机有害物质铅、镉、硒、汞、砷等 20 多种元素的测定。但不宜分析个别试样,设备复杂,定量条件要求高。近年来则利用一种电感耦合高频等离子体的新光源(简称 ICP 光源),这是在高频感应电流激发下、产生 16 000 K 高温,可分析环境样品中 35 种元素,测量范围为 $3.5 \times 10^{-8} \sim 5 \times 10^{-11}$ g。

④ 荧光分析法

荧光分析法分为分子荧光分析和原子荧光分析。当某处物质受到紫外光照射时,可发射出各种颜色和不同强度的可见光、而停止照射时上述可见光亦随之消失,这种光线就称为荧光。一般所观察到的荧光现象,是物质吸收了紫外光后发出的可见光,及吸收较短波长可见光后发出的长波长可见光荧光,实际还有紫外光、X 光、红外光荧光。根据分子荧光强度与待测物质浓度成正比,即可对待测物质进行定量测定。在环境分析中主要用于强致癌物苯并芘(简称 BaP),以及硒、铍等的测定。

原子荧光分析,是根据待测元素的原子蒸汽在辐射能的激发下所产生的荧光发射强度,与基态原子数目成正比,通过测量待测元素的原子荧光强度进行定量的。同时还可利用各元素的原子发射不同波长的荧光进行定性。原子荧光分析对 Zn、Cd、Mg、Ca 等具有很高的灵敏度。

⑤ 化学发光法

某些物质在进行化学反应时,吸收反应产生的化学能,导致分子或原子呈激发态,当它们回到基态时,以光辐射形式释放出能量,在反应物为低浓度时,其发光强度与物质浓度成正比,利用这个原理测定物质的浓度,称为化学发光法。可用于大气中氮氧化物、臭氧、二氧化硫、硫化物,及水中 Co^{2+}、Cu^{2+}、Ni^{2+}、Cr^{3+}、Fe^{2+}、Mn^{2+} 等金属离子的测定。

⑥ 非分散红外法

非分散红外法不需要将红外线进行分光,目前已利用非分散红外吸收原理制成 CO_2、SO_2、CO 等监测仪器。

(2) 电化学分析法

电化学分析法是利用物质电化学性质测定其含量,分为电位分析法、电导分析法、库仑分析法、伏安法、极谱法等。

电位分析法最初用于测定 pH。它是以测量原电池的电动势为基础,根据电动势与溶液中某种离子的活度(或浓度)之间的定量关系(能斯特方程式)来测定待测物质活度或浓度的一种电化学分析法。由于离子选择电极的迅速发展,电位分析已广泛应用于水质中 F^-、CN^-、NH_3-N、溶解氧 DO 等的监测。

电导分析法是通过测量溶液电导来分析被测物质含量的电化学分析方法,用于测定水的电导率,溶解氧及大气中的 SO_2。

库仑分析法是对试样溶液进行电解,但它不需要称量电极上析出物质的量,而是通过测量电解过程中所消耗的电量,由法拉第电解定律计算出分析结果。库仑分析法用于测定大气中 SO_2、NO_x 以及水中 BOD、COD。阳极溶出法用于测定废水中 Cu^{2+}、Zn^{2+}、Cd^{2+}、Pb^{2+} 等重金属离子。

(3) 色谱分析法

色谱分析法分为气相色谱分析和液相色谱分析。液相色谱分析又分为高效液相色谱、离子色谱分析、纸层析、薄层层析及柱层析法。

① 气相色谱分析

气相色谱分析是一种分离分析技术,具有灵敏度与分离效能高、样品用量少、应用范围广等特点。已成为苯、二甲苯、多氯联苯、多环芳烃、酚类、有机氯农药、有机磷农药等有机污染物的重要分析方法。气相色谱和质谱联用技术(GC - MS)进行复杂的痕量组分分析,可以取得更好的分析结果。

② 高效液相色谱

高效液相色谱是一种流动相为液体,采用高压泵、高效固定相和高灵敏度检测器的色谱新技术。可用于测定高沸点、热稳定性差、分子量大的有机物质。如多环芳烃、农药、苯并芘等。

③ 离子色谱分析

离子色谱分析是 20 世纪 70 年代发展起来的分离分析新技术,它用离子交换原理进行分离,淋洗液的本底电导用抑制柱扣除,并取通用的电导检测器检定溶液中的离子浓度。这种分析法可同时测定多种阴离子或阳离子。

④ 纸层析和薄层层析

纸层析是在滤纸上进行的色层分析,用于分离多环芳烃。薄层层析的固定相均匀铺在玻璃或塑料板上,可以用于食品中黄曲霉素 B_1、作物中对硫磷农药的测定。

(4) 中子活化分析法

中子活化分析法是活化分析中应用最多的一种微量元素分析法。当试样被中子照射,待测元素受到中子轰击时,可吸收其中某些中子后发生核反应,释放出 γ 射线和放射性同位素,通过测量放射性同位素的放射性,或反应过程发出的 γ 射线强度,便可对待测元素进行定量,测量射线能量和半衰期便可定性。用同一样品可进行多种元素的分析。它是无机元素超痕量分析的有效方法。

上述各种重要分析方法及其特性比较,可参见表 10 - 7。还有其他的一些仪器分析方法,如核磁共振波谱法、质谱分析法等。在具体选择环境污染分析方法时,应根据被测物的含量和存在形式、需要与可能、实验室设备条件等因素,并尽可能选用标准统一方法。

表 10 - 7　各种重要分析方法及其特性比较

特征	滴定法	比色法	原子吸收	火焰原子发射	电弧原子发射
检测限(g)	$10^{-3}\sim10^{-6}$	10^{-6}	$10^{-6}\sim10^{-12}$	10^{-6}	10^{-6}
准确度	好	中	好	好	差
精密度	好	中	好	好	差
分析范围	宽	宽	金属	金属	金属
每次分析元素数目	1	1	1	1	50
干扰	有	有	有	有	严重
玷污	有	有	有	有	有
分析时间	h	h	min	min	h
最小取样量	1 g	1 g	50 μg	20 mg	1 mg

特征	荧光法	X射线荧光法	极谱法	质谱法	中子活化法
检测限(g)	$10^{-6}\sim10^{-9}$	10^{-6}	$10^{-6}\sim10^{-9}$	10^{-9}	$10^{-6}\sim10^{-13}$
准确度	好	中	中	中	好
精密度	好	好	好	中	好
分析范围	窄	非定量	窄	宽	宽
每次分析元素数目	1	50	1~4	70	30~50
干扰	有	有	有	少	少
玷污	有	无	有	有	无
分析时间	h	h	h	min	s-d
最小取样量	1 g	1 g	1 g	$10\,\mu g$	10 mg

第四节 化学分析原理及其环境应用

一、重量分析

重量分析是定量分析方法,它根据生成物重量来确定被测组分含量。在重量分析中一般先将被测组分从试样中分离出来,转化为可称量形式,然后称量测定该组分的含量。重量分析需要先分离,再称量,包括分离和称量两大步骤,根据分离方法不同,将重量分析分为挥发法、萃取法和沉淀法。

1. 挥发法

挥发法是利用物质的挥发性,通过加热或其他方法使试样待测组分与其他组分因挥发而达到分离,然后称量确定待测组分含量。根据称量对象不同,挥发法可分为直接法和间接法。

(1)直接法

待测组分与其他组分分离后,如果称量的是待测组分或其衍生物,称为**直接法**。例如在进行对碳酸盐的测定时,加入盐酸与碳酸盐反应放出 CO_2,再用烧碱吸收 CO_2,所增加的重量就是 CO_2 的重量,据此即可求得碳酸盐的含量。

(2)间接法

待测组分与其他组分分离后,通过测定样品损失重量求得待测组分含量,称为**间接法**。

"干燥失重测定法"就是利用挥发法测定样品水分和易挥发物质的间接法。具体操作方法是精密称取适量样品,在一定条件下加热干燥至恒重,恒重是指样品连续两次干燥或灼烧后称重之差小于 0.3 mg,用损失重量和取样量相比来计算干燥失重。依据物质性质不同选择去除物质水分方法,常用干燥方法有:① 常压加热干燥。适用于性质稳定,受热

环境化学

不易挥发、氧化或分解的物质。吸湿水需加热到 $105\sim110\,^{\circ}\text{C}$，保持 2 小时左右，结晶水需提高温度或延长干燥时间。② 减压加热干燥。适用于高温易变质或熔点低的物质。③ 干燥剂干燥。适用于受热易分解、挥发及能升华的物质。常用的干燥剂有无水氯化钙、硅胶、浓硫酸及五氧化二磷等。

2. 萃取法

萃取法，又称提取重量法，是利用被测组分在两种互不相溶溶剂中的溶解度不同，将被测组分从一种溶剂萃取到另一种溶剂中来，然后将萃取液中溶剂蒸去，干燥至恒重，称量萃取物的重量，再根据萃取物重量，计算被测组分百分含量的方法。分析化学中应用的溶剂萃取主要是液液萃取，这是一种简单快速、应用广泛的分离方法。液液萃取相关概念有分配系数、分配比、萃取效率。

（1）分配系数和分配比

① 分配系数：各种物质在不同溶剂中有不同溶解度，因此 A 溶质同时接触两种互不相溶的溶剂时，如水和有机溶剂，A 就在这两种溶剂中分配直至平衡。一定温度下，分配过程达到平衡时，溶质 A 在两种溶剂中的活度比恒定，这就是分配定律。浓度很小时，活度可以用浓度代替。

$$K_D = \frac{[A]_{有}}{[A]_{水}} \qquad A_{水} \leftrightarrow A_{有} \qquad (10-4-1)$$

② 分配比：是存在于两相的溶质总浓度之比，若以 $C_{水}$ 和 $C_{有}$ 分别代表水相和有机相溶质总浓度，则它们的比值即为分配比：

$$D = \frac{C_{有}}{C_{水}} \qquad (10-4-2)$$

分配比通常不是常数，改变溶质和有关试剂浓度，都会使分配比发生改变。分配比 $D>1$ 表示溶质经萃取后，大部分进入有机相；实际工作中要求 $D>1$，才可以取得较好的萃取效率。

（2）萃取效率

萃取效率表示萃取的完全程度，常用萃取百分率（E）表示，即：

$$E(\%) = \frac{被萃取物在有机相的总量}{被萃取物在两相中的总量} \times 100\% \qquad (10-4-3)$$

当溶质 A 的水溶液用有机溶剂萃取时，如已知水相体积为 $V_{水}$，有机相体积为 $V_{有}$，则萃取效率 E 可表示为：

$$E(\%) = \frac{C_{有} \times V_{有}}{C_{有}V_{有} + C_{水}V_{水}} \times 100\% \qquad (10-4-4)$$

$V_{有} = V_{水}$ 时，简化为：

$$E(\%) = \frac{D}{D+1} \times 100\% \qquad (10-4-5)$$

实际工作中,对于分配比较小的溶质,可采取分几次加入溶剂,连续几次萃取的办法,以提高萃取效率。如果每次用 $V_有$ 毫升有机溶剂萃取,共萃取 n 次,水相中剩余被萃取物质的量减少至 W_n 克。则

$$W_n = W_0 \left(\frac{V_水}{DV_有 + V_水} \right)^n$$

3. 沉淀法

沉淀法是利用沉淀反应,将被测组分转化为难溶物形式,从溶液中分离出来,然后过滤、洗涤、干燥或灼烧,得到可称量的物质进行称量,根据称量重量来求算样品中被测组分含量。

（1）基本原理

① 沉淀形式和称量形式。沉淀法中,向试液中加入适当沉淀剂,使被测组分沉淀,获得的沉淀为沉淀形式。沉淀形式经过滤、洗涤、烘干或灼烧后,获得的供称量的物质为称量形式。沉淀形式与称量形式可以相同,也可以不相同。如测定 Cl^-,加入沉淀剂 $AgNO_3$ 得到 $AgCl$ 沉淀,沉淀形式和称量形式都是 $AgCl$。但测定 Mg^{2+} 时,其沉淀形式为 $Mg(NH_4)PO_4$,而灼烧后称量形式为 $Mg_2P_2O_7$,二者不同。

② 沉淀形式的要求。沉淀溶解度必须很小,沉淀溶解造成的损失量不超过分析天平的称量误差范围（即沉淀溶解损失≤0.2 mg）,以保证待测组分沉淀完全。沉淀要求纯净,避免为杂质沾污,沉淀形式含有杂质会使测定结果偏高,相应的称量形式中所含杂质的量也不得超出称量误差允许范围。沉淀应易于过滤和洗涤,便于操作,因此要尽可能获得粗大的晶形沉淀。沉淀应易转化为称量形式。

③ 称量形式的要求。必须符合固定化学组成,有固定化学式,方可进行计算分析。其化学稳定性要高,不易吸收空气中的水分和二氧化碳,也不易被空气中的氧所氧化。称量形式分子量要大,被测组分在称量形式中占比尽可能小,以减小称量相对误差,提高分析结果准确度。

④ 沉淀法操作步骤。样品称取和溶解,这一步要求称取样品要有代表性,样品的组成能代表所分析样品的平均组成;沉淀的制备、过滤、干燥、灼烧,沉淀的称量;分析结果的计算。

⑤ 称量形式与结果计算。称量形式百分含量为称量形式的称量值 W 与其样品重 S 的比值,$x(\%) = W/S \times 100\%$。如果称量形式的化学组成与待测组分不一致,则需将称量形式质量 W 换算成待测组分质量 W',$W' = WF$。F 为换算因数或化学因数,它是待测组分原子量（或分子量）与称量形式分子量的比值。

（2）沉淀的形成

沉淀的形成一般经过晶核形成和晶核长大两个过程。晶核形成有两种,一种是均相成核,一种是异相成核。晶核长大形成沉淀颗粒,沉淀颗粒大小由聚集速度和定向速度的相对大小决定。如果聚集速度大于定向速度,则生成的晶核数较多,来不及排列成晶格,就会得到无定形沉淀;如果定向速度大于聚集速度,则构晶离子在自己的晶格上有足够的时间进行晶格排列,就会得到晶形沉淀。

（3）影响沉淀纯度的因素

① 共沉淀。在进行沉淀反应时，某些可溶性杂质也同时被沉淀下来的现象叫共沉淀现象。产生共沉淀的原因有表面吸附、形成混晶、吸留等，其中表面吸附是主要的原因。

② 后沉淀。当沉淀析出后，在放置的过程中，溶液中原来不能析出沉淀的组分，也在沉淀表面逐渐沉积出来的现象，称为后沉淀。沉淀在溶液中放置时间越长，后沉淀现象越严重。

（4）沉淀条件的选择

在重量分析中，为了获得准确的分析结果，要求沉淀完全、纯净而且易于过滤洗涤。为此，必须根据不同形态的沉淀，选择不同的沉淀条件，以获得合乎重量分析要求的沉淀。

① 晶形沉淀的沉淀条件。对于晶形沉淀的沉淀条件，可以概括为"稀、热、慢、搅、陈"五个字，即稀溶液、加热、慢慢加入沉淀剂、边加边搅拌、沉淀完毕后陈化，再进行过滤。

② 无定形沉淀的沉淀条件。浓溶液、热溶液中沉淀、加入适量电解质、不陈化。

③ 均匀沉淀法。加入的沉淀剂并不立即与被测组分发生沉淀反应，而是通过一个缓慢的化学反应过程，使一种构晶离子由溶液中缓慢地、均匀地产生，从而使沉淀在溶液中缓慢地、均匀地析出。

④ 利用有机沉淀剂进行沉淀。有机沉淀剂品种多，选择性高，生成沉淀溶解度小，沉淀吸附杂质少、纯净。而且沉淀摩尔质量大，被测组分所占百分比小，有利于提高分析的准确度，因此常被采用。

（5）沉淀的离子平衡

① 溶度积常数。在一定温度下，难溶电解质配成饱和溶液，其溶液中未溶解的固态物质和溶液中阴阳离子存在一个溶解与沉淀的平衡，简称沉淀平衡。

$$M_m A_n(s) \rightleftharpoons m M^{n+}(aq) + n A^{m-}(aq)$$

$$K_{sp} = [M^{n+}]^m [A^{m-}]^n \qquad (10-4-6)$$

式中：K_{sp} 表示难溶电解质饱和溶液中有关离子浓度（按化学计量方次）的乘积在一定温度下是常数。

② 溶度积规则。某难溶电解质一定条件下是溶解，还是形成沉淀，可根据溶度积来判断。$M_m A_n(s) \rightleftharpoons m M^{n+}(aq) + n A^{m-}(aq)$ 平衡时，$K_{sp} = [M^{n+}]^m [A^{m-}]^n$。$K_{sp} = [M^{n+}]^m [A^{m-}]^n$，溶液是饱和溶液，处于动态平衡状态。若 $[M^{n+}]^m [A^{m-}]^n < K_{sp}$，溶液未饱和无沉淀；$[M^{n+}]^m [A^{m-}]^n > K_{sp}$，有沉淀析出。

有些情况下，有关离子浓度乘积已超过 K_{sp} 值，但由于存在过饱和现象致使沉淀反应过程缓慢，此时可以用猛烈搅拌、加热骤冷等方法来刺激过饱和溶液，使沉淀形成，工业上称为刺激起晶。

③ 沉淀的生成和溶解。加入沉淀剂，使溶液中所含的沉淀构成离子的离子积（离子浓度的方次的乘积）大于其溶度积，从而析出沉淀。同离子效应，是在难溶电解质溶液中加入含有共同离子的易溶强电解质，使难溶电解质溶解度降低的现象。盐效应，是指加入

易溶强电解质可使难溶电解质溶解度稍有增大的效应。需要指出的是,同离子效应可视为特殊的盐效应,但同离子效应比盐效应作用要大得多;在较稀溶液中,不必考虑盐效应的影响。促使沉淀溶解,可以在饱和溶液中加入某种离子或分子,使其与溶液中某种离子生成弱电解质,生成配合物或发生氧化还原反应,从而降低饱和溶液中这种离子的浓度。

4. 电解法

电解法也称为电重量法(electrogravimetry),是利用电解原理使金属离子在电极上析出,然后称重,求得其含量的方法。例如测定试液中 Cu^{2+} 含量时,可将待测液作为电解液,用铂丝网作为阴极进行电解,使得待测 Cu^{2+} 在阴极析出。电解完全后,根据铂丝网重量的增加即可求出 Cu^{2+} 的含量。

5. 滤膜阻留法

滤膜阻留法(membrane filtration)主要用于大气中颗粒物和水中悬浮物的测定。滤膜阻留法是将待测组分留在过滤材料(滤纸、滤膜等)上,通过称量过滤材料上富集的颗粒物质量即可计算出待测组分的含量。

二、容量分析

容量分析又称滴定分析,是一种重要的定量分析方法。此法将一种已知浓度的试剂溶液,滴加到被测物质试液中,根据完成化学反应所消耗的试剂量来确定被测物质的量。容量分析的设备简单、方便迅速、准确,适用于常量组分测定和批量样品例行分析。水分析与大气分析中的一些人工操作或自动分析步骤都以滴定为基础。

1. 酸度碱度分析与应用

酸度是通过强碱滴定氢离子测定,滴定至甲基橙终点时($pH=4.3$),得到强酸(HCl,H_2SO_4)的无机酸度。滴至酚酞终点($pH=8.3$),可得到酚酞酸度或 CO_2 酸度。

测定水中游离的 CO_2,是通过用标准氢氧化钠将甲基橙终点($pH=4.3$)滴定至酚酞终点(pH 仍为 8.3),相当于将 CO_2 转变为 HCO_3^-。另外用碱液吸收 CO_2,然后以酸滴定为 HCO_3^- 产物,可用来测定大气中的 CO_2,自 1891 年以来,这种方法已被应用于测定巴黎大气 CO_2 含量。

如果存在金属离子,可首先用 H_2O_2 将样品氧化,使金属转变为更强的路易斯酸,氧化产物与大气氧化作用是相同的,如亚铁离子可通过自然过程被氧化为酸性的铁(Ⅲ)。通常用 0.02 N NaOH 滴定至相应终点的 pH。

一般用 0.02 N H_2SO_4 滴定至 pH 为 8.3 或 4.3 来确定碱度。滴定至 pH 为 8.3 时,可以中和所有强度大于或相当于碳酸根离子的碱:

$$CO_3^{2+} + H^+ \longrightarrow HCO_3^-$$

而滴定至 pH 为 4.3 时,强度弱于 CO_3^{2-},但相当于或大于 HCO_3^- 的碱可以被质子化:$HCO_3^- + H^+ \longrightarrow H_2O + CO_2(g)$。滴定至 $pH=4.3$ 时,得出总碱度。

2. 硬度分析

水硬度分析是指测量水中钙、镁总浓度,水硬度所包括的离子可以用 EDTA 溶液滴定。EDTA 是一种螯合试剂,它的溶液用缓冲溶液调至 pH 为 10.0,使 EDTA 维持在一个相对的非质子型式,但过高的 pH,则可能导致 $CaCO_3$ 和 $Mg(OH)_2$ 沉淀的生成。滴定过程的反应是:

$$Ca^{2+}(或\ Mg^{2+}) + Y^{4-} \longrightarrow CaY^{2-}(或\ MgY^{2-})$$

钙- EDTA 配合物比镁- EDTA 更稳定,所以钙- EDTA 优先生成。有游离 Mg^{2+} 存在时,Mg^{2+} 与指示剂 Eriochrome Black T 生成酒红色配合物。但当 Mg^{2+} 与 EDTA 配合时,Eriochrome Black T 又以游离状态释出,生成蓝色溶液。为了确保溶液中有足够的 Mg^{2+} 以便观察反应终点,往往加入少量镁- EDTA,由于在镁- EDTA 中镁和络合试剂的量相等,所以用于确定的 EDTA 体积不会受影响。

当然,硬度也可以由原子吸收分析确定的钙和镁的总浓度来计算。

3. 溶解氧分析与应用

通过一种滴定方法——Winkler 试验测定水中的氧。基本的 Winkler 试验中还有多种不同的方法,以避免像亚硝酸根离子或亚铁离子的干扰。这个分析方法的主要特征是,氧先将碱性介质中锰(Ⅱ)氧化为锰(Ⅳ):

$$Mn^{2+} + 2OH^- + 1/2O_2 \longrightarrow MnO_2(s) + H_2O$$

棕色水合 MnO_2 在 I^- 存在下,因酸化作用释放出游离 I_2:

$$MnO_2(s) + 2I^- + 4H^+ \longrightarrow Mn^{2+} + I_2 + 2H_2O$$

用标准硫代硫酸盐滴定析出的碘(实际上以 I_3^- 络合物出现),以淀粉指示剂指示终点:

$$I_2 + 2S_2O_3^{2-} \longrightarrow S_4O_6^{2-} + 2I^-$$

由所消耗的硫代硫酸盐的量反过来计算,结果得出所存在的溶解氧的量(DO)。

生化需氧量 BOD 的测定方法是:将微生物加入稀释了的样品中,以空气饱和,培养 5 日,测定剩余的氧,计算结果以 mg/L O_2 表示 BOD。例如,BOD 为 80 mg/L,表示 1 L 样品中有机物质的生物降解要消耗 80 mg 氧。

4. 氯离子、硫离子、亚硫酸盐分析

① 氯离子分析。通过硝酸银滴定法可以测定各种环境样品中的氯离子。

$$Ag^+ + Cl^- \longrightarrow AgCl(s)$$

反应终点可以用几种方法表示,其中之一是经典的 Mohr(摩尔)方法。这种方法始于 1856 年,其终点通过红色固体(Ag_2CrO_4)的生成来表示。在指示终点方面,电位计也是十分有用的。

② 硫离子分析。可通过滴定测定硫化物的浓度,先使污水以及天然水系中的硫化物以 H_2S 形式从不溶解的盐中释放出来,并在分析之前收集 H_2S。用 H_2SO_4 酸化被分析的溶液,可以使 HS^- 和大多数硫化物转化为挥发性的 H_2S:

$$HS^- + H^+ \longrightarrow H_2S(g)$$

将挥发性产物收集在醋酸锌溶液中：

$$H_2S(g)+Zn^{2+}+2C_2H_3O_2^-\longrightarrow ZnS(g)+2C_2H_4O_2$$

以硫化锌形式收集硫化氢后，用 HCl 酸化收集了硫化氢的溶液，加入含碘的碘化钾标准溶液，其中一些碘被硫化物还原为碘化物，过量的碘用标准硫代硫酸盐 $Na_2S_2O_3$ 滴定。

③ 亚硫酸盐分析。通过碘化物-碘酸盐滴定剂的滴定来测定亚硫酸盐的浓度。这个试剂是通过标准量的碘酸钾 KIO_3 与过量的碘化钾反应产生含有三碘化物离子的溶液制成的。亚硫酸盐在酸性介质中被碘(0)氧化：

$$I_3^-+SO_3^{2-}+H_2O\longrightarrow 3I^-+SO_4^{2-}+2H^+$$

加入淀粉指示剂，等当点由淀粉-碘颜色的出现来表示。

第五节 环境分析化学中的仪器分析

一、光学分析法

1. 紫外-可见(UV-vis)吸收分光光度测定法

UV-vis 吸光光度测定法是研究物质在波长 200～800 nm 分子吸收光度的方法，光吸收由分子中价电子在电子能级间跃迁产生。溶液中吸光物质的吸光光度法中，吸收可见光的又叫比色法，是分析许多水污染物和某些大气污染物的重要方法。

吸光光度法测量通过吸光溶液的单色光量，并将它与通过空白溶液的光量相比较；这个空白溶液中包含了除待测组分外所有的基质成分。空白透光率(T)设为 100%，吸光溶液透光率 $T\%$ 决定于待测组分浓度，范围由 0 至 100。吸光度(A)定义：

$$A=\lg(100/T) \qquad (10-5-1)$$

A 和吸收的物质浓度之间的关系符合比尔(Beer)定律：$A=abc$。其中 a 是吸收系数，它是一个与波长有关的吸收物质特征参数，单位是 L/(mol·cm)。b 是通过吸收溶液的光径，单位是 cm。c 是吸收物质浓度，单位是 mol/L。光径恒定时，A 和 c 呈线性关系，即遵守比尔定律。多数情况下，若存在合适的校准曲线，即使不服从比尔定律分析工作仍可以进行。

只有少数物质(如 MnO_4^-)能吸收可见光，且所吸收的光强度足以进行直接分析，多数吸光光度法需要一个显色步骤。在显色过程中，待测物质发生反应生成有色物质。常常将有色物质萃取到非水溶剂中，以得到一个颜色更深、浓度更大的溶液；若溶剂本身谱带如果与溶质谱带重叠，就会干扰溶质吸收带的观察和分析。因此，选择溶剂时必须注意其吸收谱带位置。每种溶剂都有特定的"截止波长"，对波长大于这一波长的光基本不吸收。溶剂截止波长是一种溶剂能够使用的波长极限,大于截止波长时溶剂本身吸收造成的影响可以忽略。表10-8是常见溶剂的截止波长。

表10-8 紫外-可见吸收光谱中常见溶剂的截止波长

溶剂	截止波长/nm	溶剂	截止波长/nm
甲醇	210	甲基环己烷	210
乙醇	210	1,4-二氧六环	225
正丁醇	210	水	210
异丙醇	215	乙醚	220
乙酸	215	甘油	220
二氯甲烷	233	丙酮	330
氯仿	245	吡啶	305
四氯化碳	265	N,N-二甲基甲酰胺	270
苯	280	二硫化碳	380
甲苯	285	苯甲腈	300
环己烷	210	硝基甲烷	380
正己烷	220	甲酸甲酯	260
正庚烷	210	乙酸乙酯	260

　　紫外-可见分光光度计吸收池的材质有玻璃和石英两种,玻璃对紫外光有吸收,只能用于可见光区;而石英吸收池在紫外与可见光区都可以使用。吸收池宽度即是光通过待测样品的光程,最常用的是1 cm宽的吸收池,还有2 cm、5 cm、10 cm等宽度。当待测组分浓度一定时,使用较宽的吸收池增加光程、提高吸光度,有利于检测低浓度样品。

　　比色法可用于测定水中的氧,它能够将几种染料氧化为黑色物质。这些染料包括酸性靛蓝、藏红和亚甲基蓝。在氧化过程中,酸性靛蓝结构的变化如图10-1所示。染料与水混合后,形成靛蓝-黑氧化态的量可以用来测量水中氧的含量,这一方法是水中氧分析的基本方法。分析进行之前,必须防止高度活泼的无色酸性靛蓝发生氧化反应。

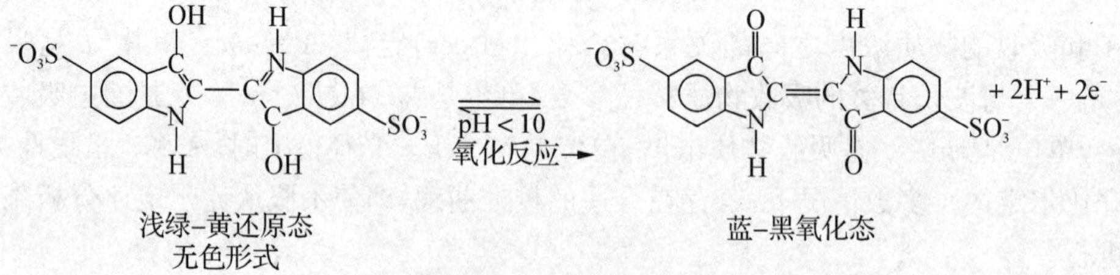

浅绿-黄还原态
无色形式

蓝-黑氧化态

$+ 2H^+ + 2e^-$

$\xrightarrow[\text{氧化反应}]{pH < 10}$

图10-1 酸性靛蓝氧化

　　比色法可以分析许多污染物,这些比色分析总结在表10-9中。关于金属的比色分析也发展了许多方法,这些方法非常灵敏,但天然水中大数金属的常规分析仍采用方便、特效、灵敏的原子吸收法。

表 10-9 化学污染物的选择比色分析

化学污染物	比色分析
氨	碱性碘化汞与氨反应,生成橙棕色胶状物 $HgO \cdot Hg(NH_2)I$,后者在 410～425 nm 之间有吸收。
砷	砷化三氢(AsH_3)在吡啶中与二乙基硫代氨基甲酸银反应,生成红色络合物
硼	与姜黄(素)反应生成红色、玫红色花青苷
溴化物	次溴酸盐与酚红反应生成蓝型溴苯酚指示剂
氯	与邻联甲苯胺起显色反应
氰化物	氯化氰与吡啶—吡唑啉酮试剂反应生成一种蓝色染料,后者可在 620 nm 波长下测定
氟化物	锆染料是一种胶状沉淀(沉淀染料),它通过生成无色氟化锆和游离染料而起脱色作用
硝酸盐和亚硝酸盐	硝酸盐还原为亚硝酸盐,用对氨基苯磺酰胺将亚硝酸盐重氮化后与 N-(1-萘基)-1,2 乙二胺二盐酸盐发生偶联反应,产生一种很深颜色的偶氮染料,可在 540 nm 波长下测定
凯氏氮	凯耶达尔(Kjeldahl)法。硫酸中消化成为 NH_4^+,随后用碱性酚试剂和次氯酸钠-酚盐处理,生成蓝色靛酚,在 630 nm 波长下测定
酚类	在 pH 等于 10 和铁氰化钾存在下与 4-氨基安替比林反应,生成安替比林染料,用吡啶萃取并在 460 nm 波长下测定
磷酸盐	与钼酸盐离子反应生成磷钼酸盐,有选择地还原为深蓝色的钼蓝
硒	与二氨基联苯胺反应生成有色物种,在 420 nm 波长下测定
硅	生成硅钼酸和硅钼酸盐,接着还原为杂多蓝,在 650 或 815 nm 波长下测定
硫化物	生成亚甲基蓝
二氧化硫	在四氯汞钾溶液中收集 SO_2 气体,然后与甲醛和盐酸副玫瑰苯胺反应,生成紫红色染料,可在 548 nm 波长下测定
表面活性剂	与亚甲基蓝反应生成蓝盐
单宁和木质素	与钨钼酸和磷钼酸发生蓝色反应

　　氨态氮测定方法是用 Nessler 试剂处理含氨溶液,然后测量吸光值。Nessler 试剂是碱性的含碘化汞的碘化钾溶液,它与氨反应生成橙棕色产物,后者能以胶态悬浮体存在一段时间。在 410～425 nm($1\ nm = 1 \times 10^{-9}\ m$)测定生成的悬浮物的吸光值变化,这种变化取决于氨的浓度。标准溶液与样品采用完全相同的方法处理,以制备校准曲线。为避免形成水中颗粒物,或避免能与碱生成沉淀的阳离子的干扰,分析前往往要将氨从碱性溶液中蒸馏出来。

$$NH_3 + 2[HgI_4]^{2-} + 3OH^- \longrightarrow I-Hg-O-Hg-NH_2 + 7I^- + 2H_2O$$

　　含量低至 1 μg 的砷可用二乙基二硫代氨基甲酸银盐$[(C_2H_5)_2NC(S)S^-\ Ag^+]$来测定。砷首先被酸性锌溶液还原为胂($AsH_3$)。挥发性的 AsH_3 被收集在二乙基二硫化氨基甲酸银试剂中,在 535 nm 下测量生成的有色溶液的吸光度,用空白试剂作为参考溶液。另一种通用方法是用 N_2 将 AsH_3 完全吹入氢焰中,由原子吸收法测定。

　　水中氯有两种主要形态,游离氯,主要是 HOCl 和 OCl^-,以及缔合氯(氯胺)如 NH_2Cl。通过它们与邻(位)联甲苯胺反应生成黄色物质,从而进行分光光度测定。在 435 或 490 nm 下测定黄色物质吸光度,显色明显,游离氯比缔合氯显色更快。

游离氰化物（HCN 或 CN⁻），是一种十分有毒的水污染物。它由金属精炼和洗涤、电镀、炼焦炉以及各种工业过程产生，可用分光光度法测定。游离氰化合物首先与氯胺-T反应，使它转变为氯化氰（CNCl）。当氯化氰与吡唑啉酮试剂反应时，生成一种蓝色染料，在 620 nm 下有吸收。

低浓度亚硝酸根可用分光光度法测定，为容易操作、高灵敏度的重氮化方法。亚硝酸与对-氨基苯磺酸发生重氮化反应，再和 N-（1-萘基）-1,2-乙二胺结合成为紫红色染料，在 540 nm 下可测定其吸光度。硝酸根离子经过反应变为亚硝酸根离子之后，可用同样的方法分析。镉屑与硫酸铜溶液反应而镀上铜后，能把硝酸根离子还原为亚硝酸根离子，从而进行测定。若原始样品中有亚硝酸根，可在还原硝酸根之前测定，然后由差减计算硝酸根的数量。

洗涤剂，主要是有亚甲基蓝活性（MBAS）的阴离子表面活性剂，可以用分光光度法测定。这些阴离子表面活性剂包括烷基苯磺酸盐（ABS）、线性烷基磺酸盐（LAS）以及硫酸烷基酯，它们与亚甲基蓝生成蓝色盐。将盐萃取到氯仿中，在 652 nm 下测定氯仿溶液吸光度。这个方法适用的 ABS 浓度范围是 0.025~100 mg/L。但许多物质会干扰这个分析方法。

每升饮用水只要含大于 1 μg 苯酚，氯化处理后就会产生有毒氯酚。酚的分析是通过蒸馏将苯酚以及其他酚类化合物由废水中分离出来，蒸馏获取 500 mL 水样中的 450 mL，向水样中加 50 mL 无酚水再进行蒸馏，直至收集的总体积为 500 mL，这样挥发的苯酚在几乎恒定的速度下蒸出。在 pH=10.0，存在铁氰化钾条件下，苯酚与 4-氨基安替比林反应显色，生成的安替比林染料被萃取到氯仿中，在 460 nm 下测量吸光度，该方法对苯酚的检测限度大约为 1 μg/L。

正磷酸根离子（PO_4^{3-}）可用一个十分灵敏的分光光度法进行测定，正磷酸根与钼酸根离子反应生成磷钼酸盐后，可优先地被硫酸肼还原为钼蓝，钼蓝是一种成分不明确的深蓝色物质。这个方法可用来分析只有 0.01 mg/L 的正磷酸根。这个方法不能监测不溶性正磷酸盐，但用沸酸溶解不溶性正磷酸盐后就能进行分析。

$$M_3(PO_4)_2(s) + 6H^+ \longrightarrow 3M^{2+} + 2H_3PO_4$$

类似地，缩聚磷酸盐也不能直接产生钼蓝反应，但可以用强酸把它们水解成正磷酸：

$$P_3O_{10}^{5-} + 2H_2O + 5H^+ \longrightarrow 3H_3PO_4$$

有机磷（三价）则是通过酸的消化作用转变为正磷酸盐，与酸一起煮沸的溶液可用来分析总磷酸盐，但不能提供有关磷酸盐价态的信息。

大气 SO_2 的比色分析法可采用 West-Gaeke 法，可以检测大气中体积含量为 $0.005 \times 10^{-6} \sim 5 \times 10^{-6}$ mL/mL 的 SO_2。该方法以四氯化汞离子吸收环境空气中的 SO_2：

$$HgCl_4^{2-} + SO_2 + H_2O \longrightarrow HgCl_2SO_3^{2-} + 2H^+ + 2Cl^-$$

通常利用 10 mL 吸收溶液洗涤 30 L 空气，收集效率约为 95%。在收集介质中，SO_2 与甲醛发生反应，其产物再与盐酸盐玫瑰苯胺反应，其产物是紫红色（图 10-2），可在 548 nm 下测定吸光度。

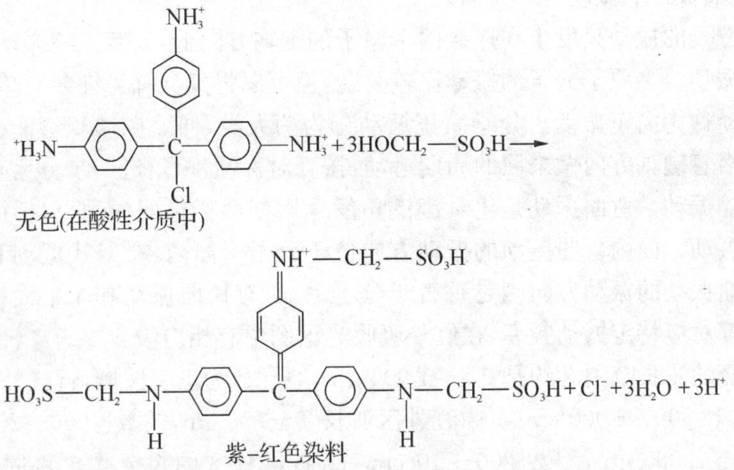

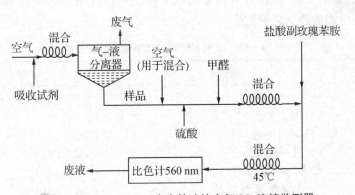

图 10-2　SO₂ 与甲醛反应产物与盐酸盐玫瑰苯胺反应

$$HCHO + SO_2 + H_2O \longrightarrow HOCH_2-SO_3H$$

当大气 NO_2 浓度超过 2×10^{-6} mL/mL 时,将成为 West-Gaeke 法的主要干扰物。加入氨基磺酸将 NO_2 还原为氮气,可以消除干扰。

虽然 SO_2 分析方法既麻烦又复杂,但它已被改进并应用于连续监测仪中,如 Technicon 空气监测仪。图 10-3 是以 West-Gaeke 法为基础的空气 SO_2 连续监测器。

图 10-3　West-Gaeke 法为基础的空气 SO_2 连续监测器

大气中的氧化剂,例如臭氧、过氧化氢、有机过氧化物、氯,也可以用比色法测定。将 1‰KI 溶液 pH 调节到 6.8,上述大气氧化剂可收集在这个溶液中来完成测定,氧化剂经过反应将 I^- 氧化,结果产生有颜色的 I_3^- 离子:

$$O_3 + 2H^+ + 3I^- \longrightarrow I_3^- + O_2 + 2H_2O$$

在 352 nm 测定 I_3^- 的吸光度。若溶液颜色太深,可用 I^- 溶液进行稀释后测定。

2. 红外吸收光谱测定法

红外吸收光谱测定法是基于研究物质分子对红外光的吸收特性进行定性和定量分析的方法。红外吸收与紫外-可见吸收的产生机理有明显区别,它来自分子振动和转动能级的跃迁,因此又被称为振动转动光谱。

双原子分子的振动只发生在连接两个原子的键轴方向上,只有一种振动形式,即两原子相对伸缩振动。多原子分子的振动比较复杂,但可以将其分解为许多简单的基本振动,这些基本振动称为简正振动。分子简正振动分为两大类,伸缩振动和弯曲振动。伸缩振动是指原子沿着键轴方向做来回的周期运动,按其对称性,可以进一步分为对称伸缩振动和非对称伸缩振动。弯曲振动是化学键键角发生周期性变化的振动,包括面内弯曲振动和面外弯曲振动。面内弯曲振动的振动方向位于分子平面内,有剪式振动和平面摇摆振动。面外弯曲振动的振动方向则是垂直于分子平面,有扭曲振动和非平面摇摆振动。每种振动形式都对应特定振动频率,在红外吸收光谱图中有相应吸收峰。

红外光区的波长范围大约是 $0.8\sim1\,000\,\mu m$,通常分为三个区域,近红外区波长 $0.8\sim2.5\,\mu m$,波数 $12\,500\sim4\,000\,cm^{-1}$;中红外区波长 $2.5\sim50\,\mu m$,波数 $4\,000\sim200\,cm^{-1}$;远红外区波长 $50\sim1\,000\,\mu m$,波数 $200\sim10\,cm^{-1}$。近红外区内主要是含氢原子团(C—H、O—H、N—H)伸缩振动的倍频吸收峰,可以用来研究稀土和其他过渡金属离子的化合物,也适用于水、醇、某些含氢原子团化合物的定量分析。中红外区内是绝大部分有机化合物和无机离子的基频吸收峰,由于基频吸收在分子中的吸收强度最强,该区域也最适于进行化合物的定性和定量分析。远红外区内是气体分子的纯转动能级跃迁、某些分子的骨架振动能级跃迁以及晶格振动跃迁的吸收峰。

在红外吸收光谱中,各种官能团和化学键的特征吸收峰是反映其存在与否的重要指标,用红外光谱鉴定化合物时,通常要查阅相关基团的特征频率表。表 10-10 列出了常见官能团和化学键的特征频率数据。

表 10-10　常见官能团和化学键的特征频率

化合物类型	振动形式	波数/cm⁻¹
烷烃	C—H 伸缩振动	$2\,975\sim2\,800$
	CH₂ 弯曲振动	约 1465
	CH₃ 弯曲振动	$1\,385\sim1\,370$
烯烃	=CH 伸缩振动	$3\,100\sim3\,010$
	C=C 伸缩振动(孤立)	$1\,690\sim1\,630$
	C=C 伸缩振动(共轭)	$1\,640\sim1\,610$
	C—H 面内弯曲振动	$1\,430\sim1\,290$
	C—H 弯曲(—C—H=CH₂)	约 990,约 910
	C—H 弯曲振动(顺式)	约 700
	C—H 弯曲振动(反式)	约 970
	C—H 弯曲振动(三取代)	约 815
炔烃	≡C—H 伸缩振动	约 3 300
	C≡C 伸缩振动	约 2 150
	≡C—H 弯曲振动	$650\sim600$
芳香烃	=C—H 伸缩振动	$3\,020\sim3\,000$
	C=C 骨架伸缩振动	约 1 600,约 1 500

化合物类型	振动形式	波数/cm^{-1}
取代苯	C—H 弯曲振动（单取代）	770～730,710～690
	C—H 弯曲振动（1,2-二取代）	770～735
	C—H 弯曲振动（1,3-二取代）	900～860,810～750,710～690
	C—H 弯曲振动（1,4-二取代）	860～800
	C—H 弯曲振动（1,2,3-三取代）	800～720,720～685
	C—H 弯曲振动（1,2,4-三取代）	约 870,约 805
	C—H 弯曲振动（1,3,5-三取代）	900～860,865～810,735～675
	C—H 弯曲振动（1,2,3,4-四取代）	860～800
	C—H 弯曲振动（1,2,3,5-四取代）	900～860
	C—H 弯曲振动（1,2,4,5-四取代）	900～860
	C—H 弯曲振动（1,2,3,4,5-五取代）	900～860
醇	O—H 伸缩振动	约 3 650 或 3 400～3 300（氢键）
	C—O 伸缩振动	1 260～1 000
醚	C—O—C 伸缩振动（烷基）	1 300～1 000
	C—O—C 伸缩振动（芳基）	约 1 250,约 1 120
醛	O=C—H 伸缩振动	约 2 820,约 2 720
	C=O 伸缩振动	约 1 725
酮	C=O 伸缩振动	约 1 715
	C—C 伸缩振动	1 300～1 100
酸	O—H 伸缩振动	3 400～2 400
	C=O 伸缩振动	1 760 或 1 710（氢键）
	C—O 伸缩振动	1 320～1 210
	O—H 弯曲振动	1 440～1 400
	O—H 面外弯曲振动	950～900
酯	C=O 伸缩振动	1 750～1 735
	C—O—C 伸缩振动（乙酸酯）	1 260～1 230
	C—O—C 伸缩振动	1 210～1 160
酰卤（R—CO—X）	C=O 伸缩振动	1 810～1 775
	C—Cl 伸缩振动	730～550
酸酐	C=O 伸缩振动	1 830～1 800,1 775～1 740
	C—O 伸缩振动	1 300～900
胺	N—H 伸缩振动	3 500～3 300
	N—H 弯曲振动	1 640～1 500
	C—N 伸缩振动（烷基）	1 200～1 025
	C—N 伸缩振动（芳基）	1 360～1 250
酰胺（R—CO—NH—R′）	N—H 伸缩振动	3 500～3 180
	C=O 伸缩振动	1 680～1 630
	N—H 弯曲振动（伯酰胺）	1 640～1 550
	N—H 弯曲振动（仲酰胺）	1 570～1 515
	N—H 面外弯曲振动	约 700

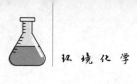
续 表

化合物类型	振动形式		波数/cm^{-1}
卤代烃(R—X)	C—F 伸缩振动		1 400～1 000
	C—Cl 伸缩振动		785～540
	C—Br 伸缩振动		650～510
	C—I 伸缩振动		600～485
腈(—C≡N)	C≡N 伸缩振动		2 260～2 210
硫腈(—S—C≡N)	C≡N 伸缩振动		2 175～2 140
硝基化合物	脂肪族—NO$_2$	—NO$_2$ 对称伸缩振动	1 390～1 300
		—NO$_2$ 非对称伸缩振动	1 600～1 530
	芳香族- NO$_2$	—NO$_2$ 对称伸缩振动	1 355～1 315
		—NO$_2$ 非对称伸缩振动	1 550～1 490
亚硝基化合物	N=O 伸缩振动		1 600～1 500
硝酸酯(R—O—NO$_2$)	—NO$_2$ 对称伸缩振动		1 300～1 250
	—NO$_2$ 非对称伸缩振动		1 650～1 500
亚硝酸酯(R—O—NO$_2$)	N=O 伸缩振动(顺式)		1 625～1 610
	N=O 伸缩振动(反式)		1 680～1 650
	O—N 伸缩振动		815～750
巯基化合物(S—H)	S—H 伸缩振动		约 2 550
砜(R—SO$_2$—R′)	—SO$_2$ 对称伸缩振动		1 160～1 120
	—SO$_2$ 非对称伸缩振动		1 350～1 300
亚砜(R—SO—R′)	S=O 对称伸缩振动		1 070～1 030
磺酸	S=O 对称伸缩振动		1 165～1 150
	S=O 非对称伸缩振动		1 350～1 342
磺酸酯(R—SO$_2$—OR)	S=O 对称伸缩振动		1 200～1 170
	S=O 非对称伸缩振动		1 370～1 335
	S—O 伸缩振动		1 000～750
磺酸盐	S=O 对称伸缩振动		约 1 050
	S=O 非对称伸缩振动		约 1 175
硫酸酯(RO—SO$_2$—OR)	S=O 对称伸缩振动		1 200～1 185
	S=O 非对称伸缩振动		1 415～1 380
膦(R$_2$P—H)	P—H 伸缩振动		2 320～2 270
	P—H 弯曲振动		1 090～810
磷氧化合物	P=O 伸缩振动		1 210～1 140
异氰酸酯	—N=C=O 对称伸缩振动		1 400～1 350
	—N=C=O 非对称伸缩振动		2 275～2 250
异硫氰酸酯	—N=C=S 伸缩振动		约 2 125
亚胺(R$_2$C=N—R)	—C=N—伸缩振动		1 690～1 640
烯酮	C=C=O 对称伸缩振动		约 1 120
	C=C=O 非对称伸缩振动		约 2 150

续 表

化合物类型	振动形式		波数/cm^{-1}
丙二烯	C=C=C	对称伸缩振动	约 1 070
	C=C=C	非对称伸缩振动	2 100~1 950
硫酮	—C=S 伸缩振动		1 200~1 050

红外吸收光谱法快速、准确、高效,在化合物鉴定上具有特殊优势。在环境分析领域,一氧化碳、二氧化碳、氮氧化物、二氧化硫、甲烷、氟氯烃等具有红外活性的物质都可以使用红外吸收光谱法进行测定。一些经过化学反应最终能够变成红外活性物质的待测物也可以用红外光谱来检测,例如使用 TOC 分析仪测定水中的总有机碳(TOC),水中的含碳有机物经过酸化和加热后,最终生成了 CO_2,在红外检测器上被定量检测。

3. 原子吸收分析

20 世纪 60 年代,原子吸收分析方法成为环境样品中大多数金属分析的优选方法。这种技术的原理是单色光被待测金属的原子氛所吸收,其吸光值与待测金属元素浓度成正比。光源产生单色光,光源的构成元素与待测元素相同,它产生强电磁辐射,产生辐射的波长与待测元素吸收的波长完全一致,故灵敏度非常高。

原子吸收仪的基本组成部分见图 10-4,它的主要元件是空心阴极灯,这个元件由含惰性气体的玻璃管组成,惰性气体主要是几个 mmHg 压力的氩气。空心阴极灯包含一个阳极和一个阴极,灯处于工作状态时两极间施加高压,产生几毫安的电流。阴极是一个空心圆筒,内壁涂有被分析的金属。施加高压时,两电极间形成带正电荷的稀有气体离子 Ar^+,Ar^+ 以高能量撞击带负电荷的空心阴极,引起金属原子从空心阴极的表面溅射出来。这些高能的金属原子发射出金属所特有的、波长范围很窄的辐射线,这种辐射线通过透镜、棱镜而进入火焰,同时样品也被引入火焰中,多数金属化合物在火焰中分解并还原为原子态形成原子氛。根据比尔定律,这些原子对辐射线的吸收率随样品中待测元素浓度增加而增加。衰减后的光束到达单色器,单色器可以消除来自火焰的外来光,最后到达检测器和数字显示系统。

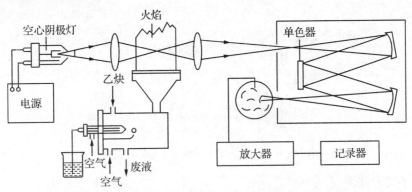

图 10-4 原子吸收仪的基本组成部分

原子吸收的原子化部件除火焰外就是石墨炉,它是一个空心石墨圆筒,圆筒安装位置正好能使光束通过它。少量样品,最多100 μg,通过其上部的小孔加进石墨管中。通电流加热石墨管,开始缓慢加热使样品蒸干,然后迅速加热至白炽。金属,特别是挥发性大的金属,在石墨管空心部分汽化,金属原子的吸收信号被记录下来。图10-5是石墨炉原子化器示意图。

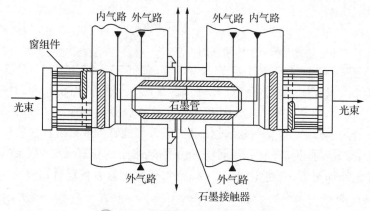

图 10-5　石墨炉原子化器示意图

石墨炉原子化器与火焰相比,其优点是对许多金属都有较低的检测限。原子吸收的检测限,定义为相当于噪音水平(背景波动)两倍吸收时的金属浓度(mg/L)。原子吸收的灵敏度是对入射光能产生1‰吸收时的金属最低浓度。火焰原子吸收光谱法可测到 10^{-9} g/mL数量级,石墨炉原子吸收法可测到 10^{-13} g/mL 数量级。

无火焰原子吸收中,生物样品直接原子化使原子化技术明显地简化,但该技术的原子化氛会产生干扰。样品直接原子化与塞曼效应原子吸收是一个优选的组合。塞曼效应(Zeeman-effect)原子吸收可承受的背景干扰值增加5倍,而背景校准精确度增加10倍。塞曼效应原子吸收是在钓鱼船上用仪器直接测定鱼体内汞发展起来的。塞曼效应原子吸收应用时,光源或样品被放置在一个强磁场中,光线被磁场分裂和极化,即光源或吸收源调制。

汞的无火焰原子吸收分析,通常在室温下用氯化亚锡溶液将汞还原为元素态,随后用空气将汞吹入吸收池,在253.7 nm下测量汞吸收,可以确定纳克(10^{-9})级含量的汞。无火焰原子吸收汞分析器的示意图见图10-6。

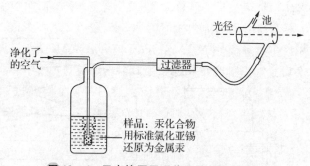

图 10-6　无火焰原子吸收汞分析器示意图

4. 原子发射技术

水、大气颗粒物、生物样品中的金属,可通过观察它们的特征原子发射谱线进行全分析。

当样品受热或电激发时发射出特征谱线,称为发射光谱。原子吸收法的待测原子处于基态,原子发射法的待测原子则处于激发态,因此后者的热源能量相对要高。原子发射光谱在紫外-可见光区的谱线经过单色器分光,光强和波长被记录下来,以谱线波长作定性分析,以特定谱线强度作定量分析。通常用于发射光谱分析的元素有铍、铅、铁、镉、镍、钒、锰、铬、铜、钡和锡。

1976 年以来,一种特殊的原子发射技术,即电感耦合等离子体原子发射光谱,已成为常规分析工具。这种技术的"火焰"由氩的白炽等离子体(离子化的气体)组成。在 4 MHz~50 MHz、2 kW~5 kW(图 10-7)下产生的射频(RF)能量,可使氩发生电感耦合加热。能量通过射频线圈传递给氩气流,产生 10^4 K 的高温。样品原子受热温度达 7 000 K 左右,比常用最强火焰温度高两倍。由于光发射强度随温度升高呈指数增加,所以能达到较低的检测限。这种技术使原子发射分析方法可以用于某些具有环境重要意义的类金属(如砷、硼和硒)检测。

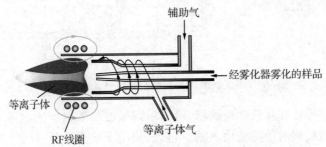

图 10-7　电感耦合等离子体示意图

与火焰相比,在等离子体内化学反应以及相互作用造成的干扰可以减至最少。然而,最重要的意义是能够同时分析的元素达到 30 种之多,使理想的多元素分析技术成为可能。

表 10-11 为火焰原子吸收(FAAS)、石墨炉原子吸收(GFAAS)、电感耦合等离子体原子发射(ICP-AES)的检测限比较(mg/L)。

表 10-11　不同测试方法的检测限比较

元素	FAAS	GFAAS	ICP-AES	元素	FAAS	GFAAS	ICP-AES
As	0.003	0.1	0.006	Fe	0.000 1	0.005	0.000 4
B		0.7	0.04	Hg	0.002	0.5	0.03
Be	0.000 02	0.002	0.000 02	Mn	0.000 02	0.002	0.000 03
Cd	0.000 003	0.001	0.000 1	Pb	0.000 2	0.001	0.001
Cr	0.000 1	0.003	0.000 2	Sb	0.001	0.1	0.004
Cu	0.000 02	0.001	0.000 4	Sn	0.025	0.02	0.025

5. X 射线荧光

X 射线荧光是另一种多元素分析技术,这种技术对大气颗粒物鉴别尤其有用,同时它还能用于分析某些水和土壤样品,该方法研究物质的 X 射线。高能 X 射线、γ 射线、质子撞击原子失去内层电子可以形成空穴,当电子返回空穴时发射 X 射线。特定原子发射的 X 射线具有特征能量,辐射的波长可进行元素定性分析,辐射强度可进行定量分析。

波长散射 X 射线荧光分光光度计结构如图 10-8 所示。通常激发源是一个发射"白色"(连续光谱)高能 X 射线的 X 光管,高能 X 射线使样品激发发射荧光 X 射线。加速器放射源也可以被用作激发源,它们发射的是 γ 射线和质子。样品固定成一个薄层。分光晶体通过衍射作用,使次级 X 射线光束按不同波长散射。检测器对次级光束中 X 射线单色光进行计数,检测器转动角度等于分光晶体转动角度 θ 的 2 倍,而 θ 与波长成正比。

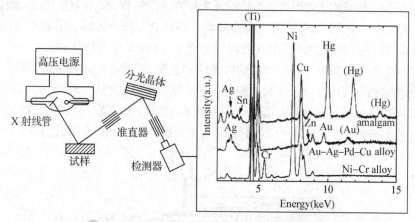

图 10-8   波长散射 X 射线荧光分光光度计示意

使用 Si(Li)半导体能量选择检测器,可以不需要波长散射就能测量不同能量荧光 X 射线。不同能量谱线同时照射到检测器上,可以用电子装置进行区分。聚碳酸酯纤维含大气颗粒样品、不含大气颗粒样品以及含大气颗粒标样(CRM,SRM2783)的能量散射 X 光荧光光谱见图 10-9。

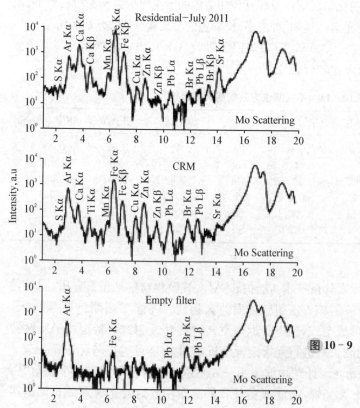

图 10-9   聚碳酸酯纤维含大气颗粒样品(上)、不含大气颗粒样品(中)以及含大气颗粒标样(下)的能量散射 X 光荧光光谱

快速是 X 射线荧光多元素分析的优点。此外,与中子活化、原子吸收等方法相比,周期表中同周期元素 X 射线荧光的灵敏度与检测限变化不大。质子激发 X 射线发射技术尤其灵敏。

二、电化学分析方法

电化学分析法是应用电化学基本原理和技术,研究在化学电池内发生的特定现象,利用物质的组成及含量与该电池的电参数(如电导、电位、电流、电荷量等)之间的定量关系而建立起来的一类分析方法。几种重要的电化学分析技术使用了电化学敏感元件,这些技术有电位测定法、伏安法等。

1. 电位分析法

电位分析法以测量原电池电动势为基础,它以待测试液作为化学电池电解质溶液,其中插入两支电极,一支为指示电极,电位随试液中待测离子活度变化而变化,常作负极;另一支为参比电极,在一定温度下电极电位基本稳定不变,常作正极。电位分析法电动势与溶液中某种离子的活度之间存在定量关系,即 Nernst 方程,以此来测定待测物质活度。

$$E = E_0 + [2.303RT/(nF)](\lg \alpha) \qquad (10 - 5 - 2)$$

式中:E 为电池电势;E_0 为电池标准电势(反应物质活度均为 1 时的电池电势);R 是气体常数;T 是绝对温度;n 是电子转移数;F 是法拉第常数;α 为被测定离子活度。温度不变时,$[2.303RT/(nF)]$ 为常数,在 25 ℃时等于 0.059 2$/n$ V。当离子强度恒定时,α 的活度系数恒定,这样能斯特方程可以用浓度来表达。例如,对于镉电极测定镉离子:$E = E_0 + (0.059\ 2/2)\lg[Cd^{2+}]$。

而氟电极测定氟离子:$E = E_0 - 0.059\ 2\lg[F^-]$。

不同方法制造的电极,对不同离子可能存在选择性。电位显示元件是一种膜结构,它能对特定离子发生选择性。

测量 H^+ 活度和 pH 的玻璃电极是最广泛应用的离子选择电极(图 10 - 10)。玻璃电极优先与 H^+ 发生选择性交换作用,且不与其他阳离子交换,氢离子活度 α_{H^+} 遵循能斯特方程:$E = E_0 + 0.059\ 2\lg \alpha_{H^+}$。玻璃电极还可以用作 H^+ 以外的一价阳离子选择电极,尤其适用于 Na^+、NH_4^+ 和 Ag^+。

自 1966 年以来,离子选择性电极迅猛发展并应用于电位分析,其原理有固体膜和液体膜。固体膜通过溶液与膜表面之间的离子交换作用显示电位,适用于固体电极分析的离子当中有氟化物、氯化物、溴化物、碘化物、氰化物、硫氰酸盐、镉、铜离子、铅、银和硫化物。液体膜是固定在薄滤片上的离子交换剂,其交换作用发生在溶液与液体离子交换剂之间。液体膜选用的离子交换剂对被分析离子有选择性,液体膜电极适用于钙、硝酸盐、钾和水硬度(二价阳离子)。酶电极则是在电极表面上有一种固相酶,这种酶能催化生物物质例如氨基酸的离子反应;因此,即使是有机化合物也可以用电位法测定。水中溶解气体,甚至是大气中某些气体,都可以用带膜电极分析,这些膜对于能穿透它们的被分析气体具有选择性,从而使电极电位发生变化。

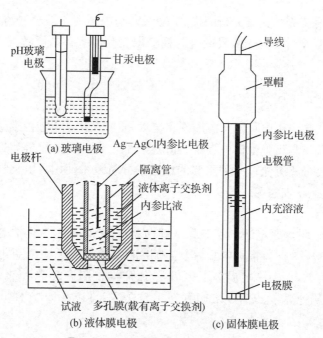

图 10 - 10　各种类型离子选择性电极

氟化物电极是最成功的离子选择电极,它相对不受干扰,而且具有很低的检测限以及较宽的线性响应范围。不过它具有与所有离子选择电极一样的缺点,电输出的形式是电位,电位与浓度的对数成正比,所以很小的电位误差就能造成较大的浓度误差。

2. 伏安法

在微电极上施加电压后产生电流,测量这种电流的方法就是伏安技术。在水分析中已经应用伏安法,最早应用的是直流极谱。其后发展的伏安技术比经典的直流极谱灵敏得多,如示差脉冲极谱。示差脉冲极谱使用的电压是把脉冲叠加到上升的电压上,将这个电压施加到微电极上,达到电压脉冲值附近时读出电流,并将施加电压之前的电流作比较。它的优点是使电容电流减到最小,通常电容电流由被分析物的氧化还原作用产生,小于 $1\,\mu A$,会影响直流极谱的灵敏度。

阳极溶出伏安法是在几分钟内,把金属沉积在电极表面上,接着应用线性阳极扫描使金属迅速地溶出。电沉积使金属浓集在电极表面,可以增加灵敏度。采用示差脉冲讯号,可以使金属溶出更加完善。水中铅、镉和锌的示差脉冲阳极溶出伏安图如图 10 - 11 所示。

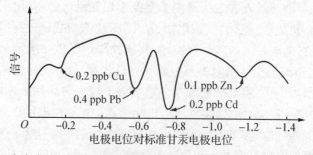

图 10 - 11　自来水的示差脉冲阳极溶出伏安图(电极为镀汞、浸过石蜡的石墨电极)

伏安法也能用来辨别水中金属的形态,金属配位作用或其他化学结合可以以电位位移反映出来。在特定电位下金属被还原或氧化,降低 pH 能将结合的金属离子释放出来,同时使它们更易在足够负的电位下沉积。

目前,最常见的测量溶解氧的装置就是膜覆盖的伏安电极,见图 10 - 12。一个银阴极被一个环状铅阳极所包围,两个电极都被一层膜覆盖着,这层膜对氧有选择性,能让它透过。氧通过膜扩散,在银阴极上进行下面的半反应:

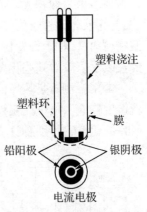

图 10 - 12 溶解氧电极示意

$$1/2O_2 + H_2O + 2e^- \longrightarrow 2OH^-$$

在铅阳极上的半反应:

$$Pb + 2OH^- \longrightarrow PbO + H_2O + 2e^-$$

这些反应在 4 mol/L KOH 存在的条件下发生。用一小片拭镜纸吸收 4 mol/L KOH,然后将拭镜纸固定在膜与电极尖端之间,产生电流的大小与溶液中溶氧量成正比。

三、色谱法

1. 气相色谱

20 世纪 50 年代初首次报道了气相色谱法,它对于有机物分析、环境样品中低含量农药分析很成功。气相色谱法既定性又定量,灵敏度和选择性都比较高。

当挥发性待测物质随载气通过色谱柱时,挥发性组分在载气和固定相之间进行分配,气相色谱固定相是吸收固相或涂在固体上的吸收液相。挥发性组分通过色谱柱的时间称为保留时间,不与固定相作用的气体的保留时间为死时间,二者之差为调整保留时间,保留时间反映了组分分子与固定相分子间作用力的大小。不同性质的组分有不同保留值,可以用来定性;而色谱峰的大小由产生检测器响应的物质浓度决定,可以用来定量。

气相色谱仪结构如图 10 - 13 所示,载气一般是氩、氦、氢或氮气,载气流量精确控制。样品用进样针直接注入色谱柱顶部,液体样品须在进样室迅速加热汽化,避免发生"拖尾"或峰形扩散,同时须避免加热过度引起的样品热解。常见的分离柱是一根金属或玻璃柱,

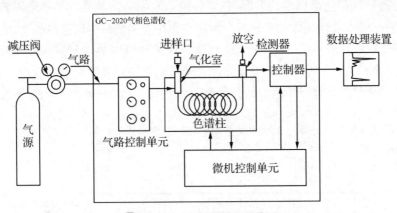

图 10 - 13 气相色谱仪结构图

其内部装填表面积大、涂有液相的惰性固体。活泼固体本身用作分离介质的为气固色谱柱,含有液相的柱子为气液色谱柱。也可以使用一根直径细小但很长的空心柱,将液相涂渍在柱内壁,称为开管柱。色谱柱对一组已知化合物的分离能力为柱选择性。气相色谱的灵敏度以及对某些化合物的选择性主要取决于检测器。

常用检测器是热导池检测器,气体流经热导池,当它们的热导率发生变化时,热导池就产生响应。电子捕获检测器通过捕获由 β 粒子源发射的电子而起作用,对含卤素和磷(Ⅲ)的化合物特别有效;电子捕获检测器对卤代烃和含磷(Ⅲ)化合物具有选择性,灵敏度高,因此被广泛用于农药分析。

火焰离子化气相色谱仪检测器对有机物检测十分灵敏。有机化合物在火焰中形成易导电碎片,如 C^+,它们穿过火焰,可以产生一种微弱但容易测量的电流。火焰离子化检测器响应值基本与化合物中碳原子数目成正比,卤素、氮或氧原子的存在会降低检测器响应。火焰离子化检测器线性响应范围宽、灵敏度高,对浓度低至 10^{-3} μg 的碳烃化合物非常灵敏,有时烃类化合物可不经预浓缩步骤而进行分析。火焰离子化检测器示意如图10-14所示。

质谱可以用作气相色谱仪检测器,对有机化合物这两种仪器联用是一种特别有效的分析工具。

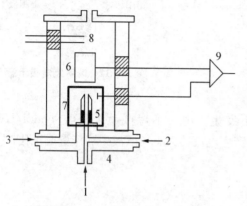

1—色谱柱出口;2—氢气;3—空气;4—底座;5—陶瓷管;6—收集极;7—极化极;8—点火器;9—放大器。

图10-14 火焰离子化气相色谱仪检测器示意

气相色谱要求化合物高温下稳定,至少有几个毫米汞柱的蒸汽压。多数情况下是把不能直接进行气相色谱分析的有机化合物转变为适合气相色谱分析的衍生物。水样有机化合物浓度低,将水样直接注射到气相色谱仪的可能性很小;常需要用分离富集技术浓集,主要是溶剂萃取比如二氯甲烷萃取多环芳烃、硝基苯、酚类,或用氦或氮将挥发性化合物(如四氯化碳、甲苯)吹扫捕集。

2. 高效液相色谱

随着色谱硬件与色谱材料的发展,色谱仪可以采用液体流动相与极细颗粒填充色谱柱,使液相物质组分可以被高分辨分离。为使这套色谱系统获得理想的流速,需要施加约 200 bar(1 bar=14.50 psi=$1×10^5$ Pa)的高压。这种分析方法叫作高压或高效液相色谱法,它的优点之一是被分析物质不需要汽化。样品汽化往往需要有繁琐的衍生化过程,也常造成样品的分解。高效液相色谱的特征和气相色谱相似,只是溶剂贮存器和高压泵代替了载气源和压力计。某些水污染物的 HPLC 谱图如图 10-15 所示。

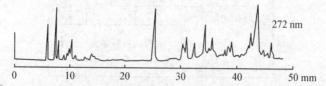

图10-15 被煤气化过程污染的水的 HPLC 谱图(检测波长 272 nm)

高效液相色谱检测通用方法是差示折光率与紫外检测器,荧光检测器对某些化合物尤其灵敏。高效液相色谱已成为水污染物分析的常规技术。

四、质谱分析法

1. 有机质谱

质谱在鉴定特殊有机污染物方面特别有用,它检测的是生成的离子。通常通过放电或化学过程产生离子,随后质谱仪按质/荷比进行分离,测定产生的离子,输出质谱信号,如图 10 - 16 所示。

质谱就是化合物的特征,可以用它来鉴别化合物。质谱的计算机数据库已经建立,并且可将它贮存在与质谱仪相关的计算机内。质谱的鉴定取决于产生质谱的化合物的纯度。

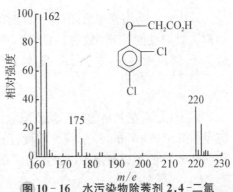

图 10 - 16 水污染物除莠剂 2,4 - 二氯苯氧乙酸(2,4 - D)的质谱图

用色谱作预分离,同时由质谱仪对柱流出物进行连续取样,这个过程通常称为色谱质谱联用,对有机污染物分析特别有效。色质联用还可以弥补色谱与质谱各自的不足。比如气相色谱法是分离分析结合的方法,具有分离效率高、定量分析快速灵敏的特点,但不适合复杂混合物的定性鉴定;而质谱法具有灵敏度高、定性能力强等特点,但其定量分析能力较差;混合物经色谱仪分离成单个组分后,再利用质谱仪进行定性鉴定,就可以使分离和鉴定同时进行。气相色谱-质谱分析法在环境样品分析中应用广泛,如用于大气颗粒物中多环芳烃的分析、饮用水和地表水中挥发性有机污染物的测定及土壤有机氯农药类的测定等。

2. 无机质谱

火花源质谱仪用高频火花作为离子源,样品固定在真空室中的电极上,通过火花放电使样品离子化。火花源质谱具有灵敏度高、选择效应小、结构简单等优点,特别适用于固体样品分析。火花源质谱法几乎能分析所有元素,由于绝大多数元素的电离效率彼此相差不超过 3 倍,因此不需校正就可获得半定量结果。若采用内标或同位素稀释法,则可获得定量结果。

电感耦合等离子体质谱(Inductively Coupled Plasma Mass Spectrometry,ICP-MS),是 20 世纪 80 年代发展起来的无机元素与同位素分析技术。它以独特的接口技术将 ICP 的高温电离特性与质谱的灵敏快速扫描优点相结合,形成一种高灵敏度的分析技术。

ICP-MS 仪器所使用的等离子体,与 ICP 发射光谱中的基本相同。所使用的质量分析器、离子检测器和数据采集系统通常与四极杆 GC-MS 仪器相类似。ICP-MS 质量分析器多采用四极杆质谱,也有采用高分辨双聚焦扇形磁场质谱、飞行时间质谱等。该技术灵敏度高,速度快,可在几分钟内完成几十个元素的定量测定。谱线简单,干扰相对于光谱技术要少,线性范围可达 7～9 个数量级。样品制备和引入相对于其他质谱技术简单。既可用于元素分析,又可用于同位素组成的快速测定。测定精密度(RSD)可到 0.1%。

无机质谱、发射光谱、X射线荧光、中子活化分析对多元素分析都非常有用。

五、中子活化分析法

放射性原子核衰变速度(dN/dt)与核数目(N)成正比。衰变速度的表达式如下：

$$-dN/dt = 0.693N/(t_{1/2}) \qquad (10-5-3)$$

式中：$t_{1/2}$是核素半衰期，即在此时间内1/2的核发生衰变。通过将核暴露于中子可以制造放射性同位素（放射性核素），中子由中子源即核反应器产生。如锰在自然界中以^{55}Mn同位素存在，中子$(_0^1n)$照射后可以把它转变为放射性^{56}Mn：

$$^{55}Mn + _0^1n = {}^{56}Mn$$

式中：元素左上角的数字为质量数，产物^{56}Mn衰变半衰期为2.6小时，它衰变时发射能量为0.85 MeV的γ-射线。假设存在于样品中的非放射性锰核(^{55}Mn)数目为N_i，则放射性核P的生成速度可以表示为：

$$P = f\sigma N_i \qquad (10-5-4)$$

式中：f是中子通量（颗粒/cm²·s）；σ是待活化同位素的横截面，σ表示无放射性核吸收中子后变为有放射性的可能性。大的横截面可以增加特定核活化分析的灵敏度。

中子活化分析通常包括以下步骤，用中子辐射样品以产生放射性核素，测定产物放射性核素活性，求出原来存在于样品中的元素的量。放射性核素活性取决于母体同位素的核数目，与化学形态无关；中子活化分析是一种元素分析方法，并不能用来确定化合物物种。

利用核反应器，中子活化分析可有效用于环境研究，对于某些元素灵敏度非常高。大多数元素仅有10^{-7} g时，就可以利用中子活化法来分析。中子活化分析的高灵敏度，与横截面大、母体同位素丰度高、原子量小（单位重量有更多的核）、高中子通量、高检测效能有关；其中以横截面最重要，因为各种同位素的横截面都在大于10^6范围内变化。中子活化分析的检测限优于原子吸收、火焰发射，是水中元素的优选测定方法，比如氯、钛、钒、砷、硒、溴、钼、锑、碘和钨。

样品照射后产生γ-射线，γ-射线光谱也可以直接进行分析；但在待测放射性核素"计数"之前，往往是需要化学（放射化学）分离。中子活化分析的化学分离中可以应用载体使化学分离易于进行。照射完成后，一种放射性核素的剩余数只与半衰期有关，而与化学反应无关。如果在活化之后，将大量待测元素作为载体加入样品，能使待测元素的化学分离规模由微量变为常量，易于进行。化学分离效率少于100%也可以使用载体，可以确定分离效率，用校正值计算待测元素含量。照射之后应用载体还能避免待测元素污染样品的问题。

应用中子活化分析的最大优点是特效性，中子活化分析时被用于区别元素的物性仅是放射化学性质，半衰期、γ能量和β能量。两种不同的放射性同位素，有可能有一种放射化学性质相同，如半衰期相同，但绝不可能所有放化性质都相同。因而，中子活化分析中，元素与母体同位素的确定比较容易，母体同位素通过活化作用导致放射性核素的产生。

理论上所有对测量放射性有贡献的因素,中子通量、同位素横截面、计数效率,均可用于计算样品中待测元素的含量,但实际上有困难。因此,在中子活化分析中,通常采用一个由已知量的被测元素组成的标准物。

第六节　环境分析中样品采集、贮存与预处理

样品的采集、贮存和前处理对微量有毒化学污染物测定极为重要。在这些过程中,因样品被玷污或因吸附、挥发等造成的损失,往往造成分析结果失去准确性,甚至得出错误结论。

环境分析化学包括了样品的采集和预处理、样品分析以及分析结果化学计量学处理等整个过程。环境分析工作的误差可能由多种原因引起,例如实验方法误差、试剂不纯或是被玷污、测定过程或数据处理过程的误差等。这些误差都可以通过空白实验、标准方法、标准参考物质等来校正和控制。但是,如果样品本身出现了问题就很难解决。分析工作中偶然误差的标准偏差 S_0,与采样过程标准偏差 S_s 以及分析过程标准偏差 S_a 有关,通常为:

$$S_0^2 = S_s^2 + S_a^2 \qquad (10-6-1)$$

如果 S_s 足够大且无法控制,分析工作就失去了准确性的依据,使用再精确的仪器也无济于事。样品前处理过程对分析结果的准确度影响也非常大,若用 S_{ss} 来表示前处理过程标准偏差,则整个分析过程的偏差可以表述为:

$$S_0^2 = S_s^2 + S_a^2 + S_{ss}^2 \qquad (10-6-2)$$

样品前处理技术是近年来环境分析化学研究的热点之一,国内外大量学术会议、研究论文、专著进行了相关讨论。样品采集、预处理、样品分析、分析结果处理等都是分析工作的重要环节,样品的采集和贮存也涉及许多学科领域。

一、样品采集前的准备

样品采集前,要考虑以下六个方面的问题和影响因素。

1. 采样区域和采样点的确定

环境样品必须能够真实反映污染物的环境污染和生态影响情况,即采集样品要有代表性。采样之前要根据样品测试的总体要求选定采样区域,综合考虑采样区域的历史演变、地理情况、气候特点、环境生态特征、工农业发展状况、污染历史、特定污染物排放情况等因素。要特别重视和利用已有材料,在综合分析的前提下,确定采样点的分布。通常在采样区的上、中、下游、不同环境交汇处及重点排污处布置主采样点,在主采样点周围以扇

形、放射形或同心圆形方式布置二级采样点,这样才能确定污染源,了解污染物排放和迁移的途径及其在环境中溶解、沉积、富集及形态转化状况。

2. 样品种类

样品种类主要包括气体、液体、固体和生物样品几大类。气体样品包括大气中的微量气体成分、气溶胶、大气颗粒物、挥发性金属化合物等。液体样品包括各种水体,如海水、河水、天然水、矿泉水、地下水、自来水、污水、雨雪水等,以及饮料、酒类、奶类、酱油、醋、汽油、洗涤剂、食用油等。固体样品主要包括土壤和沉积物、矿物质、与人类活动有关的食物及废弃物,如食品、污泥、灰尘、废旧材料等。生物样品包括广泛的陆生与水生动植物,其中与人体有关的液体样品包括各种体液如汗液、血液、尿液、胆汁、胃液等,与人体有关的固体样品包括肌肉、骨骼、头发、指甲及各种组织和器官等。采样之前要根据分析检测要求和目标分析物来确定样品的种类。例如要测定空气中的污染物浓度需要采集气体样品,要研究水环境中污染物的迁移转化及富集规律,后者不仅要采集所研究的水体样品,还要采集相应水体的藻类、贝类、鱼虾等动植物样品。

3. 样品的大致浓度范围

有毒化学污染物在各种样品中分布的差别很大,采样前,应大致了解所测样品的浓度范围,以便有的放矢采集合适的样品体积与数量。例如二噁英、多氯联苯(PCBs)、多环芳烃(PAHs)等有机污染物与壬基酚、双酚 A 等环境内分泌干扰物,在一般无污染河水和海水、自然界各种水源中含量是很低的,需要通过大量水样(有时需要几十升)的富集来完成一次测定,例如一般河水中壬基酚测定每次需要水样 300~500 mL。再如有机锡化合物在一般的无污染海水、自然界水源中含量在 10 ng/L 以下,气相色谱-火焰光度检测器检测限为 10 pg,样品衍生物定容为 1 mL,取 1~2 μL 进样,气相色谱测定时一次取样量应在 0.5~1 L 以上;但有机锡化合物在污染海水与港湾水中可达 μg/L 水平,测定时一次只需取少量样品;在化工厂污水中有机锡含量高达 mg/L 水平,取样后要经过稀释才可以测定。

4. 基体的种类及其均匀程度

采集非均质环境样品,如固体废弃物样品、活水排放源附近水域水等,要选择合适、有代表性的地点,有条件要使用卫星定位系统,准确确定采样地点的经纬度,以便下次或多次重复采样或长期观察。要根据测定工作需要,确定典型代表物的样品数量和单个样品的体积大小。还要考虑采样频度,对于组成较稳定的监测体系,可以定期采样;而对于不定期排放的污染源应区分排放期和非排放期,对于河水样品应区分丰水期、枯水期、平水期,分别采样以了解污染物的季节变化情况。对于生物样品,如血液、尿液等,要根据不同分析要求确定采样容器、时间、频度和体积。例如,要测定某药物成分在血液中的浓度变化,应在服药前后一定时间内按一定时间间隔采血样。要研究代谢产物在尿液中的浓度变化,除要考虑采样频度外,还要考虑饮食对样品浓度的影响。

5. 所用分析方法的特殊要求

根据测定任务要求和实际需要选择分析仪器和方法,但任何分析方法都不是万能的,因此采样前要充分考虑所用分析方法的特点,来有选择地采集不同种类样品和确定取样量。如果所选环境样品需要经过衍生化后测定,或是通过色谱分离后进行测定,这时样品基体基本没有干扰,可用于广泛的样品种类和大体积样品。如果用氢化物发生等直接测定,样品基体往往有较大影响,样品中各种干扰离子对被测化合物会产生抑制作用,所以这种技术一般选择海水、天然水等液体样品;这种技术非常灵敏,所以取样量可以少些。

此外,一些外部因素,如风向、河水流向、温度、光照、酸度、微生物作用等也应予以考虑。例如,在光照下,三烷基锡化合物容易降解为二烷基化合物。温度对微生物活动、许多化合物稳定性有影响,容易引起一些化合物的生物降解。样品 pH 会极大地影响金属离子氧化/还原型的比例,低 pH 时样品中易含有更多自由离子,多数水样需调节为酸性以避免水解反应发生。

6. 采样时应根据不同样品选择采样器皿

采集金属化合物一般要用聚四氟乙烯器皿,但双酚 A、壬基酚、辛基酚等化合物在绝大多数塑料器皿中有溶出,采集这类有机污染物样品必须使用玻璃或不锈钢器皿。

采样前做好充分准备,提前熟悉所采区域的地理环境、天气情况,熟悉水、底泥、土壤、大气颗粒物采集装置等的使用方法,以提高采样效率。

二、水样的采集方法

1. 水样的采集

环境样品测定中采集最多的就是水样,环境水样可分为自然水(雨雪水、河流水、湖泊水、海水等),工业废水,生活污水。自然界中的水含有多种复杂成分,包括有机胶体、细菌藻类、无机固体等,后者包括金属氧化物、氢氧化物、碳酸盐和黏土等,其中微量元素和有机污染物含量往往很低。

采集的各种水样必须具有代表性。自然界水中微量元素和有机污染物含量与水样深度、盐度及排放源有关,只有个别有机金属化合物含量与采集深度、盐度无关,如甲基锗等。采样前应明确采样目的,以确定采样点、采样时间和采样频率。如果要测定一条河流中某种元素或污染物的长期变化规律,应选取固定时间间隔内可以重复采样的地点,每个固定时间间隔至少采样 1 次,在每个丰、枯、平水期至少采样两次。对于使用管道或水渠排放的水样,采集前必须通过实验确定微量元素或污染物分布的均匀性,避免从边缘、表面或地面等部位采样,通常这些部位的样品不具代表性。确定排放源排放时间后,采样时间可随排放时间变化;有多种排放源存在时,不同横断面、不同深度样品的组成与浓度变化较大,可沿横断面和水流深度设置采样点。

表面水样采集,须戴上聚乙烯手套,将聚乙烯瓶插入水面下 0.5 m,避开水表面膜,使水样充满容器。采样后立即加盖塞紧,避免接触空气。测定海水中金属元素或有机污染物时,必须小心采样器具的清洁问题;一般要在采样点用水样冲洗事先清洁好的采样器 2~3 次,同时采集的水样中不能混入固体物质。用船来采集水样,必须考虑来自船体、采样器材的玷污,最好用专门的采样船。若河水较浅或采样点靠近岸边水浅的地方,采样者应位于下游采集上游水样,同时避免搅动沉积物。

深水样采集使用的采样器大多由聚乙烯、聚丙烯、聚四氟乙烯、有机玻璃(甲基丙烯酸甲酯)等加工而成,须避免使用胶皮绳、铁丝绳等含有胶皮或金属的材料,避免铁锈或油脂等的玷污。采样时应将采样器沉降至规定深度,并用泵抽取水样,采集底层水样时应避免搅动沉积层。

废水的采集可以利用自动采集装置,既能满足高采样密度,又可以长期连续不断采样。其采样方式有:在某一指定时间或地点采集"瞬时个别水样",采集在相同时间间隔取等量水样混合而成的"平均水样",或者根据排放量大小,按与排放量成比例的量采集水样,混合后配成"平均比例水样"。

天然水样大多采用定时采集的方法,为反映水质全貌,必须在不同地点和时间间隔重复取样。采集频度须足够大,以反映水样的季节变化,通常采用两周一次或一月一次。

采集雨水和雪样时,如果是沉积物,可用体积取样器同时收集湿的和干的沉积物;如果采集湿样,只能在下雨或下雪时采集。对于高山和极地雪的采集,必须用洁净的聚乙烯容器,操作者须戴洁净手套,在逆风处采样。采样时先用塑料铲挖出一个深度约 30 cm 的斜坡,用大约 1 L 的聚乙烯瓶横向采集离地面 15~30 cm 的雪样,采集后立即封盖并冷藏处理直到样品分析。

沉积物间隙中的水样,对研究微量元素从水相到沉积物或从沉积物到水相的迁移具有重要意义,但这种水样的采集很困难,须避免因暴露于氧中或一定温度压力中而产生的变化。离心分离被广泛用于采集沉积物间隙中的水样,它具有样品操作简单的优点。

2. 水样的预处理

除了采集后立刻进行分析的,水样在贮存以前必须进行适当的预处理。

预处理依据被测水样的不同要求而异,过滤是常用的预处理方法。未过滤的样品中,由于颗粒物和分散于水样中的颗粒物碎片间存在相互作用,可能引起样品中重金属化学形态分布的变化。研究人员发现,重金属在沉积物与水的混合物中的吸附解吸平衡时间很快,一般小于 72 h,最大吸附发生在 pH = 7.5 左右。采样后,溶液平衡的变化,有时使水相金属离子迁移至颗粒物的吸附位点,有时则是已吸附的金属发生解吸。通常对于微量元素或有机分析,须通过过滤或者离心将水样中的颗粒物质除去;而如果测定颗粒物中的污染物成分,则需收集这部分样品。然后加入保护剂,水样盛放在没有污染的容器内,并贮存在合适的温度下,以防止有效成分的损失、降解或形态变化。

利用 0.45 μm 的微孔膜可以方便地区分开溶解物和颗粒物,0.45 μm 滤膜可以滤出所有浮游植物和绝大多数细菌,通过滤膜的滤液中含有 0.1~0.001 μm 的胶粒及小于 0.001 μm 的溶解于水的组分。连续过滤有时可能造成滤膜堵塞,这时一般需要更换新膜或采用加压过滤。

使用过滤设备应注意设备与溶液接触部分的材质,如硼硅玻璃、普通玻璃、聚四氟乙烯等,同时也要考虑过滤器是否是真空或加压。玻璃过滤器使用橡胶塞容易造成玷污,一般选择使用硼硅玻璃的真空抽滤系统。过滤以前,过滤器材应用稀酸洗涤,通常是在 1~3 mol/L 盐酸中浸泡一夜。

未处理过的滤膜表面极易吸附水中的镉和铅,但用来过滤河水未发现镉和铅浓度的变化。利用未经处理的纤维素类滤膜来过滤海水样品,可能造成 10%~30% 的汞损失;但使用处理过的玻璃纤维滤膜过滤,汞损失可降至 7% 以下。一般滤膜使用前用 20 mL、2 mol/L HNO₃ 洗涤,再用 50~100 mL 蒸馏水冲洗。接收滤液的烧杯或三角烧瓶也须用蒸馏水冲洗干净,并将最初收集的 10~20 mL 滤液去掉。过滤海洋深水样的滤膜最好先用稀硝酸浸泡。

加压过滤与真空抽滤是常用的两种方法，加压过滤速度快，适用于过滤含有大量沉积物的河水水样，如果使用直径 47 mm 的 0.45 μm 膜过滤水样，速度大约在 100 mL/h 左右，加压过滤通常使用超滤膜。

对于难过滤水样，离心也是一种有效分离手段，但离心过程容易引起玷污。离心分离效率与离心速度、时间以及颗粒密度有关。

沉积物高细菌浓度也会导致水溶性金属形态的损失。细菌和藻类的生长包括光合及氧化等作用会改变水样中 CO_2 含量，导致 pH 变化，pH 变化往往带来沉淀溶解、吸附与配位行为改变以及溶液中金属离子的氧化还原作用。贮存样品中细菌生长和繁殖不可预测，采样后过滤越早越好；如果不能及时过滤，样品最好先冷冻保存或者加酸酸化以抑制细菌生长。

3. 水样的贮存

不能及时测定而需保存的水样应采取适当保护措施，以防止水样在贮存过程中发生化学反应或生化作用，造成待测组分发生损失。水样允许的保存时间与水样性质、待测组分、贮存容器、保存温度和加入的保护剂有关。通常水样污染程度越重、待测组分挥发性越大、越容易发生氧化、还原、吸附、沉淀等反应，样品存放时间越短。

常用于水样贮存的容器材料有聚乙烯、聚丙烯、聚四氟乙烯、硼硅玻璃等，选择容器材料的主要依据是材料的吸附程度和表面纯度。玻璃表面具有弱的离子交换作用，在近中性溶液中玻璃表面的低价阳离子易发生阳离子交换，碱性玻璃表面的交换能力甚至高于标准的磺酸盐树脂；引入硼硅基团后，交换能力大大下降，用疏水硅胶涂渍玻璃表面也可以有效地降低重金属离子的交换吸附；选择容器材料不能选用碱性玻璃。

通常，使用聚乙烯或聚四氟乙烯材料比用硼硅玻璃材料的表面吸附现象低得多。疏水的有机聚合物如聚乙烯、聚四氟乙烯等的吸附行为来自其表面双电层上的离子交换。羟基离子通过范德华力或氢键结合使聚四氟乙烯这种双电层带上电荷。容器表面带有负电荷已被电渗析测定证实。

无论是聚合材料或是玻璃材料，都可能因自身含重金属杂质而玷污样品，这些杂质可能来自制造这些材料时用的催化剂、助剂、模板等。合成材料中有机增塑剂也可能在贮存期间释放。这些因素可能影响金属的氧化还原与配位性能。选用容器时，必须考虑将材料自身的玷污降低到允许范围，同时要降低因被测组分吸附在容器壁上而造成的损失。

通常将容器浸泡在稀酸溶液中足以消除容器表面的金属杂质。实验表明，在 HNO_3 中将聚乙烯容器浸泡 48 h 后，用此容器贮存 Cu、Co、Pb、Cd、Zn 等没有发现浓度变化。但对于测定有机污染物的样品，其容器常用洗液浸泡。聚四氟乙烯容器在制作时有可能接触金属，其新容器在使用前也需要清洗，如用 50% HNO_3 清洗效果很好。在测定有机污染物时，如环境内分泌干扰物壬基酚、双酚 A、辛基酚等，由于这些化合物广泛存在于环境介质中，背景值很高，一般聚乙烯和聚四氟乙烯材料不适合这类样品的采集与贮存，这时应使用硼硅玻璃容器或棕色玻璃试剂瓶。采样和整个样品前处理过程都应避免使用塑料器皿，所用水等应为尽量减少壬基酚、双酚 A、辛基酚背景的特制高纯水；所有玻璃器皿和过滤装置须经过严格清洗，玻璃器皿和过滤装置先经 1 mol/L NaOH 溶液清洗，然后用蒸馏水冲洗，最后用二氯甲烷洗涤。对于含有颗粒物的河水样品和其他水样，先经过

0.45 μm 滤膜过滤,滤液用 4 mol/L 盐酸调至 pH=1,加 15 g NaCl 增加溶液离子强度并降低乳化程度。

低温或冷冻贮存可有效抑制样品组分发生化学或生化反应,抑制细菌活动,从而延长样品保存时间。通过 0.45 μm 滤膜过滤的水样在室温下贮存时,几天后发现颗粒物重新出现,大多数颗粒物直径大于 4 μm,这与细菌生长及聚集有关;在 4 ℃时贮存样品细菌活动大大减少。将未酸化海水样品在 -45 ℃保存三个月后,Cd、Pb、Cu 总浓度没有明显变化,只是一些不稳定金属形态、不稳定无机或有机胶体浓度略有改变。冷冻贮存水样与新鲜水样相比,不稳形态铜和铅浓度有变化,但对金属总浓度没有影响。低温保存对含有机磷和有机氯农药的水样也是较理想的贮存方法。

根据待测组分不同、加入酸、碱或盐等化学试剂可抑制水样中生化作用,调节水样 pH 可防止沉淀、水解等的发生,使待测组分浓度和形态保持相对稳定。研究表明,金属离子在玻璃、氧化物、聚乙烯、聚四氟乙烯表面的吸附取决于金属离子本身的水解能力,在酸性溶液中吸附很少,随着 pH 升高吸附明显增加。水样中的油脂在碱性条件下可转化为皂类,并与重金属形成难溶性金属皂盐吸附于容器壁上,从而影响重金属和油脂测定。加 HCl 酸化至 pH<4 可抑制皂化反应,对于用来测定微量重金属和油脂的水样进行贮存,酸化是最佳选择。样品贮存时,如果只测定样品中金属总量,则为了减少样品吸附通常在过滤后加入 HCl 或 HNO₃,保持酸度在 0.1 mol/L。过滤前不可酸化,过滤前酸化可能将颗粒物中的金属离子释放出来,使测得的可溶性金属离子浓度偏高。样品加酸前还须做酸空白实验,以确保酸中金属离子含量不干扰样品组分测定。

对于有机汞、有机硒、有机砷等有机化合物,样品贮存必须给予特殊考虑,如聚乙烯容器表面可能还原有机汞,或与有机汞键合。当容器材料或水样中含有微量金属时,可进一步加速这一过程。将样品在 4 ℃贮存或冷冻贮存可以减少 Hg(Ⅱ)的还原或汞化合物的分解。另外在酸性溶液中加适量氧化剂如高锰酸钾、重铬酸钾,或一些螯合剂如半胱氨酸、腐殖酸等,可防止有机汞或 Hg(Ⅱ)的损失。加酸酸化可以防止甲基汞与海水样品中有机硫化合物结合,一般酸化使用 20%的稀 HCl 溶液。但加酸无益于含砷样品的贮存,研究表明,在水样中加入 0.1 mol/L 的 HCl 后,即使低温贮存也会导致 As(Ⅴ)转化成 As(Ⅲ)。由于卤化物、硫化物和氰化物在酸性条件下可形成易挥发性的 HX、H₂S 和 HCN,导致这些组分的挥发性损失,因此必须在碱性条件下保存含上述待测组分的水样。

三、底泥和沉积物样品的采集方法

1. 底泥和沉积物样品的采集

水中底泥和沉积物采集的办法主要有两种。第一种是直接挖掘,这种方法适用于大量样品的采集或者是一般需求的样品采集。在无法采到很深的河、海、湖底泥时,可采用沿岸边直接挖掘的方法。这样采集的样品极易相互混淆,一些泥土组分容易流走。第二种是采用类似岩心提取器的采集装置,适用于采样量较大而不可相互混淆的样品。这种装置采集的样品也可以反映沉积物不同深度层面的状况。如果使用金属采样装置,需要内衬塑料内套以防止金属玷污。当沉积物不是非常坚硬时,可用甲基丙烯酸甲酯有机玻璃材料来制作采样装置;装置外形为圆筒状,高约 50 cm,直径约 5 cm,底部微倾斜,以便在水底易于用手将其插进泥土或用锤子将其敲进泥土,取样时底部采用聚乙烯盖子封住。深水采样时,需要有能在船上操作的机动提取装置,倒出来的沉积物分层装入聚乙烯瓶中贮存。在涉及元素形态分析时,样品分装最好在手套箱里完成,即充有惰性气体胶布套箱,以避免一些组分的氧化或其引起的形态分布变化。

悬浮沉积物的采集最好使用沉积物采集阱,这种采集阱的设计对其采集效率有很大影响。

2. 底泥和沉积物的预处理和贮存

形态分析用的沉积物,要求放置在惰性气体手套箱中以避免氧化。岩心提取器采集的沉积物样品可以利用气体压力倒出,分层放于聚乙烯容器中。

由于沉积物颗粒大小不一,一般先对其进行初步的物理分离,分出岩石碎片等大块物质。土壤学一般选择小于 $20~\mu m$ 的颗粒,认为该组分可以较好地代表微量元素的分布,而粗淤泥颗粒($20 \sim 63~\mu m$)和沙子(大于 $63~\mu m$)则不包括在内。可以过滤样品,但应使用聚乙烯或尼龙材料,避免使用金属材料。

湿法过筛的优点是不易凝聚结块。样品在 $110~℃$ 下干燥后过筛,容易损失一些挥发性组分,如汞等。风干会影响铁的形态分析结果,也影响 pH 和离子交换能力。所以形态分析最好使用混合均匀但又没有干燥的沉积物或土壤样品。

干燥的沉积物样品可以贮存在塑料或玻璃容器里,各种金属元素形态和总量不会发生变化;湿的样品最好 $4~℃$ 保存或冷冻贮存。干燥过程,就是在室温下,也容易引起土壤结构及化学性质的变化,容易引起沉积物样品中金属元素分布的变化。密封在塑料容器中存放至少可以避免铁的氧化。

四、大气样品的采集方法

1. 室内空气污染物样品采集

室内空气污染物主要成分为甲醛、苯、甲苯、二甲苯、乙苯等易挥发有毒化合物。室内空气采样方法分为直接采样法和动力采样法两种。当室内空气污染比较严重或是检测方法非常灵敏时可选择直接采样,直接采样常用采样工具有注射器、采样袋、采气管和真空采气瓶等,固相微萃取的萃取纤维也可用于现场直接采样。使用气相色谱法测定室内空气污染物时,常用 $100 \sim 500~mL$ 注射器或采样袋,直接抽取空气样品后,旋转密闭进样口,带回实验室直接注入气相色谱进样口进行分析。采用特制塑料袋采集室内空气时,应根据采集样品特性选择塑料袋,常用采样袋有聚氯乙烯袋、聚乙烯袋和聚四氟乙烯袋。选用带有金属薄膜内衬的袋子,主要是衬铝,对样品稳定性有益。如含 CO 的混合样品放置在聚氯乙烯袋中,只能稳定十几小时;同样的样品放置在铝膜内衬的聚酯袋子里可以稳定 $100~h$ 而无损失。采用塑料袋采集室内空气操作时可使用大体积进样器,最好采用吸耳加压二联球,二联球方法适合采集 $100 \sim 500~mL$ 样品。也有用固定体积容器采集气体样品的,常见容器是由耐压透明玻璃或由不锈钢制成的真空采气瓶,体积在 $500 \sim 1~000~mL$。

污染物浓度较低或连续采样时往往采用动力采样,动力采样法是采用机械泵,迫使室内空气通过收集样品的介质,让被测物在介质中吸附或冷凝,达到富集采样目的,吸收介质可以是液体,或是填充柱或各种膜材料。溶液吸收法的气体吸收管内装吸收液并接有抽气装置,吸收以一定流速通过吸收液的空气样品,当空气通过吸收液时,由于发生溶解作用或化学反应,被测组分被留在吸收液里,取样结束后倒出吸收液,测定其中待测组分含量。填充柱吸附法常用的柱吸附材料是活性炭和硅胶,根据被测对象不同可选择有效的吸附剂,如采集含汞样品可选用 60～80 目的 Tenax。填充柱采样是目前应用最广泛的采样方法,与溶液吸收比较,填充柱可以长时间连续采样,通过测定不同时段、区段的浓度变化,可以有效反映污染变化的动态过程;通过选择合适的填充剂,对于气体、蒸气和气溶胶都有较好的采集效率;污染物在填充柱上比较稳定,便于存放或携带;适于各种场合包括现场采样。低温冷凝采样方法常用于挥发性气体采集,常用制冷剂有冰-盐水(−10 ℃)、干冰-乙醇(−72 ℃)、液氧(−183 ℃)、液氮(−196 ℃)和半导体制冷器(可达−50 ℃)等。动力采样中常用的抽气泵有薄膜泵、电磁泵和刮板泵等。

2. 气溶胶(烟雾)的采集

环境中气溶胶为 0.01～10.0 μm 的颗粒,有时甚至更大,这些气溶胶的组成通常与颗粒大小有关。气溶胶批量采样通用过滤、碰撞、静电吸附方法,采样须避免气溶胶颗粒在滤膜上转化、避免样品的空气动力学作用损失以及因过滤材料引起的玷污。过滤最常用,可以用高速采样器(0.1～3 m^3/h);选择滤膜非常重要,需要考虑颗粒大小、收集效率及可能的玷污等。塑料纤维滤纸机械强度差,使用棉质纤维滤纸和石英滤纸是较好的选择。膜过滤适用性更普遍,它的收集效率好、微量元素背景低,但具有较高的空气流动阻力。用滤膜采样器采集大气中汞、有机汞和其他元素如铅、砷、硒等的易挥发形态,滤膜表面的工作条件易于导致采集样品的解吸和挥发。

一些商用采样器采用碰撞收集大气颗粒,可以按照组分颗粒不同大小采集气溶胶。静电吸附使用较少,但有很好的收集功能。用于职业保健调查研究的大气采样器比较多,它们采集大气中某种颗粒,大多采用滤膜式并可以随身携带。

目前大气中微量金属主要研究汞和铅的化学行为。有机铅化合物在大气中的存在及化学行为非常重要,虽然铅已不再作为汽油防爆剂使用,但冶炼厂排放辐射的有机铅仍然相当可观;而有机汞由于天然和人为排放广泛存在于大气中。这两种元素的化学形态决定了它们在大气中的存在和反应途径,以及它们被吸入人体后的毒性;它们可以作为挥发性气体形态附着在颗粒物上,或自身作为离散颗粒物存在。挥发性有机铅,包括四乙基铅、四甲基铅和它们的降解产物,大约占城区铅总量的 1%～4%。含铅物燃烧中存在的二氯乙烯或二溴乙烯导致大多数铅化合物以氯化物或溴化物形式排放,在硫酸盐的作用下这些卤化物转化成为$(NH_4)_2SO_4$ 和 $PbSO_4$。冶炼过程排放的气体中含有 Pb、PbO、PbS、$PbSO_4$ 等。大气中不挥发无机铅盐利用玻璃纤维和膜过滤收集。空气中烷基铅化合物通过过滤器采集,过滤器含有某些吸附剂和萃取剂,如氯化碘是一个有效吸附剂。在 EDTA 作用下,用四氯化碳萃取二烷基铅的二硫腙螯合物,可以从无机铅溶液中萃取出有机铅。用色谱填料分离有机铅也是一种常用的选择。大气中,元素汞、$HgCl_2$、CH_3HgCl 和 $(CH_3)_2Hg$ 蒸气可以单独存在或附着在其他颗粒物上。大气中含汞样品的采集,包括气体阱或吸附,使用不同吸附剂可以选择性吸附汞的多种形态。如用硅烷化白色硅藻土吸附 $HgCl_2$,用 0.5 mol/L NaOH 处理的硅烷化白色硅藻土吸附 CH_3HgCl,涂银玻璃珠可以吸附元素汞,而涂金玻璃珠则可选择性地吸附 $(CH_3)_2Hg$。采集含量很低的大气样品,使用快速采样器控制流速 5～50 m³/min 需要几小时时间,快速采样器缺点是存在吸附样品解吸或挥发的可能;使用低速采样器流速在 0.5～1.5 m³/min 时,需要几天时间。

大气沉积物包括干沉积物如灰尘颗粒等,和湿沉积物如雨后颗粒。大气颗粒的采集基本类似于气溶胶,但湿沉积物需在下雨时采集。

五、生物样品的采集方法

1. 采样

生物样品涉及复杂的基体,这些基体既有固态的也有液态的,包括所有水生或陆生的动植物。样品测定有时针对整个生物体,有时是某一器官或组织,有时只测定排泄物。环境分析中的生物样品主要包括鱼类、贝壳类、海藻类、草本植物、果实、蔬菜、叶子等动植物样品。在职业保健研究中主要研究人体组织、头发、汗液、血液、尿样和粪便等。

生物样品采集的关键在于防止样品玷污,对于金属元素分析,应避免使用金属刮刀、解剖刀、剪刀、镊子或针等。实验室用的硼硅玻璃器皿、聚乙烯、聚丙烯或聚四氟乙烯以及石英器具等可用于代替上述金属制品,采样时不能直接用手接触,应戴塑料手套,器皿与手套所带粉末应冲洗干净,以避免这些粉末带进金属。实践中金属刀片和活检用针头不可避免地要用于样品处理,因为这些刀具比石英或玻璃刀具更方便有效。研究表明,使用不锈钢刀具处理活检组织会带入 3 ng/g Mn、15 ng/g Cr 和 60 ng/g Ni,不锈钢刀具不适于研究这些金属元素在生物体中的浓度和形态。

研究人体血清中的微量元素,有时含量相差很大,这除了分析方法和个体差异以外,在很大程度上来源于采样时的污染。有研究表明,用不锈钢针头采集血液样品时,前 20 mL 中铁、锰、镍、钴、钼、铬的含量明显增高,铜和锌的含量没有什么变化。由于这个原因,最好用聚四氟乙烯或聚丙烯材料替代。

灰尘是生物样品中锌、铝和其他金属元素污染的主要来源。在体液等样品采集中应该避免带入灰尘,尿样也极易带入灰尘,所以采样时必须加倍注意,应接收在带盖的、用酸冲洗过的聚乙烯瓶子里。

2. 样品处理及贮存

许多生物样品需要进行预处理,这种预处理应该在采样后立即进行。例如,在分析贝壳类样品中的微量元素时,需要将贝壳外层的沉积物清洗干净后开壳,采集整个或部分贝肉。同样,水生植物、海藻等也需要仔细清洗以除去沉积物、寄生植物或其他表面沾污。必须注意样品的代表性,微量元素往往在一些特殊的部位有更高的浓度,如植物的根和叶等,而且植物大小与元素浓度也有关系,分析单个样品时应在采样时就注意。样品采集后如不立即分析就应冷藏,处理上述样品时应戴聚乙烯手套,样品应存放于塑料袋或塑料容器中。对于进行微量元素分析的头发样品,为了排除外来元素干扰,可在 0.1% Triton - X100 中用超声清洗,过滤后再用甲醇冲洗,然后用吹风机吹干。

有些生物样品,根据测定需要,必须现场处理,比如鱼类生物标志物——卵黄蛋白原测定时鱼血的采集和处理方法。鱼的循环系统主要包括心脏、动脉、静脉等(图 10-17)。鱼类的心脏位于最后一对鳃的后面下方,靠近头部,由一个心房和一个心室组成。血液由

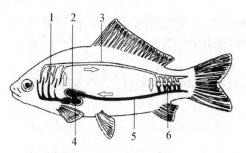

1-毛细血管；2-心房；3-背部大动脉；4-心室；
5-静脉(此处刺入取血)；6-体内的毛细血管。

图 10-17　采集鱼血取血部位图

心脏压出，经过腹大动脉进入腮动脉，深入腮片中各毛细血管，其红细胞在此吸收氧气，排除血液中的二氧化碳，使血液变得新鲜。此后，血流出鳃动脉而归入背大动脉，再由许多分支进入鱼体各部组织器官。然后转入静脉，再汇集到腹部的大静脉。静脉血液经过肾脏时被滤去废物，流经肝脏后重新进入心脏循环。采集鱼血时，用硫酸喹啉溶液将实验鱼麻醉，称量，记录体长和质量，用肝素化的注射器从鱼尾静脉刺入取血，小心放入离心管中，并在管中加入 1 μL 蛋白酶抑制剂(2.5 TIU)和 6 μL 肝素钠(30 USP 单位)，轻轻上下翻转使其混匀，然后将血液在 1 ℃，3 000 r/min 离心 20 min，取上层血清，−80 ℃保存备用。

对于其他血液样品的前处理，要根据全血、血浆及血清的不同要求进行。全血短期内可以贮存在 4 ℃，冷藏效果较好，但冷藏往往导致沉淀出现，测定时沉淀出的固体可以加酸溶解。样品混匀往往是处理大量样品的第二步，如果使用机械匀浆，要考虑刀片玷污问题。少量样品可直接溶解在浓盐酸或强碱中，季铵盐的氢氧化物也常用来溶解少量组织样品，如在 20%的四甲基氢氧化铵(TMAH)中浸泡 2 h，可有效从蛋白质和脂肪中游离出烷基铅化合物，这种萃取方法适合于处理海藻和其他海生植物，可以在 60 ℃水浴加热萃取以提高速度。

高压反应釜也常用于样品处理，高压反应釜以聚四氟乙烯为内胆，有效地防止样品玷污，其微量元素空白非常低。高压溶样前，样品一般经冻干或风干，高压反应釜根据不同样品需求进行温度控制，一般在 160~180 ℃处理 6 h 即可得到满意结果。在通风橱中控制 100 ℃左右连续加热是一种最方便的方法，但是样品的易挥发组分，像元素汞和其他一些有机金属化合物极易损失。马弗炉在 500 ℃时可以分解多数有机化合物，适合 Hg、As、Sn、Se、Pb、Ni、Cr 等组分的处理。

冷冻干燥是除去固体生物样品中水分的好办法，可以避免微量元素损失或样品玷污，少量样品时这个方法较为适宜。冻干或消解的样品比较容易保存，在萃取前或溶解前，需要重新混合均匀。

六、现有样品采集与前处理技术评价

样品采集和前处理是制约环境分析化学发展的瓶颈，且往往是测定误差的主要来源，因此样品前处理技术是环境分析化学研究的难点和热点之一。

环境样品采集有主动采样和被动采样两大类。固相微萃取(SPME)是一种被动采样技术，近年来 SPME 得到了迅速发展和广泛使用，已迅速取代传统的液液萃取。SPME 属于固相萃取，其优点是装置简单，无须电源，特别适宜于野外操作。SPME 消耗分析物极少、基本不影响分析物在环境两相(如水-土壤)分配与界面过程。被动采样技术发展很快并得到许多实际应用。

相对而言,主动采样技术没有太多进展。近来与各种检测器在线联用的膜萃取技术受到环境分析工作者的关注,膜导入质谱(MIMS)被用于测定挥发性有机污染物,如水中 100 ng/L 的甲基叔丁基醚等;带吸附剂接口的膜萃取技术与 GC 在线联用,则可高灵敏、快速测定水中挥发性有机污染物。

1. 固相萃取技术

固相萃取(SPE)有机溶剂用量少、简便快速,是一种环境友好的分离富集技术,在环境分析中得到广泛应用,是目前从水样中萃取有机化合物应用最多的分离富集技术,也应用于固体环境样品提取液的净化。商品化的 SPE 种类很多,适用于各种极性、非极性有机污染物的萃取富集,许多金属离子和有机金属化合物也可用 SPE 法富集,使用者可根据需要选择广谱型或特异型 SPE 柱。C_{18} 广谱 SPE 柱适宜于大多数有机污染物的分离富集,如果目标分析物种类较多,既有极性又有非极性化合物,或者目标分析物结构各异,则可以选用广谱、混合型 SPE 柱,或者将不同种类 SPE 柱串联使用。相反,当目标分析物为某一类型化合物时,一般尽可能使用专一型 SPE 柱,比如具有特别高选择性的免疫亲和 SPE 与分子印迹 SPE 技术发展迅速。免疫亲和 SPE 已经应用于环境水样中重金属、药物和 PAHs 等污染物的分离富集,分子印迹 SPE 与 HPLC 或 HPLC-MS 联用技术在低含量阿特拉津、磺酰脲类除草剂、壬基酚等内分泌干扰物测定中得到应用。

2. 固相微萃取技术

固相微萃取技术(SPME)近年来在环境分析化学领域飞速发展。许多国家的环保法规对环境样品萃取溶剂的限制越来越严苛,客观上刺激了 SPME 的研发。SPME 无须使用有机溶剂,非常环保;该技术操作简便,可在任何型号气相色谱(GC)上直接进样,节省样品预处理 70% 的时间,深受分析工作者欢迎。

1993 年,美国 Supelco 公司首次推出商品化固相微萃取装置,目前 SPME 作为成熟的商品化技术,已经应用于大气、水和土壤等各种环境样品中的挥发性、半挥发性、不挥发性化合物的采集、分离和富集。SPME 的核心部件是萃取头,目前已发展出多种厚度与不同种类的涂层。1997 年 Pawliszyn 提出了毛细管内 SPME(in-tube SPME)的概念,毛细管内 SPME 使用一根内部涂有固定相的开管毛细管柱富集目标化合物。毛细管内 SPME 多与高效液相色谱联用分离测定一些难挥发的和热不稳定的化合物,大大扩展了固相微萃取技术的应用范围。通常,被萃取到 SPME 纤维上的分析物绝对质量十分有限,在进行高灵敏度测定时使用会受到限制。为此,搅拌子吸附萃取(SBSE)技术在近年受到人们的重视,SBSE 萃取容量大约是 SPME 纤维的 500 倍,但其使用不如 SPME 方便。

此外,SPME 还是研究环境化学与生物过程的新工具。萃取到 SPME 纤维上的分析物非常少,可以认为萃取不影响分析物在被研究环境介质(如水-土壤)间的相平衡与界面过程。因此,研究污染物在活性污泥中的降解和吸附时,SPME 被用于测定水相中目标污染物的游离态浓度和生物可给性浓度,以及测定腐殖酸对疏水性污染物的吸附量。SPME 还可用作光反应支撑体,通过研究多氯联苯(PCBs)和 P, P' - DDT 在 SPME 纤维上的光降解,可了解它们在环境中的光降解行为。

3. 压力液体萃取和亚临界水萃取

压力液体萃取(PLE)和亚临界水萃取(SWE)是从固体基体中萃取有机污染物的技术。PLE 也被称作加速溶剂萃取(ASE),是在施加高压下,用溶剂将固体中目标化合物萃取出来。SWE 又称压力热水萃取,是在亚临界压力和温度下,温度 $100 \sim 374 ~\mathrm{^\circ C}$ 并加压使水保持液态,用水提取土壤、沉积物和生物体等固体样品中的分析物。由于它们萃取时间短、消耗溶剂少,并且可获得比传统萃取技术更高的萃取回收率,正迅速取代传统的索氏提取和超声提取等技术。PLE 和 SWE 技术已成功用于萃取多种固体环境样品中的 PAHs,PCBs,PCDDs/PCDFs,PBDEs 等持久性有机污染物(POPs),以及有机锡化合物、壬基酚和双酚-A 等环境内分泌干扰物等。由于水具有很好的环境兼容性,预计 SWE 会有很好发展前景。

4. 吹扫-捕集技术

吹扫-捕集技术适用于从液体或固体样品中萃取沸点低于 $200 ~\mathrm{^\circ C}$,溶解度小于 2% 的挥发性或半挥发性有机物。美国环保署的 EPA 601、EPA 602、EPA 603、EPA 624、EPA 501.1 与 EPA524.2 等标准方法均采用吹扫捕集技术。随着商品化吹扫捕集仪器的广泛使用,吹扫捕集法在挥发性和半挥发性有机化合物分析、有机金属化合物的形态分析中起重要作用。吹扫捕集法作为无有机溶剂前处理方式,对环境不造成污染,而且具有取样量少、富集效率高、受基体干扰小及容易实现在线检测等优点。但是吹扫捕集法易形成泡沫,使仪器超载。另外伴随有水蒸气的吹出,不利于下一步的吸附,给非极性气相色谱柱分离也带来困难,并且水对火焰类检测器也有淬灭效应。这是一种较成熟的技术,近年来进展不大。

5. 微波消解和微波辅助萃取技术

微波辅助萃取技术就是利用微波加热来对样品中目标成分进行选择性萃取的方法。通过调节微波加热参数,可有效加热目标成分,以利于目标成分萃取与分离。微波消解和微波辅助萃取技术已经显示了它在样品前处理方面的优越性,是一项节约能源和时间、环境友好的技术。微波消解和微波辅助萃取技术曾被认为是一种极有发展前途的技术甚至终极技术,但从目前发展态势看,它远远没有达到人们的期望值。

6. 超临界流体萃取技术

20 世纪 80 年代,超临界流体的溶解能力及高扩散性能得到了认可,它作为一种优良的萃取溶剂被用于萃取过程,使超临界流体萃取技术快速发展。超临界流体萃取技术目前多采用二氧化碳作为萃取溶剂,其本身无毒,也不会像有机溶剂萃取那样导致毒性溶剂残留,它是一项比较理想的、清洁的样品前处理技术。超临界流体萃取技术用于复杂样品基体中杀虫剂、多氯联苯、多环芳烃等的萃取,获得了很好的效果。美国环保署应用超临界流体萃取技术建立了分析多环芳烃等的三个标准方法(EPA 3560,EPA 3561,EPA 3562)。由于超临界流体提取装置较复杂,在高压下操作有一定危险性,成本也较高,超临界流体萃取很难被作为一种广泛使用的样品前处理技术。

7. 免疫萃取技术

免疫萃取技术是随着免疫技术在分析化学中的应用而发展起来的。目前研究最多的是免疫亲和固相萃取技术,其原理是将抗体固定在固相载体材料上,制成免疫亲和吸附剂,将样品溶液通过吸附剂,样品中的目标化合物因与抗体发生免疫亲和作用而被保留在固相吸附剂上。然后用酸性(pH＝2～3)缓冲液或有机溶剂作为洗脱剂洗脱固定相,使目标化合物从抗体上解离,从而使目标化合物被萃取和净化。由于免疫亲和作用具有很高的特异性,所以免疫亲和柱可以很方便地从复杂样品基质中分离其他萃取方法难以萃取的目标化合物。

由于相对分子质量小于 1 000 的化合物一般不具有免疫原性,因此早期的免疫亲和萃取技术主要应用于生化分析中分离蛋白、激素、多肽等生物大分子。直到 20 世纪 80 年代后,随着小分子免疫技术的突破,才用于萃取环境中小分子污染物,1990 年代中期后应用免疫萃取技术的环境分析报道逐年增加。

免疫亲和萃取是一种新型固相萃取技术,操作简单、选择性强。小分子化合物抗体制备技术发展,抗体种类增加,制作成本降低,都将推动免疫萃取技术环境分析应用的发展。

第七节　形态分析、分级分析与生物有效性

传统分析化学只测定样品中待测元素的总量或总浓度。然而生物分析与毒性研究证明:环境中某个元素的生物可给性、在生物体中的积累能力、对生物的毒性,与该元素在环境中存在的物理形态及化学形态密切相关。

一、形态分析

1. 形态分析定义

根据国际纯粹和应用化学协会(International Union of Pure and Applied Chemistry, IUPAC)的定义,**形态分析**(Speciation Analysis)是指表征和测定某个元素在生物样品或环境中存在的不同的化学形态和物理形态的过程。

2. 形态分析的分类

形态分析可以分为物理形态与化学形态两大类,其中化学形态又可以分为筛选形态、分组形态、分配形态与个体形态,见表 10 - 12。

表 10 - 12　形态分析的基本类型

形态分析类型	应用领域	说明	实例
物理形态	污染环境分析(大气、水、土壤)	从不同的化学过程与生化过程的角度考虑,这种形态分析是极其重要的	土壤与沉积物用分级萃取分离以后,不同分级中的痕量金属的分析

续　表

形态分析类型		应用领域	说明	实例
化学形态	筛选形态	环境污染分析,食品污染分析,生态毒理学	这是形态分析中最简单的,只测定一种特定的形态	海水、沉积物与组织中三丁基锡的测定
	分组形态	环境污染分析,食品污染分析,生态毒理学	某组化合物,或以不同化合物,或以不同氧化态存在的某些元素的测定	不同形态汞(元素汞、无机汞与有机汞)的测定
	分配形态	环境污染分析与生态毒理学	这些形态分析常与生物样品的分析相关联	血清与血细胞中痕量金属的测定
	个体形态	环境污染分析,食品污染分析,生态毒理学	形态分析中最困难的。分级与分离发挥特殊的作用	分子、配合物、电子或原子结构的表征与测定

二、个体形态分析

1. 金属有机化合物分析

金属有机化合物是指至少有一个碳原子与一个金属原子之间形成一个共价键。根据这个定义,金属与氮、氧和磷生成的金属配合物或其他类型金属有机配合物不再包含在内。同样,非金属砷、硒与烷基、芳基形成的共价化合物也不属于金属有机化合物。

水环境中最重要的金属有机化合物的来源是持久性有害金属有机化合物直接进入环境,如水中金属锡化合物。另一种重要来源是生物体与环境中某些金属离子反应生成金属有机化合物,最著名的例子就是自然界中汞的烷基化。

一般而言,环境样品中金属有机化合物的测定需要先用萃取手段将金属有机化合物分离。这种萃取分离必须满足两个条件,一是应尽量避免损失并有合适的回收率,二是不能破坏待测金属有机化合物结构。很多因素可以影响样品中金属有机化合物的萃取,比如组织中金属有机锡的萃取,有机溶剂、酸的性质与浓度、配体存在与否均会影响萃取结果。

金属有机化合物固相萃取主要有两种技术,即有机锡化合物的格林试剂或四乙基硼化钠[$Na(CH_3CH_2)_4B$]衍生方法,然后用固相萃取。超临界流体萃取技术不能直接应用于水相中金属有机化合物的萃取,但可以与固体萃取技术结合,成功萃取金属有机衍生物。Bayona 应用超临界流体色谱萃取环境样品中有机锡、汞、铅化合物与有机砷化合物。衍生会干扰金属有机化合物的测定,但可以增加金属有机化合物的挥发性,这有利于气相色谱分析。

最有效的金属有机化合物测定技术是仪器联用技术,即联合使用具有高分离能力的色谱技术与具有高灵敏度的光谱质谱技术。这些联用技术包括液相色谱 LC、气相色谱 GC、超临界流体色谱 SFC、毛细管电泳 CE 与电感耦合等离子体原子发射光谱 ICP-AES、电感耦合等离子体质谱 ICP-MS 的联用。联用技术中最为关键的是接口,它在很大程度上决定方法的灵敏度。

2. 自由金属离子的分析测定

土壤中金属元素的总量和形态分布决定了元素的生物可给性,但是最为主要的是土壤间隙水中自由金属离子的浓度。有关自由金属离子浓度的获得主要有以下三种方法:

(1) 金属离子[M^{n+}]的直接测定。测定方法主要有离子选择电极法、阳极溶出伏安法、离子交换树脂法、超滤和电解等。每种方法都有各自的优点和局限性,大多数方法都存在着化学干扰、灵敏度低的问题,并且测定时会在不同程度上破坏溶液的平衡。

(2) 形成配合物的间接分析法。其原理是加入可与金属离子形成配合物的配体阴离子,测定所形成配合物的浓度,并通过平衡浓度计算得到自由离子浓度。如配体阴离子可以是儿茶酚或 EDTA。

(3) 通过土壤溶液中元素的总量、pH、溶解有机物(DOM<0.45 μm)等代入相应模型来计算得到自由金属离子浓度。常用的模型包括 GEOCHEM、SOILCHEM、HYDRAQL、ECOSAT 和 MINTEQA2。模式计算基于这样一个假设,即各相之间已经达到热力学平衡,存在于土壤-土壤溶液之间的一些反应是非常慢的和不可逆的,有可能不适用这些模型,带来错误结论。

3. 生物体中的金属结合生物分子的分析

在生物体内,金属或某些非金属往往与氨基酸、植物螯合肽、金属硫蛋白、脂类、多糖等生物分子结合,这些生物分子是不挥发性的。

这些生物分子可以粗略分为以下类型:

(1) 无机非金属元素砷、硒被植物或动物代谢产生的有机非金属化合物。比如海洋生物中的含砷有机化合物,富硒环境中存在的硒氨基酸、硒糖与硒蛋白。

(2) 金属胁迫条件下在动植物体内合成的金属螯合多肽,如植物中合成的富含半胱氨酸的植物螯合肽。

(3) 与转运蛋白质、酶结合的金属配合物,如动物体内诱导产生的金属硫蛋白。

(4) 与其他生物大分子(多糖、叶绿素、糖蛋白)结合的配合物。其中某些配合物能与聚羧基基团牢固结合而具有热稳定性。

金属硫蛋白是动物肾脏与肝脏中因摄入有毒重金属而诱导产生的一种蛋白质。金属硫蛋白含约 33% 的半胱氨酸,主要异构体有两个,相对分子质量在 10 000 左右,可以用高效液相色谱分离。农业上曾大量使用稀土微肥,部分稀土会被植物吸收而与植物体内的蛋白结合。中国低硒带大豆中的硒主要以硒蛋白、壳多糖与多糖的形式存在。

一般而言,生物体内的金属结合生物分子是不能直接测定的,必须进行生物样品的预处理,包括从细胞中将所需形态分离出来。亚细胞分级步骤如图 10-18 所示。

生物样品经过预处理以后,可以用不同的色谱技术将所需测定的个体形态分离出来。生物大分子中结合的金属元素可以用元素分析仪器测定。仪器联用技术可以同时完成个体形态的分离和元素的测定,如 HPLC-ICP-MS。与原子吸收光谱和发射光谱测定技术相比,ICP-MS 作为 HPLC 检测器的优点是能同时多元素测定、且灵敏度高。

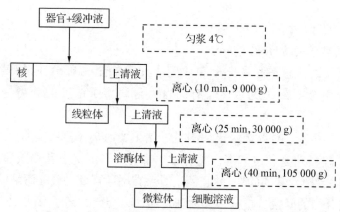

图 10-18 生物体金属结合生物分子的亚细胞分级

三、分级分析

环境中某元素的**分级分析**,是指根据元素的物理性质或化学性质等进行分级的过程,见表10-12。物理性质有样品的颗粒大小、溶解度等,化学性质包括元素的键合、反应活性等。环境分析中涉及最多的是实验操作定义的分级提取或萃取。

1. 化学分级提取

实验操作定义的分级提取(或萃取)法常用在土壤和沉积物的物理形态分析中,也用于水和大气颗粒物的物理形态分析中。在土壤和沉积物中元素可以:① 存在于颗粒物表面的离子交换位;② 吸附在颗粒物表面;③ 以沉淀物的形式存在;④ 以共沉淀形式存在,特别是与无定型铁和锰的氧化物的形式存在;⑤ 与有机分子形成配合物;⑥ 形成被包裹态;⑦ 进入矿物的晶格。代表性的分级提取方法是 Tiesser 等人提出的。按照这个方法,沉积物或土壤中金属元素的形态分析可以分为可交换态、碳酸盐结合态、铁锰氧化物结合态、有机物结合态与残渣态。该方法经过较长时间的研究和严格测试,已广泛应用于土壤和底泥中的重金属物理形态分析。

1992年,欧洲共同体(现欧盟)标准物质局(European Community Bureau of Reference,BCR)组织了 35 个欧洲实验室开始致力于土壤和沉积物中金属元素的物理形态分析方法的研究。BCR 提出了三步提取法,即 BCR 法,包括 B1:水溶态、交换态及碳酸盐结合态(弱酸提取态);B2:铁锰氧化物结合态(可还原态);B3:有机物及硫化物结合态(可氧化态)。利用这种方法进行提取后的残渣,也可以用于测定残渣态元素含量,见表10-13。BCR 方法和 Tessier 等人提出的方法有很大的相似之处。

表 10-13 欧共体(现欧盟)标准物质局分级提取法

步骤	分级	提取剂	振荡时间	温度
1	弱酸提取态	20 mL 乙酸(0.11 M,pH=7)	16 h	25~30 ℃
2	可还原态	20 mL 盐酸羟胺(0.5 M,pH=1.5)	16 h	25~30 ℃
3	可氧化态	10 mL 过氧化氢(30%,pH=2),25 mL 乙酸铵(1 M,pH=2)	1,2,16 h	30,85,30 ℃
4	残渣态	8 mL 王水(0.5 M,pH=1.5)	30 min	微波

实验操作定义的分级萃取方法存在两个根本性问题,即所用萃取剂缺乏选择性,萃取过程中痕量元素的再吸附及再分配。利用模拟土壤的研究证明了操作定义的形态分析中存在萃取剂的非选择性,萃取过程中痕量元素的再吸附与再分配问题。这个模拟土壤是按土壤中主要组分的含量百分比合成,采用了天然单矿物赤铁矿、方解石、软铁矿、伊利石、蒙脱石,以及从土壤中提取的腐殖酸。由于这些单矿物及腐殖酸均来自土壤,模拟土壤物理化学性质与真实土壤非常类似,其结论比较有说服力。

　　2. 物理分级提取

　　天然水中痕量金属的物理形态可以按照其粒径大小分类(表10-14)。为区分水中金属不同粒径的形态,常常应用不同孔径的膜($0.45\ \mu m$, $0.25\ \mu m$, 截留相对分子质量为1 000)将水样过滤。当然,这种胶体分级是不严格的。

表10-14　水中痕量金属物理形态的粒径分级

物理化学形态	例子	大约粒径/nm	物理化学形态	例子	大约粒径/nm
水合金属离子	$Cu(H_2O)^{2+}$	1	无机胶体	$Cu^{2+}-Fe_2O_3$	10~200
无机配合物	$Cu(H_2O)_4Cl_2$	1	有机胶体	$Cu^{2+}-$腐殖酸	10~200
有机配合物	Cu-富里酸	2~5	颗粒物	颗粒物	>450

四、生物有效性

　　生物有效性的概念,最初用于描述水体环境中污染物在生物传输或生物反应中被利用的程度,后来被扩展到土壤和沉积物等固体环境中。生物有效性研究内容包括:金属在外部环境中的形态及数量、不同形态金属与生物膜的反应、金属在生物体内的迁移积累和相应的毒性。

　　针对不同的研究对象与研究环境,人们赋予生物有效性不同的含义:(1)可被生物受体吸收的程度和速率;(2)环境介质中积累于生物体内的金属部分,绝对生物有效性和相对生物有效性。

　　生物有效性的评价方法需要将化学和生物学科相互交叉。目前,生物有效性评价方法可以根据研究对象归为两类:直接间接的理化方法、生物学评价法。其中理化方法包括总量预测法、化学提取法和自由离子活度法。各种方法都有其适用范围和局限性。

　　1. 总量预测法

　　尽管用总量来预测重金属在环境中的行为和对生态环境的影响是不确切的,但总量仍是衡量土壤重金属污染程度的一个重要参数,具有不可替代的作用。总量是控制重金属生物有效性的首要因素之一。其次,在一定的情况下土壤中重金属元素的总量可以评估重金属元素的生物有效性。

　　2. 电化学方法

　　阳极溶出伏安法。将总的金属形态按其电极行为特征分为电极有效态和惰性态。电极有效态包括游离离子和一些简单无机配合物,是可能的毒性态。惰性态一般是一些结合紧密的有机配合物,较少具有毒性特征。因为阳极溶出伏安法中电极动力学过程与重金属穿过细胞膜进入细胞的过程类似,所以这种方法能够较好地反映出重金属的毒性。

阴极溶出伏安法比阳极溶出伏安法具有更高的灵敏度,并且较少污染样品。化学修饰电极是将电极表面固定可以改变其特性的物质。离子选择电极法,只对游离金属离子有响应,而游离离子被认为是主要毒性形态。

3. 化学提取法

化学提取法是目前最广泛使用的重金属对生物有效性的评价方法。它的原理是根据不同形态重金属生物有效性的差异,用不同的化学试剂或者其组合将其分离测试。但是提取的特定形态的含量并不等同于其生物有效性,它和生物有效性的相关性要通过统计分析来衡量。可分为单级提取法和连续提取法。

单级提取法的提取剂主要有四类。无机盐提取剂,是文献中使用较广泛的一类提取剂,如 $CaCl_2$ 和 $NaNO_3$。酸提取剂,如 HOAc,HCl 等。有机络合物提取剂,如 EDTA、DTPA、CH_3COOH 等。Mehlich 提取剂,简称 M3,是一种成分较复杂的单级提取剂,0.2 mol/L HAc+0.25 mol/L NH_4NO_3+0.05 mol/L NH_4F+0.013 mol/L HNO_3+0.001 mol/L EDTA。

连续提取法主要有长程序提取法和短程序提取法。在长程序提取法中,Tessier 等的五步法应用最广泛,他将重金属形态分为可交换态、碳酸盐结合态、铁锰氧化物结合态、有机态、残渣态。短程序提取法是为了融合各种不同的分析方法,增强数据间的可比性,欧盟标准局提出了一套三步连续提取法(BCR)。

体外消化模拟技术是通过模拟动物消化的生理特点,采用与动物体内相近的消化环境和消化酶系,在体外评定饲料消化吸收的一种方法。其优点是:试验条件可控,干扰因素少,结果的重现性较好,试验时间短,成本低。但体外消化模拟技术是处于非生理状态下的仪器检测,其结果的准确性需要通过体内试验加以验证。实验条件选择 37 ℃,模拟口腔选 pH=7.0、2 min,模拟胃选 pH=3.0、2 h,模拟肠选 pH=7.0、2 h。

TCLP(Toxicity Characteristic Leaching Procedure)浸出方法为美国环保署推荐的标准毒性浸出方法。TCLP 作为美国最新的法定重金属污染评价方法,是当前国际上应用广泛的一种生态风险评价方法,主要用于检测固体介质或废弃物中重金属元素的溶出性和迁移性。提取剂 1、2 的 pH 分别为 4.93±0.05,2.88±0.05。

4. 自由离子活度法

自由离子活度法,即道南膜平衡法,在生物有效性研究方面得到较广泛的认可。自由离子活度模型认为重金属生物毒性取决于其在外界溶液中的自由离子浓度,原因是大多数情况下只有自由离子形态的金属能够直接和细胞表面的活性位点结合,然后通过跨膜运输在生物体内富集产生相应毒性。

生物配体模型的模型理论起源于自由离子活度模型,是一种用于预测环境中金属生物毒性机理的模型。模型考虑了自由金属离子的活度以及自然环境存在的其他离子(如 Ca^{2+}、Na^+、Mg^{2+}、H^+),非生物配体(如可溶性有机质、氯化物、碳酸盐、硫酸盐)和生物配体的竞争。在水生生态系统中,基于鱼鳃络合模型的框架基础,建立了预测铜、锌、银、镍对 Rainbow trout(虹鳟鱼)、Fathead minnow(黑头呆鱼)和 Daphnia magna(水蚤)的急、慢性毒性模型。

由英国科学家 Davison 和张昊于 1994 年发明的薄膜梯度扩散(Diffusive Gradients in Thin Films,DGT)技术是一种新型的原位被动采样技术,能富集被监测物质,并能根据被监测物质的富集量定量测定环境中该物质的有效态浓度,是目前较为理想的元素形态采集和分析的方法。DGT 装置主要由扩散相和结合相两部分组成。扩散相是 DGT 技术定量的基础,主要由含有一定孔径的水凝胶或半透膜构成。结合相是由带有能提供配位电子对的官能团的高分子化合物构成,其作用是配位扩散过来的金属,使扩散相与结合相间的金属浓度降至最低。DGT 测量的是自由金属离子和部分金属配合物。扩散相的孔径、厚度,结合相与金属的络合能力、结合相与金属配合物的交换反应速度,以及金属配合物分子大小等都影响 DGT 对金属测量的有效态。DGT 技术正是通过改变以上各因素,调整其测定的有效态,使 DGT 有效态与生物有效性相关联,从而实现 DGT 技术预测重金属生物有效性的目的。

5. 生物学评价法

生物学评价法是一种最直观的方法,常用的方法主要有生物指数法、微生物指示法、植物检测法和土壤指示动物监测法。

(1) 植物指示法,作为一种新兴的研究方法,目前已经成为一种理想的判断环境中重金属生物可利用性的方法,为土壤重金属污染的修复打下了良好基础。这种方法最显著的优点是可以通过指示植物的行为及其体内重金属浓度的分析直接给出土壤重金属污染程度,节约了能源,降低了研究成本,适用于各种污染土质的监测。

(2) 微生物学评价法,在过去的研究中,常用土壤微生物生物量、ATP 含量、土壤代谢墒、土壤酶活性等一些表观量来表征土壤重金属污染的生物学效应。但土壤中微生物区系结构和数量不同,对重金属的敏感程度各异,专一性差,造成不同土壤的研究结果之间可比性不理想。选择生物受体、受体特性、受体的生命和运动过程利用,成为生物学评价法需要解决的关键问题。

思考与练习

1. 名词解释:仪器检出限,定量限,检出限,准确度,空白加标回收率,样品加标回收,空白,空白试验,空白值,标准物质,特性量值,基体,基体效应,放射性示踪技术,共沉淀法,液-液萃取,分配常数,分配比,盐析作用,交换容量,始漏量,浮选分离,化学形态,超临界区域,超临界流体,微波萃取,电导分析,电位分析,电解分析,库仑分析,伏安(极谱)分析,优先污染物与优先监测,特征谱线。

2. 影响空白值的因素有哪些?

3. 选择标准物质的原则是什么?

4. 判断对错:

(1) 回收率的 RSD 一般应为 2% 以内。　　　　　　　　　　　　　　　　　(　　)

(2) 加标量应与样品中待测物质的浓度水平相等或相近,一般为样品含量的 0.5~2 倍;在任何情况下,加标量不能大于样品中待测物含量的 3 倍。　　　　　　(　　)

(3) 定量限反映了分析方法测定低浓度样品时具有的可靠性。　　　　　(　　)

(4) 个别样品分析中,当空白值低于被测元素量 1/10,且测量的重现性较好时,可以从分析结果中减去它而得到校正值。若分析空白明显地超过正常值表明本次分析测定过程中有严重的玷污,平行样品的测定结果不可靠。　　　　　　　　　　　(　　)

5. 简述痕量分析方法的评价。

6. 选择题：

(1) 空白值测定时,控制空气污染措施： （　　）

A. 在密闭的空间内操作　　B. 在洁净的空间内操作　　C. 在密闭的操作箱内操作

(2) 容器设备等引起的玷污及控制： （　　）

A. 应选用高纯、惰性材料制成的器皿　　　　　　　　B. 运用合适的清洗技术

(3) 痕量分析的容器和材料的特殊要求： （　　）

A. 化学稳定性要好　　　　　　　　　　　　　　　　B. 纯度要高

C. 热稳定性要好用于痕量分析的材料,其重要性按以下次序递减:聚四氟乙烯、聚乙烯、石英铂、硬质玻璃

(4) 平均值控制图的使用方法： （　　）

A. 如果此点位于中心线附近,上下警告限之间的区域内,则测定过程处于控制状态,环境样品分析结果有效

B. 如果此点落在上、下警告限和上、下控制限之间的区域内,提示分析质量开始变劣,应进行初步检查,并采取相应的措施

C. 如果此点落在上、下控制限之外,表示测定过程失控,测得的数据不可靠,应立即检查原因,予以纠正

D. 如果相邻七点连续上升或连续下降时,表示测定有失控倾向,应立即检查原因,予以纠正

7. 选择标准物质的原则是什么?

8. 说明液-液萃取法的应用及其本质。

9. 说明物质亲水性强弱的规律。

10. 提高离子色谱分离效果的途径是什么? 高效离子色谱与离子色谱的差别是什么?

11. 影响树脂对离子亲和力的因素有什么?

12. 薄层色谱法有什么特点?

13. 浮选分离主要分为几类?

14. pH 对固相萃取有什么影响? 说明固相萃取的操作步骤。

15. 说明环境有机污染物分析的一般步骤与方法。

16. 环境分析化学的任务有哪些?

17. 影响离子浮选分离效率的主要因素是什么?

18. 有毒污染物进入环境的途径有哪些?

19. 说明极谱法与普通电解的区别。极谱曲线形成的条件是什么?

20. 共沉淀时选择载体所要考虑哪些因素?

21. 说明定量限与检出限的区别。

22. 回收率测定有什么要求?

23. 痕量分析标准物质有什么用途?

24. 提高液-液萃取选择性的途径有哪些?

25. 环境样品前处理的目的是什么?

第十一章　环境污染控制化学与污染环境修复

污染控制化学的任务主要有两方面:一是保护环境,免除或者消减人类活动对环境的有害影响;二是保护人类,使人类的健康和安全免受不利环境的威胁。主要包括:提供安全、可靠和充足的公共给水,适当处置和循环使用废水和固体废物,建立城市和农村符合卫生要求的排水系统,控制水、土壤和空气污染,并消除这些问题对社会和环境所造成的影响。

污染控制化学是一个庞大而复杂的技术体系,它不仅研究防止环境污染、环境公害的技术和措施,而且研究自然资源的保护和合理利用,探讨废物资源化技术,改革生产工艺,发展清洁生产技术和工艺。污染控制化学主要包括:(1) 绿色化学;(2) 三废控制(水质净化与水污染控制、大气污染控制、固体废弃物的处理处置与资源化);(3) 污染环境修复。

环境污染控制化学与污染环境修复又被称为环境工程化学,这部分内容的学习过程中科学思维方式非常重要。环境工程化学中有大量的科学思维方法,例如,(1) 将未知问题转化为已知问题来解决。(2) 分步分段解析法。一般而言,影响环境化学问题的因素很多,对于复杂的环境化学问题可以按一定条件将其拆解为多个简单问题,然后逐一击破。(3) 在复杂问题研究过程中,抓住主要矛盾,忽略次要矛盾。

第一节　绿色化学

一、绿色化学

绿色化学(Green Chemistry),又称为环境无害化学、环境友好化学、清洁化学。绿色化学希望通过过程设计,减少或消除危险化学物质的使用与产生。绿色化学涉及有机合成、催化、生物化学、分析化学等学科,内容广泛。

1. 绿色化学引论

(1) 绿色化学的基本含义

美国环境保护署于 1991 年提出绿色化学,并定义为:在化学品设计、制造和使用时所采用的一系列新原理,以便减少或消除有毒物质的使用或产生。

1996 年,联合国环境规划署给出了新定义:用化学技术和方法去减少或消灭那些对人类健康或环境有害的原料、产物、副产物、溶剂和试剂的生产和应用。

绿色化学研究的目标是从根本上保护环境,又能推进工业生产的发展。与传统化学和化工污染后治理的模式不同,绿色化学的宗旨是从流程的始端就对污染进行控制和治理,对可持续发展和人类生活的改善具有重要意义。

绿色化学是指化学反应和过程以"原子经济性"为基本原则,即在获取新物质的化学反应中充分利用参与反应的每个原料原子,实现"零排放"。不仅充分利用资源,而且不产生污染;并采用无毒、无害的溶剂、助剂和催化剂,生产有利于环境保护、社区安全和人身健康的环境友好产品。对生产过程来说,绿色化学包括节约原材料和能源,淘汰有毒原材料,在生产过程排放废物之前减降废物的数量和毒性;对产品来说,绿色化学旨在减少从原料的加工到产品的最终处置的全周期的不利影响。绿色化学以"原子经济反应"为中心。原子经济性(Atom Economy)是 1991 年美国著名有机化学家 Trost 提出的,以原子利用率衡量。原子利用率=预期产物的总质量/各反应物的总质量之和×100%。原子利用率越高,反应产生的废弃物越少,对环境造成的污染也越少。原子利用率与产率不同,后者=实际产物量/理论产物量×100%。

(2) 绿色化学研究内容

绿色化学研究热点领域:① 新的化学反应过程研究,基于原子经济性和可持续发展,研究绿色合成和绿色催化。② 传统化学过程的绿色化学改造。③ 能源中的绿色化学和洁净煤化学技术。④ 资源再生和循环使用技术研究。如塑料制品的 3R 原则,降低(Reduce)塑料制品用量,提高塑料稳定性与推行塑料制品再利用(Reuse),塑料再资源化(Recycle)。⑤ 综合利用的绿色生化工程。如现代生物技术进行煤的脱硫、微生物造纸、生物质能源利用等。可以概括为绿色的化学生化反应,包括新反应或改造反应;绿色能源与资源循环利用。

绿色化学的核心问题是研究新反应体系,采用新的、更安全的、对环境友好的合成方法和路线;采用清洁、无污染的化学原料,包括生物质资源;探索新反应条件,如采用超临界流体和环境无害的介质;设计和研究安全的、毒性更低或更环保的化学产品。绿色化学是对原料、合成路线、反应条件、产品等整个流程进行绿色设计。

绿色化学的特点:① 绿色化学更多地考虑环境、经济和社会的和谐发展,运行模式更有效,对环境破坏作用更小,促进人类和自然关系的协调;② 绿色化学研究发展环境友好的化学反应和技术;③ 绿色化学从源头上防止污染的生成,即污染预防(Pollution Prevention)。从经济角度,绿色化学合理利用资源和能源,实现可持续发展;从科学角度,绿色化学是对传统化学思维的创新和发展;从环境角度,它从源头防止污染、保护生态环境。

绿色化学的实现途径:① 化学反应的绿色化,如开发原子经济反应、提高反应选择性等;② 原料的绿色化,如采用无毒无害原料、以可再生资源为原料等;③ 溶剂的绿色化,如采用无毒无害的溶剂;④ 催化剂的绿色化,如采用无毒无害的催化剂;⑤ 产品的绿色化,制造环境友好产品;⑥ 化工生产的绿色化,寻求"零排放"的工艺过程和安全有效的反应条件等。

绿色化学遵循十二条原则,分别是:① 废物产生最小化(零排放,Zero Emission),实现从源头防控污染,而不是末端治理;② 原子经济(Atom Economy)反应最大化,尽量使参加反应过程的原子都进入产物;③ 合成方法中尽量不使用和不产生对人类健康和环境有毒有害的物质;④ 设计具有高使用效益、低环境毒性的化学产品,有效产品/毒性物质比率最大化;⑤ 尽量不用溶剂等辅助物质,不得已使用时它们必须是无害的;⑥ 生产过程应该在温和的温度和压力下进行,而且能耗最低;⑦ 尽量采用可再生的原料,特别是用生物质代替石油和煤等矿物原料;⑧ 尽力避免毒、副反应的产生;⑨ 选用高选择性的催化剂;⑩ 化学产品在使用完后能降解成无害的物质,并且能进入自然生态循环;⑪ 发展实时分析技术,以便监控有害物质的形成;⑫ 选择危害性小的原料和中间体,尽量减少发生意外事故的风险。

这里的绿色化学 12 原则,是逆向对化工生产过程提出的五个方面要求:(1) 第①条是对排放废物提出的要求,排放废物要最小化。(2) 第③、④、⑩条是针对产品提出的,即产品要毒性最小化、有效产品/毒性物质比率最大化、环境友好最大化。(3) 第②、⑧条是针对反应设计提出的,即原子经济最大化、副反应最小化。(4) 第⑦条是针对原料物质提出的,即危害性最小化与环境友好最大化。(5) 第⑤、⑥、⑨、⑪、⑫条是针对反应过程提出的,即反应溶剂最小化、催化剂效能最大化、生产过程能耗最低化、实时监控有害物质、原料及中间体危害性最小化。如图 11-1 所示。

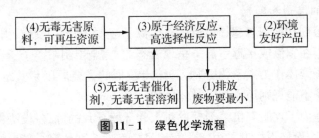

图 11-1 绿色化学流程

二、绿色化学原理——绿色化学 12 原则细则

1. 预防污染优于污染治理

绿色化学与环境治理是两个不同的概念。环境治理是对已被污染的环境进行治理,使之恢复到被污染前的状况,而绿色化学则是从源头上阻止污染物生成的新策略,即污染预防。如果没有污染物的使用、生成和排放,也就没有环境被污染的问题,所以说预防污染优于污染治理。

2. 提高原子经济性

通常的合成反应类型均可由原子经济性来进行评价。(1) 分子重排反应。分子重排反应是 100% 原子经济反应,它通过原子重整产生新分子,所有反应原子都进入产物中。(2) 加成反应。加成反应是原子经济反应,如环加成、烯烃溴化等,将反应物加到底物上,充分利用原料中的原子。(3) 取代反应。取代反应中,被取代的基团是最终产物中不需要的废物,反应的原子经济性降低,而其非原子经济程度则视不同的试剂和底物而决定。(4) 消除反应。消除反应是原子经济最低的反应。所使用的任何未转化至产品的试剂和被消除的原子都成为废物。

3. 无害化学合成

在设计化学合成方法时,要注意将化学合成中使用和产生的物质的毒害降低至最低

限度。甚至是达到消除毒害,实现绿色合成——无害化学合成,达到对人类健康和环境安全的目标。

4. 设计安全化学品

设计安全化学品是利用构效关系和分子改造的手段,使化学品的毒理效力和其功效达到最适当的平衡。

设计安全化学品的方法有三种:(1) 如果已知某一反应是毒性产生的必要条件,则可以通过改变结构使这个反应不发生,从而避免或降低化学品的危害性。当然,任何结构的改变必须确保分子的性质与功效不变。(2) 适用于毒性机理不明确的情况。对许多毒性机理不明的化合物,由于化学结构中某些官能团与毒性存在结构效应关系,设计时尽量通过避免、降低或除去同毒性有关的官能团来降低毒性。(3) 降低有毒物质的生物利用率的方法。

设计安全化学品的实施基础有:提高设计安全化学品的意识,确定安全化学品的科技及经济可行性,对化学品的全面评价,注重毒理和化合物构效关系的研究,化学教育的支持,化学工业的参与。

5. 采用安全的溶剂和助剂

绿色安全的溶剂和助剂有超临界流体、水、离子液体、无溶剂反应、固定化溶剂等。

离子液体是指在室温或接近室温下呈现液态的、完全由阴阳离子所组成的盐,也称为低温熔融盐。离子液体作为离子化合物,其熔点较低的主要原因是其结构中某些取代基的不对称性使离子不能规则地堆积成晶体所致。

固定化溶剂是为了克服有机溶剂挥发对人和环境导致的危害,设法将溶剂固定化,使其既能保持溶解性,而又不挥发。固定化溶剂是挥发性溶剂的聚合衍生物,最早由麻省理工学院研究人员研发,这类溶剂与常规溶剂有类似的溶剂化性能,可用作反应或分离的介质,还可用高级烷烃稀释。例如四氢呋喃的聚合衍生物。

6. 提高能源经济性

化学工业中化学反应与分离过程均需要能量,可利用的能量有电能、光能、微波、声波等。当一个合成路线可行时,化学家往往从提高产率或转化率去优化它。而能量的需要却往往被忽视了,过程工程师的职责之一就是要衡量化学反应能量的需求。

7. 利用可再生资源合成化学品

生物质是取之不尽的能源资源宝库。生物质是光合作用产生的所有生物有机体的总称,包括植物、农作物、林产物、林产废弃物、海产物(各种海草)和城市废弃物(报纸、天然纤维)等。生物质资源不仅储量丰富,而且可再生。

酶是打开生物质资源宝库的钥匙。植物资源的利用需要将组成植物体的淀粉、纤维素、半纤维素、木质素等大分子物质转化为葡萄糖等低分子物质,以便作为燃料和化工原料使用。酶与普通催化剂相比,具有以下特点:(1) 高效性。对化学反应的加速,普通催化剂一般是 $10^4 \sim 10^5$ 倍,而酶催化通常是 $10^9 \sim 10^{10}$ 倍。(2) 专一性。普通催化剂对同一类型反应都有催化作用,而酶只选择某种反应并获得特定的产物。(3) 反应条件温和。酶催化反应不像一般催化剂需要高温、高压、强酸、强碱等苛刻条件,而在常温、常压下就可进行。(4) 多样性。目前已发现的酶有 2 500 多种,且有 2 万多种具有催化作用的微生物,几乎能催化所有的化学反应。

可再生生物质资源利用时代即将到来。就目前的技术水平来说,可再生生物质资源利用在成本上尚难以与石油资源形成全面竞争,但随着石油价格的攀升,地球环境对石油等矿物燃料所产生污染物的容忍性日趋极限,特别是生物技术的突破,可再生生物质资源替代石油等矿物资源将成为不可阻挡的历史潮流。

8. 减少衍生物

保护基团。当进行多步反应时,常常有必要把一些敏感官能团保护起来,防止其发生不希望的反应,否则会危害其功效。

暂时改性。通常为了某种加工需要,要改变某些物质的物理或化学性质。

加入官能团提高反应选择性。在化学过程中应最大限度地避免衍生步骤,减少衍生物,以降低原料的消耗及对人类健康与环境的影响。

9. 采用高选择性的催化反应

催化是提高原子经济性的重要途径,绿色化学大量采用环境友好的催化技术。

(1) 采用安全的固体催化剂如分子筛、杂多酸等,替代有害的液体催化剂(如 HF、HNO_3 和 H_2SO_4 等),简化工艺过程,减少三废排放。(2) 合成化学中采用择形大孔分子筛作催化剂。(3) 在精细化工生产中,采用不对称催化合成技术,得到光学纯手性产品,减少有害原料和有毒副产物。(4) 采用茂金属催化剂合成具有设计者所要求的物理特性的高分子烯烃聚合物。(5) 药物合成中采用超分子催化剂,并进行分子记忆和模式识别。(6) 用生物催化法除去石油馏分中的硫、氮和金属盐类。(7) 有机合成中采用生物催化法,减少三废产生。(8) 在合成化学中,更多采用具有环境相容性的电催化过程。(9) 在固定和移动能源中采用催化燃烧法,作为无污染动力。(10) 合成酶应用于燃料和化工过程。(11) 在同一体系中,采用酶、无机和金属有机催化剂,进行增效的多功能催化反应。(12) 在环境-经济更密切结合的反应和产品的分离中,广泛应用膜技术与多功能催化反应器。

10. 设计可降解化学品

目前,环境中大量存在持久性物质,如塑料、农药,在化学设计中应考虑降解功能。

11. 预防污染的现场实时分析

为了最大限度地利用资源、预防污染、实现绿色化学目标,要求不仅要分析物质的组成及含量,还要分析形态、微区、表面、微观结构,对化学及生物活性等做出瞬时追踪、无损监测、在线监测以进行过程控制。

12. 防止生产事故的安全工艺

避免安全意外事故最理想的方法是优选使用的物质,在化学品及化学过程的设计中慎重选择物质及物质的状态,将发生意外事故的可能性降到最低,以达到安全化学过程。还可利用即时处理技术对有害物质进行快速处理。

三、绿色原料

1. 绿色原料碳酸二甲酯

碳酸二甲酯是一种常温下无色、无毒、略带香味、透明的可燃液体。其分子式为 $C_3H_6O_3$ 结构式为 $CH_3OCOOCH_3$,相对分子质量为 90.08,相对密度为 1.073,开口闪点

21.7 ℃,闭口闪点 16.7 ℃,黏度为 0.664 MPa·s(20 ℃),常压沸点为 90.2 ℃。碳酸二甲酯微溶于水,但能与水形成共沸物,可与醇、醚、酮等几乎所有的有机溶剂混溶;对金属无腐蚀性,可用铁桶盛装贮存;微毒。碳酸二甲酯的化学性质非常活泼,可与醇、酚、胺、肼、酯等发生化学反应,可衍生出一系列重要化工产品;其化学反应的副产物主要为甲醇和 CO_2。光气、DMS 等的反应副产物为盐酸、硫酸盐或氯化物,碳酸二甲酯副产物危害相对较小。在医药、农药、合成材料、染料、润滑油添加剂、食品增香剂、电子化学品等领域广泛应用。非反应性用途如溶剂、溶媒和汽油添加剂等也正在或即将实用化。

2. 二氧化碳的利用

固定二氧化碳的方法有生物化学方法(植物光合作用)、模拟生物化学方法(人工光合作用)、电化学还原法、半导体光电极固定法、催化活化法(过渡金属配位催化活化法),等等。

插入反应可以固定 CO_2,CO_2 可以插入到 M—C,M—H,M—O,M—N,M—P,M—S 等化学键中。插入反应按两种方式进行,一种是 CO_2 的碳与被插入键较富电子的一端成键,形成类似 M—O—(CO)R 的羧酸酯,即所谓正常方式;另一种是 CO_2 的碳与被插入键贫电子的一端连接,形成具有 M—C 键、含有羧基的有机物,即反常方式 M—(CO)OR。CO_2 的催化有机合成较多,CO_2 与过渡金属配合物在水溶液中反应,在常温常压下生成羟乙酸、苹果酸等物质。在 PdL_n 催化下,丁二烯或异戊二烯与 CO_2 反应生成内酯。乙烯与 CO_2 催化生成丙酸。在有机锌存在下,CO_2 与环氧化物生成聚碳酸酯。在钌配合物存在下,CO_2 与氢硅烷反应,生成甲酸硅酯。

3. 绿色氧化剂过氧化氢的利用

H_2O_2 参与的反应主要有环氧化、羟基化、酮化、肟化(氨氧化)等。苯酚氧化反应产物一般为三种苯二酚异构体的混合物。H_2O_2 参与环己酮肟的合成、丙烯环氧化反应。

4. 生物质资源的利用

生物质资源最主要的有两类:淀粉和纤维素。

(1)可再生资源制备表面活性剂

相对于石油基表面活性剂而言,由可再生资源,如油脂和淀粉等制备的表面活性剂不仅生物降解性好,而且对人体的毒性和刺激性等安全性明显优于石油基产品。无论是从易得性,还是从安全性、相容性、可持续性发展方面考虑,研究和开发以天然可再生资源制备表面活性剂是十分必要的。

油脂基化学品为疏水基的表面活性剂新品种有 α-磺基脂肪酸甲酯(MES)、脂肪酸甲酯乙氧基化物(FMEO)、酯基季铵盐、N-酰基乙二胺三乙酸盐(LED3A)。碳水化合物为亲水基的新型表面活性剂品种有烷基多苷(APG)、N-甲基葡萄糖酰胺(AGA)。

(2)利用纤维素原料生产单细胞蛋白

利用枯秆等纤维质原料生产单细胞蛋白工艺流程共分为四个部分:原料预处理、菌种逐级扩大培养、双菌株混合发酵及产品后处理。原料预处理,纤维质原料粉碎后,经高压蒸汽爆破处理,配以辅料,水润湿、拌匀后,蒸汽灭菌。菌种逐级扩大培养,纤维素分解菌和单细胞蛋白生产菌,分别按各自培养条件进行茄子瓶(三角瓶)、饭盒种曲、曲盘种曲逐级扩大培养。双菌株共发酵,将培养好的纤维素分解菌和单细胞蛋白生产菌先后接种在已灭菌并降温至 35 ℃左右的物料上,进行双菌株固态通风发酵,以获得含有较高活性纤维素酶、淀粉酶、蛋白酶以及高蛋白质含量的发酵产物。产品后处理,发酵产物经低温干燥、粉碎、配料混合,即得单细胞蛋白产品。

(3)甲壳素/壳聚糖的开发与综合利用

自然界有机物数量最大的是纤维素,其次是蛋白质,第三位是甲壳素,估计每年生物合成甲壳素 100 亿吨。纤维素来自植物,甲壳素主要来自动物,纤维素和甲壳素都是天然多糖。甲壳素是 β-(1,4)-2-乙酰氨基-2-脱氧-D-葡萄糖,如果甲壳素结构式中糖基上的 N-乙酰基大部分被去掉,就是甲壳素衍生物-壳聚糖。甲壳素广泛存在于甲壳纲动物虾、蟹的甲壳,昆虫的甲壳,真菌(酵母、霉菌)的细胞壁和植物(如蘑菇)的细胞壁中。

甲壳素/壳聚糖可以应用于纤维。精制(含量 99.999%)甲壳素制成透明溶液,经湿式纺丝制成粘胶纤维,可制成具有离子交换性能的织物、壳聚糖纤维。可用于纺织整理剂,适用于棉、人造纤维、毛、合成纤维等的上浆料。使用乙醇- $NaOH$,$CaSO_4$- $NH_3 \cdot H_2O$ 等溶剂纺丝制成的高纯度纤维,与生物体的相容性好,而且无毒,用作可吸收的手术缝合线易被人体自行吸收,不易过敏,还可减少出血、促进伤口愈合、打结不滑,并且能止血、镇痛、促进组织生长及抑制某些癌细胞生长,手术后也不需拆线。广泛用作生物医学材料,如医用微型胶囊、牙科材料、隐形眼镜等。甲壳素、壳聚糖因有乳化稳定性、保湿作用、毛发保护和抗静电作用,可用于日用化妆品中。此外,甲壳素/壳聚糖可以应用于可降解塑料、分离膜,也可以用于造纸业,或者用作印染废水处理剂、水果保鲜剂、酶固定剂、饲料添加剂及色谱分离中的填充剂等。

四、绿色溶剂

最活跃的绿色溶剂领域是超临界流体(SCF)和室温离子液体的开发与应用。

1. 超临界流体的特性

超临界流体是指物质的温度和压力分别处在其临界温度和临界压力之上时的一种特殊的流体状态。当把处于气液平衡的物质升温升压时,热膨胀引起液体的密度减小,压力升高使气相密度增大。当物质的温度和压力达到某一点(临界点)时,气液界面消失。与该点对应的温度和压力分别称为临界温度和临界压力。

超临界流体的密度介于气体与液体之间。黏度是超临界流体的又一特殊性质,在超临界状态下流体的黏度既不同于气体,也不同于液体;超临界条件下,压力不变时,黏度随温度上升而下降到一最小值,然后再随温度升高而增加。超临界流体具有很大的可压缩性,对溶质的溶解能力主要取决于流体的密度,大致是随超临界流体密度的增大而增大;因而可借助温度和压力的调节,在较宽范围内改变超临界流体的溶解能力。超临界流体还具有无毒和不燃性。

2. 超临界流体反应

超临界流体可以通过微调温度或压力来控制密度、黏度、比热容、介电常数和溶解力等特性,可以适用于多种反应条件。主要的研究方向有:测定均相反应的反应速率和溶剂效应以寻求新的应用对象;研究非均相催化和生物催化反应的一般行为以及拓宽其应用

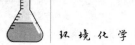

范围;物料的转化和分解反应;在超临界水中的氧化反应等。

3. 超临界二氧化碳的应用

超临界 CO_2 有合适的临界温度和临界压力(304.265 K,7.185 MPa),对人体和动植物无害、不燃烧、没有腐蚀性、对环境友好、原料易得、价格便宜和处理方便等优点,是目前使用最多的一种超临界流体。

(1) 超临界流体萃取(SCFE)

超临界二氧化碳的临界温度低,适用于易热分解或易氧化物质的分离提纯。

超临界二氧化碳用于从咖啡豆中脱除咖啡因,从植物中提取香精油,从烟草中提取尼古丁。传统提取方法有水蒸气蒸馏法、有机溶剂萃取法。水蒸气蒸馏法由于水的存在加之提取的温度较高,容易导致产品的受热分解、水解和水溶作用,降低产品的产量和质量。有机溶剂萃取法萃取出的产物比较复杂,某些色素及其他成分也同时被萃取,分离过程中有机溶剂的残留,会导致产品的气味改变,而影响产品质量。超临界二氧化碳流体用于萃取,由于其具有良好的低温溶解性能和压力的可调节性,可得到高品质的产品。例如 β-胡萝卜素的提取,β-胡萝卜素是一种脂溶性的橘红色的天然色素,也是人体内新陈代谢的重要物质-维生素 A 的一种前体物质,β-胡萝卜素还具有增加免疫力和抗癌作用。天然植物如胡萝卜、棕榈叶及真菌和细菌内存在大量 β-胡萝卜素。

(2) 超临界二氧化碳在超细微粒制备中的应用

超细微粒,特别是纳米颗粒,是当前高新技术中一个热门领域,在材料、化工、轻工、冶金、电子、生物医学等领域得到广泛应用。将超临界流体应用于超细微粒的制备过程中是正在研究中的新技术、在超临界状态下,降低压力可以导致过饱和的产生,而且可以达到高的过饱和率,固体溶质可从超临界溶液中结晶出来。由于这种过程在准均匀介质中进行,能够更准确地控制结晶过程。因此能够生产出平均粒径很小的细微粒子。

目前,常用的比较成熟的超临界流体沉积技术主要有两种:超临界溶液快速膨胀过程(RESS)和气体抗溶剂结晶过程(GAS)。RESS 过程是将物料溶解在超临界二氧化碳中制成超临界溶液,然后在高压下通过喷嘴以极高的流速喷射进入常压空间,超临界溶液即刻发生快速膨胀,这时候超临界状态立即消失,超临界溶液分离成气液两相,溶质在瞬间的相变激发下,形成超晶态,以微米或纳米级的超细粉末沉淀下来。气体抗溶剂结晶过程(GAS)也称气体反萃结晶过程,当超临界流体压入溶液时,使其中的溶剂发生膨胀,于是降低了溶质在其中的溶解度,导致该溶质的结晶析出。由于超临界流体具有相对高的扩散系数和较低的黏度加之分子能量高,因此结晶体中溶剂含量要比常规结晶低得多,晶体纯度也大大提高。但用于 GAS 过程的超临界流体需满足两个条件,第一,结晶溶质不溶于该超临界流体。第二,该超临界流体在溶剂中有很大的溶解度。

4. 超临界水的应用

在超临界水中,由于分子的热运动相当激烈,分子具有相当高的能量,因此它能促进其中的反应物分子进行分子或原子水平上的化学反应,使反应速率大大加快,甚至于一些在常态水中不能发生的化学反应,在超临界水中能得以实现,而且在超临界水中进行反应物和产物的分离特别方便,仅需对压力进行微调就能对物质进行分离和抽出。超临界水还具有一些出乎人们预料的特性,常态的水是强极性的化合物,它能溶解无机化合物而不能溶解有机化合物,但水在超临界状态下极性发生了逆转,变成了非极性化合物,无机化合物很难在其中溶解,而有机化合物和氧气在超临界水中几乎都能溶解。

超临界水被认为最有应用前景的领域是废弃聚合物的资源化以及有害物质的处理。用超临界水来分解废弃的高分子聚合物,效果非常显著。超临界水能溶解高聚物,并且有催化作用,能将高聚物降解成小分子量和低分子量化合物,及至降解为聚合物单体。有毒有害物质、生活垃圾、生物污泥和复杂的有机物质用传统和常规的工艺难以将其转化成无害的能被人们回收利用的物质,而用超临界水却将它们氧化成无害物质,同时放出大量热量。这些热能可供进一步利用,整个工艺过程对环境没有污染,符合绿色化学原则。如卤代有机化合物,经超临界水处理后卤原了成为卤化物的离子,不生成卤素气体或以二噁为代表的有害副产物等。

5. 离子液体

(1) 离子液体的概念

离子液体是在室温或室温附近温度下呈液态的由离子构成的物质,又称为室温离子液体、室温熔融盐、有机离子液体等。离子液体的阳离子有四大类:烷基季铵离子 $[NR_xH_{4-x}]^+$、烷基季磷离了 $[PR_xH_{4-x}]^+$、1,3-二烷基取代的咪唑离子或称 N,N'-二烷基取代的咪唑离子,记为 $[R_1R_2Im]^+$,若 2 位上还有取代基 R_3,则记为 $[R_1R_2R_3Im]^+$,N-烷基取代的吡啶离子记为 $[RPy]^+$。阴离子主要为卤素离子,或者其他无机与有机阴离子:例如 $[BMIm]Cl - AlCl_3$,$[BMIm]^+$ 为 1-丁基-3-甲基咪唑。新离子液体是在 1992 年发现 $[EMIM]BF_4$($[EMIM]$,1-乙基-3 甲基咪唑)的熔点为 12 ℃以来发展起来的。这类离子液体中许多对水、空气都是稳定的。其阳离子多为烷基取代咪唑离子 $[R_1R_2Im]^+$,如 $[BMIM]^+$,负离子多用 BF_4^-、PF_6^-、$CF_3SO_3^-$ 等。

与传统的有机溶剂和电解质相比,离子液体几乎没有蒸汽压,不挥发、无色、无嗅;具有较大的稳定温度范围,较好的化学、电化学稳定性;通过阴阳离子的设计可调节其对无机物、水、有机物、聚合物的溶解性,可调节酸度直至超强酸。

(2) 离子液体的结构和性能

① 熔点。阳离子对离子液体熔点的影响以氯化物熔点为例,碱金属氯化物熔点高达 800 ℃左右,有机阳离子氯化物熔点在 150 ℃以下,且随阳离子不对称程度的提高而相应下降。低熔点化合物的阳离子特征为低对称、弱的分子间作用力、阳离子电荷均匀分布。阴离子对离子液体熔点的影响以含不同阴离子的 1-乙基-3-甲基咪唑盐离子液体为例,随着阴离子尺寸增加,离子液体熔点下降。

② 溶解性。正辛烯在含有相同甲苯磺酸根阴离子的季铵盐离子液体中的溶解性,随着离子液体中季铵阳离子侧链变大,即离子液体阳离子非极性增加,正辛烯溶解性变大。改变阳离子的烷基可以调整离子液体的溶解特性。水在含 $[BMIm]^+$ 阳离子的不同离子液体中的溶解行为,$[BMIm][CF_3SO_3]$、$[BMIm][CF_3COO]$ 和 $[BMIm][C_3F_7COO]$ 与水是充分混溶的,而 $[BMIm]PF_6$、$[BMIm][(CF_3SO_2)_2N]$ 与水则形成两相混合物。在 20 ℃时,饱和水在 $[BMIm][(CF_3SO_2)_2N]$ 中的含量仅为 1.4%,这种离子液体与水相溶性的差距可用于液-液萃取分离。

③ 热稳定性。离子液体的热稳定性分别受杂原子-碳原子之间作用力的限制,因此

与组成的阴离子和阳离子的结构和性质密切相关。胺或膦直接质子化合成的离子液体的热稳定性差,很多含三烷基铵离子的离子液体在真空 80 ℃下就会分解;由铵或膦季铵化反应制备的离子液体,会发生热诱导的去烷基化反应,并且其热分解温度与阴离子本质有很大关系。大多数季铵氯盐离子液体的最高工作温度在 150 ℃左右,而[EMIm]BF_4 在 300 ℃仍然稳定,[BMIm][CF_3SO_3]和[BMIM][($CF_3SO_2)_2N$]的热稳定性温度均在 400 ℃以上。

④ 密度。密度与咪唑阳离子上 N-烷基链长度呈线性关系,随着有机阳离子变大,离子液体的密度变小。通常阴离子越大,离子液体的密度也越大。

⑤ 酸碱性。离子液体的酸碱性主要由阴离子本质决定,Lewis 酸如 $AlCl_3$ 加到离子液体[BMIm]Cl 中,$AlCl_3$ 摩尔分数增加,酸性增大。弱碱吡咯或 N,N-二甲基苯胺加到中性[BMIm]$AlCl_4$ 中,离子液体表现出碱性。无机酸溶于酸性氯铝酸盐离子液体中,可观察到离子液体的超强酸性。

⑥ 黏度。离子液体的黏度由其中盐键和范德华力来决定。氯铝酸盐的黏度,碱性条件下是咪唑阳离子中氢原子和碱性氯原子之间形成盐键的结果,酸性混合离子液体中,盐键较弱黏度低。含[BMIm]$^+$ 而阴离子不同的离子液体的黏度,[CF_3SO_3]$^-$ 与 [$C_4F_9SO_3$]$^-$ 分别为 0.90、3.73 Pa・s,[CF_3COO]$^-$ 与 [C_3F_7COO]$^-$ 分别为 0.73、1.82 Pa・s;范德华力大小的差异导致了离子液体黏度的差异。阳离子的结构也影响离子液体的黏度,[BMIm]$^+$ 侧链短小,活动性强,由其组成的离子液体黏度相对较低,含更长烷基链的离子液体黏度较大。

⑦ 导电性。离子液体的离子导电性是其电化学应用的基础。离子液体的室温离子电导率一般在 10^{-3} s/cm 左右,其大小与离子液体的黏度、分子量、密度以及离子的大小有关,其中黏度影响最明显,黏度越大,离子导电性越差。相反,密度越大,导电性越好。离子小且分子量小其导电性能更好些。离子液体电化学稳定电位窗口对其电化学应用非常重要。电化学稳定电位窗口就是离子液体开始发生氧化反应的电位和开始发生还原反应的电位的差值。大部分离子液体的电化学稳定电位窗口为 4 V 左右,与一般有机溶剂比是较宽的,这是离子液体的优点之一。

(3) 离子液体的应用

分离过程应用。传统的液液分离中使用有机-水相两相分离,有毒、易燃、挥发的有机溶剂的存在不得不对安全措施高投入,尽管如此,仍不能保证除去有机残留物质带来的环境污染。离子液体以其对有机物、无机物的高溶解度,高库仑引力导致的低蒸气压,与水不混溶等特点正引起广泛的注意,成为新型的液液萃取溶剂。室温离子液体直接萃取低挥发性有机物时,会存在离子液体和有机物的分离困难,这时可采用超临界流体将有机物分离,这是两种绿色过程的结合。

离子液体具有导电性、不挥发、不燃烧、电化学窗口比电解质水溶液宽等特性,可以减轻自放电,作电池电解质不用像熔盐一样的高温,可用于制造新型高性能电池。固体电解质因其不流动比液体电解质使用方便。

化学反应应用。离子液体作为反应系统溶剂的优势有,首先为化学反应提供了一个不同于传统分子溶剂的环境,可改变反应机理使催化剂活性、稳定性更好,转化率、选择性更高。其次离子液体种类多,选择余地大;将催化剂溶于离子液体中,与离子液体一起循环利用,使催化剂兼有均相催化效率高,多相催化易分离的优点;产物分离可用倾析、萃取、蒸馏等方法,因离子液体无蒸气压,液相温度范围宽,使分离易于进行。

五、绿色催化剂

1. 绿色固体酸碱催化剂

传统酸碱催化剂,有硫酸、磷酸、三氯化铝等无机酸类,氢氧化钠、氨水等无机碱类催化剂。这些酸碱催化反应在均相条件下进行。因此,工艺上连续化生产困难、催化剂与产物分离存在问题、对设备有腐蚀、需要回收废酸废碱液、排放污染物。绿色固体酸碱催化剂代替液体酸碱,可以在工艺上实现连续生产,不存在产物与催化剂分离及对设备的腐蚀等问题。固体酸碱催化剂活性高,可在高温下反应,能大大提高生产效率。还可扩大酸碱催化剂的应用领域,易于与其他单元过程耦合形成集成过程,节约能源和资源。

按布朗斯特(Bronsted)和路易斯(Lewis)的定义,固体酸具有给出质子或接受电子对的倾向;而固体碱具有接受质子或给出电子对的倾向。

固体酸还可理解为凡能使碱性指示剂改变颜色的固体,或是凡能化学吸附碱性物质的固体。第一类固体酸历史悠久,包括天然铝硅酸盐黏土类矿物,各种类型的合成沸石。沸石的研究开展较晚,但第一类固体酸中的某些矿物早在 20 世纪以前就已做过研究,特别是在 1920 年以后,针对它们的催化活性又做了许多研究。第二类是液体酸负载在相应载体上构成的。第三类为阳离子交换树脂。第四类为热处理后的焦炭。第五类为金属氧化物和硫化物。第六类为各种金属盐。第七类为复合氧化物。第八类为固体超强酸,此类酸还处于开发之中。

2. 分子筛催化剂

分子筛,也称沸石分子筛,是一种结晶型硅铝酸盐,晶体内的阳离子和水分子在骨架中有很大的移动自由度,可进行阳离子交换和可逆地脱水。沸石分子筛具有均匀的孔结构,其最小孔道直径为 0.3～1.0 nm。沸石分子筛对许多酸催化反应具有高活性和异常的选择性。沸石分子筛可用下列通式表示：$M_{x/n}[(AlO_2)_x \cdot (SiO_2)_y] \cdot zH_2O$,M 是金属,$n$ 是 M 的化合价;它是 SiO_4 或 AlO_4 四面体连接成的三维骨架所构成,Al 或 Si 原子位于每一个四面体的中心,相邻的四面体通过顶角氧原子相连,这样得到的骨架包含了孔、通道、空笼或互通空洞。

沸石在形状选择性催化反应与固体酸碱催化方面有应用。在石油和化学工业中,择形催化已在催化裂化和加氢裂解以及芳烃的烷基化方面,得到了广泛的应用。因为催化活性是由反应物的大小决定的,这种形状选择性称为反应物选择性。由于沸石具有小而均一的孔道,大多数活性中心都位于这些孔道内部。因此,催化反应的选择性常常取决于参加反应的分子与孔口的相对大小。沸石的择形催化作用是 1960 年由 Weisz 和 Frilette 首先报道的。分子筛可以代替 $AlCl_3$ 催化剂酸性催化合成乙苯和异丙苯。乙苯和异丙苯的生产过程相似,都是在酸性催化剂的作用下由苯分别与乙烯和丙烯反应而制得。

第二节 环境污染物的分离控制技术

从原理上来看,环境净化与污染控制技术可以分为稀释、隔离、分离、转化四大类。隔离技术是将污染物隔离在一定空间,从而切断污染物向周围环境扩散,防止污染进一步扩大。分离技术是利用污染物与环境介质之间、或污染物相互之间理化性质的差异,使污染物与环境介质分离或污染物相互之间分离,从而达到污染物去除或回收利用的目的。转化技术则是利用化学或生物化学反应,使污染物转化成无害物质或易于分离的物质,从而使污染环境得到净化与处理。其中,分离技术是污染控制化学中实现污染物去除与回收的中心环节与有效手段。

一、污染物分离原理

污染物的分离,按其技术原理可以分为三大类:场分离、界面平衡分离、反应分离。

1. 场分离

力场是一种矢量场,是物理学中一个重要的基本概念,力场中与每一点相关的矢量均可用一个力来度量,常见力场有引力场、磁场、电场等。

重力场。如果驱动物体运动的力是重力,则物体处于重力场。物体在重力场中需要推开周围的流体才能运动,因此会受到来自流体的阻力。物体在流体中受到重力、浮力、阻力的共同作用,物体密度大于流体密度时则物体向下沉降,物体密度小于流体密度时物体则上浮。

电场。电量为 ne 的带电粒子在电场强度为 E 的电场中,被黏性流体包围。这时带电粒子所受的电场电荷力为:$F_e = neE$。带电粒子以速度 v 运动时,会受到电场阻力 $F_f = \xi v$,ξ 为比例系数。带电粒子匀速时处于稳态,这时电场电荷力与阻力平衡,$v = (neE)/\xi = kE$,k 为常数。

扩散双电层效应。带电粒子周围的液相中,有一层与之电荷相反的离子层,称为离子氛。离子氛与中心带电粒子整体呈电中性。存在外加电场时,液体离子氛要向与带电粒子电泳相反的方向运动,会对带电粒子电泳产生障碍,也被称为电泳的迟滞效应。

化学势梯度场(浓度差)。溶质粒子小于 10^{-9} m,接近于包围着它们的流体分子的尺寸时,混合物被称为溶液。溶液通常由大量溶剂和少量溶质粒子构成,因此当溶质粒子进入溶剂时,与其单独存在相比,由于空间更广阔,所以更为稳定。溶质与溶剂还存在亲疏关系,乙醇亲水故易溶于水,油疏水,遇水几乎不溶。可用热力学中单个溶质粒子的化学势或自由能定量表达溶质粒子在溶剂中存在的状态。

2. 界面平衡

气相、液相、固相和超临界流体这四个相,任意两相或两相以上组合,其界面将形成一种平衡状态。这种相间平衡称为相平衡,利用待分离组分的相间平衡,可通过界面进行分离。

3. 反应分离

化学反应常常只对混合物中的特定成分发生作用,多数情况下反应物也都能完全被转化为产物。因此,可以通过化学反应对指定物质进行充分的分离。化学反应分类方法很多:可逆、不可逆、均相、非均相,热化学、电化学,催化反应等,可逆反应、沉淀反应、生化反应在分离中非常重要。

二、环境污染物分离技术

1. 场驱动的分离技术

(1) 自由空间的力场分离

重力场、离心力场、电磁力场处于真空、气体、液体那样连续且均匀的自由空间。

沉降分离是利用物质重力的不同将其与流体加以分离。空气的尘粒在重力的作用下,会逐渐落到地面,从空气中分离出来;水或液体中的固体颗粒也会在重力的作用下逐渐沉降到池底,与水或液体分离。

离心分离是借助于离心力,使比重不同的物质进行分离的方法。由于离心机等设备可产生相当高的角速度,使离心力远大于重力,于是溶液中的悬浮物便易于沉淀析出;又由于比重不同的物质所受到的离心力不同,从而沉降速度不同,能使比重不同的物质达到分离。

把带电粒子置于电场中,它就会朝向与其所带电符号相反的方向移动,这时可以利用带电粒子移动速度、方向的差异来进行分离。如静电除尘、电泳。

静电除尘是适用于含尘气体或含粒子液体的分离方法。利用重力的重力沉降法和利用离心力的旋风除尘法分别只能分离 $50\sim60\ \mu m$ 以上或 $10\ \mu m$ 以上的粒子。更小的粒子需要使用静电除尘法,就是使用电场力,将微细的尘粒集中起来再除去。

电泳是对大小不一、电性、电量均有差异的带电粒子的溶液施加电场,粒子会以不同的速度移动的现象,可以利用电泳进行分离操作。生物细胞,蛋白质、核酸等生物大分子,或黏土矿物等,具有羧基、氨基、磺基、磷酸基等官能团,当溶液 pH 高时它们带负电,当 pH 低时带负电,而粒子所带电荷为 0 时对应的 pH 为等电点。

(2) 人为设置障碍的力场分离

通过人为设置障碍构建非均一空间,则可以把分离所需的能量引导到设置的障碍上,阻碍特定物质的移动,并利用存在障碍物的场进行物质分离。用于分离的设置于场中的障碍物,可以是具有一定大小开孔的丝网、筛、滤布、多孔膜等;气体、液体等流体能通过,而比孔径大的颗粒会被拦截。

利用重力场的有筛分和筛滤。筛分是使用具有一定孔径的筛,利用重力把粒径大小不同的混合颗粒分离开的方法。筛的作用是将因重力通过筛孔后失去势能而落下的粒子与尽管也被重力吸引却被筛孔卡住不能通过的粒子分离开。筛滤则是指筛把含在流体中的粒子分开。如依靠重力流淌的水,其中含有的悬浮物可以利用筛网拦截后除去。

利用重力、离心力、压力场的有过滤和集尘分离。筛分、筛滤适于除去粗大颗粒物,细小固体颗粒要用多孔介质构成的障碍物场把它们从流体中除去;用于液体、气体分别被称为过滤、袋滤集尘。在重力、离心力、压力作用下,使含有固体颗粒的流体通过滤材障碍物时,就可以进行过滤和集尘分离。过滤时,粒径大于滤材孔径的颗粒物被拦截,但粒径小于滤材孔径的颗粒物也可以因为被吸附于滤材孔、或在滤材表面形成架桥而被滤材拦截。

利用压力梯度场、离心力场的分离技术还有膜分离。如果滤材孔径进一步减小,胶体微粒、高分子物质也能够分离,分离机理主要由于颗粒物粒径大于滤材孔径而被拦截;作为区别,这样的滤材被称为分离膜。粒子的运动方向很大程度上受料液流动形态控制,如果料液湍动较大,粒子会从膜面返回料液而不向膜面移动,会沿着膜面随料液流走。使料液平行地流过分离膜面,而滤液与料液的流向互相垂直穿过膜的过滤方式称为错流处理方式,这时分离膜表面不会形成厚的滤饼层,透过速度较大。

此外,还有凝胶层分离技术以及利用化学势平衡的分离技术。把驱动能量加在由具有各种性能的高分子所形成的凝胶层上,对那些与凝胶层产生相互作用的特定物质可以进行选择性分离。曾经试图用电泳技术分离离子,但没有成功;后来发现需要通过选择性透过膜,才可以实现这一目的。1950年发明了可将阳离子选择透过的磺酸基阳离子交换凝胶膜和可将阴离子选择透过的季铵基阴离子交换凝胶膜,使得异号电荷离子被成功分离,这被称为电渗析技术。

渗透汽化技术,将原料液引入膜组件,流过膜面,在膜后侧保持低压。由于原液侧与膜后侧组分的化学位不同,原液侧组分的化学位高,膜后侧组分的化学位低,所以原液中各组分将通过膜向膜后侧渗透。因为膜后侧处于低压,所以组分通过膜后即汽化成蒸汽,蒸汽用真空泵抽走或用惰性气体吹扫等方法除去,使渗透过程不断进行。原液中各组分通过膜的速率不同,透过膜快的组分就可以从原液中分离出来。

透析、气体膜分离利用了组分在膜两侧的浓度差,反渗透利用了组分在膜两侧的压力差。各个组分向化学势低的一侧扩散,因扩散速度不同而实现分离。

2. 界面平衡驱动的分离

界面平衡在前文已被提及,其界面是指物质相与相的分界面。通常情况下,物质存在气、液、固三态,对应气、液、固三相。各相间存在气液、气固、液液、液固和固固5种不同界面,当组成界面的两相中有一相为气相时常被称为表面。液体的表(界)面性质最为重要。表面活性剂则可以改变液体表面、液液界面、液固界面的性质。

在两相间进行传质时,一般假定界面本身并不产生阻力,而且在界面上两相达到相平衡关系。流体沿静止的固体壁流动并无传质作用时,流体与固体直接接触面也称界面。物理化学界面不仅指几何分界面,还指示一个特殊性质薄层,这种分界的表(界)面具有和两边基体均不同的性质。界面原子和内部原子受到的作用力不同,导致它们的能量状态不一样,这是界面现象存在的原因。界面层自由能较内部大,这种过剩的自由能称为界面自由能,简称界面能。单位界面面积上的界面能称比界面能,即增加单位界面面积所需的功。

气、液、固三相形成的气液、气固、液液、液固等4种界面在环境污染物分离中受到重视。污染物在固固界面迁移较为困难,研究相对较少。

物质除了气、液、固三相之外,还存在超临界流体相。超临界流体相会出现在污染物的分离过程中。此外,生物在与环境介质接触时,一般也可被视为一个相。这样,环境往往可以被看作多个两相体系或多相体系的组合,其界面将形成一种平衡状态,即相平衡态,利用待分离组分的相间平衡,可通过界面驱动分离。

界面平衡驱动的分离技术汇总为表 11-1 所示。

表 11-1 界面平衡驱动的分离技术汇总

相	过程	分离技术	原理
气液	气相转移至液相	气体吸收法	溶解度 吸收速率(先气相向气液界面、再气液界面向液相)
	液相转移至气相	气提(解吸)法	气体吸收的逆过程
	产生新气相	蒸发	沸点与蒸气压
		蒸馏	共沸体系、需多次蒸发
	产生新液相	液化或冷凝	露点
气固	相间转移	吸附与脱附	气固界面作用
	产生新气相	升华	升华点
	产生新固相	凝华	霜点(凝华点)
液液	相间转移	液液萃取	极性
液固	固相转移至液相	溶解、浸提/淋溶	溶解是全部被处理组分、浸提只是部分组分发生相间转移
	相间转移	液相吸附、固相解吸、离子交换	液固界面作用
	产生新固相	结晶、沉淀、混凝	不溶晶体、难溶沉淀物、胶体聚沉
	产生新液相	熔融	
介质生物	转移至生物体	生物吸附与吸收	
超临界流体	转移至超临界流体	超临界萃取	极性、沸点、分子量
多相	气-液-气、气-液-气三相	液膜分离	
	气-固体矿物颗粒-液	浮选	表面活性剂捕集

3. 化学反应分离技术

能够用于分离目的的反应有可逆反应、不可逆反应、分解反应 3 种,可逆反应的介质最好是液体或固体,平衡后需要进行逆向反应使反应物再生。不可逆反应需要分离生成物。有机物分解反应产物有可能是气体和水,利用微生物分解有机物耗能大幅度减少。

(1)可逆反应分离

能够对所分离的组分进行选择性可逆反应的物质称之为可逆反应介质,它们通常为固体、液体,便于分离操作。液相可逆反应体系用作分离的技术,有化学吸收、化学萃取、浸出等。固相可逆反应体系有离子交换、气体化学吸收等。这些操作的第一阶段均需使反应介质与混合物中的待分离组分(溶质)反应,产生生成物。在第二阶段,即回收生成物后,需要逆反应再生反应物。已分离的溶质组分回收利用或废弃处理。

可逆反应分离操作中,反应介质相与混合物相形成两个相,反应在反应介质相发生。

反应介质相中待分离溶质组分因反应而浓度下降,会由混合物相的溶质迁入补充;但反应介质相中反应试剂总浓度是一定的,混合物相溶质的迁入量会受到化学计量学限度,溶质浓度较高时不适合利用可逆反应分离法。

可逆反应分离法有反应吸收、化学萃取、浸取、离子交换分离法。

反应吸收是指被液相所吸收的气相组分与液相反应体之间发生正向可逆反应而生成反应生成物,也被称为化学吸收。

胺(RNH_2)吸收的 CO_2 方法属于可逆反应。

化学萃取不同于液液萃取,后者根据不同组分在两个液相间的分配比差异来进行。化学萃取是水相待分离物质 M 与配位体 L 反应,生成 ML 后,再向有机相转移。能移入有机相的生成物 ML 不具有电荷,由于 L 具有疏水官能团,ML 易溶于有机相,会被更多地分配于有机相。利用化学萃取分离的对象常常是金属 M。L 可以是金属螯合物的各种配位体、有机酸等液体阳离子交换萃取剂、金属阴离子络合物、可形成中性盐及离子对的液体阴离子交换萃取剂、协同萃取剂等。

利用液体浸取剂分离提取含于固体内的某种物质,称为浸取。与固体浸出分离概念基本相同,但这里的浸提剂不是水而是化学反应液体浸取剂,所以能够只对特定的物质(多为金属)进行,并且可以高效率地几近全部地将其回收。比如:

$$2Au + 4NaCN + O_2 + 2H_2O \rightleftharpoons 2NaAu(CN)_2 + 2NaOH + H_2O_2$$

通常把固体的离子交换平衡反应试剂称为离子交换树脂。利用它对液相离子进行平衡反应的分离操作称为离子交换分离法。像离子有阴阳之分那样,离子交换树脂也相应有阴阳两种。

(2) 不可逆反应分离

反应晶析分离,是将某些反应试剂与溶解于水中的物质发生作用而形成结晶,利用沉降法把这些结晶物质从水中分离除去。这种方法的效果取决于能否结晶,以及结晶颗粒的粒径。比如反应速度快,晶核浓度上升,产生晶核多而使晶粒细小。当待分离物质形成结晶后,这种物质在溶液中的浓度就会下降,反应方法有中和凝聚法、氧化还原法和硫化物法等。

石灰石、熟石灰用于吸收 SO_2 的方法属于不可逆析晶反应。

分解反应针对没有回收价值的物质、或有害物质,利用作用于该物质的化学反应使其分解为无害物质,以分离除去。比如氮氧化物进行催化分解,转变为氮气分离。

(3) 生物反应分离

生物反应分离具有极特殊性,表现在两方面,酶蛋白特异的催化反应性,以细胞膜的选择透过性。后者可以表现为生物对于环境中的特定物质的超强富集能力。

利用微生物进行的分离。微生物为了自身生存和增殖,需要能源和构成要素源。因而巧妙地运用与这两源相关的微生物的生命活动,就可为分离目的服务。多数的微生物是将物质的化学结合能作为能源使用,其结果是破坏了化学结合,例如使固体物质变得可溶化,或者是使固体以及溶解了的物质变成气体。而微生物的增殖,常常是将物质作为构成要素纳入自己体内的。

利用植物、动物进行的分离。动物、植物具有复杂的组织、器官结构,可以在特定的部位积累待分离物质,同时动物可以在极广泛的范围内活动,动物植物的采集、富集特定物质的能力,就可为分离目的所利用。如利用珊瑚,可以将 CO_2 分离并以 $CaCO_3$ 形式固定。

4. 污染物环境分离重要技术实例

重要环境分离技术有萃取、吸附、离子交换、膜分离,其控制因素、设备、工艺分别如下。

(1) 萃取法

① 概述

萃取利用组分在两个互不混溶的液相中的溶解度差异,将其从一相转移到另一相,也称溶剂萃取。被提取的溶液为被萃相,被提取组分为溶质,用来进行萃取的溶剂称为萃取剂。两相充分接触,经分离大部分溶质转移到萃取剂中,得到的溶液为萃取液,溶质已被萃取出的被萃相为萃余液。

溶剂萃取不同于固液两相间分离的浸取和固相萃取,浸取是溶质从固相转移至液相,固相萃取是将目标组分吸着在固体表面。固液两相分离的机制多为吸附,溶剂萃取机制为两相分配。

萃取法处理废水分三步,萃取剂加入废水充分接触使污染物转移到萃取剂中,分离萃取剂和废水,从萃取液中分离回收污染物与萃取剂。

② 萃取剂的选择

液液萃取中,主要考虑萃取剂的性质与价格。萃取剂的要求:对被萃取物的溶解度高,对水中其他物质溶解度低,同时萃取剂本身在水中溶解度低;与原溶剂互溶度小,黏度低,界面张力适中,便于两相分离;容易回收、再生,稳定性好;价廉易得。

③ 萃取设备

萃取设备对于混合与分离都有要求,设备主要有三种类型,罐式萃取器、萃取塔和离心萃取机。罐式萃取器为间歇操作,萃取塔与离心萃取机是连续操作。

罐式萃取器开启搅拌进行混合,关闭搅拌静澄分离,时间可调。设备可用于单级萃取或多级萃取,多用于固液萃取。

萃取塔的重液从顶部流入,底部流出;而轻液则从底部流入,顶部流出;在塔内充分混合接触,完成萃取。塔顶塔底均有空间实现轻液重液分离;分离后,从顶部流出的轻液以及底部流出的重液中溶质较少。常用萃取塔有三种。第一类是筛板萃取塔,塔身用筛板(多孔板)分隔成若干段,筛板上附有导流管。第二类是转盘萃取塔,转盘萃取塔是有搅拌作用的萃取塔。第三类是填料萃取塔,其塔身填充填料。

(2) 吸附法

① 吸附原理

固体表面能够吸附水中溶质和胶体。吸附分为物理和化学吸附,吸附剂通过分子间作用力吸附被吸附物质,为物理吸附;吸附剂与被吸附物质间产生化学作用,生成化学键而引起的吸附为化学吸附。物理与化学吸附往往并不排斥,可相伴发生,但多数情况下以某种吸附为主。

吸附剂的吸附量,与被吸附物质的性质、浓度、温度有关。被吸附物浓度与吸附量的关系式,称为吸附等温式。最常用的吸附等温式为朗格缪尔(Langmuir)吸附等温式,该公式设定被吸附物质在吸附剂表面仅形成单分子层,以此推导得出,这个假设使它的应用受到一定限制。

② 影响吸附的因素

吸附量和吸附速度,是衡量吸附过程的主要指标。其中吸附速度是单位重量吸附剂在单位时间内所吸附的物质量。

多孔吸附剂的吸附过程分为三个阶段,首先是颗粒外部的扩散阶段,吸附质从溶液中扩散到吸附剂表面;其次是孔隙扩散阶段,吸附质在吸附剂孔隙中继续向吸附点位扩散;最后是吸附反应阶段,吸附质被吸附在吸附剂孔隙内的吸附点位表面。吸附速度通常主要取决于扩散速度,即外部与孔隙的扩散速度。外部扩散速度与溶液浓度、且与吸附剂比表面积成正比,吸附剂颗粒直径越小、比表面积越大,外部扩散越快。增加溶液与颗粒间的相对运动速度也可以提高外部扩散速度。孔隙扩散速度与吸附剂孔隙大小、结构,以及吸附质大小、结构等因素有关,吸附剂颗粒越小往往孔隙扩散速度也越快。

吸附剂、吸附质物理与化学性质对吸附都有很大影响。极性吸附剂易吸附极性吸附质,吸附质溶解度越低越易被吸附,吸附质浓度增大吸附量随之增大,活性炭一般在酸性条件下比在碱性条件下有较高的吸附量,因吸附反应通常是放热反应,低温对吸附反应有利。

③ 吸附剂

常用吸附剂有活性炭和腐殖酸类等。

活性炭比表面积可达 $800 \sim 2\,000\ m^2/g$,吸附能力很强。生产中应用的活性炭,一般制成粉末状或颗粒状。粉末状活性炭吸附能力强,制备容易,价格低,但再生困难;颗粒状活性炭价格较高,但可再生,并且使用时易操作、产生粉尘少,因此水处理中大多采用颗粒状活性炭。颗粒状活性炭因吸附了大量吸附质会趋向饱和并丧失吸附能力,此时需更换或再生。再生是在基本不改变吸附剂结构的条件下,将吸附质从吸附剂微孔中除去,恢复吸附剂吸附能力。活性炭再生方法有加热或化学再生法。加热再生是高温下吸附质脱附或者在高温下氧化或分解为气态逸出,化学再生是使用化学方法将吸附质转化为易溶于水的物质而解吸。

腐殖酸类吸附剂是将天然富含腐殖酸的风化煤、泥煤、褐煤等处理后使用,或制成腐殖酸系树脂。腐殖酸是由具有芳香结构,性质相似的无定形酸性物质组成的复杂混合物。腐殖酸含有酚羟基、羧基、醇羟基、甲氧基、羰基、醌基、氨基、磺酸基等,这些活性基团有阳离子吸附性能。腐殖酸对阳离子的吸附,包括离子交换、螯合、表面吸附、凝聚等作用。腐殖酸类物质能吸附工业废水中多种金属离子,如汞、铬、锌、镉、铅、铜等,吸附后可以用 H_2SO_4、HCl、NaCl 等解吸。腐殖酸缺点是吸附容量低、适用 pH 范围窄,机械强度低等。

④ 吸附工艺与设备

吸附操作方式有间歇式和连续式。间歇式吸附是将废水和吸附剂置于吸附池内,先搅拌、后静置沉淀、再排出澄清液。间歇式吸附处理量小,且需要两个吸附池交替工作,因此多采用连续方式。连续吸附有固定床、移动床、流化床等形式。固定床连续吸附,指吸附剂被固定填放在吸附柱内。移动床连续吸附是指操作过程中,定期从吸附柱移出接近饱和的一部分吸附剂,并同时向柱中加入等量新鲜吸附剂。流化床是指吸附剂在吸附柱内处于膨胀状态,悬浮于由下而上的水流中。移动床和流化床操作复杂,废水处理中较少使用。

连续式固定床吸附柱的吸附剂总厚度为 3～5 m,吸附柱串联工作,每个吸附柱吸附剂厚度 1～2 m。废水自上向下流过吸附柱,流速 4～15 m/h,接触时间 30～60 min。含悬浮物的废水一般需先应经过砂滤再进行吸附,以防止吸附剂层堵塞。吸附过程中,柱上部吸附剂层吸附质浓度逐渐增高,吸附剂饱和后会失去吸附能力;随时间推移,柱上部饱和区高度不断增加,最终吸附剂全部饱和;这时吸附柱失效,出水与进水浓度相等。实际操作中,吸附柱不允许完全饱和,通常对出水水质设定一个限定值,当出水污染物浓度超过限定值时可认为吸附层已被"穿透",需要更换吸附柱。

(3) 离子交换法

① 离子交换剂

水处理离子交换剂主要是离子交换树脂,它是人工合成高分子聚合物,包括树脂本体和活性基团。树脂母体通常是苯乙烯聚合物,本身不具备离子交换能力,加上活性基团后才具有离子交换能力。活性基团由固定离子和交换离子组成,靠静电引力结合在一起,而固定离子固定在树脂的网状骨架上。

离子交换树脂按树脂类型与孔结构,主要分凝胶型树脂与大孔型树脂。按活性基团分为:含酸性基团的阴离子交换树脂,含碱性基团的阳离子交换树脂,含胺羧基团等的螯合树脂,含氧化还原基团的氧化还原树脂及两性树脂等。阳、阴离子交换树脂,按照活性基团电离强弱程度,又分为强酸性(官能团为—SO_3H)、弱酸性(官能团为—$COOH$)、强碱性(官能团为季氨基—NR_3OH)和弱碱性(官能团为伯氨基—NH_2OH、仲氨基—$NHROH$、或叔氨基—NR_2OH)树脂。

② 离子交换树脂选型

离子交换树脂的有效 pH 范围。强酸、弱酸、强碱、弱碱性离子交换树脂的有效 pH 范围分别为:1～14、5～14、1～12、0～7。

交换容量。交换容量定量地表示树脂交换能力的大小,其单位是 mol/kg。交换容量可分为全交换容量与工作交换容量,前者指一定量树脂所具有的活性基团或可交换离子量,后者指树脂在给定工作条件下的实际交换能力。全交换容量可以由滴定法测定,也可由树脂单元结构进行理论估算。

交联度。交联剂的用量影响树脂分子交联度,交联度又影响树脂性能。水处理的离子交换树脂交联度为 7%～10%。

交换势。离子交换平衡可用化学质量作用定律解释。对同一树脂 RH,交换平衡常数 K 随交换离子 M^+ 不同而不同,K 值愈大交换离子愈易取代树脂上的可交换离子,交换离子与树脂亲和力愈强。K 值越大离子的交换势越大。

含金属离子的废水与交换树脂接触时,交换势大的离子先与树脂离子发生交换。如含 Al^{3+}、Ca^{2+}、Na^+ 等的溶液,缓慢流过阳离子交换树脂床时,上层水样中没有 Al^{3+},中层水样只有 Na^+,下层水样全部为树脂中的 H^+。

③ 离子交换的工艺和设备

离子交换装置可分为固定床和连续床两大类。

废水处理中最常用的离子交换装置是单层固定床。固定床装置将离子交换树脂装填在离子交换器内,操作过程中树脂不向外输送。离子交换系统分三部分,预处理设备、离子交换器、再生附属设备。预处理设备一般为砂滤器。

离子交换全过程有四个步骤:交换、反洗、再生与清洗。交换是树脂可交换离子与溶液离子间的交换过程。反洗是用流体反向流动清洗填充层的操作过程。再生是交换反应的逆过程。清洗是将树脂层内残留的再生废液清洗至出水水质符合要求。

(4) 膜分离法

① 膜的定义

所有膜都有一个共性——选择透过性。如果在一个流体相内或两个流体相之间,把流体相分成两部分的薄层凝聚相物质就是膜。凝聚相物质可以为固态、液态或气态,被膜隔开的流体相物质可以是液态或气态。膜本身可以是均匀的一相,也可是两相以上。

② 膜的分类

根据膜相态分为固体膜和液体膜,根据膜来源分为天然膜和合成膜。根据膜体结构,固体膜可分为致密膜和多孔膜,多孔膜分为微孔膜和大孔膜。根据膜断面物理形态,固体膜又可分为对称膜、不对称膜和复合膜。对称膜即均质膜,不对称膜具有极薄的表面活性层和下部的多孔支撑层,复合膜的表面活性层和多孔支撑层以不同膜材料制成。根据膜功能,分为离子交换膜、渗析膜、超滤膜、反渗透膜、渗透汽化膜、气体渗透膜、亲水膜、疏水膜等。根据膜孔径分为微滤膜、超滤膜、纳滤膜和反渗透膜。根据固体膜形状分为板框式、螺旋卷式、圆管式、毛细管式和中空纤维式。

③ 膜性能

首先,膜通量和膜的过滤方式。膜通量是单位时间单位膜面积上透过液的体积,单位是 $m^3/(m^2 \cdot s)$ 或 $L/(m^2 \cdot s)$。影响膜通量的主要因素有膜的阻力、单位膜面积上的驱动压力、膜表面水动力学状况,膜污染及其清洗情况。

膜过滤有两种基本操作方式(图 11-2),全程过滤和错流过滤;前者操作简单,但容易产生膜污染,适合规模小的场合如实验室;实际污水处理通常采用错流操作。

图 11-2 膜过滤的基本操作方式

其次,膜分离性能参数。膜分离性能参数主要有两个,分离因素和膜通量。分离因素用截留率来表示,其大小表示该体系分离的难易程度,是各种物质的膜透过率比值。c_b 为料液中溶质浓度,c_m 为料液膜表面溶质浓度,c_p 为透过液溶质浓度,则表观截留率 $R = 1 - c_p/c_b$,本征截留率 $R = 1 - c_p/c_m$。膜通量是物质透过膜的速率,单位时间单位面积膜上透过液的体积:$J = V/(St)$,J 为膜通量,V 为透过液体积,S 为膜有效面积,t 为运行时间。

膜分离过程中,推动力、膜特性决定了膜通量与膜选择性,尤其是膜孔径大小,决定了膜可能分离粒子的大小范围。

再次,膜分离中的物质传递。膜分离需通过力的作用驱动,膜分离驱动力来自膜两侧的压力、电位或浓度差。压力差驱动的膜分离过程的重要传质现象是对流和扩散。对流由料液流动引起,流速高时呈紊流状态,而低时呈层流状态;流动速度越高,膜通量越大。扩散由料液分子热运动产生,符合 Fick 第一扩散定律,扩散速率正比于浓度梯度与扩散系数的积;颗粒越小扩散速率越大。

第四,浓差极化与膜污染。膜分离过程由压力驱动,膜性能受膜污染影响很大。膜通量随时间延长而减小,微滤和超滤的膜通量下降得大而且快,甚至低于水通量的 5%。膜通量下降由各种膜污染引起,包括浓差极化和不可逆膜污染。浓差极化属于可逆膜污染,通常溶质在滤膜表面的浓度 c_m 高于溶质料液浓度 c_b,在浓度差 c_m-c_b 作用下溶质由膜表面向料液扩散,平衡后膜表面会形成一个稳定的浓差极化边界层 δ。不可逆膜污染使膜发生了永久性改变,包括不可逆吸附、堵塞等。不可逆膜污染与浓差极化关系密切相关,常同时发生,浓差极化许多情况下是不可逆膜污染的根源。

④ 膜分离过程

常见的膜分离过程包括微滤、超滤、纳滤、反渗透等,其截留机理主要是机械筛分作用,但由于孔径不同,膜过程差异较大。

微滤孔径范围一般为 $0.1\sim75~\mu m$,以静压差为推动力,操作压力为 $0.7~kPa\sim7~kPa$。小于膜孔的粒子通过滤膜,大于膜孔的粒子被机械截留,实现分离。微滤膜主要是从液体或气体中分离出大于 $0.1~\mu m$ 的微粒。

超滤介于微滤和纳滤之间,以膜两侧压差为驱动力,压力为 $0.1~MPa\sim0.6~MPa$,筛分孔径从 $1~nm\sim0.1~\mu m$,截留分子量范围从 $500\sim500~000$。超滤能从水中分离分子量大于数千的大分子、胶体物质、蛋白质、微粒等,被分离组分直径约 $0.01\sim0.1~\mu m$。超滤除用于水处理外,还可用于物质的分离与精制,如血液净化、蛋白质精制等。

纳滤介于超滤和反渗透之间,驱动力仍是水压,纳滤膜孔径为纳米级,水可以通过,其截留分子量为 $200\sim1~000$,可以分离葡萄糖等小分子有机物。不同价态离子的纳滤存在 Donnan 效应,电荷、离子价态、浓度对纳滤影响均很大;离子价数越高,膜对其截留率越高。重金属和磷为高价离子,纳滤截留率很高。纳滤可以让水和一价离子透过膜成为透析液,而将有机污染物截留,从而分离水中的 COD、BOD。

反渗透也是压力驱动,操作压力为 $1.5~MPa\sim10.5~MPa$,截留溶质的粒径为 $0.1\sim1~nm$,截留分子量为大于 150。反渗透膜分非对称膜和复合膜,主要用于海水淡化、纯水制备等。

从微滤、超滤、纳滤到反渗透,膜孔径越来越小,膜阻力越来越大,筛分作用越来越小而化学特性作用越来越大,操作压力越来越高,膜通量越来越小。

(5) 混凝与絮凝

① 混凝原理

化学混凝处理水中的微小悬浮物和胶体,它们可以在水中长期保持分散悬浮状态,长时间静置也不会自然沉降,具有稳定性。

胶体稳定性源于胶体微粒带电荷。天然水的黏土微粒,废水中蛋白质、淀粉微粒等带有负电荷。胶体由中心向外依次被称为胶核、胶粒、胶团。胶核表面有一层电性相同的离子,称为胶体微粒的决定电位离子,决定了胶粒电荷的大小和符号。决定电位离子的周围吸引大量异号离子,形成所谓双电层。靠近胶核的一部分异号离子,吸引牢固,并随胶核一起运动,称为吸附层;远离胶核的其他异号离子,受吸引较弱,不随胶核一起运动,有向水中扩散的趋势,称为扩散层。吸附层与扩散层之间的交界面称为滑动面,滑动面以内的部分称为胶粒。胶粒与扩散层之间的电位差为胶体电动电位 ξ,胶核表面与溶液间的电位差称为总电位 ψ。

胶粒在水中受胶粒间静电斥力、水分子热运动撞击、胶粒间的相互引力即范德华引力作用,但由于胶粒 ξ 电位较高,胶粒间静电相互斥力发挥主要作用,使胶体微粒不能聚结而长期保持稳定的分散状态。胶体微粒的水化作用将极性水分子吸引到它的周围形成一层水化膜,同样可以阻止胶粒间相互接触。

化学混凝受水中杂质的成分、浓度、水温、水的 pH、碱度,以及混凝剂的性质和混凝条件等影响,但主要因素是压缩双电层和吸附架桥。

压缩双电层的作用。胶粒 ξ 电位是其维持稳定分散状态的原因,因此降低胶粒 ξ 电位有可能使微粒脱稳。电解质混凝剂可以降低胶粒 ξ 电位,向天然水中带负电荷的黏土胶粒加入铁、铝盐等,大量阳离子进入胶体扩散层、吸附层。由于胶核表面 ψ 不变,阳离子的大量引入将使扩散层减薄甚至完全消失,ξ 电位降低或为零;胶粒易失去稳定性,称为胶粒脱稳,脱稳胶粒相互聚结发生凝聚。

吸附架桥作用。三价铝、铁盐以及其他高分子混凝剂溶于水后,经水解和缩聚反应,形成线型结构高分子聚合物;这类高分子物质可被胶体微粒强烈吸附。由于线型长度较长,这类高分子聚合物的一端吸附某一胶粒后,另一端又吸附另一胶粒,因吸附在相距较远的两胶粒间架桥,而复合颗粒逐渐长大,形成大絮凝体。高分子物质吸附架桥作用造成的胶粒相互黏结称为絮凝。

凝聚和絮凝总称混凝。高分子混凝剂,特别是有机高分子混凝剂,吸附架桥起主要作用;硫酸铝等无机混凝剂,压缩双电层作用和吸附架桥作用都具有重要作用。

② 混凝剂

a. 铝盐混凝剂。铝盐在溶液中的存在状态与溶液的 pH 关系密切。溶液 pH 小于 3,Al^{3+} 以 $Al(H_2O)_6^{3+}$ 存在,pH 升高水合铝离子发生解离,生成各种羟基铝离子,直至产生氢氧化铝沉淀析出。

当 pH 大于 4 以后,羟基配位离子增加,各离子的羟基之间可发生羟基架桥,产生多核羟基配合物,即产生分子缩聚反应。水解与缩聚两种反应交错进行,最终将产生聚合度极大的中性氢氧化铝,析出沉淀。铝多核羟基配合物的主要形态有:$[Al_6(OH)_{14}]^{4+}$、$[Al_6(OH)_{15}]^{3+}$、$[Al_7(OH)_{17}]^{4+}$、$[Al_8(OH)_{20}]^{4+}$ 和 $[Al_{13}(OH)_{34}]^{5+}$ 等,一般认为在溶液 pH 为 4.5~5.0 范围内,聚合度高的 $[Al_8(OH)_{20}]^{4+}$ 为主要存在形态。从 pH=5 开始 $[Al(OH)_3]$ 沉淀为其主要存在形态:

$$[Al_n(OH)_{3n}] \longrightarrow [Al(OH)_3]_n \downarrow$$

pH 为 8.0～9.0 时，$Al(OH)_3$ 沉淀又重新溶解，成为带负电荷的配位阴离子：

$$[Al(OH)_3(H_2O)_3] \rightleftharpoons [Al(OH)_4(H_2O)_2]^- + H^+$$

溶液 pH 制约 Al^{3+} 形态，pH 较低时主要为高正电荷低聚合度的多核配位离子。这时其凝聚作用以压缩双电层、降低 ξ 电位为主，也存在架桥作用，因为一个多核聚合物也可以被两个或多个胶粒共同吸附。pH 升高时，Al^{3+} 不断转化为低电荷高聚合状态，此时主要是架桥作用。pH 进一步升高，Al^{3+} 以氢氧化铝为主要形态，$[Al(OH)_3]_n$ 中性、聚合度无限大、难溶于水，在水处理中起网捕作用（图 11-3）。

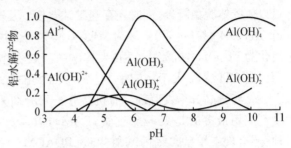

图 11-3　不同 pH 下铝的化学形态

b. 铁盐混凝剂。铁盐在水中的存在状态变化规律与铝盐相似，但相应 pH 略低。三价铁盐在水溶液中的水解与聚合过程如下：

$$[Fe(H_2O)_6]^{3+} \rightleftharpoons [Fe(OH)(H_2O)_5]^{2+} + H^+$$
$$[Fe(OH)_2(H_2O)_4]^+ \rightleftharpoons [Fe(OH)_3(H_2O)_3] + H^+$$
$$2[Fe(OH)(H_2O)_5]^{2+} \rightleftharpoons [Fe_2(OH)_2(H_2O)_8]^{4+} + 2H_2O$$

生成的双核二聚体，还可进一步生成更高级的聚合物，如：

$$[Fe_2(OH)_2]^{4+} + [Fe(OH)]^{2+} + 2H_2O \rightleftharpoons [Fe_3(OH)_4]^{5+} + H^+$$

与铝盐类似，不同形态铁盐对水中胶粒产生压缩双电层、降低 ξ 电位、吸附中和、吸附架桥以及网捕，而产生凝聚与絮凝。

c. 铝、铁盐混凝剂以三种机制发挥混凝作用。低聚合度高电荷的多核配离子，为压缩双电层使胶粒脱稳凝聚。高聚合度低电荷的无机高分子，是架桥作用的絮凝。铝铁盐难溶氢氧化物沉淀物，是网捕即吸附和黏结胶体杂质。这些混凝机制可能同时产生，也可能仅以某种机制为主。

d. 聚合氯化铝和聚合氯化铁。聚合氯化铝（PAC）实质是 $AlCl_3$ 水解中间产物，在溶液中电离为聚合离子

$$[Al_2(OH)_5Cl] \rightleftharpoons [Al_2(OH)_5]^+ + Cl^-$$

PAC 通式为：$Al_n(OH)_m Cl_{3n-m}$ 或者 $[Al_2(OH)_m Cl_{6-m}]_n$。碱化度 B 和聚合度 n 是其水解和桥联程度的重要指标。$B = 1/3[OH]/[Al]$，大多在 50%～80%，碱化度越高，黏结架桥性能越好，且易沉淀。

PAC 溶液中，Al 大致有三种形态：单体、聚合、无定型凝胶。$B \leqslant 0.5$，主要是单核羟基铝离子，开始生成二聚体 $[Al_2(OH)_2^{4-}]$。$B = 0.5～1.0$，主要是线性低聚物。$B = 1.0～1.8$，由低聚物发展为高聚物，但仍保持线性结构。$B = 1.8～2.5$，高聚物以环状结构为主，并有部分羟基转化为氧桥聚合。$B \geqslant 2.5$，环状片层结构的二维聚合物，相互堆叠生成具有

三维结构的溶胶以致凝胶物质,接近于 $Al(OH)_3$ 的无定型沉淀物。

Fe(Ⅲ)比 Al(Ⅲ)水解趋势更大,同样溶液条件下 Fe(Ⅲ)有更高的水解程度和水解速度。当 OH^-/Fe 小于 0.4 时,水解生成多核配合物或低聚物,其一般形态可写为 $Fe_x(OH)_y^{(3x-y)+}$。由于这类低聚多核羟基配位离子有很强的专属吸附作用,直接投加后,可以使胶体脱稳凝聚,同时还存在黏结架桥以及网捕絮凝作用,混凝效果最佳。当 OH^-/Fe 大于 0.4 时,Fe(Ⅲ)溶液为高聚物,同时聚合物电荷降低,在溶液中投加后将更迅速地转化为 $Fe(OH)_3$ 沉淀物,不再发挥电中和脱稳作用,而更多地表现出黏结架桥和网捕作用。当 OH^-/Fe 大于 2.5 时,将完全依靠网捕絮凝作用,必须投加大量药剂方可见效。

e. 有机高分子絮凝剂。有机高分子絮凝剂分合成和改性两类。合成有机高分子絮凝剂应用最多的是聚丙烯酰胺(PAM),有非离子型、阳离子型、阴离子型和两性型四种;还有聚二甲基二烯丙基氯化铵(PDADMA)、聚多胺类等。天然改性高分子絮凝剂中淀粉改性絮凝剂的研究、开发、应用最多。有机高分子絮凝剂同无机高分子絮凝剂相比,用量少,絮凝速度快,受共存盐类、pH 及温度影响小,污泥量少,容易处理等,应用前景广阔。

③ 微生物絮凝剂

微生物絮凝剂(Microbial Flocculant,MBF)是一类由微生物产生的有絮凝活性的代谢产物,包括糖蛋白、多糖、蛋白质、纤维素和 DNA,以及有絮凝活性的菌体等,具有絮凝范围广、絮凝活性高、安全无害无污染等特点。

a. MBF 发现与分类

1935 年,美国科学家 Butterfield 最早从活性污泥中筛选到絮凝剂产生菌。

MBF 分为 3 类,微生物菌体絮凝剂,如活性污泥中的细菌、霉菌、酵母菌、放线菌;微生物细胞壁提取物絮凝剂,如酵母菌细胞壁的葡聚糖、甘露聚糖、蛋白质和 N-乙酰葡萄糖胺;微生物细胞代谢产物絮凝剂,微生物细胞分泌到细胞外的代谢产物主要是细菌的荚膜和黏液质。

b. MBF 性质、特点与应用

高效、无毒、可消除二次污染、絮凝广泛。MBF 已经应用到许多领域,如废水处理、改善污泥沉降性能、给水处理。

c. MBF 絮凝机理

微生物絮凝剂能使离散微粒(包括菌体细胞自身)之间相互黏附,并能使胶体脱稳,形成絮体沉淀而从体系中分离出去。目前人们普遍接受的 MBF 絮凝机理,是电荷中和、网捕和架桥絮凝。电荷中和机理,指胶体粒子表面一般带负电荷,当带有正电荷的链状生物大分子絮凝剂、或其水解产物靠近胶粒表面而被吸附时,将会中和胶粒表面的部分负电荷,减少胶粒静电斥力,从而使胶粒发生碰撞而凝聚。网捕作用,是指当微生物絮凝剂形成絮状体时,可以在重力作用下迅速网捕水中胶粒,而产生沉淀。"桥联作用"机理,认为絮凝剂大分子借助离子链、氢键和范德华力,同时吸附多个胶体颗粒,在颗粒间产生"架桥"现象,形成三维网状结构而沉淀下来。

影响 MBF 絮凝作用的因素有很多,有环境因素,如 pH、温度、离子种类、离子强度,也有絮凝剂自身性质的因素。絮凝性还与细胞表面疏水性有关,处于指数生长后期的细胞,其表面疏水性增强,随之絮凝性上升。絮凝剂的分子结构、形状、分子量和所带基团,对絮凝剂活性也有影响,大分子要有线性结构,如果分子结构是交联的或支链结构,其絮凝效果就差;相对分子质量越大,絮凝活性越高。

（6）泡沫分离技术

泡沫分离技术根据表面吸附原理,借鼓泡使溶液内的表面活性物质聚集在气液界面(气泡表面),并上浮至溶液主体上方形成泡沫层,将泡沫层和液相主体分开,就可达到浓缩表面活性物质(在泡沫层)和净化液相主体的目的。浓缩的物质可以是表面活性物质,也可以是和表面活性物质具有亲和能力的任何溶质。利用气体在溶液中鼓泡以实现分离或浓缩的方法称为泡沫吸附分离技术。

① 泡沫吸附分离技术的分类

泡沫吸附分离技术分为无泡沫层和有泡沫层分离法两大类。

无泡沫层分离法需要鼓泡池,但不一定形成泡沫层。其一为鼓泡分离法,从塔式设备底部鼓入气体,所形成的气泡富集了溶液中的表面活性物质,上升至塔顶,和液相主体分离。液相主体得以净化,表面活性物质得以浓缩。其二为溶剂消去法。将一种与溶液不相溶的溶剂置于溶液的顶部,用来萃取或富集溶液内的表面活性物质。容器底部设置鼓泡装置,该表面活性物质借鼓泡装置中鼓出气泡的吸附作用,被带入溶剂层。

有泡沫层分离法。根据分离的对象是真溶液,还是带有固体粒子的悬浮液、胶体液,分成泡沫分离和泡沫浮选两类。泡沫分离中作为分离对象的某溶质,可以是表面活性剂,也可以不具有表面活性,但后者必须具备和某一类型的表面活性剂能够配合或螯合的能力。当在塔式设备底部鼓泡时,该溶质可被选择性地吸附或附着于自下而上的气泡表面,并在溶液主体上方形成泡沫层。将排出的泡沫消泡,可获得泡沫液,富集回收溶质,溶液则得到净制。泡沫浮选是利用矿石粒子和脉石粒子性质上的差异,选择合适的捕集剂使矿物具有亲油性(疏水性)性质,并在矿浆中加入适量的起泡剂,采用空气鼓泡,会使脉石下沉和矿石借泡沫浮出液面得以富集。它和泡沫分离的根本区别,在于浮选法的最后产物都是固体粒子。它又可分为矿物浮选、粗粒浮选和细粒浮选、离子浮选和分子浮选、沉淀浮选、吸附富集分离。

② 泡沫分离流程设置及操作

泡沫分离的流程设置分为间歇分离和连续分离两类。柱形塔体分成溶液鼓泡层和泡沫层两部分,原料液可按不同类型塔分别在不同部分加入,气体从设置在塔底的气体分布器中鼓泡而上,与原料液逆流接触,由于液体中含有表面活性物质,鼓泡所形成的稳定的泡沫聚集在液层上方空间,汇成泡沫层,经塔顶排出。引出的泡沫消泡后,称泡沫液,为塔顶产品,其中被富集的物质称富集质。塔底还设有残液排出口,可间歇或连续排料。

③ 泡沫分离原理

泡沫分离需要具备两个条件,被分离的溶质是表面活性物质,或是可以与表面活性剂相配合的物质,这样它们可吸附在气液界面上;同时,富集质在分离过程中藉泡沫与原料液分离,并在塔顶富集。传质过程发生在鼓泡区,在液相主体和气泡表面间进行;由于传质过程发生在泡沫区气泡表面和间隙液中,表面化学和泡沫结构性质都是泡沫分离的基础。

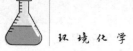

④ 泡沫分离特点与应用

泡沫分离优点:能在很低的浓度(数量级在 mg/kg 范围)下,十分有效地除去表面活性物质;可以除去同样低浓度的非表面活性物质,如金属离子等,但必须加入某种表面活性剂作为捕集剂,与该富集质配合或螯合。当全塔都具有稳定的泡沫时,可利用回流增加单塔分离能力;设备和操作简单,能耗低。

该法局限性:当溶液中表面活性物质浓度在临界胶束浓度以上时,泡沫分离塔虽获得稳定的泡沫层,但分离效率降低;在临界胶束浓度以下,仍能维持稳定泡沫层的表面活性剂少。当用以除去富集质时,除去富集质的量和除去表面活性剂的量往往呈化学计量关系,后者是高分子物质,消耗量较大,也会产生回收问题;在泡沫分离设备的设计和操作中,塔中的返混严重影响泡沫分离效率,尤其是对泡沫层不稳定的系统。

泡沫分离技术的应用领域很广。在环保工程中,可处理原子能工业中含放射性元素,如锶的废水;染料、制革、石油化工等工业污水中,可降低化学耗氧量、色素、有机化合物等;在其他工业废水中,也可富集各种金属离子包括铜、锌、镍、铌、钇、铁、汞、银等;还可富集海水中的铜、锌、钼和铀。

第三节　污染控制化学

一、水污染控制化学

1. 水循环

水循环是使水成为可再生资源的过程,海洋不断向陆地输送淡水,补充和更新陆地上的淡水资源。水循环分自然循环和社会循环。水的自然循环是水在太阳能作用下,通过蒸发和蒸腾作用、降水、径流三个环节实现。水的社会循环是人类生活生产取水,经使用后成为生活污水和生产废水,之后被排放到天然水体的局部循环体系。

2. 水的自净能力与水环境容量

自然环境是一个动态平衡系统,对外界干扰有一定的自动调节能力;通过环境各要素相互协调、相互作用,会恢复原状或建立一个新平衡态。水体的这种能自我调节、消除或降低污染的能力称为**水体自净能力**。由于自然因素或人类生产生活向水体排放一定量污染物质时,水体通过自身一系列物理、化学、生物过程消除或转化这些污染物的过程叫水体自净。进入水体的污染物的量一旦超过水体自净能力,就会造成水体污染。

水体自净能力是自然状态下水体对污染物质具有的容纳能力。特定水体在规定环境目标下所能容纳污染物的最大负荷量就称为水环境容量。水环境容量既明确了满足特定功能条件下水体对污染物的承受能力,又反映了污染物质在水环境中迁移、转化、降解、消亡的规律。水质目标确定后,水环境容量大小取决于水体对污染物的自净能力。

3. 水处理基本原则和方法

水质净化与水污染控制,包括生活饮用水与工业给水处理、城市污水与工业废水处理、水体污染与自净规律、小流域与水系污染综合防治等。

给水处理中常用的工艺有混凝、沉淀、过滤和消毒,工业用水还要对水质进行软化、冷却、防垢与防腐处理。微污染水源水的消毒工艺之前要增加臭氧氧化或活性炭吸附等处理工艺,以去除水中污染物。

废水处理要遵循的原则:(1) 推行清洁生产、减少废物排放。(2) 重复利用废水、使废水排放量最少。(3) 回收废水中有用物质,既防治污染又创造财富。(4) 妥善处理处置废水,使其无害化。

废水处理基本方法有物理、化学和生物法等。物理法不改变其化学性质,包括沉淀、气浮、过滤、蒸发、离心分离、超滤、反渗透等方法。化学法利用化学反应处理水中溶解性污染物或胶体物质,包括中和法、氧化还原法、混凝法、电解法、汽提法、萃取法、吹脱法、吸附法、离子交换法、电渗析法等。生物法主要利用微生物处理水中溶解性或胶体态有机污染物,有好氧生物处理和厌氧生物处理,前者包括活性污泥法、生物膜法、生物氧化塘、污水灌溉、土地处理等。实际应用中上述方法常组合成废水处理系统,即废水处理流程。

按照处理程度不同,废水处理可分为一级处理、二级处理、三级处理等。一级处理利用物理法去除废水中较大的悬浮物,是整个废水处理系统的预处理单元。二级处理以生物法去除水中溶解或胶体有机物,二级处理的废水一般可以达到排放要求。三级处理为高级或深度处理,其出水水质要求更高或者直接回用于工业,是为了进一步去除水中的氮、磷、生物难降解有机物、溶解盐类。

4. 水的物化处理

水中大颗粒污染物的去除。对于粒径$\geqslant 0.1$ mm 的颗粒物,包括砾石、砂粒、植物残体等,利用筛滤、截留、重力沉降和离心分离等方法去除,处理设备有格栅、筛网、微滤机、沉砂池、离心机和旋流分离器等。

水中悬浮物和胶体的去除,是利用颗粒物与水的密度差,借助重力等作用力将颗粒物与水分离。颗粒物粒径在 $20\sim100\ \mu m$ 时,用直接沉淀法去除;去除粒径小于 $20\ \mu m$ 时要用特殊的措施和方法,包括混凝、沉淀、澄清、过滤和气浮等。处理设备有沉淀池(平流式、竖流式、辐流式、斜板池等)、滤池(普通快滤、虹吸、重力无阀、压力滤池等)、气浮设备(加压溶气式、叶轮式等)。

水中溶解性污染物去除。溶解性污染物包括离子、溶解气体、有机物。离子主要有Ca^{2+}、Mg^{2+}、Na^+、K^+ 等阳离子,HCO_3^-、SO_4^{2-}、Cl^- 等阴离子,少量 Fe^{2+}、Mn^{2+}、SiO_3^{2-}、NO_3^- 等。溶解性气体主要有 O_2 和 CO_2 等,少量 CH_4、NH_3、H_2S 等。去除方法有软化除盐、离子交换、吸附和膜分离等。

水中有毒有害微生物的去除。一些病原细菌和病毒等一般通过消毒或灭菌消除。消毒灭菌均为杀死水中病原微生物,灭菌的程度更彻底。方法有加氯消毒、臭氧消毒、物理消毒(加热、紫外线)等。

其他物理化学处理方法还有中和法(酸碱废水中和、药剂中和、碱性滤料过滤中和等)、化学氧化法(空气氧化、氯化、臭氧氧化、光电氧化等)、化学还原法、化学沉淀法、电化学法(电化学氧化、电化学还原、电解气浮、电解凝聚)、磁力分离法、溶剂萃取法、吹脱与汽提、蒸发、结晶与冷冻等。

5. 水的生物化学处理

微生物具有氧化分解有机物并将其转化为无机物的能力,水的生物化学处理是人为创造有利于微生物生长代谢的环境,使微生物大量繁殖,提高其氧化分解有机物的能力,从而去除或降低废水中的有机污染物。这类方法用于去除污水中溶解性和胶体状有机物,或降低水中氮、磷等植物营养物质含量。根据体系氧化还原状况,生物处理法可分为好氧和厌氧处理两大类,根据处理工艺可分为活性污泥为主的悬浮生长系统和生物膜为主的附着生长系统。

(1) 废水好氧处理的悬浮生长系统

悬浮生长生物处理系统以活性污泥法为主,还有氧化塘、好氧消化法,但氧化塘是自然或半人工系统,好氧消化法则用于处理高浓度废水。向生活污水中不断通入空气维持足够的溶解氧,经过一段时间污水中即生成一种絮凝体,这种絮凝体是由微生物大量繁殖构成,易于沉淀分离,使污水澄清,这就是"活性污泥"。创造有利于微生物生长的环境,使活性污泥与污水充分接触,从而使污水净化的方法就是活性污泥法。活性污泥法是由曝气池、沉淀池、出水、污泥回流、剩余污泥排出等系统组成。

活性污泥法应用广泛,是天然水体自净作用的强化与人工化;它可以去除溶解性、胶体态的可生物降解有机物,能被活性污泥吸附的固体悬浮物等物质,以及部分氮磷无机盐。活性污泥法净化过程分3个阶段,吸附阶段、氧化阶段、絮凝体形成与凝聚沉淀阶段。活性污泥法必须创造有利于微生物生长繁殖的良好环境:溶解氧2 mg/L,碳氮磷比满足$n(BOD)_5 : n(N) : n(P) = 100 : 5 : 1$,适宜的硫、钾、钙、镁、铁等,pH 为 6.5~9.0,温度为20~30 ℃,并控制有害物质浓度。

(2) 废水好氧处理的附着生长系统

好氧附着生长系统是使细菌等好氧微生物和原生动物、后生动物等好氧微动物附着在载体上生长繁殖,形成生物膜,污水通过与生物膜接触,水中有机污染物作为营养被膜中生物摄取并分解,从而使污水得到净化的过程。生物膜主要由细菌胶团和大量真菌菌丝组成,膜上还有硝化菌、原生动物、后生动物、藻类甚至昆虫等,生物类型丰富,食物链长而复杂。生物膜法常用于去除废水溶解性有机污染物,生物膜法有生物滤床、生物转盘、生物接触氧化等,可以看作是污水灌溉和土壤处理的人工强化。

生物滤池可分成普通、高负荷、塔式生物滤池等。普通生物滤池滤料易堵塞,高负荷生物滤池水力负荷加大 10 倍,可以及时冲刷过厚老化生物膜,防止滤料堵塞。塔式生物滤池依据化工气体洗涤塔原理设计,通风状况改善,污水、空气、生物膜三者接触更加充分,提高了传质速度和净化能力。生物转盘又称旋转式生物反应器,由盘片、接触反应槽、转轴和驱动装置等部分组成。生物转盘运转时,污水流动使盘片转动,污水中有机污染物被转盘的生物膜吸附,这部分盘片转离水面时表面会形成一层污水薄膜,空气中的氧气不断溶入水膜,使生物膜中的微生物吸收溶解氧、并完成氧化分解有机污染物。

生物接触氧化法是以曝气池中填料为生物膜载体,经过充氧的废水流过填料与生物膜接触,利用生物膜和悬浮活性污泥中微生物的联合作用净化污水,方法介于活性污泥法和生物滤池之间,又称为接触曝气法和淹没式生物滤池。

(3) 废水厌氧生物处理

废水厌氧生物处理是在无氧条件下,利用兼性菌或厌氧菌分解有机物的生物处理法。有机物厌氧处理过程通常称为厌氧发酵或厌氧消化,该过程没有外加氧化剂,一部分被分解有机物是还原剂,而另一部分有机物是氧化剂;该过程利用微生物生产菌体与各种代谢产物,并利用微生物的同化异化作用使有机污染物转化为无机物以及自身细胞物质,从而消除污染、净化环境。

厌氧生物处理系统中微生物以细菌为主,细菌以厌氧菌和兼性厌氧菌为主,参与有机物厌氧发酵降解的细菌有三大类,水解发酵细菌、产氢产乙酸细菌、产甲烷细菌。有机废水厌氧生物处理经过三个阶段,液化水解、酸化、气化。液化水解是水中不溶性大分子有机物,如蛋白质、纤维素、淀粉、脂肪等,经水解菌分解为水溶性小分子有机物,如氨基酸、脂肪酸、葡萄糖、甘油等。酸化是水解产物被发酵细菌摄入细胞内,经过系列生化反应转变为代谢产物,并排出体外。代谢产物中的 CO_2、H_2、甲酸、甲醇、甲胺、乙酸可直接被产甲烷菌吸收利用,转化为甲烷和 CO_2;而丙酸、丁酸、戊酸、乳酸、乙醇、丙酮等,则必须要经过产氢产乙酸菌转化为氢和乙酸后,方能被产甲烷菌转化为甲烷和 CO_2。第一阶段使颗粒悬浮液转变为均质溶液,第二阶段接连产酸使溶液酸度增加,第三阶段有机物的碳以 CH_4 和 CO_2 等气态形式释放,从而除去 COD 和 BOD。

有机物在厌氧发酵过程中发酵程度不同,可分为两类,甲烷发酵和酸发酵。甲烷发酵的发酵产物是气态甲烷和 CO_2,是完全彻底的有机物厌氧降解过程。甲烷发酵可以降低 COD 和 BOD,也是简便的生产或回收生物能的方法。酸发酵以有机酸为主要发酵产物,是不彻底的有机物厌氧发酵过程,发酵产物是水溶性有机酸和少量醇、酮等。酸发酵使复杂有机物转化为简单有机物,可以作为好氧生物处理的有机基质。

甲烷发酵是厌氧发酵过程的控制阶段,考察影响厌氧发酵过程的因素主要考察影响产甲烷菌活性的因素。包括温度因素、发酵细菌的营养及碳氮比、混合均匀程度、氮守恒与细胞转化率、毒物的毒性效应浓度、酸碱度与发酵液缓冲作用、负荷等的影响。其中负荷是厌氧处理的重要控制常数,常以投配率表示,是每日投加新鲜污泥体积或高浓度污水体积占消化池有效容积的百分数。

有机废水厌氧生物处理技术常用于处理高浓度有机废水,如高糖废水、屠宰废水等,这些废水好氧法处理需要高倍稀释,不经济。常规厌氧处理技术有厌氧塘、厌氧悬浮生长系统、厌氧附着生长系统。

(4) 废水的深度处理——脱氮除磷及去除微量有机物与重金属离子

许多城市污水与工业废水中污染物包括氮磷、生物难降解毒物和重金属离子等,通过常规二级处理很难达到污水排放标准,需要在二级处理基础上开发新处理技术,这类技术称为深度处理或高级处理。

废水中氮存在形态包括有机氮、铵态氮、亚硝态氮、硝态氮,会造成天然水体富营养化,纳污水体亏氧,危害水生生态系统。二级处理脱氮效果不佳,需深度处理,包括生物脱氮和物理化学脱氮技术。生物脱氮首先好氧过程处理污水,有机氮在氨化菌作用下转化为铵态氮,部分铵态氮在自养型亚硝化菌参与下被氧化为亚硝态氮,亚硝态氮在硝化菌作用下转变为硝态氮。水中硝态氮在厌氧或亏氧条件下被兼性异养菌还原为 N_2 逸出水体。物理化学脱氮技术有空气吹脱法,这种方法通过提高水中 pH 至碱性,产生 NH_3 通过曝气吹脱去除;还有转折点氯氧化法,这种方法通过投加足量氯将水中 NH_3 氧化为 N_2,而这个投氯量恰好是在消毒过程中水中余氯量最低值的转折点。

水中磷存在正磷酸盐、聚磷酸盐、有机磷三种形态,同样是地表水富营养化的造成因素。深度处理除磷技术有生物除磷与化学除磷技术。生物除磷技术利用的是聚磷菌,聚磷菌可以将大量磷富集在体内;在好氧条件下使聚磷菌从水中吸收大量磷,菌体经沉淀池分离后以富磷污泥的形式排出系统。在厌氧条件下富磷污泥中聚磷菌的磷再次释放,同时贫磷污泥返回到系统中循环使用。化学除磷技术是调节污水至碱性条件,向水中投加铝盐或铁盐等形成沉淀除磷。

水中微量难降解有机物的去除一般采用活性炭吸附法和化学氧化法,化学氧化法将污染物转化为无毒物质或易生物降解的低分子有机物。水中重金属离子主要采用化学沉淀法、离子交换法或膜分离法等来去除。

6. 污水废水回用途径

城市污水资源化可以促进水污染治理、保护环境。污水水量稳定、再生处理投资低于远距离引水工程、回用处理费用低于或接近自来水。污水、废水未经处理直接排入水体会使它们得不到有效的稀释净化,造成严重的水体污染问题。把废水处理与回用综合考虑,可以同时解决水污染控制和水资源紧缺问题。

(1)污水回用技术与政策支持

缺水城市水资源开发政策应优先污水回用。合理的水资源开发优先顺序是:地面水,地下水,城市污水,(海水),远距离引水。对于缺水城市,地面水、地下水开采都已饱和,应明确污水回用优先;污水回用比海水淡化、跨流域远距离引水经济合理,生态环保。

应充分体现污水厂第二水源的性质,推进污废水回用,改进处理工艺、技术、设施,满足供给合格工业用水。

应设立专项资金扶持试点城市、污水厂、回用水使用企业。

(2)城市废水回用的用途

城市废水回用可以用作工业冷却水、建筑中水、景观用水、城市杂用水和农灌用水等。工业冷却水是对水质要求不高的冷却用水,在工业用水中占比很大。建筑中水指民用建筑或小区的各种排水,经处理达到一定标准后,回用于厕所冲洗、绿化等;中水系统一般可节约 20%~30% 自来水。景观用水用于维持城市观赏河道的水质清洁,城市杂用水用于园林绿化、冲洒道路等。农灌用水在我国开始于 20 世纪 50 年代,但在早期的废水农灌由于未对废水进行妥善处理,发生了一系列农作物、土壤、地下水的污染问题。城市废水回用于农业,必须加强废水处理,改善水质,确保农作物与环境不受污染。此外,还可以利用污水回灌控制海水侵入。滨海地区人为超量开采地下水,引起地下水位大幅度下降,海水与淡水之间的水动力平衡被破坏,导致咸淡水界面向陆地方向移动,即海水入侵;利用回收废水作屏障控制海水侵入是一种可行的解决办法。

(3)废水回用的双给水系统

回用水不可作为饮用水使用,一些废水回用地区双给水系统是必需的。双给水系统通过各自的配水系统,供给用户两种质量的水(饮用水和非饮用水);具有饮用水水质的水只是市政用水的一小部分,饮用和非饮用水通过各自配水系统供给是经济的。

7. 给水和废水处理工程系统

给水和废水处理工程系统一般包括取水系统、水处理系统、输配水系统、废水收集系统、废水处理与处置系统几部分。

二、废气污染控制化学

1. 大气污染

大气由气体和悬浮颗粒物组成。干洁大气的气体成分有 N_2、O_2、Ar、CO_2 等,这些气体成分可以看成是理想气体。大气还含有水汽和悬浮颗粒物。水汽来自江湖河海及潮湿物的表面蒸发,垂直交换输送,水汽含量因海拔、纬度、地势、海陆变化有明显差异,对地面和空气温度会有影响。清洁大气中还含有固体和液体悬浮微粒,即气溶胶。

人类活动或自然过程引起某些物质进入大气,在足够浓度作用下一定时间,对人体与环境健康产生了危害,就是大气污染。大气污染源是向大气排放出环境有毒有害物质的生产过程、设备或场所。大气污染源按污染物来源分为天然源和人为源,按污染源空间分布分为点源污染、面源污染、区域性污染源,按社会功能分为生活污染源、工业污染源、交通运输污染源。

大气污染物是指人类活动或自然过程排入大气的对人或环境存在有害影响的物质。按存在状态,大气污染物分为两大类,气溶胶污染物、气体污染物。气溶胶污染物是指固体、液体颗粒物及其悬浮体,按来源和物理性质分为粉尘、烟、飞灰、雾,按颗粒大小分为总悬浮颗粒(TSP)、飘尘、降尘。颗、飘尘是大气中粒径小于 $100\ \mu m$、$10\ \mu m$ 的固体颗粒,降尘是粒径大于 $10\ \mu m$ 的颗粒。气体污染物是分子状态的污染物,大部分为无机气体,包括含硫化合物如 SO_2、含氮化合物如 NO_x、碳氧化物如 CO、碳氢化合物、卤素化合物。气体污染物分为一次污染物和二次污染物,一次污染物是污染源直接排放到大气的污染物,如硫氧化物、氮氧化物、碳氧化物和碳氢化物等;二次污染物是一次污染物经化学或光化学反应生成的新污染物,如光化学烟雾。

2. 除尘净化技术

燃料及其他物质燃烧产生的烟尘,固体物料破碎、筛分、输送等产生的粉尘,都以固态或液态颗粒物形式存在于空气中。除尘是将这些固态或液态颗粒物从烟尘中分离、捕集、回收的过程;实现除尘的设备称为除尘器或防尘装置。

3. 吸收净化技术

废气中污染物为气态时与载气形成均相体系,不能依靠外场作用力使其与载气分离,需要利用污染物与载气理化性质的差异,经物理、化学过程,使污染物相态或结构发生改变,而后进行分离。气态污染物净化需要各种吸收剂、吸附剂、催化剂和能量,费用较高。常用气态污染物净化技术有吸收法、吸附法、催化法三种,新技术还有生物、等离子体、光催化、膜分离技术等。

吸收是利用吸收剂有选择地吸收混合气体中一种或数种组分,进行分离的过程。吸收可分为物理吸收如水吸收 HCl 气体,和化学吸收如 $NaOH$ 溶液吸收烟气中 SO_2。物理吸收也被称为溶解过程,对于通常的气量大、污染物浓度低的废气,单纯物理吸收的吸收率、吸收速率低,一般难以达到排放标准。化学吸收则可以达标,故吸收法治理气态污染物中指化学吸收。

被吸收的吸收质与吸收剂发生化学反应,生成新物质,存在化学平衡关系。因此,化学吸收需同时遵循吸收质与吸收剂间的气液相平衡和化学平衡关系。亨利定律中液相气体组分浓度,是单纯物理吸收时吸收质在液相中的游离浓度;化学吸收过程中,吸收质在液相中的总浓度还受到吸收质与吸收剂化学反应的影响;化学吸收增加了吸收质在液相中的总浓度,也降低了气相被吸收组分的平衡分压,提高了气态污染物质的吸收率。

吸收法中吸收质与吸收剂的化学反应速率很快,大于物理吸收,导致液相中吸收质游离浓度降低;但这样会引起气液传质系数增大,也加速了整个吸收过程。影响化学反应速率与物理吸收的各种因素均会影响化学吸收速率。

4. 吸附净化技术

吸附是利用多孔性固体吸附剂,将气体或液体混合物中所含的一种或数种组分浓缩于固体表面,从而达到分离的过程。吸附净化用于处理燃烧、冶炼、硫酸生产过程中产生的低浓度 SO_2,硝酸生产尾气中的 NO_x,以及气态有机污染物,吸附法既能使废气达标排放,又能进行回收。吸附剂选择性高,但固体吸附剂吸附容量小、所需吸附剂量大、吸附剂需要再生。

吸附是一种固体表面现象,固体表面分子与固体内部分子所处位置不同,表面分子至少有一侧悬空,受力不平衡,固体表面力不饱和,因而对表面附近气体或液体分子有吸引力,产生吸附作用。气体在固体表面上的吸附分为物理吸附与化学吸附,两者完全不同。

(1) 物理吸附

分子间作用力产生物理吸附,固体吸附剂与气体分子间存在分子间作用力。物理吸附固体表面与被吸附气体间不发生化学反应,对吸附气体无选择性,吸附过程放热量小(约 2.09 kJ/mol,与相应气体液化热相近,可被看成气体组分在固体表面的凝聚)。物理吸附在低温下较显著,吸附量随温度升高迅速降低,与表面大小成正比。固体吸附剂与气体间吸附力弱,高度可逆。改变吸附条件,如减压或升温,被吸附气体易从固体表面逸出,这种可逆性可进行吸附剂的再生。

(2) 化学吸附

化学吸附是固体表面与吸附气体分子间形成化学键力造成的。化学吸附的吸附热大,与化学反应热相当,被吸附分子结构发生变化,成为活性吸附态分子。这样可用化学吸附解释固体表面的催化作用。化学吸附后,吸附分子所需的反应活化能比自由分子反应活化能低,从而加快了反应进度。化学吸附随温度升高而增大,适宜在较高温度下进行。化学吸附有显著的选择性,仅能吸附某些参与化学反应的气体,且不可逆。化学吸附在催化作用上特别重要。

同一物质可以在较低温度下发生物理吸附,而在较高温度发生化学吸附;物理吸附发生在化学吸附之前,吸附剂具有足够能量超越活化能后才发生化学吸附;两种吸附也可以同时发生。

5. 催化净化技术

催化净化是利用催化剂的催化作用,将废气中气体有害物质转变为无害物或易于去除的物质。催化剂是能加速化学反应,但本身化学性质在反应前后保持不变的物质。利用催化剂是提高反应速度和控制反应方向的有效办法。在大气污染控制领域,催化剂不仅可用于减少或防止污染物排放,还用于净化污染物。

催化法净化污染物,无需将污染物与主气流分离,可直接将有害物转变为无害物,可避免二次污染与简化操作流程。由于所处理气态污染物浓度始终较低,反应热效应不大,可以不考虑传热问题,使反应器结构简化。

（1）催化剂

催化剂是进行催化反应的关键物质,种类很多。物质组成上有的是一种物质,有的由几种物质组成,工业催化剂大多是多种物质组成的复杂体系;如生产硫酸的钒催化剂由 V_2O_5 和其他附加物组成。催化剂存在状态分为气态、液态、固态。

工业固体催化剂成分包括主要活性物质、助催化剂、载体,有时还加入成型剂和造孔物质。主要活性物质,是催化剂组成中加速化学反应的主要成分,如钒催化剂中的 V_2O_5,主活性物能单独催化化学反应,可单独使用。助催化剂,是存在于催化剂基本组成中的少量物质,这类物质单独存在时对反应没有催化活性,但它与活性组分共存时能显著提高主活性物的催化效能;例如 SO_2 氧化为 SO_3 所用的 K_2SO_4-V_2O_5 催化剂,少量 K_2SO_4 的存在使 V_2O_5 催化活性大为提高,K_2SO_4 即是助催化剂。载体,是承载主活性物和助催化剂的物质,它能使催化剂具有一定的形状和粒度,并能增强催化剂机械强度、耐磨性、硬度、热稳定性等;常用载体有硅藻土、硅胶、活性炭、分子筛及某些金属氧化物等。

工业催化剂还往往被要求做成各种形状,如颗粒状（包括球形、圆径体、条形等）、片状、粉状、网状、整体蜂窝状等。

（2）催化反应器选型

工业催化净化气态污染物的过程中,催化反应器是整个工艺流程的主体装置。催化净化气态污染物时,气固催化反应器有两大类型,即固定床和流化床反应器。固体流态化的流化床催化反应器具有很高的传热效率,温度分布均匀、气固相间接触面积大。实际操作仍以固定床反应器为多,按反应器结构分类有管式、搁板式、径向式反应器等,按反应器温度条件和传热方式分类有等温式、绝热式和非绝热式反应器等。

催化反应器选型应考虑:催化反应热效应大小,催化剂活性温度范围,以配置适宜反应器结构类型,保证床层有理想的温度分布;尽量提高催化剂装填系数,提高设备利用率;床层压力降应尽量小,这与流体和床层均有关;反应器结构简单,便于操作,价廉安全。

（3）光催化转化

半导体催化剂光催化降解气态污染物的研发非常活跃,主要是光催化降解挥发性有机污染物（VOCs）,将 VOCs 转化为 CO_2 和 H_2O。半导体能带不连续,价带与导带间存在着禁带。光照射半导体（如 TiO_2）时,如果光子能量大于半导体禁带宽度,半导体价电子就从价带跃迁到导带。TiO_2 禁带宽度为 3.2 eV,如照射光的波长小于 385 nm,电子就会跃迁,产生光致电子和空穴。光致空穴有很强的氧化性,可夺取半导体表面被吸附有机物分子的电子,使不能被光子直接氧化的物质由于光催化激活而氧化。光致电子有很强的还原性,能还原半导体表面的电子受体。光致电子与空穴也可能复合,这使光催化效率降低;适当的复活剂抑制电子与空穴的复合作用,是光催化研究的重点领域。

(4) 光催化剂

TiO_2 是最常用的光催化剂,粉末状 TiO_2 易随气流散失,可进行固定化处理。

制备 TiO_2 光催化剂,用溶胶凝胶法将 0.63 g/g TiO_2 固定于硅胶表面,获得表面积 70 m^2/g 的催化剂。硅胶属于多孔性载体,孔内深层催化剂受不到光照,发挥不了作用。溶胶凝胶法将 TiO_2 固定于玻璃珠上可得比表面 160 m^2/g、孔隙率 50%~60% 的催化剂。用无机结合剂可以改善 TiO_2 的催化活性和机械性能,如将 Pt 分散于 TiO_2 粒子表面,再固定到载体上。光催化剂活性受湿度影响大,相对湿度 23% 可保证催化剂有较长时间的催化活性。

TiO_2 光催化剂存在失活现象,甲苯光催化降解 150 min 后,光催化剂由白变黄,活性降低。催化剂失活可能是由于中间产物被牢固吸附于催化剂表面,占据活性稳点,硅、氮等杂原子可导致光催化剂不可再生失活。光催化剂失活后,在清洁空气中光辐照有可能使其再生,用浓度为 50% 的 H_2O_2 清洗催化剂,再光照 1 h,催化剂可恢复原有颜色和活性。

TiO_2 光催化剂可完成液相与气相光催化。液相光催化能有效降解烷烃、烯烃、芳烃及其氯代化合物,气相光催化研究较少,可以光催化降解 TCE。TCE 气相光催化的降解产物,一些条件下为 CO_2 和 HCl,无其他副产物;另一些结果则表明,TCE 降解不仅生成 CO_2 和 HCl,还有二氯乙酰氯、光气、CO、Cl_2 产生。

(5) 光催化净化技术

光催化净化技术致力于探索高效反应器,提高催化剂活性。

光催化剂改性和固定化的探索。将贵金属、金属等光活性物质加入光催化剂,将催化剂与其他材料(如黏土)交联,将多种光催化剂复合,寻找高效催化剂,以提高催化剂性能。如液相中乙二酸铁[$Fe_2(C_2O_4)_3$]催化降解 TCE 的作用是 TiO_2 的 50 倍。太阳辐射紫外可见光的光子能量足以使有机化合物的键断裂,但常用光催化剂 TiO_2 的吸收光谱与太阳光不匹配,对太阳光利用率不高,探求高效利用太阳光光能的催化剂很有必要。

光催化与其他技术的组合,也是提高降解效果的重要方向。如用光化学作用将光致电子与空穴分离,以提高光催化效率。又如用纳米技术提高催化剂效率,光催化是纳米技术的重要应用领域。纳米晶体结构不同于常规物质,具有独特的化学性质。纳米材料存在尺寸效应、量子尺寸效应、表面效应、界面效应及宏观量子隧道效应,性质奇特、性能优异。纳米粒子具有更高的反应活性,具有特殊的光化学特性,通常有较高的光致电荷迁移率,有利于光催化作用。

光催化降解 VOCs 可用于工业废气处理、污水处理系统废气去除恶臭、室内空气净化等,也可在自然条件下降解大气 VOCs 污染物。

6. 等离子体净化技术

等离子体化学于 20 世纪 60 年代形成,融合了高能物理、放电物理、放电化学、反应工程学、高压脉冲技术等领域。等离子体净化气态污染物开始于 20 世纪 70 年代,已显示出独特的优点和良好的前景。等离子体净化技术始于烟气脱硫和脱氮,也用于处理有机废

气及脱除烟气 CO_2。

等离子体被称为物质第 4 态,是由电子、离子、自由基和中性粒子组成,整体呈电中性的导电流体。等离子体按粒子温度分为平衡和非平衡等离子体,平衡等离子体的离子和电子温度相等,而非平衡等离子体的离子与电子温度不相等,电子温度高达数万 K,离子与中性分子温度只有 $300 \sim 500$ K。非平衡等离子体整个体系温度不高,又称低温等离子体。

等离子体存在大量电子、离子、自由基、激发态分子等高化学活性粒子,使许多在常态下难发生的化学反应能够进行,如这些活性粒子可以使难降解的污染物发生转化;等离子体效率高、能耗低、适用范围广。利用辐照法和放电法可以获得等离子体。

1970 年代初提出利用辐照法等离子体净化烟气,脱硫脱氮;辐照法需要大功率电子加速器或 γ 射线源。经高能电子束或 γ 射线辐照,烟气中二氧化硫和氮氧化物与氨反应,生成硫酸铵和硝酸铵颗粒物,再分离回收用作肥料。

等离子体烟气脱硫过程分为三个阶段。首先,烟气中氮、氧、水分子被辐照后反应生成 $\cdot O$、$\cdot OH$、$HO_2 \cdot$。其次,烟气污染物 SO_2 被 $\cdot O$、$\cdot OH$、$HO_2 \cdot$ 氧化生成 HSO_3、SO_3、HSO_4,这些产物再与 $\cdot O$、$\cdot OH$、$HO_2 \cdot$ 反应生成 H_2SO_4;NO 被 $\cdot O$、$\cdot OH$、$HO_2 \cdot$ 氧化生成 HNO_2、NO_2,这些产物再与 $\cdot O$、$\cdot OH$、$HO_2 \cdot$ 反应生成 HNO_3。最后,分别与氨反应生成 $(NH_4)_2SO_4$ 和 NH_4NO_3。

电子束辐照下氮氧化物会生成 $\cdot NH_2$,可以与氮氧化物发生副反应:

$$NO + \cdot NH_2 \longrightarrow N_2 + H_2O$$
$$NO_2 + \cdot NH_2 \longrightarrow N_2O + H_2O$$

放电法也能形成等离子体,放电可以造成电子雪崩,形成低温等离子体。有电晕放电、辉光放电、介质屏蔽放电、射频放电、微波放电等形式。如电晕放电法,这是最常见的一种气体放电形式,是气体介质在不均匀电场中的局部自持放电。在曲率半径很小的尖端电极附近,由于局部电场强度超过气体电离场强,使气体发生电离和激发,出现电晕放电。电晕放电引起空间电场剧烈突变,使基态分子获得很高的能量,从而解离,迅速成为高浓度等离子体。大量激发态、亚稳态游离粒子和各种离子、电子、光子等,提高化学反应活性。激发态分子获得的能量如高于化学键结合能就会解离。电晕放电等离子体的上述过程可将 SO_2、NO_x、CO_2 和 CO 分解,故这种等离子体可同时用于烟气脱硫、脱氮和脱碳。高压脉冲电晕放电等离子体废气净化设备与电除尘器结构相近,只是高压脉冲电源技术要求更高,峰值电压不大于 700 kV,脉冲宽度为几十至几百纳秒。

7. 膜分离净化技术

膜分离开始于 20 世纪 60 年代,从海水淡化逐步拓展到化工生产、环保领域。一定压差下不同气体透过特定膜的速率不同,利用这一透过速率差异,可分离污染物与载气净化废气。膜分离过程简单、操作弹性大、控制方便、可常温进行、能耗低,用于去除气态污染物外,还可用于细微颗粒分离,即高效除尘。

8. 生物净化技术

生物净化是利用微生物生化反应,使废气中气态污染物降解,从而净化废气,始于

1950年代末。生物净化用于有机和部分无机污染物的净化,如苯及其衍生物、醇、酮、酚、脂肪酸、吲哚、胺、氨、二硫化碳等,在废气脱臭、烟气脱硫脱氮中有广泛应用。生物净化优点是流程和设备较简单,一般不消耗有用原料,运行能耗和费用低、安全可靠、无二次污染。但生化反应速率低,设备体积大。

废气生物净化从脱臭开始,由于有效经济,已成为挥发性有机污染物(VOCs)净化的重要方法。微生物生活过程能使外界物质转化成代谢产物CO_2和水,或使外界物质转化为细胞物质。因此,可以利用生化反应,使污染物转化为非污染或少污染的物质,特定的微生物适合于特定污染物的转化。

污染物降解微生物可分为自养、异养两类。自养菌可在没有有机碳、有机氮的条件下,依靠氧化硫化氢、硫、亚铁离子获得能量;其生存所需的碳由CO_2经卡尔文循环提供。自养菌适宜转化无机物,但能量转换和生长速度慢,实用工艺较少。异养菌通过氧化或转化有机物获得能量和营养物,适宜于转化有机污染物。微生物生长需要适宜的温度、酸碱度、含氧量。

通常气相物质密度过低,很难直接实现生物化学反应。因此废气生物净化要经过两个阶段,污染物先由气相转入液相或固相表面,再在液相或固相表面被微生物降解。

(1)生物净化工艺

生物净化法按介质分为微生物悬浮液法、微生物膜法、微生物滤层法三类。

微生物悬浮液法以微生物、营养物和水组成的悬浮液作吸收剂,与废气接触,废气污染物被吸收并降解。设备结构简单、运行稳定,吸收剂接近清液,几乎不堵塞设备。悬浮液法适宜于可溶性易降解气态污染物,1950年代用于净化废气,可净化氨、硫醇、脂肪酸、乙醛、酮,酚等污染物。可以利用污水处理厂剩余活性污泥制成吸收剂净化废气,废气复合型臭味脱除效率可达99%。该方法的净化效率与吸收剂中污泥浓度、酸碱度、溶解氧量、气液接触强度等因素有关,还受营养物投加量、投加时间、投加方式的影响;活性污泥中添加5%粉状活性炭能提高效果并消除泡沫。

微生物膜法是让微生物在填料表面生长,形成数毫米厚的生物膜;被处理废气通过挂膜填料,其中的污染物被吸收并降解。向填料层喷洒营养液,可以满足微生物生长需要,又可增加吸收效果。菌种需经过筛选,诺卡氏菌能降解芳香族化合物,丝状菌和黄色菌能降解三氯甲院,分枝杆菌能降解氯乙烯。

生物滤层法是以各种生物质固废为原料,如生活垃圾、酿造或畜产品固废、作物植物秸秆、禽畜粪便等,经合理配比、好氧发酵、热处理后作为过滤介质净化处理废气。堆肥法自1950年代起用于处理废气中强烈臭味气体,这些气体中含有氨、烷、烯、醇、酮、醛、酯、有机酸、吲哚等复杂污染物。土壤胶体颗粒能将废气污染物吸附浓缩,再由微生物降解。净化用土壤通常是地表沃土,要求多孔、保水、缓冲性能良好;这些土壤表土层存在大量细菌、放线菌、霉菌、藻、原生动物等微生物,适宜生长条件为$5\sim30$ ℃,湿度为$50\%\sim70\%$,pH=$7\sim8$。土壤法可去除苯环类物质,如苯乙烯、甲苯等;或用于脱臭,如去除硫化氢。

(2)生物净化设备

废气生物净化设备分为生物洗涤器、生物滴滤器和生物过滤器三类。

生物洗涤器是微生物悬浮液法和活性污泥法净化废气的主要设备,废气中污染物首先要由气相进入液相,再在液相经微生物生化降解。通常,气体吸收过程很快,在吸收器中停留时间仅数秒;生化反应如有机物生化降解较慢,在反应器中需停留几分钟至十几小时。由于吸收器与反应器停留时间相差较大,两者一般分开;当吸收和生化反应时间相近时可以合并,或者利用液相停留时间长的吸收反应器。净化过程的产物如颗粒物、反应生成物、多余微生物经分离后,吸收剂再进入吸收器重复使用,同时要求控制微生物适宜的 O_2 和 CO_2 浓度。

生物滴滤器是微生物膜法净化废气的主要设备,构造与填料塔相似,主要是生物膜支持填料和液体喷洒构件。支持填料是关键,要求其比表面积大、气液接触均匀、易稳定挂膜、通气阻力小、不易堵塞、易于反冲洗,可以用塑料、陶瓷或金属屑等,如不锈钢丝网作填料效果好,不易被腐蚀。

生物过滤器有堆肥滤池。堆肥滤池结构简单、介质可以选择。堆肥滤池设输气总管与配气支管,配气管周围自下而上覆盖砾石、粗沙作气体分配层,配气层上铺堆肥材料构成过滤层。为了保证净化效果,滤层必须保持适当的空隙率、含水率、温湿度、阻力均匀稳定。土壤滤池构造与堆肥滤池基本相同,气体分配要求稍高。配气层自下而上依次为粗砾石、细砾石或轻质陶粒、粗砂或细骨料。土壤滤层用黏土、含有机质沃土、细砂和粗砂按适当比例配合而成,添加少量膨胀珍珠岩和鸡粪可提高脱臭效果。土壤滤池运行一段时间后会酸化,需及时调节 pH。

生物滤池面积很大,一般设在室外受自然条件影响大,维护保养较困难。生物滤箱可以克服生物滤池的缺点,这是集约化、封闭式的生物过滤器,由箱体、生物活性床层、喷水器等构成。颗粒状滤料由多种有机物混合配制而成,既是微生物载体、又含有营养物质,吸附性、生物活性、耐用性强。操作过程中只要适量喷水保持湿润,不必添加营养物。生物滤箱可用于化工、食品、环保等行业的废气净化和脱臭。处理含 H_2S 50 mg/m³、CS_2 150 mg/m³ 的废气,高负荷下净化效率可达 99%;处理食品厂高浓度恶臭气体,脱臭效率可达 95%;还可用于去除四氢呋喃、环己酮、甲基乙基甲酮等有机蒸汽。

三、固体废物污染控制与资源化化学

1. 固体废物的定义和特性

固体废物有不同含义,一般是指社会生产、流通和消费等领域产生,对占有者不具有原有使用价值,而被丢弃的固态和泥状物质。废与不废是相对的,占有者发生变化,废物就可能转化为资源;废与不废同时具有很强的空间性和时间性,随着科技进步与人类认识水平提高,废物有可能变为资源。固体废物常被称为错位的资源。固体废物一般具有 4 个特性:无主性,固体废物被丢弃无负责人;分散性,分散在各处,需要收集;危害性,危害生产、生活与人体健康;错位性,废物是错位的资源。

固体废物对环境的危害与其性质、数量有关。一定数量以下的固体废物不会对环境产生危害,如用于堆肥的农业有机废物数量不会产生环境问题;但固体废物量超过一定数量就会污染环境,如城市生活垃圾堆放到一定数量后会污染周边环境。固体废物性质也决定了它的危害,如建筑垃圾通常无毒无害,大量建筑垃圾不会严重污染环境;但废电池与废日光灯等即使数量不大也会对环境造成严重污染和危害。固体废物处理时要求兼顾

固体废物的毒性和数量。固体废物处理需依据当地的环境污染控制标准,不同国家与地区制定标准差别非常大,这与经济发展和人民生活水平密切相关。

2. 固体废物分类

固体废物按危险状况可分为有害废物和一般废物。按形状可分为固体块状废物、粒状废物、粉状废物和泥状污泥。按化学性质可分为有机废物和无机废物。按管理可分为工业固体废物、城市固体废物(城市垃圾)和危险固体废物(有害固体废物)三大类。按来源(欧美等国)可分为工业固体废物、矿业固体废物、城市固体废物、农业固体废物、放射性固体废物五类。我国固体废物来自两方面,城市生活垃圾、工农业生产废弃物。2020 年全国产生一般工业废物 13.8 亿吨,工业危险废物 0.45 亿吨,医疗废物 84.3 万吨,城市生活垃圾 2.36 亿吨。

城市固体废物即城市生活垃圾,是在城市居民日常生活中产生或为城市日常生活提供服务的领域中产生的固体废物,包括厨余物、废纸、废塑料、废织物、废金属、废玻璃陶瓷碎片、砖瓦渣土、废旧电池、废旧家用电器等。我国城镇人口平均日产垃圾 1~1.2 kg。

工业固体废弃物来自各个工业部门的生产环节和生产废弃物,常具有毒性,可破坏生态系统、危害人体健康,其中许多废物为危险废弃物。按行业分为冶金工业、能源工业、石油化工、矿业、轻工业固体废物等。

危险固体废物是指列入国家危险废物名录或根据国家规定的危险废物鉴别标准与鉴别方法认定的具有危险性的废物。危险废物常具有毒性、易燃易爆性、腐蚀性、化学反应性、传染性、放射性的一种或几种,对人体和环境危害极大,是固体废物管理的重点。危险固体废物主要来自工业固体废物,如日用化工品等,约占工业固体废物的 3‰~5‰,分布在石油化工、金属冶炼与加工、造纸等行业,还包括医疗废物。

3. 城市生活垃圾处理方法

垃圾无害化处理有填埋、焚烧、堆肥和资源化综合处理法等,此外还可以采用堆放法处置。

(1) 堆放法

堆放法是不控制二次污染的临时垃圾处置方法,是一些城镇将垃圾运输到临时堆放场地暂存的结果。垃圾成分复杂,由于生物与化学作用逐渐腐烂降解,产生不均匀表面沉降,垃圾分解物、渗滤水、沼气,恶臭。渗滤水中污染物浓度高、毒性大,渗透到地下水后引起地下水重金属和有毒有害有机物严重超标。沼气如在某处积累到 5%~15% 体积浓度,遇明火可发生爆炸。堆放法处置垃圾的比例逐年降低。

(2) 填埋法

也称卫生填埋法,其填埋场建造较复杂。为防止渗滤水渗透至地下水,填埋场底部和周围需铺设高性能聚乙烯等防渗材料,厚度 1.5~2.5 mm,在聚乙烯上铺设至少 0.5 m 黏土以防止衬底材料被破坏。衬层上需铺设集水和排水盲沟使渗滤水能及时排出。排出的渗滤水进行有效处理后方可排入水体。垃圾填埋过程中还应安装沼气导排管道系统,并根据沼气收集量或利用、或及时排空,严禁烟火。

垃圾填埋至要求的最终高度后,进行厚度 60~100 cm 的终覆盖,种植各种耐性植物,如耐酸耐碱的夹竹桃、四季青、龙柏、石榴、棕榈、海棠、棉花等。

填埋法是垃圾无害化处理最简单、费用较低的方法,但渗滤水处理仍然存在问题。渗滤水处理需要降低成本、提高效率,渗滤水初始 COD 浓度达 10~50 g/L,国家一级 A、一级 B、二级、三级排放标准分别为 COD<50、60、100、120 mg/L。因此,1 000 吨/天的渗滤液处理站,基本建设费需要上亿元,每年运营费 3 000 万以上,才可以达到二级排放标准;达到多数城市要求的一级排放标准费用更高。填埋法比堆放法技术进步明显,但缺点是资源被填埋,无法利用,非填埋垃圾无害化处理方法越来越受到重视。

（3）焚烧法

焚烧法是高温处理垃圾的技术,减量化、无害化程度高。垃圾在 850 ℃的第一燃烧室焚烧后,产生的烟气通过 1 200 ℃的第二燃烧室以焚烧破坏二噁英、氯苯、氯酚、多环芳香烃等,最后采用各种方法去除酸性气体（HCl、H_2S、氮氧化物等）与烟尘等。垃圾焚烧的热量可用于发电或供热,但这种技术以环境保护为根本出发点,其次才考虑能源利用。垃圾焚烧过程中重金属、某些气态污染物的产生过程,以及这些污染物在气体底灰间的分配过程等,比焚烧产能更为重要。基于环保考虑,垃圾焚烧的标准也越来越严格。如生活垃圾焚烧污染控制新标准 GB 18485—2014 与旧标准 GB 18485—2001 相比,颗粒物、重金属（汞、镉 铊、铅及其他）、HCl、SO_2、NO_x 和二噁英类等污染物的排放限值均大幅收紧,新标准规定颗粒物日均值由 80 降至 20 mg/m³,汞由 0.2 降至 0.05 mg/m³,二噁英类则由 1 降至 0.1 ng 毒性当量/m³。

常用的垃圾焚烧炉型为回转窑和机械炉排,炉体简单、运行可靠、焚烧基本彻底。焚烧炉炉温 700~850 ℃,底灰不融熔,炉内无粘壁现象,同时重金属不会大量挥发,尾部烟道重金属为催化剂合成二噁英的可能性不大;但工艺使重金属大部分保留在底灰中,底灰重金属可能超标。重金属超标底灰一般采用 1 200 ℃以上高温法把重金属蒸出,或把底灰制成熔融体,成本高。

垃圾焚烧发展的制约因素有:每日吨处理产能投资 350 万~500 万元,投资规模大;垃圾焚烧资源破坏彻底,飞灰底灰处理难度大。尽管如此,截至 2020 年 6 月 1 日,我国在运行的垃圾焚烧厂总计 455 座。

（4）堆肥法

堆肥法是将易腐有机废物如厨余、果皮、树叶等,通过沤肥、强制通风好氧堆肥、或隔绝空气厌氧堆肥等措施,进行熟化和稳定化,并杀灭有害病菌实现无害化。传统的沤肥、厌氧堆肥耗时长,需 20 天以上,但耗能少,成本低。通风高温好氧堆肥使有机物快速稳定化、无害化,一般耗时 5~10 天;但通风耗电量大,每吨成品堆肥耗电 10~15 kW·h,成本较高。传统堆肥的另一个缺点是肥效低,100~150 吨有机肥仅相当于 1 吨复合化肥。

目前优势菌种高温好氧快速降解有机废物的应用研究较多,如某些细菌分解能力极强,可以在 1~2 天内使动物、植物类废物迅速分解,但对这类细菌扩散到环境以后可能产生的影响并不完全清楚。加拿大科学家开发的高温好氧无污染生物处理法（EATAD）对厨余垃圾在内的有机垃圾处理效果较好,该工艺生化部分采用嗜热微生物进行发酵,发酵温度高、进程快。不同微生物耐热性不同,嗜热菌耐热性强除了因为其体内酶耐热性强之外,其核酸也具有热稳定性结构,tRNA 在特定碱基对区域内含有较多 G—C,提供强度较大的氢键,提高热稳定性;嗜热菌还具有特殊的细胞膜结构,通常含有更多饱和脂肪酸和直链脂肪酸,高温下其细胞膜还具有较好的完整性和流动性,这有助于保持细胞内环境与外环境间的物质交换。EATAD 技术发酵采用混合菌种,可在 85 ℃高温下很好地生长,发酵周期 72 h,进行二次发酵。一次发酵温度为 55 ℃,嗜热菌的酶被迅速激活,快速代谢有机物。一次发酵后料液被送入二次发酵,嗜热菌代谢进一步加强,产热使体系温度升至 85 ℃,这时有机质基本被降解。发酵完成后,约 5%的发酵液被用于下次发酵,其余产物制成固或液态有机肥料。整个工业流程有分拣、粉碎、溶浆、分离、一次发酵、二次发酵、干燥/沉淀、压制/蒸发等环节。技术的核心是供氧方式和速率,体系含水率高呈浆状,但浆状体含固率在 2%~8%,黏度较大;如果可以把氧气或空气以溶气的方式进入浆状体中,使有机废物与氧气充分接触,可明显提高氧气利用率。

厌氧发酵法可以是垃圾在填埋场中的降解过程,这是天然发酵,降解缓慢,稳定化过程长。历时 5 个月后才进入严格厌氧降解阶段,产生沼气,含 50%~60%的 CH_4、40%~50%的 CO_2,小于 0.3%的 O_2,可维持 10 年左右。每吨干垃圾每年产生沼气 1~14 m^3。厌氧发酵法处理垃圾要将垃圾升温到 55~65 ℃,降解速度远大于填埋场。厌氧发酵产生的部分沼气用于加热正在发酵的垃圾,其余沼气用于发电或经净化后用作燃料,发酵后产生的有机肥可以农用。

(5)垃圾分选与循环利用

垃圾分类收集和后处理技术发展完善后,需要进行填埋和焚烧处理的垃圾量将会明显减少。许多国家的垃圾通过分选,回收含铝和铁废物、纸张、塑料等,易腐有机物进行发酵制沼气和有机肥,不能回收和发酵的废物则进行焚烧。综合处理厂进行垃圾分选分类,有时也进行有机废物发酵,废物再加工厂进行一种或几种废物的处理再生,焚烧厂焚烧不能发酵和回收利用的废物。我国城市垃圾通常分为四大类,即厨余垃圾、可回收垃圾、有毒有害垃圾、其他垃圾,某些城市分为可回收物、有害垃圾、干垃圾、湿垃圾四类。

4.固体废物处理与资源化方面发展方向

(1)城市生活垃圾焚烧灰渣处理

城市生活垃圾焚烧飞灰与炉渣的处理一直未引起重视,但灰渣与尾气同样重要,处理不当将造成二次污染。

(2)医疗废物处理

对于工业垃圾、生活垃圾的关注度远高于医疗废物,但是医疗废物带有大量病菌,处理不当不仅会严重污染环境,还会引起疾病流行。医疗废物包括手术过程中产生的人体器官组织、血制品残余物、动物试验与生物培养残余物、一次性医疗用品、医疗废水处理污泥、过期药品等,还包括医院和病人产生的生活垃圾。国际上通用的医疗垃圾处理方法是焚烧法,对于焚烧底灰尾气有控制标准,无菌无毒排放,其重点研发的技术领域为高温燃烧抑制二噁英等有害物质产生。我国医疗废物主要由各家医院自行处理或卫生防疫部门收集处理。一些医院安装有焚烧医疗废物焚烧炉,但多为小型焚烧炉,无二次燃烧室,炉温低,无尾气净化装置,尾气二噁英等会对空气造成二次污染。有条件的大型城市建有医疗卫生用品无害化处理中心,集中焚烧处理医疗垃圾,如上海市 2002 年后实现了医疗垃圾的集中处理。

医疗废物处理方式只有两种,高温焚烧与高温熔融。大型城市的医疗垃圾集中处理中心,必须妥善处理垃圾焚烧后的尾气、飞灰、底灰。金属制品等必须高温消毒后就地熔融。医疗废物管理需要解决的问题较多,要弄清各医院垃圾的数量、组成、处理方式、去处,弄清医疗废物焚烧后底灰、飞灰的数量、组成、处理方法以及重金属固化与分离,优化垃圾焚烧过程控制参数,优化垃圾焚烧热能合理利用途径,优化金属熔融处理过程等。

（3）厨余垃圾处理

厨余垃圾是居民生活消费中形成的有机废物,包括米和面粉类食品残余、蔬菜、植物油、动物油、肉骨、鱼刺等。化学组成上有淀粉、纤维素、蛋白质、脂类和无机盐,以有机组分为主,含大量淀粉和纤维素等,无机盐 NaCl 含量较高,还有一定量钙、镁、钾、铁等微量元素。

厨余垃圾的特性是感官上油腻、湿淋淋,影响视觉、嗅觉感受。含水率较高,影响收集、运输和处理,渗沥水可能通过地表径流和渗透作用污染地表水和地下水。易腐易污染,能很快腐烂发臭,存在病毒、致病菌、病原微生物。富含有机物、氮、磷、钾、钙及各种微量元素。与其他城市垃圾比,组成简单,有毒有害物质少。说明厨余垃圾一方面具有较大的利用价值,另一方面必须进行适当处理,使其发挥社会、经济、环境效益。

厨余垃圾通常采用生物质转换方法进行处理,有 4 种方法。堆肥处理、厌氧发酵处理、生物柴油技术、微生物与蚯蚓处理。我国部分地区利用厨余垃圾饲养动物,特别是家畜、家禽。事实上,未进行处理的厨余垃圾是不能喂养动物的,可能会造成类似欧洲口蹄疫、疯牛病等类的动物疾病。可以将厨余垃圾生物转化为植物肥料,再将植物用作动物饲料。

厨余垃圾处理的重点领域:收集设备要做到日产日清,研发密闭性好、易于装卸的运输车辆,易于清理的、易于清洗、不生锈、耐用的容器。处理设备要针对厨余垃圾的高含水率,开发相应的厌氧和好氧处理设备。脱水设备研发要求脱水离心机易清洗、不易生锈,对于塑料容器离心机要求不易老化、易清洗。优化处理配套设备的使用条件和范围。厨余垃圾处理管理优化,研究集中与分散处理、区域化处理的条件。

（4）电子废弃物处理与利用

电子废弃物按价值分为三类:第一类是计算机、冰箱、电视机等相对高价值废物;第二类是小型电器如手机、燃气灶、油烟机等价值稍低废物;第三类是其他低价废物。电子废弃物有别于普通城市生活垃圾,在干燥环境中不会像后者那样腐烂、产生渗滤水和气体;也有别于量大、面广、价值低的工业有害有毒固体废物,因此要有切实可行的电子废弃物处理技术和管理措施。虽然总体上,电子废弃物污染控制比较容易,但未经适当处理的电子废弃物也会污染环境。电子废弃物被丢弃到野外时,由于风吹雨淋,其中有害有毒物质如重金属就会被淋溶出来,随地表水流入地下水或侵入土壤,使地下水和土壤受到一定污染。电子产品如报废家电、废弃计算机、通信设备的回收和处理,是困扰环境工作者的一个重要问题。

长期以来,我国电子废弃物运行主渠道是旧货回收、低层次用户使用、拆解零件或改换用途、遗弃。回收废旧电器,送至小城镇或农村继续使用,无法继续使用时拆解零件用于维修,或改为他用如用作容器,最后遗弃于垃圾中。这种处置方式尤其是简单拆解过程对环境危害极大,如冰箱的氟利昂制冷剂、发泡剂,电视荧光屏含汞,废线路板含重金属,严重危害水质和土壤。电子废弃物无害化处理首先是将其拆分成电路板、电缆电线、显像管等几类,分别处理。废电路板回收利用分为电子元器件再利用,金属塑料组分分选回收；电路板粉碎后，利用磁选、重力、涡电流可从中分选塑料、金属，再利用化学方法分离其中的有色金属，如金、银、铜、锌、铅、铝等。显像管、压缩机、电池等的处置还会用到物理冲击、智能分离，以及高温焚烧等方法。电子废弃物无害化处理技术在我国的研究尚少。然而，无法简单处理的有毒有害电子废弃物对于环境、生态、人体健康危害极大，必须有妥善的处理方法。人工分选、热解或焚烧处理有较好的前景。

（5）垃圾堆放场、填埋场的改造与环境修复

中国多数城市，尤其是城乡接合带存在数量不同的垃圾堆放场。垃圾堆场存在不良的感观、臭味，存在对周边地下水和土壤的污染；对地下水、土壤、空气、植物、动物、人类健康有长期渐进的负面作用。尽管有些垃圾堆场的垃圾已被清运，甚至用土覆盖并适当绿化，但它们对环境造成的严重影响却仍然存在。由于堆放场没有任何渗滤水、沼气的收集与处理，周围地下水和土壤往往受到严重污染。只清运垃圾、不进行任何环境修复的垃圾堆场对人体健康是危险的。垃圾堆场的环境修复问题，必须认真对待。

垃圾填埋场土地利用出路有 4 条。填埋场作为巨大的生物反应器，在填埋场土地表面回灌渗滤水，这种方式不适用于阻隔覆盖系统。农业和园艺利用，填埋场在平整后用于作农业或园艺，但是填埋场中垃圾成分复杂，含有大量激素、有毒有害物质等，这种方式存在较大风险。用作公园和娱乐场所，基于土地沉降考虑，施工时需要特殊技术，且不适于用作社区中心花园或运动设施等。用于营造人工林，主要是适用于森林附近的填埋场，需要种植优势树种以适应填埋场较恶劣的环境，并且林木种植的目的是提高森林覆盖面积，而不是木材生产。

植物覆盖的填埋场终场覆盖系统，植被几年内即可迅速恢复，并建立起相对稳定的生态系统，较短时间内可实施各种利用方式。阻隔覆盖系统需要先完成生态恢复工程，才能考虑各种利用途径。

填埋场终场后有很好的开发利用前景，城市垃圾填埋场具有宝贵的土地资源和已稳定的矿化垃圾。填埋十年以上的垃圾基本达到稳定化，可以开发其土地资源，成功的例子有英国利物浦的国际花园、阿根廷布宜诺斯艾利斯的环城绿化带、中国台湾的垃圾公园等。填埋场稳定化的垃圾可以开采利用，填埋场垃圾达到稳定化状态的时间受所在地区气候条件、垃圾组成等的影响，南方地区 8~15 年、北方 10~20 年即可开采；开采前必须对填埋场垃圾取样分析，从垃圾组成、外观、产渗滤水速率等判断其稳定化程度，可开采垃圾又称为矿化垃圾。

开采出的矿化垃圾首先进行筛分，矿化垃圾筛分后的细料用作覆盖料和拌制营养土，筛分后的粗料用于回填。填埋场垃圾的开采利用，是对垃圾资源的充分利用，既使城市生活垃圾更好地资源化良性循环，又延长了填埋场使用寿命。

5.固体废物资源化设备

（1）垃圾收运及预处理技术和设备

完整的生活垃圾处理系统有收集、中转、运输、最终处理四个环节，收集、中转、运输合称为收运系统，涉及垃圾收集、垃圾分类、收集站、转运站、收集车辆，中转车辆等。生活垃圾进行最终处理前有时需要进行预处理，如分选、大件垃圾破碎、被分选可回收物打包。我国大中城市多数已形成形式多样的垃圾收运模式，采用压缩运输和中转方式，效率高、

经济性好,重点发展系统的环保技术、节能技术和系统内各环节的接口技术。

(2) 城市生活垃圾焚烧技术与设备

垃圾焚烧技术已成为我国垃圾处理技术发展热点,但有些国产焚烧炉未配备技术完善的尾气处理设施,二次污染严重。因此,需要研制改进国产层燃炉炉排、流化床焚烧炉设备,特别是探索适合中小型城市、技术先进、投资运行费用可接受的焚烧处理方法。

(3) 垃圾填埋成套技术与设备

垃圾填埋涉及转运、推铺、压实、覆盖、复垦、渗滤水处理、沼气处理、防渗、恶臭防治等部分的设备和技术。

我国缺少填埋场专用机械设备,填埋设备多利用土方工程机械,因此,填埋使用的垃圾车无压实功能、载重量小、轮胎易被扎破,推土机推铺面偏小、功率不足。填埋设备必须做到安全可靠、经济、易维修、多功能。土方工程机械用作填埋设备的状况正在逐步改进。

垃圾填埋渗滤水污染物浓度高、难降解,常规污水废水处理设备难以达到预期处理效果。渗滤水处理技术很多,如生物处理、膜分离、湿式氧化等,但高效低耗技术缺乏。每个填埋场都有渗滤水处理装置,设备包括生物填料、处理塔、泵、管道等;故开发效率高、成本低的处理设备与技术,市场前景广阔。渗滤水防渗技术则是填埋场建设的核心,防渗材料技术含量高、需求量大。防渗材料中高强度聚乙烯(HDPE)防渗性能好,但使用年限为几十年,不长;因此也有使用改性黏土衬层的。

为改善填埋场劳动卫生条件,恶臭消除机具的研发也很重要。

(4) 垃圾资源化技术与设备

城市生活垃圾堆放或填埋处理资源利用率低,垃圾焚烧则主要是实现减量化,城市生活垃圾最大限度的资源化是必要的,但技术上仍然存在一些问题。

一些大城市正在实施垃圾分类收集与运输运动,但由于制度尚不完善,市民分类意识也未形成,效果还不理想。这里的可回收废物是一大类,但它们仍是混合物,需要重点研发可回收废物分选技术。

垃圾分选是垃圾处理技术的瓶颈,分选是垃圾资源化、能源化、综合利用的关键过程,影响着后续的焚烧、填埋、综合处理工艺。纸张、玻璃、塑料、金属、织物等可回收处理,厨余垃圾可以堆肥;废塑料、废金属都要分选去除杂质后才能再生利用,垃圾堆肥前要经过分选以去除非堆肥物质。由于城市垃圾组分复杂且不稳定,农业、矿业、化工领域的传统分选技术不适用于垃圾分选,但原理是相通的,大规模城市垃圾处理通常采用机械结合人工的方式进行分选。垃圾分选主要基于垃圾颗粒的粒度、密度等的差别进行,也可通过磁性、电性、光学性质等差别进行分选。

垃圾资源化处理设备及相关技术需求量大、前景广阔,因此我国许多机械厂转型从事这方面的研发,这些受到国家政策的大力支持。

6. 废橡胶的处理和利用

我国橡胶工业创建于1915年,从1934年开始生产汽车轮胎,自2005年起我国成为世界第一大橡胶轮胎生产国、消费国、出口国,2016年起年产轮胎突破6亿条。自行车胎,摩托车胎,胶鞋和再生胶产量同样居世界第一位。橡胶工业拉动着轮胎翻新、废旧轮胎综合利用、环保等相关行业的发展。

我国天然橡胶资源紧缺、供给不足;但另一方面我国每年又产生报废大量轮胎,如2019年约3.3亿条,没有有效利用的废轮胎自然降解缓慢、滋生蚊虫、日久后会自燃造成火灾、还会缓慢释放有害气体,在世界各国都是黑色公害。回收利用好废旧橡胶,不仅节约了资源,而且解决了环境问题。我国废橡胶回收利用率从20世纪90年代的不足30%到2019年的约60%。废橡胶处理应遵循"4R原则",即减少废物来源、再使用、循环、回收。优先序为减少废物、材料循环、化学循环、能量回收,对应生命周期评价(LCA)中的科学管理、合理使用、适时翻修、报废解体。

废橡胶制品曾经与煤直接燃烧、或高温加热裂解制作拖鞋和面盆等,这些土工艺会释放出大量有毒烟尘烟气。废轮胎的无害化处理工艺有:填埋方法,该方法占用土地量大、浪费废橡胶资源,不可取。废轮胎生产再生胶工艺,产品可塑性好,但由于再生胶的分子量低、不均匀,产品拉伸强度、扯断伸长率大幅降低,工艺流程能耗高、附加值低、二次污染问题突出。废轮胎生产胶粉,不需要再生胶生产的脱硫精炼等,二次污染相对小。焚烧工艺,可利用废轮胎热量,但设备造价高,易产生二次污染。热裂解,可提取有价值化学产品,可制得燃料气、石油产品、炭黑等,但技术难度大。

7. 废机电废家电处理技术

这里所指废机电废家电包括报废汽车、自行车、电动车及其他交通工具,电视、计算机、手机、影碟、医疗器械以及废电池等,它们含金属或需能源驱动,或本身是化学能源系统。

废机电废家电含有对环境可造成严重污染的重金属、有毒有害有机物,如果任意堆弃,重金属、有机污染物会进入地下水和地表水系统,污染环境,影响人类健康,处理废机电废家电是必要的。

废机电废家电可以拆分仍有利用价值的部件,应用于电器的维修。废机电废家电最终处理工艺包括压缩,高温焚烧去除可燃物,尾气、飞灰、底灰处理,钢铁材料用于炼钢。废机电废家电的焚烧工艺,以及尾气、飞灰、底灰处理是技术难点。

汽车工业已经是我国国民经济的支柱产业之一,2020年我国汽车拥有量为2.8亿辆;作为汽车工业的下游产业,汽车回收日益受到关注。汽车主要材料是钢铁,有色金属,塑料,橡胶,玻璃,以及油漆等,钢铁和有色金属约占80%。废旧汽车回收利用,首先要拆解,其中塑料、橡胶、玻璃由有关行业进行再生。金属材料回收后,经拆解、机械处理,最后冶炼。汽车回收与利用是循环经济,不仅促进汽车回收行业发展,而且解决废旧汽车可能引发的环境问题。

第四节　污染环境修复

一、环境化学修复技术

传统"三废"(废气、废水、废渣)治理是污染控制化学的核心内容,强调点源治理,侧重于将污染物通过转化或再利用的方法进行削减,需要建造成套的处理设施。而环境修复强调的是面源治理,即对人类活动的环境进行治理。它不可能建造把整个修复对象都容纳进去的处理系统。两者都是控制环境污染,只不过"三废"处理属于环境污染的产中控制,环境修复属于产后控制,而我们通常所说的污染预防则属于产前控制,它们三者共同构成污染控制的全过程体系,是可持续发展在环境中的重要体现。

1. 高级氧化技术

随着工业的发展,一些难降解有毒有害有机废水的处理一直是困扰着环境工程领域的难题。同时,饮用水源中的微污染也直接威胁到人类的饮水健康。

高级氧化技术（Advanced Oxidation Processes, AOP）又称深度氧化技术,是相对于常规氧化技术而言的。高级氧化技术是指在体系中能产生具有高度反应活性的自由基（如羟基自由基）,能充分利用自由基的活性,快速彻底地氧化污水中有机污染物。高级氧化法主要用于水处理场合,可以将有机污染物彻底降解为无机物,或转化为低毒、易生物降解的小分子中间产物。采用常规氧化剂,如氧气、氯气、次氯酸等难以氧化。

高级氧化过程的强氧化性自由基除了·OH之外,还有·O、HO$_2$·、RO$_2$·等也可以进行氧化反应去除水中有机污染物,其中以·OH氧化还原电位最高。羟基自由基是带有不成对电子的游离羟基活性基团,它的氧化还原电位仅次于氟,是一种强氧化剂;·OH、·O、HO$_2$·与其他常见氧化剂氧化能力的比较见表11-2。为了产生强氧化性自由基,需要同时有氧化剂（如H$_2$O$_2$、O$_3$等）和合适的催化剂（如过渡金属）。

表 11-2　不同氧化剂氧化还原电位(V)的比较

氧化剂	电位(酸性条件产物)	电位(非酸性条件产物)	氧化剂	电位(酸性条件产物)	电位(非酸性条件产物)
F$_2$	3.06(HF$_{aq}$)	2.65(F$^-$)	·OH·	2.85(H$_2$O)	2.0(OH$^-$)
·O·	2.442(H$_2$O)	1.59(OH$^-$)	HO$_2$·	1.7(H$_2$O)	—
O$_3$	2.07(H$_2$O)	1.24(OH$^-$)	H$_2$O$_2$	1.776(H$_2$O)	0.88(OH$^-$)
O$_2$	1.229(H$_2$O)	0.7(OH$^-$)	HOCl	1.63(Cl$_2$)	
Cl$_2$	1.36(Cl$^-$)		ClO	1.19(HClO$_2$)	0.95(ClO$_2^-$)

表11-2主要涉及的氧化还原半反应有:

$$F_2+2H^++2e \rightleftharpoons 2HF(aq) \quad 3.06\ V; \quad F_2+2e \rightleftharpoons 2F^- \quad 2.65\ V.$$
$$·OH+H^++2e \rightleftharpoons H_2O \quad 2.85\ V; \quad ·OH+2e \rightleftharpoons OH^- \quad 2.0\ V.$$
$$·O·(g)+2H^++2e \rightleftharpoons H_2O \quad 2.442\ V; \quad ·O·(g)+2H_2O+2e \rightleftharpoons 2OH^- \quad 1.59\ V.$$
$$O_2+4H^++4e \rightleftharpoons H_2O \quad 1.229\ V; \quad O_2+2H_2O+4e \rightleftharpoons 4OH^- \quad 0.7\ V.$$

可见,高级氧化过程中的羟基自由基能氧化大部分的有机物和具有还原性的无机物,可诱发一系列反应使溶解性有机物最终矿化。

自由基氧化有机物有如下特点:

(1) ·OH是高级氧化过程的中间产物,作为引发剂诱发后面的链式反应发生,通过链式反应降解污染物。

（2）·OH 选择性小，几乎可以氧化废水中所有还原性物质，直接将其氧化为二氧化碳、水或盐，不产生二次污染。

（3）反应速度快，氧化速率常数一般在 $10^6 \sim 10^9$ M^{-1}s^{-1} 之间。

（4）·OH 激发产生的过程如图 11-4 所示，反应条件温和，一般不需要高温、高压、强酸或强碱等条件。

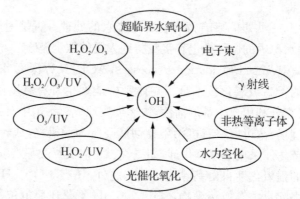

图 11-4 激发产生羟基自由基的过程

高级氧化有：

（1）臭氧氧化技术

臭氧（O_3）自 20 世纪 60 年代起在水处理中得到广泛的应用，如用于饮用水、冷却水、游泳池水等，其目的主要是杀菌消毒，改善颜色、嗅味，氧化还原态的锰、铁离子。近年来还开始应用于氧化和降解有机物。

臭氧的反应方式有两类：一是臭氧与反应物直接作用；二是臭氧转化为羟基自由基后与有机物反应。

A. 臭氧分子的直接反应

臭氧与反应物的直接作用主要是通过末端亲电氧原子进行，臭氧的反应如下：

A1-1　电子转移反应：

$$\cdot O_2^- + O_3 \longrightarrow O_2 + \cdot O_3^-$$
$$HO_2^- + O_3 \longrightarrow HO_2 \cdot + O_3^-$$

A1-2　氧原子转移反应：

$$HO^- + O_3 \longrightarrow HO_2^- + O_2$$
$$2Fe^{2+} + O_3 + 2H^+ \longrightarrow 2Fe^{3+} + H_2O + O_2$$
$$NO_2^- + O_3 \longrightarrow NO_3^- + O_2$$
$$Br^- + O_3 \longrightarrow BrO^- + O_2$$
$$I^- + O_3 \longrightarrow IO^- + O_2$$

A1-3　臭氧加成反应：

臭氧分子与烯烃通常发生加成反应。臭氧加成、而后重排，是烯烃化合物典型的臭氧化反应,如图 11-5。水溶液中的初始加成产物——五元环的臭氧化物分解成羰基和羰基氧化物。羰基氧化物水解形成羧酸。臭氧与其他有机基团反应的初始臭氧加成产物常常重排释放 O_2 或 CO_2。

臭氧的电子转移反应途径不常见,这是与其他氧化剂不同的。

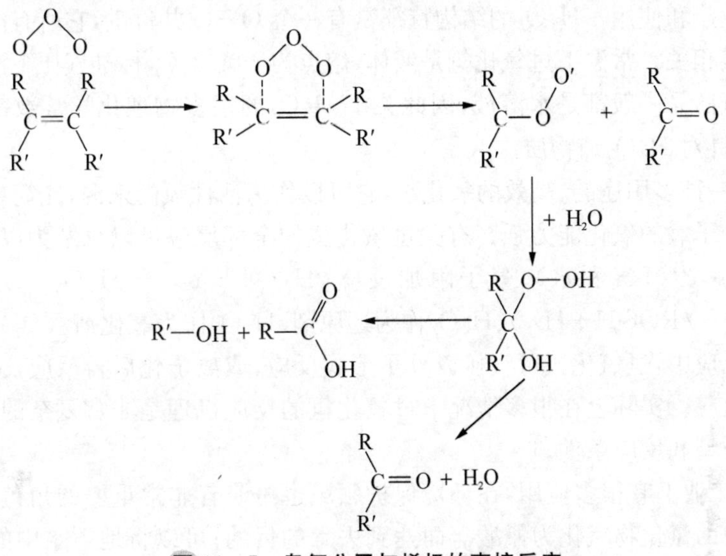

图 11-5 臭氧分子与烯烃的直接反应

B. 臭氧转化为羟基自由基的链式反应

臭氧在水中通过与 OH^- 或溶质的反应,被消耗而转化为 H_2O_2 或 $HO_2 \cdot$。臭氧先将一个氧转移给 OH^- 产生 HO_2^-,HO_2^- 与 H_2O_2 形成平衡;H_2O_2 中有一部分离解成为 HO_2^-,又与臭氧很快反应产生 O_3^- 和 $HO_2 \cdot$。这里,OH^- 作为链式反应的促发剂,H_2O_2/HO_2^- 作为次生促发剂,所以在高 pH 时臭氧容易与离解物质发生亲电反应,因而有较快的反应速度。

$$H^+ + O_3^- \longrightarrow HO_3$$
$$HO_3 \longrightarrow \cdot OH + O_2$$

在实际水中,许多污染物的反应产物进一步被 O_2 氧化生成过氧自由基 $HO_2 \cdot$,$HO_2 \cdot$ 与负氧离子自由基 $\cdot O_2^-$ 形成平衡;当污染物是甲酸根、醇或糖类时,以这种转变为主。说明许多有机物将 $\cdot OH$ 转变成 $HO_2 \cdot / \cdot O_2^-$,从而使链反应不断继续。

$$H_2R + \cdot OH \longrightarrow HR + H_2O$$
$$HR + O_2 \longrightarrow HRO_2$$
$$HRO_2 \longrightarrow R \cdot + HO_2 \cdot$$
$$HRO_2 \longrightarrow RO \cdot + \cdot OH$$

但是另一些溶质如 HCO_3^-/CO_3^{2-} 和烷基化基团、磷酸盐、异丙醇 TBA 等会抑制了自由基型链反应。这些物质与 $\cdot OH$ 反应形成不产生 $HO_2 \cdot / \cdot O_2^-$,最终引起自由基反应链的终止。例如:

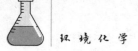
$$\cdot OH + CO_3^{2-} \longrightarrow HO^- + CO_3^-$$
$$\cdot OH + HCO_3^- \longrightarrow HO^- + HCO_3$$

（2）过氧化氢氧化技术

过氧化氢（H_2O_2）是 1818 年被发现，直到 1925 年有了 H_2O_2 的电解生产技术，才开始了大规模的生产和使用。H_2O_2 的结构特征是有一个 O—O 共价键，它所有的性质都和这个共价键直接相关。常温下过氧化氢是液体，熔点为 $-0.43\,^{\circ}C$，标准气压下沸点为 $15.2\,^{\circ}C$。由于过氧化氢商品一般都是水溶液，因此关于 H_2O_2 的很多物理化学常数都和其水溶液有关，而不是针对 H_2O_2 纯物质。

H_2O_2 是一种多用途的、高效的氧化剂，它可以作为活性氧的来源，比简单从水分子中分解得到的分子氧的氧化能力强。有关过氧化氢的全部反应可以总结为以下五种类型：分解反应（分解为氧气和水）、分子附加反应（$H_2O_2 + Y \longrightarrow H_2O_2 \cdot Y$）、取代反应（$H_2O_2 + RX \longrightarrow ROOH + HX$）、$H_2O_2$ 作为还原剂、H_2O_2 作为氧化剂。

在这些反应中，过氧化氢可直接以分子形式反应，或离子化后再反应，也可以离解为自由基后再反应。实际上在很多情况下过氧化氢的反应机理是非常复杂的，并且反应取决于催化剂类型和反应条件。

H_2O_2 在工业上有很多应用，在环境保护领域也扮演着非常重要的角色。H_2O_2 可以通过将废水中的氰化物氧化为氰酸盐而达到去毒的目的；可以将地下水中的铁和锰氧化为不溶于水的氢氧化物，再通过沉淀而得以去除；H_2O_2 分解可以产生氧气，因此应用在废水好氧生物处理中可以促进处理效果。它还可用于有亚硫酸盐和银离子的光化学废水处理，将其中的亚硫酸盐氧化为硫酸盐，与银离子反应生成不溶于水的单质银。此外，在废水脱硫除臭、去除纺织品漂白废水中的剩余次氯酸盐等方面都有应用。

对于那些在废水的生物处理中对微生物具有抑制或者毒性作用的有机物，可以采用 H_2O_2 来处理，促进这类有机物的生物降解性，同时可以降低有机物的毒性。这类有机物主要有硝基苯、苯胺、酚、甲酚、氯酚、甲醛和脂肪等。

影响 H_2O_2 反应的因素主要有 pH、温度、接触时间、处理负荷以及化合物的反应性。一般而言，水中的无机物与 H_2O_2 的反应比有机物与 H_2O_2 反应的速度快，痕量有机物与 H_2O_2 反应的速度最慢，这是因为受到传质的限制。

过渡金属盐（如铁盐）以及紫外光可以催化 H_2O_2 产生羟基自由基，而后者的氧化能力是非常强的。利用亚铁盐来催化的 H_2O_2 试剂就是著名的 Fenton 试剂。Fenton 试剂与有机物的反应也是一个链反应过程，其反应机理如下：

$$Fe^{2+} + H_2O_2 \longrightarrow Fe^{3+} + OH^- + \cdot OH$$
$$Fe^{3+} + H_2O_2 \longrightarrow Fe^{2+} + HO_2 \cdot + H^+$$

前者是一个快速反应，除产生羟基自由基 $\cdot OH$ 外，氧化生成的三价 Fe 又与 H_2O_2 反应，被还原为二价 Fe，并产生另一种羟基自由基 $HO_2 \cdot$。Fe 离子在反应中起激发和传递的作用，使链反应能持续进行，不断生成 $\cdot OH$ 和 $HO_2 \cdot$，直到 H_2O_2 耗尽。上述反应生成的 $\cdot OH$ 和 $HO_2 \cdot$，将有机物氧化。

$$RCH_2OH + \cdot OH \Longleftrightarrow RCHOH + H_2O(可逆)$$
$$RCHOH + H_2O_2 \longrightarrow RCHO + \cdot OH + H_2O$$

两反应之和为：　　　　$2RCHOH \longrightarrow RCHO + RCH_2OH$

Fenton 试剂法是一种经济的、相对简单的去除有毒有机物的方法，商业化的 Fenton 反应器已经用于工业废水的处理，可以将废水中苯酚浓度由 20 g/L 降低至 1 mg/L。Fenton 试剂法可以单独应用，也可以与其他技术结合使用，有着很好的应用前景。

（3）光化学氧化技术

光氧化法是利用光和催化剂或氧化剂产生很强的氧化作用来氧化分解废水中有机物和无机物的一种方法。最常用的催化剂是 TiO_2，氧化剂有臭氧、氯、次氯酸盐、过氧化氢及空气等，光源多用紫外灯。下面简单介绍一下光催化氧化技术。

半导体的能带结构如图 11-6 所示，半导体能带结构与金属不同的是价带（vB）和导带（cB）之间存在一个禁带。用作光催化剂的半导体大多为金属的氧化物和硫化物，禁带宽度大，有时称为宽带隙半导体。例如，TiO_2 在 pH=1 时的带隙为 3.2 eV，如图 11-7 所示。

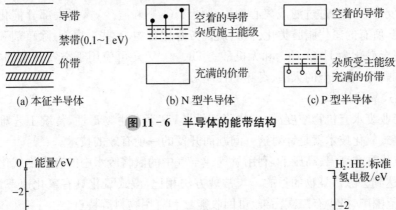

图 11-6　半导体的能带结构

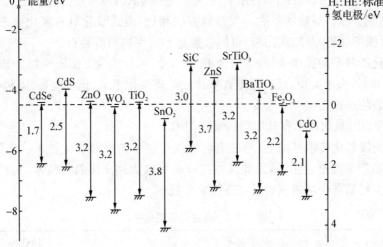

图 11-7　常见半导体在 pH=1 时导带和价带的位置（ZnS，SrTiO₃，BaTiO₃，Fe₂O₃，CdO 的 pH=7）

当光子能量高于半导体吸收阈值的光照射半导体时，半导体的价带电子会发生带间跃迁，即从价带跃迁到导带，从而产生光生电子（e^-）和空穴（h^+）。半导体的光吸收阈值是指半导体可吸收的光的波长极大值，即所谓的能带隙，能带隙又被称为禁带宽度、能带

环境化学

宽度、Energy gap、Eg。半导体的光吸收阈值与能带隙具有以下关系：

$$\lambda_{max}(nm) = 1\,240/Eg(eV)$$

图 11-7 是常用半导体的导带、价带与禁带分布图，这些半导体的能带隙为 1.7(CdSe)~3.8(SnO₂)eV。从公式可知，常用半导体吸收波长阈值位于紫外可见光区，而宽带隙半导体吸收波长阈值多位于紫外区，如 SnO₂ 的 λ_{max} 为 326 nm。

该过程中所产生的电子和空穴将进一步与水中的离子和分子发生反应而产生强氧化性的 ·OH、HO₂·、·O₂⁻ 等活泼自由基，反应式如下：

$$H_2O + h \longrightarrow OH^- + H^+$$
$$OH^- + h \longrightarrow \cdot OH$$
$$O_2 + e \longrightarrow \cdot O_2^-$$
$$H_2O_2 + e \longrightarrow \cdot OH + OH^-$$

这些自由基将进一步与有机物反应。

对 TiO₂/UV 的进一步研究发现，在光照射 TiO₂ 的悬浮液时，很多有机化合物可被完全矿化，且反应后可通过过滤或离心的方法使 TiO₂ 颗粒再生，恢复大部分催化活性。已有研究证实，所有的氯代脂肪类化合物、氯代芳香化合物、一些杀虫剂、除草剂和表面活性剂均可被完全矿化为 H₂O、CO₂ 和无机酸。TiO₂/UV 还可应用于空气和水的净化，以去除微生物和病毒、癌细胞的灭活、臭味的控制等。

（4）湿式氧化技术

不少工业废水有机物浓度高，生物降解性差，甚至有生物毒性，传统工艺难以得到彻底处理。湿式氧化技术就是针对这一问题而开发的一项有效的技术。

湿式氧化是在高温、高压下，利用氧气或空气中的氧将废水中的有机物氧化成 CO₂ 和 H₂O，从而达到去除污染物的目的。与常规方法相比，湿式氧化具有氧化速率快、处理效率高、适用范围广、极少有二次污染、可回收能量和有用物料等特点。

湿式氧化法典型的操作条件：温度为 150~350 ℃，压力为 2 MPa~15 MPa，停留时间为 15~120 min。迄今为止，已有用湿式氧化法处理焦化废水、化工废水、染料中间体废水和农药废水等的报道。

（5）组合高级氧化技术和其他高级氧化技术

在常规高级氧化技术基础上，通过组合可以产生新的高级氧化技术。其他一些物理化学过程也能产生羟基自由基，因此这些过程也可认为是高级氧化技术。表 11-3 列举了目前能产生羟基自由基的一些组合高级氧化技术。

表 11-3 组合高级氧化技术

氧化剂	化学技术								物理技术		
	Fe²⁺	Fe	Pt	TiO₂	Fe₂O₃	OH⁻	O₃	H₂O₂	UV	超声	电子
O₃	√	√	√		√	√		√	√	√	
H₂O₂	√	√	√	√	√		√		√	√	

382

续　表

氧化剂	化学技术								物理技术		
	Fe^{2+}	Fe	Pt	TiO_2	Fe_2O_3	OH^-	O_3	H_2O_2	UV	超声	电子
O_2	√	√	√	√						√	
H_2O				√						√	√
TiO_2									√		

注:√是可以产生·OH的组合。

2. 化学氧化还原法

通过药剂和污染物间的氧化还原反应,将废水中有毒害的污染物转化为无毒或微毒物质的方法,称为**化学氧化还原法**。水处理中常用的氧化剂有氧、臭氧、氯气、漂白粉、次氯酸钠、三氯化铁等;常用的还原剂有硫酸亚铁、亚硫酸盐、氯化亚铁、铁屑、锌粉、二氧化硫、硼氢化钠等。

（1）化学氧化法

① 空气氧化法

空气氧化法,是利用空气中的氧作氧化剂,来氧化分解废水中有毒有害物质的一种方法。例如向炼油厂的低浓度含硫废水中注入空气和蒸汽,硫化物即被氧化成无毒的硫代硫酸盐或硫酸盐:

$$2HS^- + 2O_2 \Longrightarrow S_2O_3^{2-} + H_2O$$
$$2S^{2-} + 2O_2 + H_2O \Longrightarrow S_2O_3^{2-} + 2OH^-$$
$$S_2O_3^{2-} + 2O_2 + 2OH^- \Longrightarrow 2SO_4^{2-} + H_2O$$

处理废液的空气氧化脱硫塔,用拱板分为数段,拱板上安装喷嘴,空气在喷嘴处喷出时被粉碎为细小的气泡,增大了气液接触面,可以使氧化反应速度加快。

② 氯化法

氯气除用于消毒外,还用来氧化废水中某些有机物和还原性物质,常用的药剂有漂白粉、次氯酸钠和液氯。漂白粉处理含氰废水的反应过程如下:

$$2CaCl(OCl) + 2H_2O \Longrightarrow 2HOCl + Ca(OH)_2 + CaCl_2$$
$$HOCl \Longrightarrow H^+ + OCl^-$$
$$CN^- + OCl^- + H_2O \Longrightarrow CNCl + 2OH^-$$
$$CNCl + 2OH^- \Longrightarrow CNO^- + Cl^- + H_2O$$
$$2CNO^- + 3OCl^- \Longrightarrow CO_2\uparrow + N_2\uparrow + 3Cl^- + CO_3^{2-}$$

氯化法还用于除硫、脱色和除酚。

③ 臭氧氧化

臭氧的氧化性在单质中仅次于氟,可氧化一般氧化剂难破坏的有机物,且不产生二次污染、制备方便,因此,除能用于消毒外,可广泛地用于除臭、脱色、除酚、氰、铁、锰的过程中,在降低 COD、BOD,提高废水的可生化性方面,也有广阔的应用前景。

臭氧处理系统中最主要的设备,是接触反应器。为使臭氧与污染物充分反应,应尽可能使臭氧在水中形成微细气泡,并采用两相逆流操作,强化传质过程。对扩散速度大的污染物,反应器多采用微孔扩散板式;对反应速度较快的污染物,反应器多采用喷射式;此外,还有机械搅拌式和螺旋混合器等。

影响臭氧氧化的因素,主要是共存杂质的种类、浓度、溶液 pH、温度,臭氧浓度、用量和投加方式,反应时间等。臭氧氧化的工艺条件应通过试验确定。臭氧氧化法的主要缺点是发生器耗电量大。

(2) 化学还原法

化学还原法目前主要用于处理含铬和含汞废水,以及废水脱氯。

① 硫酸亚铁-石灰法除铬

电镀工业的含铬废水主要含极毒的六价铬,加入硫酸亚铁等还原剂后,六价铬即被还原为三价铬,然后投加石灰,使 pH 在 7.5~9.0,生成难溶于水的氢氧化铬沉淀,反应式如下:

$$Cr_2O_7^{2-}+6Fe^{2+}+14H^+\rightleftharpoons 2Cr^{3+}+6Fe^{3+}+7H_2O$$
$$Cr^{3+}+3OH^-\rightleftharpoons Cr(OH)_3$$

硫酸亚铁投加量与废水含铬浓度有关,生产上控制 Cr^{3+}：$FeSO_4 \cdot 7H_2O$ 在 1：50~1：16(重量比)。投加硫酸亚铁后搅拌 10~15 min 后再投石灰,继续搅拌 15~30 min,然后沉淀 1.5~2.0 h,废水变得澄清。

② 化学还原法除汞(Ⅱ)

常用的还原剂为比汞活泼的金属(铁屑、锌粒、铝粉、铜屑等)和硼氢化钠等。金属还原汞(Ⅱ)时,可将含汞废水通过金属屑滤床,或使废水与金属粉混合反应,汞(Ⅱ)即成金属汞折出。硼氢化钠能在碱性条件下(pH＝9~11)将汞离子还原成金属汞,反应为:

$$Hg^{2+}+BH_4^-+2OH^-\rightleftharpoons Hg\downarrow+3H_2\uparrow+BO_2^-$$

③ 水的还原法脱氯

废水经氯或二氧化氯消毒后会留下一定的余氯,如果数量过多,可能对水体有不利影响,故有必要对废水脱氯。除可用活性炭吸附外,还原法脱氯是经济而常用的,其中尤以二氧化硫脱氯最为常见。

亚硫酸钠、亚硫酸氢钠、硫代硫酸钠也常用于废水脱氯。

3. 化学沉淀法

化学沉淀法指向水中投加沉淀剂,使之与废水中污染物发生沉淀反应,形成难溶固体,然后进行固液分离,从而除去废水中污染物的一种方法。

(1) 氢氧化物沉淀法

工业废水中某些金属离子与石灰作用后,可形成氢氧化物沉淀而从水中分离出去。该方法适用于不准备回收的低浓度金属废水(例 Cd^{2+}、Zn^{2+})的处理。沉淀剂也可用苛性钠,但费用较大。

(2) 硫化物沉淀法

金属硫化物是比氢氧化物更为难溶的沉淀物,对除去水中重金属离子有更好的效果。

常用的沉淀剂有 H_2S、$NaHS$、Na_2S、$(NH_4)_2S$、FeS 等。由于沉淀反应生成的硫化物颗粒细,沉淀困难,一般需投加凝聚剂以加强去除效果,所以处理费用较高。工厂采用硫化物沉淀法处理含汞废水的流程是,用碱液调节废水 pH 为 8.0～9.0 后,加入硫化物沉淀剂。提高沉淀剂(S^{2-} 离子)浓度有利于硫化汞的沉淀析出;但过量硫离子会造成水体贫氧,增加水体的 COD,还能与硫化汞沉淀生成可溶性络阴离子$[HgS_2]^{2-}$,降低汞的去除率。因此,反应过程中,还要补投 $FeSO_4$ 溶液,除去过量硫离子。

$$Fe^{2+} + S^{2-} \rightleftharpoons FeS \downarrow$$

这样,不但有利于汞的去除,而且有利于沉淀的分离。这是因为浓度较小的含汞废水进行沉淀时,往往形成 HgS 微细颗粒,悬浮于水中很难沉降。而 FeS 沉淀可作为 HgS 的共沉淀载体促使其沉降。同时,补投的一部分 Fe^{2+} 离子在水中可生成 $Fe(OH)_2$ 和 $Fe(OH)_3$,对 HgS 悬浮微粒起凝聚共沉淀作用。沉淀反应在 pH 为 8～9 左右进行,因为 pH 小于 7 时,不利于 FeS 沉淀的生成;碱度过大则可能生成氢氧化铁凝胶,难以过滤。

（3）钡盐沉淀法

这种方法主要用于处理含六价铬的废水,沉淀剂为 $BaCO_3$、$BaCl_2$、$Ba(NO_3)_2$、$Ba(OH)_2$ 等。例如,$BaCO_3$ 与废水中六价铬 CrO_4^{2-} 反应,生成难溶的铬酸钡沉淀:

$$BaCO_3 + CrO_4^{2-} + 2H^+ \rightleftharpoons BaCrO_4 \downarrow + CO_2 \uparrow + H_2O$$

电镀厂用钡盐法处理含铬废水的流程为:用硫酸调节废水 pH 为 4.5～5.0 后,经投配箱加入 $BaCO_3$,搅拌混合,然后进入反应池,水在通过斜管沉淀区时,大部分铬酸钡被截流池中,溢流水经过微孔管抽滤,送至石膏过滤池除钡,过滤后则流到硫酸钡沉淀池,溢流水再经微孔管抽滤,送回车间回用。

4. 电化学法

电解质溶液在直流电的作用下,发生电化学反应的过程叫电解。电解是电能转变为化学能的过程,实现这种转变的装置叫电解槽。在电解槽中,与电源正极相连的电极称为阳极,与电源负极相连的称为阴极,两电极插在电解质溶液中。当接通直流电源后,阴极和阳极间存在电位差,驱使溶液中正离子移向阴极,在阴极取得电子,进行还原反应;负离子移向阳极,在阳极放出电子,进行氧化反应,这过程叫离子的放电。阳极能接纳电子,起氧化剂的作用,而阴极能放出电子,起还原剂的作用。**电化学法**处理废水的实质就是利用电解作用,使废水中有害物质在阳极和阴极上进行氧化还原反应,沉淀在电极表面或沉淀在电解槽中,或生成气体从水中逸出,从而降低废水中有害物质的浓度,或把有毒物质变成无毒、低毒物质。

电解既需要电量,也需要一定的电压。实际电解所需要的槽电压,不仅包括理论分解电压,还包括阴、阳极的超电压,以及克服各种电阻的电压降。

电解槽的主要参数有极水比和极板中心距。极水比是指浸入水中的有效极板面积（dm^2）与槽中有效水容积（dm^3）之比。极板中心距为相邻两个极板的中心距离。极水比大,放电面积大,电流密度小,超电压小。极板中心距小,溶液间电阻就小。两者均可降低槽电压。

电解的主要工艺条件有：电流密度（单位电极面积上流过的电流，A/cm²）、槽温、废水成分、搅拌强度等，应由试验确定。

废水的电化学处理可分为电化学氧化、电化学还原、电解凝聚和电气浮等几种。

（1）电化学氧化法

电解槽的阳极可以通过氧化反应过程，使污染物氧化破坏，也可通过某些阳极反应产物（Cl_2、ClO^-、O_2、H_2O_2 等）间接破坏污染物。电化学氧化法主要用于去除水中氰、酚及各种有机物。

① 电化学氧化法处理含氰废水：含氰废水在碱性条件下进入电解槽电解，氰在阳极上被氧化，反应如下，

$$CN^- + 2OH^- - 2e \Longrightarrow CNO^- + H_2O$$
$$2CNO^- + 6OH^- - 6e \Longrightarrow N_2 + 2HCO_3^- + 2H_2O$$
$$CNO^- + 2H_2O \Longrightarrow NH_3 + HCO_3^-$$
$$4OH^- - 4e \Longrightarrow 2H_2O + O_2$$

电解除氰一般用石墨板做阳极，普通钢板做阴极。槽内用压缩空气搅拌，以帮助离子扩散。电解时宜投入少量 $NaCl$，可提高废水电导率，强化阳极的氧化作用，这通常称为电氯化。食盐能离解出 Cl^-，在阳极放电生成 Cl_2，进而生成 $HOCl$，其作用类似于氯氧化法。

电化学氧化处理含氰废水，可使游离 CN^- 浓度降至 0.1 mg/L 以下，并且不必设置沉淀池和污泥处理设施。缺点是处理成本高于氯氧化法。

② 电化学氧化法处理含酚废水：在含酚废水中，投加食盐作电解质，以石墨作阳极，铁板为阴极进行电解处理，可使酚浓度降至 0.01 mg/L 以下。电解氧化除酚的原理是：食盐电解产生次氯酸，进而分解出原子氧，使酚氧化成邻苯二酚、邻苯二醌、顺丁烯二酸而被破坏。实验表明，当电流密度为 1.5～6.0 A/dm²，投加 $NaCl$ 20 g/L，经 6～38 min 的电解，可使酚浓度从 250～600 mg/L 降至 0.8～4.3 mg/L。

（2）电化学还原法

电解槽的阴极相当于还原剂，可使废水中的重金属还原并沉积于阴极，加以回收利用，同时废水得到处理。

电解除铬是一种间接电化学还原法。含六价铬的废水用铁作阳极和阴极电解时，不断溶解产生亚铁离子。在酸性条件下，将六价铬还原为三价铬：

$$Cr_2O_7^{2-} + 6Fe^{2+} + 14H^+ \Longrightarrow 2Cr^{3+} + 6Fe^{3+} + 7H_2O$$
$$CrO_4^{2-} + 3Fe^{2+} + 8H^+ \Longrightarrow Cr^{3+} + 3Fe^{3+} + 4H_2O$$

阴极上也能直接还原六价铬，但不是主要的。

电解过程中消耗大量的 H^+，使废水 pH 逐步升高，这时 Cr^{3+} 和 Fe^{3+} 形成氢氧化物而从溶液中沉淀析出。电化学还原法除铬，操作管理简单，效果稳定可靠，能使六价铬降至 0.1 mg/L 以下，费用不比化学还原法高。

电镀液中铬主要以 $Cr_2O_7^{2-}$ 存在，为从废电镀液中回收 $Cr_2O_7^{2-}$，可采用隔膜电解法。

电解槽中用阳离子交换膜隔开,阳膜只允许阳离子透过,不允许阴离子透过。通电后,废液中的 H^+、Fe^{3+}、Cr^{3+} 透过阳膜向阴极迁移,H^+、Fe^{3+} 在阴极放电析出 H_2 和 Fe,溶液 pH 升高,从而使部分 Fe^{3+} 和 Cr^{3+} 以氢氧化物沉淀析出,从废液中除去。$Cr_2O_7^{2-}$ 既不能在阴极放电,又不能透过阳膜,留在阴极室中,成为较纯净的 $Cr_2O_7^{2-}$ 溶液,可经调节后返回电解槽重复使用。

（3）电解凝聚和电解气浮法

电解时,由于铁或铝制金属阳极溶解,产生 Fe^{3+}、Al^{3+} 等离子,经水解、聚合反应能形成一系列活性凝聚体,对废水中污染物起凝聚和吸附作用,形成絮状颗粒一起沉降而分离,这种方法称为电解凝聚法。

电解凝聚处理,用于废水的脱色、除油,以及含重金属离子废水和造纸制浆废水的处理,能取得很好的效果。和化学凝聚相比,它具有适用范围广,反应迅速,形成沉淀密实易沉淀等优点。

废水在电解时,水离解放电产生 H_2 和 O_2,废水中有机物和氯化物电解氧化也会析出 CO_2、Cl_2 等气体,这些气体能将废水中颗粒物（悬浮物、乳化油等）浮上,发生气浮作用,这就是电解气浮。由于电解过程生成的气泡直径小于 $60~\mu m$,远比一般气浮法产生的气泡直径（$>100~\mu m$）小,因此,捕获杂质微粒能力强,气浮作用显著,经处理后的水质较好。

典型的脱除重金属离子的电气浮过程如下:调整废水 pH,之后在电解凝聚槽进行氧化还原处理,阳极溶蚀产生氢氧化铁（或铝）胶体同时起凝聚共沉反应。然后废水进入电解浮上槽,借助电解产生的大量气泡进行电气浮处理。电气浮法能去除的污染物范围广,泥渣量少。工艺简单,设备小;主要缺点是耗电量较大。

5. 磁力分离法

磁力分离法是一种利用磁场力,截留废水中污染物质的固液分离方法。分离的效率取决于磁场力,物质的磁性和流体动力学特性。

根据物质的磁力性质,水中污染物可分为三类。（1）抗磁性物质:本身无磁性,在外加磁场作用下,产生与外磁场方向相反的附加磁场,这类物质必须采用特别的磁化技术才能进行磁分离。（2）顺磁性物质:本身无磁性,在外加磁场作用下,产生与外磁场方向一致的附加磁场,这类物质如锰、铜、铬、钡等,可用高梯度磁分离装置除去。（3）铁磁性物质:这类物质中存在排列杂乱无章的磁畴,对外不显磁性,在外磁场作用下,所有磁畴与外磁场取向一致,磁场强度随外磁场增大而增加,当增大到某一限度即达磁饱和。铁磁性物质容易磁化,可直接采用磁分离法除去。铁质悬浮物、氧化铁、铁、钴、镍及其合金等均属此类。

在磁分离操作时,作用在水中磁性颗粒物上的力除磁力外,还有与磁力相斥的重力、水流拖力、摩擦力、惯性力和分子间力等。当磁力小于各斥力之和时,颗粒物被水带定,反之则被磁性物质捕获而从水中分离出来。

按产生磁场的方法不同,磁分离设备分为永磁型、电磁型和超导型三类。永磁型分离器的磁场由永久磁铁产生,构造简单,电能消耗少,但磁场强度低且不能调节,仅用于分离铁磁性物质,电磁分离器可获得高磁场强度和高磁场梯度,分离能力大,可分离细小铁磁性物质和弱磁性物质;超导磁分离器可产生超强磁场,运行基本不消耗电能,但造价高。

按设备的功能,磁分离器可分为磁凝聚器、磁吸离器和磁过滤器三种,后两者使用较多。磁吸离器结构和运转过程与生物转盘类似,圆盘用不锈钢制成,上面黏结极性交错排列的数百上千块永久磁铁,并用铝板覆盖。运转时,圆盘转动,浸没部分吸引水中磁性物质,转离水面后,表面泥渣即被刮走。磁过滤器结构形式繁多,它的主要部分为电磁铁和铁磁性过滤介质(金属球、钢毛等)。高梯度磁分离器,是使用较多的磁过滤器之一,由轭铁、电磁线圈和装填不锈钢毛的分离容器组成;它采用不锈钢导磁丝毛(钢毛)产生高磁场梯度,钢毛在磁场中磁化后,产生的梯度与其磁化强度成正比,与钢毛的半径成反比,一定磁化强度下磁饱和。含有磁性微粒的废水通过后,磁性颗粒被截留,废水被净化;对抗磁性物质,如细菌、病毒、藻类、有机物等,借助中间媒介物磁种剂和絮凝剂进行吸附分离。

水处理中,磁力分离法主要应用于:(1) 分离钢铁工业废水中磁性及非磁性悬浮物;(2) 去除重金属离子;(3) 去除废水中有机物和植物营养元素;(4) 去除生活污水中细菌和病毒;(5) 去除废水中的油类物质。

6. 化学中和法

酸性废水和碱性废水是常见的一类工业废水。这些废水若直接排放,会腐蚀管渠,损坏农作物,伤害鱼类等水生物,危害人类健康,破坏生物处理系统的正常运行,因此,必须妥善处置。浓度较高的酸、碱废水(3%~5%),应首先考虑回收和综合利用;低浓度酸碱废水,回收或综合利用意义不大时,排放前应进行中和处理。利用化学药剂,使废水的 pH 达到中性左右的过程称为**中和处理**。常用的中和处理方法有以下几种:

(1) 酸、碱废水中和法

这是一种既简单又经济的以废治废方法。这种方法是将酸、碱搅拌中和。

(2) 药剂中和法

酸性废水的中和药剂有石灰、苛性钾、碳酸钠、石灰石、电石渣、锅炉灰等;碱性废水的中和药剂有硫酸、盐酸和酸性废气等。中和药剂的投加量依照实验测定量。石灰为酸性废水最常用中和剂,不仅可以中和任何浓度的酸性废水,而且生成的 $Ca(OH)_2$ 还有凝聚作用。石灰的投加方法有干投和湿投两种。酸碱中和反应速度较快,混合和反应可在一个池内完成。

(3) 过滤中和法

以石灰石、大理石、白云石等作滤料,让酸性废水通过滤层,使水中和的方法叫过滤中和法。

7. 可渗透反应格栅技术

地下水是我国重要的饮用水源,但在我国地下水却面临着严峻的污染形势。针对地下水污染的控制措施和修复技术被广泛研究和应用,主要包括自然衰减技术、异位修复技术(如抽出-处理技术)和原位修复技术。

作为一种重要的污染地下水原位修复技术,**可渗透反应格栅技术**(Permeable Reactive Barrier,PRB),在地下水污染控制与修复中被广泛研究和应用。EPA 对 PRB 给出的定义:是一种埋藏于地下的关于反应材料介质的处理设施,它被设计用来拦截地下水污染羽,并为污染羽通过反应介质提供通道,在这一过程中污染物被转化成环境可以接受的形式,以实现 PRB 下游浓度修复的目标。2005 年,Interstate Technology &

Regulatory Council 对 PRB 也给出定义：广义上，PRB 是一种连续的原位渗透处理区并被设计用来拦截和处理污染羽。这种处理区可以直接利用反应介质铁设立(如零价铁)，也可以间接通过加入用来激发二级处理过程的介质设立(如通过加入碳源和营养盐来刺激活化微生物的活性)，污染物在 PRB 中通过物理、化学和生物过程去除。

根据修复机理的不同，PRB 可以分为物理、化学和生物 PRB，并进一步分为吸附、沉淀、氧化还原和生物降解 PRB 等。另外，按结构类型不同，PRB 可以分为隔水漏斗-导水门式 PRB 和连续式 PRB，其中连续式 PRB 又可以分为连续墙式 PRB 和灌注处理带式 PRB。

在修复污染地下水时，PRB 技术具有一定优势：(1) 原位修复技术，不需额外地面设施；(2) 简易技术，在运行过程中只需进行定期监测；(3) 被动修复技术，只会在设计区域内针对固定污染物产生效果。但是，PRB 技术也存在一些不足：(1) 应用深度限制，一般传统的 PRB 构建深度不超过 30 m；(2) PRB 去除效果严重依赖于场地地下水流速与反应介质对污染物去除的半衰期，地下水流速太快或者去除半衰期太长都会造成 PRB 构建厚度增加。

二、污染环境的生物修复

1. 广义的生物修复

广义生物修复是利用生物的生命代谢活动，减少污染环境中有毒有害物的浓度或使其无害化，从而使被污染环境能够部分或完全恢复到原初状态的过程。

广义生物修复按所利用的生物种类，分为微生物修复、植物修复、动物修复。微生物修复是利用微生物将环境中的污染物降解或转化为其他无害物质的过程。植物修复，就是利用植物去治理水体、土壤和底泥等介质中的污染的技术。植物修复技术包括六种类型：植物萃取、植物稳定、植物挥发、根际过滤、植物降解、根际辅助降解。土壤动物修复指通过土壤动物群的直接(吸收、转化和分解)或间接作用(改善土壤理化性质，提高土壤肥力，促进植物和微生物的生长)而修复土壤污染的过程。

广义生物修复按被修复的污染环境，可分为土壤生物修复、水体生物修复、大气生物修复。按修复的实施方法，可分为原位生物修复、异位生物修复。按是否人工干预，可分为自然生物修复和人工生物修复。

多数场合下生物修复特指微生物修复，即狭义生物修复，这是因为微生物修复在生物修复中研究最早、方法最多、应用也最广。因此在以下部分，如无特别声明的生物修复即是微生物修复。在生物资源学中，常把通过人工调控以恢复某种经济生物种群数量的措施称为生物修复。

2. 生物修复——微生物修复的概念

生物修复主要是利用天然存在的或特别培养的生物在可调控环境条件下将有毒污染物转化为无毒物质，或把污染物从一种介质转移到生物体内的处理技术。生物修复可以消除或减弱环境污染物的毒性，进而减少污染物对人类健康与生态系统的危害。生物修复，最早主要是微生物修复，起源于对有机污染物的治理。目前已不止微生物修复，并被应用于对无机污染物的治理。

人类利用微生物制作发酵食品已经有几千年的历史。利用好氧或厌氧微生物处理行水、废水也有 100 多年的历史。但是使用生物修复技术处理现场有机污染才有 30 多年的历史。

首次记录实际使用生物修复是在 1972 年,于美国宾夕法尼亚州的 Ambler 清除管线泄漏的汽油。开始时生物修复的应用规模很小,一直处于试验阶段。直到 1989 年,美国阿拉斯加海域受到大面积石油污染以后,才首次大规模应用生物修复技术。阿拉斯加海滩污染后生物修复的成功最终得到了政府环保部门的认可,所以可以认为阿拉斯加海滩溢油污染的生物修复是生物修复发展的里程碑(沈德中,2002)。美国从 1991 年开始实施庞大的土壤、地下水、海滩等环境危险污染物的治理项目,称为"超基金项目"。欧洲的生物修复技术大致与美国并驾齐驱,德国、荷兰等国位于欧洲前列。普遍认为生物修复是一项很有希望、很有前途的环境污染治理技术。根据预测,美国对有毒废物污染场所的生物修复,项目费用由 1994 年的 2 亿美元提高到 2000 年的 28 亿美元,6 年内增长达 14 倍之多。

微生物或植物发挥作用。这类被污染土壤和地下水的生物修复需要有以下环境条件:(1) 有充分和稳定的地下水流;(2) 有微生物可利用的营养物;(3) 有缓冲 pH 的能力;(4) 有使代谢能够进行的电子受体;(5) 适合植物生长的气候条件。如果不具备条件,将会影响生物修复的速率和程度。

在土壤、沉积物等的生物修复中,根据人工干预的情况,可分三类。(1) 原位生物修复在污染的原地点进行,采用一定的工程措施,但不人为移动污染物,不挖出土壤或抽取地下水,利用生物通气、生物冲淋、生物吸收等一些方式进行。(2) 异位生物修复是移动污染物到邻近地点或反应器内进行,采用工程措施,挖掘土壤或取地下水进行。很显然这种处理更好控制,结果容易预料,技术难度较低,但投资成本大。例如可以用通气土壤堆、泥浆反应器等形式处理。(3) 反应器型生物修复处理在反应器内进行,主要在泥浆相或水相中进行,反应器使细菌污染物充分接触,并确保充足的氧气相营养物供应。

土壤微生物修复是利用各种天然生物过程而发展起来的一种现场处理各种环境污染的技术,有处理费用低、对环境影响小、效率高等优点。

微生物在被污染土壤环境去毒方面具有独特作用,近年来微生物修复法被用于进行土壤微生物改造或土壤生物改良,就地净化污染土壤。微生物修复土壤的基本原则依据是要有利于污染物毒性降低,有利于污染物生物可利用性降低和有利于微生物活性增强,该三点为微生物修复土壤要遵循的三个原则。

3. 重金属污染环境的微生物修复

重金属的特点是能在生物体内积累富集,不能被降解和彻底消除,只能从一种形态转化为另一种形态,从高浓度转变为低浓度,所以金属的生物修复有两种途径。通过在污染土壤上种植木本植物、经济作物以及长年生长的野生植物,利用其对重金属的吸收、积累和耐性除去重金属。利用生物化学、生物有效性和生物活性原则,把重金属转化为较低毒性产物(结合态、脱烷基、改变价态),或利用重金属与微生物的亲和性以及生物学活性最佳时机,降低重金属的毒性和迁移能力。

通过各种途径进入土壤的重金属,由于化学、物理、生物因素的作用,其在土壤中累积。因为重金属具有不能被微生物降解和可在土壤中发生迁移、转化的特性,使土壤重金属污染治理十分困难。科学家们致力于探索在不破坏土壤生态环境的情况下来治理重金属污染土壤的新途径。在现有的土壤污染治理技术中,生物修复技术被认为是最具前景和生命力的。

微生物对重金属污染土壤的修复能力主要表现在其对金属存在的氧化还原状态改变方向。如某些细菌对变价元素的高价态有还原作用,而有些细菌对变价元素的低价态有氧化作用。随着金属价态的改变,金属的稳定性也随之变化。研究发现,不少细菌产生的特殊酶能还原重金属,对某些重金属元素如 Cu、Zn、Mg、Pb 等有亲和力。

Badon 等人研究了利用细菌去除废弃物中重金属毒性,结果表明,细菌能将硒酸盐和亚硒酸盐还原为胶态的硒,并将二价的铅转化为胶态的铅,而胶态的硒、铅不具毒性,且结构稳定,大大减少了其对环境、特别是通过食物链对人体健康产生危害的可能。此外,重金属价态改变,其配位能力也随之发生改变,对其迁移能力有重要影响。

4. 有机污染物污染环境的微生物修复

目前生物修复治理土壤有机污染的实例较多,主要可分为两类,原位生物处理技术,另一类是异位生物处理技术。

原位生物处理是向污染区域投放氮、磷营养物质或供氧,促进土壤中依靠有机物作为 C 源的微生物的生长繁殖,或接种经驯化培养的高效微生物等,利用其代谢作用达到消耗有机物的目的。许多国家应用这种技术处理被石油污染的土壤,取得了较好的成效。

美国犹他州某空军基地针对航空发动机油污染的土壤,采用原位生物降解,取得了很好的治理效果。具体做法是喷湿土壤,使土壤湿度保持在 8%～12% 范围内,同时添加 N、P 等营养物质,并在污染区竖井抽风,以促进空气流动,增加氧气的供应。经过 13 个月后土壤中平均油含量由 410 mg/kg 降至 38 mg/kg。

异位生物处理法要求把污染的土壤挖出,集中起来进行生物降解。可以设计和安装各种过程控制器或生物反应器,以形成生物降解的理想条件。这样的处理方法包括土耕法、土壤堆肥法和生物泥浆法。

土耕法的基本操作程序是:将被污染的土壤挖出来置于处理垫上,以防止污染物转移,并进行定期的耕作,以使生物降解保持良好的通风条件。这是一项有效地节省成本的方法,最初用于处理石油工业废物及生活污泥,可在短短的几个月时间内,使石油在土壤中的浓度从 70 000 mg/kg 降低到 100～200 mg/kg。这种方法存在的问题是挥发性有机物会造成空气污染,难降解物质的缓慢积累会增加土壤中毒物的浓度。

土壤堆肥法传统上用于处理农业废物,近年来也用于处理污水处理厂的污泥和被有机物污染的土壤。对汽油污染土壤堆肥处理的研究表明,动物粪便存在大量能降解烃类的微生物,它既能提供无机、有机营养物质,又能起到接种微生物的作用。

生物泥浆反应器工作的流程是:土壤挖出后进行预筛,然后将土壤分散于水中(一般 20%～50% 质量分数)送入生物反应器。生物反应器可在好氧或厌氧条件下运转,当需氧时,经喷嘴导入氧气或压缩空气,或通过加过氧化氢产生 O_2,达到处理目标后,将土壤排出脱水。生物泥浆法实质上是土耕法和堆肥法的重新组合,它们在微生物相互作用和污染物降解途径方面是相同的,只是生物泥浆法增强了营养物、电子受体及其他添加物的效力。因而往往能达到较高的降解率。美国一家木材处理厂,通过生物泥浆法处理受石油类物质污染的土壤,接种能降解石油烃的细菌,使菲、蒽混合物的含量从 300 000 mg/kg 降至 65 mg/kg,苯并芘从 1 100 mg/kg 降至低于 3 mg/kg,五氯酚的含量从 13 000 mg/kg 降至 40 mg/kg。

三、植物修复

1. 植物修复的概念

植物修复是指将某种特定的植物种植在重金属或有机物污染的土壤上,该植物对土壤中污染物具有吸收富集能力,将植物收获并进行妥善处理,如灰化后即可将污染物移出土体,达到污染治理与生态修复的目的。

植物修复是利用植被原位处理污染土壤的方法,它是一种很有希望的、有效处理某些有害废物的新方法。这种方法在美国等发达国家已经开展大规模的试验,被证明是有效的。我国在植物修复方面也做了大量工作。如黄会一等人 1986 年发现杨树对铅和汞污染有很好地削减和净化功能;熊建平等人于 1991 年研究发现,水稻田改种苎麻后极大地缩短了汞污染土壤恢复到背景值水平的时间。

植物土壤修复系统,与废水生物处理系统类似,它有以太阳能为动力的"水泵"和进入生物处理的"植物反应器",植物可吸收转移元素和化合物,可以积累、代谢和固定污染物。植物修复的成本较低,是物理化学修复系统的替代方法。据美国的实践,种植管理的费用每公顷 200~10 000 美元,即每年每立方米处理费用为 0.02~1.0 美元,比物理化学处理的费用低几个数量级。

植物修复技术是以植物忍耐和超积累某些化学元素的理论为基础,利用植物与共存微生物体系清除环境中污染物的一种污染治理力法,它是一门新兴的应用技术。植物修复技术包括利用植物修复重金属污染土壤、净化空气、清除放射性核素、利用植物及其根系微生物共存体系净化土壤污染物四个方面。

2. 狭义的植物修复

狭义植物修复技术主要指利用植物生长吸收功能,来消除污染土壤中的重金属元素。狭义植物修复包括 3 类:植物提取、植物挥发、植物稳定化。植物提取作用是植物对重金属的吸收。植物挥发作用是通过植物使土壤中的某些重金属,如 Hg 转化成气态易挥发物质而挥发出来。植物稳定化作用是利用植物将土壤重金属转变成无毒或毒性较低的形态,但并未从土壤中真正去除。

植物修复技术主要通过两种途径来达到土壤重金属净化的目的。通过植物作用改变重金属在土壤中的化学形态,使重金属固定,降低其在土壤中的移动性和生物可利用性。通过植物吸收、挥发及降解代谢达到对重金属削减、转化和去除作用。三类重金属污染土壤的植物修复技术详细如下。

（1）植物提取技术

利用金属积累植物或超累积植物将土壤中的金属吸取出来,传输并富集到植物根部可吸收部位和植物地上的枝条部位,待植物收获后再进行处理。植物提取是研究最多和最有发展前景的方法。它是利用专性植物根系吸收一种或几种污染物,特别是有毒金属,并将其转移、储存到植物茎叶,然后收割茎叶,易地处理。植物提取比传统的工程方法更经济,其成本可能不到各种物理化学处理技术的十分之一,并且可以通过回收植物中的金属还可以进一步降低植物修复的成本。在长期进化中,生长在重金属含量较高土壤的植物产生了适应重金属的能力,有三种情况,即不吸收或少吸收重金属;将吸收的重金属元素钝化在植物的地下部分,使其不向地上部分转移;大量吸收重金属元素,植物仍能正常生长。可利用前两种情况在金属污染的土壤中生产金属含量较低、符合要求的农产品。第三种情况可进行植物提取,通过栽种绿化树、薪炭林、草地、花卉和棉麻作物等去除重金属。

植物可以吸收和积累必需的营养物质(含量可高达 1%～3%),某些非主要元素(如钠和硅)也可以在植物体内大量积累,大多数植物会将重金属排除在组织外,使重金属的积累只有 0.1～100 mg/kg。但是也有一些特殊植物能超量积累重金属,从分类上来说,超量积累植物很广泛。据报道,现已发现对 Cd、Co、Cu、Pb、Ni、Se、Mn、Zn 的超积累植物400 余种,其中 73% 为 Ni 超积累植物。十字花科的天蓝遏蓝菜在植物组织内能够积累高达 4% 的锌而没有明显伤害。大多数研究者希望超量积累植物中的金属含量能达到 1%～3%。根据美国能源部的标准,植物提取需要的超积累植物,应具有以下几个特性:即使在污染物浓度较低时也有较高的积累速率;能在体内积累高浓度的污染物;能同时积累几种金属;生长快,生物量大;具有抗虫抗病能力。

筛选超积累植物用于植物修复,在所有土壤污染的植物修复中,对铅污染的植物修复研究最多,并且有关部门已形成计划,试图将铅污染的植物修复技术商业化。许多研究表明,植物可大量吸收并在其体内积累铅,圆叶遏蓝菜吸收铅可达 8 500 mg/kg(以茎干重计)。芥菜培养在含有高浓度可溶性铅的营养液中时,可使茎中铅含量达到 1.5%。美国的一家植物修复技术公司已用芥菜进行野外修复试验。芥菜不仅可吸收铅,也可吸收并积累 Cr、Cd、Ni、Zn 和 Cu 等金属。

研究发现,可以使用土壤改良剂使超累积植物高产,使植物对金属积累的速率和水平提高。一些农作物如玉米和豌豆可以大量吸收 Pb,但达不到植物修复的要求。如果在土壤中加入人工合成的螯合剂以后,可以促进农作物对 Pb 的吸收及其向茎的转移。在土壤中加铅螯合剂以后可增加芥菜对铅的吸收。近几年来,多个田间试验证明这种化学与植物综合技术是可行的。土壤改良剂 EDTA 可配位 Pb、Zn、Cu、Cd,使其在土壤中保持溶解状态,供植物利用。

筛选突变株可以产生有用的超量累积植株。例如豌豆的单基因突变株,积累的铁比野生型高 10～100 倍。拟南芥属累积镁的突变株可比野生型积累的镁高 10 倍。将超累积植物与生物量高的亲缘植物杂交,近年来已经筛选出能吸收、转移和耐受金属的许多作物杂草类。主要的工作集中在十字花科植物,许多超量积累植物都属于这一科。

基因工程是获得超累积植物的新方法。通过引入金属硫蛋白基因或引入编码 Mer A (汞离子还原酶)的合成基因,增加了植物对金属的耐受性。转基因植物拟南芥可将汞离子还原为可挥发 Hg,使汞耐受性提高到 100 ppb。研究表明,耐受机制还包括植物络合素和金属结合。需要促进金属从根部向地上部分的转移,通过发根土壤杆菌的转化作用改变根的形态,可以加强不容易迁移的污染物的吸收。

(2) 植物挥发技术

利用一些植物的功能来促进重金属转变为可挥发的形态,挥发出土壤和植物表面以减少土壤重金属含量。植物将污染物吸收到体内后又将其转化为气态物质,释放到大气中。目前在这方面研究最多的是金属元素汞和非金属元素硒。通过植物或与微生物复合代谢,有可能形成甲基汞化物或硒气体。但尚未见有植物挥发砷的研究报道。

土壤或沉积物离子态汞在厌氧细菌的作用下,转化为毒性很强的甲基汞。利用抗汞细菌先在污染点存活繁殖,然后通过酶的作用将甲基汞和离子态汞转化成毒性小得多的可挥发的元素汞,已被作为一种降低汞毒性的生物途径之一。当前研究利用转基因植物转化汞,即将汞抗性基因(汞还原基因)导入到拟南芥属等植物中,将植物从环境中吸收的汞还原为元素汞,使其转化为气态而挥发。研究证明,转基因植物可以在通常生物中毒的汞浓度条件下生长,并能将土壤中的离子汞还原成挥发性的元素汞。

许多植物可从污染土壤中吸收硒,并将其转化成可挥发状态(二甲基硒和二甲基二硒),从而降低硒对土壤的毒性。在美国加州的一个人工构建的二级湿地功能区中种植的不同湿地植物品种,显著地降低了该区农田灌溉水中硒的含量,效果最好的为硒含量从25 mg/kg降低到低于5 mg/kg。硒的许多生物化学特性与硫类似,硒酸根以与硫类似的方式被植物吸收和同化。在植物组织内,硫是通过磷酸腺苷硫化酶的作用还原为硫化物的。运用分子生物学技术在印度芥菜体外试验,证明硒的还原作用也是由该酶催化的,而且在硒酸根被植物同化成有机态硒过程中,该酶是主要的转化速率限制酶。印度芥菜硒酸根的代谢转化是ATP硫化酶基因的过量表达所致,其转基因植物比野生品种对硒具有更强的吸收力、忍受力和挥发作用。根际细菌在植物挥发硒的过程中也起了作用,其不仅增强植物对硒的吸收,还能提高硒的挥发率。根际细菌对根须发育有促进作用,从而使根表有效吸收面积增加,更重要的是,根际细菌能刺激产生一种热稳定化合物,当将这种热稳定化合物加入植物根际后,植物体内出现硒的显著积累。进一步实验表明,对灭菌的植株接种根际细菌后,其根内硒浓度增加了5倍。而且经接种的植株,硒的挥发作用也增强4倍,这可能是因为微生物引起的对硒吸收量的增加。由于这一方法只适用于挥发性污染物,所以应用面很小,并且将污染物转移到大气中,对人类和生物也有一定的影响,因此它的应用受到限制。

(3)植物固定技术

植物固定是利用植物吸收和沉淀来固定土壤中的大量有毒金属,以降低其生物有效性并防止其进入地下水和食物链,从而减少污染物对环境和人类健康的污染风险。植物固定的植物有两种主要功能,第一为减少渗漏、防止金属污染物的迁移,第二,通过在根部的累积和沉淀对污染物进行固定,利用耐重金属植物或超累积植物降低重金属的活性,从而减少重金属被淋滤到地下水或通过大气扩散进一步污染环境的可能性。

有机物和无机物在具有生物活性的土壤中都会不同程度进行着化学和生物化学配位。这种配位作用包括有机物与木质素、土壤腐殖质的结合,金属沉淀及多价螯合物存在于铁氢氧化物或铁氧化物包膜上等,而这些包膜常常形成于土壤颗粒上或包埋于土壤结构的孔隙中。植物固定作用会进一步降低污染物的迁移及其生物有效性。

重金属污染土壤的植物固定技术主要目的是对采矿、冶炼厂废气干沉降、清淤污泥和污水厂污泥等污染土壤的治理。土壤改良剂能够改变土壤化学性质与多价螯合金属污染物的性状。常使用的土壤改良剂有堆肥和污泥、无机阴离子(磷酸盐)、金属氧化物或氢氧化物等。

植物的作用是通过改变土壤的水流,使残存的游离污染物与根结合,以及防止风蚀和水蚀等,进而增加对污染物的多价螯合作用。利用植物改变和固定多价螯合污染物的机制有:氧化还原反应[如将 Cr(VI)转变为 Cr^{3+}];将污染物变为不可溶的物质(铅变为磷酸铅);将污染物结合至植物木质素中。

植物固定技术适用于表面积大、土壤质地黏重等污染土壤的情况,有机质含量越高越好。目前这项技术已在矿区复垦或土壤污染修复中使用,在城市和工业区中采用的不多。需要指出,植物固定并没有将环境重金属离子去除,只是暂时将其固定使其对环境不产生毒害作用,没有彻底解决环境中的重金属污染问题。如果环境条件发生变化,金属的生物有效性即会发生改变。因此植物固定不是一个理想方法。

3. 广义植物修复

(1) 广义植物修复分类

广义植物修复还包括对于土壤有机污染物的修复,以及水体和大气污染物的植物修复过程。除了狭义植物修复技术,广义植物修复技术还包括根系滤除作用、植物降解作用、根际辅助降解作用三类。

植物修复可用于石油化工污染、炸药废物、燃料泄漏、氯代溶剂、填埋淋溶液和农药等有机污染物的治理。例如裸麦可以促进脂肪烃的生物降解,在田间试验水牛草可以分解萘。在植物修复有机污染物中,正确选择植物对生物修复效果非常重要,有时植物对有机物是没有作用的,例如紫苜蓿对土壤中的苯就没有降解作用。植物降解的成功与否取决于有机污染物通过植物——微生物系统的吸收和代谢能力,即生物有效性。生物有效性与化合物的相对亲脂性、土壤的类型(有机质含量、pH、黏土含量与类型)和污染时间有关。传统的分析方法不能测定污染物的可利用性。土壤含有的可生物降解的污染物,会因为土壤的性质和污染物在土壤中的时间而变为难降解的污染物。被土壤颗粒紧密吸附的污染物、抗微生物植物吸收的污染物都不能很好地被植物降解。

(2) 植物去除有机污染物的三种机制

植物修复去除有机污染物有三种机制:① 直接吸收,并在植物组织中积累非植物毒性的代谢物;② 释放促进生物化学反应的酶;③ 强化根际的矿化作用。

① 有机污染物的直接吸收和降解

植物对位于浅层土壤的中度憎水有机物(辛醇-水的分配系数的对数=0.5~3)有很高的去除效率,中度憎水有机物有氯代溶剂、短链脂肪族化合物等。憎水有机物($\lg K_{ow}>3.0$)和植物根表面结合紧密,致使它们不能在植物体内转移;水溶性物质($\lg K_{ow}<0.5$)不会充分吸着到根上,能迅速通过植物膜转移。

一旦有机物被吸收,植物可以通过木质化作用在新的植物结构中储藏它们,也可以代谢或矿化,还可挥发。去毒作用可将原来的化学品转化为对植物无毒的代谢物如木质素等,并储藏于植物细胞的不同部位。化学物质经根的直接吸收取决于其在土壤水中的浓度和植物的吸收率、蒸腾率。植物的吸收率又取决于污染物的物理化学特性和植物本身。蒸腾作用是决定植物修复工程中污染物吸收速率的关键因素,它与植物种类、叶面积、养分、土壤水分、风力条件和相对湿度有关。概括起来,植物对污染物的吸收受化合物化学特性、环境条件和植物种类因素的影响。因此,为了提高植物对环境有机污染物的去除率,应从这三方面进行调控。通过遗传工程可以增加植物本身的降解能力,把细菌中的降解除草剂基因转移到植物中,产生抗除草剂的植物。使用的基因还可以是非微生物来源,如哺乳动物的肝和抗药的昆虫等。

某些细菌培养物能以卤代烷烃作为其生长的唯一碳源。如自养芽孢杆菌可将二氯乙烷(或二溴乙烷)分解成羟基乙酸,并进入生物体代谢循环。郝林等将卤代烷烃脱卤酶基因转入拟南芥菜中,以获得一种对卤代烷烃类污染的土壤进行生物修复的植株系统,进而利用植物根系去除土壤中的污染物。

② 酶的作用

植物根系释放到土壤中的酶可直接降解有关的化合物,使有机物降解得非常快。植物死亡后酶释放到环境中继续发挥分解作用。植物特有酶的降解过程为植物修复的潜力提供了有力的证据。在筛选新的降解植物或植物株系时需要特别注重酶系,并注意发现新酶系。位于美国佐治亚州美国环保署实验室从淡水沉积物中鉴定出五种酶:脱卤酶、硝酸还原酶、过氧化物酶、漆酶和脂水解酶,这些酶均来自植物。硝酸还原酶和漆酶能分解炸药废物(2,4,6-三硝基甲苯,即 TNT),并将破碎的环状结构结合到植物材料或有机物中,变成沉积有机物的一部分。植物来源的脱卤酶,能将含氯有机溶剂三氯乙烯还原为氯离子、二氧化碳和水。

经验表明,植物修复还要靠整个植物体来实现。游离的酶系会在低 pH、高金属浓度和细菌毒性下被摧毁或钝化。植物可以中和土壤酸度,吸着金属,酶被保护在植物体内或吸附在植物表面,不会受到损伤。

③ 根际的生物降解

实验表明,植物以多种方式帮助微生物转化污染物。根际在生物降解中起着重要作用。根际可以加速脂肪烃类、多环芳烃类和农药的降解。例如,几种表面活性剂的矿化速率,根际的土壤比非根际的土壤快 1.4～1.9 倍,深根系的土壤比未耕种的土壤中苯并芘等消失得快。

植物提供微生物生长环境,可向土壤环境释放大量分泌物(糖类、醇类和酸类等),其数量约占年光合作用产量的 10%～20%,细根的迅速腐解也向土壤中补充了有机碳,这些都加强了微生物矿化有机污染物的速率。污染物的矿化与土壤中有机碳的含量有直接关系;植物根系微生物密度增加,多环芳烃的降解也增加。植物为微生物提供生存场所,并转移氧气使根区的好氧转化作用能够正常进行,这也是植物促进根区微生物矿化作用的一个机制。

4. 污染农田土壤植物修复技术

我国的土壤污染主要分为四类,农田、工业企业搬迁后遗留场址、石油开采企业场址、矿山开采企业场址的土壤污染,后三类都属于场地土壤污染。农田土壤污染通常来源于工业活动排放以及农业生产活动,如工矿企业生产活动会导致周边农田土壤的污染。农田的污染也可能来源于农业生产过程中使用的化肥、农药等。农田污染的特点是污染面积通常很大,污染深度比较浅,污染相对均匀,污染物浓度不高。农田污染防治的主要保护目标是农产品以及土壤生态系统。由于在农田的污染防治过程中要尽量保持农田的耕作属性,同时考虑到农田的投入产出比较低,因此对于农田污染的防治策略主要是以利用为主。

通过治理受污染的农田土壤,不仅可以抑制土壤中污染物向植物迁移,保障农产品安全,还能降低生态环境风险、土地使用者健康风险,带来巨大的环境、社会、经济效益。

污染农田土壤的植物修复,除上述植物修复技术,还有三类方法:

(1)植物阻隔技术

就是种植低吸收品种,一种是通过常规的筛选方法,一种是通过选育方法,这种技术是非常有效的,能够大幅度降低重金属在农产品中的累积。例如,低吸收水稻品种和常规水稻品种的镉吸收量相差一倍;不同的蔬菜品种,镉的累积有很大的差别。

(2)种植结构调整技术

针对中高风险的农田,也就是说在重金属污染的田地,种植不具备超富集植物能力的经济作物,切断重金属往植物转运。很多人考虑能源植物、经济作物、中草药等,但最关键的,种植结构调整要形成新兴的产业。

(3)农艺调控措施

农艺调控措施是目前很多区域做示范时采用的方法,该方法比较简单。例如,针对镉,长期淹水就能够降低镉毒性;通过施磷肥能够明显降低植物中砷的吸收,通过调整 pH 也能够改变 As 活性。

5. 植物修复技术评价

植物修复已衍生出多个分支研究领域。但是,植物修复从理论到技术都尚存在一些问题或制约因素。

(1)植物修复技术的优点

植物修复技术较其他物理的、化学的和生物的方法更受社会欢迎。该技术成本较低,据美国的实践,植物修复比物理化学处理的费用低几个数量级,此技术在清理土壤重金属污染的同时,还清除污染土壤周围的大气或水体中的污染物,有美化环境作用。此外,植物修复重金属污染的过程也是土壤有机质含量和土壤肥力增加的过程,被植物修复过的农田更适合多种农作物的生长。生物固化技术能使地表长期稳定,控制风蚀、水蚀,有利于生态环境改善,而且维持成本较低。植物的蒸腾作用还可以防治污染物向下迁移,同时,植物把氧气供应给根际可促进根际有机污染物的降解。

(2)植物修复技术的局限性及影响因素

植物是活的生物体,需要有合适的生存条件、因此植物修复有其局限性:

要针对不同污染状况的土壤选用不同的生态型植物。重金属污染严重的土壤用超累积植物,而污染较轻的土壤可栽种耐受植物。

植物修复过程通常较为缓慢,对土壤肥力、气候、水分、温度、酸碱度、排水与灌溉系统等条件和人为条件有一定的要求。

植物修复往往会受土壤毒物毒性的限制,一种植物常常只吸收一种或两种重金属,对土壤中其他浓度较高的重金属会表现中毒症状,从而限制了植物修复技术在多种重金属污染土壤治理方面的应用。

用于清理重金属污染土壤的超累积植物通常都是矮小、周期较长的类型,因而修复效

环境化学

率低,不利于机械化作业。

用于清理重金属污染土壤的植物往往会通过腐烂重返土壤。因此,必须在植物落叶前收割并处理。

为了提高植物修复污染土壤的效率,在设计植物修复技术方案时必须事先考虑如下因素:首先,要了解受金属污染的土壤所处的地形、海拔条件,以便选择适合生长的耐重金属植物和超累积植物种类进行植物修复;将整个需要治理的污染土壤纳入土地使用和规划管理方案中进行总体设计与考虑;对土壤的酸碱度、植物的耐盐度进行调查;了解需治理土壤的含水量及水分供给状况;掌握拟治理土壤的营养供给情况,以便拟定合适的施肥方案;调查重金属污染状况,了解重金属的化学形态及植物可利用性,以便从土壤化学的角度采取相应措施增加植物对重金属的吸收量。此外,对植物遭受自然灾害的复原能力、植物病虫害、良好的灌溉与排水系统等也需要考虑。

(3) 植物修复技术的发展趋势

植物修复技术是一种很有前途的新技术,成本较低,具有良好的综合生态效应,特别适合在发展中国家采用。但是由于这项技术起步时间不长,在理论体系、修复机理和修复技术工艺上还有许多不成熟、不完善之处,在基础理论研究和应用实践方面有许多工作要做。

目前,国内外植物修复的理论研究和实际应用有大量工作,今后的发展趋势大致有如下几个方面。

寻找更多的野生超累积植物,并将它们应用于矿区复垦、改良重金属污染的土壤、净化污水和固化污染物。我国的野生植物资源十分丰富,研究开发野生植物应用于重金属污染植物修复中,具有重要意义与前景。

建立更多的应用植物修复技术示范性基地,获得经验后加以推广。我国一些部门和学者正在研发植物修复生态工程。如有的植物对 Cr、Ni、As、Cd 的忍耐积累程度高于一般植物几十倍到上百倍,且生物量大。短时间内通过根系吸收可去除农田中大量有毒物质,这一技术有应用前景。

开展理论研究,包括植物机体中重金属的存在形态研究、植物积累或超量积累重金属的机理研究、土壤环境学和土壤化学关于对增加植物吸收重金属可利用性的控制机理研究等。

耐重金属和超累积植物及其根际微生物共存体系的研究。研究领域包括与超累积植物根际共存的微生物群落的生态学、生理学特征研究,根际分泌物在微生物群落的进化选择过程中的作用的地位研究,根圈内以微生物为媒介的腐殖化作用对表层土壤中重金属的生物可利用性的影响研究等。研究这些问题不仅可以更好地揭示环境中植物生存的奥秘,还可为充分利用植物及其与之共生的根际微生物清除污染土壤中的化学污染物提供理论依据。

分子生物学和基因工程技术的应用研究。这方面的工作在国内外还刚刚开始,将来的研究工作是把能使超累积植物个体长大、生物量增加、生长速率加快和生长周期缩短的基因传导到该类植物中并得到相应的表达,使其不仅能克服自身的生物学缺陷(个体小、生物量低、生长速率慢、生长周期长),还能保持原有的超累积特性,从而更适合于在栽培环境下的机械化作业,提高修复污染的效率。

四、土壤动物修复

目前,土壤动物是指只要生活史中的一个时期(或季节中某一时期)接触土壤表面或者在土壤中生活的动物。最典型的土壤动物是蚯蚓和线虫。

土壤动物修复技术是利用土壤动物及其肠道微生物在人工控制或自然条件下,在污染土壤中生长、繁殖、穿插等活动过程中对污染物进行破碎、分解、消化和富集的作用,从而使污染物降低或消除的一种生物修复技术。土壤动物在土壤中的活动、生长、繁殖等都会直接或间接地影响到土壤的物质组成和分布。特别是土壤动物对土壤中的有机污染物机械破碎、分解作用。它们还分泌许多酶等,并通过肠道排出体外。与此同时,大量的肠道微生物也转移到土壤中来,它们与土著微生物一起分解污染物或转化其形态,使得污染物浓度降低或消失。

土壤动物可以处理无毒有机污染物,其处理机理为:土壤动物主要是通过对生活垃圾及粪便污染物进行破碎、消化和吸收转化,把污染物转化为颗粒均匀,结构良好的粪肥。而且这种粪肥中还有大量有益微生物和其他活性物质,其中原粪便中的有害微生物大部分被土壤动物吞噬或杀灭。其次,土壤动物肠道微生物转移到土壤后,填补了土著微生物的不足,加速了微生物处理剩余有机污染物的处理能力。

土壤动物对农药、矿物油类有富集作用。从生态学角度上看,土壤动物处在陆地生态链的底部,对农药、矿物油类等具有富集和转化作用。如蚯蚓对六六六和DDE的富集作用明显。

土壤动物对重金属的形态转化和富集作用。蚯蚓对重金属元素有很强的富集能力,其体内 Cd、Pb、As、Zn 与土壤中相应元素含量呈明显的正相关。土壤动物不仅直接富集重金属,还和微生物、植物协同富集重金属,改变重金属的形态,使重金属钝化而失去毒性。特别是蚯蚓等动物的活动促进了微生物的转移,使得微生物在土壤修复中的作用更加明显。同时土壤动物把土壤有机物分解转化为有机酸等,使重金属钝化而失去毒性。

土壤动物可直接用于修复,也可以与微生物、植物修复技术等相结合应用。

思考与练习

1. 概述绿色化学的诞生和发展简史,并论述促进绿色化学产生和发展的根本动力和有关因素。

2. 绿色化学12条原理的实质核心是什么?如何理解各条原理的相互关系?

3. 如何理解绿色工程的原理与绿色化学原理的异同及其联系?

4. 举例说明工业生态学原理的运用和实际效益。

5. 试选实例简介绿色化学在我国工农业方面的应用。

6. 名词解释:DO、COD、BOD、TOC、POPs、PTS、$PM_{2.5}$、PFOS、PFOA、PCDD、PAHs、环境激素、人造材料 Anthropogenic material、"三致"效应、ROS、清洁生产、可持续发展、反渗透、污染控制的新理念、超滤和微滤技术、厌氧生物处理、好氧生物处理、高级氧化技术(AOP)、选择催化还原 SCR。

7. 列举臭氧的化学性质与制备方法,说明臭氧消毒的主要优点。

8. 什么是反渗透技术,列举反渗透技术的优点与应用领域。

9. 吸附技术在污染控制中有哪些应用?

10. 活性炭的应用领域,活性炭的再生方法,活性炭的表面改性。

11. 简述高级氧化技术(AOP)的分类与应用。

12. 湿式氧化技术的基本原理及特点。

13. 简述 Fenton 技术的原理及主要影响因素。

14. 零价金属纳米材料在污染消除与环境修复中的应用。

15. 简述干法及湿法脱硫技术及特点。

16. 烟气催化脱硝技术方法分几类?

17. 含硫化氢成分废气的处理技术及其原理。

18. 大气污染源有哪些,控制酸性污染物排放和酸雨污染的主要途径是什么?

19. 简述光催化技术的理论原理,电催化技术的理论原理,放电等离子体在环境中应用的主要特点。

20. 水体中重金属污染的特点?

21. 简述水体污染的污染源,水体污染的类型,以及传统废水处理方法。

22. 光助污染控制技术有几种类型?

23. 微生物修复所需的环境条件是什么?

24. 请分别列举几种强化微生物原位修复技术与异位修复技术。

25. 植物修复重金属污染的主要过程是什么? 描述植物耐受重金属危害的机理。

26. 请描述植物修复有机污染物的根区效应。

27. 哪些有机污染物适合用植物修复技术?

28. 请说明臭氧与有机污染物反应的主要机理。

29. 腐殖质怎样影响 Fenton 氧化效率?

30. 写出电动力学修复的三个主要过程。

31. 写出 Fe-PRB 去除重金属的主要机理。

32. 写出表面活性剂促进污染物移动的主要机理。

参 考 文 献

[1] 曹晨忠.有机化学中的取代基效应[M].2版.北京:科学出版社,2019.

[2] 陈静生.水环境化学[M].北京:高等教育出版社,1987.

[3] 陈景文,全燮.环境化学[M].大连:大连理工大学出版社,2009.

[4] 陈景文,王中钰,傅志强.环境计算化学与毒理学[M].北京:科学出版社,2018.

[5] 陈同斌,吴启堂.环境生物修复技术[M].北京:化学工业出版社,2007.

[6] 陈卫平,杨阳,谢天,等.中国农田土壤重金属污染防治挑战与对策[J].土壤学报,2018,55(2): 261-272.

[7] 崔静,祁晶晶,贺凤至,等.稀土纳米材料与植物相互作用研究进展[J].中国稀土学报, 2019,37(2):141-153.

[8] 但德忠.环境分析化学[M].北京:高等教育出版社,2009.

[9] 戴树桂.环境化学[M].2版.北京:高等教育出版社,2006.

[10] 戴树桂.环境化学进展[M].北京:化学工业出版社,2005.

[11] 邓南圣,吴峰.环境光化学[M].北京:化学工业出版社,2003.

[12] 邓南圣,吴峰.环境化学教程[M].3版.武汉:武汉大学出版社,2017.

[13] 董德明,康春莉,花修艺.环境化学[M].北京:北京大学出版社,2010.

[14] 樊邦棠.环境化学[M].杭州:浙江大学出版社,1991.

[15] 方子云.水资源保护工作手册[M].南京:河海大学出版社,1988.

[16] 龚书椿.环境化学[M].上海:华东师范大学出版社,1991.

[17] 何燧源.环境化学[M].4版.上海:华东理工大学出版社,2005.

[18] 黄益丽,刘璟.环境生物化学[M].北京:科学出版社,2022.

[19] 黄漪平.太湖水环境及其污染控制[M].北京:科学出版社,2001.

[20] 贾汉忠.环境持久自由基[M].北京:中国环境出版集团,2022.

[21] 金相灿.有机化合物污染化学——有毒有机污染化学[M].北京:清华大学出版社,1990.

[22] 康春莉.环境化学[M].长春:吉林大学出版社,2006.

[23] 旷远文,温志达,周国逸.有机物及重金属植物修复研究进展[J].生态学杂志,2004,23:90.

[24] 李德华.绿色化学化工导论[M].北京:科学出版社,2005.

[25] 李法云,吴龙华,范志平.生态环境修复与节能技术丛书.污染土壤生物修复原理与技术[M].北京:化学工业出版社,2016.

[26] 李进军,吴峰.绿色化学导论[M].2版.武汉:武汉大学出版社,2015.

[27] 李素英.环境生物修复技术与案例[M].北京:中国电力出版社,2014.

[28] 李铁,叶常明,雷志芳.沉积物与水间相互作用的研究进展[J].环境科学进展,1998,6(5):29-39.

[29] 李学垣.土壤化学[M].北京:高等教育出版社,2001.

[30] 联合国环境规划署.环境卫生基准(1)[M].北京:中国环境科学出版社,1990.

[31] 联合国环境规划署,国际劳工组织,世界卫生组织.砷的环境卫生标准[M].北京:中国环境科学

出版社,1981.

[32] 廖自基.微量元素的环境化学及生物效应[M].北京:中国环境科学出版社,1992.

[33] 刘清,王子健,汤鸿霄.重金属形态与生物毒性及生物有效性关系的研究进展[J].环境科学,1996,17(1):89 - 92.

[34] 刘文庆,祝方,马少云.重金属污染土壤电动力学修复技术研究进展[J].安全与环境工程,2015,22(2):55 - 60.

[35] 刘绮.环境化学[M].北京:化学工业出版社,2004.

[36] 刘兆荣,陈忠明,赵广英.环境化学教程[M].北京:化学工业出版社,2003.

[37] 龙新宪,杨肖娥,叶正钱.超积累植物的金属配位体及其在植物修复中的应用[J].植物生理学通讯,2003,39:71.

[38] 罗雪梅,刘昌明,何孟常.土壤与沉积物对多环芳烃类有机物的吸附作用[J].生态环境2004,13(3):394 - 398.

[39] 马富,赵红建.绿色化学教育研究[M].长春:东北师范大学出版社,2018.

[40] 孟紫强.环境毒理学[M].3 版.北京:高等教育出版社,2018.

[41] 漆新华,庄源益.超临界流体技术在环境科学中的应用[M].北京:科学出版社,2005.

[42] 沈德中.污染环境的生物修复[M].北京:化学工业出版社,2002.

[43] 沈国舫.中国环境问题院士谈[M].北京:中国纺织出版社,2001.

[44] 史广宇,余志强,施维林.植物修复土壤重金属污染中外源物质的影响机制和应用研究进展[J].生态环境学报,2021,30(3):655 - 666.

[45] 宋巧书,吴欢,黄胜勇.重金属在土壤——农作物中的迁移转化规律研究[J].广西师院学报,1999,16:86 - 91.

[46] 苏荣葵.典型新兴有机污染物 PPCPs 的自由基降解机制[M].北京:冶金工业出版社,2022.

[47] 汤鸿霄.环境科学与技术的扩展融合趋势[J].环境科学学报,2017,37(2):405 - 406.

[48] 唐孝炎,张远航,邵敏.大气环境化学[M].2 版.北京:高等教育出版社,2006.

[49] 王家玲.环境微生物学[M].2 版.北京:高等教育出版社,2004.

[50] 王连生.有机污染化学[M].北京:高等教育出版社,2004.

[51] 汪群慧,王雨泽,姚杰.环境化学[M].哈尔滨:哈尔滨工业大学出版社,2004.

[52] 王晓蓉.环境化学[M].南京:南京大学出版社,1993.

[53] 王晓蓉,顾雪元.环境化学[M].北京:科学出版社,2018.

[54] 王云海,陈庆云,赵景联.环境有机化学[M].西安:西安交通大学出版社,2015.

[55] 韦朝阳,陈同斌.重金属超富集植物及植物修复技术研究进展[J].生态学报,2001,21(7):1196 - 1203.

[56] 韦进宝,钱沙华.环境分析化学[M].北京:化学工业出版社,2002.

[57] 魏世强.环境化学[M].北京:中国农业出版社,2006.

[58] 韦薇.环境化学概论[M].4 版.北京:北京师范大学出版社,2017.

[59] 魏正贵,张惠娟,李辉信,等.稀土元素超积累植物研究进展[J].中国稀土学报,2006,24(1):1 - 11.

[60] 吴吉春,张景飞,孙媛媛,等.水环境化学[M].2 版.北京:中国水利水电出版社,2021.

[61] 邹旸,王雍,张爱茜,等.黄酮类化合物与雌激素受体作用的三维定量构效关系[J].科学通报,2010,55(2):132 - 139.

[62] 夏立江.环境化学[M].北京:中国环境科学出版社,2003.

[63] 杨珍珍,耿兵,田云龙,等.土壤有机污染物电化学修复技术研究进展[J].土壤学报,2021,58(5):1110 - 1122.

[64] 杨艳,武占省,杨波.环境化学理论与技术研究[M].北京:中国水利水电出版社,2014.

［65］叶常明.多介质环境污染研究［M］.北京：科学出版社,1997.

［66］叶常明,王春霞,金龙珠.21 世纪的环境化学［M］.北京：科学出版社,2004.

［67］俞慎,历红波.沉积物再悬浮-重金属释放机制研究进展［J］.生态环境学报,2010,19(7)：1724-1731.

［68］岳贵春.环境化学［M］.长春：吉林大学出版社,1991.

［69］张龙,贡长生,代斌.绿色化学［M］.2 版.武汉：华中科技大学出版社,2014.

［70］张兰生,方修琦,任国玉.全球变化［M］.2 版.北京：高等教育出版社,2017.

［71］张宝贵.环境化学［M］.武汉：华中科技大学出版社,2009.

［72］张锡辉.高等环境化学与微生物学原理及应用［M］.北京：化学工业出版社,2001.

［73］赵美萍,邵敏.环境化学［M］.北京：北京大学出版社,2005.

［74］赵睿新.环境污染化学［M］.北京：化学工业出版社,2004.

［75］赵由才.环境工程化学［M］.北京：化学工业出版社,2003.

［76］周炳升.持久性有机污染物的内分泌干扰效应［M］.北京：科学出版社,2018.

［77］周明耀,环境有机污染与致癌物质［M］.成都：四川大学出版社,1992.

［78］周文敏,傅德黔,孙崇光.水中优先控制污染物黑名单［J］.中国环境监测,1990,6(4)：1-3.

［79］查金苗,郑子廷,闫赛红.定量构效关系模型在化合物毒性预测领域的应用、发展与展望［J］.环境科学学报,2022,42(10)：1-11.

［80］中国大百科全书·环境科学编委会.中国大百科全书·环境科学［M］.北京：中国大百科全书出版社,2002.

［81］朱利中.环境化学［M］.北京：高等教育出版社,2011.

［82］Ahmed M B,Johir M A H,Zhou J L,et al. Photolytic and photocatalytic degradation of organic UV filters in contaminated water［J］. Current Opinion in Green and Sustainable Chemistry,2017,6：85-92.

［83］Allaby M.雾,烟雾,酸雨［M］.邓海涛,译.上海：上海科学技术文献出版社,2011.

［84］Anastas P T, Warner J C.绿色化学——理论与应用［M］.李朝军,王东,译.北京：科学出版社,2002.

［85］Andraos J. Introduction to Green Chemistry［M］. 3th ed. Taylor & Francis, 2022.

［86］Ardila-Fierro K J,Hernandez J G. Sustainability Assessment of Mechanochemistry by Using the Twelve Principles of Green Chemistry［J］. Chemsuschem, 2021, 14(10): 2145-2162.

［87］Bleam W. Soil and Environmental Chemistry［M］. 2th ed. Academic Press, 2017.

［88］Bowen，H J M.元素的环境化学［M］.崔仙舟,王中柱,译.北京：科学出版社,1986.

［89］Chubb C, Griffiths M, Spooner S.欧洲水质管理制度与实践手册［M］.黄河流域水资源保护局组织翻,译.郑州：黄河水利出版社,2012.

［90］Harremoes P.百年环境问题警世通则［M］.北京师范大学环境史研究中心,译.北京：中国环境出版社,2012.

［91］He J S, Chen J P. A comprehensive review on biosorption of heavy metals by algal biomass：Materials, performances, chemistry, and modeling simulation tools［J］. Bioresource Technology, 2014, 160, 67-78.

［92］Hunt A J, Anderson C W N, Bruce N, et al. Phytoextraction as a tool for green chemistry［J］. Green Processing and Synthesis, 2014, 3(1): 3-22.

［93］Hussain S, Siddique T, Arshad M, et al. Bioremediation and Phytoremediation of Pesticides：Recent Advances［J］. Critical Reviews in Environmental Science and Technology, 2009, 39(10): 843-907.

［94］Hutzinger O.环境化学手册第四分册,反应和过程(二)［M］.傅丽春,段云富,张先业,译. 北京：

中国环境科学出版社,1990.

[95] Hutzinger O.环境化学手册第一分册,自然环境和生物地球化学循环[M].夏堃堡,吕瑞兰,译.北京:中国环境科学出版社,1987.

[96] Jacob D J. Introduction to Atmospheric Chemistry[M]. Princeton: Princeton University Press, 1999.

[97] Kefeni K K, Msagati T A M, Mamba B B. Acid mine drainage: Prevention, treatment options, and resource recovery: A review[J]. Journal of Cleaner Production, 2017, 151: 475-493.

[98] Li C M, He L, Yao X L, et al. Recent advances in the chemical oxidation of gaseous volatile organic compounds(VOCs)in liquid phase[J]. Chemosphere. 2022, 195: 133868.

[99] Liu J, Xin X, Zhou Q X. Phytoremediation of contaminated soils using ornamental plants[J]. Environmental Reviews, 2018, 26(1): 43-54.

[100] Mackay D, Celsie A K D, Parnis J M. The evolution and future of environmental partition coefficients[J]. Environmental Reviews, 2016, 24(1): 101-113.

[101] Mackay D, Fraser A. Bioaccumulation of persistent organic chemicals: mechanisms and models[J]. Environmental Pollution, 2000, 110: 375-391.

[102] Mamy L, Patureau D, Barriuso E, et al. Prediction of the Fate of Organic Compounds in the Environment From Their Molecular Properties: A Review[J]. Critical Reviews in Environmental Science and Technology, 2015, 45(12): 1277-1377.

[103] Manahan S E. Toxicological chemistry: A guide to toxic substances[M]. Chelsea: Lewis Publishers, 1988.

[104] Manahan S E. Toxicological Chemistry[M]. 2th ed. Boca Raton: Lewis Publishers, 1992.

[105] Manahan S E.环境化学[M].陈甫华,译.天津:南开大学出版社,1993.

[106] Manahan S E.环境化学[M].孙红文,汪磊,王翠萍,译.北京:高等教育出版社,2013.

[107] Manahan S E. Environmental Chemistry[M]. 9th ed. Boca Raton: CRC Press Inc., 2009.

[108] Manahan S E. Environmental Chemistry[M]. 10th ed. Boca Raton: CRC Press Inc., 2017.

[109] Muir D C G, Howard P H. Are there other persistent organic pollutants? A challenge for environmental chemists[J]. Environmental Science & Technology, 2006, 40(23): 7157-7166.

[110] Newton D E.环境化学[M].陈松,译.上海:上海科学技术文献出版社,2011.

[111] Niu L J, Zhang K T, Jiang L K, et al. Emerging periodate-based oxidation technologies for water decontamination: A state-of-the-art mechanistic review and future perspectives[J]. Journal of Environmental Management, 2022, 323: 116241.

[112] Rivas F J. Polycyclic aromatic hydrocarbons sorbed on soils: A short review of chemical oxidation based treatments[J]. Journal of Hazardous Materials, 2006, 138(2): 234-251.

[113] Savitskaya T, Kimlenka I, Lu Y, et al. Green Chemistry: Process Technology and Sustainable Development[M].杭州:浙江大学出版社,2022.

[114] Schwarzenbach R P, Gschwend P M, Imboden D M.环境有机化学[M].2 版.王连生,译.北京:化学工业出版社,2004.

[115] Seinfeld J H, Pandis S N. Atmospheric Chemistry and Physics: From Air Pollution to Climate Change [M]. 2th ed. New York: Willey InterSciences, 2006.

[116] Sheldon R A, Arends I, Hanefeld U. Green Chemistry and Catalysis[M]. Wiley-VCH, 2007.

[117] Shikha D, Singh P K. In situ phytoremediation of heavy metal-contaminated soil and groundwater: a green inventive approach[J]. Environmental Science and Pollution Research, 2021, 28

(4): 4104 – 4124.

[118] Speight J G. Environmental Inorganic Chemistry for Engineers[M]. Oxford: Butterworth-Heinemann, 2017.

[119] Spiro T G, Stigliani W M. 环境化学[M]. 2 版. 张钟宪, 译. 北京: 清华大学出版社, 2007.

[120] Stumm W. Chemistry of the solid-water interface[M]. New York: John Wiley & Sons. Inc., 1992.

[121] Stumm W, Morgan J J. Aquatic Chemistry: Chemical Equilibria and Rates in Natural Waters [M]. 3th ed. New York: John Wiley & Sons. Inc., 1996.

[122] Vallero D. Fundamentals of Air Pollution[M]. 5th ed. Academic Press, imprint of Elsevier, 2014.

[123] Wang Y C, Li A, Cui C W. Remediation of heavy metal-contaminated soils by electrokinetic technology: Mechanisms and applicability[J]. Chemosphere, 2021, 265: 129071.

[124] Wark K, Warner C F, Davis W T. Air Pollution. Its Origin and Control[M]. 3th ed. Upper Saddle River: Prentice Hall, 1997.

[125] Yap C L, Gan S, Ng H K. Fenton based remediation of polycyclic aromatic hydrocarbons-contaminated soils [J]. Chemosphere, 2011, 83(11): 1414 – 1430.

[126] Ye J S, Chen X, Chen C, et al. Emerging sustainable technologies for remediation of soils and groundwater in a municipal solid waste landfill site-A review[J]. Chemosphere, 2019, 227: 681 – 702.

[127] Zimmerman J B, Anastas P T, Erythropel H C, et al. Designing for a green chemistry future[J]. Science, 2020, 367(6476): 397 – 400.